# Datengestützte Gestaltung des nachhaltigen Werkzeuglebenszyklus

# Data-driven Design of the Sustainable Tool Life Cycle

Von der Fakultät für Maschinenwesen
der Rheinisch-Westfälischen Technischen Hochschule Aachen
zur Erlangung des akademischen Grades eines
Doktors der Ingenieurwissenschaften
genehmigte Dissertation

vorgelegt von

Julian Benedikt Schweins

**Berichter/in:**

Univ.-Prof. Dr.-Ing. Dipl.-Wirt. Ing. Günther Schuh
apl. Prof. Dr.-Ing. Wolfgang Boos

Tag der mündlichen Prüfung: 14. Dezember 2023

ERGEBNISSE AUS DER PRODUKTIONSTECHNIK

**Julian Schweins**

# Datengestützte Gestaltung des nachhaltigen Werkzeuglebenszyklus

**Herausgeber:**
Prof. Dr.-Ing. T. Bergs
Prof. Dr.-Ing. Dipl.-Wirt. Ing. G. Schuh
Prof. Dr.-Ing. C. Brecher
Prof. Dr.-Ing. R. H. Schmitt

Band 2/2024

Fraunhofer
IPT

**Bibliografische Information der Deutschen Nationalbibliothek**
Die Deutsche Nationalbibliothek verzeichnet diese Publikation in der Deutschen Nationalbibliografie; detaillierte bibliografische Daten sind im Internet über https://portal.dnb.de abrufbar.

Julian Schweins:

Datengestützte Gestaltung des nachhaltigen Werkzeuglebenszyklus

1. Auflage, 2024

Gedruckt auf holz- und säurefreiem Papier, 100% chlorfrei gebleicht.


Wissenschaftsverlag des Instituts für Industriekommunikation und Fachmedien an der RWTH Aachen
Steinbachstr. 25, 52074 Aachen
Internet: www.apprimus-verlag.de, E-Mail: info@apprimus-verlag.de



Druck: CPI Druckdienstleistungen GmbH, Ferdinand-Jühlke-Straße 7 I 99095 Erfurt

ISBN 978-3-98555-197-2

D 82 (Diss. RWTH Aachen University, 2023)

## Vorwort

Die vorliegende Dissertation entstand während meiner Zeit als wissenschaftlicher Mitarbeiter am Lehrstuhl für Produktionssystematik des Werkzeugmaschinenlabors WZL der Rheinisch-Westfälischen Technischen Hochschule Aachen. Mein besonderer Dank gilt meinem Doktorvater Herrn Professor Günther Schuh, Inhaber des Lehrstuhls für Produktionssystematik am WZL. Das durch ihn geschaffene, einzigartige Umfeld praxisnaher, visionärer sowie herausfordernder Forschung hat wesentlich zum Gelingen der Dissertation beigetragen. Für die Übernahme des Korreferats möchte ich Herrn Professor Wolfgang Boos danken. Herrn Professor Stefan Pischinger danke ich für die Übernahme des Prüfungsvorsitzes und Herrn Professor Manfred Christian Wirsum für die Übernahme des Prüfungsbeisitzes.

Die Grundlage dieser Arbeit bilden zahlreiche Industrie- und Konsortialprojekte, die ich gemeinsam mit Kollegen von der WBA Aachener Werkzeugbau Akademie GmbH bearbeiten durfte. Meine persönliche und fachliche Weiterentwicklung ist insbesondere auch auf das außergewöhnliche globale Branchennetzwerk der WBA zurückzuführen. Für die mir übertragene Verantwortung und die ausgewiesene Vorbildfunktion möchte ich mich ganz herzlich bei Herrn Professor Wolfgang Boos bedanken. Dieser kontinuierliche Kontakt zu Industrieunternehmen ermöglichte mir zudem die Validierung meiner Dissertation. Dafür bedanke ich mich insbesondere bei Herrn Benedikt Faeth der BMW Group sowie bei Herrn Willibald Windhager der Haidlmair Group.

Ein besonderer Dank gilt meinen Kolleginnen und Kollegen am WZL, vor allem aus der Abteilung Unternehmensentwicklung. An die gegenseitige Unterstützung sowie die vielen gemeinsamen Stunden auch abseits der Arbeit werde ich stets in bester Erinnerung zurückdenken. Unvergesslich bleiben für mich auch zahlreiche nationale sowie internationale Dienstreisen, insbesondere mit Dr. Tim Ochel, Niklas Kessler, Christoph Ebbecke, Jan Wiese, Christoph Frey, Julian Trisjono, Jonas Kenfenheuer, Thomas Eberius und Leonhard Klisch. Herzlich bedanken möchte ich mich auch bei Dr. David Goertz, Dr. Max Busch, Dr. Tim Graberg und Dr. Julian Boshof für die vielen fruchtbaren sowie inspirierenden Diskussionen zu meiner Dissertation sowie Dr. Christoph Kelzenberg und Gerret Lukas für ihren unermüdlichen Einsatz als Vorgesetzte. Die neuen Perspektiven haben meine Forschung bereichert und das Vertrauen mir die Gruppenleitung zu übertragen hat meine persönliche Entwicklung in außergewöhnlichem Ausmaß geprägt.

Mein allergrößter Dank gilt meiner Mutter und meinen Geschwistern. Ihr habt mir durch eure Unterstützung und euren Rückhalt in allen meinen Lebensphasen erst diesen Weg ermöglicht. Widmen möchte ich diese Arbeit auch meinem Vater – Du warst ein einzigartiger Mensch und wirst für immer in unseren Herzen bleiben. Mein ebenso großer Dank gilt meiner Partnerin Anna. Nur durch deine Geduld und Verständnis, Ermutigung sowie Rücksichtnahme konnte ich diese Dissertation verfassen. Ohne eure Unterstützung wäre die Erstellung dieser Arbeit nicht möglich gewesen.

Aachen, im Dezember 2023 Julian Schweins

# Kurzzusammenfassung

Die gesellschaftlichen und ökologischen Auswirkungen der industriellen Entwicklungen sind in den letzten Jahrzehnten verstärkt sichtbar geworden. Natürliche Kapazitätsgrenzen werden überschritten und führen zu einer Verknappung der weltweit verfügbaren Ressourcen. Gleichzeitig ist das produzierende Gewerbe für einen Großteil der weltweit ausgestoßenen Treibhausgase verantwortlich. Die daraus resultierende Klimakrise hat dazu geführt, dass sich das kapital- und ressourcenintensive Produktivitätsdenken vom Zukunftsbild der ökologisch bewusster denkenden Gesellschaft unterscheidet. Dies spiegelt sich nicht zuletzt durch eine Zunahme der weltweiten Klimaschutzgesetze und -vorgaben wider. Dieser Paradigmenwechsel erfordert ein Umdenken im Werkzeugbau, der aufgrund seiner Schlüsselposition in der industriellen Wertschöpfungskette ein zentraler Befähiger der nachhaltigen Entwicklung sein kann.

Die Umsetzung der nachhaltigen Entwicklung scheitert bis dato jedoch oftmals am mangelnden Verständnis der ganzheitlichen Struktur der Wertschöpfungskette sowie der unterentwickelten Informationsverfügbarkeit. Ein besonderes Potenzial liegt in der echtzeitnahen, horizontalen und vertikalen Vernetzung entlang des Werkzeuglebenszyklus. Der Einsatz von informations- und kommunikationstechnischen Systemen im Rahmen von Industrie 4.0 ermöglicht die Beherrschung der Komplexität, die sich aus der nachhaltigen Entwicklung ergibt.

Bezugnehmend auf die beschriebene Problemstellung ist die übergeordnete Zielsetzung der vorliegenden Arbeit die Entwicklung eines organisatorischen Rahmenwerks, um die nachhaltige Entwicklung des Werkzeuglebenszyklus datengestützt zu gestalten. Dieses Rahmenwerk ist als allgemeingültiges Gestaltungsmodell konzipiert, welches die prozessuale Gestaltung der nachhaltigen Entwicklung des Werkzeugbaus entlang des Werkzeuglebenszyklus fokussiert. Das so definierte Prozessmodell ist in fünf Gestaltungselemente strukturiert. Nachhaltigkeitsziele beschreiben die Anforderungen aller relevanten Stakeholder in einem Zielsystem. Darauf aufbauend wird im Rahmen der kontinuierlichen Lebenszyklusbewertung eine Steuerungs- und Bewertungssystematik entwickelt, die eine Ermittlung der Zielerreichung ermöglicht. Das Element Nachhaltigkeitsleistung fokussiert die gezielte Entwicklung von Leistungen zur nachhaltigen Gestaltung der Werkzeugnutzung. Dahingegen umfasst die nachhaltige Wertschöpfung Handlungsmöglichkeiten zur Umgestaltung von Prozessen, Ressourcen und Organisationsstrukturen im Werkzeugbau. Der digitale Schatten schafft die Transparenz im Werkzeuglebenszyklus und adressiert somit die unterentwickelte Informationsverfügbarkeit. Durch umfangreiche Gestaltungsempfehlungen kann das Prozessmodell für den unternehmensspezifischen Anwendungsfall ausdetailliert und in der Praxis eingesetzt werden.

Die Forschungsergebnisse werden anhand der Haidlmair Group und der BMW Group validiert. Der wissenschaftliche Beitrag dieser Arbeit liegt in der Entwicklung eines ganzheitlichen Lösungsansatzes zur datengestützten Gestaltung des nachhaltigen Werkzeuglebenszyklus. Die Unternehmen der Branche Werkzeugbau sind gefordert, diesen Beitrag zu verwenden, um unter Berücksichtigung der unternehmensindividuellen Anforderungen einen Beitrag zur nachhaltigen Entwicklung zu leisten.

# Abstract

The social and ecological effects of industrial developments have become increasingly visible in recent decades. Natural capacity limits are being exceeded, leading to a shortage of resources available worldwide. At the same time, the manufacturing sector is responsible for a large proportion of the greenhouse gases emitted worldwide. The resulting climate crisis has led to a shift in capital- and resource-intensive productivity thinking towards a different future image of a more ecologically aware society. This is reflected not least by an increase in global climate protection laws and regulations. This paradigm shift requires a rethink in the tool and die industry, which can be a key enabler of sustainable development due to its key position in the industrial value chain.

However, the implementation of sustainable development has often failed until now due to a lack of understanding of the holistic structure of the value chain and the underdeveloped availability of information. A special potential lies in the near-real-time, horizontal and vertical connectivity along the tool life cycle. The use of information and communication technology systems in the context of Industry 4.0 enables the management of the complexity resulting from sustainable development.

With reference to the described problem, the overall objective of this thesis is the development of an organizational framework to design the sustainable development of the tool life cycle in a data-driven way. This framework is designed as a generally applicable design model that focuses on the processual design of the sustainable development of toolmaking along the tool life cycle. The thus defined process model is structured in five design elements. Sustainability goals describe the requirements of all relevant stakeholders in a target system. Based on this, a control and evaluation system is developed within the continuous life cycle assessment, which enables the determination of target achievement. The sustainability performance element focuses on the specific development of services for the sustainable design of the tool use. Whereas the sustainable value creation includes possibilities for action to redesign processes, resources and organizational structures in toolmaking. The digital shadow creates transparency in the tool life cycle and thus addresses the underdeveloped information availability. Through extensive design recommendations, the process model can be detailed for the company-specific use case and applied in practice.

The research results are validated on the basis of the Haidlmair Group and the BMW Group. The scientific contribution of this thesis lies in the development of a holistic approach for the data-driven design of the sustainable tool life cycle. The companies of the tool and die industry are challenged to use this approach in order to contribute to sustainable development considering the individual requirements of each company.

# I Inhaltsübersicht

# II Inhaltsverzeichnis

# III Formelzeichen und Abkürzungen

| Abkürzung | Beschreibung |
|---|---|
| € | Euro |
| API | Application Programming Interface |
| AV | Arbeitsvorbereitung |
| B2B | Business-to-Business |
| BIP | Bruttoinlandsprodukt |
| BMBF | Bundesministerium für Bildung und Forschung |
| BMWi | Bundesministerium für Wirtschaft und Energie |
| BOL | Begin of Life |
| BSC | Balanced Scorecard |
| Bsp. | Beispiel |
| bspw. | beispielsweise |
| bzw. | beziehungsweise |
| ca. | circa |
| CAD | Computer Aided Design |
| CAx | Computer Aided Everything |
| CDP | Carbon Disclosure Project |
| CDSB | Climate Disclosure Standards Board |
| CFK | Carbonfaserverstärkter Kunststoff |
| $CH_4$ | Methan |
| CIM | Computer Integrated Manufacturing |

| | |
|---|---|
| CNC | Computerized Numerical Control |
| $CO_2$ | Kohlenstoffdioxid |
| CPPS | Cyber-Physisches Produktionssystem |
| CPS | Cyber-Physisches System |
| CSR | Corporate Social Responsibility |
| CRM | Customer Relationship Management |
| d. h. | das heißt |
| deut. | deutsch |
| DIN | Deutsches Institut für Normung |
| DSM | Design Structure Matrix |
| DSP | Digitale Signalverarbeitung analoger Systeme |
| EiP | Excellence in Production |
| EMAS | Eco-Management and Audit Scheme |
| EMS | Environmental Management System |
| engl. | englisch |
| EOL | End of Life |
| ERM | Entity Relationship Model |
| ERP | Enterprise Resource Planning System |
| et al. | et alli |
| etc. | et cetera |
| ELT | Extraktions-, Lade- und Transformationswerkzeuge |
| e. V. | eingetragener Verein |
| f. | folgende |

| | |
|---|---|
| FESG | Finance, Environmental, Social, Governance |
| FIFO | First-In-First-Out |
| GRI | Global Reporting Initiative |
| HBEFA | Handbuch für Emissionsfaktoren |
| HFCs | teilhalogene Fluorkohlenwasserstoffe |
| i. A. a. | in Anlehnung an |
| ID | Identifikationsnummer |
| i. d. R. | in der Regel |
| IIRC | International Integrated Reporting Council |
| IKT | Informations- und Kommunikationstechnologie |
| IPT | Institut für Produktionstechnologie |
| inkl. | inklusive |
| IoT | Internet of Things |
| ISO | International Organization for Standardization |
| IT | Informationstechnologie |
| KEA | Kumulierter Energieaufwand |
| KI | Künstliche Intelligenz |
| KMU | Kleine und mittelständige Unternehmen |
| KPI | Key Performance Indicator |
| LCA | Life Cycle Assessment |
| LCSP | Lowell Center for Sustainable Production |
| LOP | Liste offener Punkte |
| MES | Manufacturing Execution System |

| | |
|---|---|
| Mio. | Millionen |
| MIT | Massachusetts Institute of Technology |
| MOL | Mid of Life |
| Mrd. | Milliarden |
| $N_2O$ | Distickstoffmonoxid |
| NC | Numerical control |
| NEP | Nachhaltige Erfolgsposition |
| NGOs | Non-Governmental Organizations |
| OHSAS | Occupational Health and Safety Management |
| PDC | Product Definition and Commerce |
| PDKM | Produktdaten- und Wissensmanagementsystem |
| PEID | produktintegrierte Informationsgeräte |
| PFCs | vollhalogenierte Fluorkohlenwasserstoffe |
| PLM | Product Lifecycle Management |
| PPS | Produktionsplanung und -steuerung |
| PSS | Produkt-Service-Systeme |
| RFID | Radio-Frequency-Identification |
| ROI | Return on Investment |
| PRI | Principles for Responsible Investments |
| RWTH | Rheinisch-Westfälische Technische Hochschule |
| S. | Seite |
| SBSC | Sustainability Balanced Scorecard |
| SCADA | Supervisory Control and Data Acquisition |

| | |
|---|---|
| SDGs | Sustainable Development Goals |
| SEP | Strategische Erfolgsposition |
| $SF_6$ | Schwefelhexafluorid |
| SIGMA | Sustainability Integrated Guidelines for Management |
| SLCA | Social Life Cycle Assessment |
| sog. | sogenannt |
| SPS | Speicherprogrammierbares System |
| SRM | Supplier Relationship Management |
| SSC | Sustainability-Steering Committee |
| u. a. | unter anderem |
| UML | Unified Modeling Language |
| UNCED | United Nations Conference on Environment and Development |
| UNFCCC | United Nations Framework Convention on Climate Change |
| UNGP | United Nations Guiding Principles |
| VDI | Verein Deutscher Ingenieure |
| VDMA | Verein Deutscher Maschinen- und Anlagenbau |
| vgl. | vergleiche |
| WCED | World Commission on Environment and Development |
| WMS | Waste Management System |
| WPS | Wertschöpfungsorientiertes Produktionssystem |
| WZL | Werkzeugmaschinenlabor WZL der RWTH Aachen |

| | |
|---|---|
| z. B. | zum Beispiel |

# IV Abbildungsverzeichnis

# 1 Einleitung

## 1.1 Ausgangssituation

Die industriellen Entwicklungen des 20. und 21. Jahrhunderts haben das Konsumverhalten der Menschen maßgeblich verändert. Insbesondere in Deutschland wird aufgrund des rasanten Wachstums der Weltwirtschaft seit den 1950er Jahren ein starker Anstieg des gesellschaftlichen Wohlstands verzeichnet. Ein signifikanter Anteil dieser Entwicklung kann dem Industriesektor zugeschrieben werden. Das kontinuierliche Streben nach Kostenoptimierung und Effizienzsteigerung induzierte eine ökonomische sinnvolle Überproduktion. In Kombination mit dem gestiegenen Wohlstand hat dies zu einem kapitel- und ressourcenintensiven Produktivitätsdenken geführt.[1] Die gesellschaftlichen und ökologischen Auswirkungen der daraus resultierenden Konsummentalität sind in den letzten Jahren verstärkt sichtbar geworden. Natürliche Kapazitätsgrenzen und Assimilationsraten werden überschritten[2] und anstatt von Zinsen wird fortwährend von dem Kapital des ökologischen Systems gelebt.[3] So wuchs der weltweite Bedarf an fossilen, biologischen und mineralischen Rohstoffen in größerem Maße als die Weltwirtschaft.[4] Damit einhergehend haben die Kohlenstoffdioxid ($CO_2$)-Emissionen in den letzten Jahren deutlich zugenommen.

Die Industrie hat hieran einen signifikanten Anteil. Rund 48 % der weltweit ausgestoßenen Treibhausgase, welche größtenteils aus $CO_2$ bestehen, werden durch das verarbeitende Gewerbe verursacht. Die nachfolgende Abbildung 1.1 stellt die beschriebenen Entwicklungen anhand des globalen Vergleichs des BIP, der $CO_2$-Emissionen sowie des Ressourcenverbrauchs dar. Die Auswirkungen zeigen sich beispielsweise anhand einer zunehmenden Ressourcenverknappung von z. B. Wasser und fossilen Brennstoffen sowie der Veränderung des Klimas.[5] So war jedes der letzten vier Jahrzehnte sukzessive wärmer als jedes vorangegangene Jahrzehnt seit dem Jahr 1850.[6] Der von Menschen verursachte durchschnittliche Temperaturanstieg der Oberflächentemperatur von ca. 1°C pro Jahrzehnt ist die Hauptursache für das vermehrte Auftreten zahlreicher Wetterextreme, wie Hitzewellen, Dürren, Starkniederschläge sowie tropische Wirbelstürme.[7] Die daraus resultierende Klimakrise hat dazu geführt, dass sich das kapital- und ressourcenintensive Produktivitätsdenken vom Zukunftsbild der ökologisch bewusster denkenden Gesellschaft unterscheidet.[8] So gab es bspw. allein bei der weltweiten Anzahl an Klimaschutzgesetzen und -vorgaben seit 1997 alle fünf Jahre eine Verdopplung.[9]

---

[1] Vgl. Schuh et al. (Sustainable Productivity), 2021, S. 4-10.

[2] Vgl. Boos et al. (Wettbewerbsfaktor Nachhaltigkeit), 2020, S. 8.

[3] Vgl. Kropp (Grundlagen der nachhaltigen Entwicklung), 2019, S. 11.

[4] Vgl. International Resource Panel (Global Resources Outlook), 2020; United Nations Environment Programme (Domestic material consumption), 2023.

[5] Vgl. Umweltbundesamt (Ressourcennutzung und ihre Folgen), 2021.

[6] Vgl. Intergovernmental Panel on Climate Change (IPCC) (Summary for Policymakers), 2021, S. 5.

[7] Vgl. Intergovernmental Panel on Climate Change (IPCC) (Summary for Policymakers), 2021, S. 8.

[8] Vgl. Schuh et al. (Sustainable Productivity), 2021, S. 4.

[9] Vgl. Nachmany et al. (The 2015 Global Climate Legislation), 2015, S. 19f.

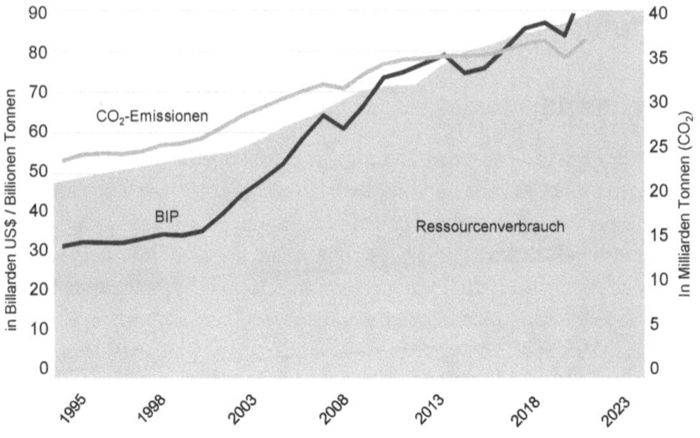


**Abbildung 1.1: Globaler Vergleich BIP, $CO_2$-Emissionen und Ressourcenverbrauch[10]**

Nationale, europäische und internationale Umweltverträge, wie zum Beispiel das Lieferkettengesetz[11], der Green Deal[12] oder die im Klimaschutzprogramm 2030[13] enthaltende und 2021 eingeführte $CO_2$-Bepreisung[14] stellen das produzierende Gewerbe als einen der Verursacher[15] und Ressourcenverbraucher vor große Herausforderungen.[16] Zur nachhaltigen Gestaltung produzierender Unternehmen reicht die Betrachtung des Umweltfaktors alleine jedoch nicht aus. Damit die Industrie als zentraler Verursacher eine nachhaltige Entwicklung realisieren kann, muss die Produktivität als zentrale Leistungskennzahl ein neues Verständnis erfahren.[17] Standen bislang hauptsächlich finanzielle Ziele im Fokus, so sind zukünftig ökologische, soziale und regulatorische Ziele für produzierende Betriebe unabdingbar. Die Erfüllung dieser Zielkriterien ist jedoch nicht nur für die Erfüllung des gesellschaftlichen Interessen- und Wertewandels essenziell. Auch in Bezug auf die Anforderungen der Stakeholder, wie z. B. Kapitalgeber, hat ein erkennbarer Wandel stattgefunden. Erkenntlich ist dies bspw. anhand von Initiativen wie den Principles for Responsible Investments (PRI), die über 1.200 Investmentgesell-

[10] Vgl. IMF (Weltweites Bruttoinlandsprodukt), 2022; Global Carbon Project ($CO_2$-Emissionen weltweit), 2022; United Nations Environment Programme (Domestic material consumption), 2023.

[11] Vgl. Bundesministerium für wirtschaftliche Zusammenarbeit und Entwicklung (Lieferkettengesetz), 2021.

[12] Vgl. Europäische Kommission (Was ist der europäische Green Deal?), 2019.

[13] Vgl. Bundesministerium für Umwelt, Naturschutz, nukleare Sicherheit und Verbraucherschutz (Klimaschutzprogramm 2030 der Bundesregierung), 2019.

[14] Vgl. Bundesregierung ($CO_2$-Bepreisung), 2021.

[15] Mit ca. 172 Millionen Tonnen $CO_2$-Äquivalent lag der Anteil der Indsutrie im Jahr 2021 bei rund 24 % der gesamten Treibhausgasemissionen in Deutschland. Vgl. Umweltbundesamt (Emissionsquellen von Treibhausgasen), 2021.

[16] Vgl. Boos et al. (Wettbewerbsfaktor Nachhaltigkeit), 2020, S. 8.

[17] Vgl. Hardtke; Prehn (Perspektiven der Nachhaltigkeit), 2001, S. 59-61.

schaften bündelt und über 80 Billionen Dollar verwaltet. Die PRI verpflichten sich einen verstärkten Fokus auf Umwelt- und Sozialfaktoren sowie Regulatorien zu legen.[18] Zudem fordern insbesondere Original Equipment Manufacturer (OEM), wie z. B. die Volkswagen AG, von ihren Zulieferern eine nachhaltige Gestaltung der Wertschöpfung.[19]

In Zukunft muss die Industrie ihre Produkte und Ressourcen daher nicht nur ökonomisch sinnvoll herstellen, sondern auch ökologisch ausnutzen. Dieser von Stakeholdern getriebene und vom Kapitalmarkt bereits erkannte Paradigmenwechsel erfordert auch das Umdenken im Werkzeugbau. Aufgrund seiner Schlüsselposition in der industriellen Wertschöpfungskette, zwischen Produktentwicklung und Serienproduktion, kann der Werkzeugbau als zentraler Befähiger des produzierenden Gewerbes und damit der nachhaltigen Entwicklung bezeichnet werden.[20] Gelingt der Branche Werkzeugbau eine anforderungsgerechte nachhaltige Entwicklung, würde dies durch die Schnittstellenfunktion starke Multiplikatoreneffekte für die gesamte deutsche Wirtschaft bedeuten.

## 1.2 Problemstellung

Die aktuelle Ausgangssituation, die insbesondere durch die Trends der Derivatisierung und des digitalen Wandels getrieben wird, trifft insbesondere auf die Branche Werkzeugbau zu.[21] Aufgrund der beschriebenen Schlüsselposition nimmt der Werkzeugbau durch seine Erzeugnisse maßgeblich Einfluss auf die klassischen Erfolgsgrößen Zeit, Kosten und Qualität der gesamten Prozesskette produzierender Unternehmen.[22] Die alleinige Adressierung dieser traditionellen Wettbewerbsdifferenzierungsmerkmale genügt jedoch nicht, um den beschriebenen Anforderungen der Stakeholder gerecht zu werden. Nachhaltigkeit kristallisiert sich zunehmend als weiteres Differierungsmerkmal heraus.[23] Die neuen Zielgrößen im Kontext der Nachhaltigkeit erfordern weitreichende Anpassungen in Produktentwicklung, Produktion sowie Produktnutzung und -entsorgung entlang des gesamten Werkzeuglebenszyklus. Werkzeuge können dabei bspw. im Rahmen der Kreislaufwirtschaft in anforderungsgerechte Re-Use-Konzepte überführt werden, um die Ressourceneffizienz langfristig zu steigern und die bislang linearen Lebenszyklen der Werkzeuge in zirkuläre Lebenszyklen zu überführen.

Die Umsetzung einer nachhaltigen Gestaltung des Werkzeuglebenszyklus scheitert bis dato maßgeblich am mangelnden Verständnis der ganzheitlichen Struktur der Wertschöpfungskette sowie der unterentwickelten Informationsverfügbarkeit. So fehlt oftmals ein phasenübergreifendes Wissen über die Zusammenhänge des Werkzeuglebenszyklus, was nicht zuletzt der Befähigung der Kreislaufwirtschaft entgegenwirkt.[24] Bereits die Kenntnis über aktuelle Anforderungen der Stakeholder sowie gegenwärtige Nachhaltigkeitszustände, wie z. B. Energie-

[18] Vgl. Principles for Responsible Investment (Spotlight on ESG Risks), 2013, S. 1-6.

[19] Vgl. Volkswagen Group (Volkswagen Konzern verpflichtet Lieferanten), 2019.

[20] Vgl. Boos et al. (Wettbewerbsfaktor Nachhaltigkeit), 2020, S. 9.

[21] Vgl. Boos et al. (Tooling in Germany), 2020, S. 4.

[22] Vgl. Eversheim; Klocke (Werkzeugbau mit Zukunft), 1998, S. 1.

[23] Vgl. Boos et al. (Wettbewerbsfaktor Nachhaltigkeit), 2020, S. 21.

[24] Vgl. Wilts; Berg (Digitale Kreislaufwirtschaft), 2017, S. 4.

und Ressourcenverbräuche entlang des Werkzeuglebenszyklus ist selten vorhanden.[25] Gleichzeitig stellt die Erhebung nachhaltigkeitsbezogener Daten sowie die daraus abzuleitende Operationalisierung in der eigenen Wertschöpfung sowie in den Leistungen den Werkzeugbau vor große Herausforderungen.[26] Ein besonderes Potenzial zur Adressierung dieser Herausforderungen wird der vierten industriellen Revolution, der sogenannten Industrie 4.0, zugesprochen.[27] Darunter wird die echtzeitfähige, intelligente, horizontale und vertikale Vernetzung von Menschen, Maschinen und Objekten sowie von informations- und kommunikationstechnischen Systemen zur dynamischen Beherrschung von komplexen Systemen verstanden.[28] Ein ebensolches komplexes System stellt der Werkzeuglebenszyklus dar, für den ein ganzheitliches Verständnis der nachhaltigen Entwicklung geschaffen werden muss. Den deutschen Werkzeugbaubetrieben muss daher ein fundamentaler Wechsel des bisherigen Branchenverständnisses gelingen. Anschließend gilt es, diese neue Rolle des Werkzeugbaus für eine **nachhaltige Entwicklung des Lebenszyklus** aktiv zu gestalten.

Die Motivation für die vorliegende Arbeit, gerade jetzt einen Lösungsweg zu der zuvor beschriebenen Aufgabe für den Werkzeugbau zu liefern, lässt sich durch folgende Aspekte begründen. Der Kapitalmarkt scheint in Zeiten der digitalen Services und der Plattformökonomie zunehmend das Interesse an kapitalintensiven Geschäftsmodellen der Industrie verloren zu haben. Die veränderten Stakeholderanforderungen haben über die Politik und Gesetzgebung erwiesenermaßen den Kapitalmarkt erreicht, wodurch ein unmittelbarer Veränderungsdruck auf produzierende Unternehmen entsteht. Diese Anforderungen unterliegen dabei einem stetigen Wandel, der sich jährlich in neuen Nachhaltigkeitszielen manifestiert. Zur Adressierung dieser Ziele muss im Kontext einer zukunftsgerechten nachhaltigen Entwicklung die Bilanzhülle des Werkzeugbaus auf den kompletten Werkzeuglebenszyklus erweitert werden.[29] Ein weiteres Aufschieben der vorliegenden Problemstellung kann daher insbesondere aufgrund des steigenden Wettbewerbsdrucks aus osteuropäischen und asiatischen Ländern nicht erfolgen. Zudem liefern die in den letzten Jahren erfolgten Entwicklungen im Bereich der digitalen Vernetzung die technologischen Instrumente, um die notwendige Transparenz im Werkzeuglebenszyklus zu gewährleisten und somit die nachhaltige Entwicklung erfolgreich zu gestalten.

## 1.3 Zielsetzung der Arbeit

Wie zuvor beschrieben, stellt die Nachhaltigkeit viele produzierende Unternehmen und insbesondere den Werkzeugbau vor große Herausforderungen. Dies stellt den Ist-Zustand dar. Demgegenüber wird ein zirkulärer und nachhaltiger Werkzeuglebenszyklus als Ziel-Zustand angestrebt, um die wachsenden Anforderungen der Stakeholder zu adressieren. Dieser Ziel-Zustand ist nicht ausreichend detailliert ausgearbeitet und es mangelt an umfangreichen

[25] Vgl. Döbbeler (Ressourcenorientierte Modellierung des Werkzeuglebenszyklus), 2013, S. 47.

[26] Vgl. Colsman (Nachhaltigkeitscontrolling), 2016, S. 51; Boos et al. (Wettbewerbsfaktor Nachhaltigkeit), 2020, S. 28f.

[27] Vgl. Schuh et al. (Sustainable Productivity), 2021, S. 4.

[28] Vgl. Schuh et al. (Industrie 4.0: Implement it!), 2018, S. 6.

[29] Vgl. Schuh et al. (Sustainable Productivity), 2021, S. 13.

Kenntnissen, Erfahrungen und Vorstellungen, um diesen zu erreichen. Bislang existiert kein Lösungsansatz, der die datengestützte Gestaltung des nachhaltigen Werkzeuglebenszyklus ausreichend adressiert. Die **übergeordnete Zielsetzung** der vorliegenden Dissertation ist daher die Entwicklung eines organisatorischen Rahmenwerks, um die nachhaltige Entwicklung des Werkzeuglebenszyklus datengestützt zu gestalten. Damit liegt der Arbeit bewusst das Ziel zugrunde, einen Lösungsansatz aus der Perspektive des Werkzeugbaus zu entwickeln. Die **konkrete Zielsetzung** ist die Ausgestaltung des organisatorischen Rahmenwerks mit geeigneten Handlungsfeldern, welche spezifische Gestaltungselemente für den Werkzeugbau liefern. Im Zuge dessen sollen die spezifischen Rahmenbedingungen der Branche Werkzeugbau ganzheitlich und anwendungsbezogen berücksichtigt werden, sodass Werkzeugbaubetriebe das Rahmenwerk adaptieren und umsetzen können.

Gemäß FRIEDLI soll das Lösungskonzept daher den Charakter eines Leerstellengerüsts aufweisen.[30] Mithilfe des Leerstellengerüsts werden dem anwendenden Werkzeugbaubetrieb konkrete Strukturen und inhaltliche Elemente vorgegeben, die jedoch von dem Anwendenden unternehmensspezifisch anzupassen und auszugestalten sind. Aufgrund der Abbildung, Strukturierung und Abstraktion des Zielzustands durch das Leerstellengerüst kann dieses in Form eines Gestaltungsmodells entwickelt werden. Im Kern der Betrachtung steht die Gestaltung der Prozesse des Werkzeugbaus im nachhaltigen Werkzeuglebenszyklus. Daher wird das avisierte Gestaltungsmodell in dieser Arbeit als Prozessmodell bezeichnet. Darunter wird ein abstraktes organisatorisches Rahmenwerk zur Gestaltung von Prozessabläufen verstanden, mit welcher starre Vorgaben zu Prozessschritten definiert werden. Eine ausführliche Definition zu den Begriffen Modell, Gestaltungsmodell und Prozessmodell erfolgt in Kapitel 4.1, bevor die konkrete Konzeptionierung des Prozessmodells beschrieben wird.

Forschung repräsentiert nach KUBICEK einen Lernprozess, für welchen eine grundlegende Forschungsfrage formuliert werden muss. Diese dient zur Eingrenzung des Betrachtungsbereichs der Forschung und gewährleistet die stringente Durchführung des Forschungsprozesses.[31] Zusammenfassend lautet die handlungsleitende Forschungsfrage der vorliegenden Dissertation wie folgt:

**Wie muss ein Prozessmodell zur datengestützten Gestaltung des nachhaltigen Werkzeuglebenszyklus ausgelegt werden?**

Eine Konkretisierung dieser handlungsleitenden Forschungsfrage erfolgt im Rahmen von Kapitel 3.5 mittels weiterer untergeordneter Forschungsfragen.

## 1.4 Forschungsansatz der Arbeit

Der Forschungsansatz der vorliegenden Arbeit folgt dem allgemeinen Forschungsverständnis des Lehrstuhls für Produktionssystematik am Werkzeugmaschinenlabor WZL der RWTH Aachen. Die wissenschaftlichen Grundlagen des Forschungsansatzes werden nachfolgend

[30] Vgl. Friedli (Technologiemanagement), 2006, S. 21.

[31] Vgl. Kubicek (Heuristischer Bezugsrahmen), 1977, S. 24-28.

detailliert beschrieben und basieren auf den Ausarbeitungen bereits verfasster Arbeiten von bspw. KÜHN[32], LANGE[33] oder BOSHOF[34].

Gemäß BINDER UND KANTOWSKY kann die wissenschaftliche Forschung als ein Prozess zur Erkenntnisgewinnung oder bildlicher als eine Entdeckungsreise bezeichnet werden. Auf dieser Reise werden unbekannte Themen entdeckt, wobei gesammelte Erkenntnisse anschließend als eine neue Wirklichkeit der Forschungs- bzw. Wissensgemeinschaft („scientific community") zur Verfügung gestellt werden. Zur Veröffentlichung dieser neuen Erkenntnisse bedarf es zunächst einer Darstellung der Erkenntnisperspektive sowie der methodischen Vorgehensweise.[35] Bei der Erkenntnisperspektive handelt es sich um ein sogenanntes „belief system", welches als grundlegenge Überzeugung der Forscher akzeptiert werden muss und dessen Wahrheit nicht nachweisbar ist.[36] Damit die grundlegende Erkenntnisperspektive näher erläutert werden kann, erfolgt zunächst eine Einordnung der vorliegenden wissenschaftlichen Arbeit in das Spektrum der Wissenschaften. Hierfür erfolgt die Unterteilung in Formal- und Realwissenschaften nach ULRICH UND HILL (vgl. Abbildung 1.2).

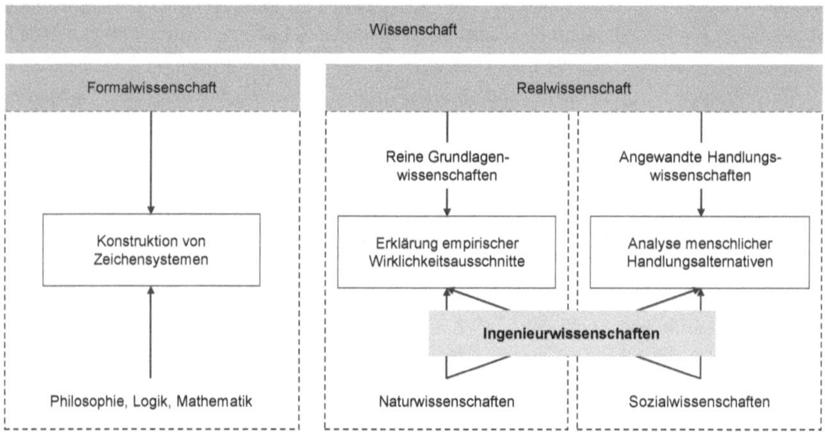


**Abbildung 1.2: Wissenschaftssystematik nach ULRICH UND HILL[37]**

Das Ziel der **Formalwissenschaften** ist die Konstruktion von Zeichensystemen inklusive Regeln zu deren Verwendung.[38] Die Aussagen der Formalwissenschaften sind analytisch und rein theoretisch und können daher nicht in der Praxis beobachtet oder widerlegt werden. Da es sich somit beim Forschungsgegenstand um keine physischen Objekte handelt, erfolgt die Beweisführung zur Validierung aufgestellter Hypothesen und erzielter Forschungsergebnisse

[32] Vgl. Kühn (Leistungssysteme im Werkzeugbau), 2016.

[33] Vgl. Lange (Prozessmodell für den Werkzeugbau im iterativen Produktentwicklungsprozess), 2020.

[34] Vgl. Boshof (Datenbasierte Dienstleistungen im Werkzeugbau).

[35] Vgl. Binder; Kantowsky (Technologiepotentiale), 1996, S. 3f.

[36] Vgl. Guba, E, G.; Lincoln (Competing Paradigms in Qualitative Research), 2018, S. 107.

[37] I. A. a. Ulrich; Hill (Wissenschaftstheoretische Grundlagen der Betriebswirtschaftslehre), 1976, S. 305.

[38] Vgl. Ulrich; Hill (Wissenschaftstheoretische Grundlagen der Betriebswirtschaftslehre), 1976, S. 305.

mittels Überprüfung logischer bzw. theoretischer Widersprüche.[39] Zu den Formalwissenschaften können bspw. die Philosophie oder die Mathematik gezählt werden.[40] Gegenüber den Formalwissenschaften werden in den **Realwissenschaften** empirisch wahrnehmbare Wirklichkeitsphänomene betrachtet.[41] Die Argumentationslogik ist dementsprechend nicht rein analytisch, sondern synthetisch orientiert und erfordert zur Validierung der Richtigkeit eine zusätzliche Faktenanalyse.[42] Die Realwissenschaften können in die reinen Grundlagenwissenschaften und die angewandten Handlungswissenschaften untergliedert werden. Während die Grundlagenwissenschaften theoretische Erklärungsmodelle zur Beschreibung der Wirklichkeit definieren, analysieren Handlungswissenschaften menschliche Handlungsalternativen zur Gestaltung sozialer und technischer Systeme. Mit den reinen Grundlagenwissenschaften, wie z. B. die Naturwissenschaften Physik und Chemie, werden theoretische Ziele verfolgt. Vertreter der angewandten Handlungswissenschaften, wie z. B. die Sozialwissenschaften Soziologie oder Betriebswirtschaftslehre, fokussieren hingegen praktische Ziele.[43] Die hier vorliegende Arbeit kann der Wissenschaftsdisziplin **Ingenieurswissenschaften** zugeordnet werden, welche wiederum den Realwissenschaften zugeordnet ist. Allerdings muss einschränkend erwähnt werden, dass die Ingenieurwissenschaften weder vollständig zu den angewandten Handlungswissenschaften noch zu den reinen Grundlagenwissenschaften zählen.[44] Aufgrund der in Kapitel 1.3 definierten Zielsetzung dieser Arbeit zur Entwicklung eines praxisbezogenen Handlungsrahmens mit konkreten Gestaltungsempfehlungen kann die Arbeit den angewandten Handlungswissenschaften zugeordnet werden.

Nachdem die vorliegende Arbeit den angewandten Handlungswissenschaften zugeordnet wurde, bedarf es der konkreten Erläuterung der Erkenntnisperspektive. Hierzu ist das zugrundeliegende Verständnis im Sinne einer Leitidee oder eines Paradigmas darzustellen. Als Teil des Vorverständnisses dieser Arbeit wird daher die Leitidee durch die Erläuterung der vorwissenschaftlichen und wertgebundenen Annahmen erläutert. Hierdurch wird das sogenannte Subjektivitätskriterium wissenschaftlicher Arbeiten umgangen.[45] In der Wissenschaftstheorie erfolgt die Darstellung einer solchen Leitidee anhand des faktorentheoretischen Ansatzes nach GUTENBERG[46], dem entscheidungstheoretischen Ansatz nach HEINEN[47] oder dem Systemansatz nach ULRICH[48]. Aufgrund seiner hohen Praxisnähe sowie des interdisziplinären Ansatzes zur Analyse von Unternehmen als sogenannte produktive soziale Systeme weist der systemtheoretische Ansatz nach ULRICH eine große Nähe zu den Ingenieurwissenschaften

[39] Vgl. Schanz (Wissenschaftstheoretische Grundfragen der Führungsforschung), 1995, S. 2039.
[40] Vgl. Ulrich; Hill (Wissenschaftstheoretische Grundlagen der Betriebswirtschaftslehre), 1976, S. 305.
[41] Vgl. Ulrich; Hill (Wissenschaftstheoretische Grundlagen der Betriebswirtschaftslehre), 1976, S. 305.
[42] Vgl. Schanz (Wissenschaftstheoretische Grundfragen der Führungsforschung), 1995, S. 2039.
[43] Vgl. Ulrich; Hill (Wissenschaftstheoretische Grundlagen der Betriebswirtschaftslehre), 1976, S. 305.
[44] Vgl. Ulrich (Der systemorientierte Ansatz), 1978, S. 270-281.
[45] Vgl. Ulrich; Hill (Wissenschaftstheoretische Grundlagen der Betriebswirtschaftslehre), 1976, S. 306.
[46] Vgl. Gutenberg (Grundlagen der Betriebswirtschaftslehre), 1971.
[47] Vgl. Heinen (Einführung in die Betriebswirtschaftslehre), 1985.
[48] Vgl. Ulrich (Die Unternehmung als produktives soziales System), 1970.

auf.[49] Dies qualifiziert diesen Ansatz im besonderen Maße für den Einsatz im Rahmen dieser Arbeit.

Nachdem mit der grundlegenden Erkenntnisperspektive der Ausgangspunkt des Forschungsprozesses definiert wurde, wird mithilfe des forschungsmethodischen Vorgehens die Ausgestaltung des Erkenntnisgewinnungsprozesses festgelegt. POPPER zufolge beginnt jeder Erkenntnisprozess nicht mit Beobachtungen oder dem Sammeln von Daten und Tatsachen, sondern mit Problemen.[50] Mithilfe der angewandten Handlungswissenschaften soll die Lösung der Probleme erfolgen. Als forschungsmethodisches Vorgehen wird für die vorliegende Arbeit der Ansatz der explorativen Forschung nach KUBICEK gewählt. Dieser ist für die Anwendung im Rahmen angewandter Handlungswissenschaften besonders geeignet, da die explorative Forschung auf Basis von systematischem Erfahrungswissen analytische Lösungen und theoretische Aussagen als Forschungsziel verfolgt.[51] Der in Abbildung 1.3 dargestellte Forschungszyklus nach TOMCZAK visualisiert das forschungsmethodische Vorgehen.

**Abbildung 1.3: Forschungsmethodisches Vorgehen[52]**

Beim dargestellten explorativen Forschungsvorgehen werden wissenschaftliche Ergebnisse in einem iterativen Prozess entwickelt. Mithilfe der Verarbeitung gewonnener Erkenntnisse sowie der Rückführung dieser in die Fragestellung werden neue Erkenntnisse der Realität generiert. Somit entsteht ein Regelkreis, der Abfrage und Überprüfung zwischen Theorie und Erfahrungswissen ermöglicht.[53] Der Mittelpunkt des explorativen Forschungsprozesses stellt der **heuristische Bezugsrahmen** dar, der das Vorverständnis des Autors repräsentiert und den Forschungsprozess durch die Richtungsvorgabe hin zur Lösung praxisrelevanter Probleme lenkt.[54] Der heuristische Bezugsrahmen umfasst nach TOMCZAK ein „Problem bzw. ein generelles Phänomen, das nicht genügend verstanden bzw. unzureichend beherrscht wird“[55]. Die Problemstellung der vorliegenden Arbeit wurde bereits in Kapitel 1.2 beschrieben, weshalb der

[49] Vgl. Ulrich; Hill (Wissenschaftstheoretische Grundlagen der Betriebswirtschaftslehre), 1976, S. 308f.

[50] Vgl. Popper (Die Logik der Sozialwissenschaften), 1987, S. 104.

[51] Vgl. Kubicek (Heuristischer Bezugsrahmen), 1977, S. 13.

[52] I. A. a. Tomczak (Forschungsmethoden), 1992, S. 78.

[53] Vgl. Kubicek (Heuristischer Bezugsrahmen), 1977, S. 13f.

[54] Vgl. Tomczak (Forschungsmethoden), 1992, S. 84.

[55] Vgl. Tomczak (Forschungsmethoden), 1992, S. 84.

heuristische Bezugsrahmen nachfolgend entwickelt werden kann. Dieser ist in Abbildung 1.4 mittels eines Strukturbaums relevanter Themen dargestellt und besteht aus insgesamt sechs Teilen. Den Mittelpunkt des heuristischen Bezugsrahmens bildet die Nachhaltigkeit als zentraler Gestaltungsbereich. Der Werkzeugbau stellt den Betrachtungsbereich der vorliegenden Arbeit dar. Die Nachhaltigkeit steht in direkter Verbindung mit den Themenfeldern Werkzeuglebenszyklus und Industrie 4.0, da das Forschungsvorhaben die datengestützte Gestaltung des nachhaltigen Werkzeuglebenszyklus beinhaltet. Aufgrund der Tatsache, dass eine ganzheitliche nachhaltige Entwicklung des Werkzeuglebenszyklus nur erfolgen kann, wenn entsprechende Transparenz geschaffen wird, ist die Entwicklung eines digitalen Schattens zwingend erforderlich. Daher liegt eine direkte Verknüpfung zwischen den Themenfeldern Nachhaltigkeit, Industrie 4.0, Werkzeuglebenszyklus und digitaler Schatten vor. Die Forderung nach einer datengestützten Gestaltung des nachhaltigen Werkzeuglebenszyklus mündet in ein entsprechendes Prozessmodell.

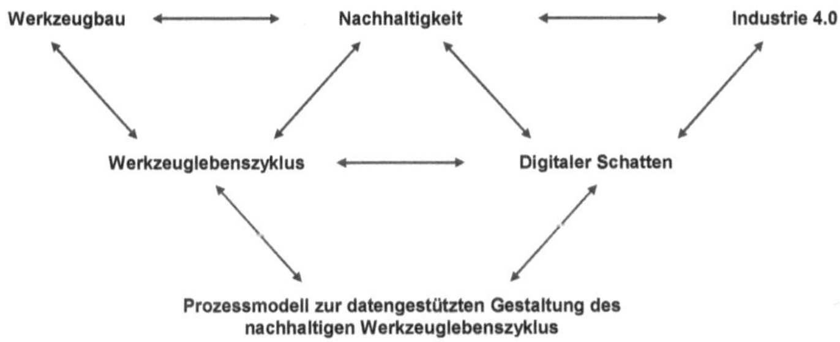


**Abbildung 1.4: Heuristischer Bezugsrahmen**[56]

Als Grundlage der Problemdefinition und Ausarbeitung des Forschungsvorhabens der vorliegenden Arbeit dienen theoretisches Verständnis sowie praktisches Erfahrungswissen des Autors. Dieses Erfahrungswissen konnte im Rahmen der Tätigkeit als wissenschaftlicher Mitarbeiter am Lehrstuhl für Produktionssystematik in der Abteilung Unternehmensentwicklung des Werkzeugmaschinenlabors WZL der RWTH Aachen University seit 2020 kontinuierlich aufgebaut werden. Im Zuge von Lehr- und Weiterbildungsveranstaltungen sowie zahlreicher Industrie-, Konsortial- und Forschungsprojekte konnte ein umfassendes Verständnis für die Wertschöpfung produzierender Unternehmen mit dem Fokus auf den Werkzeugbau erlangt werden. Während der Fokus innerhalb der Projekte auf unterschiedlichen Themen lag, kann dennoch ein ganzheitliches Praxisdefizit im Kontext der Nachhaltigkeit der Branche Werkzeugbau identifiziert werden. Das erlangte Wissen wird insbesondere durch die Mitarbeit an den Studien „Wettbewerbsfaktor Nachhaltigkeit"[57] und „Sustainable Productivity"[58] weiter vertieft.

[56] Eigene Darstellung

[57] Vgl. Boos et al. (Wettbewerbsfaktor Nachhaltigkeit), 2020.

[58] Vgl. Schuh et al. (Sustainable Productivity), 2021.

Als Projektleiter des Branchenwettbewerbs „Excellence in Production“ zum „Werkzeugbau des Jahres“ in den Jahren 2021, 2022 und 2023 mit jeweils mehr als 280 teilnehmenden Unternehmen wurden jährlich datenbasierte Analysen entlang der Auftragsabwicklung von Werkzeugbaubetrieben durchgeführt. Die Teilnahme des Wettbewerbs bedingt die Bearbeitung von ca. 120 Fragen, die organisatorische und technologische Themenbereiche des Werkzeugbaus adressieren. Das Projektteam erhält zwecks der Konsistenz- und Plausibilitätsprüfung Einsicht in die Fragebögen und hält Rücksprache mit den teilnehmenden Betrieben, um die Daten zu validieren. Mithilfe der umfassenden Analyse der Unternehmensdaten kann ein umfangreiches Verständnis für Daten entlang der Auftragsabwicklung von Werkzeugbaubetrieben entwickelt werden. Hierbei erhält der Autor insbesondere ein tiefergehendes Verständnis von Industrie 4.0-Anwendungen sowie Nachhaltigkeit in der Branche.

Durch die Leitung und Unterstützung der Konsortialprojekte „Nachhaltige Leistungssysteme“ und „Messbarmachung Nachhaltigkeit“, durchgeführt mit der WBA Aachener Werkzeugbau Akademie GmbH und jeweils sechs bzw. zwölf Unternehmen der Branche Werkzeugbau, konnte das Wissen über Nachhaltigkeit weitervertieft werden. Im Rahmen des Forschungsprojekts „Tool2Share“ hat der Autor an der Entwicklung einer B2B-Plattform für den Re-Use von Werkzeugen und Werkzeugkomponenten mitgewirkt. Die Möglichkeiten der Kreislaufwirtschaft in der Branche Werkzeugbau wurden in Workshops mit verschiedenen Betrieben entlang des Werkzeuglebenszyklus kritisch reflektiert und entwickelt.

In Vorlesungen, Kolloquien und Workshops im Umfeld der Universität, im Rahmen von Konsortialprojekten oder bilateralen Projekten konnten weitere praxisrelevante Anforderungen aufgenommen sowie durch anschließende Diskussionen und Korrespondenzen spezifiziert werden. Die Forschungsergebnisse wurden in einer abschließenden Validierung anhand repräsentativer Betriebe der Branche Werkzeugbau erfolgreich bestätigt.

## 1.5 Aufbau der Arbeit

Basierend auf der Einordnung der vorliegenden Arbeit in die explorative Forschung orientiert sich die Strukturierung am Vorgehen für angewandte Forschung nach ULRICH. Den Ausgangspunkt der Forschungsmethodik stellt die Identifikation eines praxisrelevanten Problems dar. Auf Grundlage dessen werden entsprechende Regeln und Modelle analytisch abgeleitet, die einen allgemeingültigen Lösungsansatz darstellen. Dieser muss anschließend wiederum in der Praxis validiert werden. ULRICH unterteilt den Prozess der angewandten Forschung in sieben Phasen, die in Zusammenhang mit dem Aufbau dieser Arbeit in Abbildung 1.5 dargestellt sind.[59]

[59] Vgl. Ulrich et al. (Systemorientierte Managementlehre), 1984, S. 192f.

**Abbildung 1.5: Aufbau der Arbeit gemäß den Phasen angewandter Forschung nach ULRICH[60]**

Anhand der Ausgangssituation sowie der beschriebenen Problemstellung wird im **ersten Kapitel** die Motivation der Arbeit dargestellt. Dies resultiert in der Definition der Zielsetzung sowie der Formulierung der übergeordneten Forschungsfrage. Anschließend wird der zugrundeliegende Forschungsansatz präsentiert, bevor zuletzt der Aufbau der Arbeit dargestellt wird.

Im **zweiten Kapitel** werden die theoretischen Grundlagen des Betrachtungs- und Gestaltungsbereichs erörtert. Hierfür wird das Kapitel in die drei Themenbereiche Nachhaltigkeit, Digitale Vernetzung sowie Werkzeuglebenszyklus unterteilt. Für alle Themenbereiche werden die relevanten Begrifflichkeiten erläutert und in einen Gesamtkontext eingeordnet. Zum Abschluss des Kapitels wird der bestehende Handlungsbedarf aus der Praxis zur datengestützten Gestaltung des nachhaltigen Werkzeuglebenszyklus beschrieben.

Entsprechend der vorgestellten Forschungsmethodik werden im **dritten Kapitel** bestehende wissenschaftliche Ansätze hinsichtlich ihrer Eignung zur Adressierung der hergeleiteten Problemstellung überprüft. Hierzu erfolgt zunächst die Herleitung und Definition einer Systematik zur Bewertung der wissenschaftlichen Ansätze. Diese Systematik besteht aus einem Bewerbungs- und Anforderungssystem. Daraufhin werden ausgewählte Ansätze vorgestellt und unter Verwendung der hergeleiteten Systematik bewertet. Die Aggregation der Bewertungsergebnisse führt abschließend zum Handlungsbedarf aus der Theorie.

Als Reaktion auf die Handlungsbedarfe aus Praxis und Theorie erfolgt im **vierten Kapitel** die Herleitung und Konzeption des Prozessmodells zur datengestützten Gestaltung des nachhal-

60 I. A. a. Ulrich et al. (Systemorientierte Managementlehre), 1984, S. 193.

tigen Werkzeuglebenszyklus. Dazu erfolgt zunächst eine Erläuterung wissenschaftstheoretischer Grundlagen der Modellierung, bevor anschließend grundlegende Merkmale des Prozessmodells definiert werden. Dies dient als Ausgangspunkt für die Herleitung der einzelnen Gestaltungselemente des Prozessmodells. Das Kapitel schließt mit der Synthese der Gestaltungselemente ab.

Im **fünften Kapitel** erfolgt die Detaillierung des im vierten Kapitel entwickelten Prozessmodells. Die einzelnen Gestaltungselemente werden dabei im Hinblick auf ihre Gestaltungsaspekte definiert. Abschließend werden die Wechselwirkungen der einzelnen Gestaltungselemente erläutert und ein Zwischenfazit abgegeben.

Das **sechste Kapitel** führt anhand von zwei verschiedenen Fallbeispielen eine kritische Reflexion des im vorherigen Kapitel erarbeiteten Prozessmodells durch. Dazu werden initial das jeweilige Unternehmen sowie die spezifische Ausgangssituation beschrieben. Anschließend erfolgen die Anwendung des Prozessmodells und eine Darstellung der Ergebnisse der Anwendung. Dieses Kapitel dient der Dokumentation der Prüfung der Praxistauglichkeit der erarbeiteten Lösung im Anwendungszusammenhang.

Im abschließenden **siebten Kapitel** werden die Ergebnisse der vorliegenden Dissertation zusammenfassend dargestellt. Darüber hinaus wird ein Ausblick für weiteren Forschungsbedarf im Anwendungskontext gegeben.

# 2 Grundlagen des Gestaltungs- und Betrachtungsbereichs

Das zweite Kapitel dient der Einführung relevanter Grundlagen des Gestaltungs- und Betrachtungsbereichs, um ein einheitliches Verständnis der Ausgangssituation und Zielsetzung dieser wissenschaftlichen Arbeit zu erlangen. Somit werden die ersten beiden Phasen des angewandten Forschungsvorhabens nach ULRICH berücksichtigt. Das Ziel der vorliegenden Arbeit ist die datengestützte Gestaltung des nachhaltigen Werkzeuglebenszyklus. Die Grundlagen des Gestaltungsbereichs sind daher die in Kapitel 2.1 eingeführte Nachhaltigkeit sowie die in Kapitel 2.2 erläuterte digitale Vernetzung. Anschließend erfolgt eine detaillierte Beschreibung des Werkzeuglebenszyklus, welcher ausgehend vom Werkzeugbau den Betrachtungsbereich dieser Arbeit bildet. Aus der Synthese der dargelegten Grundlagen wird abschließend in Kapitel 2.4 der Handlungsbedarf der Praxis für diese Arbeit abgeleitet.

## 2.1 Nachhaltigkeit

Nachhaltigkeit und die damit einhergehende nachhaltige Entwicklung stellt eine zentrale Herausforderung für Industrie und Gesellschaft dar.[61] Unzählige Familien und Gemeinden weltweit sind von Armut betroffen und deren Lebensgrundlagen durch den Klimawandel bedroht. Eine grundlegende Veränderung ist von Nöten, um eine Verschlimmerung dieser Krisen zu verhindern.[62] Erwartungen der Öffentlichkeit sowie staatliche Nachhaltigkeitsziele setzen auch die Industrie zunehmend unter Druck, ihren Beitrag zur nachhaltigen Entwicklung zu leisten und transparent darzulegen.[63] Folglich wird im nachfolgenden Kapitel der Gestaltungsbereich Nachhaltigkeit erläutert. Zunächst wird dafür der Begriff Nachhaltigkeit definiert und die nachhaltige Entwicklung zeitlich eingeordnet. Daraufhin wird das Drei-Säulen Modell erläutert und die einzelnen Dimensionen in Bezug zueinander gesetzt. Weiterhin werden die zentralen Prinzipien und Strategien der nachhaltigen Entwicklung detailliert geschildert, bevor das Kapitel mit der Beschreibung der Nachhaltigkeit in Unternehmen abschließt.

### 2.1.1 Begriffsdefinition und -abgrenzung

Der Begriff Nachhaltigkeit wird in der Literatur und Wissenschaft unterschiedlich verwendet.[64] Für eine eindeutige Definition wird im Folgenden die Entwicklung des Nachhaltigkeitsbegriffs beschrieben, die in Abbildung 2.1 dargestellt ist.

[61] Vgl. Threlfall et al. (Towards net zero), 2020, S. 3.

[62] Vgl. Osranek (Nachhaltigkeit in Unternehmen), 2017, S. 11.

[63] Vgl. Atkinson (Measuring Corporate Sustainability), 2000, S. 235.

[64] Vgl. Otto (Bedeutung nachhaltiger Entwicklung), 2007, S. 21.

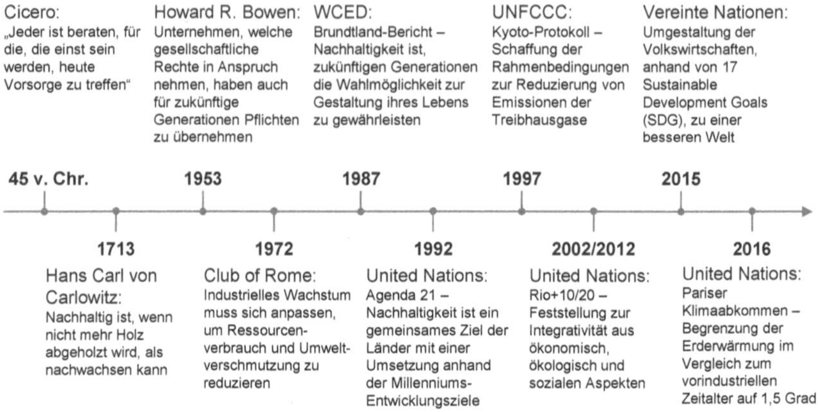


**Abbildung 2.1: Die Entwicklung des Begriffs Nachhaltigkeit**[65]

Das Konzept der Nachhaltigkeit lässt sich bis in das Jahr 45 v. Chr. zurückverfolgen. Der römische Philosoph Marcus Tullius Cicero riet in seinem Werk De finibus bonorum et malorum (deut.: Über das Ende von Gut und Böse), dass „jeder beraten ist, für die, die einst sein werden, heute Vorsorge zu treffen.“[66] Diese zukunftsorientierte Prämisse wurde seitdem ausgebaut und weiterentwickelt. Im Jahr 1713 definiert von Carlowitz die **Nachhaltigkeit** als ein Konzept für ein ausgewogenes Gleichgewicht aus Waldnutzung und Waldaufforstung mit dem Ziel, pro Jahr nicht mehr Bäume abzuholzen, als nachwachsen würden.[67] Die vorhandenen Rohstoffe sollten demnach so verwendet werden, dass diese erhalten bleiben und sich auf natürliche Weise regenerieren können.[68] Bowen entwickelt und erläutert die Idee, dass Geschäftsleute jene Strategien verfolgen, Entscheidungen treffen oder Handlungsweisen befolgen sollten, die im Hinblick auf die Ziele und Werte der Gesellschaft wünschenswert sind.[69]

Diese Arbeit legte den Grundstein für das Konzept der **sozialen Unternehmensverantwortung** (Corporate Social Responsibility; CSR). Heutzutage hat sich die Definition von CSR auf die aktive Gestaltung und Übernahme von Verantwortung gegenüber dem sozialen Umfeld von Unternehmen erweitert. Sie wird somit als ein langfristiges, wertebasiertes Konzept beschrieben, das in einer verantwortungsvollen Weise gegenüber Mensch und Umwelt gelebt wird.[70] Im Jahre 1972 wurde der Nachhaltigkeitsbegriff in der Studie The Limits of Growth des

---

[65] Eigene Darstellung

[66] Vgl. Cicero (Über die Ziele des menschlichen Handelns), 1988.

[67] Vgl. Carlowitz (Sylvicultura oeconomica), 1713, S. 105-107.

[68] Vgl. Marquardt (Nachhaltigkeit und Digitalisierung), 2020, S. 17.

[69] Vgl. Bowen (Social Responsibilities of the Businessman), 1953, S. 6.

[70] Vgl. Schneider; Schmidpeter (Corporate Social Responsibility), 2015, S. 37f.

Club of Rome[71] aufgegriffen. Danach werden die natürlichen Ressourcen bei einem gleichbleibend starken Wirtschaftswachstum bis zum Jahre 2072 erschöpft sein.[72] Der Begriff Nachhaltigkeit steht in diesem eher ökologisch orientierten Zusammenhang für die Schonung der natürlichen Ressourcen.[73]

Erst mit der Veröffentlichung des Berichts Our Common Future im Jahr 1987 begann die Entwicklung des modernen Nachhaltigkeitsbegriffs.[74] Der von der Weltkommission für Umwelt und Entwicklung (WCED, engl.: World Commission on Environment and Development) veröffentlichte, sogenannte **Brundtland-Bericht**, beinhaltet insbesondere die formale politische und allgemeine Definition der nachhaltigen Entwicklung: „Sustainable development is development that meets the needs of the present without compromising the ability of future generations to meet their own needs."[75] Dieses Verständnis, dass die eigenen Bedürfnisse derartig befriedigt werden sollen, sodass folgende Generationen ihre Bedürfnisse gleichermaßen befriedigen können, dient heute noch als Grundlage vieler Handlungsstrategien und Nachhaltigkeitskonzepte.[76]

Das Konzept des Brundtland-Berichts, ökonomische, soziale und ökologische Aspekte gleichberechtigt zu berücksichtigen, dient der United Nations Conference on Environment and Development (UNCED) in Rio de Janeiro im Jahr 1992 als Grundlage, ein Aktionsprogramm für das 21. Jahrhundert auszuarbeiten.[77] Das Ziel der 178 teilnehmenden Staaten war die Überführung der Forderungen und Vorschläge des Brundtland-Berichts in Verträge und Konventionen zur Verringerung ökologischer und gesellschaftlicher Belastungen. Neben der Klimarahmenkonvention und des Übereinkommens zur biologischen Vielfalt war insbesondere das Aktionsprogramm **Agenda 21** das zentrale Ergebnis der Konferenz. Damit verpflichteten sich die Teilnehmerstaaten nationale Nachhaltigkeitsstrategien zu entwickeln, die entwicklungspolitische Ziele wie die Armutsbekämpfung, nachhaltiges Ressourcenmanagement und wichtige Umweltziele, z. B. die Reduzierung des Treibhausgaseffekts, verfolgen sollen.[78] Die lokale Agenda 21 der Bundesregierung weist zudem auf die besondere Rolle der Unternehmen bei der Umsetzung einer nachhaltigen Entwicklung hin. Parallel zur Rio-Konferenz wurde 1992 die **Enquete-Kommission des Deutschen Bundestags** gegründet und erhielt den Auftrag, Bestandsaufnahmen hinsichtlich des damaligen Stands der Nachhaltigkeitsbemühungen durchzuführen, Entwicklungsmöglichkeiten aufzuzeigen, für steigende Akzeptanz in der Gesellschaft zu sorgen sowie gesetzliche und politische Empfehlungen auszusprechen.[79] Das

[71] Der Club of Rome ist eine im Jahr 1968 gegründete informelle, gemeinnützige Organisation, deren Mitglieder aus verschiedenen Berufsgruppen und Nationen stammen und die sich für die nachhaltige Zukunft der Menschheit einsetzt.

[72] Vgl. Meadows et al. (The Limits to Growth), 1972, S. 25-43.

[73] Vgl. Hutter (Nachhaltigkeitsstrategieentwicklung), 2012, S. 21.

[74] Vgl. World Commission on Environment and Development (Our Common Future), 1987.

[75] Vgl. World Commission on Environment and Development (Our Common Future), 1987, S. 16.

[76] Vgl. Hauff (Erfolgsfaktor Nachhaltigkeit), 2011, S. 8-11.

[77] Vgl. Burschel et al. (Betriebswirtschaftslehre der nachhaltigen Unternehmung), 2004, S. 20-22.

[78] Vgl. United Nations (Rio-Erklärung über Umwelt und Entwicklung), 1992.

[79] Vgl. Burschel et al. (Betriebswirtschaftslehre der nachhaltigen Unternehmung), 2004, S. 25-31.

Ergebnis der Arbeit der Kommission war das Konzept Nachhaltigkeit - Vom Leitbild zur Umsetzung, mit dem eine Integration von ökonomischen, ökologischen und sozialen Zielen erreicht werden sollte. Nachhaltigkeit wird dabei nicht als Programm verordnet, sondern als Lernprozess verstanden.[80] Das **Kyoto-Protokoll** wurde 1997 auf der UNITED FRAMEWORK CONVENTION ON CLIMATE CHANGE (UNFCCC, deut.: Klimarahmenkonvention der Vereinten Nationen) verabschiedet und ist nach dem Austragungsort benannt. 170 Staaten, 250 nicht-staatliche Parteien und zahlreiche Industrie-Vertreter nahmen daran teil.[81] Hierbei einigten sich die Teilnehmenden der Konferenz auf eine Reduzierung der Emissionen der Treibhausgase $CO_2$, $CH_4$, $N_2O$, HFCs, PFCs und $SF_6$. Zudem wurden Rahmenbedingungen und Mechanismen zur Reduzierung der Emissionen definiert:[82]

- Beim **Emissionshandel** werden eine maximale Emissionsgrenze eines Schadstoffs politisch festgelegt und Zertifikate ausgegeben, bei der jedes Zertifikat zur Emission einer bestimmten Menge berechtigt. Diese sind frei handelbar und garantieren so, dass Emissionen dort verringert werden, wo die niedrigsten Kosten dafür anfallen.[83]
- Die **Joint Implementation** berechtigt Staaten und Unternehmen dazu, Emissionen in anderen Staaten zu reduzieren, sofern dort für die Reduzierung niedrigere Kosten anfallen. Die Reduktion wird auf die vorgeschriebene, zu reduzierende Emissionsmenge angerechnet.[84]
- Der **Clean Development Mechanism** beschreibt die Durchführung von industriestaatlichen Projekten zur Emissionsvermeidung in Entwicklungsländern.[85]

Der im Jahr 2002 folgende Weltgipfel für nachhaltige Entwicklung in Johannesburg stand insbesondere im Zeichen der Wiederbelebung und Bekräftigung der Ziele der Rio-Konferenz.[86] Die Teilnehmerstaaten wurden auf die Verfolgung der rechtsverpflichtenden Vorgaben des Kyoto-Protokolls hingewiesen.[87] Damit einhergehend führte die deutsche Bundesregierung die erste nationale Nachhaltigkeitsstrategie ein, welche seitdem alle vier Jahre aktualisiert wird.[88] Weitere zehn Jahre später fand die Konferenz **Rio+20** statt, bei der die Vereinten Nationen die bisher umgesetzten Nachhaltigkeitsziele evaluiert und auf dessen Grundlage die Herausforderungen und Ziele in dem Konzept **Green Economy** neu definiert haben. Die Abschusserklärung enthält einerseits eine Vision über die zukünftige nachhaltige Entwicklung und andererseits eine Feststellung über die Integrativität aus ökonomischen, ökologischen und sozialen Aspekten. Diese bilden die Grundlage für die später definierten Sustainable Development Goals (SDGs).[89] Folglich wurde im Jahr 2015 beim UN-Nachhaltigkeitsgipfel in New York die

[80] Vgl. Enquete-Kommission (Konzept Nachhaltigkeit), 1998, S. 18.
[81] Vgl. Schmidt (Grenzen des Wachstums und Nachhaltigkeit), 2005.
[82] Vgl. United Nations Framework Convention on Climate Change (Kyoto Protocol), 1997, S. 15-19.
[83] Vgl. Burschel et al. (Betriebswirtschaftslehre der nachhaltigen Unternehmung), 2004, S. 178f.
[84] Vgl. United Nations (Joint implementation), 2021.
[85] Vgl. Burschel et al. (Betriebswirtschaftslehre der nachhaltigen Unternehmung), 2004, S. 178f.
[86] Vgl. Fischer (Corporate Sustainability Governance), 2017, S. 62f.
[87] Vgl. United Nations Framework Convention on Climate Change (Kyoto Protocol), 1997, S. 12-30.
[88] Vgl. Andes et al. (Methodensammlung zur Nachhaltigkeitsbewertung), 2019, S. 7.
[89] Vgl. United Nations (Rio+20), 2012, S. 2-9.

**Agenda 2030** zur nachhaltigen Entwicklung erarbeitet. Daraus resultieren die 17 SDGs mit ihren 169 Unterzielen, deren Bestreben eine weltweit ökonomische, ökologische und soziale Entwicklung ist. Die einzelnen SDGs sind voneinander unabhängig und sollen bis 2030 sowohl von Industrie- als auch von Entwicklungsländern durch die Implementierung politischer Maßnahmen und Vorgaben erreicht werden. Für die Bewertung der Umsetzung wurden 232 globale Indikatoren festgelegt.[90]

**Abbildung 2.2: Die 17 Sustainable Development Goals**[91]

Aufbauend auf dem Kyoto-Protokoll, welches im Jahr 2020 ausgelaufen ist, vereinbarten die Vertragsparteien der Klimarahmenkonvention das **Übereinkommen von Paris**. Dort einigten sich die Mitgliedstaaten der UN darauf, die Erderwärmung im Vergleich zum vorindustriellen Zeitalter auf 1,5 Grad Celsius zu begrenzen, da dies die Risiken des Klimawandels deutlich vermindern würde. Bislang wurde das Klimaabkommen von 189 der 193 Mitgliedstaaten ratifiziert.[92]

Seit der erstmaligen Erwähnung von VON CARLOWITZ hat das Verständnis des Nachhaltigkeitsbegriffs eine starke Veränderung durchlaufen. Es gibt heute noch verschiedenste Auffassungen, sodass Nachhaltigkeit als Sammelbegriff für bereits bekannte Themenkomplexe wie Naturschutz, integrierte Produktpolitik und Technikfolgenabschätzungen dient. Jedoch wird die zeitliche Komponente der Entwicklung stärker als in bisherigen Betrachtungsweisen berücksichtigt.[93] Für die vorliegende Arbeit wird unter den Begriffen der Nachhaltigkeit und der nachhaltigen Entwicklung ein Prinzip verstanden, mit welchem wirtschaftliche Effizienz, ökologische Tragfähigkeit sowie soziale Gerechtigkeit gleichermaßen berücksichtigt werden. Dabei sollen die 17 SDGs berücksichtigt und in Hinblick auf diese gewirtschaftet werden.

[90] Vgl. United Nations (Transforming our world), 2015, S. 14-27.
[91] I. A. a. United Nations (Transforming our world), 2015, S. 14-27.
[92] Vgl. United Nations Framework Convention on Climate Change (Paris agreement), 2021.
[93] Vgl. Herrmann (Ganzheitliches Life Cycle Management), 2010, S. 48.

### 2.1.2 Drei-Säulen-Modell der Nachhaltigkeit

Das Drei-Säulen-Modell der Nachhaltigkeit hat sich im Rahmen der Diskussion zur Umsetzung einer nachhaltigen Entwicklung etabliert und wird sowohl von Politik als auch Wissenschaft anerkannt und unterstützt. Hierbei handelt es sich um eine neue, integrative Betrachtung des Wachstumsbegriffs, welcher sich bisher lediglich auf rein ökonomische Ziele beschränkte. Das Mitte der 1990er Jahre von ELKINGTON entwickelte Drei-Säulen-Modell berücksichtigt weiterhin das ökonomische Wachstum, jedoch im Einklang mit und nicht auf Kosten der beiden neuen Wachstumsdimensionen Ökologie und Soziales.[94] Neben der offensichtlichen Übernutzung des Ökosystems und den daraus resultierenden Schäden bis hin zum potenziellen Zusammenbruch, existieren solche Belastungsgrenzen ebenso für Ökonomie und Soziales. Um einem Abwägungsprozess bezüglich der Priorität einzelner Maßnahmen hinsichtlich ökonomischer, ökologischer und sozialer Ziele vorzubeugen, werden die drei Säulen als gleichwertig betrachtet.[95] Da die drei Dimensionen miteinander verknüpft sind, ist die Säulendarstellung oftmals missverständlich. Daher wird häufig die Darstellung der drei Dimensionen in einem Schnittmengen-Modell oder einem Nachhaltigkeitsdreieck gewählt (vgl. Abbildung 2.3).

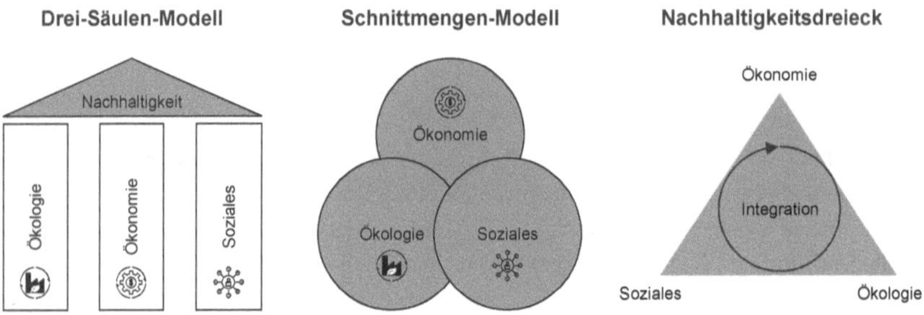


**Abbildung 2.3: Drei-Säulen-Modell und Schnittmengen-Modell[96]**

Die einzelnen Dimensionen Ökonomie, Ökologie und Soziales werden nachfolgend näher erläutert.

#### 2.1.2.1 Ökonomie

Nach einstimmiger wissenschaftlicher Meinung ist das übergreifende Ziel des wirtschaftlichen Wachstums weiterhin für die langfristige weltweite Entwicklung notwendig. Dieses Wachstum wird bei Staaten bspw. anhand des Bruttoinlandsprodukts (BIP) oder in Unternehmen anhand des Umsatzes bzw. des Eigenkapitels gemessen.[97] Im Rahmen des Drei-Säulen-Modells der nachhaltigen Entwicklung darf Wachstum jedoch nicht mehr ausschließlich am BIP bzw. am

[94] Vgl. Elkington (The Tripple Bottom Line), 1997, S. 70-74.
[95] Vgl. Kropp (Grundlagen der nachhaltigen Entwicklung), 2019, S. 11.
[96] Vgl. Marquardt (Nachhaltigkeit und Digitalisierung), 2020, S. 20f.; Elkington (The Tripple Bottom Line), 1997, S. 70-74.
[97] Vgl. Enquete-Kommission (Konzept Nachhaltigkeit), 1998, S. 32-37.

Umsatz und Marktwert gemessen werden. Die **ökonomische Dimension** berücksichtigt vielmehr die Wirtschaftlichkeit. Dies beschreibt eine Wirtschaftsweise, die sowohl die Grundbedürfnisse befriedigt als auch gleichzeitig die ökologischen und sozialen Anforderungen erfüllt und sicherstellt. Es wird auf eine derartige betriebswirtschaftliche Nutzung eines Systems angezielt, dass z. B. eine Organisation ihre wesentlichen Eigenschaften bewahren kann und damit der wirtschaftliche Fortbestand gesichert ist.[98] Dies umfasst eine Schonung von Ressourcen und Vermeidung von Schulden sowie von Schäden, welche die folgende Generation potenziell belasten können.[99] Nach VORNHOLZ ist die Aufrechterhaltung einer ausreichenden bzw. gewünschten Lebensqualität als ökonomisches Nachhaltigkeitsziel zu nennen.[100] Um die beschriebenen Ziele zu erreichen, geht die ökonomische Nachhaltigkeit von der klassischen Wachstumstheorie aus. In deren Kernaussage ist ein steigendes Pro-Kopf-Wachstum langfristig nur durch umweltorientierten technischen Fortschritt möglich.[101]

#### 2.1.2.2 Ökologie

Die zweite Säule des Drei-Säulen-Modells, die **Ökologie**, wird seit Beginn der Nachhaltigkeitsdebatte angesichts des Klimawandels und drohender irreparabler Schäden des Ökosystems von der Politik und von Unternehmen in den Vordergrund gestellt.[102] Übergeordnete Ziele sind die Ressourcenschonung im Sinne von verantwortungsvoller Nutzung nicht erneuerbarer und erneuerbarer Ressourcen. DYBE schlägt Einsparungen bei Material, Wasser und Energie bei gleichzeitiger Steigerung der Energieeffizienz durch Substitution alter Technologien vor.[103] Gleichermaßen sollen Emissionen und Abfälle die Aufnahmefähigkeit der Umwelt nicht übersteigen.[104] Die ENQUETE-KOMMISSION fordert die Reduktion des Ressourcenverbrauchs regenerativer Rohstoffe bis maximal zur Regenerationsfähigkeit des betreffenden Stoffes. Nichtregenerative Rohstoffe sollen maximal bis zur Substitutionsfähigkeit durch regenerative Stoffe genutzt werden. Aus der Erfüllung ökologischer Ziele können anschließend möglicherweise ökonomische Vorteile durch Kostenersparnisse und Zertifikatshandel gezogen werden. Daraus werden konkrete strategische Zielvorgaben, wie z. B. Reduktion von $CO_2$-Emissionen oder Stromeinsparungen in Höhe von 30 %, formuliert.[105]

#### 2.1.2.3 Soziales

Neben den ökonomischen Wachstumszielen und paralleler Berücksichtigung ökologischer Gesichtspunkte beim Wirtschaften wird das Drei-Säulen-Modell von der **sozialen** Dimension komplettiert. Hierunter werde sämtliche die Gesellschaft betreffende Aspekte – regional wie

---

[98] Vgl. Pufé (Nachhaltigkeit), 2017, S. 101.

[99] Vgl. Kropp (Grundlagen der nachhaltigen Entwicklung), 2019, S. 11f.

[100] Vgl. Vornholz (Ökonomie und Sustainable Development), 1997, S. 47.

[101] Vgl. Hauff; Kleine (Nachhaltige Entwicklung), 2014, S. 18-27.

[102] Vgl. Grunwald; Kopfmüller (Nachhaltigkeit), 2012, S. 54-58.

[103] Vgl. Dybe (Die ökonomische Säule der Nachhaltigkeit), 2000, S. 25-30.

[104] Vgl. Grunwald; Kopfmüller (Nachhaltigkeit), 2012, S. 54-58.

[105] Vgl. Enquete-Kommission (Konzept Nachhaltigkeit), 1998, S. 46.

überregional, unternehmensintern sowie -extern – verstanden. Oftmals werden das Wohlbefinden bzw. die Lebensqualität der Gesellschaft ausschließlich anhand von monetären Aspekten definiert. Die soziale Nachhaltigkeit ist jedoch weitaus tiefgreifender.[106] Übergeordnete liegen die Schwerpunkte auf den Aspekten Gleichheit, soziale Sicherheit, Friede und dem demographischen Wandel.[107] Für die Umsetzung sind verschiedene Ziele, wie z. B. Bekämpfung von Armut, Steigerung von Chancengleichheit, Geschlechtergleichstellung, Reduzierung von Diskriminierung aufgrund von Geschlecht, Rasse und Religion sowie das Verhindern von Kriegen, festgelegt.[108] Diese, unter dem Begriff soziale Inklusion zusammengefassten Ziele, beschreiben die weltweiten sozialen Differenzen und verpflichten die Gesellschaft, Verteilungsprobleme im Sinne der nachhaltigen Entwicklung mit Ökonomie sowie Ökologie zu lösen.[109]

### 2.1.3 Prinzipien und Strategien der nachhaltigen Entwicklung

Ein standardisiertes Vorgehen zur Operationalisierung der nachhaltigen Entwicklung ist, nicht zuletzt aufgrund der Unschärfe des Nachhaltigkeitsbegriffs, nicht möglich. Daher wurden in der Umweltpolitik aus etablierten Werkzeugen zur Erfassung, Bewertung und Optimierung von Umweltauswirkungen, Wirtschaftlichkeit und sozialen Kriterien Prinzipien formuliert, mithilfe deren individuelle Lösungen für Unternehmen erarbeitet werden können (vgl. Abbildung 2.4).[110]

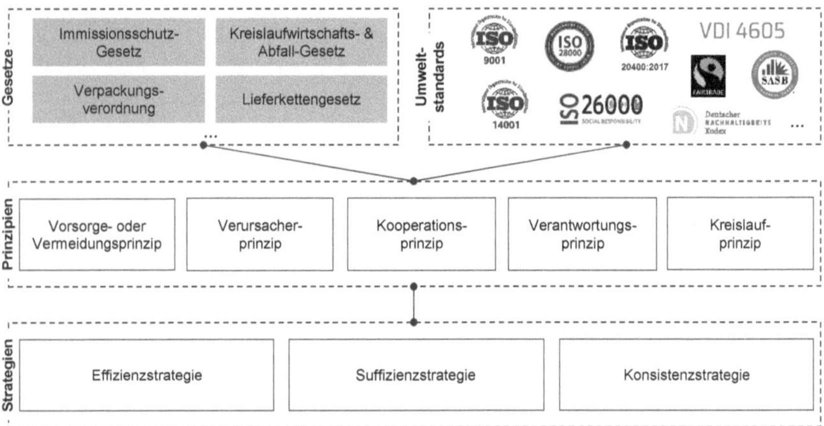


**Abbildung 2.4: Strategien und Prinzipien einer nachhaltigen Entwicklung**[111]

[106] Vgl. Sachs (The age of sustainable development), 2015, S. 12.

[107] Vgl. Littig; Grießler (Soziale Nachhaltigkeit), 2004, S. 21f.

[108] Vgl. Kropp (Grundlagen der nachhaltigen Entwicklung), 2019, S. 11.

[109] Vgl. Pufé (Nachhaltigkeit), 2017, S. 102.

[110] Vgl. Fichter (Schritte zum nachhaltigen Unternehmen), 1998, S. 15-20; Herrmann (Ganzheitliches Life Cycle Management), 2010, S. 48-51.

[111] I. A. a. Herrmann (Ganzheitliches Life Cycle Management), 2010, S. 49.

Im Rahmen des **Vorsorge- oder Vermeidungsprinzips** sollen durch geeignete Maßnahmen, wie z. B. vorausschauende Planung und eine dem Stand der Technik entsprechende Begrenzung von Emissionen, vermeidbare oder hinsichtlich ihrer langfristigen Folgen nicht absehbare Umweltbeeinträchtigungen möglichst ausgeschlossen werden. Damit handelt es sich um einen vorsorgenden Grundsatz, der eine möglichst intakte Umwelt für Folgegenerationen erhalten soll. Das **Verursacherprinzip** strebt an, die Kosten zur Vermeidung, zur Beseitigung oder zum Ausgleich von Umweltbelastungen dem Verursacher zuzurechnen. Damit soll eine volkswirtschaftlich sinnvolle und schonende Nutzung der Umwelt erreicht werden. Am Verursacherprinzip orientieren sich umweltpolitische Maßnahmen wie Umweltabgaben (z. B. Abwasserabgabe), Umweltauflagen in Form von Verfahrens- oder Produktnormen (z. B. Verordnung über Großfeuerungsanlagen) und freiwillige Maßnahmen (z. B. Öko-Audit). Beim **Kooperationsprinzip** sollen staatliche sowie gesellschaftliche Kräfte (Bürger, Gewerkschaften, Umweltorganisationen, Wissenschaft etc.) möglichst einvernehmlich bei der Verwirklichung umweltpolitischer Ziele mitwirken. So sollen bspw. Bürger in die Planungsprozesse städtischer Infrastruktur eingebunden werden. Dies soll im Rahmen der rechtlichen Möglichkeiten und in geeigneter Form geschehen, um das Umweltbewusstsein zu stärken und eine Intensivierung der Umweltschutzanstrengungen zu erreichen.[112] Im Rahmen des **Verantwortungsprinzips** setzt sich ein nachhaltiges Unternehmen in seiner Funktion als normative gesellschaftliche Instanz kritisch mit den Leitbildern von Kunden und Lebensstilen der Verbraucher auseinander und trägt somit zur Beschränkung bei. Das **Kreislaufprinzip**, oftmals auch Modell der Circular Economy genannt, zeigt die vielfältigen Interdependenzen zwischen ökologischen und ökonomischen Systemen auf und leitet daraus Bedingungen für eine dauerhafte Erhaltung der natürlichen Umwelt ab.[113]

Neben den genannten Prinzipien existieren insbesondere drei Strategien, mithilfe derer eine nachhaltige Entwicklung erreicht werden soll:[114]

- **Effizienzstrategie**: Die Effizienzstrategie ist auf die Produktivität von Ressourcen ausgerichtet und projiziert somit das Prinzip des Kosten-Nutzen-Verhältnisses auf ökologische Zusammenhänge. Mit einem möglichst geringen Einsatz an Ressourcen und Ausstoß an Schadstoffen soll möglichst effizient entwickelt und produziert werden. Ein zentraler Ansatz der Effizienzstrategie ist die Steigerung der Langlebigkeit von Produkten, z. B. durch den Einsatz leicht reparier- und demontierbarer Komponenten sowie einer modularen Bauweise.[115]
- **Suffizienzstrategie**: Die Suffizienzstrategie fokussiert einen geringen Ressourcenverbrauch durch eine Verringerung der Nachfrage nach Gütern. Jeder Konsument muss daher seinen Lebensstil kritisch hinterfragen, um ggf. durch Verzicht die Umweltverträglichkeit zu erhöhen. Mit beiden genannten Strategien sollen die Stoffströme

[112] Vgl. Bundesrepublik Deutschland (Prinzipien der Umweltpolitik), 1971.

[113] Vgl. Herrmann (Ganzheitliches Life Cycle Management), 2010, S. 49f.

[114] Vgl. Fischer (Bildung für nachhaltige Entwicklung), 2015, S. 21-24; Kurz (Nachhaltige Entwicklung als gesellschaftliche und wirtschaftliche Herausforderung), 1998, S. 66-72.

[115] Vgl. Stahel (Die Langlebigkeit von Produkten), 1997, S. 123.

einer Wirtschaft reduziert werden, weshalb die beiden Strategien oftmals miteinander verknüpft werden.

- **Konsistenzstrategie**: Die Konsistenzstrategie richtet sich auf naturverträgliche Technologien, welche die Stoffe und Leistungen der Ökosysteme nutzen ohne diese zu zerstören. Somit sollen Ökologie und Ökonomie durch eine Übereinstimmung der anthropogenen Stoff- und Energieströme mit den Stoffwechselprodukten der umgebenden Natur vereint werden.[116]

Alle drei beschriebenen Strategien sind theoretisch gemeinsam anwendbar und schließen sich gegenseitig nicht aus. Nur wenn Unternehmen naturverträgliche, technische Neuerungen mit einer Veränderung des Handelns vereinbaren, lässt sich eine nachhaltige Entwicklung vollends erreichen.

### 2.1.4 Nachhaltigkeit in Unternehmen

Unternehmen beeinflussen die weltweite angestrebte nachhaltige Entwicklung maßgeblich.[117] Durch ihre Investitions-, Produktions- und Prozessentscheidungen, Forschungsaktivitäten sowie Aus- und Weiterbildungsmaßnahmen beeinflussen sie unmittelbar die ökologische und soziale Umwelt. Des Weiteren wirken sie durch Werbung auf den gesellschaftlichen Konsum- und Lebensstil ein und beeinflussen zusätzlich durch Gremien- und Lobbyarbeit politische Entscheidungen.[118] Neben der intrinsischen Motivation einer nachhaltigen Entwicklung sorgen die Veränderung im Wettbewerb und in Gesetzgebung für steigenden Veränderungsdruck auf die Unternehmen und somit den Werkzeugbau. Insbesondere der Kapitalmarkt fordert, durch die Integration des Faktors Nachhaltigkeit in die Unternehmensbewertung, die nachhaltige Entwicklung.[119] Der Einfluss des Kapitalmarktes sowie die Umsetzung von Nachhaltigkeit im Unternehmen wird in Form des Corporate Sustainability Modells nachfolgend erläutert.

Aufgrund des dargelegten Einflusses von Unternehmen auf die allgemeine nachhaltige Entwicklung sind diese dazu angehalten, sich an dem Drei-Säulen-Modell – sowohl bei internen als auch externen Angelegenheiten – zu orientieren und dieses zu adaptieren. Für eine ergänzende Berücksichtigung von Stakeholdern, ethischen Aspekten sowie der Berichtserstattung kann nach SCHALTEGGER ET AL. und WILSON das Corporate Sustainability (CS) Modell verwendet werden. Das in Abbildung 2.5 dargestellte Modell wird auch als Modell der unternehmerischen Nachhaltigkeit bezeichnet.[120] Das Ziel der Corporate Sustainability ist unternehmerische Prozesse so auszulegen, dass durch die Berücksichtigung ökonomischer, ökologischer und sozialer Aspekte ein positiver Einfluss auf eine nachhaltige Entwicklung in der Gesellschaft

---

[116] Vgl. Herrmann (Ganzheitliches Life Cycle Management), 2010, S. 50f.

[117] Vgl. Klesper (Technologien für eine bessere Welt), 2019, S. 689.

[118] Vgl. Grunwald; Kopfmüller (Nachhaltigkeit), 2012, S. 182f.

[119] Vgl. Kell (The Remarkable Rise Of ESG), 2018.

[120] Vgl. Wilson (Corporate sustainability), 2003, S. 1; Schaltegger (Von CSR zu Corporate Sustainability), 2011, S. 189-195.

ausgeübt wird.[121] Das Corporate Sustainability Modell ist eine Kombination aus dem Sustainable Development Modell, dem Corporate Social Responsibility Modell (CSR), der Stakeholder Theorie und dem Corporate Accountability Modell.[122]

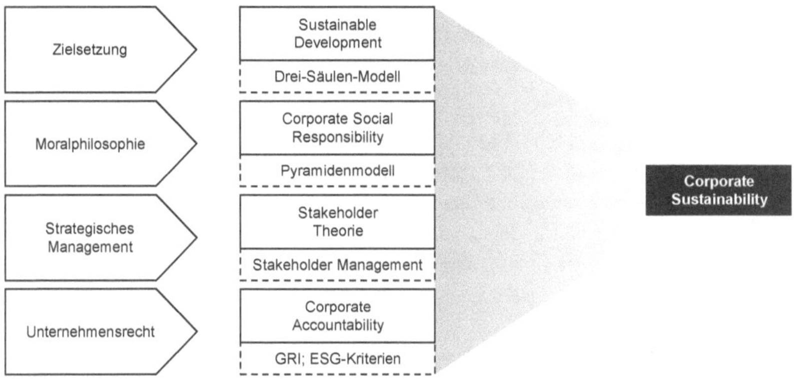


**Abbildung 2.5: Das Corporate Sustainability Modell[123]**

### 2.1.4.1 Sustainable Development

Beim Konzept der **Sustainable Development** wird der Schwerpunkt auf eine Kombination von Wirtschaftswachstum mit ökologischen und sozialen Aspekten gelegt. Die Implementierung der drei Dimensionen der Nachhaltigkeit birgt nach SCHALTEGGER ET AL. insgesamt sechs zentrale Herausforderungen für Unternehmen.[124]

Die erste Herausforderung, die **ökonomische Effektivität**, adressiert das Erreichen eines möglichst positiven ökonomischen Ergebnisses und nimmt damit in der nachhaltigen Entwicklung eine bedeutende Rolle ein.[125] Die ökologische Nachhaltigkeitsherausforderung bezieht sich auf die Belastung der Ökosysteme durch wirtschaftliche Aktivitäten des Unternehmens. Die Herausforderung für Unternehmen besteht darin, ihre direkt und indirekt verursachten Umweltbelastungen, in Form von Ressourcenverbrauch, Emissionen und Abfällen, zu reduzieren. Das Erfolgskriterium zur Beurteilung, wie ein Unternehmen der Herausforderung begegnet, ist die **ökologische Effektivität** (Öko-Effektivität). Hierbei wird durch Effektivität generell der Zielerreichungs- oder Wirkungsgrad beschrieben. Die Öko-Effektivität misst demnach den Grad der absoluten Umweltverträglichkeit, d. h., wie gut das angestrebte Ziel der Minimierung negativer Umwelteinwirkungen erreicht wurde.[126] Die soziale Herausforderung umfasst alle Maßnahmen eines Unternehmens als gesellschaftlich eingebettete Institution zur Vermeidung ne-

[121] Vgl. Schaltegger (Von CSR zu Corporate Sustainability), 2011, S. 189.
[122] Vgl. Wilson (Corporate sustainability), 2003, S. 2.
[123] I. A. a. Wilson (Corporate sustainability), 2003, S. 2.
[124] Vgl. Schaltegger et al. (Nachhaltigkeitsmanagement in Unternehmen), 2007, S. 12-14.
[125] Vgl. Schaltegger et al. (Nachhaltigkeitsmanagement in Unternehmen), 2007, S. 12.
[126] Vgl. Schaltegger et al. (Nachhaltigkeitsmanagement in Unternehmen), 2007, S. 15.

gativer sowie zur Erhöhung positiver sozialer Wirkungen. Hierzu zählen bspw. faire Entlohnung der Mitarbeitenden, Gleichberechtigung von Geschlechtern, faire Arbeitsbedingungen sowie die Reduktion von Gesundheits- und Sicherheitsrisiken am Arbeitsplatz. Gleichermaßen sind auch außerbetriebliche Aspekte, wie z. B. kulturelles Engagement oder Korruptionsbekämpfung, von Bedeutung. Die **soziale Effektivität**, bzw. Sozio-Effektivität, beschreibt somit den Grad der wirksamen Erfüllung sozialer Anliegen.[127]

Oftmals sind ökonomische, ökologische und soziale Herausforderungen miteinander verknüpft. Insbesondere, da durch wirtschaftliches Handeln ökonomische Herausforderungen an das Umwelt- und Sozialmanagement gestellt werden. Somit wird die traditionelle ökonomische Herausforderung der Steigerung des Unternehmenswertes und der Erhöhung der Rentabilität von Produkten und Dienstleistungen um die möglichst wirtschaftliche Gestaltung des Umwelt- und Sozialmanagements erweitert. Die resultierenden Anforderungen sind die Öko- sowie die Sozio-Effizienz.[128] Im Allgemeinen beschreibt Effizienz das Verhältnis von erwünschten zu unerwünschten Wirkungen.[129] Somit beschreibt die **Öko-Effizienz** das Verhältnis von Wertschöpfung zu Umweltbelastung bzw. **Sozio-Effizienz** das Verhältnis von Wertschöpfung zu sozialem Schaden. So können z. B. durch gesteigerte Ressourcen- und Energieeffizienz von Produkten, neben einer geringeren Ressourcenbelastung zusätzlich Kostenreduzierungen gewährleistet werden (Öko-Effizienz). Gleichermaßen kann die Verbesserung der Arbeitsverhältnisse für Mitarbeitende eine Steigerung der Produktivität bewirken.[130] Eine Steigerung der Öko- und Sozio-Effizienz ist allerdings nicht gleichbedeutend mit einer Steigerung der Öko- und Sozio-Effektivität. Somit ist eine gleichberechtigte Berücksichtigung aller beschriebenen Herausforderungen für eine nachhaltige Entwicklung eines Unternehmens notwendig. Das Ziel der **Integrationsherausforderung** ist die Einbettung des Umwelt- und Sozialmanagements in das konventionelle ökonomische Management. Die beschriebenen Zusammenhänge sind in Abbildung 2.6 visualisiert.[131]

---

[127] Vgl. Schaltegger et al. (Nachhaltigkeitsmanagement in Unternehmen), 2007, S. 16.

[128] Vgl. Schaltegger et al. (Nachhaltigkeitsmanagement in Unternehmen), 2007, S. 12.

[129] Vgl. Feess (Effizienz), 2018.

[130] Vgl. Schaltegger et al. (Nachhaltigkeitsmanagement in Unternehmen), 2007, S. 16f.

[131] Vgl. Schaltegger et al. (Nachhaltigkeitsmanagement in Unternehmen), 2007, S. 18.

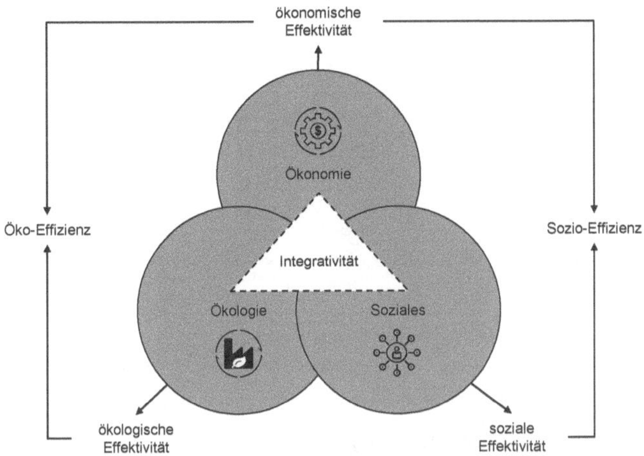


**Abbildung 2.6: Nachhaltigkeitsherausforderungen in Unternehmen**[132]

#### 2.1.4.2 Corporate Social Responsibility

Das Konzept der **Corporate Social Responsibility (CSR)** beschreibt die Verantwortung von Unternehmen gegenüber der Gesellschaft, rechtliche und moralische Richtlinien in Bezug auf Nachhaltigkeit einzuhalten. Das Ziel des moralphilosophischen Ansatzes ist eine Reduzierung negativer Auswirkungen ökologischer und sozialer Bereiche unter Einbezug von ökonomischen Aspekten sowie Interessen der Stakeholder.[133] Dabei stehen die Berücksichtigung von ethischen Aspekten sowie das verantwortungsvolles Streben nach einer nachhaltigen Entwicklung im Vordergrund.[134] CARROLL unterteilt CSR in seinem Pyramidenmodell in wirtschaftliche, rechtliche, ethische und philanthropische Verantwortlichkeiten. Das Modell ist in Abbildung 2.7 dargestellt. Die ökonomische Leistungsfähigkeit stellt die Grundlage für die anderen Verantwortungen dar, steht jedoch gleichzeitig im kritischen Spannungsverhältnis zu diesen, da eine Steigerung der Wirtschaftlichkeit häufig zu Lasten der anderen Verantwortlichkeiten führt. Durch die gesetzliche Verantwortung werden die Unternehmen dazu bewegt, geltende Gesetze einzuhalten sowie gerecht und fair gegenüber ihren Stakeholdern zu handeln. Die ethischen und philanthropischen Verantwortungen umfassen die Achtung vorherrschender, moralischer Vorstellungen und formulieren die Erwartungen an Unternehmen, finanzielle sowie personelle Ressourcen für eine Verbesserung der Lebensqualität der Gesellschaft bereitzustellen.[135] Subsumierend wird durch CSR unternehmerische Nachhaltigkeit gefördert, da

[132] I. A. a. Schaltegger et al. (Nachhaltigkeitsmanagement in Unternehmen), 2007, S. 14.

[133] Vgl. Marquardt (Nachhaltigkeit und Digitalisierung), 2020, S. 33.

[134] Vgl. Kleinfeld; Martens (CSR und Compliance), 2018, S. 11.

[135] Vgl. Carroll (The Pyramid of CSR), 1991, S. 42.

eine ethische Verpflichtung für die Umsetzung einer nachhaltigen Entwicklung im Unternehmen gewährleistet werden kann.[136]

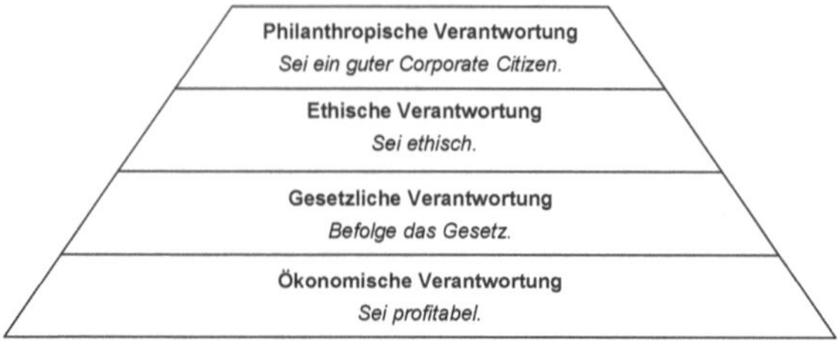


**Abbildung 2.7: CSR-Pyramidenmodell nach CARROLL[137]**

#### 2.1.4.3 Stakeholder-Theorie

Weiterhin wird die Corporate Sustainability durch den strategischen Managementansatz der **Stakeholder-Theorie** beeinflusst. Als Stakeholder werden jede Gruppe bzw. jede Person einer Organisation, respektive Unternehmen, beschrieben, die durch ihr Handeln die unternehmerischen Ziele beeinflussen können oder von ihr beeinflusst werden.[138] Dazu gehören bspw. Mitarbeitende, Kunden, Lieferanten und die Gesellschaft. Die einzelnen Stakeholdergruppen unterscheiden sich in der Gültigkeit ihrer Ansprüche, in der Fähigkeit das Unternehmen zu beeinflussen und in der Aktualität ihrer Erwartungen.[139] Die Aufgaben eines Unternehmens sind es entsprechend, die Erwartungen der Stakeholder bestmöglich zu erfüllen sowie die Prozesse und Produkte dahingehend auszurichten. Dies gewährleistet eine gesteigerte Wettbewerbsfähigkeit.[140] So schätzen ca. 53 % der befragten Geschäftsführenden den Einfluss von Kunden auf die nachhaltige Entwicklung als am höchsten ein, gefolgt von den Mitarbeitenden mit 44 %. Neben der nationalen Politik, welche Unternehmen mithilfe von Anreizsystemen zur Umsetzung eines nachhaltigen Managements bewegen möchte, nehmen auch die Gesellschaft sowie sogenannte Nichtregierungsorganisationen (NGOs; engl.: Non-Governmental Organizations) eine wichtige regulierende Rolle ein.[141] Insbesondere NGOs schaffen – oftmals unterstützt durch Medien und soziale Netzwerke – Transparenz und decken durch Kampagnen und Initiativen Missstände auf. Somit wird Druck auf Unternehmen ausgeübt, da potenzielle Imageschäden drohen.[142] Die nachfolgende Abbildung 2.8 zeigt den Stakeholder-Einfluss auf Nachhaltigkeit von Unternehmen.

---

[136] Vgl. Wilson (Corporate sustainability), 2003, S. 3.

[137] I. A. a. Carroll (The Pyramid of CSR), 1991, S. 42.

[138] Vgl. Freeman (Stakeholder theory), 2010, S. 3-10.

[139] Vgl. Carroll (Corporate social responsibility), 2015, S. 92.

[140] Vgl. Parmar et al. (Stakeholder Theory), 2010, S. 405-410.

[141] Vgl. UN Global Compact (CEO Study on Sustainability), 2019.

[142] Vgl. Mayer (Nachhaltigkeit), 2020b, S. 21.

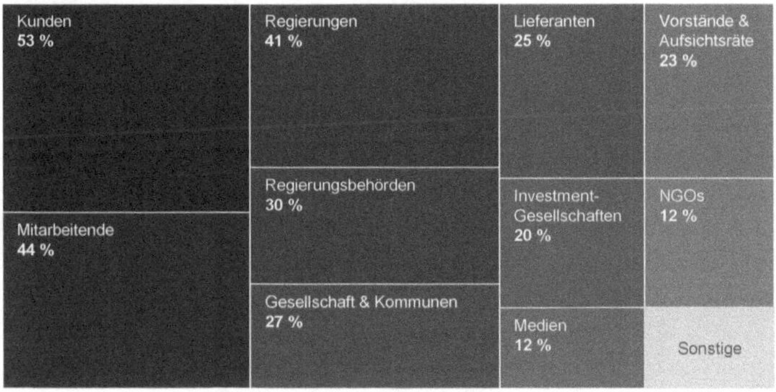


**Abbildung 2.8: Stakeholder-Einfluss auf die Nachhaltigkeit von Unternehmen**[143]

#### 2.1.4.4 Corporate Accountability

Abschließend wird anhand des **Corporate Accountability**-Modells die Rechenschaftspflicht des Unternehmens definiert. Diese beschreibt eine rechtliche oder ethische Verpflichtung des Unternehmens, über das eigene Handeln zu berichten. So berichten Unternehmen über ökonomische, ökologische sowie soziale Aktivitäten und Auswirkungen in einem Sustainability Report und schaffen somit eine transparente Darstellung für Stakeholder.[144] Dieser Sustainability Report beinhaltet diverse, den Dimensionen der Nachhaltigkeit zugeordnete Kennzahlen, die oftmals auf Nachhaltigkeitsberichtsstandards, wie z. B. den Global Reporting Initiatives (GRI) Standards, basieren.[145] Neben den in den GRI-Standards enthaltenen Indikatoren werden Unternehmen insbesondere am Kapitalmarkt vermehrt anhand der sogenannten FESG-Kriterien (Finance, Environment, Social, Governance) bewertet. Während die finanziellen (F), ökologischen (E) sowie sozialen (S) Kriterien die bereits im Drei-Säulen-Modell beschriebenen Dimensionen definieren, wird unter der Governance (G) die nachhaltige Unternehmensführung verstanden.[146] Diese beinhaltet insbesondere die Aspekte der Unternehmensstruktur, Regulatorik sowie der Unternehmensethik.[147] Dabei liegt die Zielsetzung auf der Förderung von nachhaltigen Strukturen sowie der Bewertung der Umsetzung von Regularien und Richtlinien (Compliance).[148] Die Berücksichtigung dieser Kriterien bei der Unternehmensbewertung ermöglicht insbesondere Investoren eine Investition in bewusst agierende Unternehmen. Der ehemalige UN-Generalsekretär ANNAN legt dar, dass eine Integration der FESG-Kriterien in die Kapitalmärkte wirtschaftlich sowie gesellschaftlich sinnvoll ist und gleichzeitig nachhaltige Märkte gewährleistet.[149] So belegen Studien, dass Unternehmen, die besonders nachhaltig

[143] I. A. a. UN Global Compact (CEO Study on Sustainability), 2019, S. 25.
[144] Vgl. Wilson (Corporate sustainability), 2003, S. 4f.
[145] Vgl. Global Reporting Initiative (About GRI), 2022; Kleinfeld; Martens (CSR und Compliance), 2018, S. 11.
[146] Vgl. Haberstock (ESG-Kriterien), 2019.
[147] Vgl. Henisz et al. (Five ways that ESG creates), 2019, S. 1.
[148] Vgl. Kleinfeld; Martens (CSR und Compliance), 2018, S. 8.
[149] Vgl. UN Global Compact (Who Cares Wins), 2004.

agieren, einen höheren Aktienanstieg erzielen als weniger nachhaltig agierende Unternehmen. Verglichen wurden dabei solche Unternehmen, die freiwillig Richtlinien zur Nachhaltigkeit verfolgten bzw. solche, die es nicht taten.[150] Nach HENISZ hat die Steigerung der Nachhaltigkeit unter Berücksichtigung der FESG-Kriterien mehrere Vorteile. So können Unternehmen durch eine hohe Fokussierung der FESG-Kriterien neue Märkte erschließen bzw. in bestehenden Märkten expandieren. Eine Vielzahl von Regierungen und Behörden erteilen Genehmigungen und Lizenzen auf Grundlage von Nachhaltigkeitskennzahlen. Bei gleichen Leistungsstandards bevorzugen Kunden zudem oftmals nachhaltigere Unternehmen. Weiterhin kann insbesondere durch eine verbesserte soziale Nachhaltigkeit die Zufriedenheit der Mitarbeitenden und somit die Produktivität dieser gesteigert werden. Durch Investitionen in nachhaltige Konzepte kann zudem langfristig die Investitionsrendite erhöht werden, da z. B. regulatorische Kosten auf Emissionen voraussichtlich steigen werden.[151]

## 2.2 Digitale Vernetzung

Die Realisierung einer nachhaltigen Entwicklung in der Industrie scheitert bis dato an einer unterentwickelten Informationsverfügbarkeit.[152] Die digitale Vernetzung bildet im Kontext der vorliegenden Arbeit daher eine wesentliche Voraussetzung für die datengestützte Gestaltung des nachhaltigen Werkzeuglebenszyklus.[153] Im Folgenden werden die Grundlagen der digitalen Vernetzung erläutert. Hierfür werden zunächst die relevanten Begrifflichkeiten definiert und voneinander abgegrenzt. Im Anschluss daran erfolgt eine Beschreibung der technologischen Befähiger. Das Kapitel schließt mit der Beschreibung des Anwendungsbezugs der digitalen Vernetzung in der Industrie ab.

### 2.2.1 Begriffsdefinition und -abgrenzung

Seit der Bekanntmachung des BUNDESMINISTERIUMS FÜR BILDUNG UND FORSCHUNG (BMBF) im Rahmen der Hannover Messe im Jahr 2011 herrscht sowohl in Wissenschaft als auch in Industrie und Medien ein reges Interesse an dem Thema Industrie 4.0.[154] Die Bedeutung der öffentlichen Diskussion wird durch die Verabschiedung der „Digitalen Agenda" der deutschen Bundesregierung sowie der Erneuerung dieser im Jahr 2017 unterstrichen.[155] Neben dem Begriff Industrie 4.0 werden oftmals die Begrifflichkeiten Digitalisierung und digitale Vernetzung als Synonyme verwendet. Weitere wissenschaftliche Literatur beschreibt die digitale Vernetzung als zentralen Befähiger der Digitalisierung sowie von Industrie 4.0. Daher sollen nachfolgend die verschiedenen Begrifflichkeiten näher erläutert und voneinander abgegrenzt werden.

[150] Vgl. Eccles et al. (The Impact of Corporate Sustainability), 2014, S. 2381.
[151] Vgl. Eccles et al. (The Impact of Corporate Sustainability), 2014, S. 2384-2388.
[152] Vgl. Wilts; Berg (Digitale Kreislaufwirtschaft), 2017, S. 4.
[153] Vgl. Antikainen et al. (Digitalisation as an Enabler of Circular Economy), 2018, S. 45.
[154] Vgl. BMBF (Zukunftsprojekt Industrie 4.0), 2011.
[155] Vgl. BMWi (Digitale Agenda), 2014.

#### 2.2.1.1 Digitalisierung

Die zunehmende Digitalisierung in der Produktion führt dazu, dass die Anzahl der digital vernetzten Geräte in den vergangenen Jahren um ca. 50 % auf insgesamt mehr als 30 Milliarde Geräte im Jahr 2020 gestiegen ist.[156] Für das Jahr 2025 werden gar 75 Milliarden vernetzte Geräte prognostiziert.[157] Heute wird der Begriff **Digitalisierung** vielfach in einem Atemzug mit Industrie 4.0 genannt und bezeichnet den globalen Trend der digitalen Transformation von Wirtschaft, Gesellschaft und Staat. Ursprünglich wird Digitalisierung allerdings als digitale Umwandlung und Darstellung von Informationen sowie digitale Modifikation von Instrumenten und Geräten verstanden.[158] Charakteristische Kernaufgabe der Digitalisierung ist die Umwandlung analoger Größen in die äquivalenten Digitalwerte.[159] Diese Umwandlung wird als digitale Signalverarbeitung analoger Signale (DSP) bezeichnet, wobei der Umwandlungs- und Umsetzungsprozess die drei Phasen Abtastung, Quantisierung und Codierung umfasst.[160] Signale werden definiert als „eine von einer physikalischen Größe getragene Zeitfunktion, deren Informationsparameter den Wertverlauf einer technischen oder physikalischen Größe abbildet."[161] In der Mess-, Steuer- und Regelungstechnik sind Signale immer analog.[162] Analoge Signale können beliebig viele Werte annehmen, da lediglich eine physikalische Größe in eine andere physikalische Größe übertragen wird.[163] Digitale Signale hingegen können nur vordefinierte Werte annehmen, welche mittels eines Tastfingers abgezählt werden können.[164] Der Begriff digital geht somit auf die Zählbarkeit der möglichen Werte zurück, da das Wort ursprünglich die Bedeutung Finger hat.[165] Ziel des Umwandlungsprozesses ist die Überführung der analogen Werte in eine für den Computer zu verarbeitende Form, sodass diese zeitlich und räumlich austausch- und auswertbar sind.[166] Ein sich daraus ergebender Vorteil ist die Befähigung intelligenter Suchmaschinen, Daten schneller zu finden und diese miteinander in Relation zu setzen. Somit wird der Aufwand der Informationsbeschaffung enorm vorringert.[167]

Informations- und Kommunikationstechnologie (IKT) befassen sich mit der Speicherung, Verarbeitung und Kommunikation dieser Daten und Beeinflussen dadurch den Grad der Vernetzung und den Fortschritt der Digitalisierung.[168] Der Zusammenhang zwischen Entwicklung der Digitalisierung in der Produktion sowie IKT und dem Vernetzungsgrad ist in der nachfolgenden Abbildung 2.9 dargestellt.

[156] Vgl. Turner et al. (The Digital Universe of Opportunities), 2014, S. 1.
[157] Vgl. Mauchline et al. (Die Zukunft von IoT), 2019.
[158] Vgl. Bendel (Digitalisierung), 2017, S. 1.
[159] Vgl. Fricke (Digitaltechnik), 2018, S. 2.
[160] Vgl. Karrenberg (Signale - Prozesse - Systeme), 2017, S. 278.
[161] Vgl. Beucher (Signale und Systeme), 2019, S. 16.
[162] Vgl. Karrenberg (Signale - Prozesse - Systeme), 2017, S. 277.
[163] Vgl. Gehrke et al. (Digitaltechnik), 2016, S. 11.
[164] Vgl. Fricke (Digitaltechnik), 2018, S. 2.
[165] Vgl. Gehrke et al. (Digitaltechnik), 2016, S. 11.
[166] Vgl. Kast et al. (Gestaltungshinweise zu ausgewählten Handlungsfeldern), 2016, S. 55.
[167] Vgl. Hamidian; Kraijo (DigITalisierung), 2013, S. 7.
[168] Vgl. Krcmar (Informationsmanagement), 2015, S. 8.

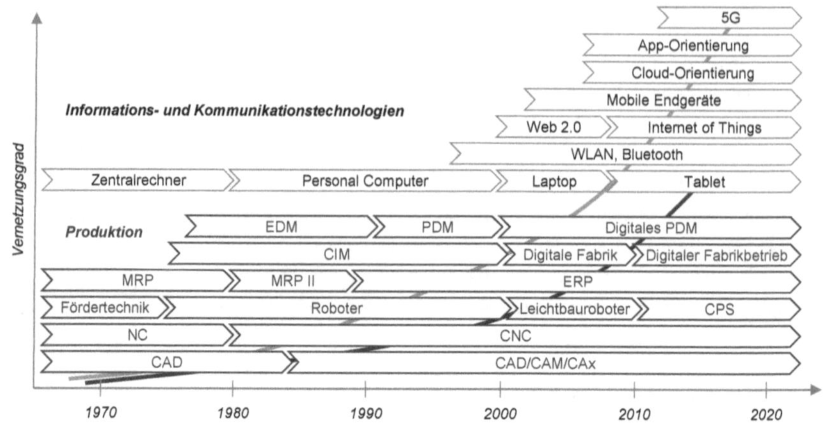


**Abbildung 2.9: Digitalisierung von Produktion und IKT im Zeitverlauf[169]**

Den Ursprung hat die Digitalisierung der Produktion mit der Entwicklung der Computerized Numerical Control (CNC) Technologie in den 1960er Jahren. In den folgenden Jahren wurde eine Vielzahl weiterer digitaler Anwendungen entwickelt, welche zunehmend weitere Bereiche entlang der Wertschöpfungskette digital unterstützten. So sind insbesondere Enterprise Resource Planning (ERP) Systeme zur digitalen Unterstützung der unternehmensweiten Ressourcenplanung sowie die Computer-Aided Systeme als computergestützte Unterstützung zu nennen. Parallel zu den digitalen Anwendungen in der Produktion haben sich speziell um die Jahrtausendwende zahlreiche IKT, wie z. B das Internet, WLAN oder High Performance Computing, entwickelt, wodurch ein rasanter Anstieg des Vernetzungsgrads zu verzeichnen ist. Mit der Zeit wurde zudem der individuelle Zugriff auf digitale Anwendungen zunehmend vereinfacht. Wo in den 1970er Jahren lediglich Zentralrechner vorhanden waren, nutzen Mitarbeitende heute mobile Endgeräte, um auf digitale Anwendungen zuzugreifen und untereinander zu kommunizieren. Diese Mobilität der Technologien, steigende Rechenleistungen sowie das 5G-Netz ermöglichen seit den 2000er Jahren den positiven Entwicklungsprozess der Vernetzung.[170]

### 2.2.1.2 Digitale Vernetzung

Während die Digitalisierung die Anwendung digitaler Technologien beschreibt und damit als zwingende Voraussetzung für die vierte industrielle Revolution verstanden werden kann, bezeichnet die **digitale Vernetzung** die Verknüpfung einzelner Elemente eines Systems. Die Vernetzung ist somit die grundlegende Voraussetzung für jegliche Anwendung im Kontext der Digitalisierung und somit zentraler Befähiger der Industrie 4.0. Im Fokus der Vernetzung steht die Herstellung oder die Erweiterung von Wirkbeziehungen zwischen einzelnen Elementen

[169] I. A. a. Bauernhansl et al. (WGP-Standpunkt Industrie 4.0), 2016, S. 7.

[170] Vgl. Bauernhansl et al. (WGP-Standpunkt Industrie 4.0), 2016, S. 6.

eines Systems.[171] Diese Elemente können bereichs- und unternehmensübergreifende Ressourcen, Menschen und Dienste wie z. B. Maschinen, IT-Systeme, Mitarbeitende, Wertschöpfungspartner oder Kunden darstellen. Die zentrale Rolle bei der technischen Umsetzung der Vernetzung der Elemente nehmen cyber-physische Systeme (CPS) ein, welche eigenständig auf ihre Umwelt einwirken, mit einem Netzwerk kommunizieren und somit den Austausch von Daten zwischen Elementen ermöglichen.[172]

Der Einsatz von CPS im Produktionsbereich kann im Zuge der ganzheitlichen Vernetzung in die zwei Anwendungsfelder der vertikalen Vernetzung sowie der horizontalen Vernetzung unterteilt werden.[173] Die **vertikale Vernetzung** beschreibt die Vernetzung innerhalb eine Unternehmens durch Verknüpfung von Informations-, Kommunikations-, Steuerungs- und Managementsystemen auf hierarchisch verschiedenen Unternehmensebenen.[174] Demnach betrachtet die vertikale Vernetzung ausschließlich das Unternehmen selbst.[175] Das Ziel der vertikalen Vernetzung ist die Schaffung eines flexiblen, dezentralisierten und organisierten Unternehmensnetzwerks, welches als cyber-physisches Produktionssystem (CPPS) bezeichnet werden kann. Das Resultat ist oftmals eine erhebliche Produktivitätssteigerung bei gleichzeitiger Ressourcenoptimierung.[176] Im Gegensatz dazu umfasst die **horizontale Vernetzung** die Nutzung von CPS zur Vernetzung entlang der Wertschöpfungskette. Dazu werden inner- und überbetriebliche Kommunikation zwischen Zulieferern, Wertschöpfungspartnern und Kunden realisiert und somit zu einem Wertschöpfungsnetzwerk ausgeweitet.[177] Eine solche Vernetzung ermöglicht die Nutzung von Produktivitäts- und Flexibilitätsvorteilen sowie die Realisierung von Profit- und Umsatzsteigerung.[178]

#### 2.2.1.3 Industrie 4.0

In der Literatur existiert bisher noch keine einheitliche Definition der Begrifflichkeit **Industrie 4.0**. Geprägt wurde der Begriff von KAGERMANN ET AL. im Rahmen einer Forschungsinitiative der Bundesregierung aus dem Jahr 2011.[179] Industrie 4.0 stellt darin ein zentrales Element der Hightech-Strategie dar und dient der nachhaltigen Sicherung der Wettbewerbsfähigkeit des Produktionsstandorts Deutschland.[180] Konkret beschreibt Industrie 4.0 den Zielzustand

[171] Vgl. Feess (Vernetzung), 2021.

[172] Vgl. Kagermann et al. (Zukunftsprojekt Industrie 4.0), 2013, S. 35.

[173] Die vertikale und horizontale Vernetzung wird auch als innere und äußere Vernetzung bezeichnet.

[174] Vgl. Bischoff (Potenziale Industrie 4.0), 2015, S. 16.

[175] Vgl. Kagermann et al. (Zukunftsprojekt Industrie 4.0), 2013, S. 23f.

[176] Vgl. Kleinemeier (Unternehmenssteuerungs-Netzwerken), 2017, S. 219; Bauernhansl et al. (WGP-Standpunkt Industrie 4.0), 2016, S. 10; Schuh et al. (Cyber-physische Systeme), 2014, S. 278.

[177] Vgl. Kagermann et al. (Zukunftsprojekt Industrie 4.0), 2013, S. 24.

[178] Vgl. Kempermann; Lichtblau (Dienstleistungspotenziale Industrie 4.0), 2014, S. 10.

[179] Vgl. BMBF (Zukunftsprojekt Industrie 4.0), 2011.

[180] Vgl. Salmen (Digital vernetzter Shopfloor), 2016, S. 23.

der vierten industriellen Revolution, die als maßgeblicher Treiber zur Erreichung der notwendigen Agilität und Wandlungsfähigkeit in der industriellen Produktion angesehen wird.[181] Industrie 4.0 baut somit auf drei vorausgehenden industriellen Revolutionen auf, die in Abbildung 2.10 dargestellt sind und nachfolgend beschreiben werden.

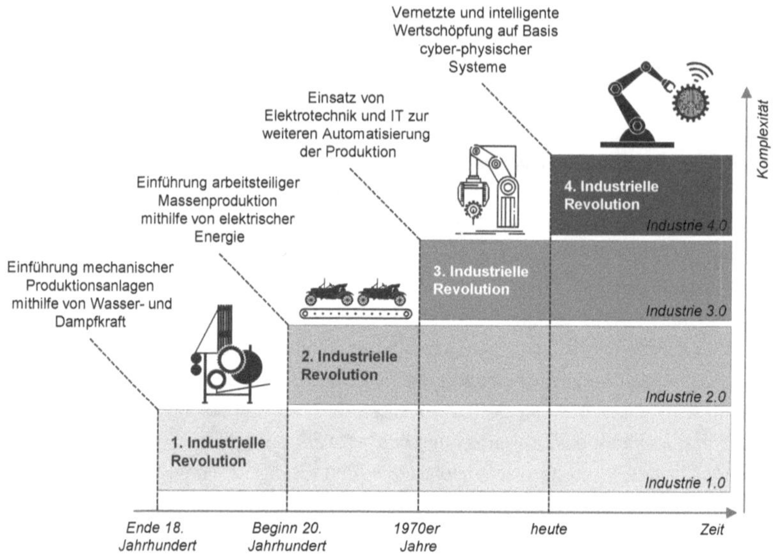


**Abbildung 2.10: Industrielle Revolutionen[182]**

Die erste industrielle Revolution startete gegen Ende des 18. Jahrhunderts mit der Etablierung der Dampfmaschine.[183] Die Nutzung von Wasser- und Dampfkraft sowie die zunehmend gewerblich geprägte Leistungserstellung in industriellen Fabriken führte zu einer deutlichen Produktivitätssteigerung sowie gesteigerter Quantität und Qualität.[184] Der technologische Durchbruch erfolgte z. B. durch die Entwicklung mechanisch angetriebener Spinnmaschinen und Maschinenwebstühlen schließlich im Textilgewerbe, wodurch aufkommende Kapazitätsengpässe bewältigt werden konnten.[185] Die Einführung der Elektrizität als Antriebskraft zum Ende des 19. Jahrhunderts war der Startschuss für die zweite industrielle Revolution. Die Entwicklung von Verbrennungskraftmaschinen sowie Dynamos und Elektromotoren führte zur Dezentralisierung der Antriebe und damit ermöglichte die Einführung arbeitsteiliger Massenproduktion.[186] Neben den technologischen Neuerungen bewirkten jedoch insbesondere organisatorische Innovationen eine zunehmend stärkere Arbeitsteilung in den industriellen Fabriken und

[181] Vgl. Kagermann et al. (Zukunftsprojekt Industrie 4.0), 2013, S. 11; Boos et al. (Smart Tooling), 2016, S. 48.

[182] I. A. a. Kagermann et al. (Zukunftsprojekt Industrie 4.0), 2013, S. 17.

[183] Vgl. Mokyr (The British Industrial Revolution), 1999, S. 21.

[184] Vgl. Helbing (Handbuch Fabrikprojektierung), 2010, S. 9.

[185] Vgl. Warnecke (Die Fraktale Fabrik), 1996, S. 29.

[186] Vgl. Warnecke (Die Fraktale Fabrik), 1996, S. 30.

somit eine weitere Steigerung der Produktivität.[187] Der Einsatz von Elektronik sowie IKT im Rahmen der in den 1970er Jahren beginnenden dritten industriellen Revolution ermöglichte eine fortschreitende Automatisierung der Produktionsprozesse.[188] Auf einer ersten Stufe beinhaltet dies die automatische Fertigung von Werkstücken in der industriellen Produktion mithilfe von CNC-Werkzeugmaschinen.[189] Der Einsatz von IKT auf einer zweiten Stufe ermöglichte den automatischen Informationsaustausch ohne das Erfordernis räumlicher Nähe und unterstütze somit die Wertschöpfung.[190] Ausgehend vom Verständnis der vergangenen industriellen Revolutionen lässt sich nun die gegenwärtige vierte industrielle Revolution des 21. Jahrhunderts näher betrachten. Immer leistungsfähigere digitale System bilden die Basis für die Einleitung des sogenannten digitalen Zeitalters. Im Gegensatz zur dritten industriellen Revolution werden IKT nicht mehr nur lokal eingesetzt, sondern sie ermöglichen mithilfe von vernetzten Technologien einen Informationsaustausch entlang der gesamten Wertschöpfungskette. Im Kern bezeichnet Industrie 4.0, als Zielbild der vierten industriellen Revolution, die Möglichkeit verschiedene Ressourcen, Dienste und Menschen in der Produktion in Echtzeit zu vernetzen.[191] Hieraus ergibt sich das Ziel der vollständigen Durchdringung der Industrie, ihrer Produkte sowie ihrer Dienstleistungen mit vernetzter IKT.[192]

Die Digitalisierung, als allgemeine Vernetzung der Industrie, ist hierbei als Voraussetzung der Industrie 4.0 zu verstehen und keinesfalls mit dieser gleichzusetzen. Der entscheidende Unterschied besteht in der echtzeitnahen Datenverarbeitung sowie der selbstgesteuerten Reaktion vernetzter Ressourcen im Rahmen von Industrie 4.0. Um zu beschreiben, wie Unternehmen die Potenziale von Industrie 4.0 nutzen können, wird auf das an der RWTH Aachen University entwickelte Reifegradmodell der Industrie 4.0 zurückgegriffen. Demnach folgt die Nutzung der Potenziale dem vierstufigen Prozess Visualisierung, Transparenz, Vorhersage und Adaptabilität. Zwingende Voraussetzung dieses Prozesses ist die Befähigung zur Erfassung und Nutzung von Daten, welche durch die Digitalisierung und mit ihr durch die Konnektivität sowie die Computerisierung gewährleistet wird. Das Reifegradmodell ist in Abbildung 2.11 visualisiert.[193]

Der erste Entwicklungsschritt von Industrie 4.0 baut auf der Digitalisierung und Computerisierung auf. Sie beschreibt die digitale **Visualisierung** relevanter Vorgänge in der Produktion mithilfe der digitalen Sammlung aller Daten entlang wertschöpfender Prozesse durch Sensor- und Übertragungstechnik. Daraufhin erfolgt im zweiten Entwicklungsschritt, der **Transparenz**, die Aufbereitung von Daten zu Informationen. Ziel ist die Reduzierung der Komplexität, die durch unternehmensweit stattfindende Abläufe entsteht. Somit werden nicht nur Erkenntnisse über Wirkungszusammenhänge im Unternehmen aufgedeckt, sondern die Daten auch in einer intuitiv verständlichen Form dargestellt. Die identifizierten Wirkzusammenhänge werden im

[187] Vgl. Taylor (The Principles of Scientific Management), 1913; Schlick et al. (Arbeitswissenschaft), 2010, S. 506.

[188] Vgl. Bauernhansl (Die vierte industrielle Revolution), 2014, S. 7.

[189] Vgl. Reinhart; Zühlke (Von CIM zu Industrie 4.0), 2017, S. XXXII.

[190] Vgl. Komorek (Kollaborative Wertschöpfung), 2014, S. 34.

[191] Vgl. Bauernhansl et al. (WGP-Standpunkt Industrie 4.0), 2016, S. 6.

[192] Vgl. Salmen (Digital vernetzter Shopfloor), 2016, S. 23.

[193] Vgl. Schuh et al. (Industrie 4.0 Maturity Index), 2017, S. 34; Boos et al. (Smart Tooling), 2016, S. 9.

Schritt der **Vorhersage** genutzt, um zukünftige Zustände in der Produktion zu prognostizieren und spezifische Eintrittswahrscheinlichkeiten zu bewerten. Dies befähigt Unternehmen dazu, bevorstehende Ergebnisse zu antizipieren und rechtzeitig notwendige Reaktionsmaßnahmen einzuleiten. Diese drei beschriebenen Schritte bilden die Basis für die vierte und letzte Stufe des Reifegradmodells. Die **Adaptabilität** beschreibt die Fähigkeit, selbstoptimierende Prozesse zu realisieren und verschiedene Systeme miteinander zu kombinieren. Somit können optimale Entscheidungen situationsbedingt getroffen und Maßnahmen automatisch in kürzester Zeit eingeleitet werden. Dadurch reduziert sich die Aufgabe des Menschen auf die Überwachung sowie den bedarfsgerechten Eingriff in das System.[194]

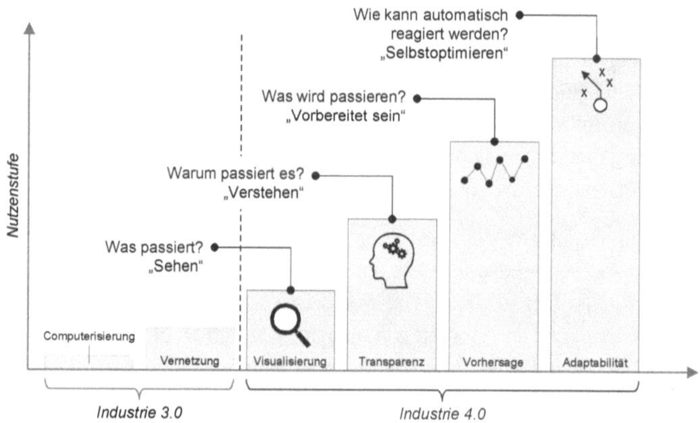


**Abbildung 2.11: Reifegradstufen von Industrie 4.0**[195]

Eine Implementierung von Industrie 4.0 hat demnach nicht nur Einfluss auf das Aufgabenspektrum der Mitarbeitenden, sondern auch auf die zukünftig benötigten Kompetenzen.[196] Gleichzeitig gewährleistet die Implementierung eine Entwicklung hochflexibler Wertschöpfungssysteme, mithilfe derer die Komplextitätskosten insbesondere in der Einzel- und Kleinserienfertigung reduziert werden können. Dadurch entstehen neue Wirtschaftlichkeitspotenziale.[197]

## 2.2.2 Technologische Befähiger

Industrie 4.0 stellt nach der vorgestellten Definition eine neue Entwicklungsstufe der industriellen Entwicklung dar. Für eine erfolgreiche Implementierung von Industrie 4.0 in der industriellen Produktion sind neben der initialen Digitalisierung weitere technologische Befähiger notwendig. BAUERNHANSL ET AL. definieren **cyber-physische Systeme**, das **Internet der Dinge und Dienste** sowie **Big Data Analytics** als wichtigste Befähiger. Die technologischen Befähiger sind in Abbildung 2.12 dargestellt und werden im Folgenden detailliert erläutert.

[194] Vgl. Schuh et al. (Industrie 4.0 Maturity Index), 2017, S. XV-XX.

[195] I. A. a. Boos et al. (Smart Tooling), 2016, S. 9.

[196] Vgl. Reinhart et al. (Produktion von Morgen), 2017, S. 54.

[197] Vgl. Bauernhansl et al. (WGP-Standpunkt Industrie 4.0), 2016, S. 8.

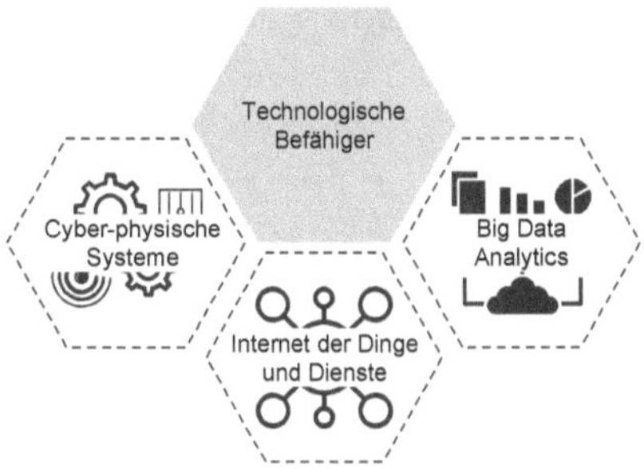


**Abbildung 2.12: Technologische Befähiger der digitalen Vernetzung**[198]

### 2.2.2.1 Cyber-physische Systeme

Nach BARMER ET AL. wird mit dem Einsatz von **cyber-physischen Systemen** (CPS) eine flexible und effiziente Produktion angestrebt, welche die komplexen virtuellen Systeme mit der selbstverantwortlichen menschlichen Arbeit verbindet.[199] CPS sind vernetzte und kollaborative Computersysteme, die durch eingebettete Sensorik in die physische Welt eingebunden sind und dort relevante Daten erfassen.[200] Somit stellen CPS eine Weiterentwicklung mechatronischer Systeme dar.[201] Mechatronische Systeme werden als integriertes Funktionsmodell betrachtet und bestehen aus verschiedenen Elementen der Mechanik, Elektronik sowie Informatik.[202] CPS können somit über Sensoren ihre Umwelt erfassen, die aufgenommenen physischen Daten, wie z. B. Zustandsdaten einer Werkzeugmaschine, lokal oder mithilfe plattformbasierter Softwaredienste verarbeiten und mittels Aktorik eigenständig mit anderen physischen Systemen interagieren. Die entscheidende Eigenschaft von CPS stellt dabei die Fähigkeit der Selbstbeschreibung dar.[203] Diese Fähigkeit umfasst das Wissen über den eigenen Zustand, sodass ein CPS beispielsweise seine aktuelle Position erfassen, diese Information an andere Systeme weitergeben und eine Entscheidungsfindung auslösen kann.[204] Die Funktionalitäten von CPS beschränken sich daher nicht nur auf seine Physis.[205] Durch das Einbinden von CPS in die Produktion entstehen **cyber-physische Produktionssysteme** (CPPS), die Maschinen, Fertigungsanlagen und Fabriken zu flexiblen, autonomen und sich selbst konfigurierenden Produktionsressourcen weiterentwickeln.[206] CPPS sind dabei nicht nur horizontal mit den Wertschöpfungsnetzwerken, sondern auch vertikal mit den betriebswirtschaftlichen Prozessen einzelner Unternehmen verknüpft. Ein Wertschöpfungsnetzwerk zeichnet sich

[198] I. A. a. Bauernhansl et al. (WGP-Standpunkt Industrie 4.0), 2016, S. 10-16.
[199] Vgl. Barner et al. (Wohlstand durch Forschung), 2013, S. 11.
[200] Vgl. Vogel-Heuser (Agenda CPS-Szenario smart factory), 2011, S. 6f.
[201] Vgl. Drossel et al. (Cyber-Physische Systeme), 2018, S. 199.
[202] Vgl. Monostori et al. (Cyber-physical systems in manufacturing), 2016, S. 621.
[203] Vgl. Berger et al. (Characterization of Cyber-Physical Sensor Systems), 2016, S. 640.
[204] Vgl. Gölzer (Big Data in Industrie 4.0), 2017, S. 40.
[205] Vgl. Bauernhansl et al. (WGP-Standpunkt Industrie 4.0), 2016, S. 10.
[206] Vgl. Bauernhansl et al. (WGP-Standpunkt Industrie 4.0), 2016, S. 11.

durch die Verknüpfung vieler Wertschöpfungsketten aus, die sich sowohl aus der Zusammenarbeit unternehmensinterner Strukturen als auch unterschiedlicher Unternehmen entstehen kann.[207] So wird die Steuerung und Überwachung des gesamten Lebenszyklus eines Produktes und seiner Produktionssysteme gewährleistet, ohne dass die Daten auf der jeweiligen Ebene der Automatisierungspyramide abgelegt sein müssen.[208] Die notwendigen Daten werden dort gespeichert und genutzt, wo sie benötigt werden, wodurch es zu einer Auflösung der klassischen Automatisierungspyramide kommt. Aufgrund der Echtzeitanforderung von Maschinenbefehlen bleibt lediglich die Feldebene bestehen. Die streng hierarchische Strukturierung der Funktionen der darüber liegenden Ebenen entfällt, sodass ein Netz aus Elementen entsteht. Dieses Netz bildet die CPS-basierte Automation, die in Abbildung 2.13 dargestellt ist.[209]

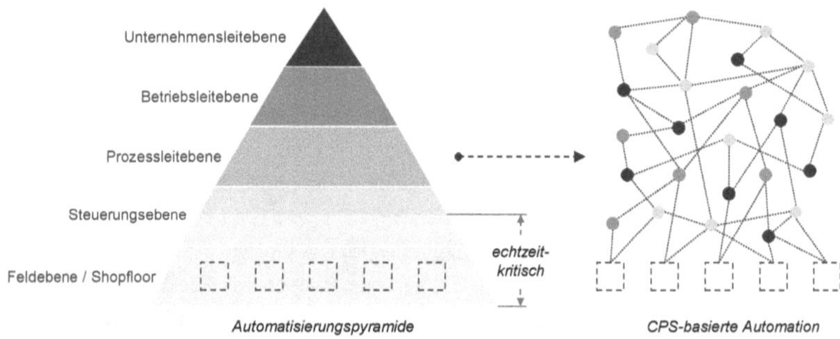


**Abbildung 2.13: Auflösung der hierarchischen Automatisierungspyramide durch CPS[210]**

Vollwertige CPPS verfügen über Kommunikationskomponenten, die als Mensch-Maschine-Schnittstellen beispielweise Spracheingaben, Sprachausgaben und Touchdisplays ermöglichen.[211] Sofern eine Produktionsressource nicht über die vollwertigen Funktionen eines CPPS verfügt, werden einzelne Funktionen eines CPPS von einem übergeordneten IT-System im Sinne des Stellvertreterprinzips übernommen.[212] CPS und CPPS bieten somit innovative Lösungen für die Gestaltung von Produktions- und Wertschöpfungsprozessen, welche die Realisierung eines Gesamtoptimums für das Produktionsumfeld ermöglichen sollen.[213]

#### 2.2.2.2 Internet der Dinge und Dienste

Eine weitere Grundlage für Innovationen im Zuge von Industrie 4.0 ist das Internet der Dinge und Dienste, in welchem Menschen und Objekte gleichermaßen in Echtzeit kommunizieren

[207] Vgl. Fleischer et al. (Wertschöpfung in Netzwerken), 2004, S. 470f.

[208] Vgl. Barner et al. (Wohlstand durch Forschung), 2013, S. 55.

[209] Vgl. Bauernhansl et al. (WGP-Standpunkt Industrie 4.0), 2016, S. 11f.; Monostori et al. (Cyber-physical systems in manufacturing), 2016, S. 624f.

[210] I. A. a. VDI/VDE (Cyber-Physical Systems), 2013, S. 4.

[211] Vgl. Bauernhansl et al. (Industrie 4.0 in Produktion), 2014, S. 16.

[212] Vgl. VDI/VDE (Referenzarchitekturmodell Industrie 4.0), 2015, S. 16.

[213] Vgl. BMBF (Zukunftsprojekt Industrie 4.0), 2011, S. 9.

können.[214] Der Begriff „Internet of Things“ (IoT), zu Deutsch „**Internet der Dinge**“, wurde erstmals im Jahr 1999 von ASTHON erwähnt.[215] Darin wird das Internet der Dinge als selbst-organisierendes Logistiknetz unter Nutzung von Technologie zur Radiofrequenzidentifikation (RFID) beschrieben. Inzwischen geht das Internet der Dinge über die Verknüpfung von Objekten hinaus und stellt ein vernetztes System autonom kommunizierender Gegenstände und Prozesse dar.[216] Das Internet der Dinge ist somit als digitale Repräsentation der physischen Umwelt in einer internetähnlichen Struktur zu verstehen.[217] Die Vernetzung interagierender CPS, welche in einem Verbund zusammengefasst sind, kann als Internet der Dinge bezeichnet werden.[218] Das **Internet der Dienste** basiert ebenfalls auf der Verknüpfung von CPS sowie dem IoT und stellt eine Erweiterung des Internets der Dinge auf die Anwendungsebene dar.[219] Somit können einzelne Funktionalitäten der CPS abgebildet und in Form von Diensten bereitgestellt werden. Diese Dienste, auch Services genannt, werden softwareseitig bereitgestellt und können unternehmensübergreifend genutzt werden. Mithilfe des Internets der Dinge und Dienste werden zunehmend Objekte und Services miteinander vernetzt.[220] Aufgrund der Vernetzung und Integration über Wertschöpfungsnetzwerke hinweg müssen sowohl Kommunikation als auch Datenaustausch standardisiert erfolgen.[221] Hierzu sind vier Interaktionen zu standardisieren:[222]

- Übermittlung von Daten
- Abfrage von Daten
- Auslösen von Aktionen
- Beobachten der Umwelt

Die Interaktionen erfolgen grundsätzlich zwischen unterschiedlichen CPS und IT-Systemen, wie z. B. Engineering-Plattformen, Planungssysteme oder Cloud-Anwendungen. Im Rahmen der Interaktionen werden Informationen zu Status, Beschreibungen, Lebenszyklus oder Wissen übermittelt bzw. abgefragt. Der Zustand eines Produktes kann mithilfe des Status beschrieben werden. Eine entsprechende Beschreibung umfasst alle relevanten Informationen hinsichtlich der Herstellung eines Produktes, wie z. B. Stücklisten oder Arbeitspläne. Informationen über Zustände und Eigenschaften während der Lebensdauer eines Produkts werden mit Lebenszyklusdaten übermittelt. Das Wissen umfasst Informationen aus formalisierten Erfahrungen oder Expertisen. Um den Datenaustausch der beschriebenen Informationen zu gewährleisten, sind eine einheitliche, wertschöpfungs- und systemübergreifende Semantik, Echt-

[214] Vgl. Weiser (The Computer for the 21st Century), 1991, S. 94-104.

[215] Vgl. Asthon (That "internet of things" thing), 2011, S. 1.

[216] Vgl. Brand et al. (Internet der Dinge), 2009, S. 13f.

[217] Vgl. Kagermann et al. (Zukunftsprojekt Industrie 4.0), 2013, S. 85.

[218] Vgl. acatech (Cyber-Physical Systems), 2011, S. 5.

[219] Vgl. Dais (Industrie 4.0), 2017, S. 262f.

[220] Vgl. Bauernhansl et al. (WGP-Standpunkt Industrie 4.0), 2016, S. 32.

[221] Vgl. Kagermann et al. (Zukunftsprojekt Industrie 4.0), 2013, S. 43.

[222] Vgl. Fleischmann et al. (Kommunikation und Datenaustausch in Industrie 4.0), 2015, S. 85.

zeitverarbeitung, Ergebnissteuerung und die eindeutige Identifikation von Entitäten notwendig.[223] Diese Interaktionen sind in der nachfolgenden Abbildung 2.14 im Zusammenhang mit dem Internet der Dinge und Dienste dargestellt.

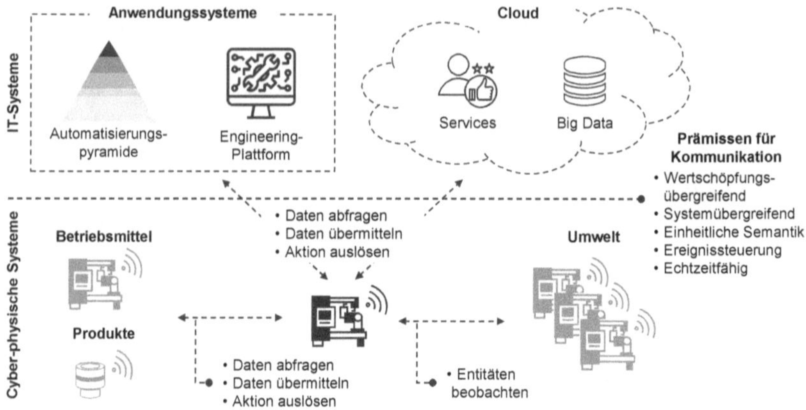


**Abbildung 2.14: Interaktionen im Internet der Dinge und Dienste[224]**

### 2.2.2.3 Big Data Analytics

Die Vernetzung von CPS und Dienstleistungen über das Internet der Dinge und Dienste ermöglicht eine unternehmensübergreifende Optimierung von Wertschöpfungsprozessen. Für eine weitere Optimierung der zunehmend komplexeren Wertschöpfungssysteme muss neben der klassisch analytisch-systemtechnischen Vorgehensweise zur Klärung von Kausalitäten vielmehr die Korrelation der Prozessdaten fokussiert werden.[225] Hierzu werden große und stark wachsende Datenmengen im Produktionsumfeld erfasst und mit dem Ziel der Identifikation von Mustern, Beziehungen oder Trends möglichst automatisch ausgewertet.[226] Big Data-Anwendungen unterstützen bei der Anwendung von Mustererkennung und Detailanalyse und beschränken die schnell wachsenden Datenmengen auf die relevanten Daten. Im Allgemeinen wird von **Big Data** gesprochen, wenn die Menge der generierten Daten mit den klassischen Verfahren und IT-Architekturen nicht mehr sinnvoll verarbeitet werden kann.[227] Nach BAUERNHANSL ET AL. können mehrere charakteristische Eigenschaften sowie deren Erfüllung im Rahmen des 5-V-Modells verwendet werden, um eine Abgrenzung zu herkömmlichen Datenmengen zu schaffen. Diese Eigenschaften sind in Abbildung 2.15 zusammenfassend dargestellt.

---

[223] Vgl. Fleischmann et al. (Kommunikation und Datenaustausch in Industrie 4.0), 2015, S. 85.

[224] I. A. a. Fleischmann et al. (Kommunikation und Datenaustausch in Industrie 4.0), 2015, S. 86.

[225] Vgl. Bauernhansl et al. (WGP-Standpunkt Industrie 4.0), 2016, S. 32.

[226] Vgl. Kagermann et al. (Zukunftsprojekt Industrie 4.0), 2013, S. 94f.; Gölzer (Big Data in Industrie 4.0), 2017, S. 44.

[227] Vgl. Bauernhansl et al. (WGP-Standpunkt Industrie 4.0), 2016, S. 32.

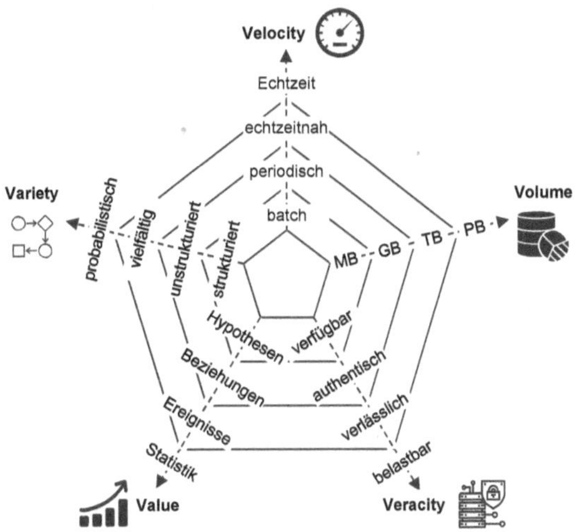


**Abbildung 2.15: Eigenschaften von Big Data nach dem 5-V-Modell**[228]

Die rasant wachsenden Datenmengen (Volume), die aus einer Vielzahl an unterschiedlichen Datenquellen und Datenformaten (Variety) stammen, müssen mit zunehmender Geschwindigkeit (Velocity) generiert und verarbeitet werden. Neben diesen drei Komponenten gewinnen zusätzlich die Zuverlässigkeit der Daten (Veracity) und die Werthaltigkeit dieser Daten (Value) an Wichtigkeit.[229] Sofern die genannten fünf Eigenschaften in hohem Maße zutreffen, wird von Big Data gesprochen.[230] Bislang wurden Datenanalysen primär mithilfe von Verfahren durchgeführt, die dem Business Intelligence (deut.: Geschäftsanalytik) zugeordnet werden können. Dabei wird auf dokumentierte Daten aus den operativen IT-Systemen eines Unternehmens zurückgegriffen. Der Anstieg von Datenquellen und Datenvolumen, der unterschiedlichen Datenformate sowie des Bedarfs an echtzeitnaher Auswertung erfordert die Nutzung von **Big Data Analytics**. Die damit assoziierten Verfahren greifen auf unterschiedlich strukturierte und unstrukturierte Daten zu und ermöglichen das Erkennen und Vorhersagen von Mustern. Klassische Business Intelligence-Ansätze beschränken sich hingegen auf vorgegebene Metriken.[231] Das klassische Vorgehen in **Big Data Analytics Projekten** lässt sich in sechs Schritte unterteile, die in Abbildung 2.16 visualisiert sind. In einem ersten Schritt müssen dafür zunächst die relevanten Datenquellen festgelegt werden. Unter Datenquellen können sowohl unstrukturierte Daten als auch Systeme der Produktions-IT zusammengefasst werden, die im Internet der Dinge und Dienste vorliegen. Diese Datenquellen werden im einem nachfolgenden Schritt mittels Standardprotokollen an die zur Verfügung stehenden IT-Systeme zur Datenana-

[228] I. A. a. Klein et al. (Big Data), 2013, S. 320.

[229] Vgl. Bauernhansl et al. (WGP-Standpunkt Industrie 4.0), 2016, S. 32f.

[230] Vgl. Gadatsch (Big Data), 2017, S. 2f.

[231] Vgl. Bauernhansl et al. (WGP-Standpunkt Industrie 4.0), 2016, S. 33f.; Gölzer (Big Data in Industrie 4.0), 2017, S. 56f.

lyse angebunden. In einem dritten Schritt können die Daten mithilfe entsprechender Datenbankmanagementsysteme bereitgestellt werden.[232] Im Produktionsumfeld liegen strukturierte sowie unstrukturierte Daten, z. B. Bilder oder Textdateien, vor, die eine Verarbeitung zur Vereinheitlichung im vierten Schritt notwendig machen. Anschließend kann in einem fünften Schritt mit der Auswertung der Daten begonnen werden. Die produktionsrelevanten Datenauswertungsverfahren gliedern sich in drei Gruppen:[233]

- *Data Mining* beschreibt ein automatisiertes Verfahren zur Identifizierung von Mustern und Zusammenhängen in großen Datenmengen. Exemplarische Data Mining-Verfahren sind Clusterung, Klassifizierung, Regressions- oder Assoziationsanalysen.
- *Predictive Analytics* umfasst Methoden, die Muster in Datensätzen erkennen und auf deren Basis mittels bedingter Wahrscheinlichkeiten Vorhersagemodelle abgeleitet werden.
- *Machine Learning* sind Methoden, in denen künstliche Systeme wie z. B. Computerprogramme selbstständig auf Basis von Erfahrungen und Beispielen Wissen generieren und auf Ansätze künstlicher Intelligenz (KI) zurückgreifen.

Abschließend werden in einem sechsten Schritt anhand der erkannten Muster und Prognosen über das Systemverhalten Handlungsempfehlungen abgeleitet. Hierzu erfolgt auf Basis von Modellen die Herleitung von Entscheidungsgrundlagen. Die Modelle lassen sich dabei mittels der Analyseergebnisse absichern.[234]

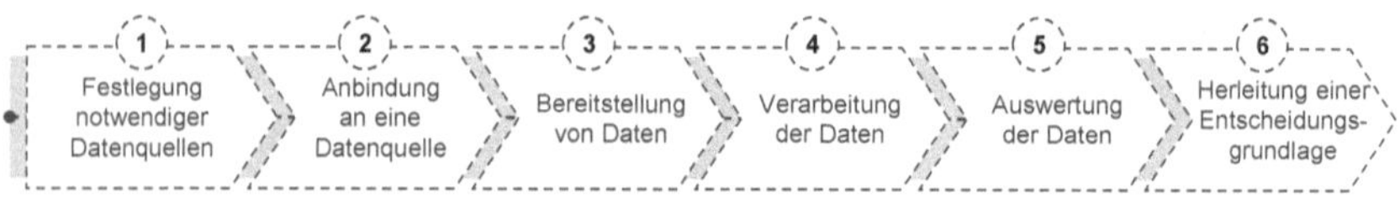


**Abbildung 2.16: Vorgehen in Big Data Analytics Projekten[235]**

Big Data Analytics gewährleisten somit Transparenz über Korrelationen im Produktionsumfeld. Unterschiedliche Messparameter können auf Ergebnisse und Abhängigkeiten untersucht und daraus der Zustand eines Objekts prognostiziert werden. Dies schafft somit die notwendige Voraussetzung für die Umsetzung vorausschauender Maßnahmen.[236]

### 2.2.3 Anwendung der vertikalen und horizontalen Vernetzung

Nachdem in den vorherigen Abschnitten zunächst ein einheitliches Begriffsverständnis sowie ein Grundverständnis der technologischen Befähiger der digitalen Vernetzung geschaffen wurden, erfolgt nun die Erläuterung der entstehenden Möglichkeiten der Anwendung im Unternehmenskontext. Die zunehmende digitale Vernetzung und Industrie 4.0 haben einen gesamtheitlichen Einfluss auf Unternehmen sowie deren Strategie und stellen hohe Anforderungen

[232] Vgl. Meier (Werkzeuge der digitalen Wirtschaft), 2018, S. 9-12.
[233] Vgl. Bauernhansl et al. (WGP-Standpunkt Industrie 4.0), 2016, S. 35f.
[234] Vgl. Bauernhansl et al. (WGP-Standpunkt Industrie 4.0), 2016, S. 36.
[235] I. A. a. Bauernhansl et al. (WGP-Standpunkt Industrie 4.0), 2016, S. 35.
[236] Vgl. Schuh et al. (Industrie 4.0 Maturity Index), 2017, S. 18.

an die Unternehmensentwicklung. Nach PÜMPIN & PRANGE beschreibt der Begriff **Unternehmensentwicklung** allgemein „die in einem Unternehmen im Zeitablauf erfolgenden Veränderungsprozesse".[237] Sie verstehen die Unternehmensentwicklung nicht nur als qualitative Veränderungen, sondern auch als strukturell-technologische Organisationsveränderungen, wie bspw. Reorganisationen eines Unternehmens.[238]

Demgegenüber beschreibt RÜEGG-STURM die Unternehmensentwicklung als zweidimensionales Modell mit den Dimensionen normatives Management und strategisches Management.[239] BLEICHER erweitert dieses Verständnis um die operative Ebene des St. Galler Management Modells.[240] Aus diesen Dimensionen des Managements leitet BLEICHER die Unternehmensentwicklung ab und gliedert sie in innere und äußere Unternehmensentwicklung. Die Beschreibung der beiden Begriffe beschränkt sich jedoch vornehmlich auch die Ursache der Veränderung für Unternehmenswachstum.[241] Folglich lässt sich die digitale Vernetzung im Rahmen der inneren und äußeren Unternehmensentwicklung differenzieren. Diese ist in Abbildung 2.17 dargestellt.

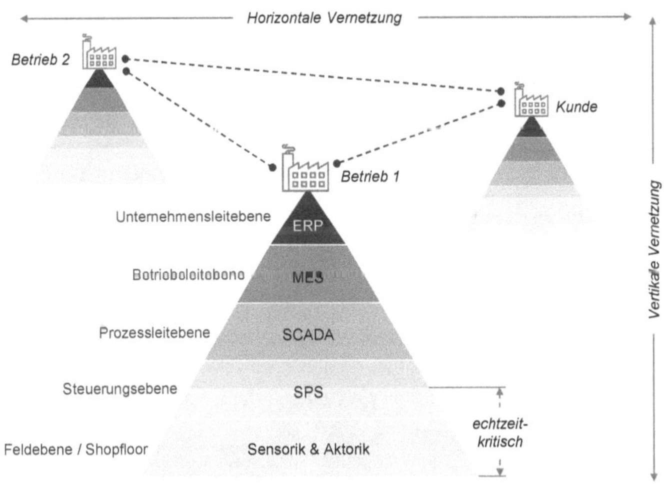


**Abbildung 2.17: Digitale Vernetzung im Produktionsumfeld**[242]

Die innere Unternehmensentwicklung ist somit ein Synonym für die Entwicklung aus eigener Kraft, wohingegen die äußere Unternehmensentwicklung eine Entwicklung unter Mitwirkung von anderen Unternehmen beschreibt. Demgegenüber definiert HOHMANN mit innerer und äußerer Unternehmensentwicklung die gewünschte Wirkungsrichtung der Veränderung. Innere

[237] Vgl. Pümpin; Prange (Management der Unternehmensentwicklung), 1991, S. 15.
[238] Vgl. Pümpin; Prange (Management der Unternehmensentwicklung), 1991, S. 15.
[239] Vgl. Rüegg-Stürm (Unternehmensentwicklung), 1989, S. 229-233.
[240] Vgl. Bleicher (Das Konzept Integriertes Management), 2011, S. 85-91.
[241] Vgl. Bleicher (Das Konzept Integriertes Management), 2011, S. 91-94.
[242] I. A. a. Dumitrescu (Chancen für den Standort nutzen), 2016, S. 206.

Unternehmensentwicklung bedeutet dementsprechend eine in das Unternehmen hinein gerichtete Veränderung, wie z. B. eine Organisationsrestrukturierung. Eine äußere Unternehmensentwicklung ist eine in den Markt gerichtete Veränderung, wie bspw. neue Wertschöpfungspartner.[243] Zur Vereinfachung werden im Folgenden die Begriffe vertikale und horizontale Vernetzung verwendet.

#### 2.2.3.1 Vertikale Vernetzung

Demnach betrachtet die **vertikale Vernetzung** ausschließlich das Unternehmen selbst und kann durch die in der Literatur verbreitete Automatisierungspyramide veranschaulicht werden.[244] Diese wird durch die fünf Ebenen Unternehmensleitebene, Betriebsleitebene, Prozessleitebene, Steuerungsebene und Feldebene beschrieben.[245] Die **Unternehmensleitebene** umfasst sämtliche Prozesse, die zur langfristigen Sicherung der Wettbewerbssituation eines Unternehmens dienen.[246] Dabei werden oftmals Enterprise Resource Planning (ERP)-Systeme zur Unterstützung strategischer Planungen, wie z. B. Personal und Produktionsplanung, eingesetzt. Mithilfe der ERP-Systeme können betriebswirtschaftliche Kernaufgaben unter effizientem Ressourceneinsatz geplant und durchgeführt werden.[247] Unter der Unternehmensleitebene befindet sich die **Betriebsleitebene**. Darunter sind diejenigen Prozesse zusammengefasst, die das operative Tagesgeschäft und den täglichen Unternehmensbetrieb sicherstellen. Konkrete Bestandteile der Betriebsleitebene sind z. B. die Produktionsplanung und die Terminüberwachung. Diese werden häufig von Manufacturing Execution Systems (MES) unterstützt, die als Fertigungsmanagementsysteme zur Feinplanung unmittelbar an die Lösungen der Produktionsautomatisierung angebunden sind.[248] MES fungieren als Bindeglied zwischen ERP- und Shopfloorebene und ermöglichen eine echtzeitnahe Kontrolle der Produktions- und Logistikprozesse.[249] Die mittlere Ebene der Automatisierungspyramide wird als **Prozessleitebene** bezeichnet. Aufgabe dieser Ebene ist die kurzfristige Produktionsplanung, wie bspw. die Einsatzplanung von Maschinen und Anlagen sowie des Personals. Als softwareseitige Unterstützung zur Überwachung und Steuerung der technischen Prozesse werden sogenannte Supervisory Control and Data Acquisition (SCADA) Systeme verwendet.[250] Unterhalb der Prozessleitebene, auf der **Steuerungsebene**, erfolgt die Steuerung der Prozesse basierend auf generierten und analysierten Daten mithilfe von speicherprogrammierbarer Steuerung (SPS).[251] Eingangssignale, wie z. B. Sensordaten, werden ausgewertet und anschließend als Ergebnisdaten an die Feldebene zurückgesendet, um eine Maschinen- und Anlagensteuerung

---

[243] Vgl. Hohmann (Methoden der Unternehmensentwicklung), 2012, S. 40.

[244] Vgl. VDI/VDE (Cyber-Physical Systems), 2013, S. 4.

[245] Vgl. Bauernhansl et al. (WGP-Standpunkt Industrie 4.0), 2016, S. 11.

[246] Vgl. Heinrich et al. (Grundlagen Automatisierung), 2015, S. 4.

[247] Vgl. Schuh et al. (Geschäftsmodell-Innovationen), 2017, S. 19.

[248] Vgl. Siepmann (Industrie 4.0), 2016, S. 50; Heinrich et al. (Grundlagen Automatisierung), 2015, S. 5; Geisberger; Broy (AgendaCPS), 2012, S. 246.

[249] Vgl. Geisberger; Broy (AgendaCPS), 2012, S. 249.

[250] Vgl. Heinrich et al. (Grundlagen Automatisierung), 2015, S. 5; Schuh et al. (Geschäftsmodell-Innovationen), 2017, S. 19.

[251] Vgl. VDI/VDE (Cyber-Physical Systems), 2013, S. 6.

zu realisieren. Die unterste Ebene, die **Feldebene**, wird als Schnittstelle zur Produktion aufgefasst. Sie beinhaltet Aktorik sowie Sensorik und verfolgt das Ziel der Datenerfassung und -aufbereitung. Die Verbindung dieser Ebene zu den übergeordneten Elementen der Automatisierungspyramide erfolgt dabei durch reaktionsschnelle Datenübertragung.[252] Das Ziel der vertikalen Vernetzung hierarchielose Kommunikationsstrukturen zu etablieren, kann derzeit aufgrund der starren Strukturen der Automatisierungspyramide nicht bedient werden. Zukünftig wird die Struktur der Automatisierungspyramide demnach durch dezentrale, flexible Strukturen auf Basis von Modellen, Daten, Kommunikation und Algorithmen ersetzt.[253] Dieser Wandel zu flexiblen, autonomen und sich selbst konfigurierenden Produktionsressourcen ist nur auf Basis von CPPS möglich.[254]

#### 2.2.3.2 Horizontale Vernetzung

Die horizontale Vernetzung umfasst insbesondere die Integration von Datenverarbeitungssystemen sowie die anschließende Nutzung von Daten über die gesamte Supply Chain, von der Beschaffung über die Entwicklung und Produktion bis zur Distribution und Wartung. Somit bezieht diese sich auf Veränderungen, die in Richtung der Kunden oder Lieferanten gerichtet sind.[255]

Zentrale Befähiger der horizontalen Vernetzung und damit der Realisierung umfassender Potenziale zur Optimierung komplexer Wertschöpfungssysteme sind das Internet der Dinge und Dienste sowie Big Data Analytics. Das Ziel ist der Aufbau von hochflexiblen und wandlungsfähigen Wertschöpfungsnetzwerken, die Datenaustausch und -nutzung ermöglichen, um die Leistungserstellung zu optimieren. Es entstehen reduzierte Kosten insbesondere bei hochkomplexen, kundenindividuellen Produkten und entsprechend komplexen Wertschöpfungsketten.[256] Langfristig wird dadurch, laut KAGERMANN, die Produktion individualisierter Produkte zu den Kosten eines Massenprodukts möglich.[257] Die aktuellen Geschäftsmodelle der industriellen Produktion fokussieren i. d. R. das eigene Unternehmen und die Vermarktung seiner Produkte an direkte Kunden. Insbesondere in Bezug auf die Vernetzung mit dem Kunden bieten sich allerdings mehrere Möglichkeiten zur Weiterentwicklung innovativer Geschäftsmodelle durch die Weiterentwicklung bestehender Leistungen. Die nachfolgende Abbildung 2.18 stellt eine Übersicht der Entwicklung durch die horizontale Vernetzung dar.[258]

[252] Vgl. Siepmann (Industrie 4.0), 2016, S. 50.
[253] Vgl. Kleinemeier (Unternehmenssteuerungs-Netzwerken), 2017, S. 219.
[254] Vgl. Dumitrescu et al. (Auf dem Weg zu Industrie 4.0), 2014, S. 13.
[255] Vgl. Dumitrescu (Chancen für den Standort nutzen), 2016, S. 204.
[256] Vgl. Bauernhansl et al. (WGP-Standpunkt Industrie 4.0), 2016, S. 6-10.
[257] Vgl. Kagermann (Chancen von Industrie 4.0 nutzen), 2017, S. 239.
[258] Vgl. Schuh et al. (Industrie 4.0 Maturity Index), 2017, S. 42.

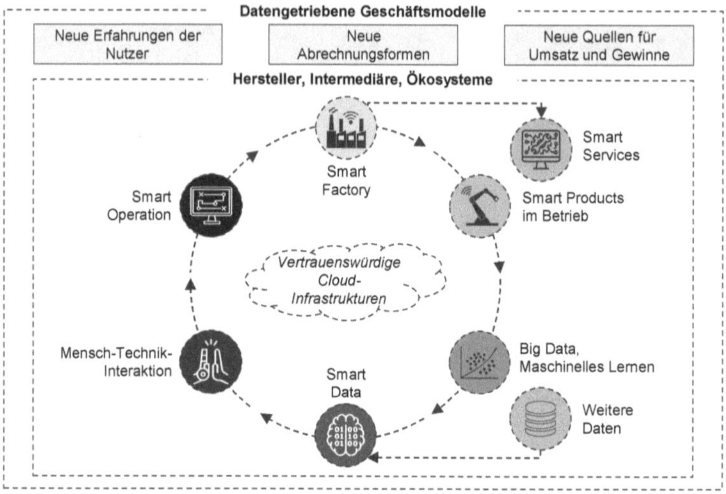


**Abbildung 2.18: Übersicht der Entwicklung durch horizontale Vernetzung**[259]

Im Rahmen dieser datengetriebenen Geschäftsmodelle nimmt der Kunden nicht mehr die Rolle des reinen Konsumenten ein, sondern tritt gezielt mit dem Anbieter in Interaktion und fordert das physische Produkt in Kombination mit individualisierten Dienstleistungen.[260] So führte beispielweise Rolls Royce das Modell „Power by the hour“[261] als „Product-as-a-Service-Modell“ ein, bei dem der Produktzugang im Austausch gegen eine Nutzungsgebühr ermöglicht wird.[262] Es wird daher nicht das Produkt selbst, sondern die Nutzung, Wartung und Reparatur erworben. Zentrale Voraussetzung für den Erfolg solcher Geschäftsmodelle sind Smart Products, Smart Services und Smart Data. **Smart Products** umfassen dabei jegliche Produkte, die neben der Hardwarekomponente ebenfalls aus Sensorik, Speichermedien sowie vernetzter Software bestehen. Somit sind diese in der Lage, z. B. Nutzungsdaten des Kunden aufzunehmen, zu verarbeiten und an den Anbieter zu übermitteln. Das Ziel von **Smart Services** ist es, über Plattformen bereitgestellte Prozessdaten des Kunden zu nutzen, um herkömmliche Dienstleistungen zu verbessern oder neue Dienstleistungen zu entwickeln. **Smart Data** bezeichnet die Datenmenge, die durch Methoden der Datenanalyse verarbeitet werden, um Informationen und Aussagen abzuleiten.[263] Neben den beschriebenen IKT bilden **digitale Ökosysteme** eine weitere zentrale Voraussetzung. Diese umfassen die eigenen Produkte und Dienstleistungen sowie komplementäre Produkte und Dienstleistungen anderer Anbieter. Der Aufbau solcher Ökosysteme setzt allerdings voraus, dass die beteiligten Unternehmen ihre

[259] I. A. a. acatech (Smart Service Welt), 2018, S. 23f.
[260] Vgl. acatech (Smart Service Welt), 2018, S. 14-20.
[261] Vgl. Rolls Royce plc (Power by the hour), 2021.
[262] Vgl. acatech (Smart Service Welt), 2018, S. 14.
[263] Vgl. acatech (Smart Service Welt), 2018, S. 6-11.

Daten bereitwilligt zur Verfügung stellen. Sogenannte Intermediäre können hierbei unterstützen und den Vertrauensaufbau fördern sowie die Kooperationen zwischen Kunden und Anbietern sowie zwischen Anbietern untereinander ausgestalten.[264]

## 2.3 Werkzeuglebenszyklus

In der industriellen Wertschöpfungskette nimmt der Werkzeugbau eine Schlüsselstellung als Bindeglied zwischen Produktentwicklung und Serienfertigung ein. Unter Betrachtung der klassischen Zielgrößen Zeit, Kosten und Qualität bestimmt der Werkzeugbau maßgeblich die Leistungsfähigkeit der gesamten Wertschöpfung.[265] Insbesondere im Kontext einer nachhaltigen Gestaltung des Werkzeugbaus müssen die Grenzen des Betrachtungsbereichs jedoch auf den gesamten Werkzeuglebenszyklus ausgeweitet werden. Daher beschreibt das folgende Unterkapitel den für diese wissenschaftliche Arbeit definierten Betrachtungsbereich Werkzeuglebenszyklus. Zunächst wird ein einheitliches Begriffsverständnis geschaffen, indem die relevanten Begrifflichkeiten definiert und voneinander abgegrenzt werden. Im weiteren Verlauf werden unterschiedliche Lebenszykluskonzepte vorgestellt. Anschließend werden die zu betrachtenden Phasen des Werkzeuglebenszyklus detailliert beschrieben. Das Kapitel schließt mit der Beschreibung der im Werkzeuglebenszyklus erbrachten Leistungen ab. Die Beschreibungen und Erläuterungen der werkzeugbauspezifischen Inhalte erfolgen auf Basis der Erfahrungen und Kenntnisse zahlreicher Forschungs- und Industrieaktivitäten am Lehrstuhl für Produktionssystematik des Werkzeugmaschinenlabors WZL der RWTH Aachen, an denen der Autor beteiligt war. Inhaltlich und strukturell ähnliche Grundlagenkapitel finden sich in weiteren Dissertationen des Werkzeugmaschinenlabors WZL der RWTH Aachen wieder. Dazu zählen besonders die wissenschaftlichen Arbeiten von PITSCH[266], KÜHN[267] und KUHLMANN[268].

### 2.3.1 Begriffsdefinition und -abgrenzung

In nahezu allen Bereichen der Industrie werden industrielle Werkzeuge eingesetzt, um eine kostenoptimale Produktion hoher Stückzahlen gewährleisten zu können. In der Öffentlichkeit werden diese Werkzeuge oftmals nicht wahrgenommen und mit den handwerklichen Begriffen wie Hammer und Schraubendreher assoziiert. Es wird dagegen selten eine Verbindung zu industriellen Werkzeugen hergestellt.[269] Sowohl in Theorie und Praxis existiert kein einheitliches Verständnis für die Begriffe Werkzeug und Werkzeugbau. Um die notwendigen Grundlagen erläutern zu können und ein einheitliches Verständnis zu schaffen, ist eine eindeutige Abgrenzung erforderlich. Zur ganzheitlichen Beschreibung des Betrachtungsbereichs der vorliegenden wissenschaftlichen Arbeit werden weiterhin die Begrifflichkeiten Lebenszyklus und Produktlebenszyklus definiert und in den Gesamtkontext eingeordnet.

---

[264] Vgl. acatech (Smart Service Welt), 2018, S. 8; Schatz; Bauernhansl (Geschäftsmodell-Innovation), 2017, S. 246.

[265] Vgl. Eversheim; Klocke (Werkzeugbau mit Zukunft), 1998, S. 1.

[266] Vgl. Pitsch (Kompetenzfeldbasierte Vernetzung), 2014, S. 33.

[267] Vgl. Kühn (Leistungssysteme im Werkzeugbau), 2016, S. 32.

[268] Vgl. Kuhlmann (Corporate Tooling), 2017, S. 64.

[269] Vgl. Klotzbach (Industrieller Werkzeugbau), 2006, S. 42.

#### 2.3.1.1 Werkzeug

Der Richtlinie 2815[270] des Vereins Deutscher Ingenieure (VDI) zufolge werden unter dem Begriff **Werkzeug** Fertigungsmittel verstanden, die „unmittelbar auf ein bestimmtes Material zum Zweck der Form- und Substanzänderung mechanischer bzw. physikalisch-chemischer Art einwirken."[271] Werkzeuge sind als Fertigungsmittel den Betriebsmitteln zuzuordnen und dienen der Herstellung von Teilen. Diese Betriebsmittel sind in Abbildung 2.19 dargestellt und werden in Fertigungsmittel, Prüfmittel, Handhabungsmittel, Transportmittel und Lagermittel unterteilt.

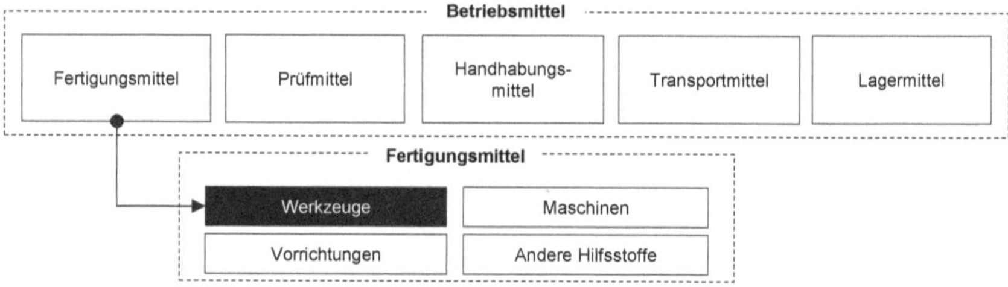


**Abbildung 2.19: Betriebsmittel nach VDI Richtlinie 2815[272]**

Nach dem Verständnis von EHRENSPIEL umfassen Fertigungsmittel u. a. Fertigungsmaschinen, Vorrichtungen und Werkzeuge.[273] Dieser Definition lassen sich im produktionstechnischen Sinn allerdings auch Standardwerkzeuge wie Bohrer, Drehmeißel, Fräsköpfe sowie Schleifscheiben und Präzisionswerkzeuge zuordnen. Zu denen im Werkzeugbau hergestellten Werkzeugen zählen solche, die sich durch eine teilweise oder vollständige Abbildung der Werkstückform auszeichnet. Nach EVERSHEIM & KLOCKE werden die im Werkzeugbau hergestellten Werkzeuge daher als Hohlformwerkzeuge bezeichnet.[274] Eine weitere Beschreibung und Definition von Hohlformwerkzeugen geben KLOCKE & ARNTZ. Danach ist ein Werkzeug ein komplexes Produkt, welches in der Produktion zur Formgebung eingesetzt wird und zahlreiche, individuelle Funktionen und Merkmale aufweist sowie hohe Ansprüche an Präzision und Oberflächengüte hat.[275] Im Kontext des Betrachtungsbereichs dieser wissenschaftlichen Arbeit liegt der Fokus des Werkzeugbegriffs auf Hohlformwerkzeugen zur Herstellung von Kunststoff-, Blech- oder Aluminiumteilen. Unabhängig vom Fertigungsverfahren in der Serienproduktion werden Hohlformwerkzeuge nachfolgend als Werkzeuge bezeichnet.

#### 2.3.1.2 Werkzeugbau

Mit dem Begriff **Werkzeugbau** oder Werkzeugbaubetriebe werden solche produzierende Unternehmen oder Organisationseinheiten innerhalb eines Unternehmens bezeichnet, welche

[270] Die Norm wurde 2001 ersatzlos zurückgezogen, besitzt aber im Allgemeinen noch eine weite Verbreitung in der industriellen Praxis.

[271] Vgl. VDI (VDI Richtlinie 2815 Blatt 1), 1978.

[272] I. A. a. VDI (VDI Richtlinie 2815 Blatt 1), 1978.

[273] Vgl. Ehrlenspiel; Meerkamm (Integrierte Produktentwicklung), 2013, S. 43.

[274] Vgl. Eversheim; Klocke (Werkzeugbau mit Zukunft), 1998, S. 25.

[275] Vgl. Klocke; Arntz (Fertigungstechnologien für komplexe Geometrien), 2005, S. 18.

die in Kapitel 2.3.1.1 definierten Werkzeuge entwickeln und fertigen. Übergeordnet beschreibt der Begriff Werkzeugbau die gesamte werkzeugproduzierende Branche. Neben den beschriebenen Hohlformwerkzeugen umfasst er auch die Produktion von Prüflehen, Vorrichtungen, Modellen und Prototypenwerkzeugen sowie Sondermaschinen und Werkzeugzubehör.[276] Dem Verständnis von FRICK[277] folgend, welches auch von SALMEN[278] und KELZENBERG[279] angewendet wird, dient der Begriff Werkzeugbau aufgrund des heterogenen Leistungsspektrums in dieser Arbeit als Sammelbegriff für die Begriffe Formenbau, Werkzeug- und Formenbau, Werkzeug- und Anlagenbau sowie für ähnliche Bezeichnungen. Die Erzeugnisse des Werkzeugbaus ermöglichen eine Produktion in hoher Stückzahl, werden jedoch nur in geringen Mengen benötigt, teilweise handelt es sich gar um kundenindividuelle Unikate. Der Werkzeugbau ist dem zufolge der Einzel- und Kleinserienfertigung zuzuordnen.[280]

Während unter dem Begriff Werkzeugbau die Unternehmensform verstanden wird, können Werkzeugbaubetriebe als externe, eigenständige Unternehmen oder als unternehmensinterne Organisationseinheiten auftreten. Aus der Form des Marktzugangs ergeben sich unterschiedliche Zielsetzungen und Charakteristika.[281] Der gemeinsamen Datenbank des Werkzeugmaschinenlabors WZL der RWTH Aachen University und des Fraunhofer-Instituts für Produktionstechnologie IPT zufolge teilt sich die Branche Werkzeugbau in Deutschland aktuell in ca. 48 % interne und 52 % externe Werkzeugbaubetriebe auf. Der Marktzugang ist in Abbildung 2.20 abgebildet.[282]

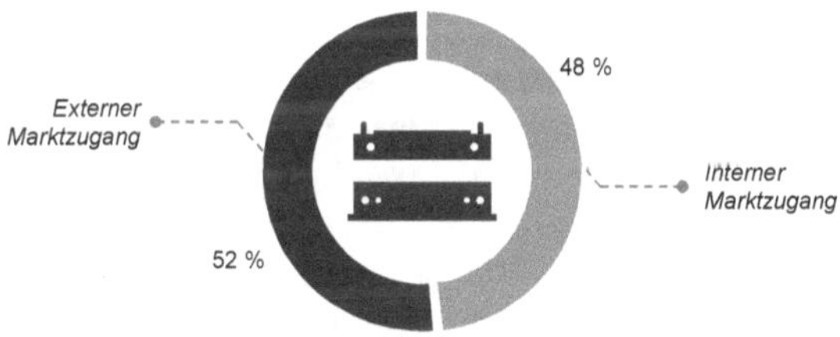


**Abbildung 2.20: Marktzugang deutscher Werkzeugbaubetriebe[283]**

**Interne Werkzeugbaubetriebe** sind in die Aufbauorganisation eines übergeordneten Mutterunternehmens integriert, welches gleichzeitig als Hauptabnehmer der werkzeugspezifischen Leistungen und als Kapitalgeber fungiert.[284] Die sich daraus ergebende übergeordnete Ziel-

[276] Vgl. Eversheim; Klocke (Werkzeugbau mit Zukunft), 1998, S. 24.
[277] Vgl. Frick (Geschäftsmodelle im Werkzeugbau), 2006, 20 f.
[278] Vgl. Salmen (Digital vernetzter Shopfloor), 2016, S. 38.
[279] Vgl. Kelzenberg (Datenstrukturmodell für den digitalen Schatten), 2019, S. 46.
[280] Vgl. Frick (Geschäftsmodelle im Werkzeugbau), 2006, S. 21.
[281] Vgl. Pitsch (Kompetenzfeldbasierte Vernetzung), 2014, S. 34.
[282] Vgl. WZL; IPT (Unternehmensdatenbank "Werkzeugbau"), 2023.
[283] Vgl. WZL; IPT (Unternehmensdatenbank "Werkzeugbau"), 2023.; Eigene Darstellung
[284] Vgl. Eversheim; Klocke (Werkzeugbau mit Zukunft), 1998, S. 3.

setzung interner Werkzeugbaubetriebe ist die Steigerung der Gesamtproduktivität der Serienproduktion durch die Gewährleistung von Effizienz, Verfügbarkeit, Zuverlässigkeit und Innovation. Darüber hinaus ermöglicht ein interner Werkzeugbaubetrieb einen verbesserten Schutz von Know-how, Unabhängigkeit von externen Anbietern sowie eine Reduzierung und Optimierung von Schnittstellen.[285] Für interne Werkzeugbaubetriebe existieren grundsätzlich drei unterschiedliche Möglichkeiten der Integration in das übergeordnete Unternehmen. Nach EVERSHEIM & KLOCKE kann dabei zwischen Abteilung, Cost-Center und Profit-Center unterschieden werden.[286]

| | Abteilung | Cost-Center | Profit-Center |
|---|---|---|---|
| **Ausrichtung** | Aufgabenorientiert | Kostenorientiert | Leistungsorientiert |
| **Arbeitsweise** | Kostenumlage auf andere Bereiche | Eigenverantwortung bezüglich Kosten | Eigenverantwortung bezüglich Ergebnis |
| **Vorteile** | „Unbeschränkte" Finanzmittel | Kostensenkung durch Kostenverantwortung | Vergleichsmöglichkeit mit externen Anbietern |
| **Nachteile** | Hohe Kosten durch fehlende Verantwortung | Bedingter Rentabilitätsvergleich | Hoher administrativer Aufwand |

**Abbildung 2.21: Integrationsformen interner Werkzeugbaubetriebe[287]**

Die Organisationsformen unterscheiden sich hinsichtlich Ausrichtung und Arbeitsweise und weisen jeweils spezifische Vor- und Nachteile auf. Die Ausrichtung eines als Abteilung integrierten Werkzeugbaus stellt die traditionelle Form des internen Werkzeugbaus dar und kann als aufgabenorientiert beschrieben werden. Die Leistungen werden dabei ausschließlich für das Mutterunternehmen erbracht. Die entstehenden Kosten werden vollständig auf anderen Unternehmensbereiche umgelegt, da der Werkzeugbau keine Kostenverantwortung hat. Ein Ansatz zur Steigerung der Kostenverantwortung und damit zur Reduzierung der Kosten ist die Organisation des Werkzeugbaus als Cost-Center. Diese Organisationsform charakterisiert sich durch Eigenverantwortung des Werkzeugbaus für die verursachten Kosten, wodurch die Kostenbelastung des Gesamtunternehmens durch die Werkzeugherstellung reduziert wird. Ein Rentabilitätsvergleich mit externen Werkzeugbaubetrieben wird durch die Organisationsform des internen Werkzeugbaus als Profit-Center ermöglicht, welche eine leistungsorientierte Ausrichtung beinhaltet. Aufgrund der Erweiterung der Eigenverantwortung um die Ergebnisperspektive verantwortet der Werkzeugbau sowohl die verursachten Kosten als auch erzielte Gewinne.[288]

Demgegenüber stehen **externe Werkzeugbaubetriebe**, welche als rechtliche eigenständige Unternehmen für externe Kunden Werkzeuge herstellen sowie werkzeugspezifische Dienst-

[285] Vgl. Kuhlmann (Geschäftsprozesse im Werkzeugbau), 2011, S. 27; Zwicker (Interner Werkzeugbau), 2009, S. 12f.

[286] Vgl. Eversheim; Klocke (Werkzeugbau mit Zukunft), 1998, S. 3-6.

[287] Vgl. Kuhlmann (Geschäftsprozesse im Werkzeugbau), 2011, S. 27.

[288] Vgl. Eversheim; Klocke (Werkzeugbau mit Zukunft), 1998, S. 74-79.

leistungen anbieten. Primäres Ziel ist die Gewinnmaximierung zur Sicherstellung der langfristigen Überlebensfähigkeit des Betriebs.[289] Im Gegensatz zu internen Werkzeugbaubetrieben nimmt der Kunde nicht die Rolle des Kapitalgebers ein. Wie in anderen wirtschaftlichen Betrieben versucht der Werkzeugbau ein breites Kundenspektrum aus unterschiedlichen Branchen zu bedienen, um das Risiko von Auslastungsschwankungen in einzelnen Kundensegmenten ausgleichen zu können.[290] Grundsätzlich wird zwischen den wirtschaftlich unabhängigen Werkzeugbaubetrieben und den in Unternehmensverbünde eingegliederte externen Werkzeugbaubetrieben unterschieden. Letztere bieten ihre Leistungen ausschließlich am Markt und nicht unternehmensintern an, führen allerdings die Geschäftstätigkeiten unter dem Namen eines Mutterunternehmens aus. Es erfolgt somit eine Integration in die Gesamtbilanz des Mutterunternehmens.[291] In der Praxis sind die Grenzen zwischen externen und internen Werkzeugbaubetrieben fließend. Einerseits können sich externe Werkzeugbaubetriebe auf einen oder wenige strategische Kunden fokussieren. Auf der anderen Seite werden interne Werkzeugbaubetriebe oftmals auf dem freien Markt aktiv, um die Transparenz ihrer Leistungsfähigkeit zu verbessern.[292]

Die **deutsche Branche Werkzeugbau** ist mit seiner starken Heterogenität und Fragmentierung überwiegend mittelständig geprägt und zählt innerhalb des Interessenverbands Deutscher Maschinen- und Anlagenbau (VDMA) zum Bereich Präzisionswerkzeuge. Innerhalb des Bereichs Präzisionswerkzeuge bildet der Werkzeugbau mit einem Anteil von 50 % des gesamten Produktionsvolumens den umsatzstärksten Bereich ab.[293] Aktuell existieren rund 3.800 Werkzeugbaubetriebe mit ca. 57.000 Mitarbeitenden in Deutschland. Von diesen Betrieben beschäftigen ca. 65 % weniger als 50 Mitarbeitende und nur rund 1 % mehr als 100 Mitarbeitende Werkzeugbaubetriebe mit einer vergleichsweise hohen Mitarbeitendenanzahl sind vorwiegend interne Werkzeugbaubetriebe der Automobilindustrie und anderen produzierenden Großunternehmen.[294]

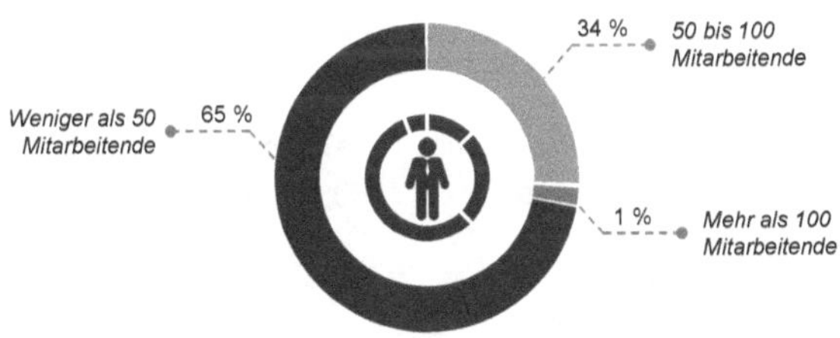


**Abbildung 2.22: Mitarbeitendenstruktur deutscher Werkzeugbaubetriebe[295]**

[289] Vgl. Klotzbach (Industrieller Werkzeugbau), 2006, S. 53.

[290] Vgl. Spennemann (Organisationsstrukturen im Werkzeugbau), 2001, S. 12.

[291] Vgl. Eversheim; Klocke (Werkzeugbau mit Zukunft), 1998, S. 4.

[292] Vgl. Frick (Geschäftsmodelle im Werkzeugbau), 2006, S. 24.

[293] Vgl. VDMA (Präzisionswerkzeuge), 2021.

[294] Vgl. Boos et al. (Tooling in Germany), 2020, S. 13.

[295] I. A. a. Boos et al. (Tooling in Germany), 2020, S. 13.

Als Folge der beschriebenen mittelständigen Prägung der Werkzeugbaubetriebe verschwimmen die Grenzen der direkten und unterstützenden Tätigkeiten der Mitarbeitenden. Ebenso sind die kleinen und mittleren Unternehmen (KMU) der Branche von den Kompetenzen einzelner Mitarbeitender abhängig und weisen oftmals limitierte finanzielle Mittel aus.[296] Diese Charakteristika müssen nach KOMOREK alle wissenschaftlichen und praktischen Lösungsansätze für die Branche Werkzeugbau berücksichtigen.[297] Neben dem steigenden Konkurrenzdruck durch die Globalisierung wird der daraus resultierende Kostendruck durch den zunehmenden Kundenwunsch nach Individualisierung bei gleichbleibenden Budgets für Werkzeugkosten weiter verschärft.[298] Zudem stellen insbesondere die mit der digitalen Transformation in Verbindung stehenden hohen Aufwände[299] sowie steigende Stakeholderanforderungen im Kontext der Nachhaltigkeit die Branche Werkzeugbau vor neue Herausforderungen.

#### 2.3.1.3 Lebenszyklus

In der wissenschaftlichen Literatur wird der Begriff **Lebenszyklus** in zahlreichen Variationen definiert und in unterschiedlichen Zusammenhängen genutzt.[300] Aus diesem Grund wird daher zunächst ein grundlegendes Verständnis für den Begriff geschaffen. Der Begriff Zyklus leitet sich aus dem griechischen „kýklos“ ab und wird im engeren Sinne mit Kreis oder Kreislauf übersetzt. Heute wird der Begriff als einen kreisförmigen Ablauf mit regelmäßig wiederkehrenden Ereignissen oder Geschehnissen, eine Zusammenfassung, Reihe oder Folge von Abläufen verstanden.[301] Darin ablaufende Phasen mit meist festgelegter Sequenz stellen spezifische Zeitabschnitte eines Objekts dar.[302] Eine Abgrenzung der einzelnen Phasen ist allerdings variabel und hängt maßgeblich von den Interessenszusammenhängen und den sich daraus ergebenden zweckdienlichen Abgrenzungsmerkmalen ab.[303] Der Begriff Lebenszyklus ist ursprünglich auf den Bereich der Biologie zurückzuführen und beschreibt die vier Phasen, die ein natürlicher Organismus in seinem Dasein durchläuft. Diese Phasen sind Geburt, Metamorphose bzw. Entwicklung, Konsumtion bzw. Reife und Tod.[304]

#### 2.3.1.4 Produktlebenszyklus

Sofern nicht ein natürlicher Organismus, sondern ein künstliches Erzeugnis bzw. eine Leistung im Fokus der Betrachtung steht, so wird der Begriff **Produktlebenszyklus** verwendet.[305] KÖHL-

[296] Vgl. Pichler et al. (Management in KMU), 2000, S. 11.

[297] Vgl. Komorek (Kollaborative Wertschöpfung), 2014, S. 43.

[298] Vgl. Boos et al. (World of Tooling), 2022, S. 5.

[299] Vgl. Boos et al. (Digitale Transformation im Werkzeugbau), 2019, S. 6f.

[300] Vgl. Michalas (Nachhaltige Nutzungskonzepte), 2003, S. 17; Kölscheid (Lebenszyklusorientierte Produktgestaltung), 1999, S. 22-25; Pfeiffer; Bischof (Produkt-Marktzyklen), 1974, S. 135; Siegwart; Senti (Product life cylce mangement), 1995, S. 5.

[301] Vgl. Duden (Zyklus), 2021.

[302] Vgl. Siegwart; Senti (Product life cylce mangement), 1995, S. 5.

[303] Vgl. Schwartau (Klassifizierung von Phasenkonzepten), 1977, S. 35.

[304] Vgl. Raubold (Lebenszyklusmanagement), 2011, S. 24; Pöschek (Produktlebenszyklus), 2000, S. 6.

[305] Vgl. Meffert (Produktlebenszyklus-Konzept), 1974, S. 85f.

SCHEID beschreibt zahlreiche Produktlebenszykluskonzepte, die im Hinblick auf die Betrachtung und Abgrenzung der einzelnen Phasen differenziert werden können.[306] Im Rahmen der vorliegenden Arbeit wird ein Produktlebenszyklus als eine Abfolge verschiedener Phasen in einem Produktleben verstanden.[307] Unter dem Produktleben wird die Zeitspanne der Produktverwendung definiert. Durch unterschiedliche Interpretation der Verwendbarkeit aus markt- und produktbezogener Sicht ergeben sich jedoch unterschiedliche Definitionen der Produktlebensdauer. HOPFENBECK unterscheidet zwischen marktorientierten und ökologieorientierten Produktlebenszyklen. Im marktorientierten Produktlebenszyklus werden Umsatz- und Gewinnentwicklung eines Produktes von der Einführungsphase bis zum Marktverfall betrachtet. Im Gegensatz dazu wird im ökologieorientierten Produktlebenszyklus eine einzelne Produkteinheit von der Entstehung bis zur Entsorgung dargestellt. Die nachfolgende Abbildung 2.23 zeigt die unterschiedlichen Sichtweisen auf den Begriff der Produktionslebensdauer.[308]

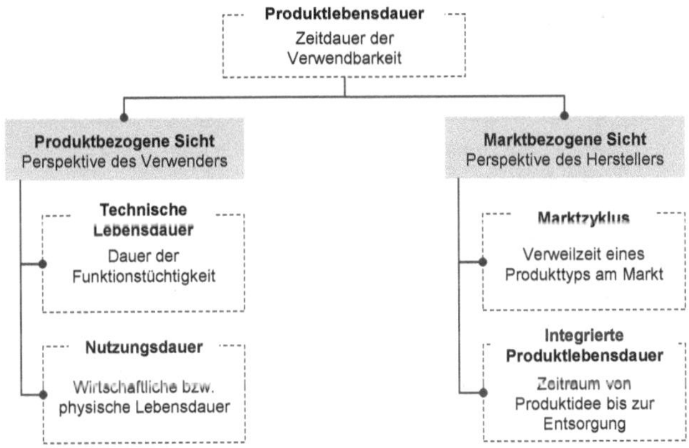


**Abbildung 2.23: Unterschiedliche Sichtweisen auf den Begriff der Produktlebensdauer[309]**

Nach SCHUH wird zusätzlich zwischen der Unternehmens- bzw. der Herstellerperspektive und der Kundenperspektive differenziert. Aus der Unternehmensperspektive beginnt der Produktlebenszyklus mit einer ersten Produktidee, auf welche die Produktentwicklung, die Produktion und die Wartung sowie Instandhaltung beim Kunden folgen. Zum Ende des Produktlebenszyklus, der Marktausführung, endet zunächst das Produktionsprogramm und zuletzt das Serviceprogramm des Herstellers. Aus der Kundenperspektive heraus umfasst ein Produktlebenszyklus die Phasen Produktidee, Produktentstehung, Produktion, Nutzung, Wartung und Instandhaltung sowie Entsorgung oder Recycling.[310]

[306] Vgl. Kölscheid (Lebenszyklusorientierte Produktgestaltung), 1999, S. 22f.

[307] Vgl. Michalas (Nachhaltige Nutzungskonzepte), 2003, S. 17-19; Kölscheid (Lebenszyklusorientierte Produktgestaltung), 1999, S. 22-25.

[308] Vgl. Hopfenbeck (Allgemeine Betriebswirtschafts- und Managementlehre), 2000, S. 574-578.

[309] I. A. a. Pfeiffer; Bischof (Produkt-Marktzyklen), 1974, S. 45.

[310] Vgl. Schuh; Uam (Product Lifecycle Mangement), 2012, S. 352-355.

### 2.3.2 Phasen des Werkzeuglebenszyklus

In der wissenschaftlichen Literatur ist der generische Werkzeuglebenszyklus nicht eindeutig definiert. Nach BRENNER ET AL. umfasst der Lebenszyklus eines Werkzeugs die drei Phasen Entwicklung und Herstellung, Nutzung und Service sowie Recycling und Wiederverwendung. Die Entwicklungs- und Herstellungsphase wird durch eine Marktanalyse- und Produktionsplanungsphase erweitert.[311] SCHUH ET AL. unterteilen den Werkzeuglebenszyklus in die vier verschiedene Phasen Entwicklung, Werkzeugherstellung inklusive (inkl.) Fertigung, Montage und Inbetriebnahme sowie Nutzungsphase und Recycling. Die Entwicklungsphase beginnt mit der Anfrage des Kunden und wird mit der Fertigstellung der Konstruktion sowie der Weiterleitung an die Werkzeugherstellung beendet. In dieser werden alle Schritte zur Fertigung des Werkzeugs durchgeführt, bis das Werkzeug schließlich der Serienproduktion übergeben wird. Während der anschließenden Nutzungsphase werden Wartungs- und Reparaturarbeiten beim Kunden durchgeführt. Der Werkzeuglebenszyklus endet mit der Werkzeugausmusterung bzw. dem Recycling.[312] Auch BOOS ET AL. greifen das vierphasige Modell des Werkzeuglebenszyklus auf, jedoch wird die Entwicklungsphase in die Werkzeugherstellungsphase integriert und die Werkzeuginbetriebnahme separat betrachtet. Der Werkzeuglebenszyklus nach BOOS ET AL. gliedert sich folglich in die Phasen Werkzeugherstellung, Werkzeuginbetriebnahme, Werkzeugnutzung und Werkzeugausmusterung.[313]

Nach KÜHN kann der Werkzeuglebenszyklus, angelehnt an die Sichtweisen des Produktlebenszyklus, aus den Perspektiven des Werkzeugbaus (Hersteller), des Werkzeugs (Produkt) sowie des Kunden betrachtet werden. Diese Sichtweisen sind in Abbildung 2.24 dargestellt. Da das Werkzeug den Kern der vorliegenden Arbeit zur datengestützten Gestaltung des nachhaltigen Lebenszyklus bildet, wird ausschließlich der produktbezogene Werkzeuglebenszyklus betrachtet.

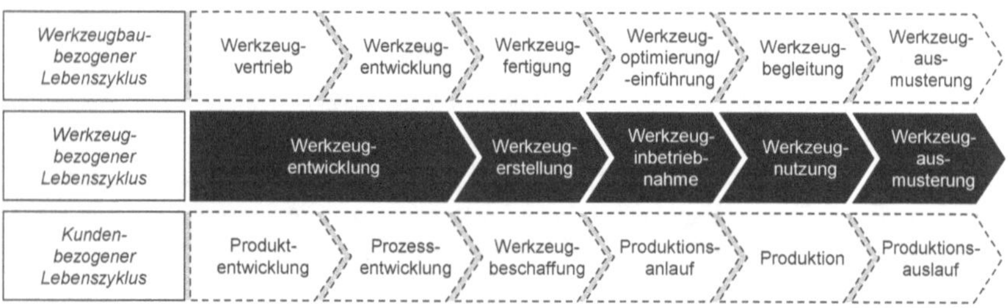


**Abbildung 2.24: Generischer Lebenszyklus eines Werkzeugs**[314]

[311] Vgl. Brenner et al. (Life Cycle Management of Cutting Tools), 2017, S. 312.

[312] Vgl. Schuh et al. (Life Cycle Observation), 2014, S. 528.

[313] Vgl. Boos et al. (Datenbasierte Dienstleistungen), 2021, S. 7.

[314] I. A. a. Kühn (Leistungssysteme im Werkzeugbau), 2016, S. 139.

Der lineare Produktlebenszyklus unterteilt sich üblicherweise in die Phasen Vorproduktherstellung, Produktherstellung, Nutzung und Entsorgung.[315] Eine Besonderheit im Werkzeugbau ist allerdings die auf der Werkzeugerstellung folgende Phase der Inbetriebnahme des Werkzeugs. Der produktbezogene Werkzeuglebenszyklus besteht demnach aus den fünf Phasen Werkzeugentwicklung, Werkzeugerstellung, Werkzeuginbetriebnahme, Werkzeugnutzung und Werkzeugausmusterung. Die Werkzeugentwicklung startet mit der Initiative des Kunden, ein neues Produkt zu entwickeln. Der Kunde definiert die Problemstellung und erfragt im Vertrieb des Werkzeugbaus ein Angebot. Nachdem der Werkzeugbau den Zuschlag erhalten hat, erfolgt eine mit dem Produkt bzw. Produktionsprozess integrative Entwicklung des Werkzeugs. Mit Übergabe der Werkzeugkonstruktion endet die Werkzeugentwicklung und startet gleichzeitig die Werkzeugerstellung, in welcher der Werkzeugbau das Werkzeug fertigt. Diese endet mit der Erstmontage des Werkzeugs, woraufhin die Werkzeuginbetriebnahme mit Produktionsanlauf beim Kunden beginnt. Erst in dieser Phase stellt sich heraus, ob die werkzeugfallenden Teile den Qualitätsansprüchen des Kunden genügen. Sofern noch kein betriebsbereiter Zustand erreicht sein sollte, sind zeitaufwändige Optimierungs- und Korrekturschleifen vom Werkzeugbau durchzuführen. Die Abnahme des Werkzeugs durch den Kunden beendet die Inbetriebnahme und startet die Werkzeugnutzung mit der Produktion von Teilen. Der Werkzeugbau unterstützt den Kunden hierbei mit einer Produktionsbegleitung durch Sicherstellung der Funktionsfähigkeit des Werkzeugs. Nach Beendigung der Nutzung erfolgt aus Kundensicht der Produktionsauslauf und damit die Werkzeugausmusterung. Oftmals wird das Werkzeug für die Herstellung von Ersatzteilen eingelagert oder in eine Nachfolgevariante umgebaut.[316] Im Folgenden werden die einzelnen Phasen des werkzeugbezogenen Lebenszyklus detailliert vorgestellt.

#### 2.3.2.1 Werkzeugentwicklung

Der Werkzeugbau befindet sich aufgrund seiner Schlüsselposition zwischen Produktentwicklung und Serienproduktion in einem ständigen Spannungsfeld zwischen den Zielsetzungen Qualität, Flexibilität, Produktivität, Innovation, Time-to-Market sowie Nachhaltigkeit.[317] Zur Verkürzung der Gesamtdurchlaufzeit beginnen die Aktivitäten der Werkzeugentwicklung im Sinne des Simultaneous Engineering bereits während der Produktentwicklung des Kunden.[318] Unter Produktentwicklung versteht man die Gestaltung des auf die Marktbedürfnisse angepassten Produktes sowie dessen Herstellungsprozesses.[319] Für die Werkzeugentwicklung, als erste Phase des Werkzeuglebenszyklus, existiert in der wissenschaftlichen Literatur kein allgemein-

[315] Vgl. Siegwart; Senti (Product life cylce mangement), 1995, S. 17; Kölscheid (Lebenszyklusorientierte Produktgestaltung), 1999, S. 23f.

[316] Vgl. Kühn (Leistungssysteme im Werkzeugbau), 2016, S. 139f.

[317] Vgl. Klocke et al. (Zukunftsstudie im Werkzeug- und Formenbau), 2005, S. 15; Maiser et al. (Trendradar für den Maschinen- und Anlagenbau), 2019, S. 31-33; Boos et al. (Wettbewerbsfaktor Nachhaltigkeit), 2020, S. 8f.

[318] Vgl. Schuh et al. (Digitale Wertschöpfungsnetzwerke), 2013, S. 9.

[319] Vgl. Specht; Möhrle (Technologie Mangement), 2002, S. 240.

gültiger Prozess. BOOS überträgt jedoch die für den Maschinenbau allgemein anerkannte Konstruktionsmethodik nach PAHL UND BEITZ[320] auf die Werkzeugentwicklung.[321] Die relevanten Prozessschritte der Werkzeugentwicklung Planen und Klären der Aufgabenstellung, Konzeption des Werkzeugs, Entwerfen des Werkzeugs sowie das Detaillieren des Werkzeugs sind in der nachfolgenden Abbildung 2.25 dargestellt. Die von BOOS beschriebene Arbeitsplanung wird von anderen Autoren nicht dem Prozess der Werkzeugentwicklung zugeordnet, weshalb deren Inhalte in der Werkzeugerstellung beschrieben werden.

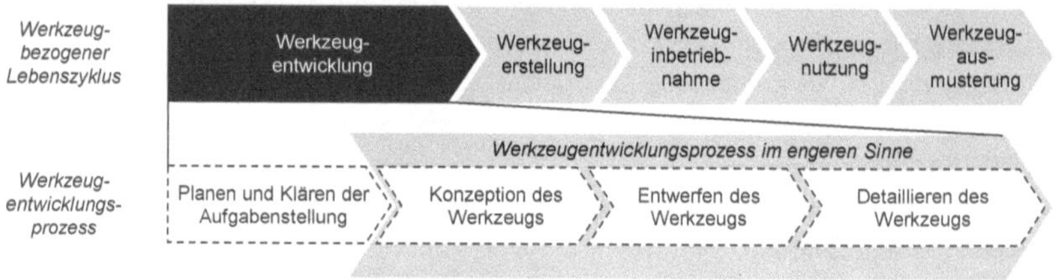


**Abbildung 2.25: Prozess der Werkzeugentwicklung**[322]

In der ersten Phase, **Planen und Klären der Aufgabenstellung**, wird die Anfrage des Kunden und das bereitgestellte Lastenheft überprüft sowie auf Vollständigkeit kontrolliert.[323] In diesem Kontext wird insbesondere die Qualität der vorliegenden Daten überprüft, da hierbei bereits Fehler aufgrund unterschiedlicher Toleranzangaben oder Datenverluste bei der Datenkonvertierung zwischen Systemen auftreten können.[324] Im Rahmen eines anschließenden internen Technologiegesprächs mit Fachexperten aus Kalkulation, Konstruktion sowie Fertigung und Montage wird die Anfrage mit dem zu fertigenden Bauteil analysiert und ein erstes Werkzeuggrobkonzept ermittelt. Weiterhin erfolgt eine terminliche und wirtschaftliche Beurteilung der Anfrage, in deren Rahmen ein Meilensteinplan zur Überprüfung der Realisierbarkeit des gewünschten Fertigstellungstermins entwickelt wird.[325]. Teile dieser Planung, wie z. B. die Werkzeugauslegung und -spezifikation, erfolgen bereits vorgelagert durch den Kunden.[326] In diesen vorgelagerten Planungsstadien werden zunächst Herstellbarkeitsstudien durchgeführt sowie Ausbringungsmenge und Ziellebensdauer im Rahmen von Spezifikationen des zu entwickelnden Werkzeugs definiert.[327] Der stetige Zeitdruck in der Praxis zeigt, dass häufig mit den nachfolgenden Phasen begonnen wird, bevor die Werkzeugspezifikationen aus der Planungs- und Klärungsphase vollständig und final vorliegen.[328] In der zweiten Phase, der **Konzeption des Werkzeugs**, beginnt der Prozess der Werkzeugentwicklung im engeren Sinne.

---

[320] Vgl. Pahl; Beitz (Konstruktionslehre), 1977, S. 52.

[321] Vgl. Boos (Modulare Werkzeuge), 2008, S. 78-81.

[322] I. A. a. Boos (Modulare Werkzeuge), 2008, S. 82.

[323] Vgl. Boos (Modulare Werkzeuge), 2008, S. 80.

[324] Vgl. Klotzbücher (Werkzeugfertigung), 2008, S. 475.

[325] Vgl. Boos (Modulare Werkzeuge), 2008, S. 80.

[326] Vgl. Schlößer (Werkzeuge in der Angebotsphase), 2008, S. 611f.

[327] Vgl. Johannaber; Michaeli (Handbuch Spritzgießen), 2004, S. 1039; DIN Deutsches Institut für Normung e. V. (DIN ISO 16916:2017-01), 2017.

[328] Vgl. Karlinger; Hinken (Konstruktionsablauf), 2008, S. 305-309.

Ziel dieser Phase ist eine klar definierte Wirk- und Funktionsstruktur. Dazu werden zunächst die grundlegenden Werkzeugfunktionen ermittelt, mithilfe derer der festgelegte Werkzeugtyp überprüft wird. Der zugeteilte Konstrukteur ist in dieser Phase oftmals stark auf Erfahrungen sowie historische Daten ähnlicher, in der Vergangenheit realisierter, Werkzeugkonzepte angewiesen.[329] Unter Zuhilfenahme ggf. existierender Basiskonstruktionen wird **beim Entwerfen des Werkzeugs** die Baustruktur des Werkzeugs angelegt. In den Basiskonstruktionen sind standardisierte und parametrisierte Einzelteile hinterlegt, welche es dem Konstrukteur ermöglichen auf bestehende Baustrukturen zurückzugreifen und diese für die anstehende Konstruktion zu verwenden.[330] Der Konstruktionsentwurf wird i. d. R. am Ende dieser Phase durch den Kunden freigegeben.[331] Nach der Freigabe des Konstruktionsentwurfs durch den Kunden erfolgt die **Detaillierung des Werkzeugs**. Diese Phase umfasst die schrittweise Auskonstruktion des Werkzeugs mit all seinen Einzelteilen. Das zentrale Ergebnis dieser Phase ist das finale 3D-CAD-Modell des Werkzeugs, aus welcher alle relevanten Zeichnungen mit Bemaßungen und Detailangaben sowie Stücklisten ausgeleitet werden können. Mit der Freigabe der Konstruktion für die Fertigung endet der Prozess der Werkzeugentwicklung.[332]

#### 2.3.2.2 Werkzeugerstellung

Die Aufgabe der Werkzeugerstellung ist es, die in der Werkzeugentwicklung konstruierten Werkzeuge kosten- und zeiteffizient herzustellen.[333] Trotz der großen Unterschiede in Bezug auf Werkzeugart und der individuellen Ausführung wird die Prozesskette in der Literatur häufig nahezu identisch beschrieben.[334] In der Werkzeugerstellung werden die Ergebnisse der Werkzeugentwicklung in den vier sequentiell ablaufenden Schritten Arbeitsvorbereitung, mechanische Fertigung, Montage und Try-out sowie einem übergreifenden Projektmanagement weiterverarbeitet.[335] Diese Prozessschritte können sowohl komplett als auch in Subprozessen an externe Wertschöpfungspartner fremdvergeben werden. Abbildung 2.26 zeigt den Prozess der Werkzeugerstellung mit den relevanten Schnittstellen zu externen Entitäten.

[329] Vgl. Boos (Modulare Werkzeuge), 2008, S. 81.
[330] Vgl. Boos (Modulare Werkzeuge), 2008, S. 81.
[331] Vgl. Karlinger; Hinken (Konstruktionsablauf), 2008, S. 313.
[332] Vgl. Klotzbücher (Werkzeugfertigung), 2008, S. 479.
[333] Vgl. Boos et al. (Wertschöpfung im Betriebsmittelbau), 2014, S. 123f.
[334] Vgl. Boos (Modulare Werkzeuge), 2008, S. 41-44; Kühn (Leistungssysteme im Werkzeugbau), 2016, S. 44-46; Kelzenberg (Datenstrukturmodell für den digitalen Schatten), 2019, S. 57-60.
[335] Vgl. Kühn (Leistungssysteme im Werkzeugbau), 2016, S. 44-46.

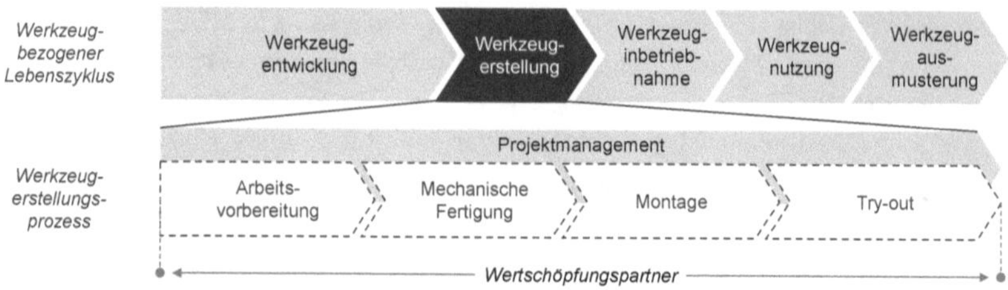


**Abbildung 2.26: Prozess der Werkzeugerstellung**[336]

Das **Projektmanagement**, in dessen Rahmen die Überwachung des Auftragsfortschritts und des Kostenrahmens erfolgt, beginnt oftmals bereits während der Werkzeugentwicklung und endet mit der erfolgreichen Auslieferung des Werkzeugs an den Kunden. Dementsprechend führt das Projektmanagement die Projektplanung durch und legt Termine sowie zentrale Meilensteine fest, deren Einhaltung kontinuierlich geprüft werden.[337] Auf Basis der zur Verfügung stehenden Kapazitäten in den relevanten Abteilungen und Technologien werden in der Grobplanung zudem größere Wertschöpfungsumfänge fremdvergeben.[338] Nach Projektabschluss besteht eine weitere zentrale Aufgabe des Projektmanagements in der kritischen Reflexion wirtschaftlicher, zeitlicher und technischer Gesichtspunkte des Projekts.[339] Die während der Werkzeugerstellung durchgeführte mitlaufende Kalkulation wird dazu in eine finale Nachkalkulation überführt, welche mit der vor Projektbeginn ermittelten Angebotskalkulation abgeglichen wird.[340]

Aufbauend auf den in der Werkzeugentwicklung erstellten Konstruktionsdaten und Stücklisten erfolgt in einer dezentralen Feinplanungs- und Steuerungsebene, der **Arbeitsvorbereitung**, die Fertigungsvorbereitung. Die wesentlichen Tätigkeiten der Arbeitsvorbereitung sind neben der Planung der einzelnen Arbeitsschritte die Erstellung der Arbeitsdokumente sowie die Einlastung der Fertigungsaufträge auf Maschinenebene.[341] Dazu werden zunächst die notwendigen Bearbeitungsstrategien aller Einzelteile sowie mögliche Fremdvergabeumfänge festgelegt. Die entsprechenden organisatorischen Vorgaben des Projektmanagements sowie die technisch-konstruktiven Vorgaben aus der Werkzeugentwicklung dienen hierbei als Orientierung.[342] Anschließend wird in der Feinplanung auf Basis der Aggregation der Arbeitsplanung aller laufenden Werkzeugprojekte die Kapazitätsauslastung der einzelnen Fertigungsressourcen bestimmt. Parallel dazu erfolgen der Einkauf von Normalien und Standardkomponenten sowie die Abwicklung der Fremdvergabe einzelner Bearbeitungsschritte. Anschließend kann

[336] I. A. a. Klotzbach (Industrieller Werkzeugbau), 2006, S. 49.

[337] Vgl. Giehler (Erhöhung der Planungsproduktivität), 2010, S. 32f.

[338] Vgl. Ziskoven (Getaktete Fertigung), 2013, S. 46.

[339] Vgl. Hensen (Strategische Auslegung), 2017, S. 50f.

[340] Vgl. Boos et al. (Erfolgreich Kalkulieren im Werkzeugbau), 2015, S. 10-13.

[341] Vgl. Klotzbach (Industrieller Werkzeugbau), 2006, S. 50.

[342] Vgl. Giehler (Erhöhung der Planungsproduktivität), 2010, S. 33.

mit der zugehörigen NC-Programmierung begonnen werden.[343] Hierbei werden auf Basis der zur Verfügung gestellten CAD-Daten Maschinenprogramme erzeugt, die für die Bearbeitung von Werkzeugkomponenten auf NC-gesteuerten Werkzeugmaschinen (z. B. Fräs-, Dreh- und Erodiermaschinen) erforderlich sind.[344]

Mit der Bereitstellung der NC-Programme im Prozessschritt der **mechanischen Fertigung** kann die eigentliche produktionstechnische Erstellung des Werkzeugs bzw. der Werkzeugkomponenten beginnen. Dabei werden aus mehr oder weniger vorverarbeiteten Rohlingen einzelne Werkzeugkomponenten erzeugt. Zur Herstellung und Bearbeitung werden hierzu im Wesentlichen die Fertigungstechnologien Fräsen, Senkerodieren, Drahterodieren, Drehen und Schleifen eingesetzt.[345] Weitere wichtige Verfahren sind das Sägen zur Materialvorbereitung sowie das Härten.[346] Bei Bedarf können weitere Bearbeitungsschritte über externe Wertschöpfungspartner abgebildet werden.[347] Trotz des hohen Potenzials haben weitere Fertigungstechnologien wie bspw. die additive Fertigung bisher eine sehr geringe Verbreitung im Werkzeugbau.[348]

Die fertig bearbeiteten Werkzeugkomponenten werden gemeinsam mit analogen oder digitalen Arbeitsdokumenten in die nachfolgende Montage überführt. In der **Montage** werden die einzelnen in Eigenfertigung erstellten oder zugekauften Werkzeugkomponenten gemäß der Stückliste zum vollständigen Werkzeug montiert. Anschließend erfolgt eine erste Funktionsprüfung des Werkzeugs bzw. der einzelnen Werkzeugkomponenten. Häufig sind kleinere Nacharbeiten an einzelnen Werkzeugkomponenten erforderlich, um die mechanische Funktionstüchtigkeit des Werkzeugs sicherzustellen.[349] Je nach Werkzeugtyp ist zudem eine Vormontage einzelner Werkzeugkomponenten notwendig, um ganze Baugruppen in der mechanischen Fertigung spanend bearbeiten zu können. Der Montageprozess kann folglich in Vor- und Endmontage eingeteilt werden.

Der letzte Schritt vor Übergabe des Werkzeugs an die Serienproduktion ist die Werkzeugerprobung, die häufig mit dem englischen Begriff **Try-out** bezeichnet wird. In entsprechenden Qualifizierungszyklen erfolgt mit dem Werkzeug nach Möglichkeit auf seriennahen Produktionsmaschinen die Herstellung von Produkten in geringer Stückzahl. Hauptziel dieses Prozessschrittes ist die Gewährleistung der prozesssicheren Herstellbarkeit der Produkte.[350] Unter Berücksichtigung der Produktqualität erfolgt nach jedem Zyklus ein Abgleich der spezifizierten Werkzeuganforderungen mit den realen Werkzeugeigenschaften mithilfe messtechnischer Analysen.[351] Form- und Lagegenauigkeiten sowie Oberflächendefekte werden dabei so lange

---

[343] Vgl. Kühn (Leistungssysteme im Werkzeugbau), 2016, S. 45; Hensen (Strategische Auslegung), 2017, S. 49; Kelzenberg (Datenstrukturmodell für den digitalen Schatten), 2019, S. 60.

[344] Vgl. Klotzbach (Industrieller Werkzeugbau), 2006, S. 50.

[345] Vgl. Pitsch (Kompetenzfeldbasierte Vernetzung), 2014, S. 45f.

[346] Vgl. Boos (Modulare Werkzeuge), 2008, S. 43.

[347] Vgl. Ziskoven (Getaktete Fertigung), 2013, S. 47.

[348] Vgl. Boos et al. (Additive Manufacturing), 2021, S. 6f.

[349] Vgl. Giehler (Erhöhung der Planungsproduktivität), 2010, S. 22.

[350] Vgl. Klotzbach (Industrieller Werkzeugbau), 2006, 50 f.

[351] Vgl. Kuhlmann (Corporate Tooling), 2017, S. 47.

iterativ verbessert, bis alle spezifizierten Anforderungen reproduzierbar eingehalten werden und der Kunde die Freigabe erteilt.[352] Nach erfolgreicher Werkzeugqualifikation wird das Werkzeug in die Serienproduktion des Kunden überführt. Aufgrund unterschiedlicher Produktionsumgebungen ist dort i. d. R. eine erneute Einarbeitung notwendig.[353]

#### 2.3.2.3 Werkzeuginbetriebnahme

Zur Gewährleistung der Reproduzierbarkeit sowie der Erhöhung von Stückzahlen in der Serienproduktion findet ein dreiphasiger Serienanlauf beim Kunden statt. In der Vorserie werden erste Produktprototypen unter seriennahen Bedingungen in großen Stückzahlen gefertigt.[354] Im Anschluss an die modellgeprägte Vorserie folgt in der Nullserie eine serienproduktionsnahe Fertigung unter Einsatz von Serienwerkzeugen. Zudem werden extern beschaffte Zulieferteile in den Fertigungsprozess integriert, sodass eine ganzheitliche Zusammenführung des Produktionsprozesses erfolgt.[355] Zwischen dem Zeitpunkt des Start of Production und der stabilen Serienproduktion auf voller Kapazität, wird während des Produktionshochlaufs das erste kundenfähige Produkt hergestellt.[356] Die Inbetriebnahme des Serienwerkzeugs findet parallel zur Nullserie statt. Je nach Werkzeugtyp unterscheidet sich die Komplexität und der zeitliche Aufwand für die Durchführung der Werkzeuginbetriebnahme signifikant. Insbesondere Blechumformwerkzeuge weisen einen stark erhöhten Prozesskettenanteil von ca. 15 % für Musterungen und manuelle Nacharbeit auf. Spritzgusswerkzeuge haben lediglich einen Anteil von rund 3 %. Zurückzuführen ist dies auf unterschiedliche Oberflächenanforderungen sowie die Werkzeugkomplexität.[357] Unabhängig vom Werkzeugtypen beginnt der Prozess der Werkzeuginbetriebnahme jedoch grundsätzlich auf den eigenen Anlagen des Werkzeugbaus und endet auf den Zielanlagen der Serienproduktion.[358] Die Notwendigkeit der zweiphasigen Durchführung ergibt sich aus der Komplexität des Zusammenspiels aus Werkzeug, Anlage und Material.[359] Das übergeordnete Ziel der Werkzeuginbetriebnahme ist die Sicherstellung der Bauteilqualität sowie der Prozessfähigkeit. In einem iterativen Prozess aus Werkzeugausprobe, -einarbeitung und -korrektur werden Abweichungen in Bauteil und Prozessqualität des Werkzeugs verbessert. Die Ausprobungs- und Einarbeitungsphasen sind in der Praxis meist nicht voneinander zu trennen, da sie durch starke Abhängigkeiten der Prozessparameter abwechseln vorgenommen werden.[360]

[352] Vgl. Schuh et al. (Serienanlauf von Werkzeugen), 2018, S. 797.

[353] Vgl. Birkert et al. (Herstellung komplexer Karosserieteile), 2013, S. 426-428.

[354] Vgl. Wangenheim (Planung und Steuerung des Serienanlaufs), 1998, S. 24-28.

[355] Vgl. Fitzek (Anlaufmanagement in interorganisationalen Netzwerken), 2005, S. 53.

[356] Vgl. Laick (Hochlaufmanagement), 2003, S. 11f.

[357] Vgl. Bilsing (Technologische Leistungsfähigkeit), 2007, S. 110f.; WZL; IPT (Unternehmensdatenbank "Werkzeugbau"), 2023.

[358] Vgl. Schuh et al. (Serienanlauf von Werkzeugen), 2018, S. 796f.

[359] Vgl. Braedel (Optimierung des Werkzeugeinarbeitsprozesses), 2009, S. 5.

[360] Vgl. Birkert et al. (Herstellung komplexer Karosserieteile), 2013, S. 379f.

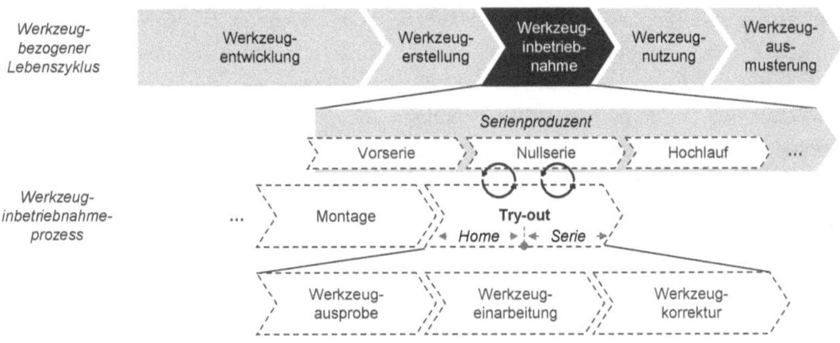


**Abbildung 2.27: Prozess der Werkzeuginbetriebnahme**[361]

Im Rahmen der **Werkzeugausprobe und -einarbeitung** erfolgt eine vollständige funktionelle Überprüfung des Werkzeugs zur Fertigung des Serienprodukts.[362] Hierbei werden sämtliche Parameter des Fertigungsprozesses getestet sowie Fehler am Werkzeug abgeschätzt. Häufig können bei der ersten Nutzung der Werkzeuge Defekte wie z. B. unzureichende Oberflächengüte, Führungsspiel oder unzureichende Materialflusssteuerung festgestellt werden.[363] Ziel der Werkzeugeinarbeitung ist die Vorbeugung suboptimaler Spannungsverteilungen und Materialflussstörung in der Serienproduktion sowie die Vermeidung von Oberflächendefekten und Fehlern im zu fertigenden Produkt. Gleichzeitig werden einzusetzende Kräfte und Positionierangaben für die umgebende Serienanlage getestet und optimiert, um unvorhergesehene Wechselwirkungen der Materialien und Anlagenkomponenten frühzeitig abzuschätzen.[364] Sobald Belastungsverläufe und Krafteinwirkungen für die spätere Produktion austariert und die erforderliche Prozessstabilität in den gefertigten Testprodukten erreicht ist, endet die Werkzeugeinarbeitung.[365]

Die **Werkzeugkorrektur** umfasst alle Arbeiten am funktionsfähigen Werkzeug, die zur Verbesserung des Serienproduktergebnisses führen. Dies sind bspw. die Verbesserung der Maß- und Formgenauigkeit oder die Oberflächenqualität des Serienprodukts. Die Notwendigkeit hierzu ergibt sich durch die schwer vorherzusagende Wechselwirkung des Werkzeugs mit dem Fertigungsmaterial. Aufgrund der begrenzten Zuverlässigkeit von Simulationen hinsichtlich des Verhaltens in dieser Wechselwirkung erfolgen Korrekturen oftmals erfahrungsbasiert.[366] Im Kontext der Behebung von Maß- und Formungenauigkeiten ist die Qualität von Simulatio-

361 I. A. a. Schuler GmbH (Handbuch der Umformtechnik), 1996, S. 130.; Eigene Darstellung

362 Vgl. C.I.R.P. Office International Institution for Production Research (Wörterbuch der Fertigungstechnik), 2015, S. 238.

363 Vgl. Birkert et al. (Herstellung komplexer Karosserieteile), 2013, S. 377-380.

364 Vgl. Schuler GmbH (Handbuch der Umformtechnik), 1996, S. 148f.

365 Vgl. Birkert et al. (Herstellung komplexer Karosserieteile), 2013, S. 377-380.

366 Vgl. Birkert et al. (Herstellung komplexer Karosserieteile), 2013, S. 391-419.

nen bereits weiter fortgeschritten, was eine präventive Kompensation der Abweichungen vereinfacht.[367] Dabei werden zunächst alle bereitgestellten Testprodukte messtechnisch analysiert. Um den vorliegenden Abweichungen entgegenzuwirken, wird eine möglichst vollständige Klassifizierung der gemessenen Abweichungen von der Vorgabe angestrebt. Anschließend werden Primärmaßnahmen abgeleitet, welche nicht das Werkzeug selbst, sondern die einzustellenden Maschinen- und Führungsparameter verändern. Notwendige Sekundärmaßnahmen werden zur Optimierung des Werkzeugs iterativ durchgeführt. Die globale Bearbeitung des gesamten Werkzeugs in korrigierenden Iterationsschleifen gewährleisten die Verbesserung der Form- und Maßgenauigkeit. Sobald die grundsätzliche Maßhaltigkeit erreicht ist, werden schließlich kleinere, lokale Optimierungen am Werkzeug durchgeführt. Das Resultat sind optimierte Werkzeug sowie kundenfähige Produkte, die den Start of Production markieren.[368] Während die Gesamtzahl mit durchschnittlich vier bis sechs Korrekturschleifen[369] in den letzten Jahren konstant geblieben ist, hat sich die durchschnittliche Anzahl an Korrekturschleifen auf den Anlagen des Werkzeugbaus von 2016 mit 2,05 auf 1,73 Zyklen in 2020 reduziert. Der Anstieg an Kundenbeschwerden nach der zweiten Korrekturschleife von 9,8 % in 2016 zu 13,8 % in 2020 zeigt einerseits, dass der kundenseitige Anspruch an den Werkzeugbau durch den globalen Wettbewerb gestiegen ist. Andererseits wirkt die Entwicklung hin zu immer kürzeren Durchlaufzeiten sich negativ auf die Qualität der Werkzeuge aus.[370]

#### 2.3.2.4 Werkzeugnutzung

Mit Start der Serienproduktion beginnt die Phase der Werkzeugnutzung.[371] Es findet eine Übertragung der Hauptverantwortung vom Werkzeugbau zum Serienproduzenten statt, wobei der Werkzeugbau oftmals in Form von werkzeugbegleitenden Dienstleistungen unterstützt.[372] In Anlehnung an den Prozess der Produkterstellung nach Ehrlenspiel durchläuft das Produkt nach erfolgreicher Inbetriebnahme die Phasen Nutzung und Instandhaltung. Die Werkzeugnutzung kann demnach in die zwei generischen Phasen Werkzeugbetrieb und Werkzeuginstandhaltung unterteilt werden.[373] Letztere lässt sich gemäß DIN 31051 wiederum in die drei Subphasen Inspektion, Wartung und Instandsetzung gliedern.[374]

[367] Vgl. Szyszka et al. (CAE Methoden in der Einarbeitungsphase), 2012, S. 367.

[368] Vgl. Birkert et al. (Herstellung komplexer Karosserieteile), 2013, S. 392-419.

[369] Vgl. Schuh (Agiler Werkzeugbau), 2016, S. 10.

[370] Vgl. Boos et al. (Tooling in Germany), 2020, S. 27.

[371] Vgl. Gloßner (Integrierte Planungsmethodik für die Presswerkneutypplanung), 2007, S. 30.

[372] Vgl. Kühn (Leistungssysteme im Werkzeugbau), 2016, S. 140.

[373] Vgl. Ehrlenspiel; Meerkamm (Integrierte Produktentwicklung), 2013, S. 158.

[374] Vgl. DIN Deutsches Institut für Normung e. V. (DIN 31051), 2019, S. 4-6.

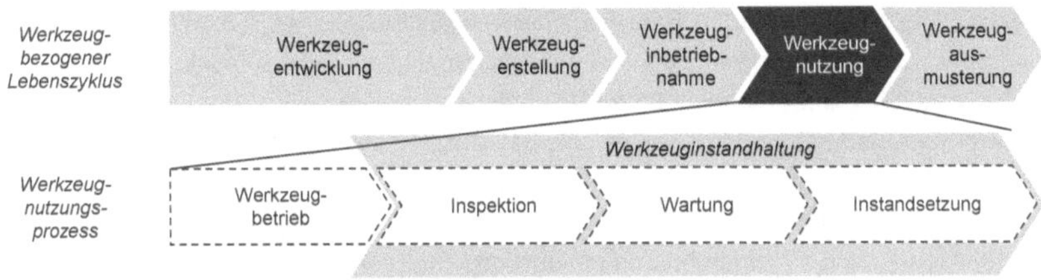


**Abbildung 2.28: Prozess der Werkzeugnutzung**[375]

Aufgrund des hohen Einfluss des Werkzeugs auf die Produktionskosten ist die Phase **Werkzeugbetrieb** in hohem Maße durch Leistungskennzahlen charakterisiert. Diese umfassen beispielsweise die Ausbringung, den Materialverbrauch sowie den Ausschuss.[376] Trotz der erreichten Prozessreife des Werkzeugs im Rahmen der Inbetriebnahme können im Produktionsprozess Oberflächenfehler aufgrund von Verschleiß, schwankenden Prozessparametern, entstehendem Schmutz oder falscher Schmierstoffauswahl auftreten. Der zunehmende Verschleiß kann zudem die Maßhaltigkeit der produzierten Bauteile negativ beeinflussen. Folglich ist eine fortlaufende Prüfung der Bauteilqualität erforderlich.[377] Neben dem Materialverbrauch gewinnt auch der Primärenergiebedarf als Leistungskennzahl sowohl in ökonomischer als auch ökologischer Betrachtung stetig an Bedeutung. DÖBBELER ET AL. zeigen, dass in Abhängigkeit der Stückzahl häufig mehr als 85 % des Energiebedarfs des gesamten Werkzeuglebenszyklus während der Nutzung des Werkzeugs aufgewendet werden.[378] Aufgrund der Möglichkeit der Substitution nachgelagerter manueller Tätigkeiten durch das Werkzeug birgt dies zudem umfassende Einsparpotenziale für den Serienproduzenten. Durch eine Fertigung in kürzeren Takten und unter geringem Materialeinsatz kann außerdem die Produktivität des Werkzeugs erhöht werden.[379]

Die **Werkzeuginstandhaltung** verfolgt das primäre Ziel, den funktionsfähigen Zustand des Werkzeugs zu erhalten oder wiederherzustellen. Gemäß DIN 31051 umfasst die Instandhaltung die drei Teilbereiche Inspektion, Wartung und Instandsetzung.[380] Die Phase **Inspektion** beinhaltet sämtliche Maßnahmen zur Aufnahme und Analyse des Ist-Zustandes der Maschinen- und Werkzeugkomponenten sowie der produzierten Bauteile während der Serienproduktion.[381] Das Ziel der Inspektion ist das frühzeitige Erkennen von Fehlern und Mängeln, bevor diese die Maschinenfähigkeit, also die Stabilität und Reproduzierbarkeit der Anlage, negativ beeinflussen. Auf Basis dessen können Stillstandzeiten minimiert und Instandsetzungsmaßnahmen vorausschauend geplant werden.[382] Hierzu bedarf es einerseits eine fortlaufende

[375] I. A. a. Ehrlenspiel; Meerkamm (Integrierte Produktentwicklung), 2013, S. 158.

[376] Vgl. Frick (Geschäftsmodelle im Werkzeugbau), 2006, S. 22f.

[377] Vgl. Hoffmann et al. (Handbuch Umformen), 2012, S. 476.

[378] Vgl. Döbbeler (Ressourcenorientierte Modellierung des Werkzeuglebenszyklus), 2013, S. 49.

[379] Vgl. Frick (Geschäftsmodelle im Werkzeugbau), 2006, S. 22f.

[380] Vgl. DIN Deutsches Institut für Normung e. V. (DIN 31051), 2019, S. 8f.

[381] Vgl. DIN Deutsches Institut für Normung e. V. (DIN 31051), 2019, S. 5f.; Schuh et al. (Predictive Maintenance), 2020, S. 25-27.

[382] Vgl. Strunz (Instandhaltung), 2012, S. 46-50.

Überprüfung der produzierten Bauteilqualität und andererseits eine regelmäßige Erfassung und Bewertung von Anlagendaten in sämtlichen prozessrelevanten Zuständen.[383] Ziel der im Rahmen der **Wartung** durchgeführten Maßnahmen ist es, eine Verzögerung der Abnutzung zu erreichen. Dadurch wird der gewünschte Soll-Zustand des Werkzeugs über möglichst lange Dauer aufrechterhalten und somit Störungen im Produktionsprozess bereits vor der Entstehung entgegengewirkt.[384] Die Wartung wird während der Serienbetriebs in regelmäßigen Abständen fortlaufend durchgeführt und umfasst das Reinigen der Werkzeuge, das Nachstellen von Schneidplatten und das Entfernen von Anhaftungen sowie Aufschweißungen auf den Wirkflächen. Neben der Prüfung und gegebenenfalls der Auswechslung einzelner Verschleißteile, wie z. B. einem Lochstempel, wird die Phase der Wartung durch regelmäßige, in der Regel jährlich stattfindende, Großwartungen ergänzt. Diese umfangreicheren Wartungsarbeiten reichen von der Demontage und gründlichen Reinigung einzelner Baugruppen des Werkzeugs über eine Funktionsprüfung und das Nachmessen von Führungsspiel bis hin zum Auswechseln kompletter Werkzeugkomponenten.[385] Die **Instandsetzung** verfolgt das Ziel der Wiederherstellung des Soll-Zustands der Produktionsanlage, indem Maschinen- oder Werkzeugkomponenten aufbereitet oder ersetzt werden.[386] Grundsätzlich können drei Grundstrategien unterschieden werden. Die geplante Instandsetzung erfolgt, bevor der eigentliche Ausfall der Produktionsanlage eintritt. Sie wird initiiert, sobald ein vorgegebener Grenzwerk eines für den Zustand der Anlage aussagekräftigen Parameters, wie z. B. die Stückzahl, überschritten wird. Die Strategie der vorbereitenden Instandsetzung wird angewendet, wenn im Rahmen der Inspektion Mängel festgestellt worden sind. Der Zeitpunkt der Instandsetzung ist abhängig von dem erwarteten Schadensverlauf. Wird die Instandsetzung erst im Anschluss an den Ausfall des Werkzeugs durchgeführt, handelt es sich um eine unvorhergesehene Instandsetzung.[387] Da die produzierten Bauteile oftmals ohne weiteren Puffer weiterbearbeitet werden, kann der Ausfall eines Werkzeugs zu einem vollständigen Produktionsstopp führen.[388] Ungeplante Stillstände in der Serienproduktion sollten aufgrund der Kostspieligkeit unbedingt vermieden werden.[389] In diesem Fall bedarf es einer Art Feuerwehrstrategie, um den funktionsfähigen Zustand der Anlage schnellstmöglich wiederherzustellen und entstehende Stillstandzeiten auf ein Minimum zu begrenzen.[390]

#### 2.3.2.5 Werkzeugausmusterung

Ist die Nutzungsphase des Werkzeugs abgeschlossen, so wird dieses während des Produktionsauslaufs ausgemustert. Die Phase der Werkzeugausmusterung ist in Anlehnung an den

[383] Vgl. Schuh et al. (Predictive Maintenance), 2020, S. 8.
[384] Vgl. DIN Deutsches Institut für Normung e. V. (DIN 31051), 2019, S. 5.
[385] Vgl. Hoffmann et al. (Handbuch Umformen), 2012, S. 752.
[386] Vgl. DIN Deutsches Institut für Normung e. V. (DIN 31051), 2019, S. 6.
[387] Vgl. Strunz (Instandhaltung), 2012, S. 69.
[388] Vgl. Frick (Geschäftsmodelle im Werkzeugbau), 2006, S. 23.
[389] Vgl. Schuh et al. (Predictive Maintenance), 2020, S. 6.
[390] Vgl. Strunz (Instandhaltung), 2012, S. 69.

Produktlebenszyklus nach EHRLENSPIEL in die Subphasen Werkzeugaußerbetriebnahme und Werkzeugrecycling gegliedert.[391]

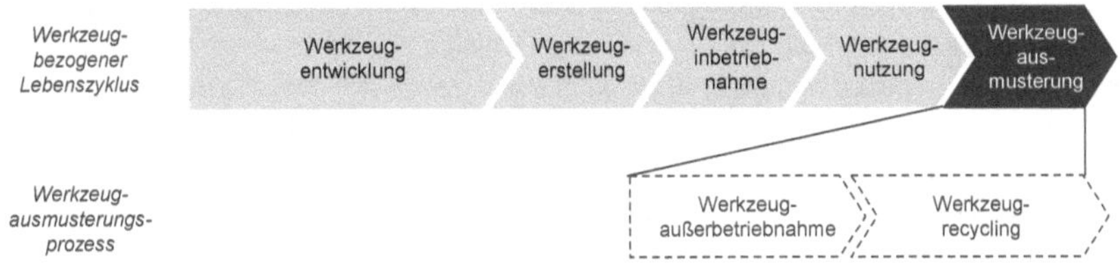


**Abbildung 2.29: Prozess der Werkzeugausmusterung[392]**

Im Rahmen der **Werkzeugaußerbetriebnahme** wird das Werkzeug abgerüstet und einer Zustandsprüfung unterzogen.[393] Der optimale Zeitpunkt der Stilllegung des Werkzeugs wird durch das Auslaufmanagement auf Basis einer ökonomischen und ökologischen Kalkulation ermittelt.[394] Bei der Umstellung der Produktionsanalagen auf das Nachfolgeprodukt findet i. d. R. ein Werkzeugwechsel statt, der im Hinblick auf eine wirtschaftliche Fertigung möglichst schnell durchgeführt werden muss. Während bei kleinen bis mittelgroßen Werkzeugen der Transport per Hallenkran, Gabelstapler oder Flurförderfahrzeug erfolgt, bedarf es für größere Werkzeuge spezielle Werkzeugwechselhilfen, wie z. B. Werkzeug-Abstellkonsolen oder Werkzeugwechselwagen. Mithilfe dieser Werkzeugwechselhilfen wird ein vereinfachter Transport in den Werkzeugeinbauraum, eine einfache Handhabung und Ausrichtung sowie ein schnelleres Spannen der Werkzeuge ermöglicht. Die Vorbereitung des nachfolgenden Werkzeuges kann dabei teilweise außerhalb der Produktionsanlage parallel zur Produktion erfolgen.[395] Wird das außer Betrieb genommene Werkzeug nicht in einen Recyclingprozess überführt, sondern für die anschließende Ersatzteilproduktion eingelagert, kann der Werkzeugbau den Serienproduzenten durch ein Lagermanagement sowie anforderungsgerechtes Lagermaterial unterstützen. Somit können logistische Aufwände reduziert und die Produktionssicherheit gewährleistet werden.[396] Um eine ständige Verfügbarkeit der Werkzeuge auch nach deren Einlagerung zu garantieren, werden diese im Vorfeld gewartet und konserviert.[397]

In der Phase **Werkzeugrecycling** werden die Werkzeuge und -komponenten entweder zur Materialrückgewinnung eingeschmolzen oder für einen weiteren Lebenszyklus wiederaufbereitet. Im Falle des Einschmelzens werden ausgewählte Werkzeugkomponenten einem neuen Verwendungszyklus zugeführt.[398] Obwohl die Werkzeuge oftmals aus mehreren tausend Einzelteilen bestehen, liegt die Wiederverwendungsrate von Werkzeugkomponenten lediglich bei

[391] Vgl. Ehrlenspiel; Meerkamm (Integrierte Produktentwicklung), 2013, S. 158.

[392] I. A. a. Ehrlenspiel; Meerkamm (Integrierte Produktentwicklung), 2013, S. 158.

[393] Vgl. Henjes et al. (Logistische Erfassung, Steuerung und Bewertung), 2014, S. 455f.

[394] Vgl. Boshof (Datenbasierte Dienstleistungen im Werkzeugbau), S. 156.

[395] Vgl. Schuler GmbH (Handbuch der Umformtechnik), 1996, S. 86-90.

[396] Vgl. Kühn (Leistungssysteme im Werkzeugbau), 2016, S. 143f.; Boshof (Datenbasierte Dienstleistungen im Werkzeugbau), S. 156.

[397] Vgl. Thiesen (Wartung, Lagerung und Instandhaltung), 2008, S. 680-684.

[398] Vgl. Chen et al. (A review on remanufacture of dies and moulds), 2014, S. 13.

ca. 9 %. Nicht zuletzt aufgrund der hohen Energieaufwendung während des Einschmelzvorgangs fordert die ökologische Betrachtung eine Wiederaufbereitung des Werkzeuges.[399] Im Zuge der Wiederaufbereitung wird das Werkzeug durch den Werkzeugbaubetrieb überarbeitet, sodass es für eine Fertigung alternativer (Nachfolge-)Produkte wiederverwendet werden kann. Dieses Vorgehen wird als Werkzeug Re-Use bezeichnet.[400] Der Prozess der Wiederaufbereitung umfasst die Schritte Demontage, Reinigung, Analyse der Reparierbarkeit sowie den Wiederzusammenbau. Im Rahmen der Analyse wird die zu erwartende Restlebensdauer sowohl aus technischer als auch aus wirtschaftlicher Sicht bewertet.[401] Die dabei eingesetzten Fertigungsverfahren und Reparaturmaterialien sind vielfältig, wobei insbesondere bei der Aufarbeitung hohem Verschleiß ausgesetzter Elemente, wie z. B. Stempelkanten, additive Fertigungstechnologien aufgrund ihrer Wirtschaftlichkeit Anwendung finden.[402]

### 2.3.3 Leistungsspektrum im Werkzeuglebenszyklus

Das Leistungsspektrum des Werkzeugbaus entlang des Werkzeuglebenszyklus gliedert sich in verschiedene Teilgebiete auf. Der Großteil des Leistungsspektrums wird durch die Herstellung von industriellen Sachleistungen mit dem Fokus auf Hohlformwerkzeuge abgedeckt.[403] Zusätzlich zu diesen Sachleistungen werden in den letzten Jahren vermehrt industrielle Dienstleistungen angeboten.[404] Nachfolgend werden die relevantesten Sach- und Dienstleistungen entlang des Werkzeuglebenszyklus beschrieben.

#### 2.3.3.1 Industrielle Sachleistungen

Die Serienproduktion stellt gleiche oder ähnliche Produkte für anonyme Kunden oder im Zuge von Kundenrahmenverträgen her.[405] Im Gegensatz dazu produziert der Werkzeugbau in erster Linie produkt- und kundenspezifische Unikate, weshalb er der Einzel- und Kleinserienfertigung zuzuordnen ist.[406] Nach EVERSHEIM UND KLOCKE setzt sich das Leistungsspektrum des Werkzeugbaus aus Hohlformwerkzeugen, Prüfmitteln, Vorrichtungen, Modellen sowie systematischen Anwendungen zusammen.[407] Die Bandbreite der Hohlformwerkzeuge, als Kernprodukt, kann wiederum in verschiedene Gruppen eingeteilt werden und reicht von weniger als 100 Kilogramm bis hin zu Werkzeugen von 40 Tonnen Gesamtgewicht. Diese Werkzeuge können dabei aus mehreren 100 bis 1.000 Bauteilen bestehen.[408] Die steigende Anzahl integrierter Funktionen sowie der hohe Anspruch an Präzision der Form und Oberflächengüte sind für den Anstieg der Werkzeugkomplexität verantwortlich. Aus diesem Grund ist die Herstellung von

---

[399] Vgl. Chen et al. (A review on remanufacture of dies and moulds), 2014, S. 14.

[400] Vgl. Boshof (Datenbasierte Dienstleistungen im Werkzeugbau), S. 157.

[401] Vgl. Chen et al. (A review on remanufacture of dies and moulds), 2014, S. 14f.

[402] Vgl. Jhavar et al. (Repairing options for dies and molds), 2013, S. 521-530; Foster et al. (Remanufacture of hot forging tools), 2019, S. 191-193; Boos et al. (Wettbewerbsfaktor Nachhaltigkeit), 2020, S. 20.

[403] Vgl. Eversheim; Klocke (Werkzeugbau mit Zukunft), 1998, S. 24f.

[404] Vgl. Kühn (Leistungssysteme im Werkzeugbau), 2016, S. 40.

[405] Vgl. Eversheim (Organisation in der Produktionstechnik), 1996, S. 221.

[406] Vgl. Frick (Geschäftsmodelle im Werkzeugbau), 2006, S. 22.

[407] Vgl. Eversheim; Klocke (Werkzeugbau mit Zukunft), 1998, S. 24f.

[408] Vgl. Klotzbach (Industrieller Werkzeugbau), 2006, S. 46.

Werkzeugen sehr personalintensiv und erfordert ein hohes Maß an Erfahrung.[409] Das Leistungsspektrum des Werkzeugbaus ist in Abbildung 2.30 dargestellt.

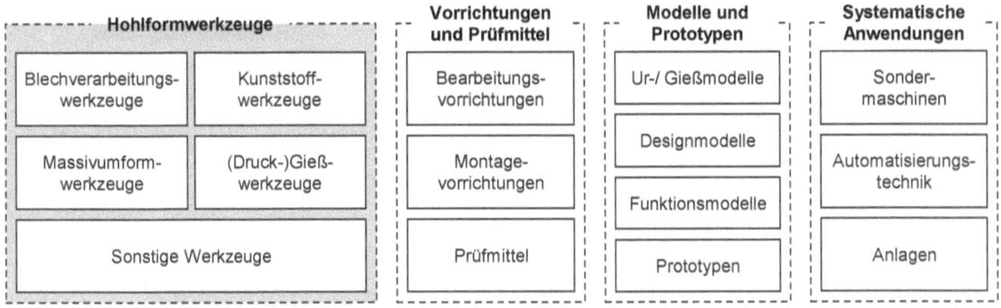


**Abbildung 2.30. Sachleistungsspektrum der Branche Werkzeugbau[410]**

**Blechverarbeitungswerkzeuge** können in Stanz-Biegewerkzeuge und Tiefziehwerkzeuge unterteilt werden.[411] Stanz-Biegewerkzeuge umfassen die Verfahren Blechfügen, Blechzerteilen sowie Blechumformen und werden zur Fertigung komplexer Blechteile in großen Stückzahlen eingesetzt.[412] Wesentlich höhere Kräfte als beim Blechumformen wirken bei der Massivumformung. **Massivumformwerkzeuge** werden dazu verwendet, massive, meist metallische Werkstoffe umzuformen. Grundsätzlich wird anhand des Temperaturbereichs zwischen Kalt- und Warmmassivumformung unterschieden.[413] Im Gegensatz zu den umformenden Fertigungsverfahren, bei denen ein fester Körper durch plastisches Ändern eine bleibende Verformung erfährt[414], wird bei urformenden Fertigungsverfahren eine Form aus schmelzflüssigem, gasförmigen oder formlos festem Zustand geschaffen.[415] So wird mit **Kunststoffwerkzeugen** die industrielle Fertigung von Kunststoffteilen aus Elastomeren, Duroplasten und Thermoplasten realisiert.[416] Spritzgießwerkzeuge kommen dabei am häufigsten zum Einsatz.[417] **Druckgießwerkzeuge** werden primär für die hochautomatisierte Fertigung von geometrisch komplexen Bauteilen verwendet. Dabei wird mithilfe eines Kolbens das flüssige Material unter hohem Druck und mit hoher Geschwindigkeit in ein Werkzeug gepresst.[418] Aufgrund der hohen thermischen Belastung besitzen Druckgießwerkzeuge eine deutlich geringere Lebensdauer als Spritzgusswerkzeuge.[419] Alle Werkzeuge, welche sich nicht in die genannten Kategorien einordnen lassen, werden als **sonstige Werkzeuge** bezeichnet. Hier sind

---

409 Vgl. Frick (Geschäftsmodelle im Werkzeugbau), 2006, S. 22.

410 I. A. a. Kozielski (Integratives Kennzahlensystem), 2010, S. 14.

411 Vgl. Doege; Behrens (Handbuch Umformtechnik), 2010, S. 259.

412 Vgl. Schuler GmbH (Handbuch der Umformtechnik), 1996, S. 11f.; Bilsing (Technologische Leistungsfähigkeit), 2007, S. 5.

413 Vgl. Schuler GmbH (Handbuch der Umformtechnik), 1996, S. 433-440.

414 Vgl. DIN Deutsches Institut für Normung e. V. (DIN 8580), 2003.

415 Vgl. Schuler GmbH (Handbuch der Umformtechnik), 1996, S. 5.

416 Vgl. Menges et al. (Spritzgießwerkzeuge), 2007, S. 560-565.

417 Vgl. Mennig (Werkzeuge für die Kunststoffverarbeitung), 1995, S. 3.

418 Vgl. Queudeville (Modularisierung von Druckgusswerkzeugen), 2015, S. 27.

419 Vgl. Bilsing (Technologische Leistungsfähigkeit), 2007, S. 5.

insbesondere Sinter-Pressformen zu nennen, mit denen Produkte aus metallisch-pulverförmigem Material unter hohem Druck gefertigt werden.[420] Eine Auswertung der gemeinsamen Datenbank des WZL und des Fraunhofer IPT zeigt die Heterogenität des Leistungsspektrums des deutschen Werkzeugbaus. Der Fokus der produzierenden Werkzeugbaubetriebe liegt mit einem Anteil des generierten Umsatzes von 40,9 % auf Kunststoffwerkzeugen und 17,8 % auf Blechumformwerkzeugen. Das Sachleistungsangebot ist in Abbildung 2.31 dargestellt.

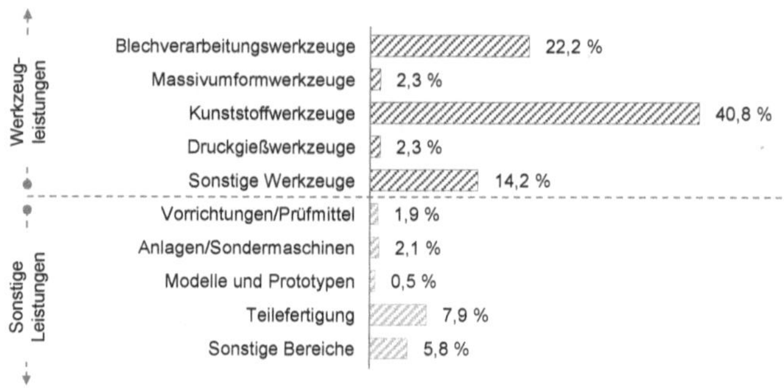


**Abbildung 2.31: Übersicht des Sachleistungsangebots nach Umsatzanteilen**[421]

Die dargestellten Werkzeugleistungen machen in der umsatzbezogenen Verteilung ca. 78 % des gesamten Leistungsangebots aus. Die übrigen Bestandteile stellen eine Ergänzung zu den herstellten Werkzeugen dar. Dazu zählen Vorrichtungen und Prüfmittel, Modell und Prototypen sowie systematische Anwendungen.

### 2.3.3.2 Industrielle Dienstleistungen

Ergänzt werden die industriellen Sachleistungen durch unterstützende Dienstleistungen, die von der Beratung des Kunden, über Instandhaltung und Reparatur bis hin zu Endteilfertigung auf den zuvor erstellen Werkzeugen reichen. Diese industriellen Dienstleistungen werden dem Kunden hauptsächlich werkzeugbegleitend offeriert.[422] So entwickelt sich der deutsche Werkzeugbau vom traditionellen Hersteller zu einem Full-Service-Anbieter.[423] Das Dienstleistungsspektrum ist ebenso vielfältig wie das Spektrum der industriellen Sachleistungen und kann entlang des Werkzeuglebenszyklus in der Werkzeugherstellung vor- und nachgelagerte Dienstleistungen unterteilt werden. Abbildung 2.32 stellt dar, wie viel Prozent des Durchschnitts der deutschen Werkzeugbaubetriebe die entsprechende Dienstleistung anbieten.[424]

[420] Vgl. Kühn (Leistungssysteme im Werkzeugbau), 2016, S. 39f.

[421] Vgl. WZL; IPT (Unternehmensdatenbank "Werkzeugbau"), 2023.

[422] Vgl. Boos et al. (Datenbasierte Dienstleistungen), 2021, S. 9.

[423] Vgl. Schuh (Operative Exzellenz), 2010, S. 27.

[424] Vgl. Schuh (Operative Exzellenz), 2010, S. 38f.

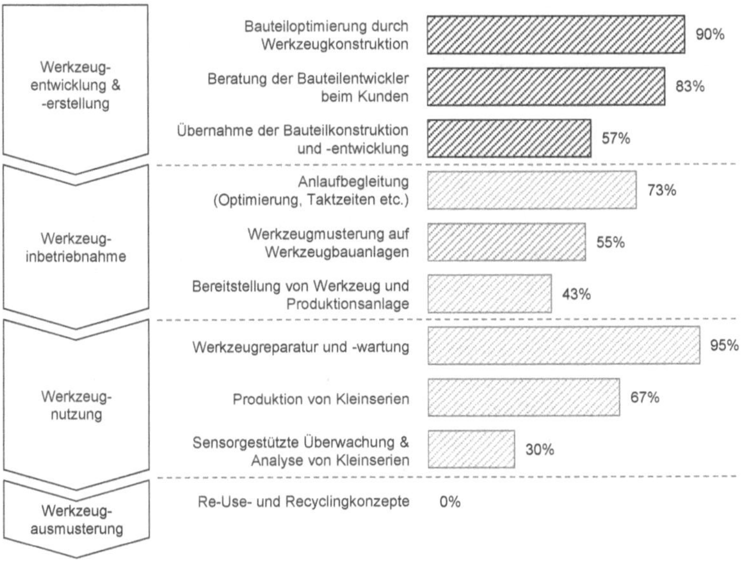


**Abbildung 2.32: Dienstleistungsangebot entlang des Werkzeuglebenszyklus[425]**

In den ersten beiden Phasen des Werkzeuglebenszyklus, Werkzeugentwicklung und -herstellung, bieten deutsche Werkzeugbaubetriebe eine Vielzahl an Dienstleistungen an. Hierzu gehört bspw. die Beratung bei der Bauteilentwicklung, bei welcher der Werkzeugbaubetrieb den Kunden anhand von Expertenwissen hinsichtlich der fertigungsgerechten Bauteilentwicklung unterstützt. Darüber hinaus bieten 90 % der Werkzeugbaubetriebe eine Bauteiloptimierung und 57 % eine vollständige Übernahme der Bauteilkonstruktion an.[426] Während durch die beschriebenen vorgelagerten Dienstleistungen insbesondere die Machbarkeit sowie Lebenszykluskosten der Produktion adressiert werden, determinierten die nachgelagerten Dienstleistungen Anlaufzeit und -kosten, die Ausschussquote sowie die Effizienz des Werkzeugeinsatzes in der Serie.[427] Eine weit verbreitete Dienstleistung der Werkzeuginbetriebnahme stellt die Anlaufbegleitung beim Kunden dar, welche von rund 73 % der Werkzeugbaubetriebe angeboten wird. Hierbei werden werkzeugtechnologisches sowie verfahrenstechnologisches Know-how in die Inbetriebnahme des Werkzeugs eingebracht, um den Serienanlauf signifikant zu verkürzen. Allerdings wird diese Dienstleistung nur in etwa jedem zweiten Werkzeugprojekt von den Kunden in Anspruch genommen. Ähnliche Diskrepanz zwischen Angebot und Nachfrage wird auch bei den weiteren Dienstleistungen der Werkzeuginbetriebnahme, der Werkzeugmuste-

[425] I. A. a. Boos et al. (Datenbasierte Dienstleistungen), 2021, S. 9.
[426] Vgl. Boos et al. (Datenbasierte Dienstleistungen), 2021, S. 7.
[427] Vgl. Begovic (Datenbasiertes Wissensmanagement), 2017, S. 74f.

rung auf Werkzeugbauanlagen sowie der Bereitstellung von Werkzeugen und Produktionsanlagen, deutlich.[428] Die vom Werkzeugbau angebotenen Dienstleistungen in der Werkzeugnutzungsphase dienen mehrheitlich zum Erhalt der Serienproduktion sowie zur Verlängerung der Werkzeuglebensdauer. Rund 95 % der Werkzeugbaubetriebe offerieren anforderungsgerechte Werkzeugwartungen und -reparaturen, um Werkzeugdefekte sowie ungeplante Stillstandzeiten und Produktionsausfälle zu verhindern. Aufgrund der oftmals eigens vorhandenen Instandhaltungskapazitäten bei den Kunden wird diese Dienstleistung jedoch nur in ca. der Hälfte der Fälle in Anspruch genommen. Weitere nutzungsbegleitende Dienstleistungen sind die sensorgestützte Überwachung von Prozessparametern sowie die Produktion von Kleinserien. Hier lässt sich ebenfalls eine starke Ungleichheit von Angebot und Nachfrage feststellen.[429] Die Werkzeugausmusterung bildet im Vergleich zu den vorherigen Werkzeuglebenszyklusphasen eine Ausnahme bei deutschen Werkzeugbaubetrieben. Das Dienstleistungsangebot ist hier bislang kaum ausgebaut. Nur einige wenige Werkzeugbaubetriebe offerieren End-of-Life-Konzepte für Werkzeuge oder Werkzeugkomponenten. Insbesondere unter dem Aspekt der Nachhaltigkeit liefern Recycling- und Re-Use-Konzepte große Potenziale für eine nachhaltige Ausweitung des Dienstleistungsangebots.[430] Der Grund hierfür ist häufig auf vier zentrale Informationsdefizite zurückzuführen:

- **Unterentwickelte Informationsverfügbarkeit** bzgl. der Qualität sowie der Mengenverfügbarkeit von Rezyklaten
- **Erhöhte Transaktions- und Suchkosten** zur Auswahl und Preisfindung geeigneter Rezyklate
- **Verzerrte Wahrnehmung des Kunden** durch fehlendes Wissen hinsichtlich der Einsetzbarkeit sowie fehlende Berücksichtigung von Externalitäten (z. B. Luft- und Umweltverschmutzung) in der Bepreisung von Rezyklaten
- **Erhöhte Recyclingkosten** durch ungünstiges Werkzeugdesign.[431]

## 2.4 Handlungsbedarf aus der Praxis

Die Branche Werkzeugbau wird aufgrund ihrer Schlüsselposition in der Wertschöpfungskette zwischen Produktentwicklung und Serienfertigung durch die zentralen Herausforderungen im Kontext der Individualisierung sowie der digitalen Transformation maßgeblich beeinflusst. Zusätzlich hat der Veränderungsdruck durch steigende Anforderungen der Stakeholder im Kontext einer nachhaltigen Entwicklung in den vergangenen Jahren drastisch zugenommen. Die in Kapitel 2.1 dargestellten Entwicklungen und Herausforderungen verdeutlichen, dass sich der Werkzeugbau in einem zunehmenden Maß mit den hochkomplexen Zusammenhängen von sozialen, politischen, ökonomischen, technischen sowie ökologischen Aspekten auseinandersetzen muss. So ist es insbesondere erforderlich, ein zunehmendes Verständnis für ökologische Aspekte sowie lebenszyklusübergreifende Zusammenhänge zu schaffen sowie

[428] Vgl. Boos et al. (Datenbasierte Dienstleistungen), 2021, S. 8.
[429] Vgl. Boos et al. (Datenbasierte Dienstleistungen), 2021, S. 8.
[430] Vgl. Boos et al. (Datenbasierte Dienstleistungen), 2021, S. 8.
[431] Vgl. Wilts; Berg (Digitale Kreislaufwirtschaft), 2017, S. 4.

diese über den kompletten Werkzeuglebenszyklus hinweg zu internalisieren.[432] Damit einher geht die Herausforderung, ein transparentes und ganzheitliches Bewertungssystem zu integrieren, welches neben ökonomischer auch soziale und ökologische Zielgrößen berücksichtigt.[433] Daraus resultiert eine stark gestiegene Komplexität für Werkzeugbaubetriebe, der durch die nachhaltige Entwicklung innerer Strukturen, in Form einer Transformation in Prozessen sowie Produkten und Dienstleistungen, begegnet werden muss.[434]

Die Notwendigkeit der Nachhaltigkeit wird nun bereits seit mehr als 300 Jahren postuliert. Allerdings können die Herausforderungen der nachhaltigen Entwicklung im Werkzeuglebenszyklus insbesondere jetzt durch die Potenziale der Digitalisierung und Vernetzung adressiert werden. Die Branche Werkzeugbau steht bereits am Beginn der Umsetzung eines vernetzen Werkzeugbaus.[435] Dies wird zusätzlich durch das gestiegene Investitionsvolumen deutscher Werkzeugbaubetriebe in Industrie 4.0 Anwendungen gezeigt.[436] Die damit voranschreitende digitale Vernetzung der Branche hält insbesondere durch die echtzeitnahe Verfügbarkeit von Produkt-, Ressourcen- und Lebenszyklusdaten vielfältige Potenziale bereit.[437] Insbesondere aufgrund der hohen Komplexität durch die zunehmende Betrachtung des gesamten Werkzeuglebenszyklus wird die Entscheidungsfindung durch gesteigerte Transparenz und echtzeitnahe Informationsverfügbarkeit unterstützt.

Trotz der unbestrittenen Potenziale der digitalen Vernetzung nutzt der Werkzeugbau diese noch kaum, um den Herausforderungen der Nachhaltigkeit zu begegnen. So geben rund 65 % der Teilnehmer des Wettbewerbs „Excellence in Production“ zum Werkzeugbau des Jahres 2021 an, das Thema Nachhaltigkeit aus strategischen Gründen zur Verbesserung von ökologischen, ökonomischen sowie sozialen Aspekten zu adressieren. Weiterhin setzen rund 16 % der Werkzeugbaubetriebe vereinzelt Maßnahmen, jedoch ohne konkrete Strategie, um. Zudem verfügen lediglich rund sechs Prozent der Unternehmen über einen Leitfaden zur CSR. Trotz des deutlichen ökologischen Schwerpunkts der unternehmerischen Maßnahmen verfügen nur rund sieben Prozent der Unternehmen über eine Methode der Emissionsbestimmung. Nicht zuletzt zeigt der geringe Wiederverwendungsgrad von Werkzeugen und Werkzeugkomponenten von lediglich neun Prozent, dass die Branche trotz aller Bemühungen sehr linear wirtschaftet und Kreislaufkonzepte bislang keinen Einhalt gefunden haben.[438]

Schlussfolgernd bedarf es somit eines systematischen Ansatzes zur datengestützten Gestaltung des nachhaltigen Werkzeuglebenszyklus, der für Werkzeugbaubetriebe ein organisatorisches Rahmenwerk mit auf diese Situation abgestimmten Handlungsfeldern und -empfehlungen liefert. Ein solches Rahmenwerk muss entsprechende Handlungsfelder und -empfehlungen zur datengestützten Gestaltung des nachhaltigen Werkzeuglebenszyklus aus Sicht des

[432] Vgl. Herrmann (Ganzheitliches Life Cycle Management), 2010, S. 79-91.

[433] Vgl. Brudermüller et al. (Europäischer Green Deal), 2020, S. 6f.

[434] Vgl. Boos et al. (Wettbewerbsfaktor Nachhaltigkeit), 2020, S. 10f.

[435] Vgl. Boos et al. (Smart Tooling), 2016, S. 5-14.

[436] Vgl. Boos et al. (Smart Tooling), 2016, S. 13.

[437] Vgl. Köhlscheid (Lebenszyklusorientierte Produktgestaltung), 1999, S. 31f.; Wilts; Berg (Digitale Kreislaufwirtschaft), 2017, S. 6; Brudermüller et al. (Europäischer Green Deal), 2020, S. 7.

[438] Vgl. WZL; IPT (Unternehmensdatenbank "Werkzeugbau"), 2023.

Werkzeugbaus abbilden und somit als Gestaltungsmodell in Form eines Prozessmodells ausgeführt sein. Die Notwendigkeit dazu resultiert aus der hohen Komplexität der Problemstellung sowie der Vielzahl an beteiligten Stakeholdern und deren Anforderungen an einen nachhaltigen Werkzeuglebenszyklus. Das Prozessmodell dient dabei als Zielbild für die Gestaltung geeigneter Strukturen für den Werkzeugbau zur Adressierung der vorgestellten Herausforderungen. Die erläuterte Notwendigkeit, mithilfe des entsprechenden Ansatzes datengestützt den nachhaltigen Werkzeuglebenszyklus zu definieren und auszulegen, zeigt den **Handlungsbedarf aus der Praxis** auf.

# 3 Analyse bestehender Ansätze

Nachdem in Kapitel 2.4 der Handlungsbedarf aus der Praxis für die datengestützte Gestaltung des nachhaltigen Werkzeuglebenszyklus hergeleitet wurde, ist es im folgenden Kapitel notwendig, den aktuellen Stand der Forschung aufzuarbeiten. Daher erfolgt in Kapitel 3 eine Analyse wissenschaftlicher Ansätze auf ihre Eignung dieser bzw. deren Teilaspekte hinsichtlich der Beantwortung der zugrundeliegenden Forschungsfrage. Dabei wird einerseits bewertet, inwiefern die bestehenden Ansätze auf den Werkzeuglebenszyklus übertragen werden können, und andererseits erarbeitet, ob sich Teilaspekte der Ansätze für die Neuentwicklung eines Prozessmodells übertragen lassen. Diese Vorgehensweise entspricht der zweiten sowie dritten Phase der angewandten Forschung nach Ulrich & Hill, die in Kapitel 1.4 vorgestellt wurde.

Einleitend wird ein Bewertungssystem eingeführt und die Anforderungen an ein Prozessmodell zur datengestützten Gestaltung des nachhaltigen Werkzeuglebenszyklus definiert. Gemäß dem forschungsmethodischen Vorgehen werden anschließend problemrelevante Ansätze der Wissenschaft dargestellt und in Bezug auf die Erfüllung der definierten Anforderungen bewertet. Hierauf basierend wird der Handlungsbedarf aus der Theorie abgeleitet, bevor dieser mit dem Praxisdefizit zusammengeführt wird. Das Kapitel schließt mit der Detaillierung der in Kapitel 1 definierten Forschungsfrage ab.

## 3.1 Bewertungssystematik

Im Folgenden wird die Systematik der Bewertung erläutert, um die Vergleichbarkeit bestehender wissenschaftlicher Ansätze und somit eine einheitliche Bewertung gewährleisten zu können. Der Aufbau der Systematik ist an Ulrich angelehnt und besteht einerseits aus dem Bewertungssystem und andererseits aus dem Anforderungssystem.[439] Das Bewertungssystem umfasst die Ausprägungen und damit die Bewertungsskala. Das Anforderungssystem beschreibt die inhaltlichen und strukturellen Kriterien, nach denen die wissenschaftlichen Ansätze bewertet werden. Dieses Vorgehen soll einerseits die wissenschaftliche Relevanz des Inhalts der vorliegenden Forschungsfrage sicherstellen und andererseits die Identifikation geeigneter Teilaspekte bestehender Ansätze zur Übertragung auf das zu entwickelnde Konzept ermöglichen. Zusammenfassend ergeben sich daraus zwei Hauptziele der Analyse:[440]

- Sicherstellung der allgemeinen Relevanz des wissenschaftlichen Forschungsansatzes für die bestehende Forschungsfrage
- Identifikation potenziell anwendbarer bzw. übertragbarer Teilaspekte wissenschaftlicher Forschungsansätze auf den in der vorliegenden Arbeit zu entwickelnden Lösungsansatz

[439] Vgl. Ulrich et al. (Systemorientierte Managementlehre), 1984, S. 193.

[440] Vgl. Kuhlmann (Corporate Tooling), 2017, S. 91f.

### 3.1.1 Bewertungssystem

Ein Bewertungssystem kann als Abbildung von Einschätzungen verstanden werden, die beurteilt, wie nutzbringend eine Methode oder ein Konzept für die verfolgte Zielstellung ist. Die dafür verwendeten Kriterien sind durch das Ziel der Bewertung determiniert.[441] Bewertung ist dabei eine situations- und zeitbezogene Einzelmeinung, die von dem bewertenden Nutzer abhängt.[442] Zur Unterstützung der Bewertung können Messinstrumente verwendet werden. Zu den am meisten verbreiteten Messinstrumenten zählen Bewertungsskalen. Die wohl bekannteste Bewertungsskala ist die Likert-Skala, die im Jahr 1932 von LIKERT mit fünf Ausprägungen entwickelt wurde.[443] Zahlreiche Forschungsansätze befassen sich mit der Fragestellung, wie viele Ausprägungen eine Bewertungsskala haben sollte. In der Regel wird empfohlen, eine möglichst breite Skala zu verwenden. So kann eine Fünfpunkteskala bspw. zu einer Sieben- bzw. Zehnpunkteskala erweitert werden, indem zum jeweiligen oberen und unteren Skalenende weitere Ausprägungen wie „sehr" oder „in besonderem Maße" hinzugefügt werden. Empirische Studien zeigen zudem, dass Zuverlässigkeit und Validität der Bewertungsergebnisse durch die Verwendung von Fünf- bzw. Siebenpunktskalen gegenüber gröberen Skalen verbessert sind. Feiner abgestufte Skalen verbessern die Zuverlässigkeit und Validität hingegen nicht weiter, sodass in aktuellen Anwendungsfällen Skalen verwendet werden, die entweder fünf oder sieben Ausprägungen enthalten.[444] Für die nachfolgende Analyse wird daher eine diskrete Skala mit fünf verschiedenen Ausprägungen verwendet, die besonders für eine robuste Bewertung der unterschiedlichen Konzepte und Ansätze geeignet ist. Die visuelle Darstellung erfolgt mithilfe der Harvey Balls, die nach dem Erfinder HARVEY POPPEL benannt sind. Diese dienen einer übersichtlichen Darstellung von Bewertungsergebnissen.[445] Die unterschiedlichen Ausprägungen sind in Abbildung 3.1 dargestellt.

**Abbildung 3.1: Abstufung des Anforderungssystems**[446]

In der vorliegenden Arbeit werden demnach die Ausprägungen „nicht erfüllt", „sehr gering erfüllt", „gering erfüllt", „hoch erfüllt" und „sehr hoch erfüllt" zur Bewertung der betrachteten Ansätze bezüglich der Erfüllung geforderter Anforderungen genutzt.

### 3.1.2 Anforderungssystem

Im folgenden Kapitel erfolgt die Ausformulierung des Anforderungssystems für die Bewertung der bereits existierenden Modellansätze aus der Fachliteratur. Dazu werden übergeordnete

[441] Vgl. Becker et al. (Funktionale Gestaltungsoptionen von Online-Bewertungssystemen), 2009, S. 3.

[442] Vgl. Sabater-Mir; Paolucci (Evaluation in computional trust and reputation models), 2007, S. 459.

[443] Vgl. Likert (Measurement of Attitudes), 1932.

[444] Vgl. Dawes (Point Skales), 2008, S. 1f.; Linacre (Optimizing Rating Scale Category Effectiveness), 2002, S. 85f.

[445] Vgl. Kett; Schewe (Management Skills), 2010, S. 129.

[446] Eigene Darstellung

Anforderungsdimensionen aufgespannt, welche wiederum jeweils spezifische Anforderungen enthalten. Diese bilden die inhaltlichen und strukturellen Kriterien, die ein wissenschaftlicher Ansatz erfüllen sollte, um für die Beantwortung der Forschungsfrage oder für Teilaspekte relevant zu sein. Das Anforderungssystem wird demnach in die Ziele **Relevanz** und **Übertragbarkeit** unterteilt.[447] Als relevant werden solche Forschungsansätze betrachtet, die sowohl eine hohe oder sehr hohe Ähnlichkeit zum Gestaltungs- als auch zum Betrachtungsbereich der vorliegenden Arbeit haben.[448] Die Übertragbarkeit eines wissenschaftlichen Ansatzes ist davon abhängig, ob dieser teilweise oder ganzheitlich auf die in dieser Arbeit vorliegenden Problemstellung anwendbar ist und darüber hinaus auslegungsrelevante Kriterien des nachhaltigen Werkzeuglebenszyklus aufgreift. Die beiden Ziele Relevanz und Übertragbarkeit mit ihren Anforderungsdimensionen bilden somit die Gesamtheit aller Anforderungen an einen wissenschaftlichen Ansatz. Die Erkenntnisse zu den Herausforderungen der nachhaltigen Entwicklung aus Kapitel 2.1, des Werkzeuglebenszyklus in Kapitel 2.3 sowie dem Handlungsbedarf aus der Praxis in Kapitel 2.4 bilden dabei den Ursprung des Anforderungssystems. Jede einzelne Anforderungsdimension sowie jede Anforderung und ihre Ausprägungen müssen unabhängig voneinander analysiert und bewertet werden.

Gemäß der Strukturierung von bspw. KOMOREK[449], KÜHN[450], SALMEN[451] oder KUHLMANN[452] erfolgt die Verwendung der Anforderungsdimensionen Gestaltungsbereich, Betrachtungsbereich und Übertragbarkeit bzw. Anwendbarkeit. Die jeweiligen Anforderungen innerhalb dieser Anforderungsdimensionen können voneinander abweichen und richten sich nach der jeweiligen Forschungsfrage. In der vorliegenden Arbeit werden daher die in Kapitel 2.1 beschriebene Nachhaltigkeit sowie die in Kapitel 2.2 erläuterte digitale Vernetzung innerhalb der Anforderungsdimension **Gestaltungsbereich** aufgegriffen. Die charakteristischen Eigenschaften der in Kapitel 2.3 beschriebenen Branche Werkzeugbau im Werkzeuglebenszyklus werden für den **Betrachtungsbereich** mit der Betrachtung der Einzel- und Kleinserienfertigung sowie den Unternehmensrandbedingungen berücksichtigt. Mithilfe der Anforderungsdimension **Anwendbarkeit** wird der praktische Nutzen durch die Bewertung der Praktikabilität und der Konkretheit eines Forschungsansatzes definiert.[453] Aufgrund der spezifischen Forschungsfrage dieser Arbeit, datengestützt einen nachhaltigen Werkzeuglebenszyklus zu gestalten, wird analog zu HENSEN[454] und BUSCH[455] die **Auslegung nachhaltiger Werkzeuglebenszyklen** als eigene Anforderungsdimension betrachtet und die Herleitung dieser Kategorie im Folgenden beschrieben.

447 Vgl. Kuhlmann (Corporate Tooling), 2017, S. 91f.

448 Vgl. Kuhlmann (Corporate Tooling), 2017, S. 93.

449 Vgl. Komorek (Kollaborative Wertschöpfung), 2014.

450 Vgl. Kühn (Leistungssysteme im Werkzeugbau), 2016.

451 Vgl. Salmen (Digital vernetzter Shopfloor), 2016.

452 Vgl. Kuhlmann (Corporate Tooling), 2017.

453 Vgl. Salmen (Digital vernetzter Shopfloor), 2016, S. 85f.

454 Vgl. Hensen (Strategische Auslegung), 2017, S. 63-65.

455 Vgl. Busch (Intelligente Produktionsplanungsprozesse im Werkzeugbau), 2022, S. 83f.

Die Adressierung der datengestützten und ganzheitlichen Auslegung nachhaltiger Werkzeuglebenszyklen beschreibt die Lösungsfindung der Forschungsfrage dieser Arbeit. Zur Strukturierung und Erfassung aller Auslegungsbereiche soll zunächst ein Ordnungsrahmen eingeführt werden. Die Balanced Scorecard (BSC) nach KAPLAN & NORTON bietet sich an, um die Anforderungen für die datengestützte Auslegung des nachhaltigen Werkzeuglebenszyklus sichtbar zu machen.[456] Die BSC ist ein in der Praxis etabliertes Instrument der Messung, Dokumentation und Steuerung von Aktivitäten eines Unternehmens zur erfolgreichen Umsetzung einer Vision bzw. Strategie. Der Hintergrund der Entwicklung der BSC war Ende der 1990er Jahre die Kritik an der einseitigen, kurzfristigen und vergangenheitsorientierten Leistungsmessung des Rechnungswesens von Unternehmen. Dabei sollten nicht mehr nur finanzielle Kennzahlen, wie z. B. das Anlagekapital und dessen effiziente Nutzung, sondern in zunehmenden Maße auch weiche Faktoren, wie z. B. Mitarbeitendenqualifikation und Kundenbeziehungen, adressiert werden. Eine Besonderheit der BSC ist somit die systematische Berücksichtigung nicht-monetärer und weicher Faktoren sowie der Bezug dieser auf den langfristigen Unternehmenserfolg.[457] Für die vorliegende Forschungsfrage ist das Instrument der BSC als Ordnungsrahmen aus zwei Gründen besonders geeignet:[458]

- Die BSC bietet eine Möglichkeit der Berücksichtigung nicht-monetärer und weicher Faktoren und somit von häufig qualitativen Umwelt- und Sozialaspekten, die oftmals nicht über Marktmechanismen auf Unternehmen einwirken.
- Die BSC zeigt Kausalbeziehungen auf, sodass Umwelt- und Sozialaspekte über Ursache-Wirkungsketten auf den langfristigen Unternehmenserfolg ausgerichtet und in das Managementsystem integriert werden können.

Eine genauere Betrachtung wissenschaftlicher Veröffentlichung und Ansätze verdeutlicht, dass aus den vier Perspektiven der BSC vier auslegungsbezogene Anforderungen abgeleitet werden können. Diese sind in Abbildung 3.2 dargestellt. In der Perspektive Finanzen wird die Ergebnisverbesserung durch die Implementierung einer Vision bzw. Strategie bewertet. KÖLSCHEID erläutert, dass im Kontext der Nachhaltigkeit hierfür eine technische, ökonomische sowie ökologische Bewertung durchgeführt werden muss.[459] HERRMANN erweitert die Analyse um eine Bewertung der sozialen Wirkung.[460] Laut WILTS UND BERG erhöhen sich die Transaktions- und Suchkosten für Informationen mit zunehmender Nachhaltigkeitsbetrachtung über den Lebenszyklus.[461] Ergänzend dazu beschreiben BRUDERMÜLLER ET AL. die Notwendigkeit einer transparenten und vergleichbaren Berichterstattung von Nachhaltigkeitskennziffern.[462] Hieraus kann die Anforderung an die Berücksichtigung von Kriterien zur Nachhaltigkeitsbewertung abgeleitet werden. Die Perspektive Lernen und Entwickeln unterstützt die schnelle

[456] Vgl. Kaplan; Norton (The balanced scorecard), 1996.

[457] Vgl. Kaplan; Norton (The balanced scorecard), 1996, S. 21-29.

[458] Vgl. Bieker et al. (Towards a Sustainability Balanced Scorecard), 2001, S. 22-31; Hahn; Wagner (Sustainability Balanced Scorecard), 2001, 2 f.

[459] Vgl. Köhlscheid (Lebenszyklusorientierte Produktgestaltung), 1999, S. 10.

[460] Vgl. Herrmann (Ganzheitliches Life Cycle Management), 2010, S. 4.

[461] Vgl. Wilts; Berg (Digitale Kreislaufwirtschaft), 2017, S. 4.

[462] Vgl. Brudermüller et al. (Europäischer Green Deal), 2020, S. 6.

Neu- und Weiterentwicklung von Produkten und Prozessen. Im Kontext einer nachhaltigen Entwicklung beschreibt KÖLSCHEID hierzu die ganzheitliche Abbildung von Produkt-, Ressourcen- und Lebenszyklusdaten.[463] Die Informationsverfügbarkeit über den gesamten Produktlebenszyklus ist auch laut HERRMANN[464] sowie WILTS UND BERGS[465] eine notwendige Voraussetzung für die nachhaltige Entwicklung. Hieraus kann die Anforderung an ein lebenszyklusübergreifendes Datenmanagement abgeleitet werden. Die Perspektive Prozesse beschreibt die Neu- bzw. Umgestaltung der Prozesse, um die definierte Vision zu erreichen. Für eine ganzheitliche nachhaltige Auslegung des Produktlebenszyklus ist nach KÖLSCHEID die Bereitstellung von internem sowie externem Wissen notwendig.[466]) Dies fördert das Hervorbringen von nachhaltigen Prozess- und Organisationsinnovationen.[467] Dabei ist die Internalisierung von Umweltauswirkungen zwingend erforderlich.[468] Nach BRUDERMÜLLER ET AL. ist hierfür eine Umgestaltung der Wertschöpfung notwendig, da es für diese Internalisierung aktuell an Strukturen in produzierenden Unternehmen mangelt.[469] Hieraus kann die Anforderung an die Berücksichtigung der Nachhaltigkeit in den wertschöpfenden Prozessen abgeleitet werden. Die Perspektive Kunden berücksichtigt deren Anforderungen und Zufriedenheit. So beschreibt HERRMANN die Notwendigkeit des Hervorbringens von nachhaltigen Produktinnovationen, um den Kunden einen konkreten Mehrwert bieten zu können.[470] BRUDERMÜLLER ET AL. erweitern dieses Verständnis und beschreiben das Angebot neuer Leistungssysteme und Geschäftsmodelle, um die steigenden Anforderungen der Kunden im Kontext Nachhaltigkeit zu adressieren.[471] Hieraus kann die Anforderung an die Berücksichtigung der Nachhaltigkeit im Leistungsangebot abgeleitet werden. Zusammenfassend lauten die auslegungsbezogenen Anforderungen an die datengestützte Gestaltung des nachhaltigen Werkzeuglebenszyklus demnach Berücksichtigung von Kriterien der Nachhaltigkeitsbewertung, lebenszyklusübergreifendes Datenmanagement, Berücksichtigung der Nachhaltigkeit in den wertschöpfenden Prozessen und Berücksichtigung der Nachhaltigkeit im Leistungsangebot.

Nachfolgend werden die einzelnen Anforderungen an einen Forschungsansatz detaillierter beschrieben. Zudem werden gemäß der definierten diskreten Skala fünf voneinander abgegrenzte Skalenwerte für jede Anforderung definiert.

---

463 Vgl. Köhlscheid (Lebenszyklusorientierte Produktgestaltung), 1999, S. 9.
464 Vgl. Herrmann (Ganzheitliches Life Cycle Management), 2010, S. 4.
465 Vgl. Wilts; Berg (Digitale Kreislaufwirtschaft), 2017, S. 4.
466 Vgl. Köhlscheid (Lebenszyklusorientierte Produktgestaltung), 1999, S. 9.
467 Vgl. Herrmann (Ganzheitliches Life Cycle Management), 2010, S. 4.
468 Vgl. Wilts; Berg (Digitale Kreislaufwirtschaft), 2017, S. 4.
469 Vgl. Brudermüller et al. (Europäischer Green Deal), 2020, S. 7.
470 Vgl. Herrmann (Ganzheitliches Life Cycle Management), 2010, S. 4.
471 Vgl. Brudermüller et al. (Europäischer Green Deal), 2020, S. 7.

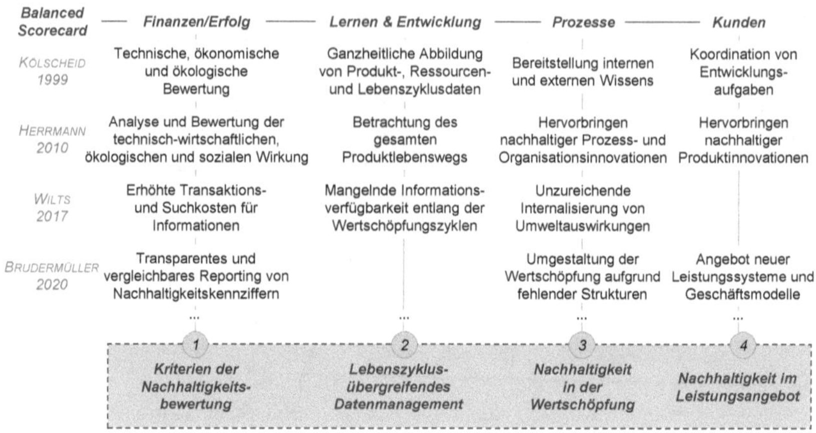


**Abbildung 3.2: BSC zur Identifikation auslegungsbezogener Anforderungen[472]**

#### 3.1.2.1 Anforderungsdimension Gestaltungsbereich

Die Relevanz eines Forschungsansatzes wird mit der Adressierung der Problemstellung bemessen. Die Problemstellung wiederum ist in einen Gestaltungs- sowie einen Betrachtungsbereich untergliedert. Als Rahmen der Gestaltung wurden für die vorliegende Arbeit in Kapitel 2 die digitale Vernetzung sowie die Nachhaltigkeit mit ihren handlungsweisenden Eigenschaften eingeführt.

Kapitel 2.2 beschreibt das Scheitern der Realisierung einer nachhaltigen Entwicklung in der Industrie an einer unterentwickelten Informationsverfügbarkeit. Die digitale Vernetzung bildet im Kontext der vorliegenden Arbeit daher eine notwendige Voraussetzung für die datengestützte Gestaltung des nachhaltigen Werkzeuglebenszyklus. Die Anforderung nach dem **Bezug zur digitalen Vernetzung** beschreibt daher die Vernetzung von Objekten entlang des Werkzeuglebenszyklus zum Austausch von Informationen.[473] Für die Datenerzeugung sowie die digitale Datenübermittlung ist somit der Einsatz von IKT notwendig.[474] Im Rahmen der datengestützten Auslegung des nachhaltigen Werkzeuglebenszyklus müssen relevante Forschungsansätze die digitale Vernetzung von systemrelevanten Objekten als charakteristisches Lösungselement betrachten. Die fünf Ausprägungsstufen der Erfüllung der Anforderung Bezug zur digitalen Vernetzung sind nachfolgend beschrieben:

- **Nicht erfüllt:** Der Forschungsansatz hat keinen Bezug zur digitalen Vernetzung als Lösungselement der nachhaltigen Entwicklung.

---

[472] Eigene Darstellung; Vgl. Köhlscheid (Lebenszyklusorientierte Produktgestaltung), 1999; Herrmann (Ganzheitliches Life Cycle Management), 2010; Wilts; Berg (Digitale Kreislaufwirtschaft), 2017; Brudermüller et al. (Europäischer Green Deal), 2020.

[473] Vgl. Wilts; Berg (Digitale Kreislaufwirtschaft), 2017, S. 2-4.

[474] Vgl. Appelfeller; Feldmann (Die digitale Transformation des Unternehmens), 2018, S. 150.

- **Sehr gering:** Der Forschungsansatz nimmt Bezug zur digitalen Vernetzung als Befähiger der nachhaltigen Entwicklung, fokussiert diese jedoch nicht als zentrales Lösungselement. Eine konkrete Beschreibung der digitalen Vernetzung ist nicht vorhanden.
- **Gering:** Der Forschungsansatz führt die digitale Vernetzung als wesentliches Lösungselement zur nachhaltigen Entwicklung ein und beschreibt, welche Objekte für eine Vernetzung relevant sind.
- **Hoch:** Der Forschungsansatz definiert die digitale Vernetzung als notwendiges Lösungselement zur Befähigung einer nachhaltigen Entwicklung und erläutert die Umsetzung der Vernetzung grundlegender Systemobjekte entlang des Lebenszyklus.
- **Sehr hoch:** Der Forschungsansatz definiert die digitale Vernetzung als zentrales Lösungselement zur Befähigung einer nachhaltigen Entwicklung und erläutert konkret die Vernetzung relevanter Systemobjekte auf Basis einer systematischen Analyse entlang des Lebenszyklus.

Im Kontext der vorliegenden Arbeit muss ein relevanter Forschungsansatz die **Erzielung von Nachhaltigkeit** im Ausgangspunkt verfolgen. Diese Anforderung wird durch die Berücksichtigung der in Kapitel 2.1.4 beschriebenen Nachhaltigkeitsherausforderungen von Unternehmen, mit besonderem Fokus der Integrativität, charakterisiert. Darüber hinaus muss der Forschungsansatz konkrete Strategien und Prinzipien zur Operationalisierung einer nachhaltigen Entwicklung in Unternehmen berücksichtigen. Die fünf Ausprägungsstufen der Erfüllung der Anforderung Erzielung von Nachhaltigkeit sind nachfolgend beschrieben:

- **Nicht erfüllt:** Der Forschungsansatz nimmt keinen Bezug zur Erzielung von Nachhaltigkeit im notwendigen Verständnis dieser Arbeit.
- **Sehr gering:** Der Forschungsansatz nimmt zwar Bezug auf die Erzielung von Nachhaltigkeit, beschreibt jedoch weder die zentralen Herausforderungen der Integrativität noch konkrete Strategien und Prinzipien zur Operationalisierung.
- **Gering:** Der Forschungsansatz beschreibt die wesentlichen Herausforderungen der Integrativität und zeigt Strategien und Prinzipien zur Erzielung von Nachhaltigkeit auf.
- **Hoch:** Der Forschungsansatz beschreibt alle relevanten Herausforderungen der Integrativität und identifiziert konkrete Strategien und Prinzipien zur Erzielung von Nachhaltigkeit. Eine Operationalisierung der Strategien und Prinzipien erfolgt hingegen nicht.
- **Sehr hoch:** Der Forschungsansatz nutzt systematische Ansätze zur Erzielung der Nachhaltigkeit in Unternehmen. Dabei werden alle relevanten Herausforderungen der Integrativität adressiert sowie eine konkrete Strategie inkl. handlungsleitendem Prinzip zur Operationalisierung verfolgt.

#### 3.1.2.2 Anforderungsdimension Betrachtungsbereich

Die vorliegende Arbeit beschäftigt sich gemäß der in Kapitel 1.2 definierten Forschungsfrage mit der datengestützten Gestaltung des nachhaltigen Werkzeuglebenszyklus. Daher muss ein geeigneter Forschungsansatz werkzeugbauspezifische Anforderungen erfüllen. Diese basieren auf den Besonderheiten der Branche Werkzeugbau als Einzel- und Kleinserienfertiger sowie auf dem heterogenen Branchencharakter mit internen und externen Betrieben unterschiedlicher Betriebsgröße (vgl. Kapitel 2.3.1.2). Umgesetzt wird dies in den Anforderungen des Betrachtungsbereichs Eignung für Einzel- und Kleinserienfertigung und Beachtung von Unternehmensrandbedingungen.

Die Anforderung **Eignung für Einzel- und Kleinserienfertigung** ist charakteristisch für die Branche Werkzeugbau, da die industriellen Werkzeuge als Erzeugnisse des Werkzeugbaus in sehr geringer Menge oder als Unikate hergestellt werden. In der Konsequenz unterscheidet sich die Werkzeugfertigung deutlich von der Serien- oder Massenfertigung, da bspw. nur geringe bis keine Wiederholungseffekte geltend gemacht werden können. Daher werden in der klein- und mittelständisch geprägten Branche Werkzeugbau nur selten Standardisierungen im Leistungsangebot und im Leistungserstellungsprozess realisiert.[475] Die Einzel- und Kleinserienfertigung determiniert folglich die Auftragsabwicklung sowie das Leistungsangebot des Werkzeugbaus und somit den Werkzeuglebenszyklus entscheidend. Daher muss ein geeigneter Forschungsansatz die spezifischen Besonderheiten der Einzel- und Kleinserienfertigung berücksichtigen. Die fünf Ausprägungsstufen der Erfüllung der Anforderung Eignung für Einzel- und Kleinserienfertigung sind nachfolgend beschrieben:

- **Nicht erfüllt:** Der Forschungsansatz weist keinen Bezug zu einer spezifischen Branche oder zur Industrie auf.
- **Sehr gering:** Der Forschungsansatz weist einen Bezug zur Industrie auf. Spezifische Besonderheiten der Einzel- und Kleinserienfertigung werden jedoch nicht berücksichtigt.
- **Gering:** Der Forschungsansatz weist einen Bezug zur Industrie auf und bezieht sich teilweise auf die Besonderheiten der Einzel- und Kleinserienfertigung.
- **Hoch:** Der Forschungsansatz weist einen eindeutigen Bezug zur Einzel- und Kleinserienfertigung auf, bezieht sich jedoch nicht auf eine spezifische Branche.
- **Sehr hoch:** Der Forschungsansatz fokussiert sich auf die Einzel- und Kleinserienfertigung innerhalb der Branche Werkzeugbau.

Im Rahmen von Kapitel 2.3.1.2 wurde erläutert, dass sich die Unternehmen der Branche Werkzeugbau teilweise erheblich hinsichtlich ihres Marktzugangs, Leistungsspektrums, des Technologieeinsatzes und der Mitarbeitendenanzahl unterscheiden. Ein geeigneter Forschungsansatz muss daher die **Beachtung von Unternehmensrandbedingungen** einbeziehen. Der Anspruch eines Ansatzes zur Gestaltung von nachhaltigen Werkzeuglebenszyklen ist folglich die Anwendbarkeit in allen Unternehmen der Branche Werkzeugbau. Die fünf Ausprägungsstufen der Erfüllung der Anforderung Beachtung von Unternehmensrandbedingungen sind nachfolgend beschrieben:

- **Nicht erfüllt:** Der Forschungsansatz berücksichtigt keine spezifischen Unternehmensrandbedingungen.

[475] Vgl. Eversheim; Klocke (Werkzeugbau mit Zukunft), 1998, S. 2f.

- **Sehr gering:** Der Forschungsansatz berücksichtigt vereinzelt Unternehmensrandbedingungen, eine Spezifikation dieser erfolgt jedoch nicht.
- **Gering:** Der Forschungsansatz berücksichtigt vereinzelt Unternehmensrandbedingungen und spezifiziert diese. Daher ist eine punktuelle Adaption auf die individuelle Situation und Ausrichtung von Unternehmen gewährleistet.
- **Hoch:** Der Forschungsansatz berücksichtigt spezifische Unternehmensrandbedingungen, wodurch eine umfassende Adaption auf die individuelle Situation und Ausrichtung von Unternehmen gewährleistet ist.
- **Sehr hoch:** Der Forschungsansatz berücksichtigt spezifische Unternehmensrandbedingungen sowie Interdependenzen und interpretiert diese, um anhand von Beispielen eine unternehmensspezifische Adaption in Gänze zu ermöglichen.

Mit der Berücksichtigung der Anforderungen des Betrachtungsbereichs wird die Umsetzbarkeit eines theoretischen Forschungsansatzes in der Branche Werkzeugbau sowie im Werkzeuglebenszyklus sichergestellt.

#### 3.1.2.3 Anforderungsdimension Anwendbarkeit

Aus wissenschaftlicher Sicht muss ein Forschungsansatz für einen praktischen Einsatz hohe **Praktikabilität** in Form eines angemessenen Realitätsbezugs und eines hohen Anwendungsgrads aufweisen.[476] Ein praktikabler Forschungsansatz ist daher in seiner Herleitung, Problembeschreibung und Lösungsfindung durch einen starken Bezug zum realen Problem und zur realen Umgebung charakterisiert. Ein hoher Anwendungsgrad wird durch eine Lösungsfindung mit vorhandenen bzw. praxisüblichen Daten, Informationen und Hilfsmitteln ausgezeichnet.[477] Die fünf Ausprägungsstufen der Erfüllung der Anforderung Vorliegen von Praktikabilität sind nachfolgend beschrieben:[478]

- **Nicht erfüllt:** Der Forschungsansatz nimmt keinen Bezug zur Realität und stellt die Praktikabilität nicht sicher.
- **Sehr gering:** Der Forschungsansatz ist in der Praxis anwendbar, jedoch bleiben in der Realität vorliegende Rahmenbedingungen unberücksichtigt und der erforderliche Daten- und Informationsbedarf ist in der Praxis nicht generierbar.
- **Gering:** Der Forschungsansatz wurde auf Basis realistischer Annahmen entwickelt. Jedoch werden in der Realität vorliegende Rahmenbedingungen nur teilweise berücksichtigt.
- **Hoch:** Der Forschungsansatz wurde auf Basis realistischer Annahmen entwickelt und in der Realität vorliegende Rahmenbedingungen werden berücksichtigt. Jedoch erfolgt keine Validierung mithilfe von Praxisbeispielen.

---

[476] Vgl. Boos (Modulare Werkzeuge), 2008, S. 55.

[477] Vgl. Hensen (Strategische Auslegung), 2017, S. 62.

[478] Vgl. Kühn (Leistungssysteme im Werkzeugbau), 2016, S. 61; Hensen (Strategische Auslegung), 2017, S. 62; Schultes (Digitalen Vernetzung von Werkzeugbaubetrieben mit Lieferanten), 2019, S. 71.

- **Sehr hoch:** Der Forschungsansatz wurde auf Basis realistischer Annahmen entwickelt und in der Realität vorliegende Rahmenbedingungen werden berücksichtigt. Dies wird anhand von Praxisbeispielen nachgewiesen.

Neben der Praktikabilität ist das **Vorliegen von Konkretheit** die zweite allgemeine Anforderung an einen Forschungsansatz. Zentrale Merkmale der Konkretheit sind insbesondere eine stringente Struktur sowie die Beschreibung der relevanten Modellfaktoren mit unmittelbarem Anwendungsbezug.[479] Einzelne Teilschritte des Modells müssen eindeutig voneinander abgrenzbar und inhaltliche abgeschlossen sein.[480] Die fünf Ausprägungsstufen der Erfüllung der Anforderung Vorliegen von Konkretheit sind nachfolgend beschrieben:

- **Nicht erfüllt:** Der Forschungsansatz besitzt weder eine klare Struktur noch beschreibt dieser konkrete Elemente zur Umsetzung in der Realität.
- **Sehr gering:** Der Forschungsansatz lässt eine Struktur erkennen, jedoch fehlen konkrete Beschreibungen einzelner Elemente des Modells.
- **Gering:** Der Forschungsansatz weist sowohl eine erkennbare Struktur als auch eine Beschreibung der Elemente des Modells auf. Die Beschreibung erfolgt jedoch auf unkonkrete und abstrakte Weise.
- **Hoch:** Der Forschungsansatz beschreibt die konkrete Umsetzung und die Elemente des Modells. Es fehlt jedoch der unmittelbare Anwendungsbezug.
- **Sehr hoch:** Der Forschungsansatz hat eine feine und stringente Struktur und beschreibt ausführlich aufeinander aufbauende Schritte, welche durch konkrete Faktoren und Werkzeuge eine praktische Umsetzung gewährleisten und durch Beispiele beschrieben sind.

Eine Erfüllung der allgemeinen Anforderungen Praktikabilität und Konkretheit stellen einen zentralen Bestandteil zur Sicherstellung der anwenderfreundlichen Umsetzbarkeit des zu entwickelnden Modells dar.

#### 3.1.2.4 Anforderungsdimension Auslegung

Die Anforderungen zur datengestützten Auslegung des nachhaltigen Werkzeuglebenszyklus lassen sich, wie in Abbildung 3.2 dargestellt, anhand der BSC strukturieren. In der Perspektive Finanzen bzw. Erfolg wird die zentrale Frage gestellt, ob die Implementierung einer Strategie zur Ergebnisverbesserung beiträgt. Diese Perspektive fungiert als Endziel für die anderen Perspektiven. Wie im Kapitel 2.1 beschrieben muss die klassisch ökonomische Bewertung von Unternehmen im Rahmen der nachhaltigen Entwicklung um nicht-monetäre und weiche Faktoren erweitert werden, deren Wirkbeziehungen berücksichtigen sowie eine transparente Berichtserstattung ermöglichen.[481] Die Schaffung eines transparenten und vergleichbaren Bewertungssystems von Nachhaltigkeitskennziffern[482] erfordert im Rahmen eines geeigneten

---

[479] Vgl. Ulrich et al. (Systemorientierte Managementlehre), 1984, S. 83.

[480] Vgl. Kuhlmann (Gestaltung von Geschäftsprozessen im Werkzeugbau), 2011, S. 45.

[481] Vgl. Köhlscheid (Lebenszyklusorientierte Produktgestaltung), 1999, S. 8f.; Herrmann (Ganzheitliches Life Cycle Management), 2010, S. 4.

[482] Vgl. Brudermüller et al. (Europäischer Green Deal), 2020, S. 6.

Modells zur datengestützten Gestaltung des nachhaltigen Werkzeuglebenszyklus die **Berücksichtigung von Kriterien zur Nachhaltigkeitsbewertung**. Die fünf Ausprägungsstufen der Erfüllung der Anforderung Berücksichtigung von Kriterien der Nachhaltigkeitsbewertung sind nachfolgend beschrieben:

- **Nicht erfüllt:** Der Forschungsansatz berücksichtigt keine Kriterien zur Nachhaltigkeitsbewertung.
- **Sehr gering:** Der Forschungsansatz definiert einzelne Nachhaltigkeitskriterien, jedoch fehlt eine konkrete Beschreibung zur Analyse und Bewertung der Kriterien.
- **Gering:** Der Forschungsansatz definiert wesentliche Kriterien zur Nachhaltigkeitsbewertung und beschreibt dabei einen Lösungsansatz zur Analyse und Bewertung der Nachhaltigkeitsperformance.
- **Hoch:** Der Forschungsansatz definiert die wesentlichen Kriterien der Nachhaltigkeitsbewertung inklusive deren Wirkbeziehungen und beschreibt eine konkrete Vorgehensweise zur Analyse und Bewertung.
- **Sehr hoch:** Der Forschungsansatz definiert die Kriterien der Nachhaltigkeitsbewertung sowie deren Wirkbeziehungen vollumfänglich. Neben der Beschreibung einer konkreten Vorgehensweise zur Analyse und Bewertung werden Maßnahmen zur Implementierung einer transparenten und vergleichbaren Berichtserstattung berücksichtigt.

Die Auslegung der nachhaltigen Produktion sowie der Kreislaufwirtschaft scheitet bis dato häufig an einer unterentwickelten Informationsverfügbarkeit. Insbesondere im Werkzeugbau ist oftmals eine mangelnde Informationsverfügbarkeit entlang der Wertschöpfungszyklen nachweisbar.[483] Ein geeigneter Forschungsansatz zur Auslegung des nachhaltigen Werkzeuglebenszyklus muss daher relevante Produkt-, Ressourcen- und Lebenszyklusdaten ganzheitlich abbilden.[484] Damit entsprechendes Wissen aus Daten abgeleitet werden kann, ist eine Dateninfrastruktur notwendig. Hierzu zählen insbesondere die Datenspeicherung der erzeugten Daten sowie deren anforderungsgerechte Weiterverarbeitung.[485] Diese Voraussetzungen werden nachfolgend unter dem Begriff Datenmodell zusammengefasst. Aus der Perspektive Lernen und Entwickeln der BSC lässt sich daher die Anforderung des **lebenszyklusübergreifenden Datenmanagements** ableiten. Die fünf Ausprägungsstufen der Erfüllung der Anforderung lebenszyklusübergreifendes Datenmanagement sind nachfolgend beschrieben:

- **Nicht erfüllt:** Der Forschungsansatz beschreibt weder die Voraussetzung noch die Bereitstellung der notwendigen Dateninfrastruktur.
- **Sehr gering:** Der Forschungsansatz weist auf die Notwendigkeit zur Bereitstellung einer Dateninfrastruktur hin, stellt jedoch keinen Lösungsansatz zur Implementierung bereit. Zudem erfolgt keine nähere Beschreibung des Datenmodells.

[483] Vgl. Wilts; Berg (Digitale Kreislaufwirtschaft), 2017, S. 2-4; Boos et al. (Digitale Transformation im Werkzeugbau), 2019, S. 6f.

[484] Vgl. Köhlscheid (Lebenszyklusorientierte Produktgestaltung), 1999, S. 31; Marquardt (Nachhaltigkeit und Digitalisierung), 2020, S. 12-14.

[485] Vgl. Kantardzic (Data mining), 2020, S. 15-17.

- **Gering:** Der Forschungsansatz beschreibt ein Datenmodell als Voraussetzung zur Gestaltung des nachhaltigen Werkzeuglebenszyklus. Auf IKT, Datenspeicherung und Datenverarbeitung als zentrale Elemente wird allerdings nicht eingegangen.
- **Hoch:** Der Forschungsansatz beschreibt das notwendige Datenmodell als Voraussetzung zur Gestaltung des nachhaltigen Werkzeuglebenszyklus und liefert eine grobe Beschreibung bzgl. der Implementierung der Dateninfrastruktur zur Datenspeicherung und -verarbeitung.
- **Sehr hoch:** Der Forschungsansatz beschreibt das notwendige Datenmodell als Voraussetzung zur Gestaltung des nachhaltigen Werkzeuglebenszyklus vollumfänglich. Neben der Datenaufnahme und Datenspeicherung werden konkrete Lösungsansätze zur Datenanalyse und deren Implementierung berücksichtigt.

Das aus den Daten erzeugte Wissen zur Gestaltung des nachhaltigen Werkzeuglebenszyklus muss in einem geeigneten Forschungsansatz genutzt werden, um nachhaltigen Prozess- und Organisationsinnovationen hervorzubringen.[486] Die aktuell fehlenden Strukturen zur notwendigen Internalisierung von Umweltauswirkungen entlang des Werkzeuglebenszyklus erfordern daher eine Umgestaltung der Wertschöpfung.[487] Die aus der Prozess-Perspektive der BSC abgeleitete Anforderung der **Berücksichtigung von Nachhaltigkeit in der Wertschöpfung** umfasst dabei die Dimensionen Prozess, Organisation und Ressourcen.[488] Für die Internalisierung der Lebenszykluseffekte der Werkzeuge müssen bspw. die linearen Auftragsabwicklungsprozesse der Branche zirkulär gestaltet werden, indem z. B. Reverse-Logistikprozesse und entsprechende Aufbereitung der Komponenten integriert werden. Dies erfordert neue Organisationsstrukturen sowie Ressourcen zur Abwicklung der neuartigen Prozessstrukturen. Die fünf Ausprägungsstufen der Erfüllung der Anforderung Berücksichtigung der Nachhaltigkeit in der Wertschöpfung sind nachfolgend beschrieben:

- **Nicht erfüllt:** Der Forschungsansatz berücksichtigt keine nachhaltige Umgestaltung der Wertschöpfung.
- **Sehr gering:** Der Forschungsansatz weist auf die Notwendigkeit zur nachhaltigen Umgestaltung der Wertschöpfung hin, beschreibt jedoch nur rudimentär Elemente der Prozess-, Organisations- und Ressourcengestaltung.
- **Gering:** Der Forschungsansatz nennt Möglichkeiten zur nachhaltigen Umgestaltung von Prozessen, Organisation und Ressourcen entlang des Lebenszyklus.
- **Hoch:** Der Forschungsansatz detailliert die Möglichkeiten der nachhaltigen Umgestaltung von Prozessen, Organisation und Ressourcen entlang des Lebenszyklus.
- **Sehr hoch:** Der Forschungsansatz fokussiert die nachhaltige Umgestaltung von Prozessen, Organisation und Ressourcen und definiert ein konkretes Vorgehen zur Ausgestaltung dieser.

[486] Vgl. Herrmann (Ganzheitliches Life Cycle Management), 2010, S. 4.

[487] Vgl. Wilts; Berg (Digitale Kreislaufwirtschaft), 2017, S. 4; Brudermüller et al. (Europäischer Green Deal), 2020, S. 28.

[488] Vgl. Müller-Stewens; Lechner (Strategisches Management), 2011, S. 354.

Aufgrund des Unikatcharakters des Werkzeugbaus bietet sich insbesondere über das Leitungsangebot ein großer Stellhebel zur Steigerung der Nachhaltigkeit entlang des Werkzeuglebenszyklus. Oftmals werden mit einem Werkzeug viele Tausend bis Millionen Artikel beim Kunden gefertigt. Der nachhaltige Nutzen ist entsprechend höher, wenn die Produkte oder Dienstleistungen des Werkzeugbaus bspw. die Reduktion des Energieverbrauchs oder der Ausschussrate sicherstellen. Gemäß der vierten Perspektive der BSC, der Kundenperspektive, muss ein Forschungsansatz daher neben der Wertschöpfung auch die **Nachhaltigkeit im Leistungsangebot** berücksichtigen. Die fünf Ausprägungsstufen der Erfüllung der Anforderung Berücksichtigung der Nachhaltigkeit in der Wertschöpfung sind nachfolgend beschrieben:

- **Nicht erfüllt:** Der Forschungsansatz berücksichtigt keine nachhaltigen Aspekte in der Bereitstellung von Produkten und Dienstleistungen.
- **Sehr gering:** Der Forschungsansatz erwähnt die Notwendigkeit für das Angebot nachhaltiger Leistungssysteme. Konkrete Erläuterungen bleiben jedoch aus.
- **Gering:** Der Forschungsansatz beschreibt mögliche Kombinationen von Produkten und Dienstleistungen zur Steigerung der Nachhaltigkeit in der Nutzungsphase.
- **Hoch:** Der Forschungsansatz detailliert Kombinationen von Produkten und Dienstleistungen zur Steigerung der Nachhaltigkeit in der Nutzungsphase.
- **Sehr hoch:** Der Forschungsansatz fokussiert die Kombinationen von Produkten und Dienstleistungen zur Steigerung der Nachhaltigkeit in der Nutzungsphase. Es wird ein konkretes Vorgehen zur Ausgestaltung von nachhaltigen Leistungssystemen beschrieben.

Die hergeleiteten Anforderungen müssen zur Beantwortung der Forschungsfrage von einem Forschungsansatz sehr hoch erfüllt sein, um eine vollumfängliche Anwendung gewährleisten zu können. Die Abbildung 3.3 stellt eine Zusammenfassung der jeweiligen Anforderungsdimensionen dar.

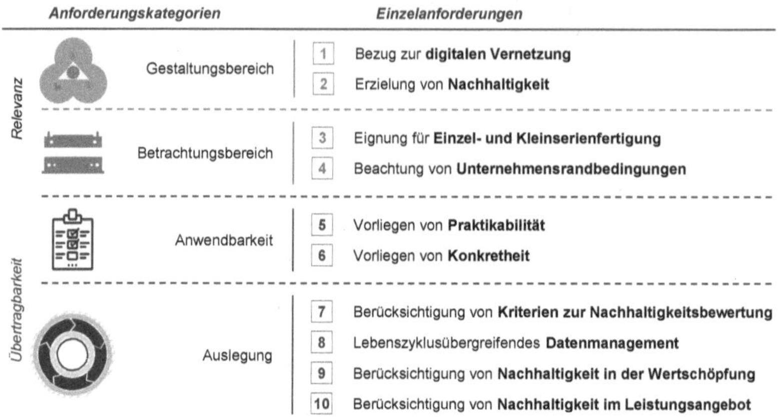


**Abbildung 3.3: Anforderungssystem zur datengestützten Gestaltung des nachhaltigen Werkzeuglebenszyklus**[489]

Nachdem die Systematik der Bewertung durch ein Bewertungssystem und ein Anforderungssystem definiert wurde, werden im folgenden Kapitel 3.2 verschiedene relevante Forschungsansätze mithilfe dieser Systematik bewertet und analysiert. Auf diese Weise soll die Forschungsfrage der vorliegenden Arbeit beantwortet werden.

## 3.2 Beschreibung und Bewertung bestehender Ansätze

Eine Analyse der wissenschaftlichen Literatur zeigt, dass es eine Vielzahl von Ansätzen gibt, welche eine Relevanz für die datengestützte Gestaltung des nachhaltigen Werkzeuglebenszyklus haben. Viele Ansätze fokussieren eine Auslegung nachhaltiger Produktlebenszyklen, die sich grundsätzlich von der Einzel- und Kleinserienfertigung unterscheiden. Einzelne Teilaspekte dieser Forschungsansätze können allerdings auf die vorliegende Forschungsfrage übertragen werden. Analog zur den definierten Anforderungen der Relevanz wurden Ansätze recherchiert, um die Literatur ganzheitlich abzubilden. Zur Eingrenzung der nachfolgenden Detailbetrachtung wurde eine Vorbewertung hinsichtlich des Bezugs zum Betrachtungs- und Gestaltungsbereich vorgenommen.

Abbildung 3.4 gibt einen Überblick aller Ansätze, die eine Relevanz für die vorliegende Arbeit besitzen. Auf Basis der Bewertung der Höhe des Digitalisierungs- und Nachhaltigkeitsbezugs sowie des Werkzeuglebenszyklusbezugs wird ein Quadrant um die relevantesten Forschungsansätze gebildet, welche im Folgenden detailliert vorgestellt werden. Die Beschreibung umfasst Zielsetzung und Kerninhalte der Ansätze sowie die Bewertung hinsichtlich der Erfüllung des in Kapitel 3.1.2 definierten Anforderungssystems. Die Reihenfolge der Beschreibung orientiert sich am Erscheinungszeitpunkt des jeweiligen Ansatzes.

[489] Eigene Darstellung

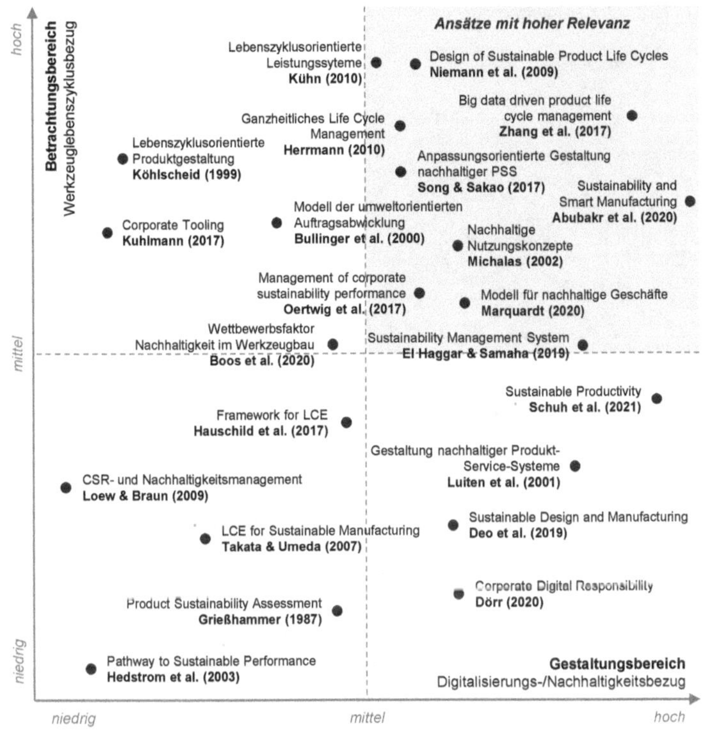


**Abbildung 3.4: Überblick relevanter Forschungsansätze**[490]

### 3.2.1 Nachhaltige Nutzungskonzepte (MICHALAS, 2002)

Ziel des Ansatzes zur Gestaltung nachhaltiger Nutzungskonzepte für den Maschinen- und Anlagenbau nach MICHALAS ist die Entwicklung eines Leistungssystems zur Erfüllung der Anforderungen aller Nutzer entlang des Lebenszyklus. Die in diesem Ansatz entwickelten Nutzungskonzepten basieren auf einer frühzeitigen Planung und Konfiguration sinnvoller Einsatzmöglichkeiten eines Produkts innerhalb der Nutzungsphase. Somit kann eine nachhaltige Wirkung auf den Hersteller, Kunden und die Gesellschaft sichergestellt werden.[491]

MICHALAS gliedert das Konzept in die drei Teilmodelle Beschreibungsmodell, Erklärungsmodell und Entscheidungsmodell. Die nachfolgende Abbildung 3.5 verdeutlicht den Zusammenhang zwischen den drei Teilmodellen.[492]

---

490 Eigene Darstellung

491 Vgl. Michalas (Nachhaltige Nutzungskonzepte), 2003, S. 53.

492 Vgl. Michalas (Nachhaltige Nutzungskonzepte), 2003, S. 53f.

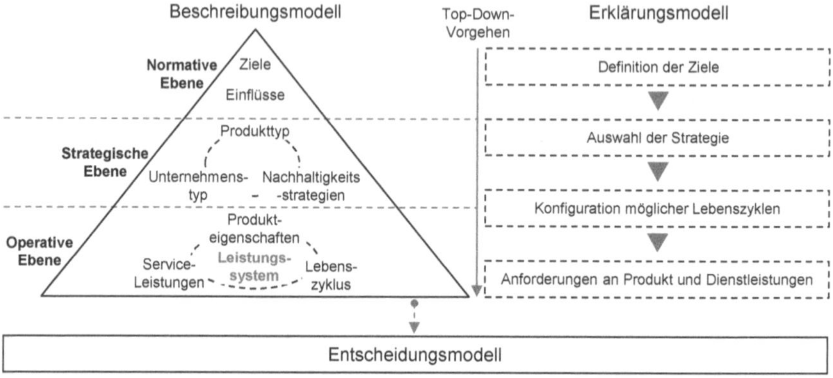


**Abbildung 3.5: Ansatz zur Gestaltung nachhaltiger Nutzungskonzepte**[493]

MICHALAS strukturiert das Beschreibungsmodell in die normative, strategische und operative Ebene. In der normativen Ebene werden die Einflüsse von Stakeholdern aufgenommen und mit der Version bzw. der Zielsetzung des Unternehmens abgeglichen. MICHALAS hierarchisiert die Unternehmensziele mit einem Zielmodell in Ober- und Unterziele, ordnet diese der normativen, strategischen und operativen Ebene zu und beschreibt die Zielinterdependenzen. In der strategischen Ebene wird der Unternehmenstyp sowie der Produkttyp analysiert. Auf dieser Grundlage werden Nachhaltigkeitsstrategien entwickelt bzw. bestehende Nachhaltigkeitsstrategien evaluiert. Hierfür definiert Michalas drei unterschiedliche Unternehmens- sowie Produkttypen auf Basis zuvor definierter Merkmale. In der operativen Ebene wird der Lebenszyklus des Produkts analysiert. Anhand eines Produktmerkmals werden produktbeschreibende Informationen für die Gestaltung von nachhaltigen Nutzungskonzepten beschrieben. Zusätzlich werden Sach- und Dienstleistungen, wie z. B. ein Recyclingkonzept entwickelt, die in die Nutzungskonzepte integriert werden.[494] Das Erklärungsmodell wird simultan zu dem Beschreibungsmodell angewendet. In der normativen Ebene wird auf Grundlage der Einflüsse der Stakeholder und der Unternehmensrandbedingungen ein Zielsystem definiert. Dieses wird in der Strategieebene mit den Informationen aus dem Beschreibungsmodell konkretisiert. Das Ergebnis ist eine unternehmensindividuelle Strategie für die Gestaltung. Zusätzlich werden die möglichen Lebenszyklen konfiguriert und angepasst. Daraufhin werden in der operativen Ebene Anforderungen, wie bspw. eine geringe Komplexität oder ein hohes Nutzen-Aufwand-Verhältnis, an die beschriebenen Produkte und Dienstleistungen gestellt und diese dahingehend weiterentwickelt. Dies ermöglicht die Konfiguration von relevanten Nutzungskonzepten für ein Leistungssystem.[495] Nach abgeschlossener Konfiguration der Nutzungskonzepte be-

[493] I. A. a. Michalas (Nachhaltige Nutzungskonzepte), 2003, S. 105.

[494] Vgl. Michalas (Nachhaltige Nutzungskonzepte), 2003, S. 54f.

[495] Vgl. Michalas (Nachhaltige Nutzungskonzepte), 2003, S. 105-111.

wertet MICHALAS die Erfüllung der Anforderungen im Entscheidungsmodell anhand von Nachhaltigkeitskriterien, wie z. B. der Recycelbarkeit oder der Lebensdauer. Sofern die Anforderungen erfüllt sind, werden die Nutzungskonzepte beim Kunden angewendet.[496]

Im Ansatz nach MICHALAS wird die Gestaltung und Umsetzung von nachhaltigen Nutzungskonzepten im Maschinen- und Anlagenbau umfassend beschrieben. Die Betrachtung der Anforderungen der Relevanz zeigt, dass die Anforderungen von dem Ansatz nur teilweise erfüllt werden. So verfolgt der Ansatz eindeutig die Erzielung von Nachhaltigkeit anhand konkreter Strategien. Allerdings bleibt die digitale Vernetzung unberücksichtigt. Aufgrund des Fokus des Ansatzes auf den Maschinen- und Anlagenbau werden die Anforderungen des Betrachtungsbereichs nur teilweise erfüllt. Eine Eignung für die Einzel- und Kleinserienfertigung ist aufgrund des konkreten Branchenfokus hoch, jedoch wird der Werkzeugbau nicht adressiert. Dahingegen werden spezifische Unternehmensrandbedingungen durch die Typisierung von Unternehmen in der normativen, strategischen und operativen Ebene über den kompletten Lebenszyklus betrachtet. Die Anwendbarkeit des Ansatzes ist sehr hoch, da verschiedene praktische Rahmenbedingungen in den Elementen der Modelle berücksichtigt werden. Zudem weist der Ansatz in den Modellen konkrete Elemente für eine Umsetzung in der Realität auf und validiert diese anhand eines Praxisbeispiels. Aufgrund der Aufteilung des Ansatzes in drei aufeinander aufbauende Teilmodelle folgt dieser einer sehr feinen und stringenten Struktur. Eine Berücksichtigung der auslegungsbezogenen Anforderungen liegt bei dem Ansatz nur teilweise vor. Es werden wesentliche Kriterien zur Nachhaltigkeitsbewertung definiert und deren Wechselwirkung mit den strategischen Zielgrößen betrachtet. Eine konkrete Vorgehensweise zur Implementierung einer Berichtserstattung bleibt jedoch aus. Die notwendigen Produktinformationen werden in dem Ansatz durch rudimentäre Datenmodelle abgebildet. Die notwendige IKT zur Datenspeicherung und -verarbeitung wird jedoch nicht beschrieben. Aufgrund des Fokus des Ansatzes auf die Auslegung von nachhaltigen Nutzungskonzepten ist die Anforderung nach Nachhaltigkeit im Leistungsangebot hoch erfüllt. Eine vollumfängliche Wechselwirkung und dynamische Konfiguration der Leistungen bleibt unberücksichtigt. Zudem wird eine notwendige nachhaltige Umgestaltung der Wertschöpfung nicht beschrieben.

Zusammenfassend ist festzustellen, dass der präsentierte Ansatz nicht zur datengestützten Gestaltung des nachhaltigen Werkzeuglebenszyklus anwendbar ist. Er bietet allerdings insbesondere im Hinblick auf die Gestaltung des Leistungsangebots spannende Teilaspekte.

### 3.2.2 Sustainable Product Life Cycles (NIEMANN ET AL., 2009)

Die Autoren NIEMANN ET AL. beschreiben mit dem Ansatz „Design of Sustainable Product Life Cycles" einen Ordnungsrahmen, welcher die relevanten Einflussfaktoren, Bedürfnisse und Stakeholderanforderungen an das Life Cycle Management von Produkten berücksichtigt. Des Weiteren wird eine ganzheitliche Methode entwickelt, welche die verschiedenen Konzepte

[496] Vgl. Michalas (Nachhaltige Nutzungskonzepte), 2003, S. 111-124.

kombiniert und für die Gestaltung von nachhaltigen Produktlebenszyklen verwendet.[497] Die zentralen Konzepte und Einflussfaktoren sind in Abbildung 3.6 dargestellt.

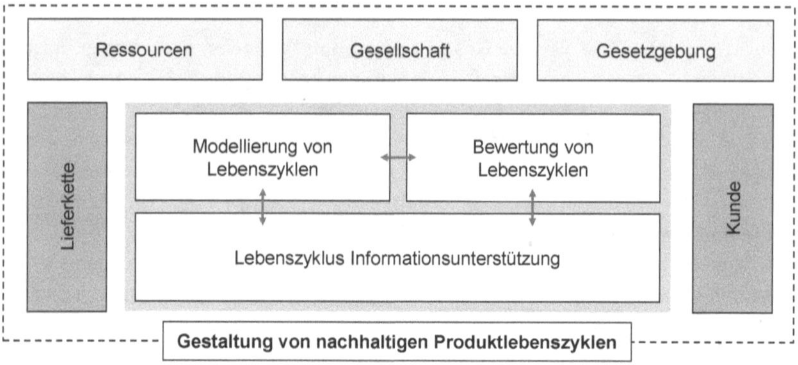


**Abbildung 3.6: Methode zur Gestaltung von nachhaltigen Produktlebenszyklen[498]**

Der Ordnungsrahmen nach NIEMANN ET AL. besteht aus fünf Elementen. Zunächst werden darin die übergeordneten industriellen und gesellschaftlichen Voraussetzungen beschrieben, die für eine Entwicklung nachhaltiger Produktlebenszyklen berücksichtigt werden müssen. Dies umfasst nicht nur die industriellen Anforderungen der Hersteller und Nutzer der Produkte, sondern auch die übergeordneten gesellschaftlichen und rechtlichen Aspekte.[499] Das zweite Element des Ordnungsrahmens beschreibt die Modellierung von Produktlebenszyklen. Neben der Berücksichtigung einzuhaltender Normen setzen NIEMANN ET AL. einen Schwerpunkt auf spezielle Konzepte zur Modellierung von Produkten. Hierbei werden innovative Ansätze aufgezeigt, die eine digitale Modellierung und Analyse des Produktlebenszyklus gewährleisten, um nachhaltige Verbesserungen über den gesamten Lebenszyklus zu generieren.[500] Um im Hinblick auf die industrielle Relevanz die Lebenszykluskosten zu betrachten, wird im Rahmen des dritten Elements des Ordnungsrahmens eine Methode zur Erfassung und Berechnung der Kosten über den Lebenszyklus eines Produktes etnwickelt. NIEMANN ET AL. erweitern die in der industriellen Anwendung bewährte Methode der Lebenszykluskostenrechnung um eine Methode zum Lebenszykluscontrolling. Damit verfolgen die Autoren das Ziel, Probleme langfristiger Planungshorizonte und den damit verbundenen Kostenunsicherheiten zu adressieren.[501] Neben der Kostenunsicherheit birgt auch die grundsätzliche Ungewissheit über künftige Entwicklungen eine Herausforderung in der nachhaltigen Gestaltung von Produkten. Die Lebenszyklus Informationsunterstützung, als viertes Element, beschreibt daher die Umsetzung gewonnener Erfahrungen sowie die optimale Ausnutzung vorhandener Nutzungsdaten zur kon-

[497] Vgl. Niemann et al. (Design of sustainable product life cycles), 2009, S. 10f.
[498] I. A. a. Niemann et al. (Design of sustainable product life cycles), 2009, S. 137.
[499] Vgl. Niemann et al. (Design of sustainable product life cycles), 2009, S. 1-6.
[500] Vgl. Niemann et al. (Design of sustainable product life cycles), 2009, S. 13-17.
[501] Vgl. Niemann et al. (Design of sustainable product life cycles), 2009, S. 55-76.

tinuierlichen Optimierung der Produktnutzung. Hierbei zeigen NIEMANN ET AL. Vorteile der konsequenten Erfassung und Analyse von Daten über den gesamten Lebenszyklus eines Produktes auf.[502] Der Ansatz erweitert dabei die Betrachtungsperspektive durch die Einbeziehung weiterer Wertschöpfungspartner während des gesamten Lebenszyklus. Lieferanten und andere Wissensquellen werden zu einem kundenorientierten Netzwerk verknüpft, welches dem Kunden zur lebenszyklusspezifischen Optimierung der Produkte zur Verfügung steht. Laut NIEMANN ET AL. entstehen somit langfristige Wertschöpfungspartnerschaften, die mit dem Instrument des Customer Lifetime Value gemessen, organisiert und gepflegt werden können.[503] Die zuvor beschriebenen Elemente werden von den Autoren kombiniert und zur Entwicklung einer Methode für die nachhaltige Gestaltung von Produktlebenszyklen genutzt. Darin werden verschiedene Aspekte in das Produktlebenszyklusmanagement integriert und die unterschiedlichen Bedürfnisse und Anforderungen der Interessensgruppen während des Lebenszyklus berücksichtigt. Neben der Produktentwicklung werden auch Methoden und Regelkreise zur kontinuierlichen Lebenszyklusoptimierung über alle Lebensphase hinweg erfasst.[504]

Der Ansatz nach NIEMANN ET AL. verfolgt das Ziel, relevante ökonomische und ökologische Einflussfaktoren sowie Stakeholderanforderungen in das Life Cycle Management von Produkten zu integrieren. Die Autoren beschreiben die digitale Modellierung sowie die Nutzung vorhandener Daten zur Informationsunterstützung entlang des Lebenszyklus als zentrale Lösungselemente. Es erfolgt jedoch keine Erläuterung der notwendigen Vernetzung grundlegender Systemobjekte. Weiterhin verfolgen die Autoren zwar das Ziel einer nachhaltigen Entwicklung des Produktlebenszyklus, jedoch werden weder die zentralen Herausforderungen der Integrativität noch konkrete Strategien und Prinzipien zur Operationalisierung beschrieben. Der Ansatz bezieht sich lediglich auf die Industrie im Allgemeinen und besitzt daher nur einen sehr geringen Bezug zur Einzel- und Kleinserienfertigung. Die Betrachtung spezifische Unternehmensrandbedingungen erfolgt lediglich im Kontext der Beschreibung kundenorientierter Wertschöpfungsnetzwerke und somit in geringem Maße. Der Ansatz wurde auf Basis realistischer Annahmen entwickelt. Allerdings werden in der Realität vorliegende Rahmenbedingungen nur teilweise berücksichtigt und es erfolgt keine Validierung mithilfe von Praxisbeispielen. Weiterhin beschreiben NIEMANN ET AL. die konkrete Umsetzung und die einzelnen Elemente des Modells sehr detailliert. Es fehlt jedoch der unmittelbare Anwendungsbezug. Die auslegungsbezogenen Anforderungen werden nur teilweise erfüllt. Die Autoren integrieren ein kontinuierliches Lebenszykluscontrolling in ihre Methode, welches grundlegende Kriterien zur Nachhaltigkeitsbewertung berücksichtigt. Allerdings erfolgt keine Beschreibung einer konkreten Vorgehensweise zur Analyse und Bewertung. Die Stärke des Ansatzes ist die Modellierung und Informationsunterstützung zur Gestaltung eines nachhaltigen Produktlebenszyklus. Auch wenn hierbei nicht explizit das Datenmodell erwähnt wird, beschreiben die Autoren die notwendige Realisierung von Datenaufnahme und Datenspeicherung. Lediglich die Datenanalyse bleibt unberücksichtigt. Konträr bleibt die Anforderung Berücksichtigung der Nachhaltigkeit in

[502] Vgl. Niemann et al. (Design of sustainable product life cycles), 2009, S. 83-99.
[503] Vgl. Niemann et al. (Design of sustainable product life cycles), 2009, S. 117-136.
[504] Vgl. Niemann et al. (Design of sustainable product life cycles), 2009, S. 137-152.

der Wertschöpfung unberücksichtigt, da primär die Produktgestaltung und nicht die Herstellung fokussiert wird. Gleichermaßen vernachlässigen die Autoren die Kombination von Produkten und Dienstleistungen zur Steigerung der Nachhaltigkeit in der Nutzungsphase.

Zusammenfassend ist festzustellen, dass der präsentierte Ansatz nicht zur datengestützten Gestaltung des nachhaltigen Werkzeuglebenszyklus anwendbar ist. Er bietet allerdings insbesondere durch die Modellierung und Informationsunterstützung des Produktlebenszyklus interessante Denkanstöße hinsichtlich einer ganzheitlichen und datengestützten Gestaltung nachhaltiger Werkzeuglebenszyklen.

### 3.2.3 Ganzheitliches Life Cycle Management (HERRMANN, 2010)

HERRMANN verfolgt mit seinem Ansatz das Ziel, einen Bezugsrahmen für die Umsetzung eines ganzheitlichen Life Cycle Managements zu schaffen. Der Bezugsrahmen integriert das Leitbild der nachhaltigen Entwicklung sowie die Betrachtung des gesamten Produktlebenswegs und unterstützt Unternehmen bei der Strukturierung von Ist- und Entscheidungssituationen sowie der Entwicklung, Analyse und Bewertung nachhaltiger Innovationen. HERRMANN stellt die Ganzheitlichkeit des Ansatzes durch die Berücksichtigung des integrierten Verständnisses der Funktionsweise von Unternehmen, deren Beziehungen untereinander sowie mit der Umwelt und den Anforderungen einer nachhaltigen Entwicklung sowie deren Verankerung und Operationalisierung sicher.[505]

Angelehnt an das Konzept Integriertes Management nach BLEICHER[506] werden in dem Bezugsrahmen das normative, strategische und operative Management berücksichtigt.[507] Neben der Strukturierung der Managementebenen in die Phasen des Produktlebenswegs, von der Produktidee bis zur Verwertung, können diese in Strukturen, Verhalten und Aktivitäten differenziert werden. Die Summe der Aktivitäten eines Unternehmens über alle Produktlebensphasen führen zur Lebenswegleistung, wohingegen die einzelnen Aktivitäten durch die Strukturen sowie das Verhalten der Akteure geprägt werden. Die Integration der lebensphasenübergreifenden sowie lebensphasenbezogenen Disziplinen adressiert die lebensphasenübergreifende Gestaltung von Produkten und den dazugehörigen Prozessen. Der Bezugsrahmen des ganzheitlichen Life Cycle Managements ist in Abbildung 3.7 dargestellt.[508]

---

505 Vgl. Herrmann (Ganzheitliches Life Cycle Management), 2010, S. 5f.

506 Vgl. Bleicher (Das Konzept Integriertes Management), 2011.

507 Vgl. Herrmann (Ganzheitliches Life Cycle Management), 2010, S. 115-117.

508 Vgl. Herrmann (Ganzheitliches Life Cycle Management), 2010, S. 115-117.

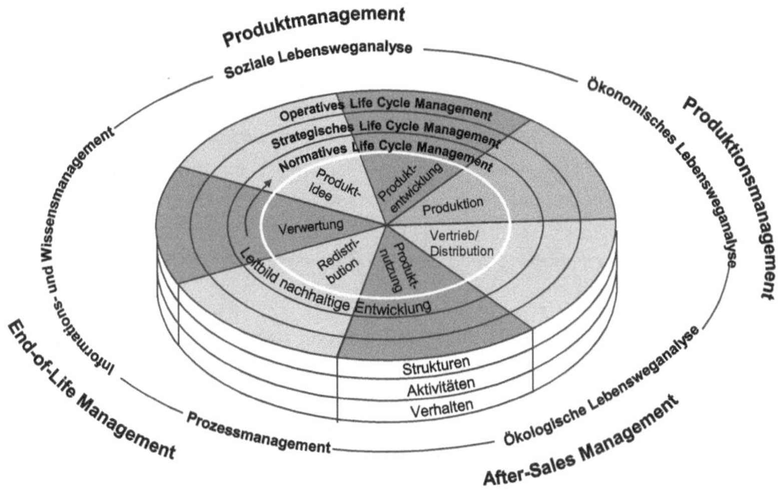


**Abbildung 3.7: Bezugsrahmen des ganzheitlichen Life Cycle Managements**[509]

HERRMANN unterteilt die lebensphasenbezogenen Disziplinen in Produktmanagement, Produktionsmanagement, After-Sales Management sowie End-of-Life-Management. Das lebenszyklusorientierte Produktmanagement umfasst die lebenszyklusorientiere Produktstrategie, zur frühzeitigen Steuerung der Entwicklung von Produkten sowie die lebenszyklusorientierte Produktentwicklung zur Festlegung der Produkteigenschaften und damit eines Großteils der Kosten und Umweltwirkungen. Das lebenszyklusorientierte Produktionsmanagement umfasst die Gestaltung, Planung und Steuerung des ganzheitlichen Produktionssystems, wobei ein produktionsintegrierter Umweltschutz sowie das betriebliche Umweltmanagement berücksichtigt werden. Ziel des lebenszyklusorientieren After-Sales Managements ist die Ausgestaltung der Versorgungsstrategie, die neben der Fertigung von Ersatzteilen auch die Integration der Potenziale aus Rückläufern defekter Teile und der Erfassung gebrauchter Teile in der Nachgebrauchsphase umfasst. Das End-of-Life Management beschreibt die Planung, Steuerung und Kontrolle aller Aktivitäten am Ende der technischen oder wirtschaftlichen Nutzungsdauer eines Produkts. Zentrale Elemente sind die Sammlung und Rückführung, Behandlung bzw. Demontage, Wiederverwendung von Komponenten sowie die Verwertung und fachgerechte Entsorgung von entstehenden Fraktionen.[510] Die lebensphasenübergreifenden Disziplinen ökonomische, ökologische und soziale Lebensweganalyse, Informations- und Wissensmanagement und Prozessmanagement adressieren die Abstimmung der verschiedenen Produktphasen auf strategischer und operativer Ebene. Die ökonomische Lebensweganalyse umfasst die Analyse und Planung von Lebenszykluskosten und -erlösen. Die Bestimmung der ökologische Auswirkung von Produkten und Prozessen mithilfe unterschiedlicher Methoden

509 I. A. a. Herrmann (Ganzheitliches Life Cycle Management), 2010, S. 118.

510 Vgl. Herrmann (Ganzheitliches Life Cycle Management), 2010, S. 119-122.

wie der Ökobilanzierung oder Methode des Kumulierten Energieaufwands (KEA) wird im Rahmen der ökologischen Lebensweganalyse beschrieben. Die soziale Lebensweganalyse adressiert die Bewertung der Auswirkungen von Produkten und Prozessen auf die Gesellschaft. Hiermit wird, z. B. durch das CSR, das Ausmaß der Verantwortung für Umwelt und Gemeinschaft von Unternehmen bewertet werden. HERRMANN adressiert den notwendigen Informations- und Wissensaustausch zwischen den relevanten Akteuren im Lebenszyklus mit der gleichnamigen Disziplin und beschreibt insbesondere den Einsatz von Product Lifecycle Management bzw. Product Definition and Commerce (PLM/PDC)-Systemen. Das Prozessmanagement umfasst die inner- und überbetriebliche Gestaltung, Lenkung und Entwicklung der Geschäftsprozesse eines Unternehmens.[511]

Der Ansatz des ganzheitlichen Life Cycle Managements nach HERRMANN liefert einen umfassenden Bezugsrahmen zur Strukturierung und Integration der nachhaltigen Entwicklung für Unternehmen. Der Ansatz analysiert systematisch die Herausforderungen der Nachhaltigkeit und beschreibt Möglichkeiten der Operationalisierung. Daher ist der Bezug zur Nachhaltigkeit sehr hoch. Weiterhin wird die Anforderung an einen Bezug zur digitalen Vernetzung durch die ausführliche Beschreibung des notwendigen Informations- und Wissensmanagements hoch erfüllt. Allerdings weist der Ansatz weder einen konkreten Bezug zur Einzel- und Kleinserienfertigung auf noch werden spezifische Unternehmensrandbedingungen berücksichtigt. Der Ansatz wurde auf Basis realistischer Annahmen entwickelt, jedoch erfolgt keinerlei Validierung mithilfe von Praxisbeispielen. Aufgrund der Einteilung des Ansatzes in lebensphasenbezogene und -übergreifende Disziplinen folgt der Ansatz einer klaren Struktur. Allerdings fehlt der direkte Anwendungsbezug. Die auslegungsbezogenen Anforderungen werden teilweise erfüllt. Die Lebensweganalysen definieren einzelne Nachhaltigkeitskriterien und beschreiben Werkzeuge für deren Bewertung. HERRMANN beschreibt unterschiedliche Möglichkeiten für das lebenszyklusübergreifende Datenmanagement, liefert jedoch kein konkretes Datenmodell. Die Gestaltung der Wertschöpfung wird umfassend in der lebensphasenübergreifenden Disziplin Prozessmanagement beschrieben. Die Gestaltung nachhaltiger Produkte wird im Sinne der lebensphasenbezogenen Produktentwicklung hinreichend beschrieben, allerdings wird die nachhaltige Kombination von Produkten und Dienstleistungen nicht beschrieben.

Zusammenfassend ist festzustellen, dass der präsentierte Ansatz nicht zur datengestützten Gestaltung des nachhaltigen Werkzeuglebenszyklus anwendbar ist. Er bietet allerdings durch die Beschreibung von lebensphasenbezogenen sowie -übergreifenden Disziplinen spannende Aspekte in Bezug auf die Berücksichtigung von Interdependenzen der vielzähligen Einflussfaktoren einer nachhaltigen Entwicklung des Lebenszyklus eines Produktes.

### 3.2.4 Lebenszyklusorientierte Leistungssysteme (KÜHN, 2016)

Ziel des Ansatzes nach KÜHN ist die kundenorientierte Leistungsentwicklung im Werkzeugbau, um mithilfe einer erfolgreichen Differenzierung die Wettbewerbsfähigkeit der Werkzeugbaube-

[511] Vgl. Herrmann (Ganzheitliches Life Cycle Management), 2010, S. 121-130.

triebe steigern zu können. Die von KÜHN hierfür entwickelte Methodik ermöglicht dem Anwender eine Ergänzung des Kernprodukts Werkzeug um zusätzliche Sach- und Dienstleistungen im gesamten Lebenszyklus. Die nachfolgende Abbildung 3.8 zeigt die Gliederung der Methodik in die Analyse- und Gestaltungsphase sowie deren Teilschritte.[512]

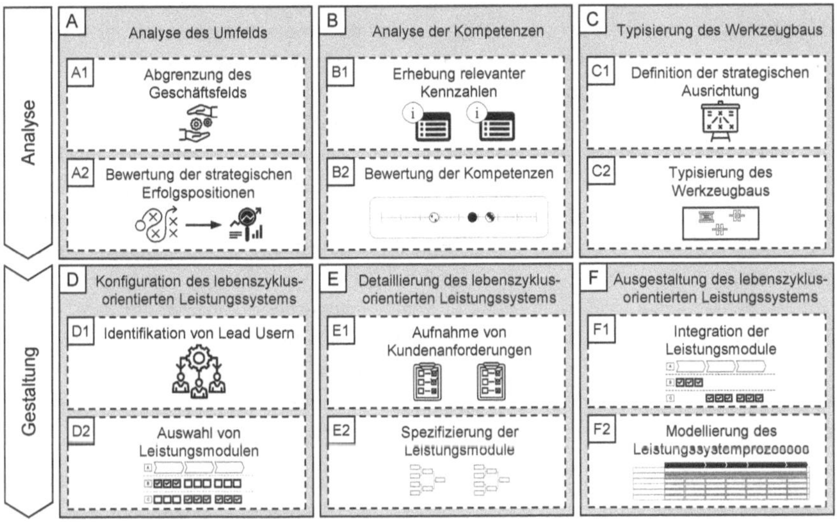


**Abbildung 3.8: Methodik zur Gestaltung von lebenszyklusorientierten Leistungssystemen im Werkzeugbau[513]**

Der Schritt A der Methodik umfasst eine Umfeldanalyse des Werkzeugbaubetriebs. In den beiden Teilschritten Abgrenzung des Geschäftsfelds und Bewertung der strategischen Erfolgsposition werden die Kundenbedürfnisse und der Markt betrachtet, damit das Leistungsangebot optimal im Wettbewerb positioniert werden kann. KÜHN bedient sich in Schritt A1 einer etablierten Morphologie zur Festlegung des zu betrachtenden Geschäftsfelds. Darauf aufbauend werden für das entsprechende Geschäftsfeld die strategischen Erfolgspositionen analysiert und systematisch bewertet.[514] Im Schritt B der Methodik werden die vorhandenen Kompetenzen des anwendenden Unternehmens anhand von Kennzahlen analysiert. Hierzu werden zunächst relevante Kennzahlen erhoben, anhand derer geprüft wird, ob die in Schritt A identifizierten strategischen Erfolgspositionen durch die Kompetenzen des Werkzeugbaubetriebs erfüllt werden. Der Fokus der Bewertung liegt auf den Kompetenzen, welche die identifizierten strategischen Erfolgspositionen am meisten adressieren.[515] Der abschließende Schritt C der Analysephase beinhaltet die Typisierung des Werkzeugbaubetriebs hinsichtlich seiner strategischen Ausrichtung. Dafür wird zunächst die strategische Ausrichtung unter Berücksichtigung

[512] Vgl. Kühn (Leistungssysteme im Werkzeugbau), 2016, S. 92.
[513] I. A. a. Kühn (Leistungssysteme im Werkzeugbau), 2016, S. 93.
[514] Vgl. Kühn (Leistungssysteme im Werkzeugbau), 2016, S. 104-111.
[515] Vgl. Kühn (Leistungssysteme im Werkzeugbau), 2016, S. 112-123.

der Rahmenbedingungen des Geschäftsfelds sowie der innerbetrieblichen Kompetenzen definiert. KÜHN leitet auf Basis dieser Definition die vier Werkzeugbautypen Schnelligkeitsbefähiger, Komplexitätsreduzierer, Kostenreduzierer und Innovationsbefähiger ab.[516] Auf der Typisierung der Werkzeugbaubetriebe baut die Gestaltungsphase der Methodik auf. In Schritt D wird die Konfiguration des lebenszyklusorientierten Leistungssystems fokussiert. Hierfür wird im ersten Teilschritt identifiziert, für welche Kunden das Leistungssystem konzipiert werden sollte. KÜHN bezeichnet diese Kunden als Lead-User, somit die wichtigsten Kunden für den anwendenden Werkzeugbaubetrieb. Darauf aufbauend werden typspezifische Leistungsbaukästen entwickelt, die sich aus Leistungsmodulen zusammensetzen.[517] Anschließend erfolgt in Schritt E die Detaillierung des lebenszyklusorientierten Leistungssystems. Dazu werden zunächst die relevanten Kundenanforderungen an die einzelnen, zuvor ausgewählten Module des Leistungssystems in einem Anforderungskatalog erfasst. Diese bilden die Grundlage für die Spezifizierung des Leistungssystems, in dem Leistungsprozesse je Leistungsmodul ausgelegt werden.[518] Im abschließenden Schritt F der Methodik erfolgt die Ausgestaltung des lebenszyklusorientierten Leistungssystems zu einem durchgängigen Leistungsprozess. Die einzelnen Leistungsmodule werden hierfür zunächst zu einem System entlang sämtlicher Werkzeuglebenszyklusphasen integriert. Mithilfe der Black-Box-Methode[519] werden diese Leistungsprozesse anschließend modelliert, wodurch eine zeitliche und inhaltliche Abstimmung aller Aktivitäten zur effektiven und effizienten Leistungserbringung ermöglicht wird.[520]

Der Ansatz zur Gestaltung lebenszyklusorientierter Leistungssysteme für den Werkzeugbau nach KÜHN beschreibt eine ganzheitliche Adaption von Leistungsmodulen auf den Werkzeuglebenszyklus. Die Anforderungen an den Gestaltungsbereich werden von dem Ansatz nicht erfüllt, da weder ein Bezug zur digitalen Vernetzung noch zur Nachhaltigkeit hergestellt wird. Dahingegen sind die Anforderungen des Betrachtungsbereichs in sehr hohem Maße erfüllt, da der Werkzeuglebenszyklus als Betrachtungsbereich für den Ansatz gewählt wurde. In der Analysephase des Ansatzes werden zudem schrittweise die unterschiedlichen Unternehmensrandbedingungen definiert. Der Ansatz wurde auf Basis realistischer Annahmen entwickelt und beinhaltet praktische Rahmenbedingungen. Weiterhin weist der Ansatz eine feine und stringente Struktur in aufeinander aufbauenden Schritten auf. Für jeden Schritt werden verschiedene konkrete Praxisbeispiele genannt. Somit sind die Anforderungen nach Praktikabilität und Konkretheit voll erfüllt. Die auslegungsbezogenen Anforderungen hingegen werden nur in geringem Maße erfüllt. So berücksichtigt KÜHN weder konkrete Kriterien zur Nachhaltigkeitsbewertung noch beschreibt er ein konkretes Vorgehen zur Gestaltung einer nachhaltigen Wertschöpfung. Innerhalb des Ansatzes erwähnt KÜHN eine Ableitung von Leistungen aus intelligenten Werkzeugen und die hierdurch generierten Daten. Die Anforderung eines lebenszyklusübergreifenden Datenmangements wird daher in geringem Maße erfüllt. Die Berücksichtigung der Nachhaltigkeit im Leistungsangebot wird als nicht erfüllt bewertet. Ursächlich hierfür

[516] Vgl. Kühn (Leistungssysteme im Werkzeugbau), 2016, S. 124-132.
[517] Vgl. Kühn (Leistungssysteme im Werkzeugbau), 2016, S. 133-151.
[518] Vgl. Kühn (Leistungssysteme im Werkzeugbau), 2016, S. 152-159.
[519] Vgl. Haberfellner et al. (Systems Engineering), 2019, S. 9-11.
[520] Vgl. Kühn (Leistungssysteme im Werkzeugbau), 2016, S. 160-165.

ist, dass die Kombination von Sach- und Dienstleistungen in der Methodik detailliert erörtert, nachhaltige Aspekte jedoch in keiner Form berücksichtigt werden.

Zusammenfassend ist festzustellen, dass der präsentierte Ansatz nicht zur datengestützten Gestaltung des nachhaltigen Werkzeuglebenszyklus anwendbar ist. Er bietet allerdings durch die Entwicklung von Leistungsbaukästen zur Ableitung von Leistungssystemen interessante Teilaspekte zur Auslegung nachhaltiger Leistungssysteme.

### 3.2.5 Framework for design of sustainable PSS (SONG & SAKAO 2017)

Der Ansatz für eine anpassungsorientierte Gestaltung nachhaltiger Produkt-Service-Systeme (PSS) nach SONG UND SAKAO beschreibt einen Entwicklungsrahmen für nachhaltige Produkt-Service-Kombinationen, der einem Unternehmen die Erfüllung der Stakeholderanforderungen ermöglicht. Das Ziel der Autoren ist die Adressierung der vielzähligen Herausforderungen, wie z. B. die hohe Produktindividualität oder die Komplexität der Dienstleistungsprozesse durch einen modularen Aufbau.[521] Der Aufbau des Entwicklungsrahmens ist in Abbildung 3.9 dargestellt.

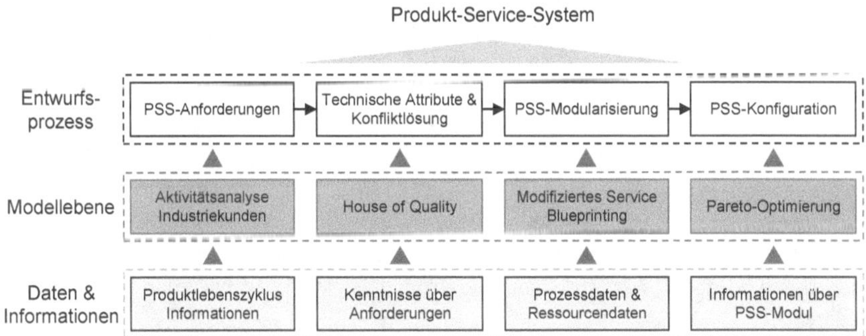


**Abbildung 3.9: Entwicklungsrahmen zur anpassungsorientierten Gestaltung nachhaltiger PSS**[522]

SONG UND SAKAO unterteilen ihren Entwicklungsrahmen in die drei Ebenen Entwurfsprozess, Modellebene sowie Daten und Informationen. Die oberste Ebene beschreibt den PSS-Entwurfsprozess und ist in die vier konsekutiven Schritte Ermittlung und Analyse der PSS-Anforderungen, technische Attribute und Konfliktlösungen, PSS-Modularisierung sowie PSS-Konfiguration gegliedert. Diese vier Bereiche des Entwurfsprozesses werden schrittweise durch die Abbildung von Entwurfsinformationen miteinander verknüpft. Auf der mittleren Ebene, der Modellebene, beschrieben SONG UND SAKAO diverse Entwurfsmethoden und Techniken, mithilfe derer die einzelnen Schritte des PSS-Entwurfsprozess durchgeführt werden. Diese Methoden und Techniken basieren auf den in der untersten Ebene bereitgestellten Daten und Informationen.[523] Die Ermittlung und Analyse der PSS-Anforderungen zielt darauf ab, kritische Inputs

[521] Vgl. Song; Sakao (Framework for design of sustainable product-service-systems), 2017, S. 1672-1685.

[522] I. A. a. Song; Sakao (Framework for design of sustainable product-service-systems), 2017, S. 1680.

[523] Vgl. Song; Sakao (Framework for design of sustainable product-service-systems), 2017, S. 1679f.

für die PSS-Anpassung zu erhalten. Hierfür werden die Anforderungen der relevanten Stakeholder unter Berücksichtigung der einzelnen Lebenszyklusphasen aufgenommen. Als unterstützende Methode zur Aufnahme der Anforderungen im Kundenaktivitätszyklus beschreiben die Autoren auf der Modellebene z. B. die Aktivitätsanalyse der Industriekunden[524]. Der Schwerpunkt der aufgenommenen Anforderungen liegt auf den verschiedenen Nachhaltigkeitszielen der Stakeholder.[525] Mit dem zweiten Schritt des Entwurfsprozesses verfolgen die Autoren das Ziel, Konflikte zwischen technischen Attributen zu lösen, um mögliche Fehler im Anpassungsprozess zu reduzieren. Hierzu werden basierend auf den identifizieren Stakeholderanforderungen technische Eigenschaften des PSS bestimmt. Mithilfe der House of Quality-Methode[526] werden die Anforderungen in für den Entwickler verständliche, technische Attribute konvertiert. Die entsprechenden technischen Attribute enthalten sowohl die grundlegenden PSS-Funktionen als auch Umweltmaßnahmen. Die potenziellen Konflikte zwischen den Attributen werden anschließend auf Basis ihrer Wechselwirkungen mithilfe einer Neun-Punkt-Skala bewertet und behoben.[527] Song und Sakao integrieren die PSS-Modularisierung als dritten Schritt in das Entwicklungsmodell, um die Wiederverwendung des Entwurfs zu erleichtern und Vorbereitungen für die modulbasierte Konfiguration zu treffen. Hierbei werden zunächst die Verknüpfungen und Interdependenzen einzelner PSS auf Basis von Prozess- und Ressourcendaten mithilfe des modifizierten Service Blueprint[528] identifiziert. Die PSS werden anschließend mit einer Clustermethode, wie z. B. dem Fuzzy-Entscheidungsbaum, zu Modulen zusammengefasst. Der letzte Schritt des Entwurfsprozesses, die PSS-Konfiguration, adressiert die Entwicklung von PSS, welche die Anforderungen mit maßgeschneiderten Lösungen auf Grundlage der vorhandenen Module der Modularisierungsphase erfüllt. Dies erfolgt in zwei Schritten. Zunächst erfolgt eine Identifizierung der geforderten technischen Attribute sowie der Modulinstanzen. Die technischen Attribute werden, z. B. mithilfe einer Pareto-Optimierung, in Konfigurationsanforderungen für die Modulinstanzen überführt, bevor abschließend die geeigneten Module ausgewählt und zu einem ganzheitlichen PSS kombiniert werden.[529]

Der Ansatz zur anpassungsorientierten Gestaltung nachhaltiger PSS nach Song und Sakao ermöglicht eine kundenorientierte Entwicklung von Leistungsmodulen mit dem Schwerpunkt auf den Aspekten der Nachhaltigkeit. Im Ansatz werden die Anforderungen des Gestaltungsbereichs lediglich rudimentär adressiert. Die Autoren berücksichtigen Informationen des Produktlebenszyklus und setzen somit eine digitale Vernetzung voraus. Eine Beschreibung dieser bleibt jedoch vollständig aus. Gleichermaßen berücksichtigt der Ansatz explizit die Stakeholderanforderungen im Kontext der Nachhaltigkeit und beschreibt Methoden zur Berücksichti-

[524] Vgl. Song et al. (Evaluating vague customer requirement), 2013, S. 6681-6690.

[525] Vgl. Song; Sakao (Framework for design of sustainable product-service-systems), 2017, S. 1682.

[526] Vgl. Hauser et al. (The house of quality), 1988, S. 63-73.

[527] Vgl. Song; Sakao (Framework for design of sustainable product-service-systems), 2017, S. 1683.

[528] Die Funktionsbereiche des modifizierten Service Blueprint lauten Produktnutzungsbereich, Produktmanagementbereich, visualisierter Servicebereich, Hintergrundservicebereich und Ressourcenbereich; Vgl. Song et al. (Modified service blueprint), 2015, S. 186-190.

[529] Vgl. Song; Sakao (Framework for design of sustainable product-service-systems), 2017, S. 1683f.

gung dieser in der Entwicklung der PSS. Eine detaillierte Beschreibung der Nachhaltigkeitsanforderungen erfolgt jedoch nicht. Der Entwicklungsrahmen wurde explizit für die Industrie konzipiert, weist jedoch keinen Bezug zur Einzel- und Kleinserienfertigung auf. Aufgrund des modularen Aufbaus des Ansatzes, können unterschiedliche Unternehmensrandbedingungen grundsätzlich berücksichtigt werden. Spezifische Unternehmensrandbedingungen werden zwar von den Autoren nicht erwähnt, jedoch werden unterschiedliche technische Attribute auf Basis der Kundenanforderungen abgeleitet und deren Wechselwirkung beschrieben. Die Anforderungen an die Anwendbarkeit werden in hohem Maße erfüllt. Der Ansatz wurde auf Basis realistischer Annahmen entwickelt und in der Realität vorliegende Rahmenbedingungen werden berücksichtigt. Weiterhin werden für eine Umsetzung eindeutige Elemente bzw. Schritte definiert und durch ein Praxisbeispiel validiert. Die auslegungsbezogenen Anforderungen hingegen sind lediglich teilweise erfüllt. So werden weder spezifische Kriterien, noch ein konkretes Vorgehen zur Nachhaltigkeitsbewertung definiert. Auch die Anforderung an die notwendige Umgestaltung für eine nachhaltige Wertschöpfung bleibt unberücksichtigt. Die Autoren weisen auf die Notwendigkeit zur Bereitstellung einer Dateninfrastruktur hin und beschreiben Ressourcen-, Prozess- und Lebenszyklusdaten als zentrale Elemente auf der Ebene Daten & Informationen. Die Stärken des Ansatzes liegen in der Beschreibung der Nachhaltigkeit im Leistungsangebot. So wird die Kombination von Produkten und Dienstleistungen zur Steigerung der Nachhaltigkeit in der Nutzungsphase fokussiert. Die Gestaltung der PSS folgt dabei einem konkreten Vorgehen.

Zusammenfassend ist festzustellen, dass der präsentierte Ansatz nicht zur datengestützten Gestaltung des nachhaltigen Werkzeuglebenszyklus anwendbar ist. Er bietet allerdings durch ein konkretes Vorgehen zur Entwicklung von nachhaltigen PSS interessante Denkanstöße zur Auslegung nachhaltiger Leistungssysteme.

### 3.2.6 Corporate Sustainability Performance (Oertwig et al., 2017)

Oertwig et al. beschreiben mit ihrem Ansatz einen Ordnungsrahmen für das unternehmerische Nachhaltigkeitsmanagement und dessen Bewertung. Ziel ist es, die sich aus den Anforderungen von Stakeholdern sowie Gesetzgebern ergebenden Herausforderungen mithilfe einer Nachhaltigkeitsstrategie in das Unternehmen zu integrieren. Die Autoren adressieren die notwendige Anpassung von Planungs-, Mess- und Bewertungs-, Steuerungs- und Kontroll- sowie Optimierungs- und Kommunikationsprozessen, um ökonomische, ökologische und soziale Leistungsfaktoren auszubalancieren und eine optimale Entscheidungsfindung zu gewährleisten.[530] Die schrittweise zu implementierenden Elemente des integrierten modellbasierten Ordnungsrahmens sind in Abbildung 3.10 dargestellt.

[530] Vgl. Oertwig et al. (Corporate Sustainability Performance), 2017, S. 175-200.

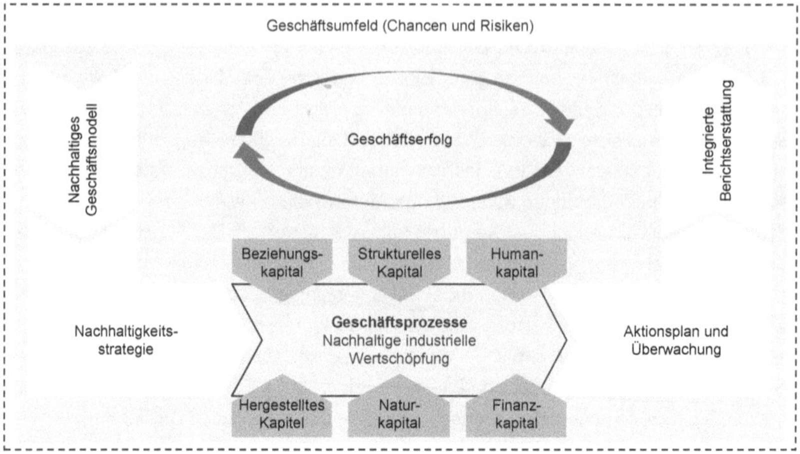


**Abbildung 3.10: Ordnungsrahmen des unternehmerischen Nachhaltigkeitsmanagements**[531]

OERTWIG ET AL. beschreiben das unternehmerische Nachhaltigkeitsmanagement in einem schrittweisen Prozess, der die Bausteine Geschäftsmodell, Unternehmensstrategie, Geschäftsprozesse und eingesetzten Ressourcen umfasst. Aufgrund der gestiegenen Anforderung an die Transparenz bemessen die Autoren der Kommunikation mit relevanten Stakeholdern eine Schlüsselrolle bei. Nach OERTWIG ET AL. muss der Weg zu einer nachhaltigen Unternehmensentwicklung für jedes Unternehmen unter Berücksichtigung seines internen und externen Umfelds skizziert werden. Daher ist es notwendig konkrete Ziele und Werte festzulegen und das Geschäftsmodell sowie das Innovationspotenzial des Unternehmens als integralen oder ergänzenden Bestandteil der Strategieentwicklung zu formulieren. Die Autoren beschreiben hierbei die Notwendigkeit der Berücksichtigung der ökonomischen, ökologischen sowie sozialen Perspektive in der Geschäftsmodellentwicklung. Zur Einbettung dieser Perspektiven in bestehende Geschäftsmodell oder zu deren Umgestaltung beschreibt der Ansatz eine Reihe von Archetypen, die nach technologischer (z. B. Maximierung der Material- und Energieeffizienz), sozialer (z. B. Übernahme von Verantwortung) und organisatorischer (z. B. Schaffung integrierter Wertschöpfung) Perspektive geclustert werden können.[532] Aufbauend auf dem Geschäftsmodell beschreiben OERTWIG ET AL. einen vierschrittigen Prozess zur Entwicklung einer Strategie, die alle Anforderungen interner und externer Stakeholder berücksichtigt. Im ersten Schritt werden alle notwendigen Informationen zur Beschreibung der aktuellen Situation des Unternehmens gesammelt, bevor die Produkte und Märkte in einem zweiten Schritt kategorisiert und analysiert werden. Die wesentlichen Entscheidungen zur Einbeziehung der Nachhaltigkeit in den strategischen Entscheidungsprozess beschreiben die Autoren im Schritt der Bewertung der strategischen Optionen.[533] Zur ersten Orientierung greifen die Autoren eine Reihe von Profilen für die Nachhaltigkeitsstrategie, wie z. B. konservativ oder

531 I. A. a. Oertwig et al. (Corporate Sustainability Performance), 2017, S. 194.
532 Vgl. Oertwig et al. (Corporate Sustainability Performance), 2017, S. 180-182.
533 Vgl. Oertwig et al. (Corporate Sustainability Performance), 2017, S. 183-185.

konventionell visionär, nach BAUMGARTNER UND EBNER auf.[534] Der Baustein Geschäftsprozesse umfasst die Operationalisierung der Nachhaltigkeitsstrategie. Zur notwendigen Visualisierung der Wechselbeziehungen zwischen verschiedenen Unternehmensobjekten wird eine Unternehmensmodellierung definiert. Der Fokus der Modellierung liegt hierbei insbesondere in der Beherrschung zunehmend komplexer Planungsprozesse.[535] Die Gestaltung der Geschäftsprozesse erzeugt wiederum Wechselbeziehungen zwischen dem Geschäftsbetrieb, seiner Ressourcen und Leistungen sowie der Auswirkung auf die ökonomischen, ökologischen und sozialen Dimensionen. Daher berücksichtigen OERTWIG ET AL. bei der Gestaltung der Geschäftsprozesse eine effektive, effiziente und nutzbringende Verwendung materieller sowie immaterieller Ressourcen, wie z. B. Humankapitel oder Naturkapital.[536] Im nachfolgenden Schritt des unternehmerischen Nachhaltigkeitsmanagements definieren die Autoren ein Framework zur Planung operativer Maßnahmen sowie der Überwachung. Mithilfe eines Mechanismus zur Priorisierung werden die relevantesten Maßnahmen identifiziert und anschließend die notwendigen Betriebsdaten definiert, die eine erfolgreiche Überwachung der Implementierung gewährleisten.[537] Im letzten Schritt beschreiben OERTWIG ET AL. die notwendige Berichtserstattung, um die Erfüllung der Stakeholderanforderungen an die Nachhaltigkeit transparent zu kommunizieren. Für die integrierte Berichtserstattung empfehlen die Autoren insbesondere das International Integrated Reporting Framework des International Integrated Reporting Council (IIRC).[538]

In Ihrem Ansatz liefern OERTWIG ET AL. einen Ordnungsrahmen für das unternehmerische Nachhaltigkeitsmanagement, dessen Operationalisierung, Bewertung sowie Reporting. Der Ansatz erfüllt die Anforderungen der Relevanz lediglich in geringem Maße. So hat der Ansatz keinerlei Bezug zur digitalen Vernetzung. Hingegen wird die Anforderung zur Erzielung von Nachhaltigkeit sehr hoch erfüllt, da die relevanten Herausforderungen der Integrativität und eine konkrete Strategie inkl. handlungsleitendem Prinzip zur Operationalisierung beschrieben werden. Der Ansatz weist einen Bezug zur Industrie auf und bezieht sich, insbesondere im Kontext der integrativen Berichterstattung, teilweise auf die Besonderheiten der Einzel- und Kleinserienfertigung. Verschiedene Unternehmensrandbedingungen werden lediglich vereinzelt berücksichtigt, eine Spezifikation dieser erfolgt jedoch nicht. Die Autoren haben ihren Ansatz auf Basis realistischer Annahmen entwickelt, jedoch werden in der Realität vorliegende Rahmenbedingungen nur teilweise berücksichtigt. Die Anforderung an die Konkretheit ist in hohem Maße erfüllt, da die Umsetzung des unternehmerischen Nachhaltigkeitsmanagements einer konkreten Struktur folgt. Es fehlt jedoch der direkte Anwendungsbezug. Im Prozessschritt Aktionsplan und Überwachung wird die Notwendigkeit der Einführung von Nachhaltigkeitsindikatoren beschrieben, die handlungsleitend für die Prozessgestaltung sind. Diese Indikatoren müssen angelehnt an den GRI sowie das IIRC an die Stakeholder berichtet werden. Eine konkrete Definition der Indikatoren bleibt jedoch aus. Weiterhin erläutern OERTWIG ET AL., dass

[534] Vgl. Baumgartner; Ebner (Corporate sustainability strategies), 2010, S. 81-87.

[535] Vgl. Oertwig et al. (Corporate Sustainability Performance), 2017, S. 185-187.

[536] Vgl. Oertwig et al. (Corporate Sustainability Performance), 2017, S. 187-189.

[537] Vgl. Oertwig et al. (Corporate Sustainability Performance), 2017, S. 189-191.

[538] Vgl. Oertwig et al. (Corporate Sustainability Performance), 2017, S. 192-200.

Betriebsdaten genutzt werden müssen, um Geschäftsprozesse an die Nachhaltigkeitsstrategie anzupassen. Allerdings erfolgt weder eine Beschreibung des Datenmodells noch der notwendigen Dateninfrastruktur. Der zentrale Schritt des Ordnungsrahmens ist die Umgestaltung der Geschäftsprozesse sowie der Ressourcen. Hierfür liefert der Ansatz ein konkretes Vorgehen, weshalb die Anforderung der Berücksichtigung von Nachhaltigkeit in der Wertschöpfung sehr hoch erfüllt ist. Konträr dazu bleibt die Nachhaltigkeit im Leistungsangebot unberücksichtigt.

Zusammenfassend ist festzustellen, dass der präsentierte Ansatz nicht zur datengestützten Gestaltung des nachhaltigen Werkzeuglebenszyklus anwendbar ist. Er bietet allerdings durch ein konkretes Vorgehen zur Operationalisierung der Nachhaltigkeitsstrategie in den Geschäftsprozessen interessante Denkanstöße zur Umgestaltung der Wertschöpfung.

### 3.2.7 Big data driven product life cycle management (Zhang et al., 2017)

Die Autoren Zhang et al. beschreiben mit ihrem Ansatz ein Rahmenwerk für ein Big Data-gestütztes Produktlebenszyklusmanagement. Das Ziel ist es, die Verfügbarkeit und Zugänglichkeit von Daten über den gesamten Lebenszyklus zu steigern und durch eine effektivere Verwaltung und Nutzung der generierten Daten einen nachhaltigen Wettbewerbsvorteil zu schaffen. Zur Optimierung von Produktlebenszyklus-Entscheidungen ist die Rückverfolgbarkeit des Lebenszyklusstatus in Echtzeit besonders wichtig. Die Autoren nutzen produktintegrierte Informationsgeräte (PEID) sowie Methoden der Big Data-Verarbeitung und -Analyse, um ein ganzheitliches Rahmenwerk für den Lebenszyklus zu schaffen und den Produktlebenszyklus in Echtzeit zu verfolgen. Folglich wird der Produktlebenszyklus dynamisch überwacht und optimiert. Der von Zhang et al. entwickelte Rahmen besteht aus den vier Komponenten Datenermittlung und -erfassung, Datenverarbeitung und -speicherung, Modellentwicklung und Data Mining sowie Big Data-Anwendung.[539] Abbildung 3.11 stellt das Rahmenwerk mit den vier aufgeführten Komponenten dar.

Die erste Komponente umfasst die Konfigurationen der PEIDs im gesamten Lebenszyklus, die eine Verbesserung der Erfassungsfähigkeit der Objekte, wie z. B. Materialien, Maschinen und Produkten, gewährleistet. Die physischen Objekte werden mit PEIDs ausgestattet, um einen bestimmten Grad an Intelligenz zu erreichen. Die Autoren sehen in ihrem Rahmenwerk dafür RFID-Etiketten und intelligente Sensoren vor, die den Echtzeitstatus jeder Lebenszyklusphase ermitteln. So können etwa die PEIDs in der Produktentwicklungsphase (Begin of Life; BOL) für die systematische Verwaltung technischer Dokumente eingesetzt werden. In der Produktion hingegen werden die Maschinen mit RFID-Readern ausgestattet. In der Nutzungsphase (Mid of Life; MOL) und der Ausmusterungsphase (End of Life; EOL) werden Tags und Sensoren an geeigneten Stellen in der Nähe der Produkte angebracht, um Echzeit-Felddaten zu beschaffen. Die jeweiligen Daten aus den Lebenszyklusphasen werden gesammelt, analysiert und zurückgeführt, um die Entscheidungsfindung bei der Produktgestaltung, Prozessoptimierung und Fertigungsplanung zu unterstützen.[540]

---

[539] Vgl. Zhang et al. (Big Data driven product life cycle management), 2017, S. 8-12.

[540] Vgl. Zhang et al. (Big Data driven product life cycle management), 2017, S. 9f.

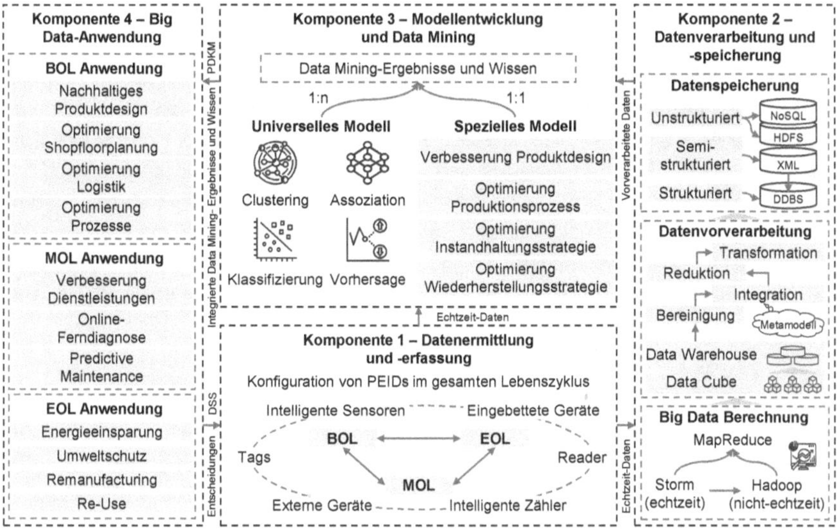


**Abbildung 3.11: Rahmenwerk für ein Big Data-gestütztes Produktlebenszyklusmanagement[541]**

Um eine zuverlässige Datenunterstützung für weitere Analysen des durch die intelligenten Objekte erfassten Echtzeitstatus der Fertigungsressourcen und Produkte zu ermöglichen, beschreiben die Autoren in der zweiten Komponente eine Lösung für die Datenverarbeitung und -speicherung. In erster Instanz definieren ZHANG ET AL. die Datenverarbeitungssysteme Storm und Hadoop für die Verarbeitung von Lebenszyklusdaten in Echtzeit bzw. Nicht-Echtzeit. Das MapReduce-Berechnungsmodul ermöglicht anschließend eine parallele Berechnung von großen Lebenszyklusdaten. Um die für eine tiefgreifende Analyse notwendige Datenqualität zu erreichen, werden die Daten vorverarbeitet. Hierfür werden die notwendigen Schlüsselattribute der Lebenszyklusdaten identifiziert und ein Lebenszyklus-Datenwürfel erstellt. Diese Datenwürfel werden in Data Warehouses gespeichert und verwaltet. Anschließend erfolgt eine Bereinigung der Datensätze um redundante und fehlerhafte Daten, bevor die teilweise zerstreuten Daten integriert und mithilfe einer Datenmodellierungsmethode modelliert werden. Anschließend erfolgt eine Datenreduzierung, um die Komplexität für die nachfolgende Datentransformation zu verringern. Die reduzierte Datenmenge wird im letzten Schritt der Vorverarbeitung z. B. mithilfe von Aggregation oder Glättung transformiert, damit der daraus resultierende Data Mining-Prozess effizienter und die gefundenen Muster leichter zu verstehen sind. Die transformierten Daten werden schließlich in verschiedenen Datenverwaltungssystemen gespeichert, welche eine gemeinsame Nutzung der Daten über den Lebenszyklus gewährleisten.[542] In der dritten Komponente des Rahmenwerks beschreiben die Autoren die Entwicklung des Data Mining-Modells, mithilfe dessen verborgene Muster und Wissen aus den Big Data

[541] I. A. a. Zhang et al. (Big Data driven product life cycle management), 2017, S. 9.

[542] Vgl. Zhang et al. (Big Data driven product life cycle management), 2017, S. X-XII.

des Lebenszyklus ermittelt werden. Nach ZHANG ET AL. kann die Optimierung des Produktlebenszyklus nur erreicht werden, wenn der Wissensaustausch über den kompletten Lebenszyklus erfolgt. Hierfür wird ein Produktdaten- und Wissensmanagementsystem (PDKM) als Wissensbasis integriert. Die Autoren definieren je nach Anwendungsanforderungen im Produktlebenszyklus universelle oder spezifische Modelle.[543] Die vierte Komponente des Rahmenwerks umfasst Big Data-Anwendungen, die eine Bereitstellung von Informationen und Wissen in Echtzeit für die Endnutzer gewährleisten. Laut den Autoren wird durch die Nutzung der Anwendungen in den verschiedenen Lebenszyklusphasen das integrierte Wissen besser angewendet und somit die Anpassungs- und Innovationsfähigkeit des Unternehmens gesteigert. Beispielhafte Anwendungen sind nachhaltiges Produktdesign, Predictive Maintenance oder Re-Use.[544]

ZHANG ET AL. liefern mit ihrem Ansatz ein Rahmenwerk zur nachhaltigen Steigerung der Wettbewerbsfähigkeit durch die lebenszyklusübergreifende Nutzung von Big Data-Anwendungen. Der Ansatz definiert die digitale Vernetzung als zentrales Lösungselement zur Befähigung einer nachhaltigen Entwicklung über den gesamten Lebenszyklus. Der Bezug zur digitalen Vernetzung ist daher sehr hoch. Konträr dazu verfolgen die Autoren das Ziel der Erzielung von Nachhaltigkeit, beschreiben jedoch nicht die zentralen Herausforderungen der Integrativität. Weiterhin hat der Ansatz zwar einen Bezug zur Industrie, weist jedoch weder einen konkreten Bezug zur Einzel- und Kleinserienfertigung auf noch werden spezifische Unternehmensrandbedingungen beachtet. Die Anwendbarkeit des Ansatzes ist hingegen als sehr hoch zu bewerten. So haben die Autoren realistische Annahmen berücksichtigt und validieren das Rahmenwerk anhand eines Praxisbeispiels. Zudem weist das Rahmenwerk durch die vier aufeinander aufbauenden Komponenten eine feine und stringente Struktur auf. Die auslegungsspezifischen Anforderungen sind in geringen Maße erfüllt. So weisen die Autoren zwar auf die Notwendigkeit der Umgestaltung der Wertschöpfungsprozesse mithilfe der Datenauswertung hin, beschreiben jedoch keine Elemente der Umgestaltung. Weiterhin werden im Rahmen der Big Data-Anwendungen einige Kombinationen von Produkten und Dienstleistungen genannt, jedoch nicht weiter ausgeführt. Kriterien zur Nachhaltigkeitsbewertung bleiben vollends unberücksichtigt. Seine Stärke hat der Ansatz in der umfassenden Beschreibung des lebenszyklusübergreifenden Datenmanagements. So werden neben der Modellierung der Daten auch die Möglichkeiten der Datenerfassung, -speicherung und -analyse adressiert. Diese Anforderung ist entsprechend sehr hoch erfüllt.

Zusammenfassend ist festzustellen, dass der präsentierte Ansatz nicht zur datengestützten Gestaltung des nachhaltigen Werkzeuglebenszyklus anwendbar ist. Er bietet allerdings durch die umfassende Beschreibung von Datenerfassung, -speicherung und -analyse im Lebenszyklus interessante Denkanstöße für das lebenszyklusübergreifende Datenmanagement.

[543] Vgl. Zhang et al. (Big Data driven product life cycle management), 2017, S. 12f.

[544] Vgl. Zhang et al. (Big Data driven product life cycle management), 2017, S. 13.

### 3.2.8 Sustainability Management System (EL-HAGGAR & SAMAHA, 2019)

Der Ansatz nach EL-HAGGAR UND SAMAHA beschreibt ein Nachhaltigkeitsmanagmentsystem für eine zielgerichtete Verbesserung der Umweltleistung einer Organisation. Die Autoren verfolgen das Ziel, einen Standard zu entwickeln, der unabhängig von Typ, Größe, Produkt oder Dienstleistung einer Organisation eingesetzt werden kann. Die Autoren zeigen dabei die Schwachstellen der ISO 14001 sowie der herkömmlichen Umweltmanagementsysteme (Environmental Management System; EMS) auf und entwickeln darauf aufbauend das Sustainability Management System (SMS)-Modell.[545] Die Elemente des SMS-Modells sind in Abbildung 3.12 dargestellt.

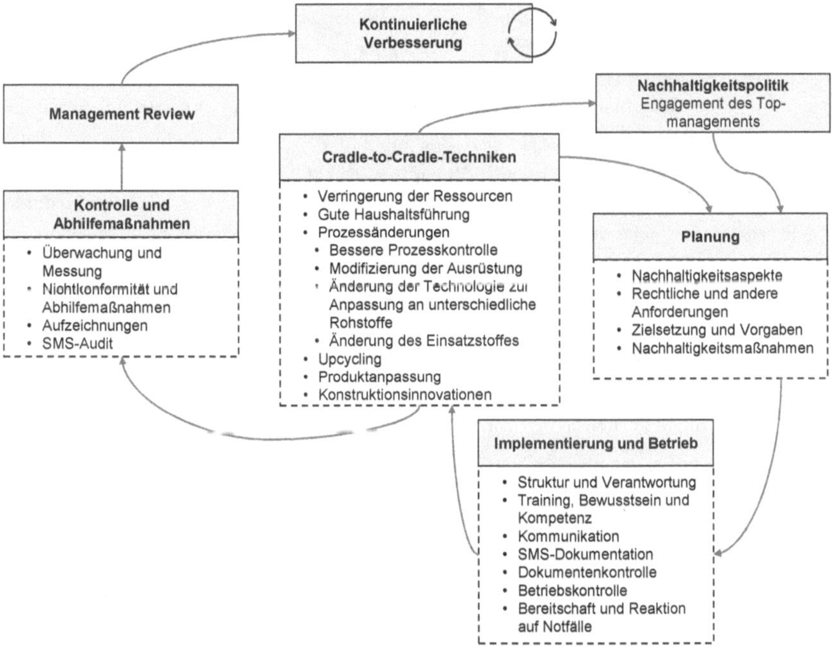


**Abbildung 3.12: Sustainability Management System (SMS)-Modell[546]**

Das SMS-Modell nach EL-HAGGAR UND SAMAHA folgt einer ähnlichen Struktur wie die ISO 14001, dem EMS-Cleaner Production (CP) sowie der Norm für Gesundheit und Sicherheit am Arbeitsplatz, der OSHAS 18001. Das SMS-Modell enthält demnach dieselben Elemente wie die ISO-Managementsysteme, jedoch behandelt es das Umweltmanagement, Gesundheits- und Sicherheitsmanagement oder Qualität nicht unabhängig voneinander. Die Autoren liefern vielmehr einen systematischen Ansatz, der Leitlinien zur Bewertung, Verwaltung und zur Ver-

[545] Vgl. El-Haggar; Samaha (Roadmap for Global Sustainability), 2019, S. 49-58.

[546] I. A. a. El-Haggar; Samaha (Roadmap for Global Sustainability), 2019, S. 55.

besserung von Nachhaltigkeit durch die Optimierung der Ressourcennutzung aufzeigt. Im Gegensatz zu den herkömmlichen Umweltmanagementsystemen wird das Ressourcenmanagement in die Prozesse der Organisation einbezogen, um dadurch die Auswirkungen des Ressourcenverbrauchs zu verringern und die Ressourceneffizienz zu optimieren. Neben der Berücksichtigung der angestrebten Ressourceneffizienz in der Produktionsphase wird die Rücknahme von Produkten frühzeitig vorgesehen, um das Recycling der Materialien am Ende ihrer Lebensdauer zu gewährleisten.[547] EL-HAGGAR UND SAMAHA beschreiben in ihrem SMS-Modell eine Reihe von Managementprozessen und -verfahren, die einer Organisation einen angemessenen Umgang mit Nachhaltigkeitsfragen ermöglicht und die Erreichung von Nachhaltigkeitszielen gewährleistet. Das SMS-Modell folgt dem typischen Plan-Do-Check-Act Systemmodell für kontinuierliche Verbesserungen. In der Planungsphase werden die Ausgangssituation ermittelt, mögliche und tatsächliche Auswirkungen auf die Nachhaltigkeit vorhergesagt sowie Ziele und Vorgaben festgelegt. In der Umsetzungsphase werden die zur Erreichung der Ziele erforderlichen Aktionspläne umgesetzt, deren Fortschritte in der Kontrollphase erfasst und bei Bedarf präventive und korrigierende Maßnahmen ergriffen werden. In der letzten Phase werden Gesamtfortschritt und Systeme bewertet und Maßnahmen eingeleitet, um bei Bedarf Änderungen am SMS vorzunehmen. Die Autoren definieren hierbei einige Faktoren, die für eine Ausrichtung des Managementsystems auf die Nachhaltigkeit berücksichtigt werden müssen. Beispielhaft seien das Engagement des Top-Managements für Nachhaltigkeit, definierte Rollen in einem integrierten Top-Down- und Bottom-up-System sowie die Integration von Cradle-to-Cradle-Zielen in den Planungsprozess genannt. EL-HAGGAR UND SAMAHA fokussieren hierbei insbesondere die erweiterte Herstellerverantwortung, die Produkte am Ende des Lebenszyklus zurückzunehmen und diese nach dem Konzept der Wiederverwertbarkeit zu verarbeiten bzw. zu recyceln.[548]

EL-HAGGAR UND SAMAHA bieten mit ihrem SMS-Modell eine Entscheidungsstruktur und einen Aktionsplan, um eine nachhaltige Produktion in die Strategie, das Management und die täglichen Abläufe des Unternehmens zu integrieren. Der Ansatz erfüllt die Anforderungen der Relevanz nur in sehr geringem Maße. Die Anforderung der Erzielung von Nachhaltigkeit wird zwar hoch erfüllt, da die Autoren sowohl die Herausforderungen der Integrativität beschreiben und konkrete Strategien und Prinzipien zur Erzielung von Nachhaltigkeit darlegen. Allerdings hat der Ansatz keinerlei Bezug zur digitalen Vernetzung. Weiterhin weist der Ansatz einen Bezug zur Industrie auf, spezifische Besonderheiten der Einzel- und Kleinserienfertigung und unterschiedliche Unternehmensrandbedingungen werden jedoch nicht berücksichtigt. Die Anforderungen der Anwendbarkeit sind ebenfalls nur in geringem Maße erfüllt. So haben die Autoren den Ansatz auf Basis realistischer Annahmen entwickelt. In der Realität vorliegende Rahmenbedingungen werden jedoch nur teilweise berücksichtigt. Mithilfe des Plan-Do-Check-Act Systemmodells gewährleisten EL-HAGGAR UND SAMAHA eine erkennbare Struktur, deren einzelne Elemente beschrieben werden. Die Beschreibung erfolgt jedoch auf unkonkrete und abstrakte Weise. Im Hinblick auf die auslegungsbezogenen Anforderungen wird lediglich die

[547] Vgl. El-Haggar; Samaha (Roadmap for Global Sustainability), 2019, S. 53f.

[548] Vgl. El-Haggar; Samaha (Roadmap for Global Sustainability), 2019, S. 54-59.

Anforderungen nach der Berücksichtigung von Nachhaltigkeit in der Wertschöpfung in hohem Maße erfüllt, da der Ansatz einen Leitfaden zur Integration der Nachhaltigkeit in die Wertschöpfung eines Unternehmens liefert. Weiterhin fokussiert der Ansatz die Integration von Cradle-to-Cradle-Zielen in die Produktion sowie die nachgelagerte Wiederverwertung von Produkten. Darin sehen die Autoren neue Möglichkeiten für die Erweiterung der Geschäftstätigkeit. Die Anforderung nach Nachhaltigkeit im Leistungsangebot ist somit in geringem Maße erfüllt. Die Anforderung nach der Berücksichtigung von Kriterien zur Nachhaltigkeitsbewertung ist lediglich in sehr geringem Maße erfüllt, da die Autoren die Notwendigkeit zur Definition solcher Kriterien nennen und einige exemplarische Indikatoren aufzeigen, jedoch keine konkrete Beschreibung liefern. Die Anforderung nach einem lebenszyklusübergreifenden Datenmanagement ist nicht erfüllt, da weder die Voraussetzung noch die Bereitstellung der notwendigen Dateninfrastruktur beschrieben wird.

Zusammenfassend ist festzustellen, dass der präsentierte Ansatz nicht zur datengestützten Gestaltung des nachhaltigen Werkzeuglebenszyklus anwendbar ist. Er bietet allerdings aufgrund die Beschreibung der Entscheidungsstruktur sowie der Orientierung an Cradle-to-Cradle-Zielen interessante Denkanstöße für die Integration von Nachhaltigkeit in die Wertschöpfung von Werkzeugbaubetrieben.

### 3.2.9 Sustainability and Smart Manufacturing (ABUBAKR ET AL., 2020)

Der Ansatz für ein integriertes Vorgehen zur nachhaltigen und intelligenten Fertigung nach ABUBAKR ET AL. verfolgt das Ziel, eine nachhaltige und intelligente Fertigungsleistung durch die Integration nachhaltiger Herstellungsmaßnahmen zu ermöglichen. Hierbei beschreiben die Autoren die aktuellen und zukünftigen Herausforderungen, mit denen die Industrie konfrontiert ist. Der Fokus liegt insbesondere auf der Fragestellung, inwiefern die beiden Konzepte der intelligenten Fertigung und der Nachhaltigkeit konstruktiv oder destruktiv interagieren werden.[549]

ABUBAKR ET AL. beschreiben in ihrem Ansatz zunächst Konzepte und Möglichkeiten der nachhaltigen Produktion. Neben der exemplarischen Darstellung einiger Indikatoren zur Bewertung der drei Nachhaltigkeitsdimensionen stellen die Autoren die notwendigen zu definierenden Elemente eines nachhaltigen Produktionskonzepts vor. Dies umfasst nachhaltiges Design, Engagement der Gemeinschaft, Umweltkontrolle, Unterstützung für Nachhaltigkeit und strategische Vorgehensweisen. Die Anwendung des Konzepts beeinflussen die Aspekte Energieverbrauch, Kosten, Abfallmanagement, Umweltauswirkungen, Gesundheit und Sicherheit. ABUBAKR ET AL. beschreiben überdies die Notwendigkeit zum Aufbau eines integrierten Nachhaltigkeitssystems, das die Prozess-, Produkt- und Systemebene umfasst. Die Autoren benennen hierbei die verschiedenen Richtungen des Systems als Design für Funktionalität, für Wirtschaftlichkeit, für Umweltauswirkungen, für 6R, für soziale Wirkung sowie für Herstellbarkeit. Zur Implementierung des integrierten Systems werden die Schritte Entwicklung intelligenter Arbeitsmethoden, Verbesserung der Prozessoptimierungskapazitäten, Angebot neuer

[549] Vgl. Abubakr et al. (Sustainable and Smart Manufacturing), 2020, S. 1-19.

Technologien und die Konzentration auf den Ansatz des Designs für nachhaltige Produktion definiert.[550] Bei sorgfältiger und kalkulierter Umsetzung der Integration zwischen den Konzepten der Nachhaltigkeit und der Industrie 4.0 kann eine Aufrechterhaltung und Ausweitung des Wirtschaftswachstums, der Kundenbeziehungen, des Werts von Waren und Anlagen, der Sicherheit und des Wohlbefindens der Mitarbeitenden sowie des Umweltschutzes gewährleistet werden. Die Autoren beschreiben die Notwendigkeit beide Perspektiven zu integrieren, um ein nachhaltiges und intelligentes Geschäftsmodell zu schaffen, das sowohl den externen als auch internen Akteuren gerecht wird. Die nachfolgende Abbildung 3.13 zeigt eine schematische Darstellung des integrierten nachhaltigen und intelligenten Geschäftsmodells.

**Abbildung 3.13: Elemente des intelligenten und nachhaltigen Geschäftsmodells**[551]

ABUBAKR ET AL. erläutern, dass eine korrekte Umsetzung der Elemente des Modells zu einer Steigerung des Gesamtgewinns, zur Einhaltung staatlicher Vorschriften und zur Erfüllung der Kundenerwartungen und der Lebensqualität der Mitarbeitenden führen könnte. Hierbei beschreiben die Autoren jedoch zentrale Herausforderungen der Integration eines intelligenten und nachhaltigen Geschäftsmodells. So fehlt es aktuell an geeigneten Methoden zur Entwicklung einer ganzheitlich nachhaltigen und intelligenten Produktion. Weiterhin besteht der Bedarf für datengestützte und intelligente Algorithmen für eine Gestaltung der nachhaltigen Fertigung sowie Lieferkette. Abschließend beschreiben die Autoren den Mangel an vollumfassenden Analysen zur Bestimmung der Abhängigkeiten zwischen den drei Dimensionen der Nachhaltigkeit sowie den Elementen von Industrie 4.0.

Der Ansatz von ABUBAKR ET AL. verfolgt das Ziel, eine intelligente und nachhaltige Fertigung mithilfe der Integration verschiedener Maßnahmen der nachhaltigen Fertigung sowie der Berücksichtigung der aktuellen Herausforderungen der Industrie zu gewährleisten. Die Anforderungen der Relevanz werden von dem Ansatz nur teilweise erfüllt. Der Forschungsansatz führt die digitale Vernetzung als wesentliches Lösungselement zur nachhaltigen Entwicklung ein.

[550] Vgl. Abubakr et al. (Sustainable and Smart Manufacturing), 2020, S. 2-7.

[551] I. A. a. Abubakr et al. (Sustainable and Smart Manufacturing), 2020, S. 15.

Eine Vernetzung grundlegender Systemobjekte wird jedoch nicht erläutert. Weiterhin beschreibt der Ansatz die wesentlichen Herausforderungen der Integrativität und identifiziert konkrete Strategien und Prinzipien zur Erzielung von Nachhaltigkeit. Eine Operationalisierung ist hingegen nicht vollends möglich. Die Autoren entwickeln das Modell explizit für die Industrie, vernachlässigen jedoch die Besonderheiten der Einzel- und Kleinserienfertigung. Unterschiedliche Unternehmensrandbedingungen werden nicht berücksichtigt. Der Ansatz erfüllt die Anforderungen der Anwendbarkeit nur in geringem Maße. Zwar wurde der Ansatz auf Basis realistischer Annahmen entwickelt und in der Realität vorliegende Rahmenbedingungen werden berücksichtigt. Jedoch erfolgt keine Validierung mithilfe von Praxisbeispielen. Weiterhin lässt der Ansatz eine Struktur erkennen. Jedoch fehlt eine detaillierte Beschreibung der Elemente des Modells. Die auslegungsbezogenen Anforderungen sind lediglich in sehr geringem Maße erfüllt. Die Autoren beschreiben zwar einige Key Performance Indicators (KPIs) zur nachhaltigen Entwicklung, jedoch fehlt eine konkrete Beschreibung zur Analyse und Bewertung der Kriterien. Aufgrund der Fokussierung der Integration einer intelligenten und nachhaltigen Fertigung weist der Ansatz auf die Notwendigkeit der Bereitstellung einer Dateninfrastruktur hin. Die Autoren stellen jedoch keinen Lösungsansatz zur Implementierung bereit. Zudem erfolgt keine konkretere Beschreibung des Datenmodells. Der Ansatz weist zudem auf die Notwendigkeit zur nachhaltigen Umgestaltung der Wertschöpfung hin, beschreibt jedoch nur rudimentär Elemente der Prozess-, Organisations- und Ressourcengestaltung. Aspekte in der Bereitstellung von nachhaltigen Produkten und Dienstleistungen werden komplett vernachlässigt.

Zusammenfassend ist festzustellen, dass der präsentierte Ansatz nicht zur datengestützten Gestaltung des nachhaltigen Werkzeuglebenszyklus anwendbar ist. Er bietet allerdings durch die Berücksichtigung der digitalen Vernetzung interessante Denkanstöße für die Integration von digitaler Vernetzung und Nachhaltigkeit in der Industrie.

### 3.2.10 Modell für nachhaltige Geschäfte (Marquardt, 2020)

Marquardt beschreibt mit seinem Ansatz ein integratives Modell für nachhaltige und verantwortungsvolle Geschäfte, welches beeinflussenden Faktoren, Megatrends und die übergreifenden Aspekte Digitalisierung, Innovation und Qualität in Relation zu unternehmensinternen Gesichtspunkten setzt. Das Ziel ist eine umfassende Beschreibung des multidimensionalen Systems, das den Wandel zu nachhaltigen und verantwortungsvollen Geschäften ermöglicht.[552]

Im Ausgangspunkt beschreiben die Autoren ein Unternehmen mit den sechs zentralen Handlungsfeldern zur Umsetzung eines nachhaltigen und verantwortungsvollen Handelns. Das erste Handlungsfeld umfasst die Strategie sowie die Unternehmenskultur und definiert die Entwicklungsrichtung sowie richtungsweisende Normen und Werte. Hierbei werden Stakeholder- sowie Unternehmensinteressen mit den gesellschaftlichen und ökologischen Interessen in Einklang gebracht. Im Handlungsfeld Geschäftsmodell beschreibt Marquardt Wertschöp-

[552] Vgl. Marquardt (Nachhaltigkeit und Digitalisierung), 2020, S. 201-210.

fung, Ertragsmodell und den Nutzen des Unternehmens und fokussiert den Nachhaltigkeitsaspekt im Sinne des proaktiven Stakeholder-Managements, der Schaffung von monetären und nicht monetärem Wert sowie einer langfristigen Perspektive. Das Handlungsfeld Managementsysteme beschreibt einen integrierten und alle Bereiche einschließenden Ansatz für Qualität, Sicherheit, Risiko, Umwelt, soziale Verantwortung, Datenschutz sowie ein einheitliches und transparentes Berichtswesen. Das Ziel des Handlungsfelds Produktionsprozesse und Methoden ist der Einsatz neuer technologischer Innovationen sowie die Berücksichtigung der Auswirkungen auf Mitarbeitende und Umwelt. Selbigen Fokus setzt der Autor im Handlungsfeld Ressourcen, wobei Rohstoffe, Kapital und Mitarbeitende betrachtet werden. Insbesondere die Nutzung nachwachsender Rochstoffe sowie Konzepte der Wiederverwendung werden adressiert. Gleichermaßen werden soziale Verantwortung, Gesundheit- und Arbeitsschutz sowie Entfaltungsmöglichkeiten und Arbeitsmodelle berücksichtigt. Die bisher beschriebenen Handlungsfelder dienen der Herstellung von Produkten und Dienstleistungen, welche keine negativen Auswirkungen auf die Umwelt haben, qualitativ hochwertig sind, eine lange Lebensdauer haben sowie durch Modularität wartungsfreundlich und wiederverwendbar sind. Das Konzept der Kreislaufwirtschaft beschreibt MARQUARDT als zentralen Leitfaden.[553] Die weiteren Rahmen des integrativen Modells sind in Abbildung 3.14 dargestellt.

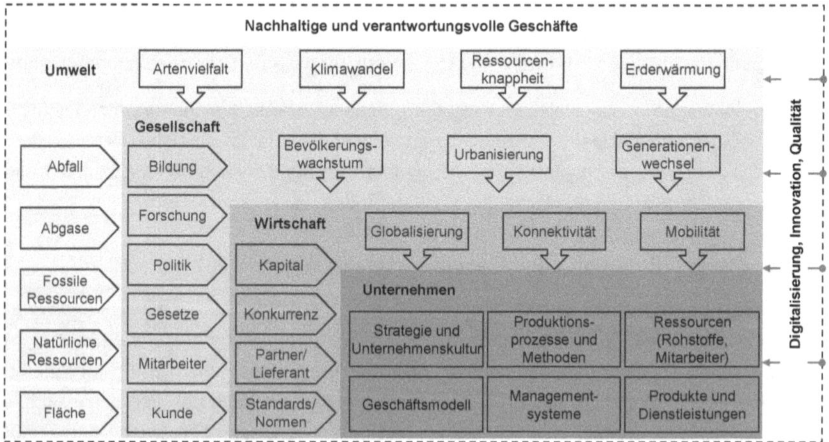


**Abbildung 3.14: Integriertes Modell für verantwortungsvolle und nachhaltige Geschäfte[554]**

Die Wirtschaft bildet den nächsten Rahmen des Modells. MARQUARDT beschreibt einerseits die Megatrends Globalisierung, Konnektivität und Mobilität, die eine Weiterentwicklung des Unternehmens unter Berücksichtigung gesellschaftlicher und ökologischer Aspekte und Auswirkungen gewährleisten. Andererseits umfasst der Rahmen die Beschreibung der Einflussfaktoren Normen und Standards, Konkurrenz, Partner und Lieferanten sowie Kapital. Diese beschreibt MARQUARDT als zentrale Einflussfaktoren in der Entwicklung eines Unternehmens

[553] Vgl. Marquardt (Nachhaltigkeit und Digitalisierung), 2020, S. 201f.

[554] I. A. a. Marquardt (Nachhaltigkeit und Digitalisierung), 2020, S. 209.

in Richtung nachhaltiger und verantwortungsvoller Geschäfte.[555] Im Rahmen Gesellschaft haben die Megatrends Bevölkerungswachstum, Urbanisierung und Generationenwechsel den größten Einfluss auf Unternehmen. Insbesondere der Generationenwechsel beeinflusst sowohl das Arbeitsumfeld als auch den Konsumermarkt für das Unternehmen. Als relevante Einflussfaktoren beschreibt der Autor Bildung, Forschung, Gesetze, Politik, Mitarbeitende sowie Kunden.[556] Die Umwelt bildet den äußeren Rahmen des Modells und stellt die natürliche Grenze dar. MARQUARDT beschreibt hier die Megatrends Erderwärmung, Klimawandel, Ressourcenknappheit und Artenvielfalt, welche Auswirkungen auf alle zuvor beschriebenen Rahmen haben. Die dazugehörigen Einflussfaktoren sind Fläche, fossile und natürliche Ressourcen sowie Abgase und Abfall. Der Autor bemisst insbesondere Kreislaufkonzepten eine hohe Bedeutung bei Adressierung dieser Herausforderungen zu.[557] Das übergeordnete Element des integrativen Modells bilden die Aspekte Digitalisierung, Innovation und Qualität, welche einen entscheidenden Einfluss auf alle Bereiche des Unternehmens haben. Die Digitalisierung dient als zentraler Befähiger zur Schaffung von Transparenz und damit zur Befähigung von Veränderungen im Unternehmen. Innovationen beschreiben in diesem Zusammenhang die notwendigen Weiterentwicklungen und Neuerungen im Unternehmen. Die Qualität muss laut MARQUARDT aus interner sowie externer Sicht betrachtet werden. Das Unternehmen muss dabei insbesondere das Feedback der Stakeholder einholen und bewerten.[558]

Das integrative Modell für verantwortungsvolle und nachhaltige Geschäfte nach MARQUARDT bietet einen umfassenden Leitfaden für die Transformation von Unternehmen. Die Megatrends beschreiben die langfristige Perspektive und werden als globale Indikatoren betrachtet, die in allen Bereichen Einfluss haben und eines zentralen Managements bedürfen. Die Berücksichtigung der Einflussfaktoren der Umwelt, Gesellschaft und Wirtschaft gewährleisten eine schrittweise Veränderung der Strategie in Richtung nachhaltige und verantwortungsvolle Geschäfte. MARQUARDT definiert die digitale Vernetzung hierbei als notwendigen Lösungselement zur Befähigung der nachhaltigen Entwicklung und beschreibt im Kontext der Konnektivität grundlegend die Vernetzung zwischen Systemobjekte sowie zwischen Unternehmen und Stakeholdern. Weiterhin werden alle relevanten Herausforderungen anhand der Einflussfaktoren beschrieben und eine Strategie zur Erzielung von Nachhaltigkeit identifiziert. Eine Operationalisierung erfolgt hingegen nicht. Die Anforderungsdimension des Gestaltungsbereichs ist somit in hohem Maße erfüllt. Die Anforderungsdimension Betrachtungsbereich ist hingegen nur in sehr geringem Maße erfüllt. Der Ansatz weist zwar einen Bezug zur Industrie auf, nicht jedoch zur Einzel- und Kleinserienfertigung. Weiterhin werden unterschiedliche Unternehmensrandbedingungen vereinzelt berücksichtigt, allerdings nicht weiter spezifiziert. Der Autor hat den Ansatz auf Basis realistischer Annahmen entwickelt und in der Realität vorliegende Rahmenbedingungen werden berücksichtigt. Allerdings erfolgt keine Validierung mithilfe von Praxisbeispielen. Der Ansatz lässt durch den Rahmenaufbau eine klare Struktur erkennen, in der die

[555] Vgl. Marquardt (Nachhaltigkeit und Digitalisierung), 2020, S. 202f.
[556] Vgl. Marquardt (Nachhaltigkeit und Digitalisierung), 2020, S. 204f.
[557] Vgl. Marquardt (Nachhaltigkeit und Digitalisierung), 2020, S. 205f.
[558] Vgl. Marquardt (Nachhaltigkeit und Digitalisierung), 2020, S. 206-208.

einzelnen Elemente beschrieben werden. Es fehlt jedoch häufig der unmittelbare Anwendungsbezug. Die Anforderungsdimension Anwendbarkeit ist somit im hohen Maße erfüllt. Die Anforderungsdimension Auslegung wird hingegen nur in geringem Maße erfüllt. So werden einzelne Nachhaltigkeitskriterien beschrieben, allerdings fehlt eine konkrete Beschreibung zur Analyse und Bewertung dieser. MARQUARDT weist in seinem Ansatz auf die Notwendigkeit der Bereitstellung einer Dateninfrastruktur hin, stellt jedoch keinen Lösungsansatz zur Implementierung bereit. Bei der Beschreibung der Handlungsfelder des Unternehmens werden Möglichkeiten zur nachhaltigen Umgestaltung von Prozessen, Organisation und Ressourcen sowie die Notwendigkeit für das Angebot nachhaltiger Leistungssysteme erläutert. Die entsprechenden Beschreibungen bleiben jedoch sehr unkonkret.

Zusammenfassend ist festzustellen, dass der präsentierte Ansatz nicht zur datengestützten Gestaltung des nachhaltigen Werkzeuglebenszyklus anwendbar ist. Er bietet allerdings durch seine Orientierung an übergeordneten Megatrends und Einflussfaktoren interessante Denkanstöße für die Ableitung von Nachhaltigkeitszielen.

## 3.3 Aggregation der Bewertung

Im Zuge von Kapitel 3.2 wurden insgesamt zehn wissenschaftliche Forschungsansätze beschrieben, die für die Beantwortung der vorliegenden Forschungsfrage eine hohe Relevanz aufweisen. Anhand der in Kapitel 3.1 hergeleiteten Bewertungssystematik erfolgte eine detaillierte Bewertung der jeweiligen Ansätze. Die aggregierte Bewertung aller vorgestellten Ansätze ist in Abbildung 3.15 in übersichtlicher Form dargestellt.

Bei der Bewertung der Relevanz wurden die Anforderungen an Gestaltungsbereich und Betrachtungsbereich herangezogen. Zum Gestaltungsbereich wurde der **Bezug zur digitalen Vernetzung** und die **Erzielung von Nachhaltigkeit** betrachtet. Hierbei ist auffällig, dass lediglich die Ansätze nach HERRMANN und MARQUARDT einen hohen Erfüllungsgrad aufweisen. Der Großteil der Ansätze fokussiert zwar die nachhaltige Entwicklung und nennt die digitale Vernetzung als zentralen Treiber bzw. Befähiger, allerdings mangelt es häufig an einer detaillierten Beschreibung der notwendigen Systemvernetzung und des erforderlichen Datenmodells. Zur Bewertung der Eignung eines Ansatzes für den Betrachtungsbereich des Werkzeugbaus im Werkzeuglebenszyklus wurden als Anforderungen jeweils der **Bezug zur Einzel- und Kleinserienfertigung** und die **Betrachtung der Unternehmensrandbedingungen** evaluiert. Lediglich der Ansatz nach KÜHN wurde für den Werkzeuglebenszyklus entwickelt und erfüllt die Anforderungen in vollem Maße. Ansonsten können die Ansätze nach MICHALAS und nach SONG UND SAKAO in Teilen als übertragbar auf die Branche Werkzeugbau bewertet werden. Insbesondere die Betrachtung unterschiedlicher Unternehmensrandbedingungen erfolgt über die weiteren Ansätze hinweg sehr beschränkt, da die klassischen Forschungsansätze im Kontext Nachhaltigkeit teilweise sehr allgemeingültig sind. Insgesamt lässt sich somit feststellen, dass ein Großteil der Ansätze die werkzeugbaubezogenen Anforderungen nicht zufriedenstellend erfüllen.

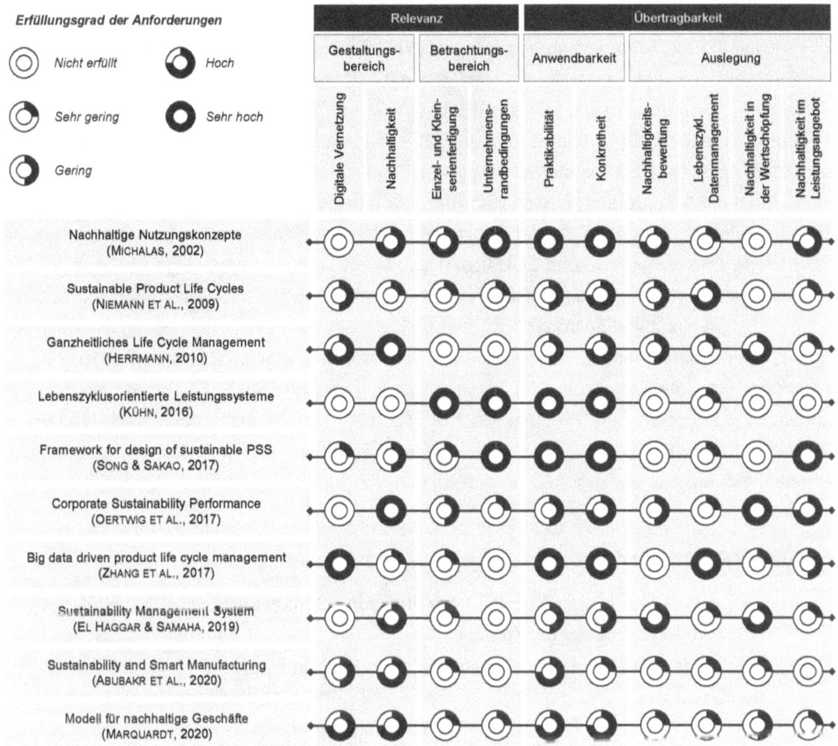


**Abbildung 3.15: Aggregierte Bewertung relevanter wissenschaftlicher Forschungsansätze**[559]

Um eine Übertragbarkeit zu gewährleisten, wurden die Anforderungsdimensionen der Anwendbarkeit sowie der Auslegungsbereiche betrachtet. Als Anforderungen der Anwendbarkeit wurde das Vorliegen von **Konkretheit** und **Praktikabilität** definiert. Der Großteil der analysierten Forschungsansätze weist eine hohe oder sehr hohe Konkretheit auf, da die Ansätze eine eindeutige Struktur aufweisen und anwendungsorientiert beschrieben sind. Zudem wurden die meisten Forschungsansätze auf Basis realistischer Annahmen entwickelt. Leidglich der Ansatz nach EL HAGGAR UND SAMAHA weist eine geringe Konkretheit und Praktikabilität auf, da es sich um einen theoretischen Ansatz zur Integration der nachhaltigen Produktion in die Unternehmensstrategie handelt, der nur teilweise realistische Annahmen berücksichtigt. Die auslegungsbezogenen Anforderungen werden von den vorgestellten Ansätzen insgesamt nur in geringem Maße erfüllt. Im Rahmen der Anforderung **Berücksichtigung von Kriterien zur Nachhaltigkeitsbewertung** kann konstatiert werden, dass mit MICHALAS und EL HAGGAR UND SAMAHA zwei Ansätze existieren, welche konkrete Kriterien zur Nachhaltigkeitsbewertung definieren und somit einen hohen Erfüllungsgrad aufweisen. Mit KÜHN, SONG UND SAKAO, ZHANG ET AL., ABUBAKR ET AL. und MARQUARDT existieren jedoch gleich fünf Ansätze, welche

[559] Eigene Darstellung

Kriterien zur Nachhaltigkeitsbewertung nicht oder nur in sehr geringem Maße berücksichtigen. Im Hinblick auf die Anforderung des **lebenszyklusübergreifenden Datenmanagements** ist festzustellen, dass mit NIEMANN ET AL. und ZHANG ET AL. zwei Ansätze konkrete Datenmodelle sowie die notwendige digitale Infrastruktur beschreiben. Alle weiteren Ansätze erfüllen diese Anforderung jedoch nur in sehr geringem Maße und werden der notwendigen Informationsverfügbarkeit durch die fehlende Schaffung von Transparenz über den Lebenszyklus nicht gerecht. Auch die Anforderungen nach **Nachhaltigkeit in der Wertschöpfung** und **Nachhaltigkeit im Leistungsangebot** werden lediglich in geringem Maße erfüllt. So adressieren mit HERRMANN, OERTWIG ET AL. und EL HAGGAR UND SAMAHA drei Ansätze eine nachhaltige Umgestaltung von Prozessen, Organisation und Ressourcen. Mit SONG UND SAKAO existiert ein Ansatz, der die Kombination von Produkten und Dienstleistungen zur Steigerung der Nachhaltigkeit in der Nutzungsphase fokussiert. Auch die Ansätze von MICHALAS und OERTWIG ET AL. berücksichtigen die Steigerung der Nachhaltigkeit durch geeignete Leistungssysteme. Die weiteren vorgestellten Forschungsansätze erfüllen die Anforderungen nach Nachhaltigkeit in Wertschöpfung und Leistungsangebot jedoch nicht ausreichend. Daher kann insgesamt kein Ansatz die auslegungsbezogenen Anforderungen vollumfänglich erfüllen.

Aggregiert betrachtet sind die folgenden systematischen Defizite bisher existierender wissenschaftlicher Ansätze festzustellen:

- Es existiert kein systematisches Vorgehen zur datengestützten Gestaltung des nachhaltigen Werkzeuglebenszyklus.
- Es mangelt an einer konkreten sowie ganzheitlichen Betrachtung der Anforderungen aus Gestaltungsbereich, Betrachtungsbereich, Anwendbarkeit und Auslegung.
- Interdependenzen zwischen den Anforderungsdimensionen werden für die datengestützte Gestaltung nachhaltiger Werkzeuglebenszyklen bislang vernachlässigt.
- Oftmals mangelt es an einer Definition konkreter Kriterien zur Nachhaltigkeitsbewertung sowie der Entwicklung des Datenmodells zur Schaffung der notwendigen Transparenz über den Werkzeuglebenszyklus.
- Die systematische Umgestaltung der Wertschöpfung sowie Entwicklung nachhaltiger Produkt-Dienstleistung-Kombinationen bleibt unberücksichtigt. Die Ansätze fokussiere oftmals lediglich die nachhaltige Entwicklung einer Lebenszyklusphase.

Auf Basis der Bewertung und des identifizierten systematischen Defizits wird im Folgenden der Handlungsbedarf aus der Theorie abgeleitet.

## 3.4 Handlungsbedarf aus der Theorie

Im Themenbereich des Gestaltungsbereichs der Nachhaltigkeit sowie der digitalen Vernetzung existieren wissenschaftliche Forschungsansätze mit unterschiedlichen inhaltlichen Schwerpunkten. Daher werden mithilfe einer Vorbewertung der Relevanz zum Gestaltungsbereich und zum Betrachtungsbereich zunächst die relevantesten Forschungsansätze identifiziert. Die Inhalte und Teilaspekte der Inhalte der als weniger relevant eingestuften Forschungsansätze werden jedoch bei der Lösungsfindung weiterhin berücksichtigt.

Der in Kapitel 2.4 hergeleitete Handlungsbedarf resultiert in der Forderung eines systematischen Ansatzes zur datengestützten Gestaltung des nachhaltigen Werkzeuglebenszyklus. Basierenden auf diesem Handlungsbedarf aus der Praxis werden vier Anforderungsdimensionen mit insgesamt zehn spezifischen Anforderungen an ein Modell zur datengestützten Gestaltung des nachhaltigen Werkzeuglebenszyklus hergeleitet. Anhand dieser Anforderungen wird detailliert evaluiert, inwiefern das identifizierte Praxisproblem mit bestehenden wissenschaftlichen Forschungsansätzen adressiert und gelöst wird.

In der Vorstellung und Bewertung der relevanten Ansätze in Kapitel 3.2 kann herausgestellt werden, dass einige Forschungsansätze hinsichtlich der Anforderungsdimensionen interessante Denkanstöße liefern, jedoch keiner der Ansätze die erforderlichen Anforderungen vollumfänglich erfüllt. Allerdings wird aus der Bewertung ersichtlich, dass zahlreiche Defizite insbesondere in der Verknüpfung der Anforderungen bestehen, sodass eine ganzheitliche Lösung des Praxisproblems mit bestehenden Forschungsansätzen verhindert wird. Der identifizierte Handlungsbedarf aus der Theorie umfasst insbesondere vier systematische Defizite:

- Die vorgestellten Ansätze erfüllen die Anforderungen an den Gestaltungsbereich nicht vollständig. Beide Anforderungen dieser Dimension werden lediglich vereinzelt erfüllt, wobei nur zwei Ansätze einen hohen Erfüllungsgrad beider Anforderungen gleichzeitig aufweisen.
- Die Anforderungen an den Betrachtungsbereich werden nicht ganzheitlich adressiert. Der Erkenntnistransfer auf die Branche Werkzeugbau ist nur vereinzelt gewährleistet und unternehmensspezifische Anforderungen werden lediglich bei abstrakteren Ansätzen in hohem Maße erfüllt.
- Die vorgestellten Ansätze erfüllen die allgemeinen Anforderungen der Anwendbarkeit nicht vollständig. Lediglich vier Ansätze erfüllen beide allgemeinen Anforderungen gleichzeitig. Die Anwendbarkeit in der Realität ist mithin nicht gewährleistet.
- Die auslegungsbezogenen Anforderungen weisen einen sehr geringen Erfüllungsgrad auf. Während das Datenmanagement sowie die Nachhaltigkeit im Leistungsangebot von mehreren Ansätzen in geringem Maße adressiert werden, mangelt es insbesondere an einer systematischen Nachhaltigkeitsbewertung sowie der Berücksichtigung der Nachhaltigkeit in der Wertschöpfung.

Folglich ist festzustellen, dass keiner der relevanten Ansätze zur datengestützten Gestaltung des nachhaltigen Werkzeuglebenszyklus anwendbar ist. Daher besteht **Handlungsbedarf aus der Theorie.**

## 3.5 Detaillierung der Forschungsfrage

In den Kapitel 2.4 und 3.4 wurden der Handlungsbedarf aus der Praxis sowie aus der Theorie bezüglich der datengestützten Gestaltung des nachhaltigen Werkzeuglebenszyklus hergeleitet. Dadurch ist es gelungen, den Forschungsbedarf der in Kapitel 1.3 definierten Zielsetzung der vorliegenden Dissertation zu begründen. Dieser äußert sich in der für diese Arbeit handlungsleitenden Forschungsfrage:

**Wie muss ein Prozessmodell zur datengestützten Gestaltung des nachhaltigen Werkzeuglebenszyklus ausgelegt werden?**

Ausgehend von dieser zentralen und handlungsleitenden Forschungsfrage lassen sich gemäß KUBICEK weitere Fragen ableiten, die zur Unterstützung der Beantwortung dieser dienen.[560]

Es besteht der Anspruch, ein Modell zur datengestützten Gestaltung des nachhaltigen Werkzeuglebenszyklus zu entwickeln. Diese soll Anforderungen aller Stakeholder des Werkzeugbaus berücksichtigen und die Wechselwirkungen aller internen und externen Einflüsse entlang des Werkzeuglebenszyklus erfassen. Die dynamischen und unvorhersehbaren Veränderungen der globalen Klimakrise wirken sich unmittelbar auf die Anforderungen der Stakeholder aus und steigern zukünftig die zu handhabende Komplexität in der Geschäftstätigkeit der Werkzeugbaubetriebe. Folglich ist die Beantwortung der nachstehenden Teilforschungsfrage notwendig:

**Welche relevanten Ziele und Teilziele können in diesem Kontext identifiziert werden und welche Wechselwirkungen bestehen?**

Hierauf aufbauend müssen geeignete Kriterien identifiziert werden, die eine Bewertung der aktuellen Nachhaltigkeitsperformance des jeweiligen Betriebs ermöglichen. Diese Kriterien müssen in ein kontinuierliches und lebenszyklusübergreifendes Bewertungssystem überführt werden. Zur Steigerung der Informationsverfügbarkeit sowie der Schaffung notwendiger Transparenz für die Bewertung soll ein ganzheitliches Datenmodell entwickelt und die erforderliche Systeminfrastruktur beschrieben werden. Demzufolge ist die folgende Teilforschungsfrage zu beantworten:

**Wie kann die Nachhaltigkeitsperformance entlang des Werkzeuglebenszyklus bewertet und die notwendigen Daten und Systeminfrastruktur abgeleitet werden?**

Aufgrund der mangelnden Erfahrung im Hinblick auf nachhaltige Produktion, fehlt es dem Werkzeugbau bislang an Expertise seine Wertschöpfung entsprechend umzugestalten. Daher bedarf es eines konkreten Zielbilds zur Umgestaltung der Prozesse des Werkzeugbaus für eine Steigerung der Nachhaltigkeitsperformance in der Werkzeugherstellung. Eine entsprechende Umgestaltung der Prozesse wirkt unmittelbar auf die Organisationsstruktur sowie den Einsatz der Ressourcen im Werkzeugbau, weshalb eine ganzheitliche Betrachtung der drei zentralen Elemente der Wertschöpfung notwendig ist. Daraus folgt die Teilforschungsfrage:

**Wie sind die Prozesse des Werkzeugbaus zu gestalten, um die Nachhaltigkeitsperformance in der Werkzeugherstellung zu steigern?**

Neben der notwendigen Umgestaltung der eigenen Wertschöpfung birgt die Nutzungsphase des Werkzeugs einen großen Stellhebel für den Werkzeugbau, die Nachhaltigkeitsperfor-

[560] Vgl. Kubicek (Heuristischer Bezugsrahmen), 1977, S. 17-23.

mance des gesamten Werkzeuglebenszyklus zu steigern. So werden mit einzelnen Werkzeugen oftmals mehrere Millionen Teile produziert, sodass z. B. der Energieeinsatz der Werkzeugnutzung ungleich höher als der Energieverbrauch der Werkzeugherstellung ist. Demnach muss eine geeignete Struktur für datenbasierte Leistungssysteme des Werkzeugbaus geschaffen werden, die eine Steigerung der Nachhaltigkeit beim Kunden ermöglichen. Daher ist die Beantwortung der nachstehenden Teilforschungsfrage notwendig:

**Welche Struktur können datenbasierte Nachhaltigkeitsleistungen haben, um die Nachhaltigkeitsperformance in der Nutzungs- und Ausmusterungsphase zu steigern?**

Im Rahmen der Konzeption und Detaillierung eines systematischen Lösungsansatzes zur datengestützten Gestaltung des nachhaltigen Werkzeuglebenszyklus sind sowohl die handlungsleitende Forschungsfrage sowie die hieraus resultierenden Teilforschungsfragen zu beantworten.

# 4 Konzeption des Prozessmodells

Zur Adressierung der aufgezeigten Handlungsbedarfe aus der Praxis und der Theorie wird im vierten Kapitel ein Konzept zur vollumfänglichen Beantwortung der Forschungsfrage ausgelegt. Zur terminologischen und wissenschaftlichen Einordnung werden zunächst die Grundlagen der Modellbildung vorgestellt. Daran anschließend wird herausgearbeitet, dass die Beantwortung der handlungsleitenden Forschungsfrage mithilfe eines Prozessmodells als Konzept realisiert wird. Auf Basis dessen werden in Kapitel 4.2 verschiedene Merkmale des zu entwickelnden Gestaltungskonzepts definiert, damit es den in der Literatur vorherrschenden wissenschaftlichen Ansprüchen genügt. Anschließend erfolgt in Kapitel 4.3 die Konzeption des Gestaltungskonzepts. Dabei wird zunächst ein Meta-Modell entworfen, welches als Unterstützung der eigentlichen Modellbildung fungiert. Im Anschluss daran werden die spezifischen Gestaltungselemente des Modells hergeleitet, welche in Kapitel 4.4 zu einem gesamtheitlichen Gestaltungskonzept synthetisiert werden.

## 4.1 Grundlagen der Modellbildung

Zur Beantwortung der handlungsleitenden Forschungsfrage wird ein Prozessmodell zur datengestützten Gestaltung des nachhaltigen Werkzeuglebenszyklus entwickelt. Dieses Prozessmodell soll für Unternehmen der Branche Werkzeugbau einen Bezugsrahmen darstellen, um die zuvor beschriebenen Herausforderungen und Problemstellungen, wie z. B. die unterentwickelte Informationsverfügbarkeit, zu bewältigen. Ein solcher Bezugsrahmen ist nach KUHN ein allgemein anerkanntes Grundmodell, von dessen Existenz der wissenschaftliche Fortschritt einer Disziplin in hohem Maße abhängig ist.[561] ULRICH UND HILL definieren für ein **Grundmodell**, auch Paradigma genannt, folgende Qualitätskriterien:[562]

- Problemlösungskraft
- Allgemeinheit
- Präzision
- Integrationskraft

Aufgrund ihrer Allgemeinheit und Problemlösungskraft ist die Systemtheorie als Bezugsrahmen in der Management- und Organisationstheorie besonders geeignet.[563] In der Praxis hat sich Nutzung von Systemtheorie in Kombination mit der Modelltheorie zur Lösung komplexer Problemstellungen etabliert.[564] Daher werden im Folgenden die relevanten Begrifflichkeiten und deren Zusammenspiel im Sinne eines Gestaltungskonzepts erläutert.

---

561 Vgl. Kuhn (Die Struktur wissenschaftlicher Revolutionen), 2020, S. 10.

562 Vgl. Ulrich; Hill (Wissenschaftstheoretische Grundlagen der Betriebswirtschaftslehre), 1976, S. 307.

563 Vgl. Ulrich; Hill (Wissenschaftstheoretische Grundlagen der Betriebswirtschaftslehre), 1976, S. 308f.

564 Vgl. Neuhausen (Gestaltung modularer Produktionssysteme), 2001, S. 6; Neemann (Methodik zum Schutz gegen Produktimitationen), 2007, S. 33.

### 4.1.1 Systemtheorie als Bestandteil der Systemtechnik

Im Kontext komplexer Problemstellungen hat sich die Anwendung der Systemtechnik, auch Systems Engineering genannt, etabliert.[565] Gemäß BRUNS stellt die Systemtechnik eine Verallgemeinerung und Erweiterung der ingenieurwissenschaftlichen Methodik dar, die sich aus den beiden Bestandteilen Systemtheorie und dem Vorgehensmodell zur Realisierung einer Systemgestaltung zusammensetzt.[566] Die **Systemtheorie** dient der Beschreibung und Analyse einer Struktur in einem System. Dazu wird ein möglichst allgemeiner Zustand, der Systembegriff, angestrebt, der sich auf Probleme in den verschiedenen Disziplinen anwenden lässt.[567] PATZAK definiert ein System als eine Menge von Komponenten, welche bestimmte Eigenschaften besitzen und durch Relationen miteinander verknüpft sind.[568] Diese Definition wird von BRUNS insofern ergänzt, dass durch die Elemente eines Systems eine abgegrenzte Struktur gebildet wird. Die Einzelelemente sind stets in eine Umwelt von übergeordneten Systemen eingeordnet, mit denen sie wiederum in Wechselwirkung stehen. Systeme können demnach im Wesentlichen durch die folgenden vier Merkmale beschrieben werden:[569]

- Systeme bestehen aus verschiedenen Elementen.
- Elemente weisen beschreibbare Eigenschaften auf.
- Einzelne Elemente werden miteinander verknüpft.
- Elemente bilden durch Relationen und Eigenschaften ein abgegrenztes System.

Gemäß HABERFELLNER ET AL. existiert ein System in einer bestimmten Systemumgebung, von der es durch seine Systemgrenze getrennt ist.[570] Die Systemgrenze ist dabei nicht zwangsläufig als undurchlässig zu verstehen. Im Gegenteil wirkt über die Systemgrenze hinweg die Umwelt auf das System (Input) und das System wiederum auf die Umwelt (Output) ein. Systeme weisen demnach eine Beziehung zu ihrer Umgebung auf, indem über die Systemgrenzen hinaus eine Interaktion in Form von Material-, Energie- und Informationsaustausch stattfindet.[571] Diese Systeme werden in der Literatur auch als offene Systeme bezeichnet. Demgegenüber spricht man von geschlossenen Systemen, wenn die Beziehungen zwischen den Elementen nur innerhalb der Systemgrenze vorliegen und somit zwischen Systemen und Umwelt keinerlei Wechselbeziehungen stattfinden. Geschlossene Systeme stellen jedoch im Vergleich zu offenen Systemen eine seltene Ausnahme dar.[572] Die nachfolgende Abbildung 4.1 stellt die Struktur und die Elemente eines Systems schematisch dar.

[565] Vgl. Patzak (Systemtechnik), 1982, S. 15; Bruns (Systemtechnik), 1991, S. 2.

[566] Vgl. Bruns (Systemtechnik), 1991, S. 2.

[567] Vgl. Patzak (Systemtechnik), 1982, S. 15; Bruns (Systemtechnik), 1991, S. 30.

[568] Vgl. Patzak (Systemtechnik), 1982, S. 19.

[569] Vgl. Bruns (Systemtechnik), 1991, S. 31.

[570] Vgl. Haberfellner; Weck (Systems Engineering), 2015, S. 5-10.

[571] Vgl. Bossel (Systeme, Dynamik, Simulation), 2004, S. 38.

[572] Vgl. Ulrich (Die Unternehmung als produktives soziales System), 1970, S. 65-69.

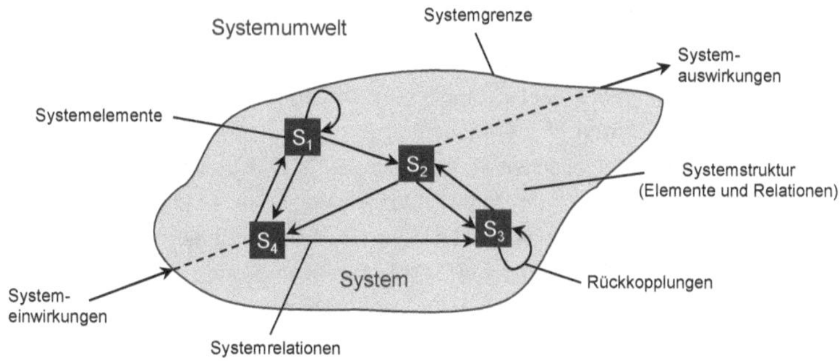


**Abbildung 4.1: Schematische Darstellung der Struktur eines Systems**[573]

Die datengestützte Gestaltung des nachhaltigen Werkzeuglebenszyklus ist durch eine Vielzahl von Elementen innerhalb eines Unternehmens (z. B. eingesetzte Technologien und Mitarbeitende) und außerhalb des Unternehmens (z. B. technologische und demografische Entwicklungen) charakterisiert. Daher wird der nachhaltige Werkzeuglebenszyklus nachfolgend als offenes System betrachtet. Neben den Grundlagen der Systemtheorie beinhaltet die Systemtechnik ein **Vorgehensmodell zur Realisierung einer Systemgestaltung**, welches sich in vier Grundprinzipien unterteilt:

- Vorgehen vom Groben zum Detail: Die großen und übergreifenden Fragestellungen werden zu Beginn erläutert, bevor danach immer detailliertere Probleme betrachtet werden.[574]
- Variantenbildung: Bevor der Lösungsweg ausgewählt und detailliert wird, ist die Schaffung eines Überblicks über bestehende Wege zur Problemlösung erforderlich. Somit wird die Anzahl der Varianten systematisch reduziert und die Lösung des Problems konkretisiert.[575]
- Phasengliederung als Makro-Logik: Der Lösungsweg ist in zeitlich handhabbare und logisch getrennte Teilschritte zu gliedern.[576]
- Problemlösungszyklus als Mikro-Logik: Es wird gemäß dem Problemlösungszyklus vorgegangen, um Problemstellungen in den einzelnen Phasen zu lösen. Hierzu zählen die Schritte Zielsuche, Lösungssuche sowie die damit verbundene Lösungsauswahl.[577]

Die vorgestellten Prinzipien gewährleisten eine Übertragbarkeit ingenieurwissenschaftlicher Methoden auf angrenzende Themengebiete umgekehrt. Die Systemtechnik kann daher als eine Grundlage für die interdisziplinäre Problemlösung verstanden werden.[578]

573 I. A. a. Bossel (Systeme, Dynamik, Simulation), 2004, S. 36.
574 Vgl. Haberfellner; Weck (Systems Engineering), 2015, S. 28-30.
575 Vgl. Haberfellner; Weck (Systems Engineering), 2015, S. 31-34.
576 Vgl. Haberfellner; Weck (Systems Engineering), 2015, S. 35-42.
577 Vgl. Haberfellner; Weck (Systems Engineering), 2015, S. 43-53.
578 Vgl. Bruns (Systemtechnik), 1991, S. 1.

### 4.1.2 Modellierung von Systemen

Während die Systemtheorie übergeordnet eine Erklärung für die Abstraktion von komplexen Sachverhalten gibt, so dienen Modelle zur systematischen Abbildung solcher Systeme sowie zur Reduktion von Komplexität.[579] Der Modellbegriff geht auf den italienischen Begriff „modello“ zurück, der aus dem lateinischen „modulus“ (deut.: Maß) hervorgeht. Seit dem 16. Jahrhundert wird unter einem Modell ein Vorbild, Muster oder Entwurf verstanden. STACHOWIAK deutet den Modellbegriff als vereinfachte Abbildung eines Sachverhalts bzw. eines interessierenden Realitätsausschnitts.[580] Nach der ISO Definition ist ein Modell „die Repräsentation von etwas Anderem [...]“.[581] Ein Modell ist demnach eine abstrahierte Abbildung oder Repräsentation der Realität, welche durch eine vereinfachte Darstellung einzelner Bestandteile eines realen Systems und ihrer Verknüpfung zueinander entsteht.[582] Primäres Ziel der Modellierung ist es, die Komplexität realer Systeme zu beherrschen.[583] Gemäß STACHOWIAK existieren drei charakteristische Hauptmerkmale, die ein Modell kennzeichnen:[584]

- **Abbildungsmerkmal:** Modelle stellen stets eine anschauliche Repräsentation des Originals bzw. der Realität dar. Attribute des Originals werden durch Modellattribute abgebildet.
- **Verkürzungsmerkmal:** Modelle stellen nicht die Gesamtheit aller Attribute des Originals, sondern lediglich einen begrenzten, dem jeweiligen Modellersteller als relevant erachteten Teil der Realität, dar.
- **Pragmatisches Merkmal:** Modelle sind nicht zwangsläufig ihren Originalen zuzuordnen, sondern werden gemäß einer bestimmten Funktion, in einem Zeitintervall und unter bestimmten Einschränkungen für gedankliche oder tatsächliche Operationen eingesetzt.

Bei der Verwendung von Modellen wird in der Literatur zwischen einer Vielzahl von unterschiedlichen Modelltypen unterschieden. Nach PATZAK und LEHNER ET AL. werden die vier Grundtypen von Modellen durch Beschreibungs-, Erklärungs-, Gestaltungs- und Meta-Modelle abgebildet[585], die in der nachfolgenden Abbildung 4.2 dargestellt sind.

[579] Vgl. Zschocke (Modellbildung in der Ökonomie), 1995, S. 218.

[580] Vgl. Stachowiak (Allgemeine Modelltheorie), 1973, S. 129f.

[581] Vgl. Szegheo; Gastinger (Enterprise Modeling Architectures), 2000, S. 21.

[582] Vgl. Patzak (Systemtechnik), 1982, S. 306f.

[583] Vgl. Komorek (Kollaborative Wertschöpfung), 2014, S. 93.

[584] Vgl. Stachowiak (Allgemeine Modelltheorie), 1973, S. 131-133.

[585] Vgl. Patzak (Systemtechnik), 1982, S. 313-316; Lehner et al. (Wirtschaftsinformatik), 2008, S. 29f.

| Beschreibungsmodelle<br>*Was ist etwas?*<br>**Ziel**: Erfassung & Abbildung vorgefundener Zustände eines Systems | Erklärungsmodelle<br>*Warum ist etwas so?*<br>**Ziel**: Hypothesen für das Auftreten bestimmter Zustände eines Systems |
|---|---|
| Gestaltungsmodelle<br>*Was soll sein?*<br>**Ziel**: Handlungsalternativen für optimale Systemzustände bei vorgegebenen Zielsystemen | Meta-Modelle<br>*Was ist relevant?*<br>**Ziel**: Unterstützung der Modellbildung und Benennung der Relevanz |

**Abbildung 4.2: Grundtypen von Modellen**[586]

**Beschreibungsmodelle** bilden vorgefundene Zustände eines Originals durch eine Erfassung konkreter oder auch abstrakter Phänomensysteme ab. Sie liefern jedoch hierbei keine unmittelbare Auskunft über die Voraussetzungen, unter welchen die beschriebenen Zustände aufgetreten oder welche Wirkzusammenhänge als Ursache für das Eintreten der Zustände verantwortlich sind. Beschreibungsmodelle besitzen weiterhin weder wesentliche deduktive noch induktive Schritte. **Erklärungsmodelle** bauen auf Beschreibungsmodellen auf und fokussieren die Förderung des Verständnisses eines Realphänomens. Dazu werden in logisch induktiven Schritten qualitative und quantitative Erklärungen für das Auftreten bestimmter Zustände innerhalb der Realphänomene ermittelt und Voraussetzungen für die Gültigkeit erklärter Zustände zur Verfügung gestellt. Es handelt sich demzufolge bei Erklärungsmodellen um eine auf der Beschreibung von Situationen aufbauenden Hypothesenbildung, die vorwiegend induktive, also vom Einzelfall auf Gesetzmäßigkeiten schließende, Schritte beinhaltet. Dagegen sind **Gestaltungsmodelle** solche Modelle, welche die Realität verändert darstellen. Sie verfolgen den Zweck, durch die Darstellung des angestrebten Zustands eines Systems eine Orientierung für die Umsetzung vom Maßnahmen zu schaffen. Dabei existieren normative Modelle, die einen Handlungsrahmen bereitstellen und eine Leitbildfunktion beinhalten sowie präskriptive Modelle, die vorbildartige Musterfunktionen darstellen. Schließlich sind **Meta-Modelle** als eine Ordnung oder eine systematische Beschreibung von Modellen zu verstehen. Dies bedeutet, dass Meta-Modelle ein übergeordnetes Ziel verfolgen und als Referenzmodell dienen, wodurch die Bildung von anderen Modellen unterstützt wird. Sie können somit als „Modell des Modells" verstanden werden, da sie nicht die Realität, sondern systematisch andere Modelle beschreiben.[587] Zur Erzielung einer hohen Modellqualität muss das zu entwickelnde Modell bestimmte formale Anforderungen erfüllen. Diese allgemeingültigen formalen Anforderungen an Modelle wurden von ROSEMANN ET AL. als **Grundsätze ordnungsgemäßer Modellierung** in einem Rahmenwerk zusammengefasst:[588]

---

[586] I. A. a. Lehner et al. (Wirtschaftsinformatik), 2008, S. 30-32.

[587] Vgl. Patzak (Systemtechnik), 1982, S. 313-316.

[588] Vgl. Rosemann et al. (Vorbereitung der Prozessmodellierung), 2012, S. 49f.

- **Grundsatz der Richtigkeit:** Ein Modell muss eine semantische und syntaktische Richtigkeit aufweisen. So müssen die beschriebene Struktur und das beschriebene Verhalten des dargestellten Realitätsausschnitts unter Einhaltung definierter Notationsregeln korrekt dargestellt sein.
- **Grundsatz der Relevanz**: Ein Modell muss alle für den Sachverhalt relevanten Aspekte beinhalten und gleichzeitig alle Aspekte unberücksichtigt lassen, welche ohne Nutzenverlust aus dem Modell weggelassen werden können.
- **Grundsatz der Wirtschaftlichkeit**: Modelle müssen unter einem angemessenen Nutzen-Aufwand-Verhältnis erstellt werden.
- **Grundsatz der Klarheit**: Ein Modell muss für den Nutzenden verständlich sein, indem es intuitiv lesbar, übersichtlich und strukturiert ist.
- **Grundsatz des systematischen Aufbaus**: Ein Modell muss konsistent aufgebaut sein und definierte Schnittstellen zu korrespondierenden Modellen aufweisen, da durch ein Modell nur ein Teilaspekt eines realen Systems wiedergegeben wird.

Wie zuvor beschrieben und in Abbildung 4.2 dargestellt, gibt es verschiedene Möglichkeiten, sich im Zuge eines Konzepts zur Beantwortung der Forschungsfrage an einem Modell zu bedienen. Die wissenschaftliche Aufarbeitung der unterschiedlichen Modelltypen führt zu dem Ergebnis, dass sich im Folgenden die Anwendung, respektive der Entwurf eines Gestaltungsmodells besonders gut eignet, um eine Lösung für den nachhaltigen Werkzeuglebenszyklus zu entwickeln und abbilden zu können. Da mit dem im Rahmen dieser Arbeit zu entwickelnden Modell Prozesse des Werkzeugbaus im nachhaltigen Werkzeuglebenszyklus gestaltet werden sollen, wird das avisierte Gestaltungsmodell als Prozessmodell bezeichnet.

## 4.2 Merkmale des Prozessmodells

In Kapitel 4.1.2 wurden mit Abbildung, Verkürzung und Pragmatik die wesentlichen Merkmale von Modellen definiert. In den nachfolgenden Kapiteln 4.3 wird das Prozessmodell zunächst konzipiert und anschließend in Kapitel 5 detailliert. Somit wird das Merkmal der **Abbildung** erfüllt. Da im Rahmen eines wissenschaftlichen Gestaltungsmodells nicht alle Elemente eines Systems dargestellt werden, sondern eine Fokussierung auf relevante Ergebnisse stattfindet, ist das Merkmal der **Verkürzung** ebenfalls sichergestellt. Somit wird die Komplexität des Prozessmodells eingegrenzt und für den Anwendenden begreifbar gemacht. Alle relevanten Handlungsfelder des Prozessmodells sollen integriert und eine grundsätzliche Strukturierung vorgenommen werden. Im Sinne der Beherrschbarkeit erfolgt keine detaillierte Prozessmodellierung mit einzelnen Aktivitäten. Für die Beschreibung des Abstraktionsniveaus von Prozessmodellen bietet der MIT Process Compass ein geeignetes Hilfsmittel. Prozessmodelle werden hierbei anhand der zwei Achsen Aggregation und Generalisierung angeordnet.[589] Mit der Festlegung des Auflösungsgrads des Prozessmodells ist die erste der beiden Navigationsachsen des MIT Process Compass, die Aggregation, beschrieben. Die Erläuterung der zweiten Navigationsachse erfolgt im Rahmen der Beschreibung des pragmatischen Merkmals. Nach

[589] Vgl. Winter; Aier (Design Science Research in Business Innovation), 2016, S. 481; Winter (A Framework for Evidence-Based and Inductive Design), 2014, S. 107-115; Malone et al. (Tools for Inventing Organizations), 1999, S. 427f.

STACHOWIAK müssen für die Erreichung von **Pragmatik** die Merkmale reales System, Zielsetzung, Zielgruppe und Zeitraum der Nutzung definiert werden.[590] Diese Merkmale sollen die Fragen beantworten, „wovon etwas Modell ist, für wen, wann und wozu es Modell ist“[591].

### 4.2.1 Reales System

PATZAK definiert vier abgrenzbare Systemtypen zur Überführung der Zielvorstellung in ein reales System. Das Zielsystem stellt das angestrebte Ziel als abstraktes System, d. h. als Handlungsergebnis als Endzustand, dar.[592] Wie in Kapitel 1.3 beschrieben, ist die Entwicklung eines Rahmenwerks zur datengestützten Gestaltung des nachhaltigen Werkzeuglebenszyklus die übergeordnete Zielsetzung der vorliegenden wissenschaftlichen Arbeit. Entsprechend wird der datengestützte, nachhaltige Werkzeuglebenszyklus als Zielsystem verstanden.

Programmsysteme beschreiben die Aktivitäten, die zur Zielerreichung durchgeführt werden. Diese treten oftmals in Form von Aufgaben- oder Vorhabensplänen auf und werden bei einmaliger Durchführung als Projekt bzw. bei mehrmaliger Durchführung als Prozess definiert.[593] Im Kontext der vorliegenden Arbeit werden die in Kapitel 2.3.2 beschriebenen Aktivitäten der industriellen Herstellung und Nutzung von Werkzeugen im Werkzeuglebenszyklus als Programmsystem definiert.

Die Träger der entsprechenden Aktivitäten werden nach PATZAK als Wirksystem definiert. Diese setzen sich im Allgemeinen als sozio-technische Systeme aus belebten Komponenten, und unbelebten Komponenten zusammen.[594] Sozio-technische Systeme können in soziale und technische Teilsysteme unterteilt werden.[595] Während das soziale Teilsystem die Organisationsmitglieder und deren individuelle sowie gruppenspezifische Bedürfnisse umfasst, beschreibt das technische Teilsystem Betriebsmittel sowie technologische und räumliche Bedingungen. Die beiden Teilsysteme sind notwendig, um Primäraufgaben, d. h. Aufgaben, zu deren Bewältigung sozio-technische Systeme geschaffen wurden, zu lösen.[596] Unabhängig von den Aufgaben und Aktivitäten besteht ein sozio-technisches System aus einem Grundgerüst, bestehend aus den Elementen Technologieeinsatz, Humanressourcen und Organisation.[597] Im Kontext der vorliegenden Arbeit werden die Aktivitäten entlang des Werkzeuglebenszyklus von den Mitgliedern der Werkzeugbaubetriebe und mithilfe deren Betriebsmittel sowie technischen Rahmenbedingungen ausgeführt. Die Werkzeugbaubetriebe bilden demnach das Wirksystem.

[590] Vgl. Stachowiak (Allgemeine Modelltheorie), 1973, S. 131-133.
[591] Vgl. Stachowiak (Allgemeine Modelltheorie), 1973, S. 133.
[592] Vgl. Patzak (Systemtechnik), 1982, S. 30f.
[593] Vgl. Patzak (Systemtechnik), 1982, S. 31.
[594] Vgl. Patzak (Systemtechnik), 1982, S. 31.
[595] Vgl. Trist (The evolution of socio-technical systems), 1981, S. 11.
[596] Vgl. Rice (Productivity and social organization), 1958, S. 33.
[597] Vgl. Günther; Tempelmeier (Produktion und Logistik), 2011, S. 6f.

Das Objektsystem beschreibt die Einwirkungsgegenstände, auf die im Rahmen der Aktivitäten entlang des Werkzeuglebenszyklus eingewirkt wird.[598] Als Arbeitsgegenstand der vorliegenden Arbeit können, wie bereits in Kapitel 2.3.2 erläutert, die hergestellten und genutzten Werkzeuge definiert werden.

In Kapitel 2.3.1.2 wurde bereits beschrieben, dass innerhalb der Branche Werkzeugbau Unterschiede zwischen Betrieben in Bezug auf Marktzugang, Mitarbeitendenanzahl sowie Leistungsspektrum existieren. Anhand der Beschreibung der vielzähligen Prozesse und unterschiedlichen Tätigkeiten entlang des Werkzeuglebenszyklus wird allerdings deutlich, dass diese nur in geringem Maße von den zuvor beschriebenen Unterschieden abhängen. Daher ist das System, in welchem die Forschungsergebnisse verwertet werden, sowohl für operative Aufgaben und konkrete Fragestellungen der betrieblichen Praxis als auch unternehmensübergreifend in Unternehmen mit vergleichbaren Rahmenbedingungen gültig. Dies unterstützt eine universelle Anwendbarkeit des Prozessmodells für alle Werkzeugbaubetriebe innerhalb der Branche.

Der Werkzeugbau hat im Werkzeuglebenszyklus sowohl Schnittstellen zur Produktentwicklung als auch zur Serienfertigung. Dies bedeutet, dass zahlreiche Akteure, wie z. B. Lieferanten, Wertschöpfungspartner und Kunden, in den Werkzeuglebenszyklus eingebunden werden. Der Werkzeuglebenszyklus kann daher nicht als geschlossenes System charakterisiert werden, da die besondere Herausforderung des Werkzeugbaus im erfolgreichen Management der Schnittstellen der Lebenszyklusphasen sowie zu den weiteren Akteuren liegt. Aus der Analyse des Betrachtungsbereichs ist demnach festzustellen, dass das System Werkzeuglebenszyklus mit den Phasen Werkzeugentwicklung, -erstellung, -inbetriebnahme, -nutzung und -ausmusterung ein offenes System darstellt.

### 4.2.2 Zielsetzung des Gestaltungskonzepts

Die inhaltliche Zielsetzung des Prozessmodells ist die Darstellung eines anzustrebenden Zielzustands für den nachhaltigen Werkzeuglebenszyklus. In diesem sollen explizit die Chancen der digitalen Vernetzung zur Lösung der aktuellen Herausforderungen der Branche Werkzeugbau im Werkzeuglebenszyklus genutzt werden. Das Prozessmodell soll Anwendenden aus Unternehmen der Branche eine Unterstützung bei der Gestaltung des nachhaltigen Werkzeuglebenszyklus bieten. Damit das Forschungsergebnis erfolgreich umgesetzt werden kann, ergeben sich mehrere Kriterien, die als Rahmenbedingungen für das Prozessmodell zu verstehen sind. Diese Kriterien wurden bereits im dritten Kapitel als Anforderungssystem beschrieben.

Das Prozessmodell soll in Bezug auf die Struktur eine möglichst große Zielgruppe adressieren, die es den Anwendenden erlaubt, einzelne Elemente isoliert betrachten zu können. Folglich sind die Teilelemente des Prozessmodells eindeutig zu definieren, relevante Inhalte aufzuzeigen und die Zusammenhänge zwischen den Gestaltungselementen zu erläutern.

[598] Vgl. Patzak (Systemtechnik), 1982, S. 31f.

### 4.2.3 Zielgruppe des Gestaltungskonzepts

Das Prozessmodell wird für eine Zielgruppe aus der unternehmerischen Praxis ausgelegt. Es soll Werkzeugbaubetrieben ermöglichen, ihren Werkzeuglebenszyklus nachhaltig zu gestalten.

Als **Anwendende** des Forschungsergebnisses gelten alle Personen, die aktiv an der datengestützten Gestaltung des nachhaltigen Werkzeuglebenszyklus beteiligt sind. Hierzu zählen Mitarbeitende aus allen Phasen des Werkzeuglebenszyklus, d. h. sowohl leitende Funktionen eines Werkzeugbaubetriebs als auch Mitarbeitende des Serienproduzenten. Weitere Anwendende des Prozessmodells sind u. a. auch Anbieter von digitalen Plattformen, welche die notwendigen Rahmenbedingungen für die digitale Vernetzung über den Werkzeuglebenszyklus hinweg gewährleisten. Sie sollen das Prozessmodell in der Praxis anwenden. Daher werden konkrete Funktionen oder Positionen nicht explizit benannt. Demnach können alle Beteiligten an der nachhaltigen Umgestaltung des Werkzeuglebenszyklus Anwendende sein. Dies umfasst sowohl die operative Durchführung einzelner Aktivitäten als auch strategische und taktische Fragestellungen.

Die Zielgruppe der **Verwendenden** umfasst alle Personen, die nicht aktiv an der Prozessgestaltung beteiligt sind. Ihnen dient das Prozessmodell zur Schaffung einer einfach verständlichen Orientierung der Prozessabläufe. Hierzu zählen z. B. alle Personen, welche die innerhalb des Prozessmodells erfassten Prozesse durchführen oder Input und Output dieser Prozesse liefern bzw. empfangen. Die Verwendenden des Modells werden somit durch die in Kapitel 2.1.4 dargestellten Anspruchsgruppen repräsentiert. Für das zu entwickelnde Prozessmodell kann die zweite Navigationsachse des MIT Process Compass zur Klassifizierung von Prozessmodellen genutzt werden, die den Grad der Spezialisierung bzw. Generalisierung beschreibt. Beispielsweise kann das Prozessmodell generalistisch für verschiedene Industrien, für speziell eine Industrie oder nur speziell für ein Unternehmen definiert werden.[599] Das in der vorliegenden Arbeit zu entwickelnde Prozessmodell soll als generalistisches Modell für alle Typen von Werkzeugbaubetrieben gelten.

### 4.2.4 Zeitraum der Nutzung

Der Zeitraum der Nutzung des Prozessmodells ist nicht begrenzt, da sich die Notwendigkeit der Anwendung aus dem aktuellen Handlungsbedarf aus der Praxis ergibt. Solange dieser Handlungsbedarf nachgewiesen werden kann, kann eine Anwendung des avisierten Prozessmodells erfolgen. Die in Kapitel 2 dargestellten Grundlagen sowie die in Kapitel 3 aufgezeigten wissenschaftlichen Ansätze unterliegen jedoch einem stetigen Wandel. Der Zeitraum der Nutzung wird daher beendet, wenn zukünftige Entwicklungen in der Branche Werkzeugbau oder im Werkzeuglebenszyklus dazu führen, dass das Prozessmodell gänzlich oder in Teilaspekten nicht mehr zutreffend ist. Dieser Zeitpunkt ist aus heutiger Perspektive jedoch nicht konkret

[599] Vgl. Winter; Aier (Design Science Research in Business Innovation), 2016, S. 481; Winter (A Framework for Evidence-Based and Inductive Design), 2014, S. 107-115; Malone et al. (Tools for Inventing Organizations), 1999, S. 427f.

absehbar. Eine zentrale Aufgabe der wissenschaftlichen Forschung ist es daher, die Korrektheit des Lösungsansatzes zu hinterfragen und den Einsatz neuer Technologien bzw. von neuem Wissen kontinuierlich zu prüfen.

## 4.3 Herleitung und Konzeption des Prozessmodells

Nachdem im Kapitel 4.1 die Grundlagen der Modellierung beschrieben und in Kapitel 4.2 die Merkmale des avisierten Prozessmodells hergeleitet wurden, fokussiert das nachfolgende Kapitel die inhaltliche Entwicklung des Prozessmodells zur datengestützten Gestaltung des nachhaltigen Werkzeuglebenszyklus. Auf Basis der in den Kapiteln 2 und 3 definierten Anforderungen an das Prozessmodell werden zur Realisierung des Zielzustands einzelne Gestaltungselemente hergeleitet. Die jeweiligen Gestaltungselemente dienen zur Strukturierung des Prozessmodells und beinhalten zusammenhängende Gestaltungsempfehlungen für den nachhaltigen Werkzeuglebenszyklus. Die notwendige Ausgestaltung und Detaillierung der einzelnen Elemente wird im folgenden Kapitel vorgenommen. Zur Sicherstellung der Vollständigkeit sowie der Relevanz der Gestaltungselemente des Prozessmodells ist zunächst eine theoretische Grundlage erforderlich, anhand derer nachfolgend die Herleitung der Gestaltungselemente durchgeführt wird.

### 4.3.1 Theoretische Grundlage der Herleitung

Die Herleitung und Strukturierung einzelner Gestaltungselemente des Prozessmodells kann basierend auf den in Kapitel 2 dargestellten Grundlagen, den dargestellten Ansätzen sowie den in Kapitel 3 abgeleiteten Forschungsfragen erfolgen. Anhand dieser muss die Struktur des Prozessmodells folgende Elemente abbilden können:

- Elemente zur Abbildung von Zielsystem und Wechselwirkung
- Elemente zur Abbildung einer Systematik zur Bewertung der Nachhaltigkeit
- Elemente zur Abbildung der notwendigen Daten und Systeminfrastruktur
- Elemente zur Abbildung nachhaltiger Leistungen und Wertschöpfung

Insbesondere aufgrund der Abbildung der informationstechnischen Aspekte zur Adressierung der oftmals unterentwickelten Informationsverfügbarkeit im Kontext der Nachhaltigkeit eignet sich das Konzept **Architektur integrierter Informationssysteme (ARIS)** nach SCHEER als Ordnungsrahmen. Das Konzept wurde in den 1990er Jahren als Metamodell zur Entwicklung und EDV-technischen Umsetzung von integrierten Anwendungssystemen entwickelt.[600] ARIS stellt ein in der Praxis etabliertes Modellierungswerkzeug zur Abbildung und Optimierung von Geschäftsprozessen dar, mit dem wesentlichen Vorteil der einfachen, jedoch ganzheitlichen Strukturierung zur Geschäftsprozessbeschreibung.[601] Darüber hinaus bildet ARIS einen ein-

[600] Vgl. Scheer (ARIS), 1998, S. 1-9; Scheer (Vom Geschäftsprozess zum Anwendungssystem), 2002, S. 1-9.

[601] Vgl. Gadatsch (Grundkurs Geschäftsprozess-Management), 2020, S. 4; Seidlmeier (Prozessmodellierung mit ARIS), 2019, S. 9-17.

heitlichen Bezugsrahmen zur Unternehmensgestaltung, welcher sowohl betriebswirtschaftliche als auch informationstechnische Aspekte umfasst.[602] Die Strukturierung von Prozessmodellen erfolgt entsprechend des ARIS-Konzepts in fünf verschiedenen Sichten:[603]

- **Funktionssicht:** Die Funktionssicht beschreibt einzelne Vorgänge und Tätigkeiten, welche Input- und Output-Leistungen transformieren und dabei bestimmte Ziele verfolgen.
- **Steuerungssicht:** Die Steuerungs- bzw. Prozesssicht definiert die Beziehungen zwischen den anderen Sichten und ermöglicht eine ganzheitliche Prozessdarstellung und -kontrolle.
- **Leistungssicht:** Die Leistungssicht umfasst alle in der Funktionssicht verarbeiteten Input- und Output-Leistungen.
- **Organisationssicht:** Die Organisationssicht bildet die Aufbauorganisation von an einem Prozess beteiligten Organisationseinheiten ab. Dies umfasst sowohl menschliche als auch maschinelle Organisationseinheiten.
- **Datensicht:** Die Datensicht umfasst alle Umfelddaten sowie Input- und Output-Informationen, die durch die Funktionen verarbeitet oder erzeugt werden.

Auf Basis dieser fünf Sichten kann nachfolgend das Grobkonzept des Prozessmodells wissenschaftlich fundiert strukturiert werden. Mithilfe des ARIS-Modells wird bei der Herleitung der einzelnen Gestaltungselemente des Prozessmodells die Ganzheitlichkeit sichergestellt. Somit werden alle relevanten Gestaltungselemente berücksichtigt, wobei keine irrelevanten Gestaltungselemente betrachtet werden. Die nachfolgende Abbildung 4.3 stellt die Anwendung des ARIS-Modells für den vorliegenden Fall schematisch dar. Dabei werden aus dem in Kapitel 1 und 2 hergeleiteten und nicht lösungsorientierten Gestaltungsbereich zunächst einzelne Gestaltungselemente abgeleitet. Anschließend werden die einzelnen Gestaltungselemente zu einem zusammenhängenden Gestaltungsmodell zusammengefügt. Aufgrund der Zielsetzung der vorliegenden Arbeit wird für die Visualisierung des avisierten Prozessmodells abweichend zur Darstellung nach SCHEER eine zirkuläre Darstellung gewählt. Diese Darstellungsform ist auf die Konventionen der EUROPEAN ENVIRONMENT AGENCY zurückzuführen und dient sowohl in der wissenschaftlichen Literatur als auch in der Praxis als Vorlage zur Visualisierung von Kreislaufkonzepten.[604]

[602] Vgl. Scheer (ARIS), 1998, S. 1-9.

[603] Vgl. Scheer (Vom Geschäftsprozess zum Anwendungssystem), 2002, S. 33-37.

[604] Vgl. European Environment Agency (Circular by design), 2017, S. 5-8.

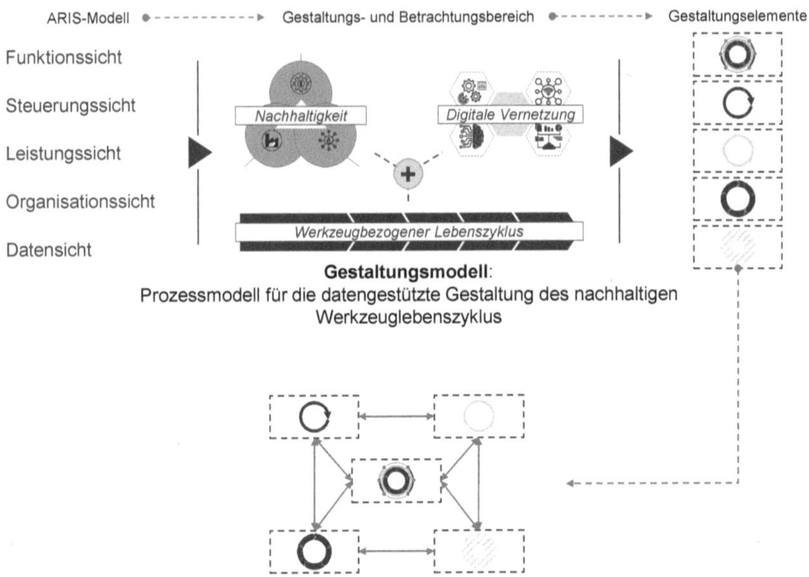


**Abbildung 4.3: Schema zur Herleitung des Prozessmodells mittels des ARIS-Modells**[605]

Nachfolgend erfolgt eine Betrachtung des zu entwickelnden Prozessmodells aus jeder der fünf ARIS-Sichten. Für jede der Sichten werden die relevanten Inhalte in Bezug auf die Problemstellung und unter Berücksichtigung der definierten Anforderungen ermittelt. Aufbauend darauf erfolgt anschließend jeweils die Ableitung von Gestaltungselementen für das Prozessmodell zur datengestützten Gestaltung des nachhaltigen Werkzeuglebenszyklus.

### 4.3.2 Betrachtung des Prozessmodells aus Funktionssicht

Auf oberster Ebene muss das Prozessmodell die Ziele an die datengestützte Gestaltung des nachhaltigen Werkzeuglebenszyklus abbilden. Diese Forderung ergibt sich aus der Funktionssicht des ARIS-Modells, da alle Funktionen eines Geschäftsprozesses im Kern unterschiedliche Ziele unterstützen und durch diese gesteuert werden.[606]

Die nachhaltige Entwicklung des Werkzeuglebenszyklus unterliegt zahlreichen unternehmensinternen sowie externen Einflüssen und Anforderungen. Dementsprechend ist es für das vorliegende Prozessmodell essenziell, zunächst die relevanten **Stakeholder** entlang des Werkzeuglebenszyklus zu identifizieren und zu priorisieren. Aufgrund der Marktdynamik sowie der gesamtwirtschaftlichen Lage sind die entsprechenden **treibenden Faktoren** zu ermitteln, welche die Anforderungen der Stakeholder beeinflussen. Darauf aufbauend sind, angelehnt an

[605] Eigene Darstellung

[606] Vgl. Scheer (Vom Geschäftsprozess zum Anwendungssystem), 2002, S. 36.

die strategischen Erfolgspositionen nach PÜMPIN[607], **nachhaltige Erfolgspositionen (NEP)**, also von den Stakeholdern wahrnehmbare Differenzierungsmerkmale im Kontext der Nachhaltigkeit, zu definieren. Diese gewährleisten eine langfristige und erfolgreiche strategische Ausrichtung der Werkzeugbaubetriebe. Für die Operationalisierung der NEP bedarf es jedoch weiterhin spezifischer und messbarer Nachhaltigkeitsziele. Diese aus den NEP abgeleiteten Ausprägungen müssen in einem hierarchischen **Zielsystem** strukturiert und hinsichtlich ihrer Interdependenzen analysiert werden. Nachfolgende Abbildung 4.4 zeigt die Gestaltungsaspekte des Gestaltungselements *Nachhaltigkeitsziele*.

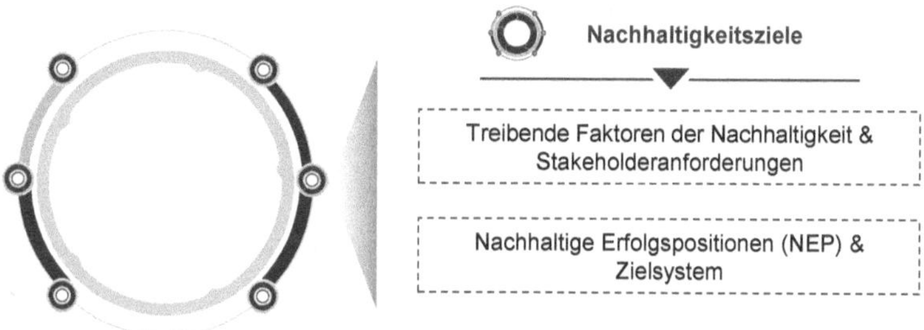


**Abbildung 4.4: Gestaltungselement Nachhaltigkeitsziele[608]**

Die Funktionssicht des Prozessmodells stellt mit den definierten Nachhaltigkeitszielen gemäß des ARIS-Modells die Basis zur Gestaltung des nachhaltigen Werkzeuglebenszyklus und beschreibt somit die übergeordneten Ziele für die weiteren Gestaltungselemente.

### 4.3.3 Betrachtung des Prozessmodells aus Steuerungssicht

Die Steuerungssicht des Prozessmodells zur datengestützten Gestaltung des nachhaltigen Werkzeuglebenszyklus adressiert die Prozessdarstellung und insbesondere die Prozesskontrolle. Das Ziel ist gemäß des ARIS-Modells die Entwicklung einer Steuerungs- und Bewertungssystematik hinsichtlich der Erreichung der hergeleiteten NEP sowie der Nachhaltigkeitsziele.[609]

Die Adressierung der Nachhaltigkeitsziele sowie die kontinuierliche Steigerung der Nachhaltigkeitsleistung setzt voraus, dass der Status quo der nachhaltigen Entwicklung anforderungsgerecht erfasst, visualisiert und kommuniziert wird. Werkzeugbaubetriebe müssen daher zunächst geeignete Kenngrößen zur ökonomischen, ökologischen und sozialen Bewertung der Ziele definieren sowie ein transparente und vergleichbare Berichtserstattung gegenüber den Stakeholdern gewährleisten. Dementsprechend muss für das vorliegende Prozessmodell zunächst eine geeignete **Modellarchitektur für die Bewertung** entwickelt werden.

Anschließend sind die notwendigen Bewertungskriterien aus den identifizierten Anforderungen und Zielausprägungen zu definieren. Das **Kriteriensystem** muss durch ein entsprechendes

607 Vgl. Pümpin (Management strategischer Erfolgspositionen), 1986, S. 34.

608 Eigene Darstellung

609 Vgl. Scheer (Vom Geschäftsprozess zum Anwendungssystem), 2002, S. 66-70.

**Indikatorensystem** ergänzt werden, da nicht alle Aspekte der Nachhaltigkeit unmittelbar quantitativ messbar sind. Hierbei müssen die Bewertungskriterien und -indikatoren den gesamten Lebenszyklus abbilden, da gemäß ARIS keine der weiteren Sichten den Geschäftsprozess ganzheitlich abbilden kann.[610] Die Anwendung des Kriterien- und Indikatorensystems gewährleistet entsprechend eine übergeordnete Prozesskontrolle im Werkzeuglebenszyklus. Abschließend umfasst die Steuerungssicht eine **anforderungsgerechte Bereitstellung der Bewertungsergebnisse** für den Anwendenden. Diese ermöglicht eine reaktive Steuerung der Prozesse auf Basis der Ergebnisse der Prozesskontrolle. Zur Kommunikation der Ergebnisse an die relevanten Stakeholder wird die anforderungsgerechte Ergebnisbereitstellung um Methoden der Berichtserstattung ergänzt. Die nachfolgende Abbildung 4.5 visualisiert die drei Gestaltungsaspekte des Gestaltungselements *Kontinuierliche Lebenszyklusbewertung*.

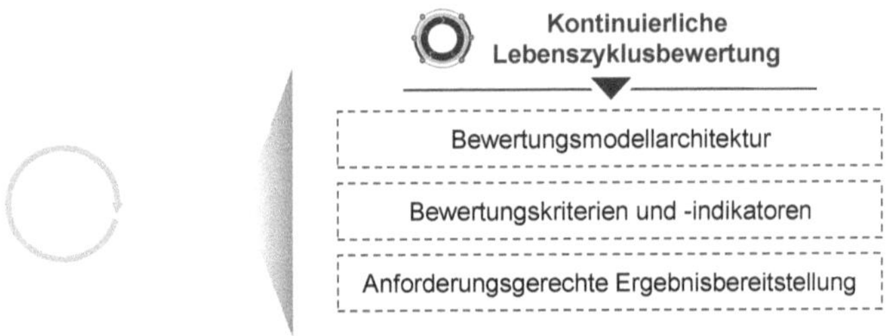


**Abbildung 4.5: Gestaltungselement Kontinuierliche Lebenszyklusbewertung[611]**

Die auf der Funktionssicht aufbauende Steuerungssicht liefert die notwendige Transparenz hinsichtlich der aktuellen Nachhaltigkeitsperformance und zeigt somit den Handlungsbedarf für die reaktive Steuerung und Gestaltung der Produkt-Service-Systeme sowie der Wertschöpfung des Werkzeugbaus auf.

### 4.3.4 Betrachtung des Prozessmodells aus Leistungssicht

Die Leistungssicht des Prozessmodells zur datengestützten Gestaltung des nachhaltigen Werkzeuglebenszyklus adressiert die Entwicklung einer Struktur eines nachhaltigen Leistungssystems, welches insbesondere die Input- und Output-Leistungen des Werkzeugbaus fokussiert.[612] Das Ziel ist es, die Potenziale in der Nutzungsphase des Werkzeuglebenszyklus zu heben, indem mithilfe verschiedener Nachhaltigkeitsleistungen bspw. Emissionen oder Ressourcen während des Einsatzes des Werkzeugs reduziert werden.

Weiterhin müssen die Anforderungen der Stakeholder, insbesondere der Kunden, nach nachhaltigen Produkten und Dienstleistungen befriedigt werden. Dementsprechend erfolgt für das vorliegende Prozessmodell zunächst eine **Konzeption von Leistungsmodulen**, mithilfe derer

[610] Vgl. Scheer (Vom Geschäftsprozess zum Anwendungssystem), 2002, S. 16.

[611] Eigene Darstellung

[612] Vgl. Scheer (Vom Geschäftsprozess zum Anwendungssystem), 2002, S. 13f.

verschiedene Leistungen entlang des Werkzeuglebenszyklus dargestellt werden. Die Leistungsmodule können je nach Anforderungen in unterschiedlichen Leistungsbaukästen zusammengefasst werden. Daher erfolgt anhand der Nutzenpotenziale des Werkzeugbaus, welche von den Nachhaltigkeitszielen abgeleitet werden können, die zielgerichtete **Auswahl der Leistungsmodule** und eine Zusammenfassung dieser in spezifischen Leistungsbaukästen. Abschließend müssen die Leistungsmodule für die konkrete Anwendung spezifiziert sowie in einem ganzheitlichen Leistungssystem verknüpft und modelliert werden. Das Ziel der **Spezifizierung und Verknüpfung der Leistungsmodule** ist demnach die Beschreibung der notwendigen Prozesse zur Umsetzung der Leistung zwischen Kunde und Werkzeugbaubetrieb. Die nachfolgende Abbildung 4.6 visualisiert die drei Gestaltungsaspekte des Gestaltungselements *Nachhaltigkeitsleistung*.

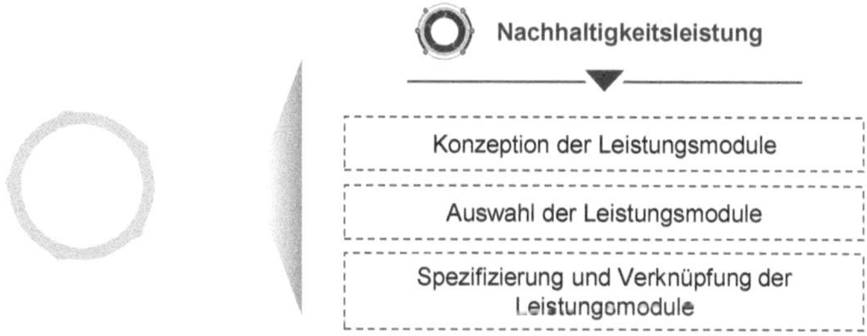


**Abbildung 4.6: Gestaltungselement Nachhaltigkeitsleistung**[613]

Die auf den Nachhaltigkeitszielen aufbauende Leistungssicht adressiert die in der kontinuierlichen Lebenszyklusbewertung identifizierten Potenziale, insbesondere in der Phase der Werkzeugnutzung. Sie bietet einen Ordnungsrahmen für die Entwicklung nachhaltiger Produkte und Dienstleistungen entlang des Werkzeuglebenszyklus und stellt indirekt Anforderungen an die Gestaltung der entsprechenden Wertschöpfung der Funktionssicht.

### 4.3.5 Betrachtung des Prozessmodells aus Organisationssicht

Die Organisationssicht des Prozessmodells zur datengestützten Gestaltung des nachhaltigen Werkzeuglebenszyklus adressiert die Gestaltung einer nachhaltigen Wertschöpfung. Gemäß SCHEER werden in dieser Sicht Organisationseinheiten gebildet, die bestimmte Aufgabenträger umfassen und spezifische Prozesse mithilfe von menschlichen und maschinellen Ressourcen bearbeiten.[614] Zur Adressierung der im Rahmen der kontinuierlichen Lebenszyklusbewertung identifizierten Handlungsbedarfe erfolgt im Rahmen dieses Gestaltungselements demnach eine Umgestaltung der Wertschöpfung im Werkzeugbau mitsamt aller unternehmerischen Prozesse, Ressourcen und Organisationsstrukturen.

[613] Eigene Darstellung

[614] Vgl. Scheer (Vom Geschäftsprozess zum Anwendungssystem), 2002, S. 36.

Unter Berücksichtigung des notwendigen Systemprozesses für die in der Leistungssicht definierten Nachhaltigkeitsleistungen erfolgt zunächst eine Konzeption des **zirkulären Auftragsabwicklungsprozesses**, welcher gegenüber dem klassischen Auftragsabwicklungsprozess im Werkzeugbau den gesamten Lebenszyklus umfasst. Hierbei werden die relevanten Inputfaktoren für den Transformationsprozess des Werkzeugbaus berücksichtigt, mithilfe geeigneter Maßnahmen nach Gesichtspunkten der Öko- und Sozio-Effizienz optimiert und in dem Zielbild der **ökoeffektiven Werkzeugfabrik** zusammengefasst. Abschließend bedarf es einer anforderungsgerechten **Organisationsstruktur**, die eine kontinuierliche sowie ganzheitliche Integration und Umsetzung des Nachhaltigkeitsmanagements gewährleistet. Die nachfolgende Abbildung 4.7 stellt die drei Gestaltungsaspekte des Gestaltungselements *Nachhaltige Wertschöpfung* dar.

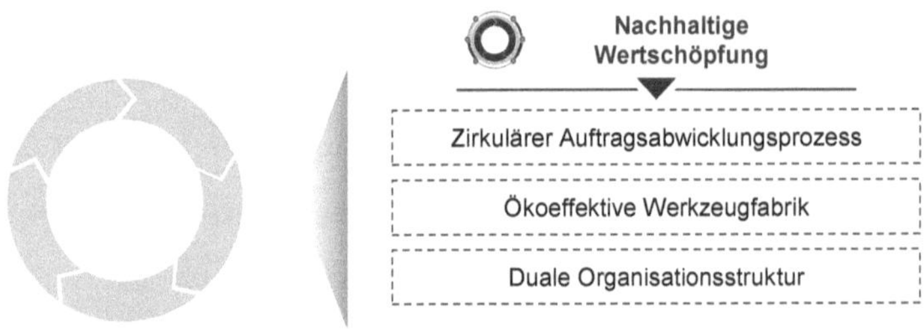


**Abbildung 4.7: Gestaltungselement Nachhaltige Wertschöpfung**[615]

Die auf den Nachhaltigkeitszielen aufbauende Funktionssicht adressiert die im Rahmen der kontinuierlichen Lebenszyklusbewertung identifizierten Potenziale, insbesondere in den Phasen der Werkzeugentwicklung und -erstellung. Sie bietet einen Ordnungsrahmen für die Gestaltung der Wertschöpfung im Werkzeugbau mitsamt aller Prozesse, Ressourcen sowie der Organisationsstruktur. Somit befähigt sie die Entwicklung und Umsetzung der Nachhaltigkeitsleistungen und stellt gleichermaßen Anforderungen an die Datensicht.

### 4.3.6 Betrachtung des Prozessmodells aus Datensicht

Die Umsetzung einer nachhaltigen Entwicklung scheitert derzeit maßgeblich an mangelnder Transparenz sowie ganzheitlichem Verständnis für die Struktur und die Einflüsse im Werkzeuglebenszyklus. Die Datensicht des Prozessmodells zur datengestützten Gestaltung des nachhaltigen Werkzeuglebenszyklus adressiert daher die Schaffung der notwendigen Transparenz als Basis für die nachhaltige Entwicklung in den zuvor beschriebenen Gestaltungselementen.[616]

Zur Erfüllung dieser Anforderung muss eine Definition notwendiger Daten und deren Abhängigkeiten entlang des Werkzeuglebenszyklus erfolgen sowie eine digitale Infrastruktur zum Datenmanagement geschafft werden. Die klassischen aus der Arbeitsumgebung stammenden

[615] Eigene Darstellung

[616] Vgl. Scheer (Vom Geschäftsprozess zum Anwendungssystem), 2002, S. 36.

Daten werden zumeist in Applikationssoftwaresystemen erzeugt und gepflegt. Aufgrund der ganzheitlichen Betrachtung des Werkzeuglebenszyklus wächst die erzeugte Datenmenge sowie deren Komplexität drastisch an. Daher ist im Rahmen des Gestaltungselements digitaler Schatten eine Datenmodellierung mithilfe eines **lebenszyklusübergreifenden Datenmodells** notwendig. Weiterhin basiert ein nachhaltiger Werkzeuglebenszyklus auf einem effizienten Datenaustausch, indem Daten zum richtigen Zeitpunkt, im richtigen Format und am richtigen Ort bereitgestellt werden. Daher ist im Zuge der digitalen Vernetzung eine leistungsstarke digitale Infrastruktur notwendig, die, neben der Einbindung entsprechender Datenquellen, einen systemübergreifenden Datenaustausch und -zugriff sowie die anschließende Datenanalyse ermöglicht. Angelehnt an die Struktur des Internet of Production nach SCHUH ET AL.[617] wird die Ausgestaltung dieser digitalen Infrastruktur im Rahmen des Gestaltungsaspekts **lebenszyklusübergreifende Datenaggregation und -verknüpfung** thematisiert.

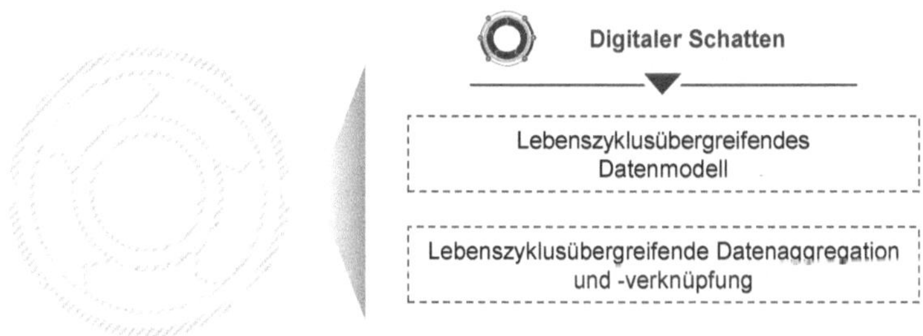


**Abbildung 4.8: Gestaltungselement digitaler Schatten[618]**

Die Datensicht schafft mithilfe des digitalen Schattens somit die notwendige Transparenz für die nachhaltige Entwicklung des Werkzeuglebenszyklus. Sie bietet einen Ordnungsrahmen zur Strukturierung und Modellierung der Daten und zeigt die Gestaltung der notwendigen digitalen Infrastruktur auf.

## 4.4 Synthese der Gestaltungselemente zu einem Prozessmodell

Mithilfe der Betrachtung des Prozessmodells aus den fünf verschiedenen Sichten des ARIS-Modells konnten einzelne Gestaltungselemente strukturiert und ganzheitlich hergeleitet werden. Insgesamt wurden fünf Gestaltungselemente definiert. Diese Gestaltungselemente stellen jeweils einzeln für sich Elemente des Prozessmodells für die datengestützte Gestaltung des nachhaltigen Werkzeuglebenszyklus dar. Sie stehen dabei in einem direkten Zusammenhang zueinander. Auf Basis der Zusammenhänge aller fünf Gestaltungselemente können diese in zu einem zusammenhängenden Prozessmodell verbunden werden.

Basis des Prozessmodells ist der Werkzeuglebenszyklus, welcher angelehnt an den Ansatz des zyklischen Lebenszyklusmodells als Kreislauf dargestellt ist.[619] Dieser Ansatz betrachtet

[617] Vgl. Schuh et al. (Change Request im Produktionsbetrieb), 2017, S. 121.

[618] Eigene Darstellung

[619] Vgl. European Environment Agency (Circular by design), 2017, S. 8.

weniger den spezifischen Lebensweg einer Produkteinheit, sondern vielmehr die Stoffströme, die mit dem Werkzeug zusammenhängen.

Die Entsorgungsphase wird im Idealfall durch eine Recyclingphase ersetzt, sodass ein Kreislauf entsteht. So kann nach jeder Phase des Werkzeuglebenszyklus ein rückführender Stoffstrom in eine vorherige Phase entstehen.[620] Ausgangssituation für die datengestützte Gestaltung des nachhaltigen Werkzeuglebenszyklus stellt die Identifikation der Stakeholderanforderungen anhand der ESG-Faktoren dar. Daraus muss der Werkzeugbau gemäß der Funktionssicht des ARIS-Modells konkrete **Nachhaltigkeitsziele** ableiten, die eine nachhaltige Entwicklung ermöglichen. Die der Steuerungssicht zugeordnete **kontinuierliche Lebenszyklusbewertung** liefert auf die Nachhaltigkeitsziele abgestimmte Handlungsempfehlungen. Deren Adressierung gewährleistet gemäß der Leistungssicht einerseits mithilfe von anforderungsgerechten **Nachhaltigkeitsleistungen** eine Steigerung der Nachhaltigkeitsperformance in der Nutzungsphase der Werkzeuge. Anderseits dient eine **nachhaltige Wertschöpfung** durch die Umgestaltung von Prozessen, Organisationsstrukturen und Ressourcen gemäß der Organisationssicht einer Verbesserung der Nachhaltigkeitsperformance insbesondere in Werkzeugentwicklung und -erstellung. Der **digitale Schatten** des Werkzeuglebenszyklus dient dazu, Transparenz zu schaffen und die hohe Komplexität der Prozessabläufe beherrschbar zu machen. Hierzu werden Potenziale der digitalen Vernetzung genutzt, um den Anwendenden unter Einbezug aller vorliegenden Informationen eine Entscheidungsunterstützung in der Gestaltung des nachhaltigen Werkzeuglebenszyklus zu bieten.

Werkzeugbaubetriebe müssen die fünf hergeleiteten Gestaltungselemente spezifisch auf ihre jeweilige Situation anpassen und zur Verwirklichung eines nachhaltigen Werkzeuglebenszyklus ausgestalten. Das Prozessmodell ist dabei als Gestaltungsmodell zu verstehen, welches übergeordnete Gestaltungselemente und darin jeweils Gestaltungsaspekte aufzeigt. Es ist durch den Anwender für seine individuelle Situation zu adaptieren und zu einem spezifischen Modell auszuformulieren.[621] Abbildung 4.9 visualisiert die Gesamtstruktur des Prozessmodells mitsamt der fünf definierten Gestaltungselemente.

---

[620] Vgl. Köhlscheid (Lebenszyklusorientierte Produktgestaltung), 1999, S. 25f.; Michalas (Nachhaltige Nutzungskonzepte), 2003, S. 33.

[621] Vgl. Friedli (Technologiemanagement), 2006, S. 21.

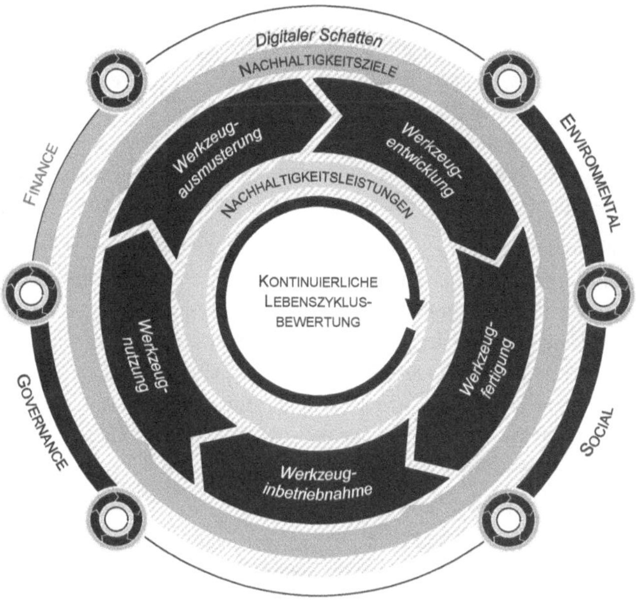


**Abbildung 4.9: Gesamtstruktur des Prozessmodells**[622]

## 4.5 Zwischenfazit und kritische Reflexion

Im Rahmen der Konzeption des Prozessmodells zur datengestützten Gestaltung des nachhaltigen Werkzeuglebenszyklus soll die eingangs im Rahmen von Kapitel 1.3 definierte handlungsleitende Forschungsfrage beantwortet werden. Diese lautet:

**Wie muss ein Prozessmodell zur datengestützten Gestaltung des nachhaltigen Werkzeuglebenszyklus ausgelegt werden?**

Das in Kapitel 4.3 konzeptionierte und in Kapitel 4.4 synthetisierte Prozessmodell beantwortet diese Forschungsfrage. Angelehnt an die fünf Sichten des ARIS-Modells besteht das entsprechende Prozessmodell aus den fünf Gestaltungselementen Nachhaltigkeitsziele, kontinuierliche Lebenszyklusbewertung, Nachhaltigkeitsleistungen, nachhaltige Wertschöpfung sowie digitaler Schatten des Werkzeuglebenszyklus. Bevor im nachfolgenden Kapitel 5 das hergeleitete Prozessmodell inhaltlich detailliert wird, erfolgt in diesem Zwischenfazit eine kritische Bewertung des Prozessmodells. Hierzu wird geprüft, ob die in Kapitel 3.1.2 definierten Anforderungen durch das Prozessmodell erfüllt werden. Die definierten Anforderungen sind in Abbildung 4.10 dargestellt.

622 Eigene Darstellung

Das konzeptionierte Prozessmodell erfüllt die Anforderungen nach **Relevanz im Gestaltungsbereich** im Hinblick auf den Bezug zur digitalen Vernetzung und die Erzielung von Nachhaltigkeit. Die Basis des Prozessmodells ist die Adressierung der aus den Stakeholderanforderungen abgeleiteten Nachhaltigkeitsziele. Darauf aufbauend werden Maßnahmen und Möglichkeiten beschrieben, die eine Erfüllung der Ziele entlang des Werkzeuglebenszyklus thematisieren. Zudem wird ein lebenszyklusübergreifender digitaler Schatten entwickelt, wodurch der Bezug zur digitalen Vernetzung als Treiber der Nachhaltigkeit gewährleistet ist.

Die Anforderungen der **Relevanz im Betrachtungsbereich** im Hinblick auf die Eignung für die Einzel- und Kleinserienfertigung sowie die Betrachtung unterschiedlicher Unternehmensrandbedingungen sind ebenfalls erfüllt. Die Konzeption des Prozessmodells erfolgt explizit für die Branche Werkzeugbau. Die Ausgestaltung des Gestaltungselements Nachhaltigkeitsleistung wurde entsprechend der Produkte und Dienstleistungen in der Branche Werkzeugbau durchgeführt. Daher ist das Prozessmodell in hohem Maße für die Unikat- und Kleinserienfertigung geeignet. Durch die offene Gestaltung der kontinuierlichen Lebenszyklusbewertung sowie des modularen Aufbaus des Prozessmodells ist der entwickelte Ansatz an unterschiedliche Unternehmensrandbedingungen anpassbar.

Das konzeptionierte Prozessmodell erfüllt die Anforderungen der **Übertragbarkeit hinsichtlich der Anwendbarkeit**. Der Aufbau des Prozessmodells ist am bewährten ARIS-Modell in den fünf Sichten Funktionssicht, Steuerungssicht, Leistungssicht, Organisationssicht und Datensicht nach SCHEER[623] orientiert. Demzufolge besitzt das Prozessmodell eine logische Struktur. Diese stellt sicher, dass die einzelnen Elemente logisch aufeinander aufbauen und durch die klare Formulierung von Teilergebnissen eine teilweise Anwendung des Prozessmodells entsprechend der unternehmensindividuellen Anforderungen ermöglicht wird. Das Prozessmodell ist somit konkret und praktikabel. Umfangreiche Gestaltungsempfehlungen sowie Anwendungs- und Umsetzungsbeispiele müssen daher darüber hinaus in Kapitel 5 und 6 ausgeführt werden.

Die Anforderungen der **Übertragbarkeit hinsichtlich der Auslegung** sind ebenfalls vollständig erfüllt. Das Gestaltungselement kontinuierliche Lebenszyklusbewertung definiert die notwendigen Kriterien und Indikatoren einer Nachhaltigkeitsbewertung in einem Indikatorenkatalog. Das lebenszyklusübergreifende Datenmanagement wird mithilfe des Gestaltungselements digitaler Schatten vollumfänglich adressiert. Die Nachhaltigkeit der Wertschöpfung sowie die Nachhaltigkeit im Leistungsangebot werden ebenfalls in den jeweils gleichnamigen Gestaltungselementen ausgestaltet. Folglich werden alle erforderlichen Themenfelder im Prozessmodell berücksichtigt.

[623] Vgl. Scheer (ARIS), 1998, S. 21.

**Abbildung 4.10: Anforderungen an ein Prozessmodell zur datengestützten Gestaltung des nachhaltigen Werkzeuglebenszyklus**[624]

Das konzeptionierte Prozessmodell erfüllt demnach alle Anforderungen an ein Prozessmodell zur datengestützten Gestaltung des nachhaltigen Werkzeuglebenszyklus. Im Folgenden wird dargelegt, dass das konzeptionierte Prozessmodell ebenfalls die im Rahmen von Kapitel 3.5 detaillierten Teilforschungsfragen beantwortet:

**Welche relevanten Ziele und Teilziele können in diesem Kontext identifiziert werden und welche Wechselwirkungen bestehen?**

Das Gestaltungselement Nachhaltigkeitsziele adressiert die Definition eines Zielsystems inklusive der gegenseitigen Wechselwirkungen. In Kapitel 5.1 muss gemäß der Funktionssicht des ARIS-Modells ein Zielsystem definiert und detailliert werden, mithilfe dessen Werkzeugbaubetriebe Antworten auf die unterschiedlichen Stakeholderanforderungen liefern können.

**Wie kann die Nachhaltigkeitsperformance entlang des Werkzeuglebenszyklus bewertet und die notwendigen Daten und Systeminfrastruktur abgeleitet werden?**

Das Gestaltungselement kontinuierliche Lebenszyklusbewertung dient der Einordnung der aktuellen Nachhaltigkeitsperformance und somit der Zielerreichung entlang des Werkzeuglebenszyklus. Hierfür müssen in Kapitel 5.2 spezifische Kriterien und Indikatoren zur Nachhaltigkeitsbewertung definiert und eine anforderungsgerechte Ergebnisbereitstellung als Entscheidungsunterstützung für den Anwender entwickelt werden. Das Gestaltungselement digitaler Schatten liefert die notwendige Transparenz über relevante Umwelt- und Bearbeitungsdaten entlang des Werkzeuglebenszyklus. Hierzu sind in Kapitel 5.5 sowohl das entsprechende Datenmodell als auch die notwendige Systeminfrastruktur auszulegen.

[624] Eigene Darstellung

**Wie sind die Prozesse des Werkzeugbaus zu gestalten, um die Nachhaltigkeitsperformance in der Werkzeugherstellung zu steigern?**

Mit dem Gestaltungselement nachhaltige Wertschöpfung werden gemäß der Organisationssicht des ARIS-Modells die Prozesse, Ressourcen sowie die Organisationsstruktur des Werkzeugbaus zielgerichtet für eine nachhaltige Entwicklung der Werkzeugentwicklung und -herstellung ausgelegt. Der Fokus liegt auf der Adressierung der entsprechenden Nachhaltigkeitsziele. Entsprechend müssen in Kapitel 5.4 eine Beschreibung kreislauffähiger Prozesse, die ökoeffektive Nutzung von Ressourcen sowie die Anpassung der Organisationsstruktur beschrieben werden.

**Welche Struktur können datenbasierte Nachhaltigkeitsleistungen haben, um die Nachhaltigkeitsperformance in der Nutzungs- und Ausmusterungsphase zu steigern?**

Im Rahmen des Gestaltungselements Nachhaltigkeitsleistung müssen in Kapitel 5.3 gemäß der Leistungssicht des ARIS-Modells auf Basis von Nachhaltigen Erfolgspositionen (NEP) anforderungsgerechte Leistungsmodule konzeptioniert, mithilfe des Service Blueprinting spezifiziert und zu einem Leistungssystem kombiniert werden. Somit wird eine Struktur geschaffen, um eine Nachhaltigkeitssteigerung der Nutzungs- und Ausmusterungsphase im Werkzeuglebenszyklus zu adressieren.

Zusammenfassend kann festgestellt werden, dass mit dem ausgearbeiteten Grobkonzept des Prozessmodell für die datengestützte Gestaltung des nachhaltigen Werkzeuglebenszyklus die Grundlage geschaffen werden konnte, sowohl die in Kapitel 3.1.2 definierten Anforderungen zu erfüllen als auch die in Kapitel 3.5 detaillierten Teilforschungsfragen zu beantworten. Im nachfolgenden Kapitel 5 werden die definierten Gestaltungselemente des Prozessmodells weiter ausdetailliert.

# 5 Detaillierung des Prozessmodells

Im Rahmen von Kapitel 4 wurde das Prozessmodell zur datengestützten Gestaltung des nachhaltigen Werkzeuglebenszyklus konzeptioniert und anhand der definierten Anforderungen und Forschungsfragen evaluiert. In dem nachfolgenden Kapitel erfolgt die Detaillierung der einzelnen Gestaltungselemente des Prozessmodells, indem konkrete Gestaltungsempfehlungen aufgezeigt werden. Die Detaillierung der einzelnen Gestaltungselemente und -aspekte erfolgt anhand einer praktischen Gestaltungsempfehlung für die konkreten Inhalte und Ansätze. Hierbei wird einerseits auf empirische Erfahrungswerte des Autors zurückgegriffen und andererseits ein Übertrag sowie eine Weiterentwicklung relevanter Ideen und Ansätze aus anderen Forschungs- und Anwendungsdisziplinen auf die vorliegende Problemstellung geschaffen.

## 5.1 Gestaltungselement Nachhaltigkeitsziele

Die Ergebnisse aus Kapitel 2 haben gezeigt, dass die Gestaltung eines nachhaltigen Werkzeuglebenszyklus von umfangreichen Interdependenzen und Einflussfaktoren geprägt ist, die unberücksichtigt zu Zielkonflikten führen können. Daher müssen für eine ganzheitliche und datengestützte Gestaltung des nachhaltigen Werkzeuglebenszyklus zunächst die Anforderungen der Anspruchsgruppen sowie deren treibende Einflussgrößen identifiziert werden. Diese treibenden Einflüsse[625] sind externe Einflüsse, die in Bezug auf die Nachhaltigkeitsziele und somit den Unternehmenserfolg relevant sind. Externe Einflüsse sind allerdings Umstände, welche der Werkzeugbaubetrieb nicht direkt beeinflussen kann.[626] Aus den Einflüssen sowie den Anforderungen werden anschließend NEP abgeleitet, deren Besetzung einen Wettbewerbsvorteil für den Werkzeugbaubetrieb darstellt sowie das darauf basierende Zielsystem des nachhaltigen Werkzeuglebenszyklus definiert.

Aufgrund der zentralen Bedeutung der treibenden Faktoren der unternehmerischen Nachhaltigkeit und den damit zusammenhängenden Anforderungen wird im nachfolgenden in Kapitel 5.1.1 zunächst eine Einführung zu diesen Themen vorgenommen. Die treibenden Faktoren sowie die daraus abgeleiteten Nachhaltigkeitsziele sind auch für die weiteren Gestaltungselemente elementar, weshalb die Einführung zu Beginn der detaillierten Beschreibung des Prozessmodells erfolgt. Anschließend werden in Kapitel 5.1.2 die treibenden Faktoren der unternehmerischen Nachhaltigkeit beschrieben sowie die Anforderungen der Anspruchsgruppen abgeleitet. Darauf aufbauend werden in Kapitel 5.1.3 die Nachhaltigen Erfolgspositionen identifiziert sowie das Zielsystem für die Gestaltung des nachhaltigen Werkzeuglebenszyklus entwickelt.

### 5.1.1 Grundlagen

Mit einer datengestützten Gestaltung des nachhaltigen Werkzeuglebenszyklus ergeben sich für viele Werkzeugbaubetriebe neue Wachstumsmöglichkeiten, günstigere Risikoprofile und

[625] Treibende Einflüsse gilt im Folgenden als Synonym für externe Einflüsse.

[626] Vgl. Boos et al. (Erfolgreich Restrukturieren im Werkzeugbau), 2017, S. 8.

somit gänzlich neue Randbedingungen für die Unternehmensstrategie. Im Kontext der industriellen Produktion definieren SCHUH ET AL. eine Unternehmensstrategie als eine „grundsätzlich und langfristig ausgerichtete Verhaltensweise eines Unternehmens und relevanter Teilbereiche gegenüber der Umwelt mit der Absicht, die angestrebten Ziele zu realisieren“[627]. Die Zielerreichung wird durch eine Vielzahl von bewusst geplanten und untereinander verknüpften Einzelentscheidungen erwirkt.[628] **Ziele** bilden entsprechend die Randbedingungen für die Auswahl geeigneter Strategien. Ziele sind Sollgrößen, mit denen ein Ist-Zustand im Unternehmen verglichen wird, der bis zur Erreichung des Soll-Zustands zu bearbeiten ist.[629] Unternehmensziele sind für das Unternehmen bzw. für die Mitarbeitenden Richt- und Orientierungsgrößen für das gegenwärtige und zukünftige Handeln. Diese Ziele können in Haupt- und Unterziele unterteilt werden, welche von unterschiedlichen Stakeholdern beeinflusst bzw. von diesen vorgegeben werden.[630] Unternehmensziele werden demnach grundsätzlich auf Basis der Bedürfnisse der Stakeholder ausgelegt und spiegeln deren Anforderungen sowie Interessen wider.[631] Hierbei wird die allgemeine Zielsetzung des Unternehmens durch eine Vielzahl unterschiedlicher Ziele definiert. Um diese Ziele simultan zu verfolgen, muss ein Zielsystem gebildet werden. Ein Zielsystem besteht nach SCHMIDT-SUDHOFF aus mehreren entscheidungsrelevanten Einzelzielen, die in der Gesamtheit in Beziehung zueinanderstehen.[632] Nach BAMBERG und COENENBERG werden die drei Anforderungen Vollständigkeit, Operationalität und Koordinationsgerechtheit an ein Zielsystem gestellt. Anhand dieser werden die Realisierbarkeit und Anwendung der mit dem Zielsystem getroffenen Entscheidungen gewährleistet.[633]

Die Anforderung an die **Vollständigkeit** eines Zielsystems beschreibt die Notwendigkeit, alle Ziele und Auswirkungen zu erfassen, die durch die Entscheidung beeinflusst werden. Dies umfasst sowohl Zielgrößen als auch Beziehungen und Prioritäten. Mit der Anforderung nach **Operationalität** beschreiben BAMBERG und COENENBERG die inhaltliche Eigenschaft von Zielen, die für den betriebswirtschaftlichen Steuerungs- und Kontrollprozess genutzt werden kann. Ziele sind entsprechend dann operational, wenn sie präzise formuliert sind und ihr Erreichen messbar ist. Der Anforderung **Koordinationsgerechtigkeit** entsprechend müssen Ziele in Teilziele unterteilbar sein. Eine Untergliederung in Haupt- und Unterziele ermöglicht die organisatorische und zeitliche Einteilung von Maßnahmen zur Zielerreichung.[634] Das Hauptziel der Reduktion von Umweltbelastungen in Produktionsprozessen kann z. B. in die Unterziele Reduktion von $CO_2$-Emissionen und Schonung von Ressourcen unterteilt werden.

[627] Vgl. Schuh et al. (Strategie), 2011, S. 66.

[628] Vgl. Frick (Geschäftsmodelle im Werkzeugbau), 2006, S. 53.

[629] Vgl. Ramb et al. (Ziel), 2018.

[630] Vgl. Picot; Heinen (Industriebetriebslehre), 1991, S. 16.

[631] Vgl. Mayer (Nachhaltigkeit), 2020a, S. 161-173.

[632] Vgl. Schmidt-Sudhoff (Unternehmerziele und Unternehmerisches Zielsystem), 1967, S. 21.

[633] Vgl. Bamberg; Coenenberg (Betriebswirtschaftliche Entscheidungslehre), 1996, S. 28-30.

[634] Vgl. Bamberg; Coenenberg (Betriebswirtschaftliche Entscheidungslehre), 1996, S. 28-30.

Bei der Modellierung eines Zielsystems müssen die unterschiedlichen Beziehungen zwischen den Haupt- und Unterzielen berücksichtigt werden. Nach KAHLE kann fünf Grundbeziehungen zwischen Zielen unterscheiden, welche insbesondere für eine Priorisierung relevant sind:[635]

- Zielidentität
- Zielkomplementarität
- Zielkonkurrenz
- Zielantinomie
- Zielneutralität

Als **Zielidentität** wird die inhaltliche Übereinstimmung von zwei oder mehreren Zielen bezeichnet. Die Ziele unterscheiden sich ausschließlich in ihrer wörtlichen Bezeichnung. Bei einer ganzheitlichen Betrachtung von mehreren Zielen sollte die Zielidentität aufgrund von Redundanzen, die bei einer Gewichtung zu einer Verzerrung führen können, vermieden werden. Mit **Zielkomplementarität** wird die Beziehung beschrieben, bei der der Erfüllungsgrad eines Ziels durch die Erfüllung eines anderen Ziels gesteigert wird. Im Gegensatz dazu wird durch die **Zielkonkurrenz** eine gegenteilige Beziehung zwischen Zielen beschrieben. Die Steigerung des Erfüllungsgrads eines Ziels verringert demnach den Erfüllungsgrad eines anderen Ziels. Das Extremum dieser Beziehung ist die **Zielantinomie**, welche den gegenseitigen Ausschluss von verschiedenen Zielen beschreibt. Hierbei kann das eine Ziel nicht erreicht werden, wenn das andere Ziel erfüllt wird. Besteht keine Abhängigkeit zwischen zwei Zielen, wird diese Beziehung als **Zielneutralität** bezeichnet.[636]

Unter Berücksichtigung dieser Anforderungen werden nachfolgend zunächst die treibenden Faktoren der unternehmerischen Nachhaltigkeit beschrieben, aus welchen die NEP angeleitet werden. Anschließend werden das Zielsystem für die Gestaltung nachhaltiger Werkzeuglebenszyklen gebildet sowie die unterschiedlichen Teilziele der Nachhaltigkeit priorisiert.

Die nachfolgend beschriebenen Inhalte sind Ergebnisse aus einer qualitativen und quantitativen Branchenumfrage. Im ersten Schritt werden dazu in einer Vorstudie Archetypen sowie Zielbilder von 19 Werkzeugbaubetrieben aufgenommen. Die Ergebnisse werden anschließend in zwei Konsortialprojekten der WBA Aachener Werkzeugbau Akademie GmbH in Form einer standardisierten Befragung mit Hilfe geschlossener Multiple-Choice-Fragen sowie von Gruppendiskussionen bewertet. Die Konsortialprojekte umfassen in Summe 16 Betriebe der Branche Werkzeugbau, die jeweils von zwei Mitarbeitenden repräsentiert werden. Die Unternehmensgrößen[637] und Erzeugnisse[638] der Betriebe der Konsortien sind repräsentativ für die Branche Werkzeugbau.

[635] Vgl. Kahle (Betriebliche Entscheidungen), 2001, S. 29f.

[636] Vgl. Kahle (Betriebliche Entscheidungen), 2001, S. 29f.

[637] 50 % der Betriebe haben weniger als 50 Mitarbeitende.

[638] 62 % der Betriebe fertigen Spritzgieß- und Druckgusswerkzeuge, 40 % der Betriebe fertigen Blechumformwerkzeuge.

### 5.1.2 Treibende Faktoren der Nachhaltigkeit & Stakeholderanforderungen

Es bedarf messbarer Zielkriterien, um die nachhaltige Leistungsfähigkeit des Werkzeugbaus neben der retrospektiven Betrachtung auch proaktiv steuern zu können. Diese dienen als Orientierung für die Werkzeugbaubetriebe, zur Kontrolle der Zielerreichung sowie zur Auswahl von Handlungsalternativen.[639] Wie in Kapitel 2.3 dargestellt, befindet sich der Werkzeugbau in einem anspruchsvollen Spannungsfeld, welches von verschiedenen Stakeholdern über den Werkzeuglebenszyklus hinweg beeinflusst wird. Die zu definierenden Nachhaltigkeitsziele müssen demnach die Interessen und Anforderungen der Stakeholder widerspiegeln, um den Nutzen unternehmerischer Nachhaltigkeit langfristig zu steigern. Werkzeugbaubetriebe, die ihre Nachhaltigkeitsziele auf Basis der Stakeholderanforderungen formulieren, können Rechts- und Reputationsrisiken verringern, Vertrauen der Stakeholder stärken sowie ihre Resilienz gegenüber zukünftiger regulatorischer Kosten und Anforderungen erhöhen.[640] Gemäß des vierschrittigen Prozesses der Stakeholderanalyse nach WILBERS werden in diesem Kapitel zunächst die im Werkzeuglebenszyklus relevanten Stakeholder identifiziert, deren Interessen identifiziert sowie deren Bedeutsamkeit für das Unternehmen abgeleitet.[641] Die Ableitung von Maßnahmen, als vierter Schritt der Stakeholderanalyse, erfolgt in den nachfolgenden Kapiteln und wird an dieser Stelle nicht berücksichtigt.

Der erste Schritt der Stakeholderanalyse umfasst die **Identifikation der relevanten Stakeholder**.[642] FREEMAN formulierte in den 1980er Jahren ein Stakeholder-Konzept, welches Unternehmen bei der Klärung des Selbstverständnisses sowie der effizienten Zielerreichung unterstützt. Neben Stakeholdern, die unmittelbar für das Fortbestehen eines Unternehmens von Bedeutung sind, bezieht FREEMAN auch Betroffene des Unternehmenshandelns mit ein.[643] In unmittelbarer Nähe zu dem zentralen Unternehmen sind die primären Stakeholder Mitarbeitende, Lieferanten, Kapitalgeber, Gemeinschaften sowie Kunden verortet. Primäre Stakeholder sind i. d. R. vertraglich an das Unternehmen gebunden und tragen in Form von aktiver Unterstützung maßgeblich zur Existenz dessen bei. Die sekundären Stakeholder Regierung, Medien, spezielle Interessensgruppen, Verbraucherschutzgruppen sowie Konkurrenten tragen hingegen keine Verantwortung für das Fortbestehen des Unternehmens.[644] Das St. Galler Management-Modell beschreibt Stakeholder allgemein als Anspruchsgruppen[645], die als organisierte oder nicht organisierte Gruppe von Menschen, Organisationen und Institutionen von den unternehmerischen Wertschöpfungsaktivitäten betroffen sind. Das Modell reduziert die Anzahl der Stakeholdergruppen nach FREEMAN und benennt die folgenden Stakeholder:[646]

- Kapitalgeber
- Kunden

[639] Vgl. Finken (Projektmanagement bei der Verwaltungsreform), 1999, S. 46.
[640] Vgl. Global Reporting Initiative et al. (SDG Compass), 2022, S. 9.
[641] Vgl. Wilbers (Unternehmen und ihre Anspruchsgruppen), 2009, S. 358.
[642] Vgl. Wilbers (Unternehmen und ihre Anspruchsgruppen), 2009, S. 358.
[643] Vgl. Freeman (Stakeholder theory), 2010, S. 46-62.
[644] Vgl. Freeman (Stakeholder theory), 2010, S. 8-10.
[645] Anspruchsgruppen gilt im Folgenden als Synonym für Stakeholder.
[646] Vgl. Rüegg-Stürm; Grand (Das St. Galler Management-Modell), 2019, S. 70.

- Mitarbeitende
- Öffentlichkeit/Medien/NGOs
- Staat
- Lieferanten
- Konkurrenz

RÜEGG-STÜRM unterscheidet im St. Galler Management-Modell zudem zwischen dem strategischen und dem normativ-kritischen Anspruchsgruppenkonzept. Ersteres fokussiert insbesondere die Anspruchsgruppen, die über sogenannte Wirkmächtigkeit, also die Möglichkeit der Einflussnahme auf ein Unternehmen, verfügen. Das normativ-kritische Anspruchsgruppenkonzept erkennt relevante Anspruchsgruppen, unabhängig von ihren Einflussmöglichkeiten, an. Es werden Anspruchsgruppen berücksichtigt, die von positiven und negativen Wirkungen des Unternehmens tangiert werden und solche, denen moralische Rechte zustehen. In der Praxis treten häufig Mischformen der beiden Konzepte auf.[647] Aufgrund des Betrachtungsbereichs Werkzeugbau werden Öffentlichkeit/Medien/NGOs und Staat nach BOOS ET AL. zu der Stakeholdergruppe **Politik und Gesellschaft** zusammengefasst. Weiterhin sollen die Stakeholder **Kapitelgeber, Kunden, Mitarbeitende** und **Lieferanten** berücksichtigt werden. In der Auffassung des Autors können aus der Gruppe Konkurrenz keine relevanten Nachhaltigkeitsbedürfnisse für den Werkzeugbau abgeleitet werden.[648] Die nachfolgende Abbildung 5.1 zeigt die im Kontext der vorliegenden Arbeit relevanten Stakeholder des Werkzeugbaus.

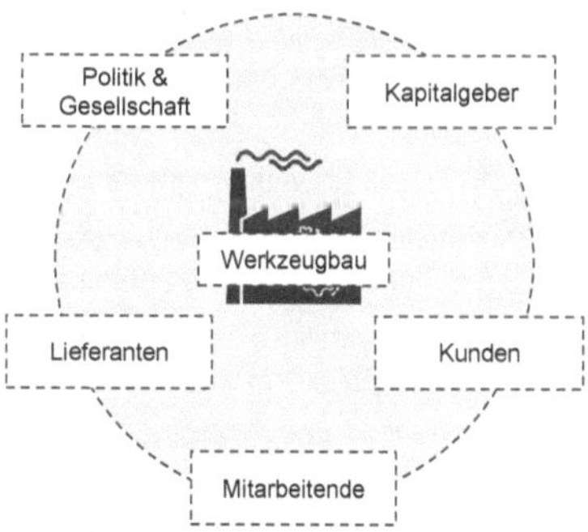


**Abbildung 5.1: Relevante Stakeholder des Werkzeugbaus[649]**

Im zweiten Schritt der Stakeholderanalyse werden die **Interessen der Stakeholder** identifiziert. Die entsprechenden Interessen ergeben sich aus den allgemeinen Bedürfnissen des jeweiligen Stakeholders und äußern sich als konkrete Erwartungen sowie Ziele mit unterschiedlichen Gewichtungen. Auf Basis dieser Erwartungen können sich Stakeholder einer Unterneh-

[647] Vgl. Rüegg-Stürm; Grand (Das St. Galler Management-Modell), 2019, S. 75-77.

[648] Vgl. Boos et al. (Wettbewerbsfaktor Nachhaltigkeit), 2020, S. 9.

[649] Eigene Darstellung

mung widersetzen oder diese unterstützen. Über einen Abgleich der Ziele, die der Werkzeugbau sowie die Stakeholder verfolgen, kann die Akzeptanz oder Ablehnung eines Stakeholders ermittelt werden.

Die Identifizierung der Interessen der Stakeholder folgt einem mehrschrittigen Schema. In einem ersten Schritt werden zunächst die Interessen der Unternehmung oder des Projekts des Werkzeugbaus mithilfe der Ermittlung von Indikatoren systematisiert. Für die Gestaltung des nachhaltigen Werkzeuglebenszyklus werden die übergeordneten Indikatoren an den in Kapitel 2.1.3 beschriebenen Prinzipien ausgerichtet. Angelehnt an das Konzept nach BOCKEN ET AL. werden daraus Archetypen des nachhaltigen Werkzeuglebenszyklus formuliert, die eine Adressierung der Integrationsherausforderung der Nachhaltigkeit ermöglichen.[650]

*Archetypen des Werkzeugbaus*

Grundsätzlich beschreibt die Philosophie den Begriff Archetypen als idealtypischen Vertreter einer Idee. Die Psychologie definiert Archetypen als ein psychologisches Vorstellungs- oder Handlungsmuster.[651] Im Kontext der vorliegenden Arbeit wird der Begriff als Handlungsmuster für den Werkzeugbau zur Gestaltung des nachhaltigen Werkzeuglebenszyklus und somit als intrinsisch motiviertes Zielbild des Werkzeugbaus verstanden. Die Archetypen des nachhaltigen Werkzeuglebenszyklus können angelehnt an das Konzept nach BOCKEN ET AL. in die übergeordneten Dimensionen Technologiebeherrschung, Sozialförderung und Organisationsentwicklung unterteilt werden und sind in Abbildung 5.2 dargestellt.[652]

Die übergeordnete Zielgruppe der Technologiebeherrschung umfasst Archetypen mit einer vorherrschenden technischen Innovationskomponente, wie z. B. die Neugestaltung von Fertigungsprozessen und Produkten des Werkzeugbaus.[653] Aufgrund steigender Energiepreise und zunehmender Ressourcenknappheit wird der Archetyp **Ressourceneffiziente Werkzeugerstellung** zunehmend ein Kernziel der Werkzeugbaubetriebe darstellen. Dieser adressiert mittels Konzepten wie Lean, Ökoeffizienz und umweltfreundliche Produktion eine Verbesserung der Ressourceneffizienz sowie eine Reduktion von Abfall und Emissionen durch die Neugestaltung von Produkten, Dienstleistungen und Prozessen. Beispiele hierfür sind eine papierlose Fertigung sowie die optimierte Nutzung von Ver- und Gebrauchsgütern, wie Fräswerkzeugen und Elektroden. Bei der Steigerung der Ressourceneffizienz müssen jedoch etwaige Rebound-Effekte, wie z. B. Arbeitslosigkeit durch Automatisierung und Digitalisierung, durch eine nicht-isolierte Problembetrachtung berücksichtigt werden.[654] Die Ressourceneffizienz zu steigern ist oftmals der erste Ansatz zur nachhaltigen Produktion, verhindert jedoch in einigen Fällen die Möglichkeit der Schaffung einer ergänzenden Wertschöpfung.

[650] Vgl. Bocken et al. (Sustainable Business Model Archetypes), 2014, S. 42-56.
[651] Vgl. Duden (Begriff Archetyp), 2022.
[652] Vgl. Bocken et al. (Sustainable Business Model Archetypes), 2014, S. 48.
[653] Vgl. Bocken et al. (Sustainable Business Model Archetypes), 2014, S. 48.
[654] Vgl. Herring; Sorrell (The Rebound Effect), 2009, S. 1-3.

Der Archetyp **Schließung von Stoffkreisläufen** fokussiert daher weniger die Reduzierung von Abfällen, sondern die Schaffung von neuem Wert aus Abfällen.[655] Die Umweltwirkung des Werkzeugbaus wird reduziert, indem Materialkreisläufe geschlossen und Abfallströme als Input für andere Produkte und Prozesse verwendet werden. Dadurch kann die Primärextraktion verringert und somit der Ressourcenknappheit entgegengewirkt werden. Im Kern müssen Werkzeugbaubetriebe durch eine nachhaltige Werkzeugauslegung Möglichkeiten zum Re-Use und Recycling von Werkzeugen bzw. Werkzeugkomponenten schaffen.

Die verstärkte Nutzung erneuerbarer Energien wird in dem Archetypen **Einsatz erneuerbarer Energieerzeugungssysteme** zusammengefasst und basiert auf Konzepten wie der blauen Wirtschaft und der Null-Emission-Wirtschaft.[656] So können bspw. durch Maßnahmen wie die Substitution endlicher durch erneuerbarer Materialien, wie dem Ersatz von Metallen durch natürliche und faserbasierte Materialien, oder dem Einsatz erneuerbarer Energieerzeugungssysteme, wie z. B. Photovoltaik-Anlagen, deutlich umweltverträglichere industrielle Prozesse gewährleistet werden. In Kombination damit müssen Werkzeugbaubetriebe ihren Energieverbrach reduzieren, indem sie z. B. LED-Leuchtmittel oder optimierte Druckluftsysteme einsetzen sowie Energiekreisläufe wie Wärmerückgewinnung von Maschinenkompressoren etablieren.

Die Sozialförderung beschreibt Archetypen mit einer vorherrschenden sozialen Innovationskomponente, wie z. B. die Neuerung des Kundenangebots bzw. Kundenverhaltens.[657] In Anlehnung an das Konzept der Bereitstellung von Funktionalität statt Eigentum[658] adressiert der Archetyp **Funktionsoptimierende Produkt-Service-Systeme** daher die Verlagerung vom reinen Produktverkauf zur Bereitstellung von Funktionen, z. B. auf Basis von Pay-per-Use-Konzepten. Dieser Archetyp hat das Potenzial, die Anforderungen an den Materialdurchsatz des industriellen Systems zu verändern. Werkzeugbaubetriebe erfahren dadurch einen Anreiz, langlebigere Produkte zu entwickeln und die Aufrüstbarkeit sowie Reparierbarkeit verstärkt zu fokussieren. Eine Modularisierung der Werkzeuge ermöglicht hierbei neben der verbesserten Reparierbarkeit auch eine Funktionsoptimierung und befähigt für den Re-Use der Komponenten.

Der Archetyp **Akkreditierung von Zulieferern und Mitarbeitenden** strebt eine Maximierung der positiven Auswirkungen auf Gesellschaft und Umwelt an, indem die langfristige Gesundheit und das Wohlergehen aller Stakeholder gewährleistet werden.[659] Werkzeugbaubetriebe müssen demnach die ethischen oder nachhaltigen Geschäftspraktiken ihrer Zulieferer durch gezielte Akkreditierung fördern. Gleichermaßen wird eine Optimierung des Betriebsklimas sowie des Gesundheitsschutzes der Mitarbeitenden angestrebt.

[655] Vgl. Bocken et al. (Sustainable Business Model Archetypes), 2014, S. 49.

[656] Vgl. Boons; Lambert (Eco-industrial parks), 2002, S. 471f.

[657] Vgl. Bocken et al. (Sustainable Business Model Archetypes), 2014, S. 50.

[658] Vgl. Goedkoop et al. (Product Service systems), 1999, S. 52; Tukker (Eight types of product–service system), 2004, S. 248.

[659] Vgl. Jackson; Senker (Prosperity without Growth), 2011, S. 1013-1016.

Die Perspektive des nachhaltigen Konsums wird durch den Archetyp **suffiziente Werkzeugnutzung** berücksichtigt. Bei diesem Archetyp steht die Neugestaltung des Wertversprechens im Fokus, um mit Produkten und Dienstleistungen ein breiteres Spektrum von Interessensgruppen anzusprechen.[660] Dies umfasst Produkte und Dienstleistungen, die den Kundenverbrauch reduzieren und somit eine Einsparung von Produktionsressourcen gewährleisten. Beispiele hierfür sind besonders langlebige oder modulare Werkzeuge. Während der Archetyp funktionsoptimierende Produkt-Service-Systeme die Funktion der Werkzeuge fokussiert, beschreibt dieser Archetyp die Ressourcenschonung und -einsparung. Ein Beispiel hierfür ist ein optimierter Energiehaushalt im Spritzgießprozess.

Die Archetypen der Organisationsentwicklung weisen eine vorherrschende organisatorische Innovationskomponente auf, wie z. B. eine Änderung der treuhänderischen Verantwortung des Unternehmens. Das traditionelle Geschäftsmodell, bei dem der Kunde der Hauptnutznießer ist, verändert sich zukünftig verstärkt.[661] Der Archetyp **nachhaltige Stakeholderintegration** fokussiert die sich verändernde treuhänderische Pflicht und Struktur eines Unternehmens zur Maximierung des sozialen und ökologischen anstelle des rein wirtschaftlichen Nutzens. Im Kern steht dabei die verstärkte Integration des Unternehmens mit allen seinen Stakeholdern. Bespiele für die Integration der Mitarbeitenden sind die Nutzung eines Vorschlagwesens sowie eine bedarfsgerechte Aus- und Weiterbildung. Gleichermaßen können sich Betriebe durch gemeinnützige Arbeit in Vereinen in der Gesellschaft integrieren.

Der Archetyp **lokale Kollaborationsstrategien** beschreibt die Skalierung von Nachhaltigkeitslösungen zur Maximierung des Nutzens für Gesellschaft und Umwelt. Während die nachhaltigen Innovationen von Konzernen aufgrund ihrer Größe oftmals ohnehin einen entscheidenden Einfluss haben, brauchen insbesondere kleine Werkzeugbaubetriebe und KMU geeignete Kollaborationsstrategien, um ihre Nachhaltigkeitslösungen zu verbreiten. Nützliche Konzepte für den Werkzeugbau sind dabei Peer-to-Peer-Modelle, Crowd-Sourcing oder Open Innovation.[662] Insbesondere die Bündelung von Lieferanten sowie die Auswahl lokaler Wertschöpfungspartner erleichtert Werkzeugbaubetrieben die Skalierung von Nachhaltigkeitslösungen.

[660] Vgl. Bocken et al. (Sustainable Business Model Archetypes), 2014, S. 50-54.
[661] Vgl. Jackson; Senker (Prosperity without Growth), 2011, S. 1013-1016.
[662] Vgl. Bocken et al. (Sustainable Business Model Archetypes), 2014, S. 54.

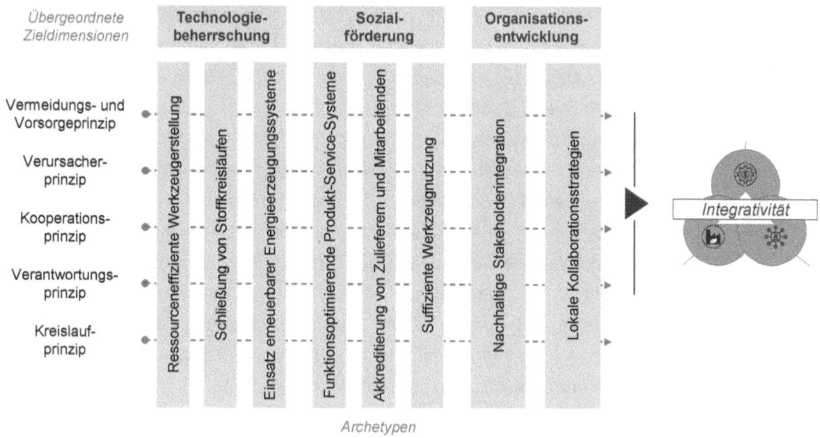


**Abbildung 5.2: Archetypen des nachhaltigen Werkzeuglebenszyklus**[663]

Die in den Archetypen dargestellten Interessen des Werkzeugbaus zur Gestaltung des nachhaltigen Werkzeuglebenszyklus müssen den Anforderungen der Stakeholder gegenübergestellt werden. Im zweiten Schritt der Stakeholderanalyse werden daher die Bedürfnisse der Stakeholder erhoben, aus denen die Interessen bzw. Anforderungen abgeleitet werden. In der Regel werden die Stakeholderbedürfnisse durch Umfragen oder Schätzungen ermittelt.[664] Die Anspruchsgruppen haben aus sozialen und ethischen Gründen unterschiedliche Gesichtspunkte und somit verschiedene Gewichtungskriterien. Zur langfristigen Sicherung seiner Wettbewerbsfähigkeit, muss der Werkzeugbaubetrieb all diese Anforderungen identifizieren und seine eigenen Interessen daran ausrichten.

*Anforderungen der Stakeholder*

Die Nachhaltigkeitsanforderungen der **Gesellschaft**, die durch ihr Handeln direkt oder über die sie vertretenden **Politik** indirekt Druck auf die Betriebe ausübt, sind vielschichtig. Diese Anforderungen werden meist in Form von Gesetzen, Verordnungen oder Richtlinien abgebildet bzw. lassen sich aus diesen ableiten. So verpflichten die 2015 definierten und mit der Agenda 2030 verabschiedeten UN-Nachhaltigkeitsziele die Bundesrepublik Deutschland sowie deren Unternehmen zum nachhaltigen Handeln. Das Nachhaltigkeitsziel 5 – *Geschlechtergleichheit* wird von der Politik durch das Gesetz für gleichberechtigte Teilhabe von Frauen und Männern an Führungspositionen in der Privatwirtschaft sowie im öffentlichen Dienst gefördert.[665] Der Druck für Unternehmen zur Erreichung dieses Ziels wird durch die Einführung des zweiten Führungspositionen-Gesetzes im August 2021 weiter verschärft.[666] Das Nachhaltigkeitsziel 12 – *Nachhaltige/r Konsum und Produktion* fordert für die deutsche Wirtschaft, somit die Branche

[663] Eigene Darstellung

[664] Vgl. Krips (Stakeholdermanagement), 2017, S. 15f.

[665] Vgl. Bundesregierung (Die UN-Nachhaltigkeitsziele), 2022.

[666] Vgl. BMFSFJ (Mehr Frauen in Führungspositionen), 2021, S. 1-25.

Werkzeugbau einschließend, ein Kreislaufsystem, welches Ressourcen nutzt ohne diese zu verbrauchen. Weiterhin fordert die Politik die Reduzierung des Ausstoßes von Treibhausgasen, um das Nachhaltigkeitsziel 13 – *Maßnahmen zum Klimaschutz* zu erreichen.[667] Mit der Vorstellung des European Green Deals fordert die Europäische Kommission überdies die Klimaneutralität aller EU-Mitgliedsstaaten bis zum Jahr 2050.[668] Weiterhin stellt der im März 2020 veröffentlichte Aktionsplan für eine Kreislaufwirtschaft weitere Nachhaltigkeitsanforderungen in Bezug auf nachhaltige Produkte, Dienstleistungen und Geschäftsmodelle an die deutschen Betriebe. Weiter geht aus dem Aktionsplan hervor, dass grundsätzlich weniger Abfall erzeugt werden soll.[669] Zur Umsetzung des European Green Deals hat die Europäische Kommission Ende April 2021 einen Richtlinienvorschlag veröffentlicht, der Unternehmen verpflichten soll, über Nachhaltigkeitsaspekte zu berichten.[670] Mit der Verabschiedung des Lieferkettensorgfaltspflichtengesetzes im Juni 2021 fordert die Politik Unternehmen zudem dazu auf, grundlegende Menschenrechtsstandards entlang der globalen Lieferkette zu prüfen und einzuhalten.[671] Aufgrund ihrer Position in der Wertschöpfungskette sowie der oftmals geringen Größe der Werkzeugbaubetriebe sind die aktuellen Anforderungen von Politik und Gesellschaft wenig einschneidend für die Branche Werkzeugbau. Der ausgeübte Druck dieser Stakeholder wird jedoch indirekt über die Interessen und Anforderungen weiterer Anspruchsgruppen an die Branche weitergegeben.

Die **Kapitalgeber** im Werkzeugbau verfolgen primär ökonomische, materielle Ziele, die wirtschaftliche Risiken minimieren und das Kapital sichern.[672] Jedoch integrieren industriell Investierende zunehmend soziale, ökologische sowie verantwortungsvolle Unternehmensführung als zentrale Kriterien in ihre Kapitalanlagestrategie.[673] So erachten einer repräsentativen Umfrage zufolge rund 93 % aller Kapitalgeber belegbare Nachhaltigkeitsaktivitäten als wichtiges Investitionskriterium.[674] Darüber hinaus fordern 55 % der Kapitalgeber einen geprüften Nachhaltigkeitsbericht, wobei sich 77 % der Befragten extern geprüfte Informationen im Hinblick auf Nachhaltigkeit im Unternehmen einholen. Weiterhin ist für einen Großteil der Befragten die Berichtserstattung gemäß des deutschen Nachhaltigkeitskodex relevant. Zudem gaben 37 % aller Kapitalgeber an, grundsätzlich nur noch in Unternehmen zu investieren, die ihre Nachhaltigkeit belegen können. Der wichtigste Faktor für die Investitionsentscheidung ist dabei der Klimaschutz. So gaben 53 % der Investierenden an, Investitionsentscheidungen davon abhängig zu machen, ob der $CO_2$-Ausstoß im Unternehmen bestimmte Schwellenwerte nicht überschreitet. Insgesamt rund mehr als die Hälfte der Befragten ziehen die Erzeugung und Nutzung erneuerbarer Energien als entscheidendes Investitionskriterium heran.[675] Eine weitere Studie

[667] Vgl. Bundesregierung (Die UN-Nachhaltigkeitsziele), 2022.

[668] Vgl. Europäische Kommission (Was ist der europäische Green Deal?), 2019, S. 1f.

[669] Vgl. Europäische Kommission (Aktionsplan Kreislaufwirtschaft), 2020, S. 3-23.

[670] Vgl. Europäische Kommission (Richtlinie zur Nachhaltigkeitsberichtserstattung von Unternehmen), 2022.

[671] Vgl. BMZ (Das Lieferkettengesetz), 2021, S. 1-4.

[672] Vgl. Schuh; Kampker (Strategie und Management produzierender Unternehmen), 2011, S. 266.

[673] Vgl. Häßler; Reich (Nachhaltige Kapitalanlage), 2018, S. 287.

[674] Vgl. BlackRock (Die Zukunft ist nachhaltig), 2022.

[675] Vgl. Beckmann (Nachhaltigkeit bei Investitionsentscheidungen), 2021, S. 8-36.

des Harvard Business Manager bestätigt diesen Trend und macht deutlich, dass ESG-Faktoren bei nahezu allen global agierenden institutionellen Kapitalgeber an Relevanz gewonnen haben.[676]

Die klassischen Anforderungen der **Kunden** an den Werkzeugbau sind Qualität, Preis sowie Stabilität.[677] Diese werden zukünftig um vielschichtige Anforderungen im Hinblick auf Nachhaltigkeit ergänzt. Kunden fordern zunehmend nicht mehr nur ein nachhaltiges Produkt, sondern hinterfragen zusätzlich die Bedingungen der Herstellung der Produkte.[678] Insbesondere die Kunden des Werkzeugbaus im Automobilsektor haben ihre Anforderungen im Hinblick auf Nachhaltigkeit in Richtlinien für Lieferanten festgehalten. Konkret fordert bspw. die Daimler AG Transparenz entlang der Lieferketten, um Umweltauswirkungen bewerten zu können. Damit einhergehend wird die Anforderung formuliert, den Treibhausgasausstoß zu reduzieren, um bis 2039 ausschließlich $CO_2$-neutrale Fahrzeuge anbieten zu können.[679] Die Volkswagen AG fordert überdies neben der Einhaltung sozialer Aspekte, wie z. B. gute Arbeitsbedingungen und Gleichberechtigung am Arbeitsplatz, ökologische Handlungsweisen. Dazu werden im sogenannten „Code of Conduct" für Lieferanten und Geschäftspartner weiteren Anforderungen, wie z. B. die umweltfreundliche Entsorgung von Abfällen sowie die nachhaltige Entwicklung und Herstellung von Produkten unter Berücksichtigung der Wiederverwendung oder des Recyclings. Trotz dieses Trends hat die Wirtschaftlichkeit für den Großteil der Kunden höchste Priorität. Daher werden insbesondere ökologische oftmals mit ökonomischen Anforderungen kombiniert.[680] Weiterhin fordern die Kunden vom Werkzeugbau einen reduzierten Werkzeugverschleiß, optimierte Werkzeuge zur Einsparung von Prozessressourcen sowie die Recyclebarkeit von Werkzeugen und -komponenten.

Auch für die **Mitarbeitenden** des Werkzeugbaus steigt die Bedeutung von nachhaltigem Handeln. Insbesondere für die jüngere Generation spielt das Thema Nachhaltigkeit eine entscheidende Rolle bei der Jobauswahl. Eine Studie der WBA Aachener Werkzeugbau Akademie GmbH zeigt zudem, dass für die große Mehrheit aller Mitarbeitenden im Werkzeugbau bedarfsgerechte Weiterbildungsmaßnahmen sowie eine betriebliche Altersvorsorge von zentraler Bedeutung sind. Weiterhin werden angemessene Arbeitszeiten, ausreichende Arbeitssicherheit und Gesundheitsschutz, faire Aufstiegsmöglichkeiten sowie eine angemessene Entlohnung als zentrale Anforderungen genannt.[681] Diese Anforderungen werden ebenfalls durch die Industriegewerkschaft Metall (IG Metall) vertreten.[682]

[676] Vgl. Eccles; Klimenko (The Investor Revolution), 2019, S. 1-12.

[677] Vgl. Michalas (Nachhaltige Nutzungskonzepte), 2003, S. 58.

[678] Vgl. Ortwein; Reiß (Nachhaltigkeit sorgt für Kundenerlebnis und -zufriedenheit), 2021.

[679] Vgl. Daimler AG (Ambition 2039), 2019.

[680] Vgl. Volkswagen Group (Code of Conduct), 2020, S. 1-39.

[681] Vgl. Boos (WBA-Forschungsbericht), 2022, S. 9-13.

[682] Vgl. IG Metall (Wer wir sind), 2022.

Die **Lieferanten** beeinflussen durch ihre Leistungen maßgeblich die ökonomische und ökologische Leistungsfähigkeit des Werkzeugbaus. Entsprechend relevant ist die Forderung der Lieferanten nach fairen Lieferketten sowie nachhaltigen Geschäftsbeziehungen.[683]

Nachdem die relevanten Stakeholder des Werkzeugbaus identifiziert und deren Interessen definiert wurden, erfolgt im dritten Schritt der Stakeholderanalyse die Bestimmung der Bedeutsamkeit der Stakeholder für den Werkzeugbau. Aufgrund der Vielzahl der Anforderungen der Stakeholder entlang des Werkzeuglebenszyklus empfiehlt es sich nicht, alle Stakeholdergruppen gleichermaßen zu berücksichtigen. Vielmehr müssen die Stakeholder priorisiert berücksichtigt werden, die den größten Einfluss auf die unternehmerische Nachhaltigkeit des Werkzeugbaus haben. Im dritten Schritt der Stakeholderanalyse erfolgt entsprechend eine **Stakeholdertypologisierung und -priorisierung**, um die Relevanz der Stakeholder für den Werkzeugbau zu bestimmen.[684] Der Begriff Typologisierung beschreibt die systematische Einteilung einer Grundgesamtheit aus Begriffen, Gegenständen oder Erscheinungen in Gruppen, die durch definierte Merkmale bestimmt sind.[685] Das Ergebnis des Gruppierungsprozesses im Rahmen der Typologisierung wird Typologie genannt.[686] Das Ziel von Typologien ist es, die Komplexität der Umwelt zu reduzieren und somit einen Untersuchungsgegenstand verständlich zu machen.[687] Stakeholder können nach unterschiedlichen Sichtweisen und Merkmalen typologisiert werden. Diese Merkmale unterscheiden sich in der Literatur oftmals deutlich voneinander, lassen sich jedoch auf die drei Eigenschaften Legitimität, Macht und Dringlichkeit zurückführen.[688]

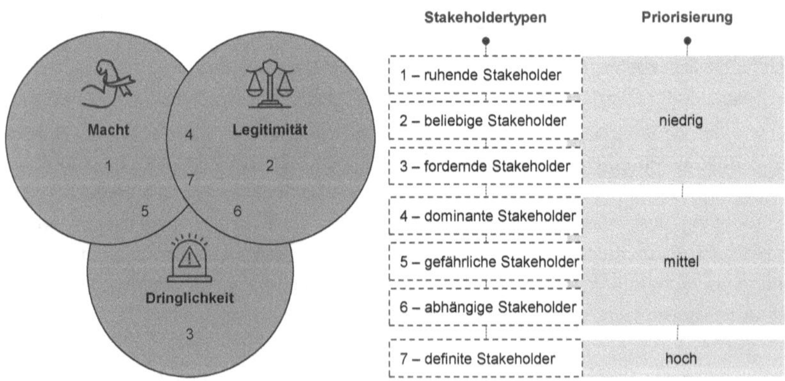


**Abbildung 5.3: Stakeholdertypologie nach MITCHELL ET AL.**[689]

[683] Vgl. Boos et al. (Wettbewerbsfaktor Nachhaltigkeit), 2020, S. 8.
[684] Vgl. Krips (Stakeholdermanagement), 2017, S. 16.
[685] Vgl. Wirtschaftslexikon24 (Begriff Typologisierung), 2022.
[686] Vgl. Lamnek; Krell (Qualitative Sozialforschung), 2016, S. 124.
[687] Vgl. Kluge (Empirisch begründete Typenbildung), 1999, S. 13.
[688] Vgl. Mitchell et al. (Toward a Theory of Stakeholder Identification and Salience), 1997, S. 872-874.
[689] I. A. a. Mitchell et al. (Toward a Theory of Stakeholder Identification and Salience), 1997, S. 874.

Die Eigenschaft **Macht** charakterisiert die Position des Stakeholders und seine Möglichkeit Interessen durchzusetzen. **Legitimität** zeigt auf, inwiefern Stakeholder Interessen vertreten, die rechtlich oder moralisch gerechtfertigt sind. Die Eigenschaft **Dringlichkeit** beschreibt die Aktivitäten eines Stakeholders und mit welcher Motivation dieser seine Interessen verfolgt. Stakeholder, denen nur ein Bereich der drei Eigenschaften zugeordnet werden kann, werden niedrig priorisiert. Stakeholder, denen zwei Eigenschaften zugewiesen werden können, haben aus unternehmerischer Sicht eine mittlere Priorität. Definite Stakeholder, also jene, denen alle drei Eigenschaften zugewiesen werden, sind hoch zu priorisieren. Um die Eigenschaften zu ermitteln, ist eine unternehmensindividuelle Prüfung jeder Eigenschaft pro beteiligtem Stakeholder durchzuführen. Die Bewertung kann dabei binär, z. B. in die Einteilung mächtig und nicht mächtig, oder mehrstufig, z. B. in die Einteilung gar nicht, kaum, etwas und sehr mächtig, vorgenommen werden. Die visuelle Bewertung der Eigenschaften kann anschließend über Tabellen oder Mengendiagramme abgebildet werden.[690]

**Politik und Gesellschaft** können durch Gesetze und Verordnungen direkt auf die von ihnen gestellten Anforderungen einwirken, wodurch diese Stakeholdergruppe durch ein hohes Maß an Macht charakterisiert ist.[691] Ebenfalls erfüllt diese Stakeholdergruppe ein hohes Maß an Legitimität, da die jeweiligen Ansprüche zumeist direkt aus gesellschaftlichen Normen und Werten resultieren. Aufgrund der oftmals geringen Größe der Werkzeugbaubetriebe (vgl. Kapitel 2.3.1.2) sind die gesetzlichen Rahmenbedingungen und Verordnungen für die Branche jedoch häufig nicht einschneidend. Weiterhin lassen etwaige Gesetze der Politik im Kontext Nachhaltigkeit große Handlungsfreiräume für die Betriebe, sodass die Eigenschaft der Dringlichkeit nur in geringem Maße erfüllt ist.

Gemeinsam mit der Stakeholdergruppe Politik und Gesellschaft fordern die **Kapitalgeber** zunehmend die Einhaltung von ESG-Kriterien sowie das Anfertigen eines Nachhaltigkeitsberichts von Werkzeugbaubetrieben.[692] Aufgrund der gesetzlich zugesicherten Eigentumsrechte besitzen die Kapitalgeber hohes Maß an Macht. Gleichwohl ist die Dringlichkeit dieser Stakeholdergruppe als hoch zu bewerten, da der eigene wirtschaftliche Erfolg oftmals direkt mit dem des Werkzeugbaus zusammenhängt. Aufgrund der oftmals rein wirtschaftlichen Beziehung ist die Legitimität im Kontext der Nachhaltigkeitsanforderungen als mittelhoch einzustufen.

Die Stakeholdergruppe des **Kunden** steht häufig im Fokus der Werkzeugbaubetriebe, da die geschäftlichen Aktivitäten und damit der wirtschaftliche Unternehmenserfolg direkt von der Erfüllung der Kundenwünsche abhängen.[693] Dies verleiht dem Kunden ein hohes Maß an Dringlichkeit und Macht. Die Eigenschaft der Legitimität wird gleichermaßen der Legitimität der Kapitalgeber als mittelhoch bewertet.

---

690 Vgl. Krips (Stakeholdermanagement), 2017, S. 17.

691 Vgl. Boos et al. (Wettbewerbsfaktor Nachhaltigkeit), 2020, S. 8.

692 Vgl. Boos et al. (Wettbewerbsfaktor Nachhaltigkeit), 2020, S. 8.

693 Vgl. Belz et al. (Erfolgreiche Leistungssysteme), 1991, S. 7.

Die **Mitarbeitenden** stellen primär soziale Anforderungen an den Werkzeugbaubetrieb, haben jedoch oftmals nicht die notwendige Macht, diese durchzusetzen. Die geringe Macht der Mitarbeitenden kann jedoch durch Interessenvertretungen einer Gewerkschaft deutlich vergrößert werden. Die Einbeziehung von Gewerkschaften gewährleistet eine Wechselwirkung zwischen den Stakeholdergruppen Mitarbeitende sowie Politik und Gesellschaft und führt somit zu einer Durchsetzung politischer sowie gesellschaftlicher Anforderungen für ein verbessertes Arbeitsumfeld der Mitarbeitenden.[694] Aufgrund der direkten Anstellung der Mitarbeitenden in den Betrieben ist die Legitimität der Anforderungen als sehr hoch zu bewerten. Weiterhin sind die Anliegen der Mitarbeitenden oftmals durch hohe Dringlichkeit charakterisiert, da sich eine steigende Mitarbeiterunzufriedenheit direkt auf die Produktivität des Betriebs auswirken kann.

Die Stakeholdergruppe der **Lieferanten** hat nur wenig Einflussmöglichkeiten auf den Werkzeugbaubetrieb und somit ein geringes Maß an Macht. Die Interessen der Lieferanten orientieren sich primär an dessen Existenzerhaltung und -entwicklung, weshalb deren Forderungen ein hohes Maß an Dringlichkeit aufweisen. Allerdings sind die Anforderungen aufgrund der lediglich indirekten organisationalen Verflechtung mit dem Werkzeugbaubetrieb meist mit geringer Legitimität behaftet. Die Anforderungen sowie die sich aus der Bewertung ergebende Typologie und Priorisierung der Stakeholdergruppen des Werkzeugbaus ist in der nachfolgenden Abbildung 5.4 zusammenfassend dargestellt.

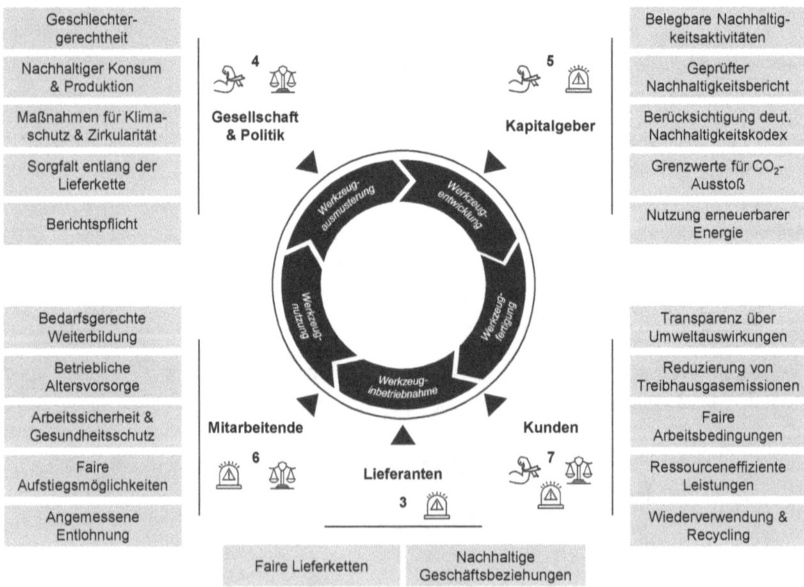


**Abbildung 5.4: Stakeholderanforderungen und -typologie im Werkzeuglebenszyklus**[695]

[694] Vgl. Boos et al. (Wettbewerbsfaktor Nachhaltigkeit), 2020, S. 8f.

[695] Eigene Darstellung

### 5.1.3 Nachhaltige Erfolgspositionen und Zielsystem

Auf Basis der identifizierten Stakeholderanforderungen werden in diesem Kapitel zunächst relevante NEP und entsprechende Zielkriterien sowie deren Wechselwirkungen identifiziert und in ein Zielsystem für den nachhaltigen Werkzeuglebenszyklus überführt. Anschließend werden die identifizierten Nachhaltigkeitsziele hinsichtlich ihrer Relevanz priorisiert.

Für den langfristigen Erhalt der Wettbewerbsfähigkeit müssen Werkzeugbaubetriebe ihr Handeln an den identifizierten Anforderungen der Stakeholder ausrichten. Im Hinblick auf die Ausrichtung eines Unternehmens führt PÜMPIN den Begriff **strategische Erfolgspositionen** (SEP) ein. Darunter sind Voraussetzungen zu verstehen, die es einem Unternehmen einerseits erlauben, im Vergleich zur Konkurrenz langfristig überdurchschnittliche Ergebnisse zu erzielen und andererseits durch den Aufbau von wichtigen Fähigkeiten bewusst geschaffen wurden.[696] SEP bündeln Aktivitäten und Kompetenzen, um daraus einen zielgerichteten und wahrnehmbaren Nutzen zu stiften. Hierbei kann eine SEP stets nur von einem Unternehmen besetzt werden.[697] Je nach Perspektive können SEP in nachfolgende Kategorien unterteilt werden:

- **Leistungsbezogene SEP**: Angebot bedürfnisgerechter Leistungen in einer vom Stakeholder gewünschten Qualität zu marktgerechten Preisen
- **Marktbezogene SEP**: Erfolg durch eine besondere Stellung am Markt
- **Funktionale SEP**: Überlegene Ausführung bestimmter Funktionen, basierend auf den Fähigkeiten eines Unternehmens

Die strategische Ausrichtung von Werkzeugbaubetrieben wird heute zumeist über die angebotenen Werkzeuge oder die Leistungsfähigkeit der Wertschöpfung definiert. KÜHN identifiziert insbesondere zwölf leistungsbezogene und funktionale strategische Erfolgspositionen. Aufgrund der Position in der Wertschöpfungskette bestimmt der Werkzeugbau die Time-to-Market der Produkte maßgeblich mit, wodurch die **Schnelligkeit** zur SEP wird. Diese wird maßgeblich durch die Durchlaufzeit des Auftrags bestimmt. Weiterhin stellt die **Termintreue** eine leistungsbezogene SEP dar, da sich die Werkzeugerstellung zumeist auf einem zeitkritischen Pfad befindet.[698] Der Unikatcharakter und das damit einhergehende Risiko des Produktionsausfalls auf Kundenseite machen die **Produktionssicherheit** zu einer weiteren leistungsbezogenen SEP.[699] Neben der Produktionssicherheit definiert KÜHN auch die **Anforderungsgerechtheit** als SEP. Werkzeugbaubetriebe übererfüllen die Kundenanforderungen oftmals und können durch ein exaktes Treffen ebendieser die Herstellkosten deutlich reduzieren. Gleichzeitig steigt der Kostendruck in der Branche Werkzeugbau an und erfordert eine Reduzierung der Lebenszykluskosten der Werkzeuge. Somit lassen sich höhere Einstandspreise deutscher Werkzeugbaubetriebe rechtfertigen. Voraussetzung dafür ist eine hohe **Werkzeugverfügbarkeit**. Darüber hinaus führen kundenseitige Verkürzungen von Produkt- und Entwicklungslebenszyklen

---

696 Vgl. Pümpin (Management strategischer Erfolgspositionen), 1986, S. 34.

697 Vgl. Pümpin (Strategische Erfolgspositionen), 1992, S. 49f.

698 Vgl. Kühn (Leistungssysteme im Werkzeugbau), 2016, S. 108-110.

699 Vgl. Frick (Geschäftsmodelle im Werkzeugbau), 2006, S. 187.

zu kurzzyklischen und volatilen Werkzeugbedarfen. Die **Flexibilität** durch vorgehaltene Ressourcen sowie eine enge Zusammenarbeit mit Wertschöpfungspartnern stellt somit eine funktionale SEP dar. Weiterhin charakterisieren standardisierte Prozesse und Produkte einen industriellen Werkzeugbau. Die **Standardisierung** stellt entsprechend eine weitere funktionale SEP dar. Vor dem angesprochenen Kostendruck markiert die **Kostentransparenz** eine zentrale SEP, die im Werkzeugbau durch strukturierte organisatorische Prozesse, leistungsfähige IT-Systeme und letztendlich Disziplin hinsichtlich der Dokumentation der geleisteten Stunden und entstandenen Kosten begünstigt wird. Die angesprochenen volatilen Auftragseingänge münden oftmals in schwankenden Auslastungen der maschinellen und personellen Ressourcen. Die **Auslastungsstabilität** als funktionale SEP ist somit eine Voraussetzung für unternehmerischen Erfolg. Neben der Beherrschung der Prozesse gewährleistet insbesondere die Innovationskraft der Werkzeugbaubetriebe wirtschaftlichen Erfolg. So definiert KÜHN einerseits die **werkzeugtechnologische Innnovationskraft** zur Leistungssteigerung der Werkzeuge sowie die **verfahrenstechnologische Innovationskraft** zur Steigerung der Leistungsfähigkeit der Serienproduktion als weitere funktionale SEP.[700]

Im Kontext dieser Arbeit werden die klassischen SEP des Werkzeugbaus aufgrund des geforderten Bezugs zur Nachhaltigkeit um sogenannte NEP erweitert. Im Gegensatz zu den SEP, welche primär vom Kunden wahrgenommene Differenzierungsmerkmale beschreiben, richten sich NEP gleichermaßen an alle Stakeholder. Die entsprechenden NEP werden aus den Archetypen des nachhaltigen Werkzeuglebenszyklus sowie den beschriebenen Anforderungen der Stakeholder abgeleitet und sind in der nachfolgenden Abbildung 5.5 zusammenfassend dargestellt.

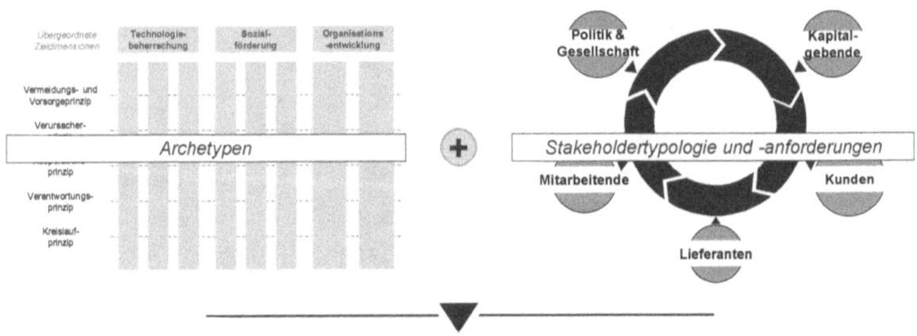


**Nachhaltige Erfolgspositionen (NEP)**

| | |
|---|---|
| Ressourcen- und Materialeffizienz | Arbeits- und Gesundheitsschutz |
| Wiederverwendbarkeit | Wissens- und Kompetenzentwicklung |
| Umweltschonung | Arbeitskultur |
| Ökologische & soziale Lieferkettenverantwortung | Transparente Berichtserstattung |

**Abbildung 5.5: Nachhaltige Erfolgspositionen im Werkzeuglebenszyklus**[701]

[700] Vgl. Kühn (Leistungssysteme im Werkzeugbau), 2016, S. 108f.

[701] Eigene Darstellung

Vor dem Hintergrund der zunehmenden Überproduktion im Rahmen der Industrialisierung sowie der global ansteigenden Ressourcen- und Materialknappheit stellt der effiziente Einsatz der zur Verfügung stehenden Ressourcen und Materialien eine Grundvoraussetzung für eine nachhaltige Entwicklung dar.[702] Dementsprechend ist **Ressourcen- und Materialeffizienz** eine zentrale NEP. Die effiziente Verwendung von Ressourcen und Materialien wird durch strukturierte und verschwendungsarme Prozesse begünstigt. Eine weitere zentrale Anforderung der Stakeholder ist die Schaffung von neuem Wert aus Prozessabfällen und alten Produkten. Daher ist die **Wiederverwendbarkeit** eine weitere nachhaltige Erfolgsposition. Durch eine Rückführung von Werkzeugen und -komponenten in den Materialkreislauf, kann die Umweltwirkung des Werkzeugbaus im Lebenszyklus reduziert werden.[703]

Der Werkzeugbau ist entlang des Werkzeuglebenszyklus für signifikante Umweltbelastungen durch den Verbrauch von Primärenergie und Wasser sowie den Ausstoß von Emissionen verantwortlich, deren Reduzierung zunehmend durch Stakeholder gefordert wird.[704] Die **Umweltschonung** wird daher zum Nachhaltigen Erfolgsfaktor für Werkzeugbaubetriebe. Neben der innerbetrieblichen Umsetzung ökologischer Anforderungen trägt der Werkzeugbau auch für das ökologische sowie soziale Handeln von Wertschöpfungspartnern Verantwortung. Die Stakeholder profitieren von einer ganzheitlichen nachhaltigen Gestaltung der Wertschöpfung, weshalb **ökologische Lieferkettenverantwortung** sowie **soziale Lieferkettenverantwortung** zu Nachhaltigen Erfolgspositionen werden.

Die Leistungsfähigkeit des Werkzeugbaus ist darüber hinaus direkt von der Produktivität der Mitarbeitenden abhängig. Ihr Wohlbefinden und Wissen in der komplexen Werkzeugerstellung sind daher von elementarer Bedeutung.[705] Dementsprechend stellen der Arbeits- und Gesundheitsschutz, das Wissens- und Kompetenzentwicklung und die Arbeitskultur und Gleichberechtigung weitere nachhaltige Erfolgspositionen dar. Der **Arbeits- und Gesundheitsschutz** umfasst die Verhinderung körperlicher und geistiger Schäden sowie auch die Förderung der Gesundheit der Mitarbeitenden. Die **Wissens- und Kompetenzentwicklung** beschreibt, inwiefern Wissen und Kompetenzen der Mitarbeitenden entlang des Lebenszyklus vermittelt und gefördert werden. Im Hinblick auf den demografischen Wandel sowie den daraus resultierenden Fachkräftemangel stellt dies nicht nur einen entscheidenden NEP gegenüber potenzieller Mitarbeitender, sondern gleichermaßen auch eine notwendige Voraussetzung für zukünftig erfolgreiche Geschäftstätigkeiten des Werkzeugbaus dar. Für eine langfristige Steigerung der Attraktivität der Werkzeugbaubetriebe stellt die **Arbeitskultur** eine weitere NEP dar, um geeignete Fachkräfte zu werben sowie die Zufriedenheit und damit die Produktivität der Mitarbeitenden zu steigern. Dies umfasst einerseits die Anforderungen der Stakeholder nach Gleichberechtigung und Diversität sowie den sozialen Umgang mit und zwischen Mitarbeiten-

[702] Vgl. Schuh et al. (Sustainable Productivity), 2021, S. 10f.

[703] Vgl. Boos et al. (Wettbewerbsfaktor Nachhaltigkeit), 2020, S. 17-19.

[704] Vgl. Döbbeler (Ressourcenorientierte Modellierung des Werkzeuglebenszyklus), 2013, S. 47-49.

[705] Vgl. Kozielski (Integratives Kennzahlensystem), 2010, S. 113.

den. Andererseits müssen im Zuge des demografischen Wandels und dem Einstieg der Generationen Y und Z zunehmend neue und anforderungsgerechte Arbeitsmodelle berücksichtigt werden.

Vor dem Hintergrund des ganzheitlichen Stakeholderansatzes zur nachhaltigen Gestaltung des Werkzeuglebenszyklus stellt die Kenntnis der Anforderungen sowie die transparente Kommunikation der Adressierung dieser eine weitere nachhaltige Erfolgsposition dar. Eine **transparente** und auf Kennzahlen basierende **Berichtserstattung** im Sinne der Corporate Accountability (vgl. Kapitel 2.1.4) schafft die notwendige Transparenz für interne und externe Anspruchsgruppen durch die Kommunikation relevanter Entwicklungen im Werkzeugbau.

Die Bedeutung der Nachhaltigen Erfolgspositionen kann sich aufgrund von sich ändernden Rahmenbedingungen, wie z. B. neuen Gesetzgebungen, im Laufe der Zeit verändern, sodass die zukünftige Bedeutung der NEP vor einem mittelfristigen Zeithorizont von etwa drei Jahren bewertet werden muss. Diese Aufgabe obliegt im Werkzeugbau aufgrund ihres strategischen Fokus insbesondere den Führungskräften des Betriebs. Dennoch können auch weitere Stakeholder, wie z. B. Mitarbeitende oder Kunden, hinzugezogen werden. Die jeweilige Bedeutung einer Nachhaltigen Erfolgsposition richtet sich nach ihrem Einfluss auf die nachhaltige Entwicklung von Unternehmen der Branche. Da der Einfluss jedoch nicht immer quantifizierbar ist, bietet sich die Methode des paarweisen Vergleichs nach DREWS UND HILLEBRAND zur Bewertung und Gewichtung an. Die Methode des paarweisen Vergleichs eignet sich besonders, um qualitative Kriterien zu bewerten.[706] Zur Bewertung der nachhaltigen Erfolgspositionen werden alle identifizierten NEP zunächst in die Zeilen und Spalten einer Dominanzmatrix eingetragen (vgl. Abbildung 5.6). Anschließend wird zeilenweise jeweils die NEP in der Zeile der Dominanzmatrix mit der jeweils anderen NEP in den Spalten in Bezug auf ihre Bedeutung für die nachhaltige Entwicklung verglichen. Dazu wird jeweils die nachfolgende Frage gestellt:

*Ist die NEP mittelfristig von höherer Bedeutung für die erfolgreiche nachhaltige Entwicklung als eine andere NEP?*

Zur Beantwortung dieser Frage wird eine Binärlogik wird verwendet, um indifferente Entscheidungen zu verhindern. Sofern die nachhaltige Erfolgsposition in der Zeile von höherer Bedeutung für die erfolgreiche nachhaltige Entwicklung als die nachhaltige Erfolgsposition in der Spalte ist, so ist in die entsprechende Zelle der Bewertungsmatrix eine „1“, im gegenteiligen Fall eine „0“ einzutragen.

Die aggregierte Bedeutung für die erfolgreiche nachhaltige Entwicklung des Werkzeuglebenszyklus kann der entsprechenden Zeilensumme entnommen werden. Für eine intuitive Interpretierbarkeit der Ergebnisse wird eine Normierung der Zeilensumme vorgenommen, indem alle Zeilensummen jeweils durch die Gesamtsumme der Zeilensumme dividiert werden.

[706] Vgl. Drews; Hillebrand (Lexikon der Projektmanagement-Methoden), 2010, S. 131.

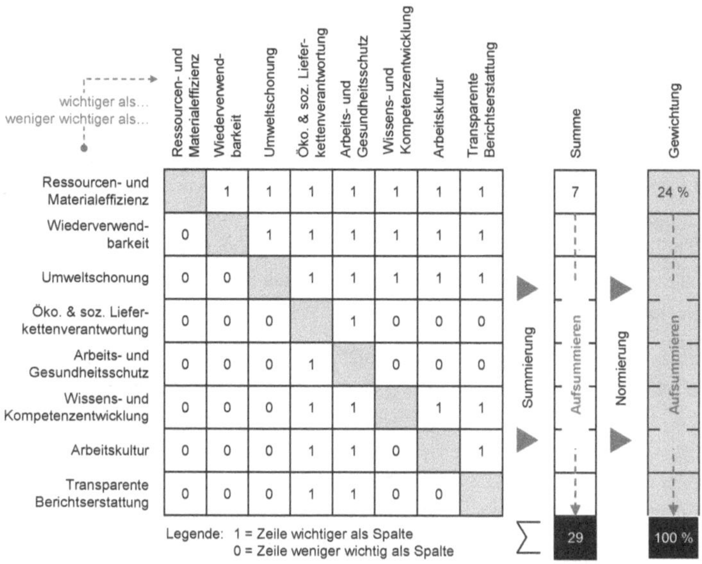


**Abbildung 5.6: Beispielhaft ausgefüllte Dominanzmatrix zur Bewertung der NEP**[707]

Die Definition spezifischer, messbarer und zeitlich eingegrenzter **Nachhaltigkeitsziele** baut direkt auf der Identifikation der NEP auf und trägt wesentlich zur aktiven Steuerung der Leistungsfähigkeit des Werkzeugbaus im Kontext Nachhaltigkeit bei. Unternehmensziele beschreiben angestrebte zukünftige Zustände eines Unternehmens, welche von autorisierten Entscheidungsträgern festgelegt und für verbindlich erklärt werden. Die Ziele sind nach Inhalt, Ausmaß sowie zeitlichem Bezug näher zu charakterisieren und stehen in einem spezifischen Beziehungszusammenhang.[708] Ziele erfüllen vier wesentliche Funktionen. Sie dienen als Richt- und Orientierungsgröße für Mitarbeitende, als Koordinationsfunktion bei konträren Teilzielen, als Kontrolle der Zielerreichung sowie zur Auswahl von Lösungsalternativen.[709] Die Nachhaltigkeitsziele sind von den Anforderungen der Stakeholder beeinflussbar und daher an den Nachhaltigen Erfolgspositionen auszurichten. Dementsprechend müssen die Ziele soweit möglich als Wettbewerbsvorteile bzw. als Bündel von Wettbewerbsvorteilen formuliert werden.[710] Somit wird sichergestellt, dass die Ziele positiv zur nachhaltigen Entwicklung des Werkzeugbaus beitragen und Verbesserungen entlang des gesamten Werkzeuglebenszyklus ermöglichen. Die heute üblichen, nach innen fokussierten Ansätze der Zielsetzung reichen im Kontext Nachhaltigkeit jedoch nicht aus, um die globalen Herausforderungen zu adressieren. Bei diesem Inside-out-Ansatz werden die Unternehmensziele zumeist auf Basis historischer Daten, aktu-

[707] Eigene Darstellung

[708] Vgl. Bleicher (Normatives Management), 1996, 2.1-2.55.

[709] Vgl. Finken (Projektmanagement bei der Verwaltungsreform), 1999, S. 46.

[710] Vgl. Michalas (Nachhaltige Nutzungskonzepte), 2003, S. 60.

ellen Trends und Vorhersagen der zukünftigen Unternehmensleistung intern definiert. Unternehmen setzen sich seit Jahren Umweltziele, wie z. B. die Senkung von $CO_2$-Emissionen oder des Verbrauchs von Ressourcen, mit ausschließlichem Fokus auf die eigenen Aktivitäten. Dies sorgt jedoch für eine Lücke zwischen der aktuellen Leistung der Unternehmen und jener, die für die globalen Bedürfnisse der Stakeholder erforderlich ist. Vielmehr muss auch der Werkzeugbau einen Outside-in-Ansatz wählen, der die externen Bedürfnisse der Stakeholder berücksichtigt und auf Grundlage wissenschaftlicher Erkenntnisse und Daten beruht. Ungeachtet des methodischen Ansatzes zur Zieldefinition muss der Werkzeugbau Ziele definieren, die seine Prioritäten in allen drei Dimensionen der Nachhaltigkeit abbilden.[711] Die für das in dieser Arbeit zu entwickelnde Prozessmodell relevanten Ziele sind in dem Zielsystem in Abbildung 5.7 dargestellt.

Als zentrales ökonomisches Ziel wird die **Effizienz** genannt. Elementarer Befähiger der wirtschaftlich effizienten Werkzeugherstellung sind die *Modularisierung* und *Standardisierung* von Produkt und Prozess.[712] Das Ziel der Modularisierung ist die Standardisierung der angebotenen Leistungen. Mittels Baukastensystem können die Werkzeugkomplexität reduziert und Skaleneffekte generiert werden.[713] Die Standardisierung der Prozesse ermöglicht wiederum die Optimierung des Prozess-Know-hows durch Wiederhol- und Lerneffekte und gewährleistet somit stabilere Prozesse sowie Effizienzsteigerungen entlang des gesamten Werkzeuglebenszyklus.[714] Folglich werden die Modularisierung der Leistungen und die Standardisierung der Prozesse als ökonomische Zielkriterien der Ausprägung Effizienz festgelegt.

Nach KOZIELSKI umfassen Finanzen die Wirtschaftlichkeitsrechnung hinsichtlich Erfolg sowie finanzieller Stabilität und Unabhängigkeit des Werkzeugbaubetriebs. Die ökonomische Ausprägung **Finanzen** untergliedert sich demnach in die Zielkriterien Markterfolg, Lebenszykluskosten sowie Kapital.[715] Das Zielkriterium *Markterfolg* berücksichtigt die Sicherung des langfristigen Fortbestehens des Werkzeugbaubetriebs, indem es dessen finanzielle Rentabilität und dessen Marktprogression betrachtet. Um den Anforderungen einer ganzheitlichen Lebenszyklusbetrachtung gerecht zu werden, müssen im Rahmen der Erfolgsbetrachtung alle anfallenden Kosten entlang des Werkzeuglebenszyklus berücksichtigt werden.[716] Folglich sind die *Lebenszykluskosten* ein Zielkriterium. Werkzeugbaubetriebe benötigen zudem für Investitionen sowie für kurzfristig notwendigen und unplanmäßigen Ausgaben liquide Mittel. Daher betrachtet das Zielkriterium *Kapital* die Struktur und die Entwicklung der für die wirtschaftliche Tätigkeit erforderlichen Geldmittel.

[711] Vgl. Global Reporting Initiative et al. (SDG Compass), 2022, S. 17f.

[712] Vgl. Eversheim; Klocke (Werkzeugbau mit Zukunft), 1998, S. 111-113; Fricker (Strategische Stringenz im Werkzeug), 2005, S. 51f.

[713] Vgl. Kohlhase (Strukturieren und Beurteilen von Baukastensystemen), 1997, S. 35-37.

[714] Vgl. Fricker (Strategische Stringenz im Werkzeug), 2005, S. 51f.

[715] Vgl. Kozielski (Integratives Kennzahlensystem), 2010, S. 133-135.

[716] Vgl. Reinsch; Eger (LCC), 2006, S. 10f.

Unter **ökonomische Lieferkette** fallen angelehnt an das Kennzahlensystem nach KOZIELSKI die Zielkriterien ökonomische Compliance, Kundenzufriedenheit sowie Kunden- und Lieferantenstruktur.[717] Die *ökonomische Compliance* bewertet in Anlehnung an GRI 419 neben werkzeugbauinternen ebenfalls die kunden- und lieferantenseitige Beachtung und Einhaltung der gesetzlichen Vorschriften und geschlossenen Verträgen.[718] Das Zielkriterium *Kundenzufriedenheit* erfasst in Anlehnung an KAPLAN UND NORTEN den Zufriedenheitsgrad der Kunden mit den vom Werkzeugbaubetrieb offerierten Leistungen.[719] Die wirtschaftliche Bedeutung der Kunden- und Lieferantenzusammensetzung wird durch das Zielkriterium *Kunden- und Lieferantenstruktur* adressiert. Dazu werden die Langlebigkeit sowie die Diversifikation der Geschäftsbeziehungen betrachtet.[720]

Als Ausprägungen der ökologischen Dimension können Umweltschonung, Materialschonung sowie die ökologische Lieferkette definiert werden. Auf Prozessebene müssen die für die Prozesse relevanten Stoffströme abgebildet werden, um die spezifischen Zielkriterien der **Umweltschonung** abzuleiten. Diese können folglich durch die Zielkriterien Primärenergiebedarf, Emissionen sowie Wasserbedarf und Abwasser beschrieben werden. Der *Primärenergiebedarf* umfasst nach GRI 302 die für die Prozesse entlang des Werkzeuglebenszyklus erforderlichen Energieverbräuche. Die Quantifizierung der Energie erfolgt stets in Bezug auf die elektrische Energie, die über den gesamten Werkzeuglebenszyklus reduziert werden muss. *Emissionen* lassen sich grundsätzlich in Luft-, Wasser- und Bodenemissionen untergliedern.[721] Angelehnt an GRI 305, umfasst dieses Zielkriterium alle Emissionen, die entlang des Werkzeuglebenszyklus emittiert werden. Der Wasserverbrauch eines Unternehmens hat einen signifikanten Einfluss auf das lokale Ökosystem sowie dessen Lebensqualität.[722] Daher muss neben der Erfassung des *Wasserbedarfs* auch die Qualität sowie die Menge des *Abwassers* entlang des Werkzeuglebenszyklus bestimmt werden.

Auf Basis der NEP Ressourcen- und Materialeffizienz wurde die **Materialschonung** als weitere Ausprägung identifiziert. Mögliche Ansätze zur Umsetzung sind das Fördern von Recycling durch priorisierte Verwendung von wiederverwertbaren und nachwachsenden Rohstoffen sowie die konstruktive Berücksichtigung von Demontagemöglichkeiten.[723] Die entsprechenden Zielkriterien sind Werkzeugauslegung, kundenseitiger Materialbedarf und Materialausschuss. Die *Werkzeugauslegung* adressiert die Verwendung von nachhaltigen und wiederverwertbaren Materialen sowie die Langlebigkeit des Werkzeugs. Gleichermaßen werden die konstruktive Planung einer vereinfachten Instandhaltung und Demontage berücksichtigt.[724] Durch das Zielkriterium *kundenseitiger Materialbedarf* werden die verwendeten Materialen in der Werkzeugnutzung sowie deren Einflüsse auf die Lebensdauer des Werkzeugs berücksichtigt. Der

[717] Vgl. Kozielski (Integratives Kennzahlensystem), 2010, S. 116-135.

[718] Vgl. Global Reporting Initiative (About GRI), 2022.

[719] Vgl. Kaplan; Norton (Strategy maps), 2004, S. 56.

[720] Vgl. Kozielski (Integratives Kennzahlensystem), 2010, S. 116-120.

[721] Vgl. Alting et al. (Environmental assessment in product development), 1997, S. 1377.

[722] Vgl. Global Reporting Initiative (About GRI), 2022.

[723] Vgl. Krajnc; Glavic (Indicators of sustainable production), 2003, S. 287.

[724] Vgl. Boos et al. (Wettbewerbsfaktor Nachhaltigkeit), 2020, S. 18.

*Materialausschuss* umfasst den entstehenden Abfall bzw. Ausschuss entlang des gesamten Werkzeuglebenszyklus. Im Sinne der ganzheitlichen Lebenszyklusbetrachtung sind folglich sowohl die Wiederaufbereitung als auch die Reduzierung des Ausschusses abzubilden.

Analog zur ökonomischen Dimension wird in der ökologischen Dimension die **ökologische Lieferkette** berücksichtigt. Diese umfasst die beiden Kriterien ökologische Compliance und Lokalität. Das Zielkriterium *ökologische Compliance* vereint GRI 307 und GRI 308, indem die gesetzlichen ökologischen Vorgaben durch Lieferanten, den Werkzeugbau sowie den Kunden, also der gesamten Lieferkette, geprüft werden.[725] Die durch die Globalisierung angewachsenen Transportwege gehen mit erhöhten Emissionen einher, weshalb eine Rückbesinnung auf lokalere Wertschöpfungsnetzwerke an Bedeutung gewinnt. [726] Das Zielkriterium *Lokalität* betrachtet daher die geografische Entfernung zwischen den beteiligten Entitäten des Wertschöpfungsnetzwerks.

Die sozialen Zielkriterien des hier dargestellten Zielsystems sind Sicherheit, Mitarbeitendenfokussierung und soziale Lieferkette. Neben dem im Rahmen der NEP bereits beschriebenen Zielkriterium *Arbeits- und Gesundheitsschutz*, stellt die *Datensicherheit* eine weitere Zielgröße der Ausprägung **Sicherheit** dar. Die Datensicherheit muss den Umsetzungsgrad von Datenschutzmaßnahmen zur Sicherung personenbezogener Daten aller Stakeholder im Werkzeuglebenszyklus.

Die **Mitarbeitendenfokussierung** umfasst neben den unmittelbar aus den NEP abgeleiteten Zielkriterien *Wissens- und Kompetenzmanagement* und *Arbeitskultur* die *Mitarbeitendenzufriedenheit*. Dieses Zielkriterium betrachtet die Zufriedenheit der Mitarbeitenden mit der Arbeitsumgebung sowie den vorzufindenden Arbeitsbedingungen.

Analog zur ökonomischen und ökologischen Lieferkette bedarf es ebenfalls eine Ausprägung für die **soziale Lieferkette**, um die potenziell negativen sozialen Auswirkungen entlang der Lieferkette zu minimieren. Das Zielkriterium *soziale Compliance* bewertet daher die Einhaltung von gesetzlichen sozialen Vorgaben und Rahmenbedingungen. Die *gesellschaftliche Verantwortung* hingegen betrachtet die Interaktion des Betriebs mit der Gesellschaft sowie die Platzierung und Wahrnehmung des Unternehmens in der Öffentlichkeit.

---

[725] Vgl. Global Reporting Initiative (About GRI), 2022.

[726] Vgl. Boos et al. (Wettbewerbsfaktor Nachhaltigkeit), 2020, S. 30.

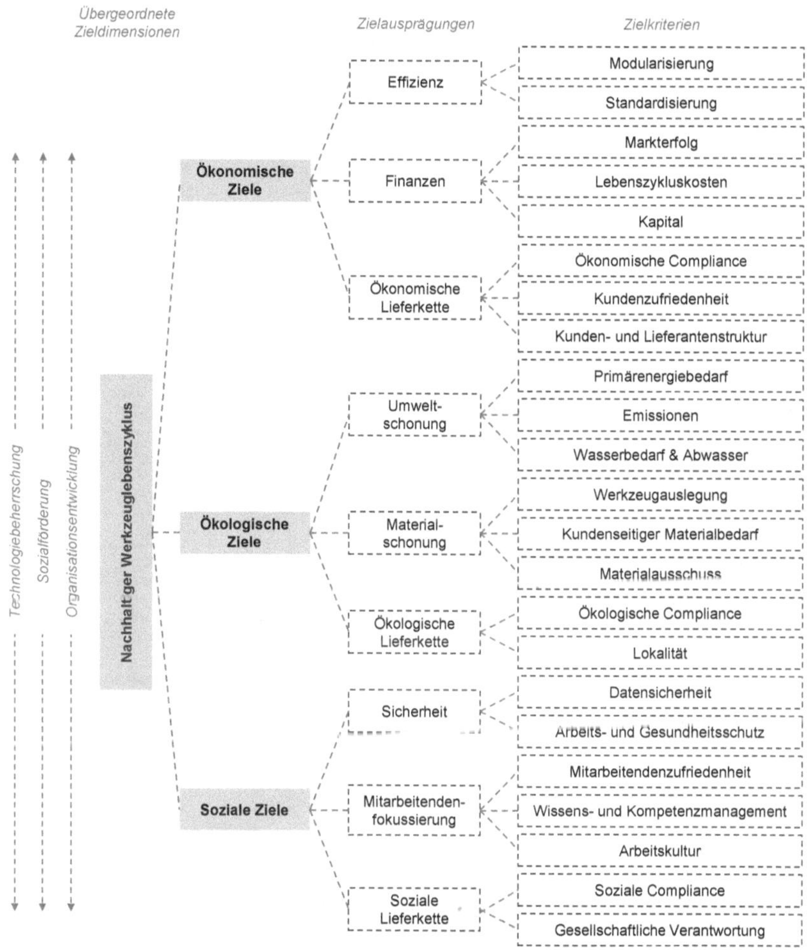


**Abbildung 5.7: Zielsystem des nachhaltigen Werkzeuglebenszyklus**[727]

Aus der hierarchischen Darstellung geht zwar die Struktur des beschriebenen Zielsystems hervor. Die Interdependenzen zwischen den Zielkriterien werden allerdings nicht deutlich. Diese können komplementär, konkurrierend oder indifferent zueinander sein. Sofern Ziele komplementär zueinander sind, beeinflussen diese sich positiv zueinander. Bei einer konkurrierenden Beziehung ist die gegenseitige Beeinflussung negativ. Dabei wird durch die Erfüllung des einen Ziels, der Erfüllungsgrad eines anderen Ziels verringert. Besteht kein wechselseitiger Einfluss bei der Erfüllung der Ziele zueinander, besteht eine indifferente Beziehung.[728]

[727] Eigene Darstellung

[728] Vgl. Ramb (Zielbeziehungen), 2023.

Die nachfolgende Abbildung 5.8 stellt die Abhängigkeiten der einzelnen Zielkriterien zueinander dar. Dabei werden die Auswirkungen der Erfüllung der Ziele auf der vertikalen Achse auf die Ziele der horizontalen Achse beschrieben.

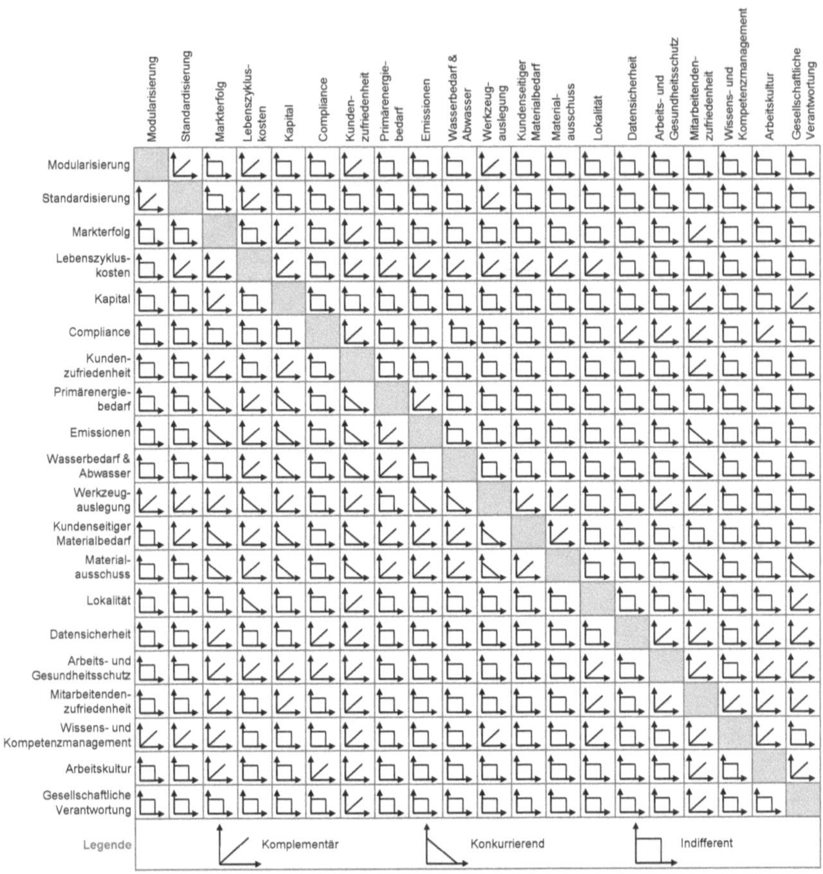


**Abbildung 5.8: Interdependenzen der Nachhaltigkeitszielkriterien**[729]

Beispielhaft wird die komplementäre Interdependenz zwischen den Zielgrößen Emission und Lebenszykluskosten beschrieben. Die Reduktion der Emissionen führt aufgrund der Einsparung der anfallenden Kosten der $CO_2$-Steuer bzw. der Reduzierung der Ausgaben für $CO_2$-Zertifikate mittelbar zur einer Reduzierung der Lebenszykluskosten. Die detaillierte Beschreibung der weiteren Zielinterdependenzen ist in Abbildung 7.2 und Abbildung 7.3 im Anhang zur entnehmen.

[729] Eigene Darstellung

## 5.2 Gestaltungselement Kontinuierliche Lebenszyklusbewertung

Nachdem die zentralen Anforderungen der Stakeholder im Werkzeuglebenszyklus identifiziert, daraus NEP abgeleitet sowie das Zielsystem des nachhaltigen Werkzeuglebenszyklus definiert wurden, adressiert das Gestaltungselement kontinuierliche Lebenszyklusbewertung die notwendige Schaffung von Transparenz hinsichtlich der Zielerreichung. Die kontinuierliche Optimierung und Adressierung der Nachhaltigkeitsziele zur Gestaltung des nachhaltigen Werkzeuglebenszyklus setzt voraus, dass der Status quo der nachhaltigen Entwicklung kontinuierlich und anforderungsgerecht erfasst wird. Die Werkzeugbaubetriebe müssen hierzu einerseits eine ökonomische, ökologische und soziale Bewertung der Ziele durchführen[730] sowie andererseits ein transparentes und vergleichbares Reporting der Bewertung ermöglichen[731]. Dies gewährleistet die notwendige Transparenz der Betriebe über ihre gegenwärtigen und potenziellen positiven sowie negativen Auswirkungen auf die nachhaltige Entwicklung und zeigt somit den größten Handlungsbedarf auf.

Für das Gestaltungselement kontinuierliche Lebenszyklusbewertung können daher drei wesentliche Gestaltungsaspekte definiert werden. Zunächst muss eine geeignete Architektur für das Bewertungsmodell gewählt werden. Anschließend werden die notwendigen Bewertungskriterien und -indikatoren aus den identifizierten Anforderungen und Zielen definiert. Abschließend erfolgt die anforderungsgerechte Bereitstellung der Bewertungsergebnisse für den Anwender.

Im nachfolgenden Kapitel 5.2.1 werden hierzu zunächst die relevanten Grundlagen erläutert. Anschließend wird in Kapitel 5.2.2 die Bewertungsmodellarchitektur hergeleitet, bevor in Kapitel 5.2.3 die Bewertungskriterien und -indikatoren definiert werden. Abschließend erfolgt die Beschreibung der anforderungsgerechten Bereitstellung der Bewertungsergebnisse in Kapitel 5.2.4.

### 5.2.1 Grundlagen

Aufgrund der in Kapitel 5.1 beschriebenen zunehmenden Anforderungen der Stakeholder hinsichtlich des nachhaltigen Handelns sowie der stets strenger werdenden rechtlichen und regulatorischen Rahmenbedingungen wächst der Druck für Werkzeugbaubetriebe, das Prinzip der Nachhaltigkeit sowohl in die operative als auch in die strategische Unternehmensführung zu integrieren.[732] Ein Hilfsmittel zur Adressierung dieser Herausforderung ist das **Nachhaltigkeitscontrolling**. Analog zum klassischen Controlling ist die grundlegende Aufgabe des Nachhaltigkeitscontrollings die Aufbereitung steuerungsrelevanter Daten und Informationen zur erleichterten Entscheidungsfindung der Unternehmensführung.[733] Im Gegensatz zum traditionellen Controlling werden allerdings neben den ökonomischen Aspekten auch die ökologischen

[730] Vgl. Kölscheid (Lebenszyklusorientierte Produktgestaltung), 1999, S. 10.
[731] Vgl. Brudermüller et al. (Europäischer Green Deal), 2020, S. 6.
[732] Vgl. Schulze et al. (Sustainability Performance Measurement), 2012, S. 93.
[733] Vgl. Colsman (Nachhaltigkeitscontrolling), 2016, S. 46f.

und sozialen Aspekte berücksichtigt. Die Betrachtung der verschiedenen Nachhaltigkeitsdimensionen, deren Zielvorstellungen teilweise divergieren, führt zu einer gesteigerten Komplexität im Unternehmen. Mithilfe einer zielführenden Planung, Steuerung und Kontrolle kann das Nachhaltigkeitscontrolling die Ziele aller drei Dimensionen zu einer maximalen Zielkomplementarität vereinen.[734] Zugleich bedarf es einer Beurteilung und Quantifizierung der Chancen und Risiken, die mit der Integration der Nachhaltigkeit einhergehen. Neben der Betrachtung von Kosten und Leistungen müssen vermehrt weitere nachhaltige Erfolgsgrößen, die häufig nur schwer zu quantifizieren sind, betrachtet werden.[735] Im Rahmen des Nachhaltigkeitscontrollings wird mithilfe von Steuerungskonzepten und der Messbarmachung von Kennzahlen eine fortlaufende Evaluierung der unternehmerischen Nachhaltigkeit sichergestellt.[736]

Dieser Teilbereich des operativen Nachhaltigkeitscontrollings wird als **Sustainable Performance Measurement** bezeichnet. Dies umfasst die Ausgestaltung und Verwendung von Kennzahlen- und Indikatorensystemen zur kontinuierlichen Messung und Bewertung der Nachhaltigkeitsleistung. Anhand ausgewählter Kennzahlen und Key-Performance-Indikatoren (KPIs) lassen sich Effektivität und Effizienz der jeweiligen Leistung in den drei Dimensionen der Nachhaltigkeit quantifizieren.[737] Die klassischen ökonomischen Kennzahlen werden folglich um ökologische und soziale Kennzahlen erweitert.[738] So kann beispielsweise der Return on Investment (ROI) durch den Sustainable Value ersetzt werden, anhand dessen der nachhaltige Einsatz ökonomischer, ökologischer und sozialer Ressourcen beschrieben wird. Mithilfe der aus den Kennzahlen gewonnenen verdichteten Informationen können die Nachhaltigkeitsleistung gemessen und bewertet, die Transparenz erhöht sowie Optimierungspotenziale abgeleitet werden.[739]

Nicht zuletzt umfasst das Nachhaltigkeitscontrolling auch die Nachhaltigkeitsberichterstattung, welche bereits im Rahmen der Corporate Sustainability in Kapitel 2.1.4 beschrieben wurde. Die Berichtserstattung erfolgt i. d. R. anhand der GRI-Richtlinien.[740] Das Nachhaltigkeitscontrolling bildet folglich eine Schnittstelle, welche die Werthaltigkeit der Unternehmensstrategie und der darauf basierenden Handlungsmaßnahmen prüft.[741] Das übergeordnete Ziel ist die Sicherung der langfristigen Unternehmensexistenz.[742] Die nachfolgende Abbildung 5.9 zeigt die einzelnen Bestandteile des Nachhaltigkeitscontrollings.

[734] Vgl. Lachmann et al. (Nachhaltigkeitscontrolling), 2017, S. 130.

[735] Vgl. Colsman (Nachhaltigkeitscontrolling), 2016, S. 47.

[736] Vgl. Schulze et al. (Sustainability Performance Measurement), 2012, S. 93; Wellbrock et al. (Nachhaltigkeitscontrolling), 2020, S. 18.

[737] Vgl. Schulze et al. (Sustainability Performance Measurement), 2012, S. 98.

[738] Vgl. Colsman (Nachhaltigkeitscontrolling), 2016, S. 61f.

[739] Vgl. Balderjahn (Nachhaltiges Management und Konsumentenverhalten), 2013, S. 114f.

[740] Vgl. Lachmann et al. (Nachhaltigkeitscontrolling), 2017, S. 131f.

[741] Vgl. Colsman (Nachhaltigkeitscontrolling), 2016, S. 47.

[742] Vgl. Biel (Nachhaltigkeitscontrolling), 2013, S. 22.

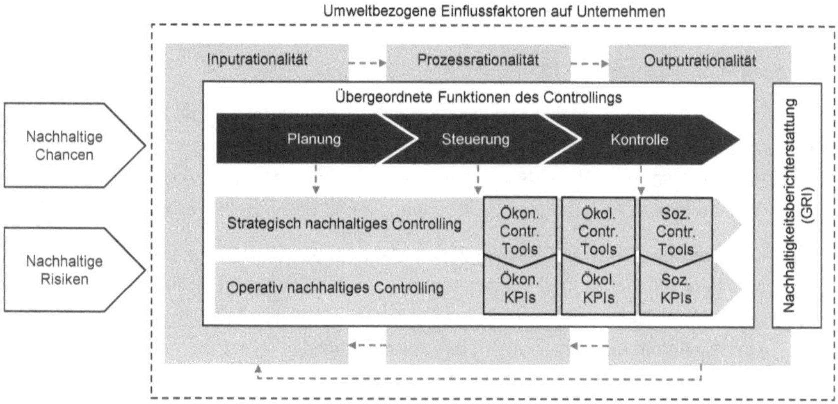


**Abbildung 5.9: Konzeption des Nachhaltigkeitscontrollings**[743]

Ein Hilfsmittel, dessen sich die Unternehmen im Rahmen des Nachhaltigkeitscontrollings bedienen können, sind **Reifegradmodelle**. Der Begriff Reifegrad leitet sich einerseits von dem Begriff Reife ab, welche die Vollständigkeit oder Abgeschlossenheit eines Systems beschreibt.[744] Im übertragenen Sinne stellt dies den Endzustand dar, den ein Objekt am Ende seiner Entwicklung einnimmt.[745] Der zweite Teil, der Begriff Grad, stammt von dem lateinischen Wort „gradus", welches als Schritt übersetzt werden kann. Im heutigen Verständnis beschreibt der Begriff Grad eine Stufe oder einen Rang.[746] Die Wortzusammensetzung Reifegrad beschreibt folglich einen spezifischen Entwicklungsstand auf einem Pfad zwischen Ausgangspunkt und der höchsten Entwicklungsstufe, der vollen Reife.[747] Ein höherer Reifegrad impliziert entsprechend eine höhere Erfüllung der Kriterien des Betrachtungsbereichs.[748]

Der Begriff Reifegradmodell setzt sich aus dem zuvor erläuterten Terminus Reifegrad und dem Begriff Modell zusammen. In der wissenschaftlichen Literatur existiert keine allgemeingültige Definition zum Begriff Reifegradmodell. Nach AHLEMANN ET AL. umfasst ein Reifegradmodell verschiedene Reifegrade mit definierten qualitativen Anforderungen, anhand deren Erfüllung ein Betrachtungsobjekt bewertet wird.[749] Mögliche Betrachtungsobjekte sind Prozesse, Produkte, Personen oder Organisationen.[750] Laut BECKER ET AL. werden Reifegradmodelle als Skala für die Beurteilung von Prozessen verwendet, um deren Status und Qualität einheitlich bewerten und Optimierungsmaßnahmen ableiten zu können.[751] Zusammenfassend wird der

[743] I. A. a. Lachmann et al. (Nachhaltigkeitscontrolling), 2017, S. 131.

[744] Vgl. Duden (Begriff Reife), 2022.

[745] Vgl. Jording (Reifegradmodell des Supply Chain Managements), 2018, S. 17.

[746] Vgl. Duden (Begriff Grad), 2022.

[747] Vgl. Jording (Reifegradmodell des Supply Chain Managements), 2018, S. 17f.

[748] Vgl. Becker et al. (Entwicklung von Reifegradmodellen für das IT-Management), 2009, S. 249.

[749] Vgl. Ahlemann et al. (Kompetenz- und Reifegradmodelle), 2005, S. 15.

[750] Vgl. Akkasoglu (Anwendungsspezifische Reifegradmodelle), 2014, S. 25.

[751] Vgl. Becker et al. (Entwicklung von Reifegradmodellen für das IT-Management), 2009, S. 249; Schmidt (IT-Governance), 2010, S. 355.

Begriff Reifegradmodell als eine ordinalskalierte Abbildung der Merkmalsausprägungen bestimmter Indikatoren als Anforderungen zu Reifegradstufen definiert, wodurch eine einheitliche Bewertungsgrundlage ermöglicht wird.[752]

Neben einer strukturierten Vorgehensweise bei der Modellentwicklung bedarf es einer strukturellen Verknüpfung der einzelnen Elemente eines Reifegradmodells. JOCHEM unterscheidet hinsichtlich des Aufbaus und der Struktur von Reifegradmodellen vier Ebenen, wobei die jeweiligen Elemente vom Anwendungsgebiet abhängig und miteinander verbunden sind:[753]

- **Theoretische Ebene:** Definition des zu bewertenden Konstrukts, welches in Subkonstrukte und Ausprägungen unterteilt wird
- **Empirische Ebene:** Bewertung der Subkonstrukte mittels Indikatoren, wobei die Indikatoren Anforderungen an die Subkonstrukte abbilden und diese operationalisieren
- **Ebene der Bewertung:** Definition einer Reifegradskala zur indikatorbasierten Reifegradbestimmung
- **Ebene der Reifegradbestimmung:** Dekomposition entlang der Bewertungsstruktur zur Ableitung von Handlungsbedarfen und Maßnahmen zur Reifegradoptimierung

BERNERSTÄTTER fasst die Ebenen der Bewertung und der Reifegradbestimmung im Rahmen seiner Entwicklung eines Reifegradmodells unter der Bewertungsebene zusammen.[754] Das Reifegradmodell zur kontinuierlichen Lebenszyklusbewertung im Rahmen der datengestützten Gestaltung des nachhaltigen Werkzeuglebenszyklus gliedert sich daran angelehnt in Strukturelemente, Operationalisierungselemente und Bewertungselemente. Die Strukturelemente bilden die theoretische Ebene des Konzepts nach JOCHEM ab, indem das zu bewertende Konstrukt, die Subkonstrukte und deren Ausprägungen definiert werden.[755] Zudem umfasst das Strukturelement die vorgelagerte Festlegung der Reifegradstufen. Das Ergebnis ist die Konzipierung eines strukturellen Rahmens, die **Bewertungsmodellarchitektur**, welche die Basis für die Operationalisierungselemente bildet. Die Operationalisierungselemente bilden die empirische Ebene des konzeptionellen Rahmens nach JOCHEM ab, indem **Kriterien** zu den jeweiligen Ausprägungen definiert werden und geeignete **Indikatoren** zur Messbarmachung der Nachhaltigkeit festgelegt werden.[756] Die Bewertungselemente adressieren den durch die Strukturelemente nicht abgedeckten Teil der bewertenden Ebene. Für eine anwendungsorientierte Bestimmung des Reifegrads bedarf es einer **anforderungsgerechten Bereitstellung und Visualisierung der Bewertungsergebnisse**.

[752] Vgl. Akkasoglu (Anwendungsspezifische Reifegradmodelle), 2014, S. 9; Weckenmann; Akkasoglu (Maturity determination and information visualization), 2012, S. 1011.

[753] Vgl. Jochem (Reifegradmodelle bei der Qualitätsbewertung), 2010, S. 118f.

[754] Vgl. Bernerstätter (Bewertung der Inputfaktoren für datenanalystische Anwendungen), 2019, S. 98.

[755] Vgl. Jochem (Reifegradmodelle bei der Qualitätsbewertung), 2010, S. 117-119.

[756] Vgl. Jochem (Reifegradmodelle bei der Qualitätsbewertung), 2010, S. 117-119.

Nachfolgend werden die einzelnen Gestaltungsaspekte der kontinuierlichen Lebenszyklusbewertung detailliert erläutert. Dabei werden aufgrund der Dependenz zunächst die Strukturelemente, anschließend die Operationalisierungselemente und abschließend die Bewertungselemente betrachtet.

### 5.2.2 Bewertungsmodellarchitektur

Das Reifegradmodell ist nach DE BRUIN ET AL. so zu konzipieren, dass es den Bedürfnissen der Zielgruppe gerecht wird. Daher ist ein angemessenes Gleichgewicht zwischen der gegebenen komplexen Realität und der Einfachheit des Modells anzustreben.[757] Gleichzeitig ist das vollständige Verständnis der Nachhaltigkeit im Anwendungskontext für die Entwicklung geeigneter Lösungsmöglichkeiten elementar.[758] Folglich bedarf es der Identifizierung und Systematisierung relevanter Nachhaltigkeitsaspekte entlang des Werkzeuglebenszyklus. Im Rahmen der Entwicklung der **Bewertungsmodellarchitektur** müssen gemäß der Top-down-Entwicklungsstrategie nach DE BRUIN ET AL. die entsprechenden Reifegradstufen definiert werden. [759] Vor der inhaltlichen Ausarbeitung der Reifegradstufen ist zudem die Anzahl der Reifegrade zu determinieren. Die verschiedenen Reifegrade werden als eine Reihe kumulativer Stufen dargestellt, sodass die höheren Reifegradstufen auf den Anforderungen der niedrigeren aufbauen. Folglich wird ein Unternehmen einer Reifegradstufe zugeordnet, wenn es deren definierten Anforderungen sowie die der niedrigeren Reifegradstufe gänzlich erfüllt.[760] Weiterhin müssen die Konstrukte, Subkonstrukte sowie deren Ausprägungen festgelegt werden.[761]

In der wissenschaftlichen Literatur existiert eine Vielzahl an verschiedenen Reifegradmodellen. Trotz dieser Vielfalt gibt es große Überschneidungen hinsichtlich der Modellarchitekturen. Auf Basis der Analyse einer breiten Auswahl an Reifegradmodellen definieren FRASER ET AL. deren strukturelle Eigenschaften wie folgt:[762]

- Die Anzahl der Reifegradstufen liegt typischerweise zwischen drei und sechs.
- Jede Reifegradstufe ist eindeutig benannt.
- Die Reifegradstufen umfassen eine generische Beschreibung der Merkmale.
- Es liegt eine definierte Anzahl an Dimensionen vor.
- Es existieren Merkmale für jeden Betrachtungsbereich.
- Jedes Merkmal ist hinsichtlich der jeweiligen Reifegradstufen beschrieben.

Die jeweiligen Reifegradstufen bilden spezifische Entwicklungsschritte entlang des Entwicklungspfads des Unternehmens.[763] Während eine geringe Anzahl an Reifegradstufen die Konzeptionierung des Reifegradmodells aufgrund einer geringen Komplexität und einer eindeutigen Definition des Entwicklungspfads erleichtert, ermöglicht eine höhere Anzahl eine größere

---

[757] Vgl. Bruin et al. (Developing a Maturity Assessment Model), 2005, S. 8.

[758] Vgl. Hjorth; Madani (Sustainability Monitoring and Assessment), 2014, S. 133.

[759] Vgl. Bruin et al. (Developing a Maturity Assessment Model), 2005, S. 11.

[760] Vgl. Bruin et al. (Developing a Maturity Assessment Model), 2005, S. 11f.

[761] Vgl. Jochem (Reifegradmodelle bei der Qualitätsbewertung), 2010, S. 117-119.

[762] Vgl. Fraser et al. (The use of maturity models), 2002, S. 246.

[763] Vgl. Becker et al. (Entwicklung von Reifegradmodellen für das IT-Management), 2009, S. 249.

Differenzierung.[764] DE BRUIN ET AL. beschreiben eine Likert-Skala mit fünf Reifegradstufen als etablierte Methode zur Abstufung.[765]

Als Basis für die zu entwickelnde Modellarchitektur wird nachfolgend das **Leitbild der nachhaltigen Produktion** vorgestellt. Das auf der Konferenz der Vereinten Nationen über Umwelt und Entwicklung 1992[766] eingeführte Leitbild stellt eine Schlüsselkomponente der nachhaltigen Entwicklung dar.[767] Das LOWELL CENTER FOR SUSTAINABLE PRODUCTION (LCSP) definiert nachhaltige Produktion als die umweltfreundliche, energiesparende und ressourcenschonende Herstellung von Gütern und Dienstleistungen durch Prozesse und Systeme, die zeitgleich wirtschaftlich rentabel, sicher und gesund für Mitarbeitende, Gemeinden und Verbrauchende sowie sozial und sinnvoll für alle Erwerbstätigen ist. Im Jahr 2000 stellten VELEVA ET AL. das LCSP indicator framework vor, welches sich aus fünf reifegradähnlichen Stufen zusammensetzt.[768] Diese Stufen repräsentieren die elementaren Schritte auf dem Weg zu anspruchsvollen Indikatoren für die nachhaltige Produktion und sind in der nachfolgenden Abbildung 5.10 dargestellt.[769]

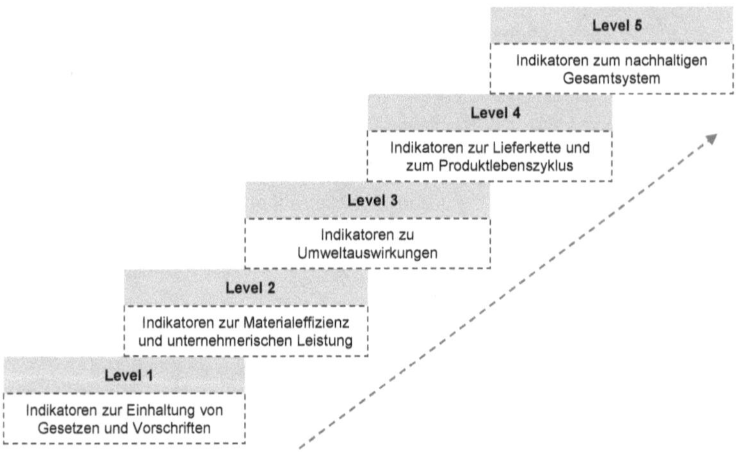


**Abbildung 5.10: LCSP indicator framework**[770]

Die erste Stufe umfasst Indikatoren, die das Einhalten von Vorschriften und Gesetzen durch das Unternehmen messen, wie z. B. die Anzahl von Gesetzesverstößen gegen Emissionsauflagen. Der Fokus der zweiten Stufe liegt auf der Messbarmachung von Input- und Outputströmen, wie z. B. Energieverbräuche und Abfälle, sowie der unternehmerischen Leistung. Diese Indikatoren dienen der Aufrechterhaltung von SEP sowie NEP, da sie die innerbetriebliche

[764] Vgl. Jording (Reifegradmodell des Supply Chain Managements), 2018, S. 73.
[765] Vgl. Bruin et al. (Developing a Maturity Assessment Model), 2005, S. 11.
[766] Vgl. United Nations (Rio-Erklärung über Umwelt und Entwicklung), 1992.
[767] Vgl. Krajnc; Glavic (Indicators of sustainable production), 2003, S. 280.
[768] Vgl. Veleva et al. (Indicators of sustainable production), 2001, S. 449.
[769] Vgl. Veleva; Ellenbecker (Sustainable production), 2001, S. 523f.
[770] I. A. a. Veleva et al. (Indicators of sustainable production), 2001, S. 449.

Effizienz der Ressourcennutzung messen. Die Indikatoren der dritten Stufe betrachten die potenziellen Auswirkungen des unternehmerischen Handelns auf die Umwelt, das Wohlergehen der Mitarbeitenden und der Bevölkerung sowie die gesellschaftliche Entwicklung und wirtschaftliche Überlebensfähigkeit. Beispiele hierfür sind Treibhauspotenziale und der Prozentsatz der Arbeitnehmenden mit berufsbedingten Krankheiten. Der Stufe vier sind Indikatoren zuzuordnen, welche die Nachhaltigkeitsaspekte über die Grenzen des Unternehmens hinaus messen. Sie inkludieren sowohl den gesamten Werkzeuglebenszyklus als auch die vollständige Lieferkette. Ein Beispiel für einen solchen Indikator ist der Prozentsatz an Produkten, die für die Wiederverwendung oder das Recycling ausgelegt sind. Indikatoren der Stufe fünf messen die Integration eines Unternehmens und dessen Produktionsprozesse in das Gesamtbild einer nachhaltigen Gesellschaft. Die nachhaltige Produktion ist folglich nicht isoliert zu betrachten, sondern Teil des übergeordneten lokalen und globalen Systems.[771]

Basierend auf dem etablierten Capability Maturity Model[772] wird die Anzahl der Reifegradstufen der hier vorliegenden Modellarchitektur auf fünf festgelegt. Die Reifegradstufen ergeben sich in Anlehnung an das zuvor vorgestellte LCSP indicator framework[773] wie folgt:

- Reifegradstufe 1: Einhaltung der gesetzlichen Vorschriften (Was muss passieren?)
- Reifegradstufe 2: Messbarmachung interner Nachhaltigkeitsaspekte (Was passiert?)
- Reifegradstufe 3: Transparenz der Umweltauswirkungen (Was sind die Folgen?)
- Reifegradstufe 4: Nachhaltiger Werkzeuglebenszyklus (Wieviel wird betrachtet?)
- Reifegradstufe 5: Nachhaltiges Gesamtsystem (Wie wird das übergeordnete Gesamtsystem erhalten?)

Die Abbildung 5.11 stellt die Reifegradstufen zur kontinuierlichen Lebenszyklusbewertung übersichtlich dar. Nachfolgend werden die einzelnen Reifegradstufen detailliert erläutert. Auf der ersten Reifegradstufe befinden sich jene Werkzeugbaubetriebe, die ihre Maßnahmen im Kontext Nachhaltigkeit auf die **Einhaltung der gesetzlichen Vorschriften** beschränken. Da diese innerbetrieblichen Maßnahmen i. d. R. mit verhältnismäßig geringem Aufwand zu implementieren sind, stellt die erste Reifegradstufe den Ausganspunkt des Entwicklungspfads dar. Das Ziel der Maßnahmen ist die Konformität in den werkzeugbauinternen Prozessen wie z. B. die Erfüllung von Arbeitsschutzmaßnahmen und Entsorgungsrichtlinien. Die zweite Reifegradstufe umfasst die **Messbarmachung interner Nachhaltigkeitsaspekte** zur Überwachung von Effizienz und Produktivität. Ein Werkzeugbaubetrieb dieser Stufe ist durch das Wissen über die eigenen Prozesse hinsichtlich deren jeweiligen Nachhaltigkeitsleistung in der Lage, gezielt Maßnahmen zur Übererfüllung der gesetzlichen Vorgaben zu ergreifen. Im Betrachtungsfokus stehen dabei die innerbetrieblichen Sachverhalte sowie sämtliche In- und Outputströme. Darüber hinaus fließen der finanzielle Erfolg und somit die ökonomische Dimension mit in die Betrachtung ein.

[771] Vgl. Veleva et al. (Indicators of sustainable production), 2001, S. 449; Veleva; Ellenbecker (Sustainable production), 2001, S. 523f.

[772] Vgl. Paulk et al. (Capability Maturity Model), 1993, S. 20f.

[773] Vgl. Veleva et al. (Indicators of sustainable production), 2001, S. 449f.

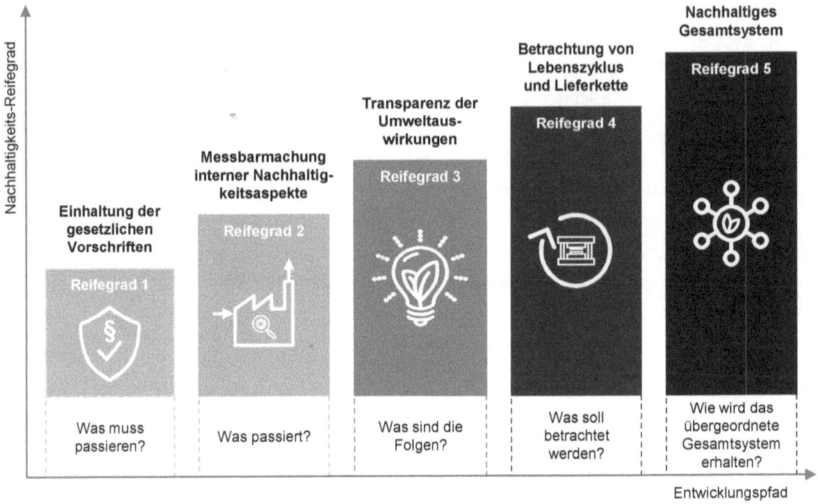


**Abbildung 5.11: Die fünf Reifegradstufen des nachhaltigen Werkzeuglebenszyklus**[774]

Werkzeugbaubetriebe, welche sich auf der dritten Reifegradstufe wiederfinden, berücksichtigen neben der innerbetrieblichen Nachhaltigkeitsleistung auch die Folgen des unternehmerischen Handelns auf die Umwelt und Gesellschaft. Die **Transparenz der Umweltauswirkungen** ermöglicht den Betrieben, die internen Prozesse so zu gestalten, dass ihre potenziellen Auswirkungen minimiert werden. Das Erreichen der vierten Reifegradstufe erfordert die **ganzheitliche Betrachtung von Lebenszyklus und Lieferkette**. Der Betrachtungsbereich der Nachhaltigkeitsbewertung wird somit auf den gesamten Werkzeuglebenszyklus und die vollständige Lieferkette, bestehend aus Lieferanten, Wertschöpfungspartnern und Kunden, erweitert. Folglich berücksichtigen Werkzeugbaubetriebe dieser Stufe neben der innerbetrieblichen Nachhaltigkeitsleistung ebenfalls die vor- und nachgelagerten Prozesse außerhalb der Unternehmensgrenzen. Die fünfte und letzte Reifegradstufe stellt das übergeordnete Zielbild eines **nachhaltigen Gesamtsystems** in den Mittelpunkt. Betriebe, welche diese Reifegradstufe erreichen, befassen sich mit der Fragestellung, wie sich das eigene unternehmerische Handeln entlang des Werkzeuglebenszyklus in das Gesamtsystem einer nachhaltigen Gesellschaft einfügt und zu deren Erhalt beitragen kann. Das Leitbild der nachhaltigen Gesellschaft umfasst nach DALY folgende Prinzipien:[775]

- Die Abbaurraten erneuerbarer Ressourcen dürfen ihre Regenerationsrate nicht übersteigen.
- Das Niveau der emittierten Emissionen darf nicht über der Assimilationskapazität der betroffenen Ökosysteme liegen.

[774] Eigene Darstellung

[775] Vgl. Daly (Principles of sustainable development), 1990, S. 2.

Das übergeordnete Ziel des Entwicklungspfads ist folglich, dass sich sämtliche Prozesse entlang des Werkzeuglebenszyklus innerhalb der natürlichen Regenerierungsfähigkeiten und Kapazitätsgrenzen des Gesamtsystems bewegen.

Die Definition von Konstrukt, Subkonstrukten sowie deren Ausprägungen folgt im Rahmen der hier zu entwickelnden Modellarchitektur dem Konzept zum Aufbau und zur Struktur von Reifegradmodellen nach JOCHEM.[776] Das übergeordnete **Konstrukt** des Reifegradmodells bildet die Nachhaltigkeit des Werkzeuglebenszyklus. Die relevanten Grundlagen und Phasen des Werkzeuglebenszyklus wurden in Kapitel 2.3 erläutert und in Kapitel 4.2.1 im Rahmen der Spezifizierung des realen Systems in eine zyklische Darstellung überführt. Überdies wurden im Rahmen von Kapitel 2.1 die Grundlagen des Themenbereichs Nachhaltigkeit sowie deren drei Dimensionen beleuchtet. Die **Subkonstrukte** des Reifegradmodells stellen analog zu den Dimensionen der Nachhaltigkeit die ökonomische, ökologische und soziale Dimension dar. Die Bewertungsstruktur des Reifegradmodells ist folglich mehrdimensional. Die Definition der zu bestimmenden **Ausprägungen** der drei Dimensionen entlang des Werkzeuglebenszyklus orientiert sich an den in Kapitel 5.1.3 identifizierten Nachhaltigkeitszielen. Diese umfassen somit die Prozesse und Ressourcen entlang des Werkzeuglebenszyklus unter Berücksichtigung der Stakeholderanforderungen. Die bereits in Kapitel 5.1.3 vorgestellten Zieldimensionen, respektive Ausprägungen, werden in der nachfolgenden Abbildung 5.12 zusammenfassend dargestellt.

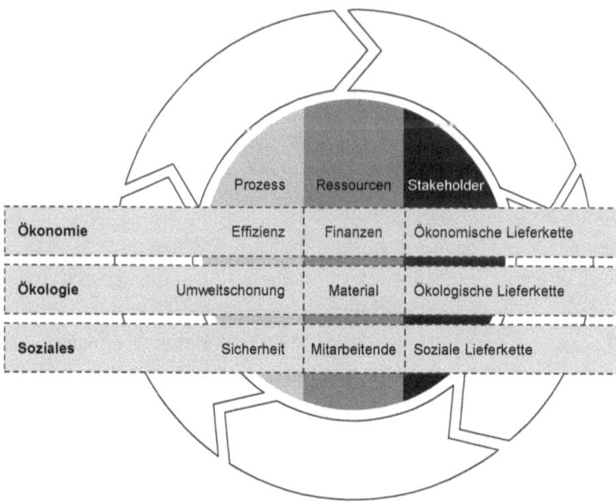


**Abbildung 5.12: Ausprägungen des Reifgradmodells zur Lebenszyklusbewertung**[777]

[776] Vgl. Jochem (Reifegradmodelle bei der Qualitätsbewertung), 2010, S. 118f.

[777] Eigene Darstellung

### 5.2.3 Bewertungskriterien und -indikatoren

Aufbauend auf dem Strukturelement beschreiben die **Bewertungskriterien und -indikatoren** die Messbarmachung der festgelegten Ausprägungen, Subkonstrukte sowie des übergeordneten Konstrukts. Insbesondere die Messbarmachung der Nachhaltigkeit inklusive ihrer weichen Faktoren stellt für Unternehmen häufig eine Herausforderung dar.[778] Durch die Formulierung von Kriterien werden die in Kapitel 5.2.2 hergeleiteten Reifegradstufen ausgestaltet und eine nachvollziehbare Ermittlung des Entwicklungsstands vom Betrachtungsobjekt ermöglicht.[779] Die stufenförmige Darstellung der Reifegrade basiert auf der Prämisse, dass für die Erreichung eines bestimmten Reifegrads dessen jeweilige Kriterien zu erfüllen sind.[780] Folglich bedarf es der Herleitung von im Werkzeugbau applizierbaren Kriterien in den drei Dimensionen der Nachhaltigkeit. Mithilfe deren Herleitung werden die wesentlichen und im Rahmen der kontinuierlichen Lebenszyklusbewertung und adressierenden Themenbereiche identifiziert. Da ökologische und soziale Kennzahlen oftmals nur eingeschränkt quantifizierbar sind, bedarf es einer Ergänzung des **Kennzahlensystems** durch ein **Indikatorensystem**.[781] Während Kennzahlen im engeren Sinne quantitativ erfassbare Unternehmensinformationen anhand absoluter oder relativer Zahlenwerte direkt wiedergeben, sind Indikatoren Ersatzgrößen, deren Ausprägungen auf nicht oder nur eingeschränkt messbare Größen schließen lassen. Beispielsweise ist die Kundenzufriedenheit nicht direkt zu erfassen, kann jedoch anhand des Indikators Anzahl an Kundenbeschwerden bestimmt werden.[782] Kennzahlen, Indikatoren und Zusammenhänge zwischen quantifizierbaren und nicht quantifizierbaren Größen lassen sich z. B. in einer Sustainability Balanced Scorecard (SBSC) darstellen. Das primäre Ziel der SBSC ist die Übertragung der Nachhaltigkeitsstrategie in operative Größen, das Aufzeigen von ökonomischen, ökologischen und sozialen Zielen sowie das Ableiten von Handlungsmaßnahmen. Die Bewertung der Indikatoren wird entweder mithilfe von Fragebögen,[783] Interviews, der Analyse von relevanten Dokumenten oder anhand einer Datenanalyse vollzogen.

Eine Grundlage für die Messung der Nachhaltigkeitsleistung anhand von Kennzahlen und Indikatoren stellen die Global Reporting Initiative (GRI) Richtlinien dar.[784] Dabei handelt es sich um einen weltweit anerkannten Standard für die Erstellung von Nachhaltigkeitsberichten. Die aktuellen GRI-Standards gelten mehrheitlich seit dem Jahr 2016 und umfassen Prinzipien und Indikatoren zur Messung der Unternehmensleistung in den drei Dimensionen der Nachhaltigkeit. Somit wird die Vergleichbarkeit zwischen Unternehmen gewährleistet.[785] Der Indikatorenkatalog der GRI dient oftmals als Grundlage für die Gestaltung eines strategierelevanten Kennzahlen- und Indikatorensystems im Rahmen der SBSC.[786] Die nachfolgende Abbildung 5.13

[778] Vgl. Schäffer (Nachhaltiges Management), 2016, S. 328.
[779] Vgl. Akkasoglu (Anwendungsspezifische Reifegradmodelle), 2014, S. 24.
[780] Vgl. Mettler (Konfigurierbares Reifegradmodell), 2010, S. 49.
[781] Vgl. Colsman (Nachhaltigkeitscontrolling), 2016, S. 62.
[782] Vgl. Gladen (Performance Measurement), 2011, S. 11-13.
[783] Vgl. Colsman (Nachhaltigkeitscontrolling), 2016, S. 62-65.
[784] Vgl. Global Reporting Initiative (About GRI), 2022.
[785] Vgl. Sailer (Nachhaltigkeitscontrolling), 2020, S. 53f.
[786] Vgl. Schulze et al. (Sustainability Performance Measurement), 2012, S. 104.

zeigt eine Übersicht der in den GRI-Richtlinien adressierten Themenbereiche in den drei Dimensionen der Nachhaltigkeit.

| Ökonomische Themen | Ökologische Themen | Soziale Themen |
|---|---|---|
| GRI 201: Wirtschaftliche Leistung<br>GRI 202: Marktpräsenz<br>GRI 203: Indirekte ökonomische Auswirkungen<br>GRI 204: Beschaffungspraktiken<br>GRI 205: Korruptionsbekämpfung<br>GRI 206: Wettbewerbswidriges Verhalten<br>GRI 207: Steuern | GRI 301: Materialien<br>GRI 302: Energie<br>GRI 303: Wasser und Abwasser<br>GRI 304: Biodiversität<br>GRI 305: Emissionen<br>GRI 306: Abfall<br>GRI 307: Umwelt-Compliance<br>GRI 308: Umweltbewertung der Lieferanten | GRI 401: Beschäftigung<br>GRI 402: Arbeitnehmer-Arbeitgeber-Verhältnis<br>GRI 403: Arbeitssicherheit und Gesundheitsschutz<br>GRI 404: Aus- und Weiterbildung<br>GRI 405: Diversität und Chancengleichheit<br>GRI 406: Nichtdiskriminierung<br>GRI 407: Vereinigungsfreiheit und Tarifverhandlungen |

**Abbildung 5.13: Auszug themenspezifischer Standards der GRI-Richtlinien**[787]

Analog zu den definierten Subkonstrukten wird im Rahmen dieser Arbeit zwischen **Kriterien der ökonomischen Dimension**, **Kriterien der ökologischen Dimension** und **Kriterien der sozialen Dimension** unterschieden. Die jeweiligen Kriterien werden unmittelbar auf Basis der Anforderungen der Stakeholder sowie dem daraus abgeleiteten Zielsystem definiert (vgl. Kapitel 5.1.3). Entsprechend umfasst der Reifegrad der ökonomischen Dimension die drei festgelegten Ausprägungen *Effizienz*, *Finanzen* und *Ökonomische Lieferkette* inklusive der jeweils zugehörigen Zielkriterien. Die Auswahl der ökologischen Zielkriterien kann mithilfe einer Sachbilanz im Rahmen der Ökobilanz sowie des GRI-Indikatorenkatalogs gestützt werden.[788] Aus der Sachbilanzierung des Werkzeuglebenszyklus ergeben sich die bei der Kriterienbildung zu berücksichtigenden Stoffströme, welche die Aspekte Energie, Emissionen, Wasser, Abwasser und Material umfassen. Zusammenfassend kann die ökologische Dimension durch die Ausprägungen *Umweltschonung*, *Materialschonung* sowie *Ökologische Lieferkette* sowie den zugehörigen Zielkriterien beschrieben werden. Die soziale Dimension umfasst, basierend auf dem GRI-Indikatorenkatalog, die Ausprägungen *Sicherheit*, *Mitarbeitendenfokussierung* sowie *Soziale Lieferkette* inklusive der entsprechenden Zielkriterien. Die detaillierte Beschreibung der jeweiligen Zielkriterien ist bereits in Kapitel 5.1.3 erfolgt, weshalb an dieser Stelle darauf verzichtet wird. Nachfolgend wird daher das Indikatorensystem der kontinuierlichen Lebenszyklusbewertung erläutert.

Nachdem mit der Definition der Kriterien der Grundstein für die Lebenszyklusbewertung gelegt wurde, werden aufbauend die jeweiligen Indikatoren identifiziert. JOUNG ET AL. sowie MOSS UND GRUNKEMEYER definieren folgende Anforderungen an Nachhaltigkeitsindikatoren:[789]

[787] I. A. a. Global Reporting Initiative (About GRI), 2022.

[788] Vgl. Andes et al. (Methodensammlung zur Nachhaltigkeitsbewertung), 2019, S. 58f.; Global Reporting Initiative (About GRI), 2022.

[789] Vgl. Joung et al. (Categorization of indicators for sustainable manufacturing), 2013, S. 150; Moss; Grunkemeyer (Multi-Dimensional Indicators), 2007, S. 3f.

- **Messbar:** Ein Indikator muss mit quantitativen oder qualitativen Mitteln innerhalb eines bestimmten Zeitrahmens für die Datenerhebung und -bewertung einfach zu bestimmen sein.
- **Relevant:** Ein Indikator muss sich direkt auf einen expliziten Aspekt der Nachhaltigkeit beziehen.
- **Verständlich:** Ein Indikator muss von der relevanten Zielgruppe leicht zu verstehen und interpretierbar sein.
- **Reliabel:** Ein Indikator muss verlässliche und präzise Informationen des Betrachtungsgegenstands umfassen.
- **Zugänglichkeit der Daten:** Ein Indikator muss auf Daten und Informationen basieren, die innerhalb der Organisation leicht zugänglich und erfassbar sind. Es bedarf folglich einer adäquaten Datengrundlage oder einer wirtschaftlichen Datenerhebung.
- **Zeitnah:** Die Sammlung, Berechnung und Bewertung von Daten und Informationen für einen Indikator muss zeitnah erfolgen, um eine fundierte Entscheidungsfindung zu gewährleisten.
- **Langfristig orientiert:** Ein Indikator muss an Entwicklungen anpassbar sein und als Nachhaltigkeitsstandard dienen, um seine langfristige Verwendung sicherzustellen.

Da ein Sachverhalt i. d. R. nicht durch einen einzelnen Indikator vollständig beschrieben werden kann, bedarf es einer Vielzahl an zielgenauen Nachhaltigkeitsindikatoren.[790] Das Indikatorensystem stellt das Ergebnis der Analyse einer Vielzahl von Ansätzen aus Wissenschaft und Praxis sowie deren anschließender Aggregation, Adaption und Erweiterung im Hinblick auf den Werkzeuglebenszyklus dar. Die heterogene Schwerpunktsetzung bei der Auswahl der Ansätze gewährleistet eine Reduzierung der Subjektivität bei der Definition der entsprechenden Nachhaltigkeitsindikatoren.[791] Für die Sicherstellung der größtmöglichen Objektivität des Reifegradmodells werden ausschließlich quantitative Indikatoren gewählt, da diese im Gegensatz zu qualitativen Indikatoren ausschließlich auf Fakten und Zahlen basieren.[792] Als Gewichtungsmethode wird für die Nachhaltigkeitsindikatoren im Rahmen der vorliegenden Arbeit und im Sinne der gleichwertigen Berücksichtigung sämtlicher Nachhaltigkeitsaspekte die etablierte Gleichgewichtung definiert.[793] Die beschriebene Aggregation, Adaption und Entwicklung des Indikatorenkatalogs wird nachfolgend in Abbildung 5.14 zusammenfassend dargestellt.

Der Indikatorenkatalog setzt sich aus je einem ökonomischen, ökologischen und sozialen Teilbereich zusammen und umfasst neben den Indikatoren deren jeweilige Identifikationsnummer (ID), eine kurze Beschreibung, die Einheit, den zugehörigen Reifegrad, die Polarität sowie eine Zuordnung zu der relevanten Phase des Werkzeuglebenszyklus. Um eine Vergleichbarkeit zwischen unterschiedlichen Werkzeugbaubetrieben und deren Lebenszyklusperformance zu

[790] Vgl. Günther; Schuh (Kriterien und Indikatoren einer nachhaltigen Entwicklung), 2000, S. 48.

[791] Vgl. Mersmann (Reifegradbasierte Bewertung der Nachhaltigkeit), 2015, S. 56f.

[792] Vgl. Ives; Müllner (B2B-Branding), 2021, S. 242.

[793] Vgl. Gan et al. (Weighting and aggregation sustainability indicators), 2017, S. 493f.

gewährleisten, werden die Indikatoren überwiegend in relativen Werten angegeben. Diese ermöglichen eine verbesserte Übersichtlichkeit sowie Vergleichbarkeit im Gegensatz zu absoluten Kennzahlen.[794]

| Dissertation | Fachbuch | Wissenschaftliche Publikation |
|---|---|---|
| MICHALAS (2002)<br>KLOTZBACH (2006)<br>KOZIELSKI (2010)<br>MERSMANN (2015)<br>JORDING (2018) | HAMMOND ET AL. (1995)<br>GÜNTHER & SCHUH (2000)<br>WORLD BUSINESS COUNCIL FOR SUSTAINABLE DEVELOPMENT & WORLD RESOURCES INSTITUTE (2004)<br>GLOBAL REPORTING INITIATIVE (2022) | VELEVA ET AL. (2001)<br>VELEVA ET AL. (2001)<br>KRAJNC & GLAVIČ (2003)<br>JOUNG ET AL. (2012)<br>BOOS ET AL. (2020) |

**Aggregation, Adaption und Entwicklung**

| Ausprägung | Kriterium | ID | Indikator | Beschreibung | Einheit | Level | Polarität | Lebenszyklusphase |
|---|---|---|---|---|---|---|---|---|
| Effizienz | Modularisierung | EF1.1 | Gleichteilquote | Durchschnittliches Verhältnis aus der Anzahl Gleichteile und der Gesamtzahl verbauter Komponenten | [%] | 2 | + | 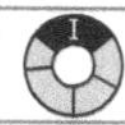 |
| | | EF1.2 | Anteil Werkzeuge aus Baukastensystem | Quotient aus Anzahl Werkzeuge, die aus Baukastensystem stammen, und Gesamtzahl gefertigter Werkzeuge | [%] | 2 | + | 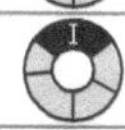 |
| | | EF1.3 | Verwendungsquote Konstruktionsstandards | Quotient aus Anzahl Werkzeuge, die mit Standards konstruiert wurden, und Gesamtzahl gefertigter Werkzeuge | [%] | 2 | + |  |
| | Standardisierung | EF2.1 | Anzahl Schnittstellenbrüche | Durchschnittliche Anzahl an Schnittstellenbrüchen bei Auftragsabwicklung | [..] | 2 | - | 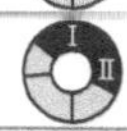 |
| | | EF2.2 | Automatisierungsgrad Fertigungsprozesse | Quotient aus Anzahl automatisierter Fertigungsschritte und Gesamtzahl Fertigungsschritte | [%] | 2 | + |  |
| | | EF2.3 | Anteil Nebenzeiten | Quotient aus Dauer unproduktiver Nebenzeiten und Dauer produktiver Hauptzeiten | [%] | 2 | - |  |
| | | EF2.4 | Anteil Standardprozessfolgen | Quotient aus Anzahl Standardpro- | | | | |

**Abbildung 5.14: Aggregation, Adaption und Entwicklung des Indikatorenkatalogs[795]**

Die Indikatoren werden je einem der in Kapitel 5.2.2 definierten Reifegrade zugeordnet, sodass eine reifegradbasierte Nachhaltigkeitsbewertung auch ohne Definition von exakten Schwellenwerten durchgeführt werden kann. Hierbei ist die evolutionäre Eigenschaft der Reifegradstufen zu berücksichtigen, die besagt, dass zur Erreichung eines Reifegrads nicht nur dessen, sondern ebenfalls die Indikatoren der niedrigeren Stufen zu erheben sind.[796] Weiterhin wird mithilfe der Polarität die Nachhaltigkeitswirkung des jeweiligen Kriteriums berücksichtigt,

[794] Vgl. Colsman (Nachhaltigkeitscontrolling), 2016, S. 61.

[795] Eigene Darstellung

[796] Vgl. Veleva et al. (Indicators of sustainable production), 2001, S. 449.

welche entweder eine positive oder eine negative Polarität aufweisen kann. Diese wird entsprechend mit einem „+“ oder einem „-“ gekennzeichnet.[797] Schlussendlich werden die für den Indikator relevanten Phasen des Werkzeuglebenszyklus visuell dargestellt. Der Indikatorenkatalog ist vollumfänglich im Anhang (vgl. Anhang VI) dargestellt. Nachfolgend werden die einzelnen Indikatoren erläutert.

Die Operationalisierung der **ökonomischen Dimension** erfolgt anhand von 34 Indikatoren in den in Kapitel 5.1.3 definierten acht Zielkriterien. Der Erfüllungsgrad des Kriteriums **Modularisierung** wird durch die Indikatoren *Gleichteilquote*, *Anteil Werkzeuge aus dem Baukastensystem* und *Verwendungsquote von Konstruktionsstandards* ermittelt. Gleichteile sind Komponenten eines Werkzeugs, die in weiteren Werkzeugen Verwendung finden.[798] Dazu sind z. B. Normteile sowie Formrahmen und -platten zu zählen.[799] Die Gleichteilquote ist folglich ein Abbild des Werkzeugstandardisierungsgrads,[800] der derzeitig in der Branche im Durchschnitt 32 % beträgt.[801] Mithilfe des Indikators Anteil Werkzeuge aus einem Baukastensystem wird dessen Nutzungsgrad und folglich die Modularisierung der Werkzeuge gemessen. Das Verwenden von Konstruktionsstandards ermöglicht die Reduzierung von Fehlern und Aufwänden in der Werkzeugentwicklung.[802] Die **Standardisierung** wird mithilfe der Indikatoren *Anzahl Schnittstellenbrüche*, *Anteil Standardprozessfolgen*, *Automatisierungsgrad der Fertigungsprozesse* und *Anteil Nebenzeiten* gemessen. Die Anzahl von Schnittstellenbrüchen weist auf das Vorhandensein einer einheitlichen und standardisierten IT-Systemlandschaft hin.[803] Die Nutzung von Gleichteilen und Baukästen ermöglicht die Herstellung in definierten Standardprozessfolgen und gewährleistet somit eine Prozessstandardisierung, welche wiederum Befähiger eines hohen Automatisierungsgrads der Fertigung ist.[804] Für eine hohe Produktivität ist zudem der Anteil der Nebenzeiten in Form von Rüst- und Programmierzeiten zu reduzieren.[805] Der **Markterfolg** als Kriterium der Ausprägung Finanzen wird durch die Indikatoren *Marktanteil pro Mitarbeitendem*, *Auftragsbestand pro Mitarbeitendem*, *ROI* sowie dem *Umsatz pro Mitarbeitendem* bestimmt. Der Marktanteil eines jeweiligen Betriebs setzt den Umsatz mit dem Marktvolumen der Branche Werkzeugbau ins Verhältnis. Der vorhandene Auftragsbestand stellt die mittelfristige Nachfrage nach Werkzeugen dar und beeinflusst somit die Überlebensfähigkeit des Betriebs. Der ROI und der Umsatz als klassische finanzwirtschaftliche Kennzahlen bedürfen an dieser Stelle keiner weiteren Erläuterung. Das Kriterium **Lebenszykluskosten** wird mithilfe der Indikatoren *durchschnittliche Lebenszykluskostenquote*, *durchschnittlicher Maschinenstundensatz*, *durchschnittliche Anzahl Try-out-Schleifen*, *durchschnittlicher Standzeitgrad* sowie der *durchschnittlichen Reaktionszeit bei Werkzeugstillstand* bewertet. Der Le-

[797] Vgl. Mersmann (Reifegradbasierte Bewertung der Nachhaltigkeit), 2015, S. 63.
[798] Vgl. Klotzbach (Industrieller Werkzeugbau), 2006, S. 187.
[799] Vgl. Kozielski (Integratives Kennzahlensystem), 2010, S. 25.
[800] Vgl. Kühn (Leistungssysteme im Werkzeugbau), 2016, S. 120.
[801] Vgl. Boos et al. (Wettbewerbsfaktor Nachhaltigkeit), 2020, S. 18.
[802] Vgl. Stracke (Vernetzter und synchronisierter Serienanlauf), 2020, S. 240.
[803] Vgl. Ziskoven (Getaktete Fertigung), 2013, S. 47.
[804] Vgl. Klotzbach (Industrieller Werkzeugbau), 2006, S. 200.
[805] Vgl. Spath et al. (Produktionssysteme), 1999, 10.

benszykluskostenquotient setzt die Lebenszykluskosten mit dem Einstandspreis ins Verhältnis.[806] Der Großteil der Lebenszykluskosten eines Werkzeugs setzt sich aus Herstellkosten, Optimierungskosten, Wartungs- und Instandhaltungskosten sowie werkzeugbedingten Stillstandskosten zusammen.[807] Der Maschinenstundensatz, die Anzahl der Try-out-Schleifen, der Standzeitgrad sowie die Reaktionszeit bei Stillständen beeinflussen daher maßgeblich die Lebenszykluskosten. Anhand der Indikatoren *liquide Zahlungsmittel pro Mitarbeitendem*, *Investitionssumme pro Mitarbeitendem*, *Selbstfinanzierungsgrad* und *Anteil der Investitionen in Nachhaltigkeitsinitiativen an den Gesamtausgaben* wird die Erfüllung des Kriteriums **Kapital** gemessen. Letzterer Indikator repräsentiert das Streben des Betriebs nach nachhaltigen Innovationen. Die übrigen Indikatoren bilden klassische finanzwirtschaftliche Messgrößen ab, weshalb an dieser Stelle auf eine detaillierte Beschreibung verzichtet werden kann. Die **ökonomische Compliance** wird durch die Indikatoren *lieferantenseitige Compliance-Verstöße*, *betriebsseitige Compliance-Verstöße*, *Bußgelder aufgrund von Verstößen* und *kundenseitige Compliance-Verstöße* operationalisiert. Ein ökonomischer Compliance-Verstoß ist nach GRI 419 z. B. eine Rechtsverletzung in Form von Steuerbetrug, Korruption oder Bestechung.[808] Die **Kundenzufriedenheit** kann anhand der Indikatoren *Anteil Werkzeuge mit Kundenbeschwerden*, *Anteil pünktlich ausgelieferter Werkzeuge*, *Anteil beauftragter Angebote*, *Ablehnungsquote der Kundenanfragen*, *Anteil langjähriger Kundenbeziehungen* und *Anteil Werkzeuge mit Budgeteinhaltung* gemessen werden. Die Ablehnungsquote von Kundenanfragen spiegelt die Lieferfähigkeit des Werkzeugbaus wider. Der Aspekt der Termintreue wird durch den Anteil pünktlich ausgelieferter Werkzeuge adressiert. Die Erfüllung der kundenseitigen Anforderungen kann anhand des Anteils angenommener Angebote sowie des Anteils langjähriger Kundenbeziehungen erfasst werden.[809] Die weiteren Indikatoren dienen zur Ermittlung der Einhaltung von Qualitätsansprüchen sowie Budgetvorgaben. Der Erfüllungsgrad der **Kunden- und Lieferantenstruktur** wird durch die Indikatoren *durchschnittliche Dauer der Lieferantenbeziehung*, *durchschnittliche Dauer der Kundenbeziehung*, *Anteil Hauptkunden* sowie *Anteil Umsatz der meistverkauften Werkzeugart* gemessen. Diese Indikatoren lassen auf die Langlebigkeit und Diversifikation der Geschäftsbeziehung schließen.

Die **ökologische Dimension** wird anhand von 40 Indikatoren in den in Kapitel 5.1.3 identifizierten acht Zielkriterien operationalisiert. Der Erfüllungsgrad des Kriteriums **Primärenergiebedarf** wird mithilfe der Indikatoren *Energieverbrauch Werkzeugherstellung pro Mitarbeitendem*, *Energieverbrauch Werkzeugnutzung*, *Anteil erneuerbare Energien* und *Anteil wiederverwendeter Prozessabwärme* ermittelt. Die Betrachtung des Primärenergiebedarfs wird auf die Phasen Werkzeugerstellung und -nutzung begrenzt, da in diesen Phasen der Großteil der Energieverbräuche vorliegt.[810] Der Anteil erneuerbarer Energien und der Anteil wiederverwendeter Prozessabwärme spiegeln energiebezogene Maßnahmen des Werkzeugbaus wider, um den Primärenergiebedarf zu senken. Das Kriterium **Emissionen** wird in die drei Indikatoren

[806] Vgl. Kühn (Leistungssysteme im Werkzeugbau), 2016, S. 119.

[807] Vgl. Reinsch; Eger (LCC), 2006, S. 10f.

[808] Vgl. Global Reporting Initiative (About GRI), 2022.

[809] Vgl. Kozielski (Integratives Kennzahlensystem), 2010, S. 127f.

[810] Vgl. Döbbeler (Ressourcenorientierte Modellierung des Werkzeuglebenszyklus), 2013, S. 49.

*Scope 1-Emissionen pro Mitarbeitendem, Scope 2-Emissionen pro Mitarbeitendem* und *Scope 3-Emissionen pro Mitarbeitendem* untergliedert. Während Scope 1-Emissionen sämtliche Emissionen betrachten, die direkt vom Werkzeugbaubetrieb, z. B. durch Verbrennungsprozesse, emittiert werden, umfasst Scope 2 jene Emissionen, die im Zusammenhang mit der eingekauften Energie stehen. Scope 3 berücksichtigt Emissionen, die in Prozessen der vor- und nachgelagerten Wertschöpfungskette, z. B. durch Transport oder Produktnutzung, emittiert werden.[811] Die Indikatoren *Wasserverbrauch Werkzeugerstellung pro Mitarbeitendem, Wasserverbrauch Werkzeugnutzung, Anteil wiederverwendetes Abwasser Werkzeugerstellung, Anteil wiederverwendetes Abwasser Werkzeugnutzung, Änderungsrate des lokalen Grundwasserspiegels, Verbrauchsanteil innerhalb der Assimilationsrate, Abwassermenge Werkzeugerstellung pro Mitarbeitendem, Abwassermenge Werkzeugnutzung, Anteil aufbereitete Abwassermenge Werkzeugerstellung* und *Anteil aufbereitete Abwassermenge Werkzeugnutzung* gewährleisten eine Messbarmachung des Kriteriums **Wasserbedarf und Abwasser**. Durch die Änderungsrate des lokalen Grundwasserspiegels wird auf den potenziellen Einfluss des Wasserbedarfs auf die Umwelt geschlossen. Der Anteil des Wasserverbrauchs innerhalb der lokalen Assimilationsrate befähigt die Erhaltung des ökologischen Systems.[812] Die übrigen Indikatoren dienen der Bestimmung der Menge des Wasserverbrauchs sowie der Qualität und der Menge des eingeleiteten Abwassers. Das Kriterium **Werkzeugauslegung** wird durch die Indikatoren *Anteil Werkzeuge konzipiert für Wiederverwendung, Anteil Werkzeuge mit einfacher Instandhaltung, Anteil wiederverwendeter Werkzeuge, Anteil recycelter Materialien, durchschnittlich erforderliche Stahlmenge, durchschnittlicher Anteil von grünem Stahl* und *Verwendungsanteil nachwachsender Rohstoffe innerhalb der Assimilationsraten* bewertet. Die ersten drei genannten Indikatoren spiegeln die Anzahl angebotener End-of-Life-Lösungen zur Schließung des Werkzeuglebenszyklus wider. Werkzeuge, die für eine vereinfachte Instandhaltung ausgelegt sind, ermöglichen eine Reduktion der werkzeugbedingten Stillstandzeiten in der Serienproduktion.[813] Der Anteil von Stahl beeinflusst direkt die ökologische Nachhaltigkeitsleistung. Pro Tonne in Deutschland gefertigtem Stahl fallen rund 1,38-1,47 Tonnen spezifische primärenergiebedingte $CO_2$-Emissionen an.[814] Folglich gilt es, den Stahlanteil durch konstruktive Maßnahmen oder geeignete neue Technologien so weit wie möglich zu reduzieren und den nicht zu ersetzenden Anteil mit grünem Stahl zu substituieren. Stahl wird dann als grün bezeichnet, wenn er mit klimaneutralen Wasserstoff anstatt mit Kohlenstoff produziert wurde.[815] Der **kundenseitige Materialbedarf** kann durch die Indikatoren *Anteil recycelbarer Werkstoffe, Anteil Werkstoffe mit geringer abrasiver Wirkung* und *Anteil an wiederverwendetem Ausschuss* bewertet werden. Recycelbare Werkstoffe beeinflussen direkt den Verschleiß und somit die Lebensdauer des Werkzeuges. Durch den wiederverwendeten Ausschuss kann der Materialbedarf des Kunden reduziert werden. Das Kriterium **Materialausschuss** umfasst

[811] Vgl. World Business Council for Sustainable Development (The Greenhouse Gas Protocol), 2004, S. 25.

[812] Vgl. Veleva et al. (Indicators of sustainable production), 2001, S. 450.

[813] Vgl. Boos et al. (Wettbewerbsfaktor Nachhaltigkeit), 2020, S. 18.

[814] Vgl. Wirtschaftsvereinigung Stahl (Fakten zur Stahlindustrie in Deutschland), 2021, S. 31.

[815] Vgl. Backhaus (Wasserstoff statt Kohle), 2022, S. 10.

die Indikatoren *Abfallmenge pro Mitarbeitendem, Menge an produziertem Ausschuss pro Mitarbeitendem, Menge an produziertem Ausschuss beim Kunden, Anteil fachgerecht entsorgter Abfälle und Ausschüsse* sowie *Anteil fachgerecht entsorgter Ausschüsse beim Kunden*. Die Menge und Beschaffenheit des Materialoutputs beschreiben die ökologische Verantwortung entlang des Werkzeuglebenszyklus. Hierbei werden sowohl die in der Fertigung entstehenden Ausschüsse als auch weitere Abfälle, wie z. B. Papierabfälle während der Auftragsabwicklung, betrachtet. Die **ökologische Compliance** wird mithilfe der Indikatoren *lieferantenseitige Compliance-Verstöße, betriebsseitige Compliance-Verstöße, Bußgelder aufgrund ökologischer Verstöße* sowie *kundenseitige Compliance-Verstöße* operationalisiert. Ein ökologischer Compliance-Verstoß ist nach GRI 307 eine Verletzung von geltenden Umweltschutzgesetzen und -verordnungen.[816] Das letzte ökologische Kriterium des Katalogs, die **Lokalität**, wird anhand der Indikatoren *Einkaufsanteil Heimatland, Verkaufsanteil Heimatland, durchschnittliche Entfernung Lieferanten* und *durchschnittliche Entfernung Kunden* gemessen. Diese Indikatoren geben Aufschluss über die geografische Verteilung der Geschäftsbeziehungen.

Die Operationalisierung der **sozialen Dimension** erfolgt anhand von 37 Indikatoren, die den in Kapitel 5.1.3 identifizierten sieben Zielkriterien zugeordnet sind. Die **Datensicherheit** wird durch die Indikatoren *Anzahl Schulungstage zur Datensicherheit pro Mitarbeitendem, Anzahl Datenschutzbeauftragte pro Mitarbeitendem, Anzahl ermittelter Fälle von Datendiebstahl und -verlust* und *durchschnittliche Zeit zwischen Sicherheitsupdates* bewertet. Die Messung des Kriteriums **Arbeits- und Gesundheitsschutz** erfolgt anhand der Indikatoren *Anteil ergonomisch ausgelegter Arbeitsplätze, Anzahl Schulungstage zur Arbeitssicherheit pro Mitarbeitendem, Anzahl betrieblicher Ersthelfer pro Mitarbeitendem, Anzahl meldepflichtiger Unfälle pro Mitarbeitendem, Anzahl gemeldeter Unfälle während der Werkzeugnutzung, Anzahl arbeitsbedingter Ausfalltage pro Mitarbeitendem* und *Anteil Mitarbeitende mit arbeitsbedingten Krankheiten*. Während die ersten drei genannten Indikatoren die Maßnahmen zur Verbesserung des Arbeits- und Gesundheitsschutzes beschreiben, spiegeln die letztgenannten Indikatoren den Erfolg dieser Maßnahmen wider. Die **Mitarbeitendenzufriedenheit** wird mittels der Indikatoren *Anteil der Mitarbeitenden mit flexiblen Arbeitszeiten, Krankenstand, Fluktuationsrate, Anzahl neu eingestellter Mitarbeitender* und *durchschnittliche Dauer der Betriebszugehörigkeit* gemessen. Der Erfüllungsgrad des **Wissens- und Kompetenzmanagements** wird durch die Indikatoren *Anzahl Schulungstage pro Mitarbeitendem, Anzahl Schulungstage für kundenseitige Mitarbeitende, Anteil für Job-Rotation qualifizierte Arbeitsplätze, Auszubildendenquote, Anteil übernommener Auszubildender* und *Anzahl umgesetzter Vorschläge pro Mitarbeitendem*. Ausbildung, Schulungen, Vorschlagswesen sowie Job-Rotation sind Befähiger der Wissensgenerierung und -bewahrung.[817] Die **Arbeitskultur** umfasst die Indikatoren *Anteil der Mitarbeitenden mit befristeten Arbeitsverträgen, Anteil weiblicher Mitarbeiterinnen, Anteil weiblicher Führungskräfte, Lohngefälle zwischen Männern und Frauen, Mindestmitteilungspflicht, Anzahl Diskriminierungsvorfälle pro Mitarbeitendem* sowie *Anzahl Menschenrechtsverletzungen pro Mitarbeitendem*. Mit Hilfe diese Indikatoren wird das Vorhandensein eines fairen und

---

[816] Vgl. Global Reporting Initiative (About GRI), 2022.

[817] Vgl. Schuh et al. (Operative Exzellenz dank qualifizierter Mitarbeiter), 2011, S. 86.

respektvollen Umgangs im Betrieb ermittelt. Die **soziale Compliance** wird durch die vier Indikatoren *lieferantenseitige Compliance-Verstöße, betriebsseitige Compliance-Verstöße, Bußgelder aufgrund sozialer Verstöße* sowie *kundenseitige Compliance-Verstöße* operationalisiert. Unter sozialen Compliance-Verstößen werden nach GRI 419 Diskriminierungsvorfälle und Menschenrechtsverletzungen verstanden.[818] Das letzte Kriterium des Katalogs, die **gesellschaftliche Verantwortung**, wird durch die Indikatoren *Anzahl gemeinnütziger Aktivitäten pro Mitarbeitendem, Anteil Ausgaben für wohltätige Zwecke, Anzahl positiver Presseberichte* und *Anteil kundenseitiger Produkte mit negativen sozialen Folgen*. Während die ersten beiden Indikatoren die gesellschaftliche Verantwortung und Wahrnehmung beeinflussen, stellen positive Presseberichte die Folgen ebendieser dar. Mit der Berücksichtigung des Einflusses der Kundenprodukte wird zudem die Verantwortung der Lieferkette in die Betrachtung integriert.

### 5.2.4 Anforderungsgerechte Ergebnisbereitstellung

Nachdem die Modellarchitektur definiert sowie die notwendigen Kriterien und Indikatoren des Reifegradmodells identifiziert wurden, gewährleistet der letzte Gestaltungsaspekt der kontinuierlichen Lebenszyklusgestaltung die Nutzbarmachung und zielführende Applikation des Reifegradmodells. Die **anforderungsgerechte Ergebnisbereitstellung** umfasst hierzu ein zweistufiges Vorgehen. Zunächst werden die Reifegrade der drei Dimensionen der Nachhaltigkeit dargestellt, bevor anschließend die für das Ergebnis relevanten Indikatoren identifiziert werden. Vorgelagert erfordert dies die Auswahl einer anforderungsgerechten Darstellungsform zur Visualisierung der dimensionsspezifischen Reifegrade. Für die Darstellung der Ergebnisse eines Kennzahlensystems eigenen sich nach KOZIELSKI insbesondere Netzdiagramme.[819] Diese Darstellungsform ermöglicht einerseits eine kompakte Visualisierung der erreichten Reifegrade und ist in einer Vielzahl von nachhaltigkeitsbezogenen Reifegradmodellen zu finden.[820] Andererseits ermöglichen Netzdiagramme das Aufzeigen zeitlicher Entwicklungen eines Betriebs sowie den Vergleich zwischen verschiedenen Betrieben.[821] Folglich wird in der vorliegenden Arbeit das Netzdiagramm als Darstellungsform zur Visualisierung der Reifegrade gewählt. Um ein detailliertes Verständnis der erreichten Reifegrade zu erlangen, werden in der zweiten Stufe der Ergebnisbereitstellung die Schwachstellen identifiziert. Hierzu bedarf es einer Darstellungsmethode, welche die Zusammenhänge zwischen Ausprägungen, Kriterien sowie Indikatoren visualisiert. Sunburst-Diagramme basieren auf mehreren Ringdiagrammen, die in hierarchischer Abhängigkeit zueinander stehen. Sie ermöglichen somit die Gesamtbetrachtung eines multidimensionalen Datenbestands.[822] Die anforderungsgerechte Ergebnisvisualisierung setzt sich folglich aus einem Netzdiagramm und einem Sunburst-Diagramm zusammen.

---

[818] Vgl. Global Reporting Initiative (About GRI), 2022.

[819] Vgl. Kozielski (Integratives Kennzahlensystem), 2010, S. 142.

[820] Vgl. Traverso et al. (Life Cycle Sustainability Dashboard), 2012; Warnecke et al. (Betriebliche Umweltinformationssysteme), 2018; Glanze et al. (Unternehmenserfolg durch Nachhaltigkeit), 2021.

[821] Vgl. Niemöller et al. (Nachhaltigkeit durch Hybride Wertschöpfung), 2015, S. 435f.

[822] Vgl. Hofer et al. (Sankey, Sunburst & Co), 2018, S. 98f.

#### 5.2.4.1 Visualisierung der Reifegrade

Die Visualisierung der erreichten Reifegrade erfolgt anhand des in Abbildung 5.15 dargestellten Netzdiagramms. Die Achsen des Netzdiagramms repräsentieren den erreichten Reifegrad der drei Dimensionen. Die diskrete Skala reicht entsprechend der in Kapitel 5.2.2 definierten Reifegrade von eins bis fünf. Diese Skala wird ebenfalls auf dem außenliegenden Kreis verwendet, dessen Füllung den dimensionsspezifischen Reifegrad visualisiert.

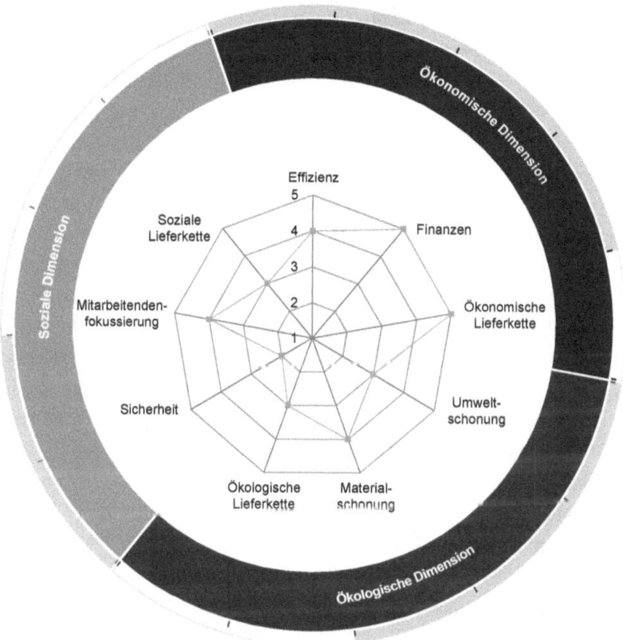


**Abbildung 5.15: Netzdiagramm zur Visualisierung der erreichten Reifegrade**[823]

Das Reifegradmodell nutzt eine kumulative, hierarchische Stufenstruktur. Ein höherer Reifegrad wird folglich nur dann erreicht, wenn sämtliche Anforderungen niedriger Reifegradstufen erfüllt sind.[824] Der Reifegrad der Dimension auf dem außenliegenden Kreis wird somit durch den kleinsten Reifegrad der drei zugehörigen Ausprägungen vorgegeben. In dem in Abbildung 5.15 dargestellten Beispiel wird in den drei Ausprägungen der sozialen Dimension ein minimaler Reifegrad von zwei erreicht. Folglich entspricht der Gesamtreifegrad der sozialen Dimension ebenfalls der zweiten Reifegradstufe. Die Ausprägungen Finanzen und ökonomische Lieferkette der ökonomischen Dimension entsprechen dem fünften Reifegrad, wohingegen die

[823] Eigene Darstellung

[824] Vgl. Bruin et al. (Developing a Maturity Assessment Model), 2005, S. 11.

Ausprägung Effizienz mit dem vierten Reifegrad bewertet wird. Der Gesamtreifegrad der ökonomischen Dimension ist daher der vierten Reifegradstufe zuzuordnen. Die Ausprägungen er ökologischen Dimension erreichen im dargestellten Beispiel mindestens die dritte Reifegradstufe, weshalb der auf dem außenliegenden Kreis visualisierte Gesamtreifegrad ebenfalls der dritten Reifegradstufe entspricht.

#### 5.2.4.2 Darstellung der Modellhierarchie

Mithilfe eines Sunburst-Diagramms können die hierarchischen Abhängigkeiten zwischen Ausprägungen, Kriterien und Indikatoren dargestellt werden. Die nachfolgende Abbildung 5.16 visualisiert die entsprechenden Zusammenhänge innerhalb der drei Dimensionen der Nachhaltigkeit. Der innere Ring repräsentiert die höchste Modellhierarchieebene und umfasst die in Kapitel 5.1.3 definierten Ausprägungen. Der mittlere Ring stellt die Kriterien und somit die nächste Detaillierungsebene dar. Die dazugehörigen Indikatoren sind auf dem außenliegenden Ring dargestellt. Anhand des Sunburst-Diagramms erfolgt die Visualisierung der hierarchischen Bewertungsaggregation des Reifegradmodells. Diese befähigt den Anwendenden die im Netzdiagramm identifizierten Optimierungsbedarfe der Nachhaltigkeit von der Ausprägungsebene auf die Indikatorenebene zu übertragen. Somit können gezielt Handlungsempfehlungen zur Steigerung der Nachhaltigkeitsleistung abgeleitet werden. In dem dargestellten Beispiel wurden mithilfe des Netzdiagramms die dimensionsspezifischen Gesamtreifegrade ermittelt und jeweils verantwortliche Ausprägung identifiziert. Anhand des in Abbildung 5.16 dargestellten Sunburst-Diagramms können den einzelnen Ausprägungen die jeweiligen Kriterien und Indikatoren zugeordnet und die Optimierungspotenziale auf diese heruntergebrochen werden. Der Indikator SI1.3 des Kriteriums Datensicherheit stellt die Schwachstelle der Ausprägung Sicherheit dar. In der Ausprägung Effizienz weist der Indikator EF2.2 des Kriteriums Standardisierung den niedrigsten Reifegrad auf. In der Ausprägung Umweltschonung können innerhalb des Kriteriums Wasserbedarf und Abwasser mit den Indikatoren US3.2 und US3.4 gleich zwei Schwachstellen identifiziert werden. Zusätzlich stellt der Indikator ÖK2.1 eine weitere Schwachstelle in dem Kriterium Lokalität dar. Die mit dem Sunburst-Diagramm geschaffene Transparenz befähigt die Ableitung zielführender Maßnahmen zur Hebung der Potenziale und Eliminierung der Schwachstellen.

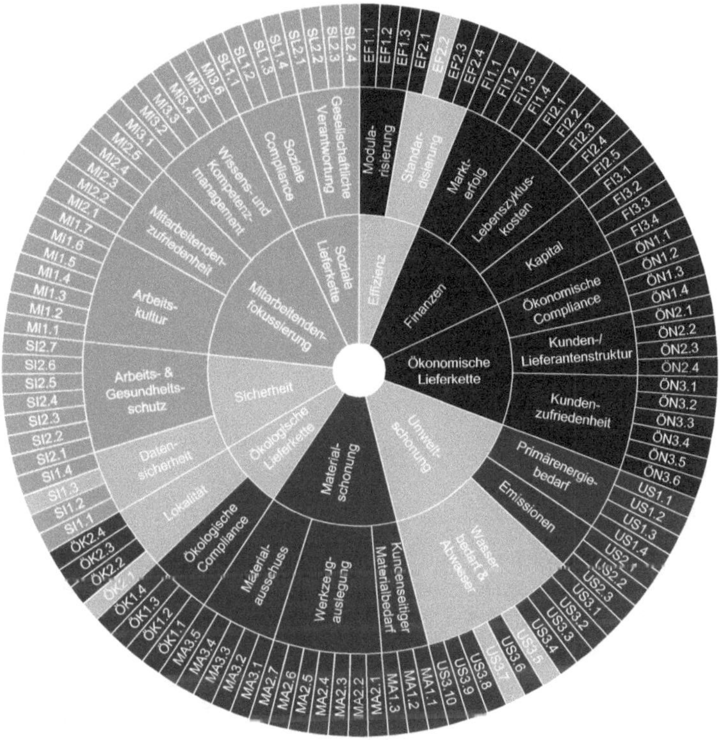

**Abbildung 5.16: Sunburst-Diagramm zur Darstellung der Modellhierarchie**[825]

### 5.2.4.3 Spezifischer Anwendungsprozess der Lebenszyklusbewertung

Nachdem das Strukturelement, die Operationalisierungselemente sowie die Ergebnisvisualisierung detailliert wurden, erfolgt abschließend eine Erläuterung der Vorgehensweise zur Anwendung des Reifegradmodells zur kontinuierlichen Lebenszyklusbewertung. Hierzu werden die erarbeiten Modellinhalte in einem spezifischen Anwendungsprozess zusammengeführt und miteinander verknüpft. Dieser gewährleistet durch repetitives Durchlaufen eine strukturierte Nachhaltigkeitssteigerung. Die schematische Anwendung des Reifegradmodells, unterteilt in die fünf Schritte Erhebung von Nachhaltigkeitsgrößen, Bewertung der Indikatoren, Bestimmung der dimensionsspezifischen Reifegrade, Identifizierung von Schwachstellen und Kommunikation des Fortschritts ist in Abbildung 5.17 dargestellt.

[825] Eigene Darstellung

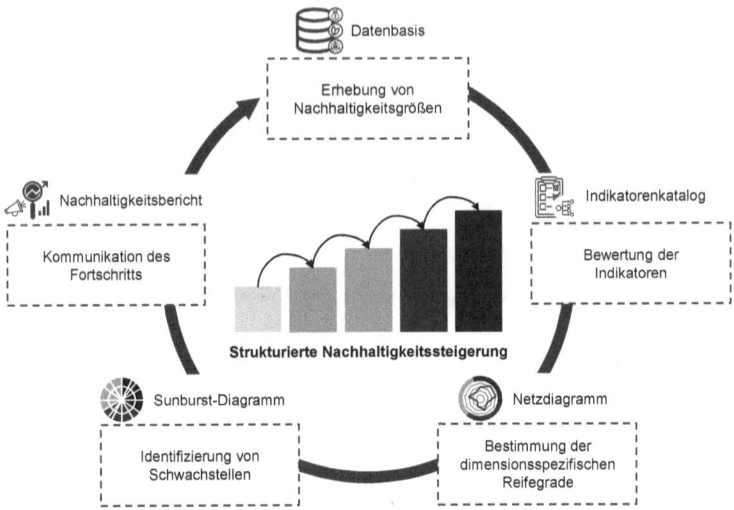


**Abbildung 5.17: Schematische Anwendung des Reifegradmodells**[826]

Auf Basis der Stakeholderanforderungen und dem daraus abgeleiteten Zielsystem wurden die Reifegradstufen in Kapitel 5.2.2 determiniert. In einem ersten initialen Schritt muss eine geeignete Datenbasis geschaffen werden, welche die Bewertung der Indikatoren ermöglicht. Die Pflege der Datenbasis erfolgt im Werkzeugbaubetrieb bestenfalls (teil-)automatisiert und wird aus den unterschiedlichen im Einsatz befindlichen Systemen gespeist. Während die Reifegradbestimmung in definierten Zeitintervallen stattfindet, ist die Datenbasis durch die Erhebung von Nachhaltigkeitsgrößen kontinuierlich zu pflegen. Die notwendige Datenbasis wird in Kapitel 5.5 detailliert betrachtet. Anhand des in Kapitel 5.2.3 aufgestellten Indikatorenkatalogs können relevante Indikatoren ausgewählt und mithilfe der entsprechenden Daten bewertet werden. Aufbauend auf der Bewertung der Indikatoren werden die dimensionsspezifischen Reifegrade des Werkzeuglebenszyklus mithilfe des in Kapitel 5.2.4.1 erläuterten Netzdiagramms bestimmt. Die Bestimmung der Reifegrade kann durch zwei Optionen erfolgen. De Indikatoren werden verschiedene Reifegrade auf einer Skala von eins bis fünf zugewiesen, sodass eine Bestimmung des Reifegrads allein anhand der Indikatoren erfolgen kann. Ein höherer Reifegrad geht entsprechend mit einer wachsenden Bilanzhülle sowie der zunehmenden Vernetzung und Datentransparenz von für den nachhaltigen Werkzeuglebenszyklus relevanten Entitäten einher. Die zweite Option umfasst die Definition von festen Schwellenwerten für jedes Kriterium und deren jeweiligen Indikatoren analog zu den fünf Reifegradstufen. Dieses Vorgehen bedarf allerdings einer umfangreichen Forschungsarbeit sowie Datenaggregation. In beiden Fällen befähigt die Reifegradbestimmung der einzelnen Indikatoren die Aggregation der Bewertung entlang der Kriterien über die Ausprägungen bis hin zu den drei Dimensionen der Nachhaltigkeit. Anhand der ermittelten Reifegrade kann ein Vergleich zwischen Status quo und den identifizierten Zielen des Nachhaltigkeitszielsystems erfolgen. Für eine detaillierte

[826] Eigene Darstellung

Analyse kann der ermittelte Reifegrad mithilfe des in Kapitel 5.2.4.2 entwickelten Sunburst-Diagramms auf Indikatorenebene runtergebrochen werden. Dies ermöglicht das Offenlegen von Schwachstellen sowie das Ableiten von punktuellen und zielführenden Handlungsmaßnahmen. Die Wirksamkeit besagter Maßnahmen kann wiederum durch eine erneute Schleife des Anwendungsprozesses kontinuierlich überwacht werden. Durch ein repetitives Durchlaufen des Anwendungsprozesses wird eine strukturierte Nachhaltigkeitssteigerung erreicht, indem die Schwachstellen in dem Konstrukt Werkzeuglebenszyklus gezielt eliminiert werden. Die Ergebnisse der Reifegradbewertung müssen zudem regelmäßig berichtet und kommuniziert werden, um den Fortschritt für die Stakeholder sichtbar zu machen. Die Betriebe können hierzu einerseits auf bestehende Formate der Berichtserstattung und Kommunikation, wie z. B. dem bereits vorgestellten GRI oder den themenspezifischeren Berichtsmechanismen CDP, UNGP Reporting Framework und CDSB Framework, zurückgreifen. Andererseits können auch eigene, kompaktere Stand-alone-Formate entwickelt werden.[827] Die Betriebe müssen sich für eine effektive Berichtserstattung und Kommunikation auf die Themen fokussieren, bei denen die Tätigkeit des Betriebs bedeutende ökonomische, ökologische und soziale Auswirkungen verursacht und welche die Beurteilung und Entscheidungen von Stakeholdern maßgeblich beeinflusst. Die wesentlichen Themen umfassen die NEP sowie die abgeleiteten Nachhaltigkeitsziele in Kapitel 5.1.3. Die Berichtserstattung sollte hierbei sowohl positive als auch negative Aspekte berücksichtigen, um die Kommunikation der grundsätzlichen unternehmerischen Verantwortung sowie die Adressierung der identifizierten Schwachstellen zu gewährleisten.

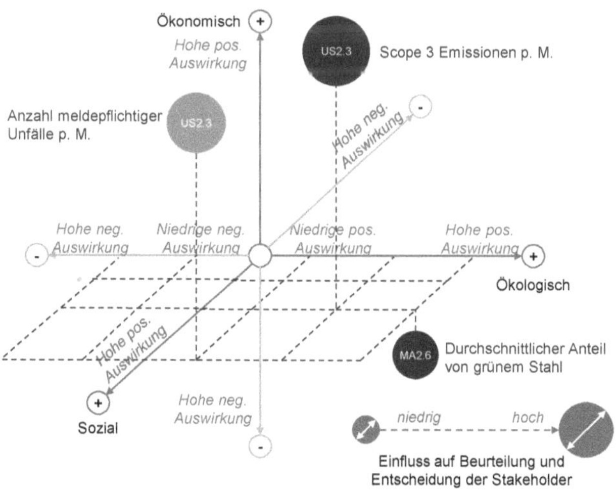


**Abbildung 5.18: Prioritäten bei Berichtserstattung und Kommunikation[828]**

[827] Vgl. Global Reporting Initiative et al. (SDG Compass), 2022, S. 27.

[828] Eigene Darstellung

Die Erstellung einer mehrdimensionalen Matrix bietet die Möglichkeit, die Wesentlichkeitsanalyse im Bericht zu visualisieren. Die Aspekte mit hoher Priorität werden entlang der Achsen je nach Bedeutung der ökonomischen, ökologischen bzw. sozialen Auswirkungen positioniert. Der Einfluss eines Indikators auf die Beurteilung und Entscheidung der Stakeholder wird mithilfe unterschiedlich großer Punkte dargestellt, wobei ein steigender Durchmesser der Punkte einen größeren Einfluss repräsentiert. Die beschriebene Visualisierung in der Berichtserstattung ist in Abbildung 5.18 dargestellt.

## 5.3 Gestaltungselement Nachhaltigkeitsleistung

Die in Kapitel 5.2 beschriebene kontinuierliche Lebenszyklusbewertung schafft die notwendige Transparenz hinsichtlich der Nachhaltigkeitsperformance der Betriebe entlang des Werkzeuglebenszyklus. Insbesondere in der Lebenszyklusphase der Werkzeugnutzung hat der Werkzeugbau einen großen Stellhebel in der nachhaltigen Entwicklung des Lebenszyklus. Zudem spiegeln die Ergebnisse der Stakeholdertypologie und -priorisierung in Kapitel 5.1.2 die zentrale Rolle der Kunden als definiten Stakeholder und deren zunehmenden Forderungen nach nachhaltigen Produkten und Dienstleistungen. Werkzeugbaubetriebe müssen daher geeignete nachhaltige Produkte und Dienstleistungen anbieten, um den Anforderungen der Kunden zu entsprechen und den großen Hebel der nachhaltigen Entwicklung in der Werkzeugnutzung zu adressieren.

Das Gestaltungselement Nachhaltigkeitsleistung definiert daher drei wesentliche Gestaltungsaspekte. Zunächst müssen für die Entwicklung der Struktur nachhaltiger Leistungssysteme geeignete Leistungsmodule konzeptioniert werden. Anschließend erfolgt eine Auswahl der konzipierten Leistungsmodule zur Definition spezifischer Leistungsbaukästen. Abschließend wird die Spezifizierung und Verknüpfung der einzelnen Leistungsmodule zu einem Leistungssystem erläutert.

Im nachfolgenden Kapitel 5.3.1 werden hierzu zunächst die relevanten Grundlagen zu Leitungssystemen und deren Entwicklung erläutert. Anschließend werden in Kapitel 5.3.2 die Leistungsmodule konzeptioniert, bevor in Kapitel 5.3.3 eine Auswahl der Leistungsmodule für spezifische Leistungsbaukästen erfolgt. Abschließend werden die Leistungsmodule in Kapitel 5.3.4 spezifiziert und in einem Gesamtsystem verknüpft.

### 5.3.1 Grundlagen

Zur Erfüllung der Kundenanforderungen bietet der Werkzeugbau entlang des Werkzeuglebenszyklus bereits eine Reihe von Produkten und Dienstleistungen. Allerdings mangelt es insbesondere an materiellen sowie immateriellen Leistungen zur Adressierung der in Kapitel 5.1.3 hergeleiteten NEP, wie z. B. das Angebot wiederverwendbarer Werkzeugkomponenten. Um die NEP bestmöglich adressieren und somit einen wahrnehmbaren Vorteil beim Kunden generieren zu können, ist die Kombination einzelner materieller und immaterieller Leistungen zu einem Leistungssystem notwendig.[829] Im Sprachgebrauch werden unter dem Begriff Leistungssystem oftmals auch ein hybrides Produkt[830], ein hybrides Leistungssystem[831], ein Produkt-Service-System oder ein Leistungsangebotsmodell[832] verstanden. Im Unterschied zu einigen der genannten Begrifflichkeiten ist bei einem Leistungssystem stets das materielle Produkt vorhanden. Bei hybriden Produkten bzw. Leistungsbündeln und Produkt-Service-Systemen stehen materielle und immaterielle Leistungen in Wechselwirkung zueinander, unterliegen jedoch keiner vollständigen Abhängigkeit.[833]

Aufgrund der integrierten Fokussierung auf die Kundenanforderungen und den Kundennutzen sind Leistungssysteme die Grundlage für eine innovative Kunden-Werkzeugbau-Beziehung.[834] Für die Umsetzung von Leistungssystemen haben BELZ ET AL. das Schalenmodell entwickelt, welches in der nachfolgenden Abbildung 5.19 dargestellt ist. Das physische **Kernprodukt** bildet als Grundvoraussetzung des Leistungssystems das Zentrum des Schalenmodells. Mit zunehmender Anzahl an Schalen und somit steigender Distanz vom Kernprodukt werden die Leistungen individualisierter und spezifischer auf den jeweiligen Kunden angepasst. Mit steigendem Individualisierungsgrad wird der Kunde zunehmend in den Entwicklungs- und Wertschöpfungsprozess eingebunden. Insgesamt umfasst das Schalenmodell sieben Schalen.[835] Die dem Kernprodukt nächste Schale beinhaltet das **Produktsystem**. Dieses umfasst materielle Leistungen, die das Kernprodukt direkt erweitern und sich nicht klar von diesem abgrenzen lassen.[836] Ein Beispiel hierfür sind im Werkzeug integrierte Elektronik oder Sensorik zur Messung von Drücken und Temperaturen.[837] Die nächste Schale, das **Sortiment**, besteht aus Leistungen, die sich eindeutig vom Kernprodukt unterscheiden. BELZ ET AL. beschrieben dies als Einkaufs- und Verwendungsverbund.[838] Ein Beispiel aus dem Werkzeugbau ist das Angebot von Prototypenbauteilen.[839] In der **Dienstleistungsschale** sind immaterielle Leistungen, wie bspw. Kundenservice, Schulungen und Beratung eingegliedert.[840] Die Beratung der Bauteilentwicklung ist eine beispielhafte vorgelagerte Dienstleistung.[841] Die vierte Schale umfasst die **Integration von Leistungen** in Kundenabläufen. Hierzu zählen die Begleitung des Kunden in der Produktnutzung sowie die gemeinsame Entwicklung neuer Technologien.[842] Ein Beispiel

---

[829] Vgl. Belz et al. (Erfolgreiche Leistungssysteme), 1991, S. 1-3.

[830] Vgl. Spath; Demuß (Entwicklung hybrider Produkte), 2003, S. 466-468; Burianek et al. (Typologisierung hybrider Produkte), 2007, S. 4-6.

[831] Vgl. Engelhardt et al. (Leistungsbündel als Absatzobjekte), 1993, S. 404-406.

[832] Vgl. Belz et al. (Erfolgreiche Leistungssysteme), 1991, S. 11-15.

[833] Vgl. Abramovici et al. (Lifecycle Management von Hybriden Leistungsbündeln), 2012, S. 265.

[834] Vgl. Meier et al. (Hybride Leistungsbündel), 2007, S. 814.

[835] Vgl. Belz et al. (Erfolgreiche Leistungssysteme), 1991, S. 12f.

[836] Vgl. Belz et al. (Erfolgreiche Leistungssysteme), 1991, S. 61-64.

[837] Mit Sensorik ausgestattet Werkzeuge sind Teil der Leistungen der BMW AG Werkzeugbau Landshut.

[838] Vgl. Belz et al. (Erfolgreiche Leistungssysteme), 1991, S. 64f.

[839] Prototypenbauteile sind Teil des Leistungen des W: Fassnacht Werkzeug- und Formenbaus.

[840] Vgl. Belz et al. (Erfolgreiche Leistungssysteme), 1991, S. 65f.

[841] Beratung der Bauteilentwicklung ist der Teil Leistungen der WEBO Werkzeugbau Oberschwaben GmbH.

[842] Vgl. Belz et al. (Erfolgreiche Leistungssysteme), 1991, S. 72-74.

hierfür ist die Beratung des Serienanlaufs.[843] In der Schale des **integrierten Projektmanagements** übernimmt der Werkzeugbau teilweise die Prozesse des Kunden. Beispiele hierfür sind die Koordination des Gesamtprojekts, die Entsorgung von Produkten oder das Koalitionsmanagement zur Entlastung des Kunden.[844] Ein Beispiel ist die Übernahme der Prozessauslegung, wodurch die Wertschöpfungstiefe des Kunden reduziert werden kann.[845] Die sechste Schale, die **innovative Zusammenarbeit**, adressiert die gemeinsame Erarbeitung innovativer Problemlösungen bei Kundenbeschwerden. Zudem sind der Ausbau des Kundenmarketings sowie das Kundenmanagement ein weiterer Bestandteil dieser Schale.[846] Ein Beispiel ist Echtzeitaufzeichnung von Werkzeugdaten während der Nutzungsphase.[847] In der äußersten Schale, dem **emotionalen Profil und Kundenerlebnis**, erfolgt im Gegensatz zu den anderen Schalen eine Beeinflussung aller Prozesse und Bereiche des Kunden. Hierbei muss mithilfe einer möglichst hohen persönlichen Kunden- und Anwendernähe eine starke Beziehung aufgebaut werden. Der Aufbau von Vertrauen, Sicherheit und fokussiertem Beziehungsmanagement steht dabei im Fokus.[848] Mit steigender Distanz vom Kernprodukt wird der Nutzenbeitrag für den Kunden und somit dessen Bereitschaft zur Zahlung der Leistungen erhöht.[849]

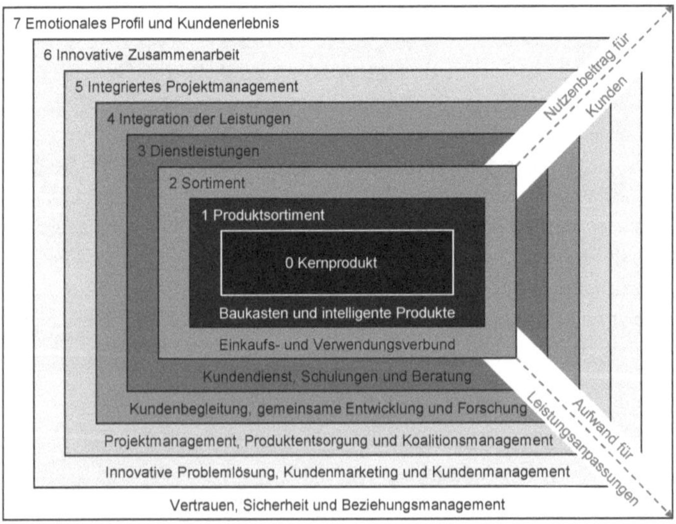


**Abbildung 5.19: Grundstruktur eines Leistungssystems**[850]

[843] Beratung des Serienanlaufs ist Teil der Leistungen der Böllhoff Produktion GmbH.
[844] Vgl. Belz et al. (Erfolgreiche Leistungssysteme), 1991, S. 75-78.
[845] Prozessauslegung ist Teil der Leistungen der Siebenwurst Werkzeugbau GmbH.
[846] Vgl. Belz et al. (Erfolgreiche Leistungssysteme), 1991, S. 79-82.
[847] Echtzeitdatenaufzeichnung ist Teil der Leistungen der Schneider Form GmbH.
[848] Vgl. Belz et al. (Erfolgreiche Leistungssysteme), 1991, S. 82-85.
[849] Vgl. Schuh et al. (Leistungssysteme), 2016, S. 108.
[850] I. A. a. Belz et al. (Erfolgreiche Leistungssysteme), 1991, S. 12.

Die zunehmende Individualisierung der Leistungssysteme ist mit hohem Aufwand verbunden und scheint im grundsätzlichen Widerspruch zu den Anstrengungen des Werkzeugbaus zu stehen, Produkte und Prozesse zu standardisieren, Skaleneffekte zu steigern und damit das Rationalisierungspotenzial zu erhöhen.[851] Das Zielbild der **Mass Customization** nach DAVIS liefert Ansätze zur Aufhebung dieses Widerspruchs. Dieses Zielbild ist eine Kombination der Massenproduktion mit der kundenindividuellen Produktion, um gleichzeitig Skaleneffekte durch Standardisierung sowie das Angebot individueller Leistungen zu gewährleisten.[852] PILLER definiert die Mass Customization als Produktion von Leistungen und Produkten, welche die individuellen Bedürfnisse und Anforderungen unterschiedlicher Kunden zu Kosten erfüllen, die in etwa denen einer Massenfertigung entsprechen.[853] Es kann grundlegend zwischen Soft und Hard Customization unterschieden werden. Bei der Soft Customization werden wenige Produktvarianten mit einem geringen Individualisierungsgrad in großen Stückzahlen gefertigt und die Individualisierung wird erst beim Kunden vorgenommen. Die Hard Customization beschreibt die Entwicklung und Fertigung von Produkten auf Basis von Kundenanforderungen, weshalb dieses Prinzip der vorliegenden Arbeit zu Grunde liegen soll.

PILLER unterteilt die Hard Customization in vier Konzepte, wobei das Prinzip der **Modularisierung nach Baukastenprinzip** eine ausgeprägte Flexibilität und ein gutes Nutzen-Aufwand-Verhältnis für die Entwicklung von Leistungen im Werkzeugbau aufweist. Das Produkt wird hierbei kundenspezifisch und individuell aus einer Kombination von standardisierten Einheiten, sogenannten Leistungsmodulen, gefertigt.[854] Diese **Module** sind funktionale und physische relativ unabhängige Einheiten, wobei sich die Modularität mit steigender Unabhängigkeit erhöht.[855] Die Verknüpfung der Module erfolgt über standardisierte Schnittstellen, wodurch ein beliebiger Austausch und Kombination der Module gewährleistet wird.[856] Der Prozess zur Entwicklung von Modulen zu einer Leistung wird **Modularisierung** genannt. Bei der Modularisierung werden Produkte bzw. Leistungen aufgegliedert, wobei die Komplexität verringert und die Funktionen der Leistung auf mehrere Einzelleistungen aufgeteilt wird. Somit werden die Abhängigkeiten zwischen den einzelnen Modulen reduziert.[857] PILLER unterscheidet vier Ausprägungen der Modularisierung, die in Abbildung 5.20 dargestellt werden.

[851] Vgl. Kühn (Leistungssysteme im Werkzeugbau), 2016, S. 134.
[852] Vgl. Davis (Future perfect), 1987, S. 26.
[853] Vgl. Piller (Mass Customization), 2008, S. 160f.
[854] Vgl. Piller (Mass Customization), 2008, S. 220; Waidelich et al. (Mass Customization), 2020, S. 2.
[855] Vgl. Feldhusen et al. (Technische Systeme), 2013, S. 258.
[856] Vgl. Böhmann; Krcmar (Modulare Servicearchitekturen), 2003, S. 379.
[857] Vgl. Feldhusen et al. (Technische Systeme), 2013, S. 261.

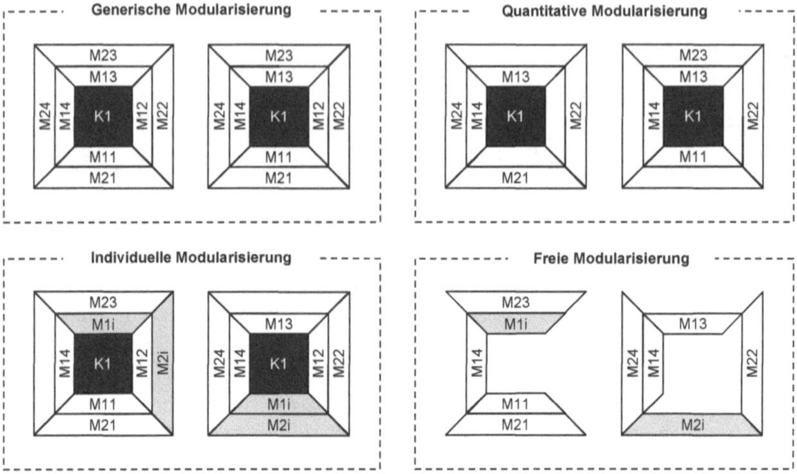


**Abbildung 5.20: Modularisierung von Leistungssystemen**[858]

Bei einer generischen Modularisierung basiert ein Leistungssystem stets auf einem Kernprodukt sowie aus standardisierten Leistungen auf den verschiedenen Schalen, die jedoch unterschiedliche Merkmale MXX aufweisen können. Die quantitative Modularisierung erweitert die generische Modularisierung, da die Anzahl der Leistungsmodule variieren kann. Bei der individuellen Modularisierung werden neben standardisierten auch kundenindividuelle Leistungen verwendet. Im Gegensatz dazu basiert die freie Modularisierung nicht auf einem Kernprodukt.[859] Die generische und qualitative Modularisierung sind aufgrund der formgebenden Komponenten im Werkzeug und der damit verbundenen Individualität ungeeignet. Sofern eine typspezifische Werkzeugbasis identifiziert werden kann, die für alle Werkzeuge gleich ist, entspricht dies der Ausgangslage der individuellen Modularisierung. Eine Ergänzung des Kernprodukts erfolgt mithilfe von Standard- und kundenindividuellen Komponenten. Sofern keine typspezifische Werkzeugbasis geschaffen werden kann, entspricht dies der freien Modularisierung.[860] Hierbei ist allerdings der Unikatcharakter zu sehr vorhanden und somit keine Kleinserienfertigung möglich, weshalb sich die individuelle Modularisierung im vorliegenden Anwendungsfall am besten eignet.

### 5.3.2 Konzeption der Leistungsmodule

Die Konzeption des Leistungssystems wird angelehnt an SCHUH mithilfe von Leistungsbaukasten durchgeführt. Ein Leistungsbaukasten enthält verschiedene standardisierte Leistungs-

[858] I. A. a. Piller (Mass Customization), 2008, S. 229.

[859] Vgl. Piller (Mass Customization), 2008, S. 229.

[860] Vgl. Boos (Modulare Werkzeuge), 2008, S. 115f.

module, welche nach dem Prinzip der Mass Customization gebildet werden und jeweils unterschiedliche Nachhaltigkeitsziele adressieren.[861] Die Leistungen zur Adressierung der Nachhaltigkeitsziele müssen somit zunächst modularisiert werden. Die Modularisierung erfolgt anhand von zwei Dimensionen. Die erste Dimension ist die Orientierung am **Werkzeuglebenszyklus**, der in diskrete Phasen unterteilt werden kann. Diese Unterteilung orientiert sich am in Kapitel 2.3.2 vorgestellten Werkzeuglebenszyklusmodell nach KÜHN. Aufgrund der Tatsache, dass die Nachhaltigkeitsleistungen entlang des Werkzeuglebenslaufs konzipiert und ausgelegt werden sollen, wird ausschließlich der werkzeugbezogene Lebenszyklus betrachtet. Die zweite Dimension der Modularisierung wird in Analogie zum Schalenmodell nach BELZ ET AL. durch den **Integrationsgrad** in die Wertschöpfungsprozesse des Kunden abgebildet. Dieser steigt mit zunehmender Entfernung der Leistungsschale von dem Kernprodukt an. Die Leistungsschalen Produktsystem (1), Sortiment (2), Dienstleitung (3), Integration der Leistung (4) und integriertes Produktsystem (5) können unabhängig vom Werkzeuglebenszyklus definiert werden und somit als zweite Dimension dienen. Innovationen entstehen im Werkzeugbau per Definition in der Phase der Werkzeugentwicklung, weshalb eine Abhängigkeit zum Werkzeuglebenszyklus besteht und diese Schale bereits durch die Phase Werkzeugentwicklung repräsentiert wird. Die siebte Schale überlagert nach BELZ ET AL. sämtliche andere Schalen und kann somit als ein Ergebnis des Leistungssystems angesehen werden. Die Schalen innovative Zusammenarbeit (6) sowie emotionales Profil und Kundenerlebnis (7) hingegen werden deshalb nicht explizit in die Modularisierung einbezogen.[862] Die zwei Dimensionen Werkzeuglebenszyklus und Integrationsgrad sind in Abbildung 5.21 dargestellt und definieren eine zweidimensionale Matrix, in deren Zellen die Leistungsmodule eingeordnet werden.

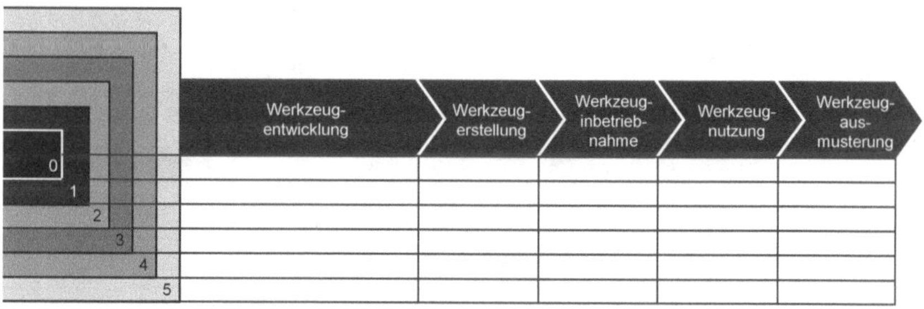


**Abbildung 5.21: Dimensionen des Leistungsbaukastens**[863]

Für jede Leistungsschale werden nachfolgend in jeder Phase des Werkzeuglebenszyklus Leistungsmodule definiert. Die Leistungsmodule können sowohl industrielle Sach- als auch Dienstleistungen sein. Die jeweiligen Leistungsmodule werden dabei in Anhängigkeit von den in Kapitel 5.1.3 hergeleiteten NEP sowie den Nachhaltigkeitszielen definiert.

[861] Vgl. Schuh (Gestaltung und Bewertung von Produktvarianten), 1989, S. 58f.

[862] Vgl. Kühn (Leistungssysteme im Werkzeugbau), 2016, S. 140.

[863] Eigene Darstellung

Die ersten Schale, das Produktsystem, beinhaltet materielle Leistungen, die über die eigentliche Funktion des Betriebsmittels hinausgehen und dies somit erweitern. Das Produktsystem ist entlang des Werkzeuglebenszyklus mit dem Werkzeug verknüpft und wird durch die Eigenschaften des Werkzeugs charakterisiert. In Abbildung 5.22 sind die Leistungsmodule des Produktsystems abgebildet.

Ein **modulares Werkzeug** besteht aus materiellen, standardisierten Modulen.[864] Diese sind bereits konstruiert und werden vom Werkzeugbaubetrieb oftmals auf Lager produziert. Für die Endfertigung werden die Module miteinander verknüpft. Dies ermöglicht einerseits geringe Durchlaufzeiten in der Fertigung seitens Werkzeugbau sowie andererseits schnelles Umrüsten seitens Kunden. **Intelligente Werkzeuge** sind Werkzeuge, die mit Sensorik zur Aufnahme von Daten während der Nutzungsphase ausgestattet sind.[865] Die Analyse der generierten Informationen aus dem Nutzungsverhalten des Werkzeugs kann eine anforderungsgerechte Prozessoptimierung der Serienproduktion unterstützen. Zudem können die aufgenommenen Daten in die Werkzeugentwicklung zurückgespielt werden, um für zukünftige Produkte weitere Bauteil- sowie Prozessoptimierungen zu ermöglichen. Ein **emotionales Werkzeug** weist Designelemente auf, die beim Kunden bzw. Mitarbeitenden Emotionen hervorrufen.[866] Der Mitarbeitende soll anhand dieser Elemente die Nutzungsphase mit positiven Gefühlen verbinden und somit zu einem erneuten Kauf angeregt werden. Dies kann neben designtechnischen Elementen durch Vereinfachung der Handhabbarkeit des Werkzeugs umgesetzt werden. In der Konsumgüterindustrie ist das Konzept des emotionalen Produkts, z. B. bei Energiedrinks, Hautcremes oder Smartphones bereits lange etabliert.[867] Ein Beispiel für ein emotionales Werkzeug bietet die Fritz Stepper GmbH & Co. KG mit dem modularen Hochleistungswerkzeug F1 SUPERTEC, welches aus Hartmetall sowie Spezial-Keramik hergestellt wird und sich im Design von den weiteren Werkzeugen des Betriebs unterscheidet.[868]

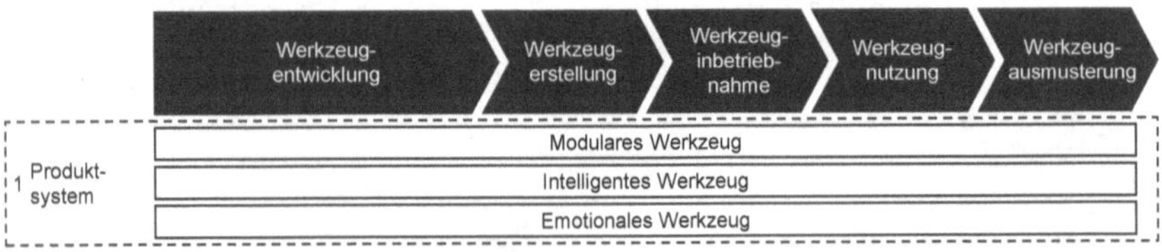


**Abbildung 5.22: Leistungsmodule der Schale Produktsystem**[869]

Die Schale Sortiment umfasst industrielle Sachleistungen, die sich eindeutig vom Werkzeug unterscheiden, jedoch explizit in Verbindung mit diesem gekauft und genutzt werden. Die Leistungsmodule des Sortiments sind in Abbildung 5.23 dargestellt.

[864] Modulare Werkzeuge sind Teil der Leistungen der Fritz Stepper GmbH & Co. KG.

[865] Intelligente Werkzeuge sind Teil der Leistungen der BMW AG Werkzeugbau Landshut.

[866] Emotionale Werkzeuge sind Teil der Leistungen der Fritz Stepper GmbH & Co. KG.

[867] Vgl. Kühn (Leistungssysteme im Werkzeugbau), 2016, S. 141f.

[868] Vgl. Fritz Stepper GmbH & CO. KG (F1 SUPERTEC), 2023.

[869] Eigene Darstellung

Ein **Prototypenbauteil** ist ein materielles Bauteil, welches vor dem Beginn der Serienfertigung hergestellt wird. Der Prototyp eines Bauteils stellt ein funktionsfähiges, allerdings vereinfachtes Versuchsmodell des angefragten Bauteils dar.[870] Anhand des Prototypenbauteils erhält der Kunde einen ersten Eindruck von dem Produkt. In der Regel werden diese Teile mit generativen Fertigungsverfahren hergestellt. Damit wird eine erste Grundlage für die Prozessauslegung der Montage und Fertigung gelegt und ermöglicht dem Kunden bereits frühzeitig die Evaluierung der Produktentwicklung. Mithilfe von **Prototypenwerkzeugen** werden Prototypenbauteile in der geforderten Serienqualität gefertigt. Im Unterschied zu Serienwerkzeugen sind Prototypenwerkzeuge nur auf geringe Hub- bzw. Schusszahlen von etwa 100 bis 1.000 ausgelegt und dienen primär als Unterstützung in der Produkt- oder Prozessentwicklung. Häufig werden diese aus Aluminium gefertigt, welches ein hohes $CO_2$-Äquivalent aufweist.[871] Entsprechend sollten Werkzeugbaubetriebe werkstoffschonendere Prototypenwerkzeuge produzieren und ggf. additive Fertigungsverfahren einsetzen.

Für die Inbetriebnahme kann der Werkzeugbaubetrieb dem Kunden **Musterteile** zur Verfügung stellen. Anhand dieser kann der Kunde die Qualität des Werkzeugs beurteilen und dieses als Referenz für die Inbetriebnahme verwenden. Somit kann die Produktion zeitnah nach Lieferung des Werkzeugs starten.

Kunden streben zunehmend eine Reduzierung der Lieferantenschnittstellen an und fordern vom Werkzeugbau vermehrt die Integration von Automatisierungstechnik.[872] In **Anlagen** wird das Werkzeug mit Automatisierungstechnik oder Sondermaschinen kombiniert. Durch die Verknüpfung verschiedener technischer Komponenten wird somit die Effizienz des Produktionsprozesses gesteigert und die Anzahl der Lieferantenschnittstellen für den Kunden reduziert. Als Ergänzung zur Automatisierung des Produktionsprozesses kann der Werkzeugbau seine Produkte mit **Sensorik** ausstatten. Diese gewährleistet die Überwachung des Prozesses und unterstützt somit die Prozessstabilität. Weiterhin können nachhaltigkeitsrelevante Daten, wie z. B. die Energieverbräuche des Werkzeugs, aufgenommen werden. **Fertigungsmittel** sind Vorrichtungen, die während der Werkzeugnutzung verwendet werden. Beispiele sind Montagevorrichtungen oder Fixierungen für die zu fertigenden Bauteile.

Zur Adressierung der sozialen Zieldimension müssen die Fertigungsmittel ergonomisch ausgelegt sein. **Lagermaterial** umfasst alle speziell auf die Rahmenbedingungen der Werkzeuglagerung angepassten Verpackungen. Diese verlängern die Lebensdauer von Werkzeugen maßgeblich und stellen somit die Produktionssicherheit für die Ersatzteilfertigung sicher.

[870] Vgl. Moeller (Handbuch Konstruktionswerkstoffe), 2008, S. 134f.
[871] Vgl. Heidelberger (Effizienzpotenziale in der Stahlerzeugung).
[872] Vgl. Boos et al. (Der Werkzeugbau als Gesamtlösungsanbieter), 2022, S. 10f.

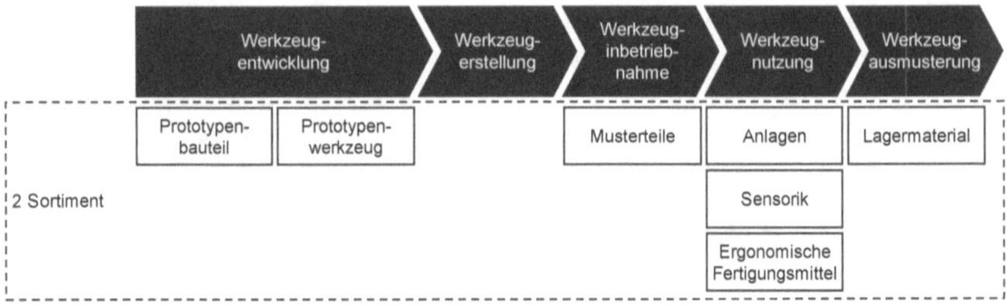


**Abbildung 5.23: Leistungsmodule der Schale Sortiment**[873]

In der Dienstleistungsschale werden immaterielle Leistungen, wie bspw. Kundenservice und Beratung, auf das Werkzeug abgestimmt und dem Kunden offeriert (vgl. Abbildung 5.24). Diese Leistungen basieren zu einem signifikanten Anteil auf dem Erfahrungswissen des Werkzeugbaubetriebs.

Die **Beratung der Bauteilentwicklung** beinhaltet die Übertragung werkzeugtechnologischen Wissens auf die Bauteilentwicklung des Kunden. Dies umfasst z. B. die Beratung hinsichtlich der Realisierbarkeit sowie der ressourcenschonenden und emissionsarmen Auslegung des entwickelten Bauteils. Im Zuge der **Beratung der Prozessauslegung** überträgt der Werkzeugbaubetrieb sein verfahrenstechnisches Know-how auf Basis von z. B. Fließ- oder Rheologiesimulationen auf die Produktentwicklung des Kunden. Dadurch können spätere Abstimmungsschleifen reduziert und ein effizienter Produktionsstart gewährleistet werden. Dieses grundlegende Beratungsangebot des Werkzeugbaubetriebs kann während der Werkzeugentwicklung durch eine **Prognose der $CO_2$-Emissionen** für die ausgelegten Prozesse erweitert werden. Die prognostizierten Emissionen werden im Angebot an den Kunden integriert.

In der Werkzeugerstellung offeriert der Werkzeugbaubetrieb eine detaillierte **Auftragsverfolgung** des Erstellungsprozesses für den Kunden. Über eine definierte Schnittstelle werden dem Kunden etwa das Erreichen von Projektmeilensteinen oder Daten über den Ressourcenverbrauch der Produktion mitgeteilt. Weiterhin werden die tatsächlich entstandenen **$CO_2$-Emissionen** kalkuliert und dem Kunden als **Zertifikat** zur Verfügung gestellt. Somit wird dem Kunden ein transparentes Controlling des Erstellungsprozesses ermöglicht.

Im Zuge der **Beratung Serienanlauf** unterstützt der Werkzeugbaubetrieb den Kunden durch werkzeug- sowie prozesstechnologisches Know-how bei der Inbetriebnahme des Werkzeugs. Während der Inbetriebnahme ist der Ausschuss oftmals hoch, weshalb der Werkzeugbau Potenziale zur Ressourcenschonung und Emissionsreduzierung heben kann. Neben der Beratung der Inbetriebnahme werden **Schulungen für die Mitarbeitenden** des Kunden angeboten. Diese werden dadurch für eine ressourcen- und energieeffiziente Inbetriebnahme sowie Nutzung des Werkzeugs qualifiziert.

Während der Werkzeugnutzung stellt der Werkzeugbau mit dem Leistungsmodul **Beratung Produktion** sein verfahrenstechnisches Know-how aus vergleichbaren abgeschlossenen

[873] Eigene Darstellung

Werkzeugprojekten oder auf Grundlage von Simulationen zur Verfügung. Analog zur Bauteilentwicklung werden dabei produktive sowie ressourcenschonende und emissionsarme Produktionsprozesse entwickelt. Weiterhin unterstützt der Werkzeugbaubetrieb den Kunden bei der **Instandhaltung und -setzung**, um die Werkzeuglebensdauer zu verlängern.

Leistungsmodule im Rahmen der Werkzeugausmusterung adressieren den Umgang mit ausgemusterten Werkzeugen. Das Angebot bezieht sich je nach Nutzenpotenzial auf die **Beratung** für eine **emissionsarme Verwertung**, der **Wiederverwendung** oder der **Lagerung** von Werkzeugen. Zur Bewertung des Wiederwendungs- bzw. Wiederaufbereitungspotenzials nimmt der Werkzeugbau entlang des **Werkzeuglebenszyklus unterschiedliche Daten** auf. Diese Daten werden daraufhin analysiert und hinsichtlich der Aussagefähigkeit für die Wiederverwendbarkeit bewertet. Folglich reicht dieses Leistungsmodul phasenübergreifend von der Entwicklung bis zur Nutzung.

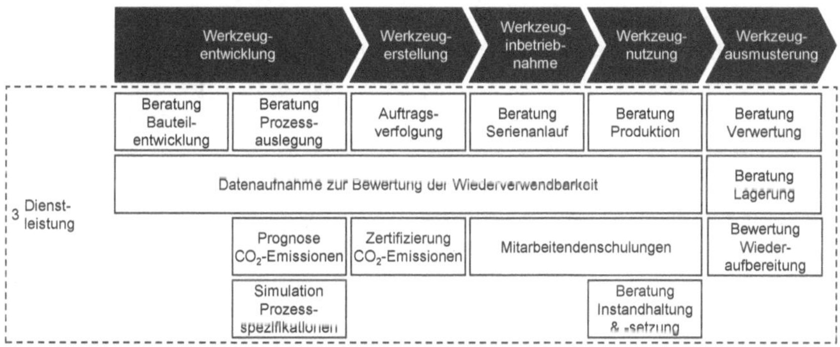


**Abbildung 5.24: Leistungsmodule der Schale Dienstleistung**[874]

Die vierte Schale ist die Integration der Leistung und umfasst die in Abbildung 5.25 dargestellten Leistungen, die vom Werkzeugbaubetrieb partizipativ mit dem Kunden in den Wertschöpfungsprozess integriert werden.

Der Werkzeugbau offeriert dem Kunden verschiedene **Bauteiloptimierungsdienstleistungen**. Hierbei überträgt dieser spezifisches, werkzeugtechnologisches Wissen aus anderen Werkzeugprojekten auf die Bauteilentwicklung. Die Zusammenarbeit mit dem Kunden gewährleistet eine Steigerung der Produktivität sowie der Ressourcenschonung während des Produktionsprozesses. Im Zuge des Nutzenpotenzials zur Steigerung der Wiederverwendbarkeit von Werkzeugen bzw. Werkzeugkomponenten werden die Bauteile unter Berücksichtigung der gewünschten Bauteilspezifikationen **standardisiert**.

Analog zur Bauteiloptimierung wendet der Werkzeugbaubetrieb bei der **Prozessoptimierung** sein gewonnenes Wissen aus anderen Projekten an, um die Produktivität des Produktionsprozesses zu steigern. Ein weiteres Ziel der Prozessoptimierung ist die Umweltschonung. Der Werkzeugbau legt zudem die Prozesse partizipativ mit dem Kunden möglichst **standardisiert**

[874] Eigene Darstellung

aus. Durch die verfahrenstechnologische Verwendung bekannter Prozesse sinkt die Ausschussmenge während der Nutzungsphase. Rapid Tooling beschreibt die schnelle und kostengünstige Herstellung von Serienwerkzeugen bzw. Werkzeugeinsätzen aus Kunststoff oder Metall durch generative Fertigungsverfahren. Dies kommt aktuell ausschließlich bei kleineren Serien bis etwa 1.000 Schuss im Kunststoffspritzguss zum Einsatz.[875]

Die Inbetriebnahme des Werkzeugs beim Kunden wird bei der **Begleitung des Serienanlaufs** von einem Mitarbeitenden des Werkzeugbaus übernommen. Damit wird ein werkzeuggerechter, produktiver sowie ressourcenschonender Produktionsanlauf gewährleistet.

Bei der **Produktionsoptimierung** unterstützt der Werkzeugbaubetrieb den Kunden mit produktionsspezifischem Know-how. Hierzu werden Daten aus dem Produktionsprozess aufgenommen, analysiert und mithilfe der Ergebnisse wird der Prozess nach Zielkriterien wie z. B. Emissionsreduktion, Ressourcenschonung und Steigerung der Sicherheit verbessert. Das Angebot einer **kooperativen Plattform** gewährleistet die transparente Kommunikation sowie Darstellung der Daten für den Kunden und die Möglichkeiten der Analyse von Standzeiten und Wiederverwendungspotenzial von Komponenten. Die **Ersatzteilversorgung** stellt die Produktivität des Produktionsprozesses sicher, indem auf Basis des Wissens über das Verschleißverhalten der Werkzeugkomponenten Ersatzteilversorgungspläne erstellt werden können.

Beim **Re-Use** werden die Werkzeuge nach der Nutzung hinsichtlich ihrer Wiederverwendbarkeit bewertet. Erfüllen die Komponenten die definierten Anforderungen an die Wiederverwendbarkeit, so werden diese entweder unmittelbar vom Kunden für einen erneuten Produktionsprozess verwendet oder nach einer Aufbereitung vom Werkzeugbaubetrieb dem Werkzeuglebenszyklus erneut zugeführt.

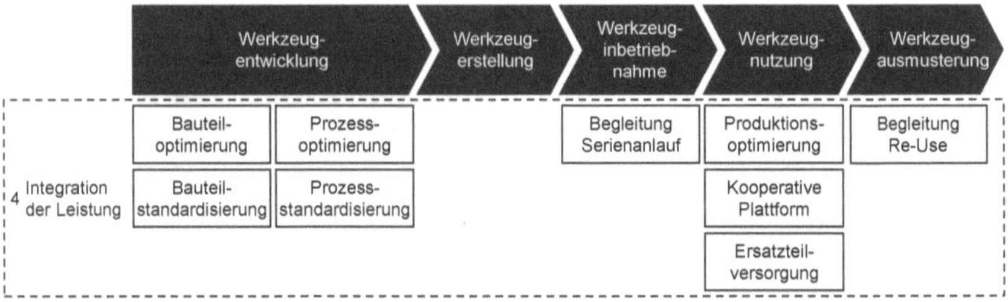


**Abbildung 5.25: Leistungsmodule der Schale Integration der Leistung**[876]

In der letzten Schale, dem integrierten Projektmanagement, sind die Leistungsmodule vorhanden, bei denen der Werkzeugbaubetrieb teilweise Wertschöpfungsumfänge des Kunden übernimmt. Dies gewährleistet eine Entlastung des Kunden und bedeutet einen Übertrag der Verantwortung an den Werkzeugbaubetrieb. Die verschiedenen Leistungsmodule sind in Abbildung 5.26 dargestellt.

[875] Vgl. Kühn (Leistungssysteme im Werkzeugbau), 2016, S. 145.

[876] Eigene Darstellung

Die Übernahme der **Bauteilentwicklung** ist zumeist die Folge der Beschränkung des Kunden auf seine jeweiligen Kernkompetenzen und somit der Reduzierung der Wertschöpfungstiefe. Der Kunde übertragt dem Werkzeugbau die Verantwortung zur Realisierung definierter Funktionen des Bauteils. Dadurch lassen sich lebenszyklusübergreifend Potenziale zur Emissionsreduzierung und Ressourcenschonung heben. Bei der Übernahme der **Prozessauslegung** entwickelt der Werkzeugbaubetrieb den Produktionsprozess zur Realisierung eines bestimmten Bauteils. Analog zur Bauteilentwicklung wird die Wertschöpfungstiefe und Komplexität beim Kunden reduziert. Zusätzlich kann der Werkzeugbaubetrieb den Prozess nach den gewünschten, nachhaltigen Zielkriterien, wie z. B. der Einsparung von Emissionen und Ressourcen, auslegen.

Neben der eigenen Herstellung von Werkzeugen kann der Werkzeugbaubetrieb zusätzlich für die **Beschaffung von Werkzeugen** verantwortlich sein. Hierbei übernimmt er das Lieferantenmanagement, sodass der Kunde von einem erweiterten Werkzeugportfolio aus einer Hand profitiert. Dadurch werden Lieferantenschnittstellen und somit die Komplexität für den Kunden reduziert. Weiterhin können Komponenten, die dem Werkzeuglebenszyklus erneut zugeführt wurden, **wiederaufbereitet** und dem Kunden zur Verfügung gestellt werden.

Beim **Serienanlauf auf eigenen Anlagen** werden die Werkzeuge auf den Maschinen des Werkzeugbaubetriebs in Betrieb genommen. Dies stellt eine Erweiterung der Begleitung des Serienanlaufs hinsichtlich der Integrationstiefe dar und gewährleistet eine frühzeitige **Optimierung des Werkzeugs** mit Blick auf die Nachhaltigkeitsziele.

Durch die **Produktion auf eigenen Anlagen** übernimmt der Werkzeugbaubetrieb die ganzheitliche Verantwortung für die Produktion der Bauteile. Damit kann er seine Try-out-Anlagen auslasten und gleichzeitig die Wertschöpfungstiefe und Komplexität beim Kunden reduzieren. Zudem kann der Werkzeugbaubetrieb die im Produktionsprozess auftretenden Energieverbräuche und Ressourcenverschwendungen besser kontrollieren und beeinflussen. Im Rahmen der **Instandhaltung** stellt der Werkzeugbau eine möglichst lange Lebensdauer der Werkzeuge sicher und gewährleistet die notwendige Produktionssicherheit. Die **Instandsetzung** ist durch die Wiederherstellung der Werkzeugverfügbarkeit in der Produktion charakterisiert.

Über das Lagermanagement hinaus umfasst das **Verwertungsmanagement** in der Werkzeugausmusterung neben der zeitlichen Planung der Werkzeuglagerung die Bewertung der ausgemusterten Werkzeuge sowie deren Einordnung in Abfall, recycelbar oder wiederverwendbar. Im Falle des Recyclings sowie der Wiederverwendung erfolgt ein **Demontageprozess**, an welchen sich ggf. eine Wiederaufbereitung sowie die notwendigen **Reverse Logistikprozesse** anschließen.

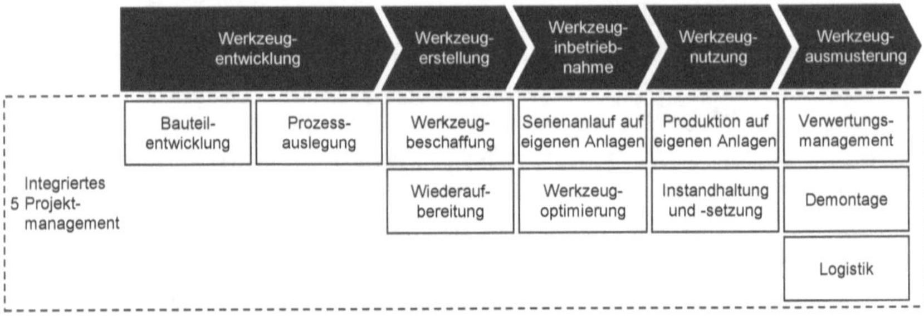


**Abbildung 5.26: Leistungsmodule der Schale Integriertes Projektmanagement**[877]

### 5.3.3 Auswahl der Leistungsmodule

Zur übergeordneten Konfiguration des Leistungssystems können je nach Kundenanforderungen unterschiedliche Leistungsbaukästen angeboten werden, die jeweils unterschiedliche Leistungsmodule enthalten. Die Auswahl der entsprechenden Leistungsmodule orientiert sich an den Nutzenpotenzialen des Werkzeugbaubetriebs, welche wiederum aus den in Kapitel 5.1.3 hergeleiteten NEP sowie den Nachhaltigkeitszielen resultieren. Folglich werden die Nutzenpotenziale anhand der übergeordneten Zieldimensionen, den drei Dimensionen der Nachhaltigkeit, untergliedert. Die Zielausprägungen der ökonomischen Dimension sind Effizienz, Finanzen und ökonomische Lieferkette mit ihren jeweiligen Zielkriterien sowie den in Kapitel 5.2.3 definierten Indikatoren. Nach FRICK können daraus die vier zentralen ökonomischen Nutzenpotenziale Zeitersparnis, Komplexitätsreduktion, Kosten und Innovationsbeitrag abgeleitet werden.[878] Zur Adressierung dieser Nutzenpotenziale hat KÜHN Leistungsbaukästen für die vier Werkzeugbautypen Schnelligkeitsbefähiger, Komplexitätsreduzierer, Kostenreduzierer und Innovationsbefähiger im Sinne des maximal konfigurierten Leistungssystems entwickelt.[879] Folglich werden diese Werkzeugbautypen nicht tiefergehend ausgeführt. Wie bereits in Kapitel 5.1.3 beschrieben, sind die zentralen NEP der ökologischen Dimension die Ressourcen- und Materialeffizienz, die Wiederverwendbarkeit sowie Umweltschonung. Daraus resultieren unmittelbar die drei folgenden ökologischen Nutzenpotenziale:

- Ressourcenverbrauch
- Wiederverwendung
- Emissionsreduktion

Der Werkzeugbaubetrieb hat durch das Werkzeugdesign einen großen Einfluss auf den Ressourcenverbrauch der Serienproduktion und kann den Kunden daher bei der Reduktion des Material- und Ressourcenverbrauchs unterstützen. Werkzeugbaubetriebe, die ihren Kunden Sach- und Dienstleistungen zur Reduktion des Ressourcenverbrauchs anbieten, werden nachfolgend als **Ressourcenverbrauchsreduzierer** bezeichnet.

[877] Eigene Darstellung

[878] Vgl. Frick (Geschäftsmodelle im Werkzeugbau), 2006, S. 185.

[879] Vgl. Kühn (Leistungssysteme im Werkzeugbau), 2016, S. 147-152.

Hierzu stellt der Werkzeugbau modulare und intelligente, mit Sensoren ausgestattete Werkzeuge für die Erfassung von Prozessdaten her. Der Integrationsgrad des Werkzeugbaus in der Werkzeugentwicklung ist als hoch einzustufen, da in dieser Phase die Grundlage für eine ressourcenschonende Produktion geschaffen wird. Hierbei unterstützt der Werkzeugbau den Kunden bei der Auslegung der Bauteile unter Berücksichtigung nachhaltiger Ressourcen oder durch eine optimierte Bauteilgeometrie zur Verringerung des Materialeinsatzes. Mithilfe der Standardisierung von Prozessen und der damit verbundenen Reduzierung der Komplexität können sowohl die Fehlerrate als auch der Ausschuss in der Serienproduktion verringert werden.[880]

Der Einsatz von Simulationen während der Werkzeugentwicklung gewährleistet einen gesteigerten Werkzeug- und somit Prozessreifegrad.[881] Der konsequente Einsatz des während der Simulation entwickelten digitalen Prototypen ermöglicht eine bessere Transparenz bzgl. technischer Eigenschaften und Ursache-Wirkbeziehungen von Produkten und verringert den Aufwand der Inbetriebnahme.[882] Hieraus resultiert u. a. ein verringerter Materialverbrauch während der Werkzeugnutzung. Physische Prototypen werden schrittweise dem späteren Endprodukt angenähert, sodass sie bei geringstem Abstraktionslevel dem eigentlichen Werkzeug gleichkommen. Da sowohl physische als auch digitale Prototypen verschiedene Vor- und Nachteile aufweisen, können hybride Prototypen durch die Anwendung von Augmented Reality reale Objekte mit Informationen anreichern. Auf diese Weise kann eine realitätsgenaue Abbildung des Werkzeugs bei gleichzeitig hoher Veränderbarkeit erreicht werden. Diese werkstoffschonenden Prototypenwerkzeuge und Betriebsmittel können der Ressourcenverbrauch zusätzlich reduzieren.[883] Während der Werkzeugerstellung übermittelt der Werkzeugbaubetrieb die Ressourcenverbrauchsdaten für eine gesteigerte Transparenz an den Kunden.

Sowohl bei der Werkzeuginbetriebnahme als auch bei der Werkzeugnutzung unterstützt der Werkzeugbau den Kunden mit verschiedenen beratenden Dienstleistungen zur Optimierung des Nutzungsprozesses durch die Anpassung von Prozessparametern, zur Reduktion des Ausschusses sowie zur Verwendung von ressourcenschonenden Materialien. So berät der Werkzeugbau bei Instandhaltung- und -setzungsmaßnahmen und führt diese selbst durch, um die Standzeit sowie Lebensdauer der Werkzeuge zu erhöhen. In der Ausmusterungsphase werden die Werkzeuge bzgl. des Wiederaufbereitungs- bzw. Recyclingpotenzials geprüft. Die nachfolgende Abbildung 5.27 gibt eine Übersicht über die Maximalkonfiguration der Leistungsmodule des Ressourcenverbrauchreduzierers.

[880] Vgl. Klotzbach (Industrieller Werkzeugbau), 2006, S. 170-173.

[881] Vgl. Ovtcharova (Virtual Engineering), 2009, S. 25.

[882] Vgl. Reimann; Gröpper (IT-Report Simulation und Visualisierung), 2017, S. 10.

[883] Vgl. Bauer; Dangelmaier (Virtuelles Engineering), 2016, S. 939f.

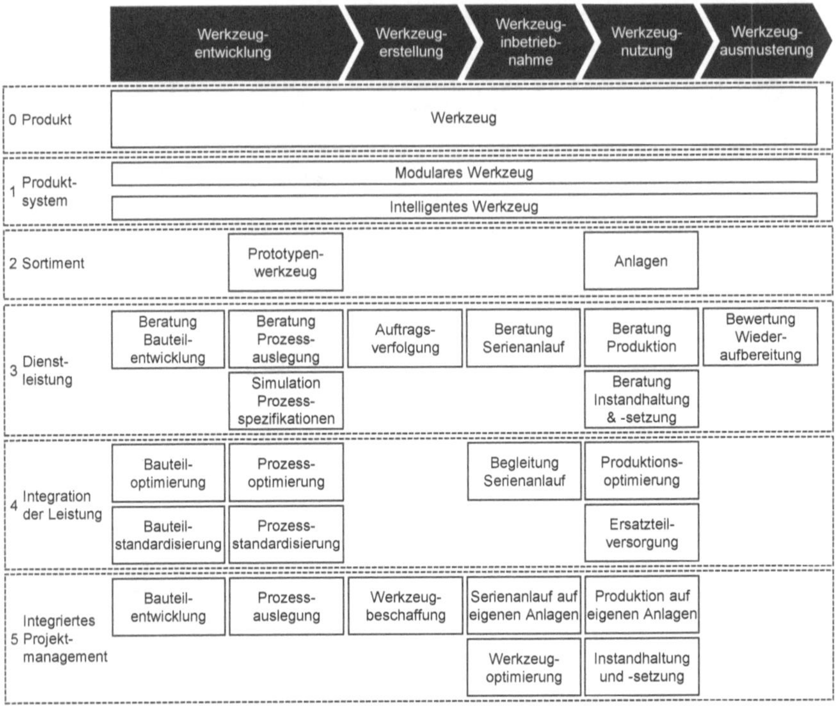


**Abbildung 5.27: Leistungsbaukasten des Ressourcenverbrauchsreduzierers**[884]

Im Gegensatz zum Ressourcenverbrauchreduzierers sind die Leistungen des **Wiederverwendungsbefähigers** nicht auf den Ressourcenverbrauch des Bauteils, sondern auf die Wiederverwendung des Werkzeugs bzw. dessen Komponenten bezogen. Ziel des Werkzeugbaus ist es, die Prozesse des Kunden zur Erreichung eines möglichst hohen Wiederverwendungsgrads auszulegen.

Hierzu werden primär standardisierte Werkzeuge verwendet, die durch eine möglichst hohe Modularisierung auf die jeweilig zu produzierenden Bauteile des Kunden angepasst werden. Bei diesen Werkzeugen können einzelne Komponenten oder Baugruppen ausgetauscht oder ergänzt werden. Die Nutzung der echtzeitnahen Daten aus den intelligenten Werkzeugen ist eine notwendige Voraussetzung, um den Zustand der einzelnen Komponenten bestimmen zu können. Emotionale Werkzeuge können zudem einen Anreiz schaffen, einzelne Komponenten des bereits genutzten Werkzeugs wiederzuverwenden. Weiterhin müssen die Prozesse im Rahmen der Prozessauslegung standardisiert werden, um einen hohen Grad der Wiederverwendung gewährleisten zu können. Hierbei werden bereits bekannte Prozesse auf das neue Bauteil angepasst.

[884] Eigene Darstellung

Bei der Inbetriebnahme wird die für eine Wiederverwendung notwendige Qualität des Werkzeugs bzw. dessen Komponenten bewertet und das Werkzeug je nach Ergebnis optimiert. Während der Nutzungsphase wird das Werkzeug zur Erhaltung der Funktionen instandgehalten und -gesetzt. Zudem kann der Werkzeugbetrieb dem Kunden eine Plattform zur Bewertung und Optimierung der Standzeit und Wiederverwendungsmöglichkeiten für das Werkzeug anbieten. Neben den Daten aus der Nutzungsphase werden zusätzlich Daten für die Wiederverwendung entlang des gesamten Werkzeuglebenszyklus aufgenommen. Nach der Nutzungsphase bewertet der Werkzeugbaubetrieb die Qualität des Werkzeugs. Bei einer für die Wiederverwendung ausreichenden Qualität wird das Werkzeug demontiert und daraufhin entweder vom selbigen Kunden erneut eingesetzt, zu einem anderen Kunden verlagert oder für eine umfassende Aufbereitung zum Werkzeugbau transportiert. Nach der Wiederaufbereitung wird das Werkzeug bzw. deren Komponenten wieder in den Werkzeuglebenszyklus eingegliedert. In Abbildung 5.28 ist die Maximalkonfiguration des Wiederverwendungsbefähigers dargestellt.

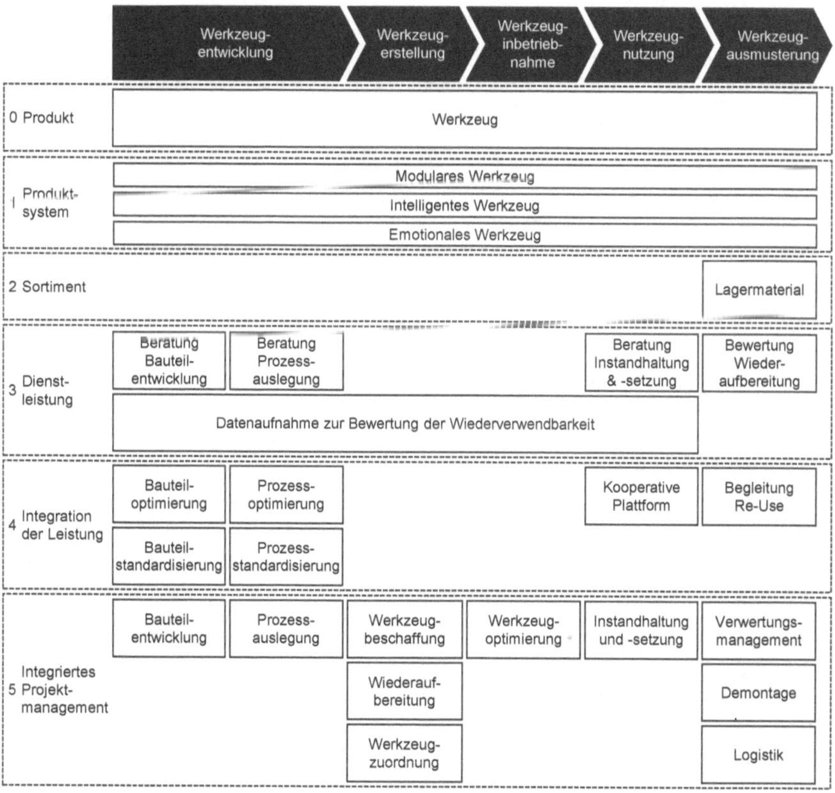


**Abbildung 5.28: Leistungsbaukasten des Wiederverwendungsbefähigers**[885]

[885] Eigene Darstellung

Die Reduktion der $CO_2$-Emissionen ist eines der zentralen Ziele der Klimarahmenkonvention der Vereinten Nationen sowie des Pariser Klimaabkommens. Der daraus abgeleitete politische Druck sowie die daran angelehnten Anforderungen der Kunden sind zentrale Gründe für die Adressierung der Emissionsreduktion als weiteres ökologisches Nutzenpotenzial im Rahmen der Umweltschonung im Werkzeugbau. Hierbei kann der Werkzeugbau den Kunden in jeder Phase des Werkzeuglebenszyklus mit unterschiedlichen Sach- und Dienstleistungen unterstützten. Diese Werkzeugbaubetriebe werden im Folgenden dem Typen **Emissionsreduzierer** zugeordnet.

Die Grundlage für eine emissionsarme Produktion kann bereits in der Werkzeugentwicklung geschaffen werden. Dies wird mithilfe beratender oder optimierender Leistungen bzw. einer vollständigen Übernahme der Bauteilentwicklung umgesetzt. Das Bauteil wird dabei in Zusammenarbeit mit dem Kunden mit dem Ziel einer möglichst geringen $CO_2$-Belastung ausgelegt, beispielsweise durch die Verringerung des Gewichts bzw. der Einsparung von Material. Durch das geringere Gewicht sinkt die aufzubringende Primärenergie während der Produktion und folglich die emittierten Emissionen. Analog zur Bauteiloptimierung werden die Prozesse anhand beratender und optimierender Leistungen in Hinblick auf die Verringerung von Emissionen verbessert.

Weiterhin steigt auf KMU zunehmend der Druck, ihre Emissionen zu messen und diese in einem Nachhaltigkeitsbericht zu veröffentlichen.[886] Die notwendige Prognose und Auswertung der relevanten Daten zur Emissionsmessung in Bezug auf das Werkzeug bzw. den damit verbundenen Produktionsprozessen kann durch den Werkzeugbau durchgeführt werden. Die während der Werkzeugherstellung emittierten $CO_2$-Emissionen werden auf Basis der aufgenommenen Daten ermittelt und ebenfalls dem Kunden bereitgestellt, da ein Großteil der Kunden des Werkzeugbaus diese Emissionen als Teil der Scope 3-Emissionen in ihrer eigenen Bilanz einbeziehen müssen. Um die von Werkzeuglieferanten emittierten $CO_2$-Emissionen zu reduzieren, kann der Werkzeugbaubetrieb dem Kunden zusätzlich anbieten, die Koordination der Werkzeugbeschaffung zu übernehmen. Hierbei werden die Lieferanten, neben den klassisch ökonomischen Faktoren Zeit, Kosten und Qualität, auch nach der Emissionsrate bewertet. Zur Reduktion der Emissionen während der Phasen Inbetriebnahme und Werkzeugnutzung, steht der Werkzeugbaubetrieb dem Kunden primär beratend zur Seite.[887] Teilweise kann er jedoch einzelne Teilschritte oder einzelne Phasen komplett für den Kunden übernehmen, um eine optimale Produktivität zu gewährleisten.

Insbesondere während der Nutzungsphase müssen die werkzeugbezogenen Einflussgrößen auf die Emissionen mithilfe von Sensorik aufgenommen und die Produktion optimiert werden. So muss z. B. der Ausschuss reduziert werden, da das Verhältnis aus Gut- und Schlechtteilen in die Emissionsbetrachtung der Serienproduktion einbezogen wird. Nach der Nutzungsphase

[886] Vgl. Europäische Kommission (Non-financial Reporting Directive), 2014.

[887] Vgl. Boos et al. (Wettbewerbsfaktor Nachhaltigkeit), 2020, S. 19f.

berät der Werkzeugbaubetrieb den Kunden abschließend hinsichtlich einer möglichst emissionsarmen Verwertung. Nachfolgend ist in Abbildung 5.29 die Maximalkonfiguration des Emissionsreduzierers visualisiert.

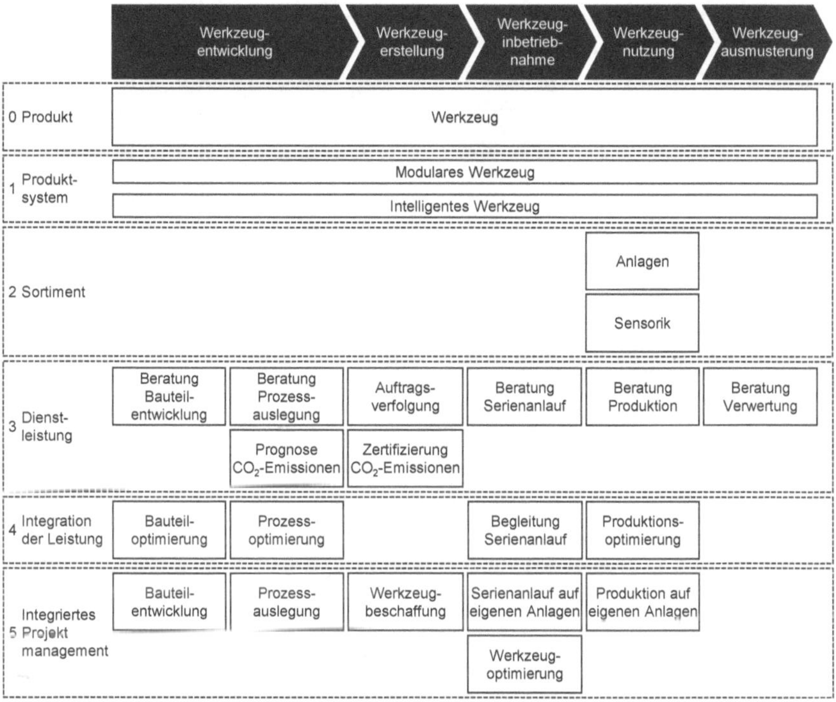


**Abbildung 5.29: Leistungsbaukasten des Emissionsreduzierers[888]**

Werkzeugbaubetriebe können, je nach unternehmensspezifischen Rahmenbedingungen, aus den vorgestellten Leistungsmodulen eigene Leistungsbaukästen erstellen, mithilfe deren die Bedürfnisse der Kunden bedient werden. Aus den entwickelten Leistungsbaukästen wählt der Kunde je nach Anforderung einzelne Leistungsmodule oder den vollständigen Leistungsbaukasten aus. Hierbei können die unterschiedlichen Leistungsmodule baukastenübergreifend kombiniert und komplementäre Effekte genutzt werden. Mithilfe der standardisierten Leistungsbaukästen wird das Nutzen-Aufwand-Verhältnis verringert und das Leistungsangebot auf die für den Kunden notwendigen und wesentlichen Leistungen beschränkt. Somit kann der Werkzeugbaubetrieb jedem Kunden durch die Auswahl der Leistungsmodule ein individuelles und auf die jeweiligen Anforderungen und Bedürfnisse abgestimmtes Leistungssystem anbieten. Die Auswahl der Leistungsmodule durch den Kunden ist exemplarisch in Abbildung 5.30 dargestellt.

[888] Eigene Darstellung

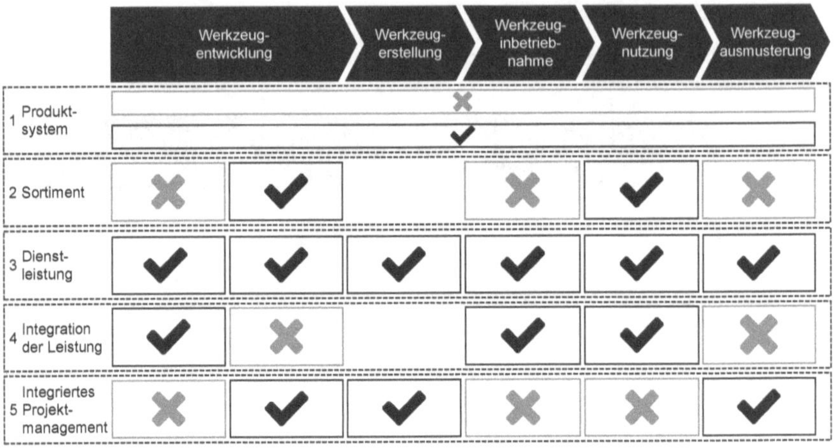


**Abbildung 5.30: Auswahl der Leistungsmodule durch den Kunden**[889]

### 5.3.4 Spezifizierung und Verknüpfung der Leistungsmodule

Nachdem die Leistungsbaukästen inklusive der jeweiligen Leistungsmodule konzeptioniert wurden, müssen diese für die konkrete Anwendung spezifiziert werden. Ziel ist die Beschreibung der notwendigen Prozesse zur Umsetzung der Leistung zwischen Kunde und Werkzeugbaubetrieb. Für die Spezifizierung von Prozessen und Leistungen eignet sich insbesondere der Ansatz des Service Blueprinting. SHOSTACK beschreibt das Blueprinting als Möglichkeit Dienstleistungen strukturiert darzustellen, zu analysieren, zu gestalten und weiterzuentwickeln.[890] Die Leistungen und Prozesse werden in einem Ablaufdiagramm chronologisch in verschiedene Aktivitäten aufgeteilt. Die Tätigkeiten werden dabei in Haupt- und Unterstützungsaktivitäten unterteilt.[891] Die Aktivitäten können im Ablaufdiagramm verschiedenen Ebenen zugeordnet werden, die durch die Trennlinien Interaktionslinie, Sichtbarkeitslinie, die Linie der internen Interaktion sowie die Vorplanungslinie voneinander abgegrenzt werden. Diese Ebenen sind die physische Präsenz, Kunden-Aktivitäten, Onstage-Aktivitäten, Backstage-Aktivitäten sowie Unterstützungs-Aktivitäten. Ergänzt werden diese Ebenen oftmals um die Vorbereitungs-Aktivitäten.[892] Abbildung 5.31 stellt die allgemeine Struktur des Service Blueprinting dar.

889 Eigene Darstellung

890 Vgl. Shostack (Designing Services), 1984, S. 134.

891 Vgl. Haller; Wissing (Dienstleistungsmanagement), 2020, S. 183.

892 Vgl. Fließ (Dienstleistungsmanagement), 2009, S. 195.

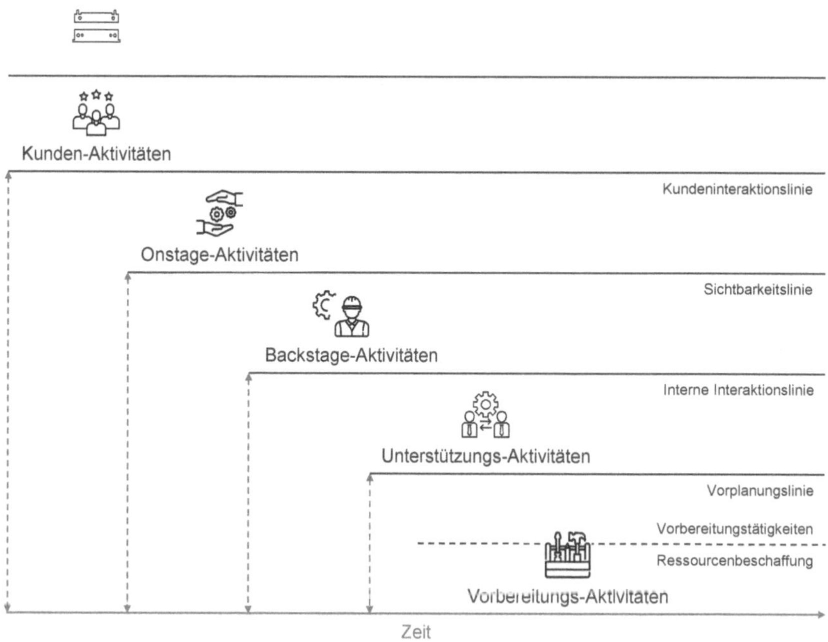


**Abbildung 5.31: Struktur des Service Blueprinting Ansatzes**[893]

Die **physische Präsenz** repräsentiert als oberste Ebene alle tangiblen Gegenstände, mit denen die Kunden während der Leistungserbringung in Berührung kommen. Dies kann neben den Werkzeugen bspw. eine Applikation sein, welche die Prozessparameter des Werkzeugs während der Nutzungsphase visualisiert. Aufgrund der hohen Individualität der Kundenwünsche in Bezug auf die physischen Objekte wird auf eine weitere Eingrenzung im Rahmen dieser Arbeit verzichtet.

Der Ebene **Kunden-Aktivitäten** werden Tätigkeiten und Aufgaben zugeordnet, die vom Kunden durchgeführt werden. Die entsprechenden Aktivitäten können je nach Leistungsmodul sehr vielfältig sein, wobei übergeordnet die Werkzeugnutzung selbst im Fokus der Kunden steht. Weiterhin werden die vom Werkzeugbau erbrachten Leistungen und Tätigkeiten von den Kunden überwacht sowie deren Ergebnisse geprüft. Eine Abweichung von definierten Zielen kann auf unterschiedliche Probleme zurückzuführen sein, die der Kunde erkennen, verstehen und ggf. mithilfe von Maßnahmen beheben muss. Dies bedeutet, dass der Kunde eigenständig Aktivitäten durchführt, um ein identifiziertes Problem zu lösen.[894]

Zwischen der Ebene der Kunden-Aktivitäten und der Ebene der Onstage-Aktivitäten liegt die Interaktionslinie, bei deren Überquerung der Werkzeugbau mit dem Kunden in Kontakt tritt.

[893] I. A. a. Fließ (Dienstleistungsmanagement), 2009, S. 194.

[894] Vgl. Boshof (Datenbasierte Dienstleistungen im Werkzeugbau), S. 166f.

Daher beinhalten die **Onstage-Aktivitäten** alle für den Kunden sichtbaren Aktivitäten. Hierbei muss der Werkzeugbau im Rahmen des Service Blueprinting alle Aktivitäten beschreiben, bei denen ein unmittelbarer Kontakt mit dem Kunden besteht. Innerhalb der einzelnen Leistungsmodule handelt es sich um Maßnahmen wie z. B. Erklärung des Ist-Zustands des Werkzeugs oder ein Beratungsgespräch im Rahmen der Produktoptimierung.

Die Sichtbarkeitslinie grenzt die nicht sichtbaren Aktivitäten von denen für den Kunden sichtbaren Aktivitäten ab. Folglich werden auf der Ebene der **Backstage-Aktivitäten** die für den Kunden unsichtbaren Aktivitäten und Aufgaben durchgeführt. Hierbei muss der Werkzeugbaubetrieb alle Prozesse und Maßnahmen beschreiben, die je Leistungsmodul als Resultat einer spezifischen Onstage-Aktivität im eigenen Unternehmen angestoßen werden. Konkrete Beispiele hierfür sind die interne Überprüfung der Herstell- und Montierbarkeit eines spezifizierten Werkzeugs oder die Fortschrittsüberwachung der Bearbeitung eines Auftrags.

Diese wird durch die Linie der internen Interaktion von der Ebene der Unterstützungs-Aktivitäten getrennt. Die **Unterstützungs-Aktivitäten** repräsentieren alle unterstützenden Voraussetzungen, die zur Leistungserbringung erforderlich sind, jedoch nicht direkt vom Kunden wahrgenommen werden. Folglich müssen bei der Betrachtung der Unterstützungsprozesse die technologischen und systemischen Voraussetzungen berücksichtigt werden. So kann beispielsweise die Realisierung der automatischen Datenerfassung von intelligenten Werkzeugen sowie die damit zusammenhängende Datenverarbeitung als Aktivität vom Werkzeugbau beschrieben werden.

Die **Vorbereitungs-Aktivitäten** werden durch die Vorplanungslinie von den Unterstützungs-Aktivitäten abgegrenzt. Die Aktivitäten der Vorplanungsebene sind von den Aktivitäten der Kunden unabhängig und fokussieren nicht den Leistungserstellungsprozess, sondern die Optimierung des Prozessablaufs. Die Aktivitäten werden in vorbereitende Tätigkeiten und Tätigkeiten zur Beschaffung von Ressourcen unterteilt.[895] Beispiele sind die Einstellung oder Qualifizierung neuer Mitarbeitenden oder die Beschaffung eines neuen CAD-Programms.

Für die Visualisierung und Aufgliederung der Leistungsmodule kann die beschriebene Service Blueprint Methode verwendet werden. In dieser werden die Prozesse zur Leistungserbringung chronologisch auf die fünf Ebenen aufgetragen. Die Zuordnung zu den Ebenen erfolgt in Bezug auf den Akteur, der den Prozess durchführt. Die Aufgliederung eines Leistungsmoduls entlang des Ablaufdiagramms der Service Blueprint Methode gewährleistet die Strukturierung und Sichtbarmachung potenzieller Optimierungspotenziale und Fehlerquellen. Nachfolgend wird das Service Blueprinting exemplarisch auf eins der in Kapitel 5.3.2 beschriebenen Leistungsmodule angewendet.

Das Leistungsmodul **Re-Use** ist eine der Hauptleistungen des Leistungsbaukastens Wiederverwendungsbefähiger. Mithilfe eines geeigneten Re-Use-Konzepts können ausgemusterte Produkte, wie z. B. Werkzeuge oder Werkzeugkomponenten, nach einer Aufbereitung wieder-

[895] Vgl. Eversheim et al. (Service Engineering), 2003, S. 430f.; Fließ (Dienstleistungsmanagement), 2009, S. 195; Bitner et al. (Service Blueprinting), 2008, S. 72f.

verwendet und somit einem neuen Nutzungszyklus zugeführt werden. Das Re-Use-Leistungsmodul wird in verschiedene sequenzielle Aktivitäten untergliedert. Diese werden in Abbildung 5.32 mithilfe des Service Blueprinting visualisiert.

Zu Beginn werden die für die Entwicklung relevanten Anforderungen eines Bauteils festgelegt. Diese werden als Spezifikationen an das Bauteil definiert. Die jeweiligen Spezifikationen werden vor der Bauteilauslegung mit dem Werkzeugbaubetrieb diskutiert. Hierbei werden die Eigenschaften und Spezifikationen so definiert bzw. angepasst, dass eine Produktion des Bauteils mithilfe von Standardkomponenten potenziell möglich ist. Das Ziel ist daher die Gestaltung eines möglichst standardisierten Werkzeugspektrums, was die Auslegung der Bauteile maßgeblich beeinflusst.

Nach der Evaluation des Bauteilkonzepts wird anhand der definierten Bauteileigenschaften eine Analyse der Datenbasis durchgeführt. Diese wird vom Werkzeugbau im nicht-sichtbaren Bereich als Hintergrundaktivität durchgeführt. In der ersten Komplexitätsstufe werden relevante Daten, wie z. B. die Schusszahl oder Materialkennwerte, visualisiert. Dies dient den Mitarbeitenden als Unterstützung für die Einschätzung des Re-Use-Potenzials der Bauteile. In der zweiten Komplexitätsstufe werden historische Daten des Werkzeugs algorithmusbasiert analysiert, um eine systemische Bewertung des Re-Use-Potenzials zu ermöglichen. Die entsprechenden Daten werden mithilfe einer Datenbank bereitgestellt. Die Datenanalyse ist die Grundlage für die Identifikation potenzieller Werkzeuge bzw. Werkzeugkomponenten für die Wiederverwendung.

Sofern Bauteile identifiziert wurden, die sich für den Re-Use eignen, erfolgt eine Demontage des entsprechenden Werkzeugs. Anschließend wird eine zerstörungsfreie Qualitätsprüfung der demontierten Bauteile durchgeführt. Je nach Komplexität und Größe des Bauteils sowie Verfügbarkeit der Messmittel werden bspw. eine Sichtprüfung oder ein vollständiger Bauteilscan genutzt. Der Werkzeugbau führt die Aktivitäten dieser Schritte im Hintergrund durch. Oftmals ist eine Wiederaufbereitung, also eine Optimierung der spezifizierten Eigenschaften, notwendig.

Der Prozess wird mit der Übermittlung des Werkzeugs bzw. des Bauteils an den Kunden sowie einer Integration in den Produktionsprozess durch den Kunden beendet. Das Leistungsergebnis ist ein in den Produktionsprozess integriertes Werkzeug mit wiederverwendeten Bauteilen.

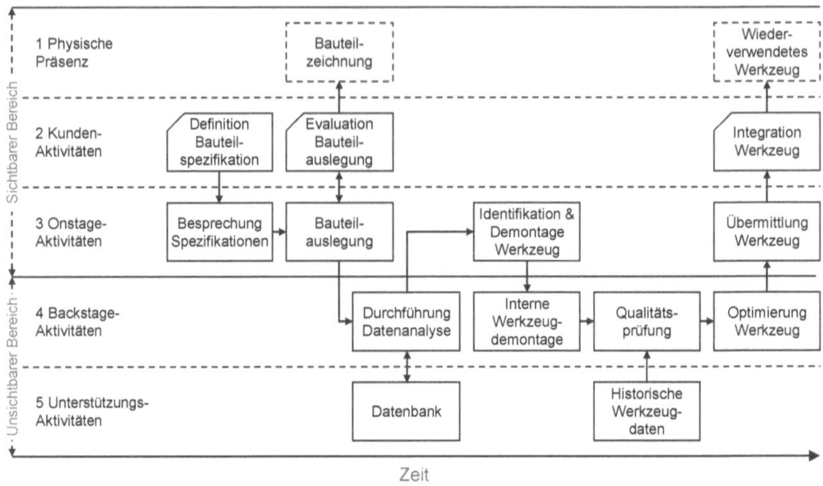


**Abbildung 5.32: Ablaufdiagramm des Leistungsmoduls Re-Use**[896]

Nach der Spezifizierung werden die Leistungsmodule für die Modellierung des Leistungssystems miteinander verknüpft. Für eine effiziente Abbildung und Modellierung eines Prozesses muss die Komplexität des realen Systems verringert werden. Hierfür eignet sich die Black-Box-Methode, die dem Behaviorismus nach JOHN B. WATSON entstammt.[897] Sie ausschließlich den Zweck bzw. die Funktion, den notwendigen Input und entstehenden Output eines Systems oder eines Prozesses zu betrachten. Die einzelnen Teilprozesse werden bei der Modellierung mit der Black-Box-Methode nicht explizit miteinbezogen. Der Schwerpunkt liegt folglich auf den Einwirkungen des Umfelds auf den Prozess oder das System. Zusätzlich werden die Auswirkungen des Prozesses oder Systems auf das Umfeld betrachtet.[898] Die Eigenschaften und Spezifikationen eines Leistungsmoduls werden durch die im Modul enthaltenen Prozessschritte definiert. Folglich sind die In- und Outputgrößen eines Leistungsmoduls der In- und Output der Prozessschritte, welcher über die Systemgrenzen des Moduls hinausgeht. Diese bilden die Schnittstellen zu anderen Leistungsmodulen und weisen unterschiedliche Interdependenzen auf.

Zur **Identifikation der Interdependenzen** zwischen einzelnen Leistungsmodulen kann eine Design Structure Matrix (DSM) nach STEWARD verwendet werden.[899] Mithilfe einer DSM werden Informations- und Materialflüsse sowie Abhängigkeiten zwischen einzelnen Aktivitäten in einem Arbeitsprozess beschrieben. Die Matrix wird zur Darstellung komplexer Zusammenhänge in der Produktentstehung und Produktplanung angewendet.[900] Für die Modellierung von

[896] Eigene Darstellung

[897] Vgl. Watson (Behaviorism), 1924.

[898] Vgl. Haberfellner; Weck (Systems Engineering), 2015, S. 9.

[899] Vgl. Steward (The design structure system), 1981, S. 71-74.

[900] Vgl. Joglekar; Yassine (Management of Information Technology Driven), 2001, S. 11f.

Leistungssystemen werden die verschiedenen Leistungsmodule zunächst entlang der Zeilen und Spalten der DSM aufgelistet. In der Matrix werden daraufhin die einzelnen Leistungsmodule hinsichtlich der jeweiligen In- und Outputgrößen analysiert und in Bezug zueinander gesetzt. Innerhalb eines Leistungserbringungsprozesses ist der Output eines Leistungsmoduls der Input eines anderen Leistungsmoduls. Die Interdependenzen der In- und Outputs der jeweiligen Module ist in Abbildung 5.33 für eine Auswahl von Leistungsmodulen aus dem Leistungsbaukasten des Emissionsreduzierers exemplarisch dargestellt.

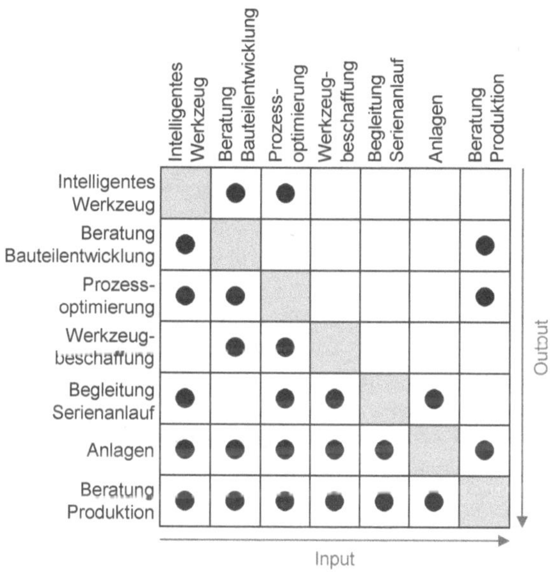


**Abbildung 5.33: Exemplarische Design Structure Matrix**[901]

Zur Bestimmung, welches Leistungsmodul mit dem Output des betrachteten Leistungsmoduls versorgt wird, wird die DSM in Spaltenrichtung gelesen. Zur Bestimmung des benötigten bzw. vorhandenen Inputs entsprechend in Zeilenrichtung.[902] So haben die Outputgrößen, der in der ersten Phase des Werkzeuglebenszyklus eingeordneten Module *Beratung Bauteilentwicklung* und *Prozessoptimierung*, auf eine Vielzahl der folgenden Leistungsmodule einen Einfluss. Häufig werden bspw. für die Durchführung der *Begleitung Serienanlauf* die Ergebnisse aus der Prozessauslegung verwendet. Anhand des Leistungsmoduls *Intelligentes Werkzeug* wird als Output bspw. anwendungsorientierte Sensorik bzw. die damit generierten Daten bereitgestellt, welche entlang des gesamten Lebenszyklus als Input für nachfolgende Leistungsmodule verwendet werden können. Neben primär generierten Outputgrößen können ebenfalls während des Prozesses anfallende, sekundäre Outputgrößen als Input für weitere Leistungsmo-

[901] Eigene Darstellung

[902] Vgl. Eppinger (Design structure matrix methods), 2012, S. 4.

dule genutzt werden. Sekundäre Outputgrößen sind z. B. während des Leistungsmoduls *Beratung Produktion* aufgenommene Daten, die nicht direkt für die Optimierung der Produktion, sondern als Input für ein anderes Leistungsmodul verwendet werden.

Nachdem die Abhängigkeiten zwischen den Leistungsmodulen definiert wurden, werden die Leistungsmodule miteinander verknüpft und Schnittstellen definiert. Zur Verringerung der Modellkomplexität, zur Steigerung der Modellierungseffizienz sowie zur erhöhten Übersichtlichkeit bei der Gestaltung des Leistungssystems werden die Leistungsmodule als Black-Boxen definiert. Demnach werden lediglich In- und Outputbeziehungen berücksichtigt. Die einzelnen Leistungsmodule werden entlang des Werkzeuglebenszyklus angeordnet, die Schnittstellen zwischen diesen definiert und zu einem System kombiniert. Die **Verknüpfung der Module** ist von der zuvor definierten In- und Outputbeziehung abhängig. Verknüpfungen werden entsprechend der Beziehung ausgewählt und die Module zu einem durchgängigen Systemprozess verbunden. Die Schnittstellen werden dabei in Bezug auf Inhalt und zeitliche Durchführung aufeinander abgestimmt und standardisiert. Somit ist gewährleistet, dass der Output des einen Leistungsmoduls den gleichen Inhalt wie der Input des zu kombinierenden Leistungsmoduls aufweist. Dies soll am Beispiel von Funktionalitäten der Wiederverwendung eines standardisierten Werkzeugs, welches in den Produktionsprozess eingegliedert werden soll, verdeutlicht werden. In Bezug auf immaterielle Schnittstellen muss der Inhalt des In- und Outputs die gleichen Informationen oder die gleichen Daten aufweisen, z. B. Emissionsdaten aus der Auftragsverfolgung, die für die Optimierung des Prozesses verwendet werden sollen. Zusätzlich müssen die Schnittstellen zeitlich aufeinander abgestimmt werden. Dies beinhaltet die Optimierung von „Übergabezeitpunkten" zwischen Leistungsmodulen, sodass Wartezeiten vermieden und der Prozess effizienter durchlaufen wird.[903]

Die **Standardisierung der Schnittstellen** ermöglicht eine nachträgliche, vereinfachte Anpassung oder den Austausch der Leistungsmodule. Hierfür werden bspw. die materiellen Schnittstellen mithilfe von Normen und Standards angepasst. Immaterielle Schnittstellen werden z. B. in Hinblick auf das Datenformat standardisiert.[904] Anhand der Schnittstellenstandardisierung und dem damit verbundenen, flexiblen Austausch von Leistungsmodulen können Leistungssysteme auf unterschiedliche Unternehmensrandbedingungen und Kundenanforderungen nachträglich angepasst werden (vgl. Abbildung 5.34).[905]

---

[903] Vgl. Kühn (Leistungssysteme im Werkzeugbau), 2016, S. 163.

[904] Vgl. Sanchez (Strategic Product Creation), 1996, S. 124f.

[905] Vgl. Sanchez (Strategic Flexibility in Product Competition), 1995, S. 142.

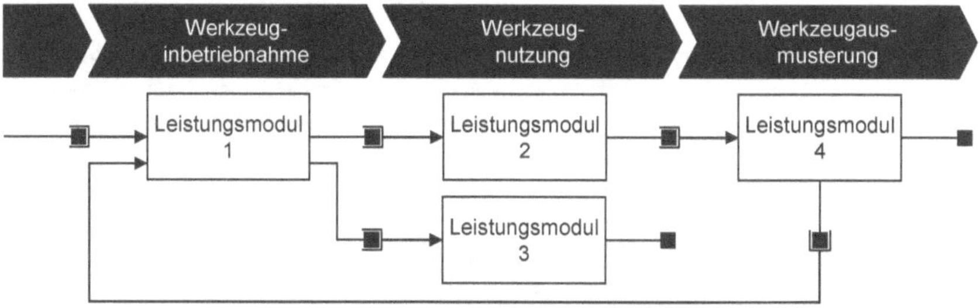


**Abbildung 5.34: Darstellung im Black-Box-Modell verknüpfter Leistungsmodule**[906]

Zur **Modellierung** der Leistungsmodule wird die vom WZL der RWTH Aachen entwickelte Modellierungssprache aixperanto verwendet.[907] Mithilfe von aixperanto wird die Prozesslandschaft auf verschiedenen Ebenen aufgenommen und anhand unterschiedlicher Prozesscharakteristika, wie z. B. dem Wertschöpfungs- und Standardisierungsgrad, spezifiziert.[908] Die Prozesse werden innerhalb von Swimlanes (deut.: Schwimmbahnen) dargestellt, welche jeweils unterschiedliche Funktionsbereiche des betrachteten Prozesses repräsentieren. Die jeweiligen Prozessschritte werden mithilfe von individuell konfigurierbaren Prozesskarten visualisiert. Die Darstellung der Zusammenhänge und Schnittstellen erfolgt mithilfe von Pfeilverbindungen. Die Modellierung erfolgt in zwei Teilschritten. Der erste Schritt ist die **Modellierung der Prozessschrittebene**, in welcher auf Basis des Black-Box Modells die Leistungsmodule innerhalb des Ordnungsrahmens miteinander verknüpft werden. Die an den Prozessen im Werkzeuglebenszyklus beteiligten Entitäten werden durch die Swimlanes repräsentiert. Diese werden in Werkzeugbau- und Kundenseite untergliedert. Anschließend können die Leistungsmodule je nach Leistungserbringer den Swimlanes zugeordnet werden. Das aus miteinander verknüpften Leistungsmodulen entstehende Modell wird in mehreren Iterationsschleifen analysiert und optimiert. Die hierzu notwendigen Kennzahlen und Indikatoren orientieren sich an den in Kapitel 5.2.4.2 definierten Größen. Somit werden z. B. der qualitative und quantitative Nutzen, der Grad der Standardisierung sowie die Flexibilität zu den Standardgrößen der Prozessbeschreibung in die Beschreibung der Prozesskarten aufgenommen. Des Weiteren werden die notwendigen Hilfsmittel sowie die benötigte Durchlaufzeit für die Leistungsmodule definiert Anschließend erfolgt die **Modellierung der Detailprozessschritte**. Dies umfasst die einzelnen Aktivitäten, Tätigkeiten und Prozesse, die innerhalb eines Leistungsmoduls durchgeführt werden. Die Modellierung basiert auf den Ergebnissen der zuvor beschriebenen Service Blueprint Methode. Hierbei werden die Aspekte aus dem Ablaufdiagramm des Service Blueprints verwendet und um Prozesscharakteristika ergänzt. Im Anschluss an die beiden Schritte der Modellierung werden die einzelnen Leistungsergebnisse eines jeden Leistungsmoduls als Meilensteine integriert. Anhand der Meilensteine können Qualität, Termintreue und Zielerreichung bewertet werden. Der gesamte Modellierungsprozess mit aixperanto wird unter

[906] Eigene Darstellung

[907] Vgl. Boos; Kuhlmann (aixperanto), 2010, S. 11-13.

[908] Vgl. Kuhlmann (Geschäftsprozesse im Werkzeugbau), 2011, S. 115f.

einer hohen Integration des Kunden durchgeführt. Der Werkzeugbaubetrieb evaluiert den Prozessplan in mehreren Iterationsschleifen und bezieht etwaige Anforderungsänderungen in die Modellierung mit ein. Mit Beendigung der Modellierung erhält der Werkzeugbaubetrieb ein mithilfe eines Prozessplans visualisierten und aus unterschiedlichen Leistungsmodulen bestehenden Leistungssystemprozess der exemplarisch in nachfolgender Abbildung 5.35 dargestellt ist.

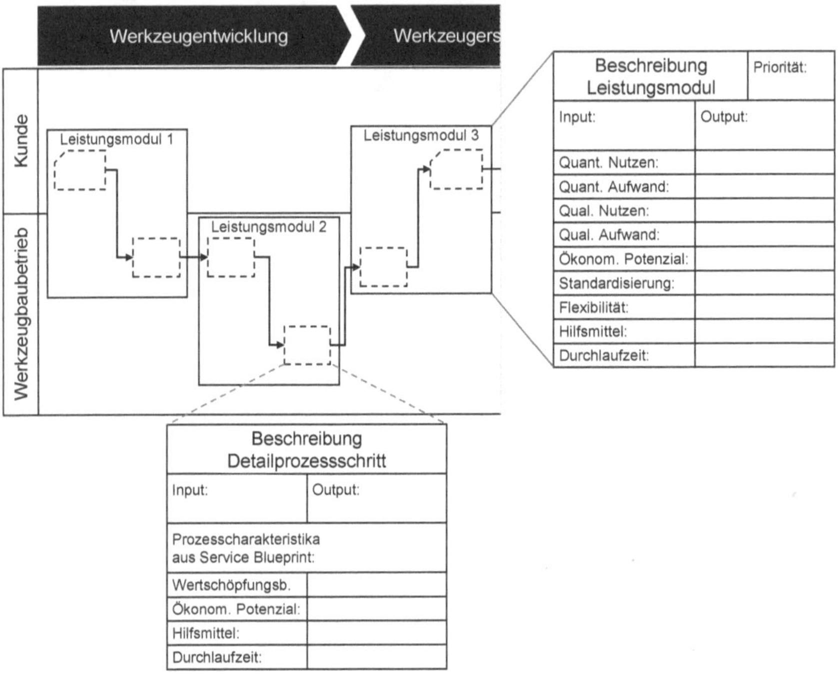


**Abbildung 5.35: Schematische Modellierung eines Leistungssystemprozesses**[909]

## 5.4 Gestaltungselement nachhaltige Wertschöpfung

Neben den in Kapitel 5.3 beschriebenen Nachhaltigkeitsleistungen erfordert die ganzheitliche nachhaltige Gestaltung des Werkzeuglebenszyklus eine Umstrukturierung der Wertschöpfung des Werkzeugbaus auf Basis der Erkenntnisse der kontinuierlichen Lebenszyklusbewertung. Die nachhaltige Gestaltung der Auftragsabwicklung unter Berücksichtigung der notwendigen Prozesse und Ressourcen sowie der Organisationsstruktur bietet für Werkzeugbaubetriebe oftmals den ersten Stellhebel im Rahmen der nachhaltigen Entwicklung. In der Praxis schei-

909 Eigene Darstellung

tern zahlreiche Betriebe jedoch an der ganzheitlichen Internalisierung der Umweltauswirkungen ihrer Geschäftsprozesse.[910] Notwendige Strukturen, z. B. für die Umsetzung von Re-Use-Konzepten, fehlen aktuell gänzlich.[911] Die Adressierung der in Kapitel 5.1.3 definierten Nachhaltigkeitsziele sowie das Angebot komplexer Nachhaltigkeitsleistungen mit hoher Kundenorientierung erfordert daher die Umgestaltung der Wertschöpfung mitsamt aller unternehmerischen Prozesse, Ressourcen und Organisationsstrukturen.

Für das Gestaltungselement nachhaltige Wertschöpfung können daher drei wesentliche Gestaltungsaspekte definiert werden. Zunächst muss ein geeigneter Auftragsabwicklungsprozess ausgelegt werden. Anschließend erfolgt die Betrachtung des Ressourceneinsatzes bevor abschließend die notwendige Organisationsstruktur sowie der Kompetenzaufbau spezifiziert werden.

### 5.4.1 Grundlagen

Wertschöpfung bezeichnet, ausgehend von der Wortzusammensetzung, grundsätzlich den Vorgang des Schaffens von Wert in einem Betrieb.[912] GAITANIDES spezifiziert den Begriff Wertschöpfung als das Ergebnis einer Abfolge von Aktivitäten, die in logischem Zusammenhang stehend zu einem Produkt oder einer Leistung führen, die vom Kunden nachgefragt wird.[913] Neben der ergebnisorientierten Definition der Wertschöpfung als Kombination von Inputfaktoren, die einen höherwertigen Output als Ergebnis hat[914], liefern MÜLLER-STEWENS UND LECHNER eine prozessorientierte Definition der Wertschöpfung. Nach dieser wird Wertschöpfung als Prozess des Schaffens von Mehrwert durch Bearbeitung definiert. KOMOREK detailliert diese Definition und erweitert sie um Kompetenzen.[915] KUHLMANN beschreibt die befähigenden Faktoren der Wertschöpfung als Prozesse, Kompetenzen und Ressourcen sowie Organisation.[916] Dieser Darstellung entsprechend werden nachfolgend Ressourcen, Kompetenzen, Organisation sowie Prozesse als zentrale Befähiger der Wertschöpfung dargestellt.

In der industriellen Produktion werden **Ressourcen** zur Herstellung von Gütern verwendet und bezeichnen in diesem Zusammenhang nach KRÜGER UND HOMP jene Faktoren, die in die Produktion von Gütern und Dienstleistungen eingehen.[917] In der wissenschaftlichen Literatur existiert keine einheitliche Klassifizierung von Ressourcen.[918] GRANT beschreibt eine Klassifizierung nach tangiblen und intangiblen Ressourcen. Unter tangiblen Ressourcen werden physi-

[910] Vgl. Wilts; Berg (Digitale Kreislaufwirtschaft), 2017, S. 4f.

[911] Vgl. Brudermüller et al. (Europäischer Green Deal), 2020, S. 6-8.

[912] Vgl. Thommen et al. (Allgemeine Betriebswirtschaftslehre), 2017, S. 407; Weber (Wertschöpfungsrechnung), 1980, S. 1.

[913] Vgl. Gaitanides (Prozessorganisation), 2013, S. 8f.

[914] Vgl. Müller-Stewens; Lechner (Strategisches Management), 2011, S. 354.

[915] Vgl. Komorek (Kollaborative Wertschöpfung), 2014, S. 42.

[916] Vgl. Kuhlmann (Corporate Tooling), 2017, S. 22-24.

[917] Vgl. Krüger; Homp (Kernkompetenz-Management), 1997, S. 222.

[918] Vgl. Freiling (Resource-based view), 2009, S. 13.

sche und finanzielle Ressourcen zusammengefasst, wohingegen intangible Ressourcen zwischen Technologie, Reputation und Mitarbeitendenfähigkeit unterschieden werden.[919] ROSE übernimmt diese Klassifizierung und hebt zusätzlich die Humanressourcen hervor.[920] MÜLLER-STEWENS UND LECHNER liefern einen Ansatz, in dem zwischen materiellen und immateriellen Ressourcen unterschieden wird. Unter vorhandenen materiellen Ressourcen sind demnach finanzielle, physische und IT-basierte Ressourcen zusammengefasst. Immaterielle Ressourcen unterteilen sich in Bestands-, Human-, strukturelle und kulturelle Ressourcen.[921] Abbildung 5.36 liefert einen Überblick über die Klassifizierung der Ressourcen innerhalb eines Unternehmens.

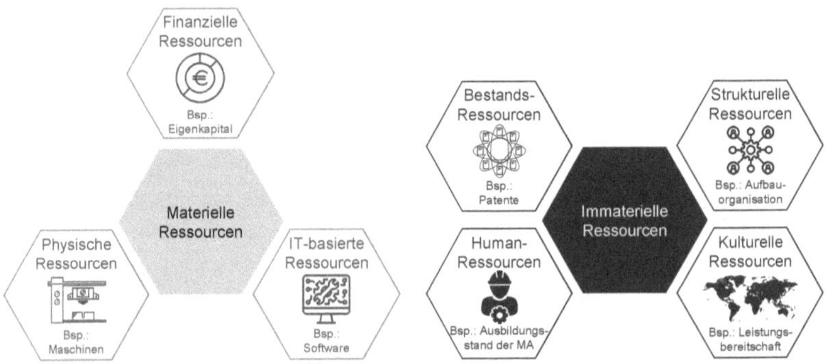


**Abbildung 5.36: Ressourcen eines Unternehmens[922]**

KAMPKER fasst die Bündelung und Kombination dieser Ressourcen sowie die Koordination und Vermittlung zwischen diesen unter dem Begriff Fähigkeiten zusammen.[923] Zunächst beinhaltet der Begriff keine Wertung hinsichtlich des Nutzens für ein Unternehmen, während **Kompetenzen** explizit erfolgreich eingesetzte Fähigkeiten bezeichnen.[924] ROSENSTIEL ET AL. unterscheiden sechs personenbezogene Kompetenzen: Fachkompetenz, Methodenkompetenz, sozial-kommunikative Kompetenz, personale Kompetenz sowie Aktivitäts- und Handlungskompetenz.[925] Eine betriebliche Klassifizierung der relevanten Kompetenzen eines Unternehmens bieten LADO ET AL.:[926]

- Ressourcenorientierte Kompetenzen: Fähigkeiten, welche die Bereitstellung von Ressourcen ermöglichen, die zur Herstellung von Produkten benötigt werden
- Transformatorische Kompetenzen: Fähigkeiten einer Organisation, Inputs effizient und zielorientiert in Outputs zu verwandeln

[919] Vgl. Grant (Contemporary strategy analysis), 2019, S. 119.
[920] Vgl. Rose (Identifikation dynamischer Kernkompetenzen), 2000, S. 14.
[921] Vgl. Müller-Stewens; Lechner (Strategisches Management), 2011, S. 198.
[922] I. A. a. Müller-Stewens; Lechner (Strategisches Management), 2011, S. 199.
[923] Vgl. Kampker (Kompetenzbasierte Geschäftsausweitung), 2004, S. 76.
[924] Vgl. Homp (Entwicklung und Aufbau von Kernkompetenzen), 2000, S. 11.
[925] Vgl. Rosenstiel et al. (Strategisches Kompetenzmanagement), 2004, S. 110.
[926] Vgl. Lado et al. (A Competence Based Model), 1992, S. 86.

- Outputorientierte Kompetenzen: Fähigkeiten, welche die Umwelt des Unternehmens adressieren, bspw. Reputation und Image sowie Qualität

Insbesondere ressourcenorientiere und transformatorische Kompetenzen werden zur Wertschöpfung benötigt. Outputorientierte Kompetenzen sind hingegen für die Außendarstellung des Unternehmens und die Erzielung einer positiven Wahrnehmung durch den Kunden notwendig.[927]

Das strukturierende Element der Wertschöpfung, also der zielgerichtete und kompetenzbasierte Einsatz von Ressourcen zur Leistungserstellung, wird als **Organisation** bezeichnet. Dabei bezeichnet Organisation einerseits den Prozess der Strukturierung in der Wertschöpfung der industriellen Produktion selbst und andererseits das Ergebnis des strukturierenden Prozesses in einem Unternehmen.[928] In der wissenschaftlichen Literatur wird ersteres als instrumentelle und letzteres als institutionelle Organisation definiert.[929] Weiterhin kann zwischen den gegenstandsbezogenen Organisationen Aufbau-, Ablauf- und Projektorganisation unterschieden werden, deren Zusammenspiel das Gesamtkonstrukt Organisation in einem Unternehmen bildet.[930] Dahingehend beschreibt die Aufbauorganisation das organisatorische und strukturelle Gerüst eines Unternehmens. Sie legt fest, welche Aufgaben und Ressourcen einem Aufgabenträger zugeordnet werden und regelt die Beziehungen zwischen den Personen als Verantwortungsträgern.[931] Die Aufbauorganisation lässt sich nach SPENNEMANN wie folgt gliedern:[932]

- Funktionale Organisationsstruktur: Gliederung nach Funktionen mit hoher fachlicher Spezialisierung
- Divisionale Organisationsstruktur: Gliederung nach Objektprinzip mit einer breiten fachlichen Spezialisierung
- Matrix-Organisationsstruktur: Mehrdimensionale Organisationsstruktur nach dem Prinzip der Überlagerung der funktionalen und divisionalen Organisationsstrukturen

Der Vollzug der von der Aufbauorganisation definierten Aufgaben wird in der Ablauforganisation durch die Festlegung räumlicher und zeitlicher Beziehungen strukturiert.[933] In der Projektorganisation werden ausschließlich zeitlich befristete und projektbezogene Regelungen organisiert.[934]

In der industriellen Produktion findet Wertschöpfung durch Aktivitäten statt. Ein Bündel zusammenhängender Aktivitäten, die eine zielorientierte Transformation durchführen, wird als **Prozess** bezeichnet.[935] Der Prozess der Leistungserstellung ist zumeist mehrstufig bzw. findet in

[927] Vgl. Lado et al. (A Competence Based Model), 1992, S. 82-84.
[928] Vgl. Eversheim (Fertigung und Montage), 1989, S. 268.
[929] Vgl. Hansmann (Industrielles Management), 2006, S. 192.
[930] Vgl. Bullinger et al. (Handbuch Unternehmensorganisation), 2009, S. 4.
[931] Vgl. Hub (Aufbauorganisation), 1994, S. 5.
[932] Vgl. Spennemann (Organisationsstrukturen im Werkzeugbau), 2001, S. 10.
[933] Vgl. Gienke; Kämpf (Handbuch Produktion), 2007, S. 49.
[934] Vgl. Bullinger et al. (Handbuch Unternehmensorganisation), 2009, S. 4.
[935] Vgl. Lowenthal (Reengineering the organization), 1994, S. 85f.

unterschiedlichen Wirtschaftseinheiten statt.[936] So charakterisieren PANDE und HOLPP Prozesse anhand des Lieferanten, der einen bestimmten Inputfaktor zur Verfügung stellt, anhand des Prozesses selbst sowie anhand des Kunden, welcher das Produkt als Output entgegennimmt.[937] Demnach sind Prozesse wertsteigernde Aktivitäten, die ihre Leistung an die jeweils nachgelagerte Stufe weitergegeben und somit die vom Kunden erwartete Leistung erzeugen.[938] Mittelpunkt der Tätigkeiten produzierender Unternehmen ist die Produktion, welche in die Schritte Konstruktion, Arbeitsvorbereitung, Fertigung und Montage unterteilt wird. Die entsprechenden Prozesse in der Auftragsabwicklung wurden bereits in den Kapiteln 2.3.2.1 und 2.3.2.2 beschrieben. Die Hauptprozessfolge aus Beschaffung, Produktion und Vertrieb wird in der industriellen Produktion von verschiedenen Aktivitäten unterstützt. So kontrollieren Qualitätssicherung und Rechnungswesen die Einhaltung quantitativer und ökonomischer Grenzwerte, die von der Prozesssteuerung genutzt und in Form von Termin- und Mengensteuerung operativ umgesetzt werden. Die Planung der Prozesse hinsichtlich technologischer, wirtschaftlicher und logistischer Aspekte findet, ausgehend von Zielvorgaben der Unternehmensführung, durch die Prozessgestaltung statt.[939]

### 5.4.2 Zirkulärer Auftragsabwicklungsprozess

Das, aus der Vision der nachhaltigen Entwicklung sowie den Stakeholderanforderungen resultierende, Zielsystem des nachhaltigen Werkzeuglebenszyklus stellt die Bereiche und Abteilungen des Werkzeugbaus vor verschiedene neue Aufgaben. Insbesondere das Kreislaufprinzip zeigt die vielfältigen Interdependenzen zwischen ökologischen und ökonomischen Aufgaben auf, woraus Bedingungen für eine dauerhafte Erhaltung der natürlichen Umwelt abgeleitet werden. Das Ziel der Kreislaufwirtschaft ist es, den Wert der Produkte und Ressourcen möglichst lange in der Wirtschaft zu erhalten und somit weniger Abfall zu erzeugen.[940] werden die Produkte einer der sogenannten 6R-Maßnahmen der Rezirkulation Reduce (deut.: Reduzierung), Repair (deut.: Reparatur), Re-Use (deut.: Wiederverwendung), Refurbish (deut.: Funktionswiederherstellung), Remanufacture (deut.: Überholung) sowie Recycling (deut.: Verwertung) zugeführt, die in der nachfolgenden Abbildung 5.37 dargestellt sind.[941] Entsprechend kann die Kreislaufwirtschaft als regeneratives System bezeichnet werden, welches durch Verlangsamung, Schließung und Transformation von Material- und Energiekreisläufen den Ressourceneinsatz, die Emissionen und den Abfall minimiert.[942] Die zirkuläre Gestaltung des Auftragsabwicklungsprozesses erfolgt demnach anhand des dreischrittigen Prozesses Verlangsamung, Schließung und Transformation.

[936] Vgl. Picot (Gestaltung der Leistungstiefe), 1991, S. 337.
[937] Vgl. Pande; Holpp (What is Six Sigma), 2002, S. 52-55.
[938] Vgl. Schmelzer; Sesselmann (Geschäftsprozessmanagement in der Praxis), 2013, S. 52.
[939] Vgl. Wiendahl (Betriebsorganisation für Ingenieure), 2005, S. 11.
[940] Vgl. Förstner; Köster (Umweltschutztechnik), 2018, S. 520.
[941] Vgl. Walther (Nachhaltige Wertschöpfungsnetzwerke), 2010, S. 33.
[942] Vgl. Geissdoerfer et al. (The Circular Economy), 2017, S. 759.

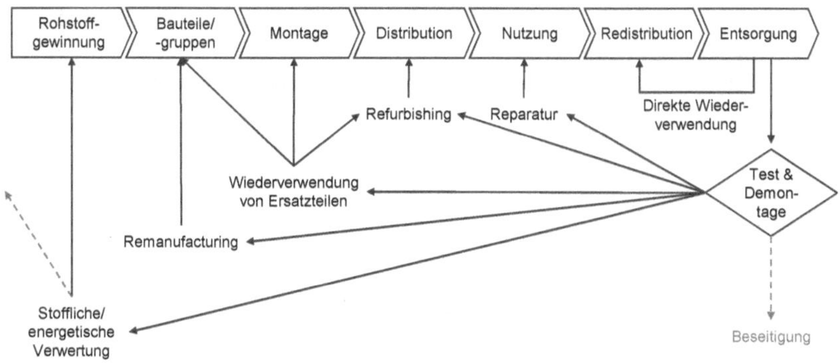


**Abbildung 5.37: Optionen für die Werkzeug- und Komponentenrezirkulation**[943]

Die **Verlangsamung** des Werkzeuglebenszyklus kann durch eine Ausdehnung der Nutzungsdauer erreicht werden. Hierfür eignen sich insbesondere die 6R-Maßnahmen Reduce, Repair, Re-Use, Refurbish sowie Remanufacture. Die 6R-Maßnahme Reduce beschreibt die Reduzierung des Ressourcenverbrauchs und wird in Kapitel 5.4.3 inhaltlich detailliert. Die 6R-Maßnahme Repair greift in die aktive Nutzungsphase eines Werkzeugs ein, um die Funktionstüchtigkeit wiederherzustellen.[944] Aktuell bieten ca. 95 % aller Werkzeugbaubetriebe die Werkzeugreparatur und -wartung als Dienstleistung an. In lediglich 56 % der Fälle wird diese Dienstleistung auch von den Kunden in Anspruch genommen.[945] Der Grund hierfür ist die eigenverantwortliche Durchführung weniger umfangreicher Reparaturen durch die Instandhaltung der Kunden. Während Repair in die Nutzungsphase des Werkzeugs eingreift und diese verlängert, werden die 6R-Maßnahmen Re-Use, Refurbish und Remanufacture erst nach der aktiven Nutzung des Werkzeugs, also in der Werkzeugausmusterung, angewandt. Das Ziel des Re-Use ist, wie bereits in Kapitel 5.3.2 beschrieben, die direkte Wiederverwendung von Werkzeugen und Werkzeugkomponenten. Die Wiederverwendung kompletter Werkzeuge ist aufgrund des hohen Verschleißes zahlreicher Komponenten sowie der Know-how-Kritizität der Unikate oftmals nicht realisierbar. Somit müssen Werkzeugbaubetriebe langfristig eine Steigerung des prozentualen Anteils wiederverwendbarer Werkzeugkomponenten anstreben. Um das Potenzial des Re-Use von Werkzeugkomponenten zu nutzen, ist die Implementierung des Design for Remanufacturing notwendig. Diese stellt verschiedene Anforderungen, wie z. B. die vermehrte Nutzung von Standardkomponenten, an die Entwicklung von Werkzeugen.[946] Die Wiederverwendung von Standardkomponenten, wie z. B. Normalien oder Stammformen, verlängert deren Lebensdauer. Während die 6R-Maßnahme Refurbish unter Einsatz mechanischer Bearbeitung zur Wiederherstellung einer definierten Funktion eingesetzt wird, wird mit dem Remanufacturing das Ziel der Überholung von Komponenten verfolgt. Die jeweiligen Kompo-

943 I. A. a. Walther (Nachhaltige Wertschöpfungsnetzwerke), 2010, S. 33.

944 Vgl. United Nations Environment Programme (Redefining Value), 2018, S. 43.

945 Vgl. WZL; IPT (Unternehmensdatenbank "Werkzeugbau"), 2023.

946 Vgl. Yang et al. (Product Design for Remanufacturing), 2015, S. 3202.

nenten werden somit in einen neuwertigen Zustand gebracht, um deren Lebenszyklus zu verlängern. Das Potenzial dieser beiden 6R-Maßnahmen ist maßgeblich von den betrachteten Werkzeugkomponenten sowie deren Ausgangszustand abhängig. Die Entscheidung für die jeweilige 6R-Maßnahme muss auf Basis der Komponentenfunktion, dem Qualitätszustand sowie der technischen Möglichkeit zur Aufbereitung getroffen werden.

Die 6R-Maßnahme Recycling ist der **Schließung** von Stoff- und Materialkreisläufen, als zweiter Schritt der Implementierung eines zirkulären Auftragsabwicklungsprozesses, zuzuordnen. Hierbei erfolgt am Ende der Nutzungsdauer der Werkzeuge eine Bewertung des Zustandes der einzelnen Komponenten durch ein End-of-Life Management. Das End-of-Life Management ist das zentrale Element der Kreislaufwirtschaft und hat die Aufgaben der Kontrolle, Steuerung sowie der Planung sämtlicher Aktivitäten am Ende der wirtschaftlichen oder technischen Nutzungsdauer eines Produktes.[947] Das Recycling kann in stoffliches und energetisches Recycling unterteilt werden.[948] Beim stofflichen Recycling werden die verbliebenen Komponenten, die sich nicht für eine Wiederverwendung eignen, in Einzelteile zerlegt und im Anschluss sortenrein entsorgt. Stahl wird bspw. eingeschmolzen und für die Produktion neuer Komponenten verwendet. Sofern das Komponentenmaterial nicht recycelbar ist oder die verbliebenen Baugruppen nicht vollständig sortenrein zerlegt werden können, werden diese dem energetischen Recycling zugeführt. Hierbei erfolgt eine Verbrennung der Komponenten, wobei die erzeugte Energie nutzbar gemacht und abgeführt wird.

Der letzte Schritt zur Implementierung eines zirkulären Auftragsabwicklungsprozesses ist die **Transformation** des Unternehmens. Diese beinhaltet die gesamtheitliche Ausrichtung der Prozesse des Werkzeugbaus an der Kreislaufwirtschaft, was zu einer Transformation der ursprünglich vorwärts gerichteten hin zu zirkulären Prozessen führt.[949] Die vollständige Transformation der Auftragsabwicklungsprozesse ist mit diversen Herausforderungen verbunden, da operative Strukturen angepasst und neue Fähigkeiten aufgebaut werden müssen. RITZEN UND SANDSTRÖM teilen diese Herausforderungen in die Kategorien technisch, finanziell, strukturell, operational und attitudinal ein.[950] Die technischen Herausforderungen des Werkzeugbaus umfassen in erster Linie die Produktgestaltung. Hierbei muss bereits in der Werkzeugkonzeption die Reparierbarkeit sowie die Möglichkeit der sortenreinen Trennung berücksichtigt werden, um das Recyclingpotenzial der Werkzeuge heben zu können.[951] Die Bewältigung dieser technischen Herausforderungen ist oftmals mit hohen Investitions- und Betriebskosten verbunden. Zudem sind die Kosten für die Rückführung der Komponenten teilweise höher als für die vorwärts gerichtete Distribution.[952] Die Messung des finanziellen Mehrwerts der Implementierung einer Kreislaufwirtschaft ist hingegen schwierig. Zu den operationalen Herausforderungen zählt z. B. die Gestaltung eines rückwärtsgerichteten Distributions- und Logistiksystems. So werden durch die Rückläuferkomponenten im Vergleich zur bisherigen Ausrichtung der

947 Vgl. Förstner; Köster (Umweltschutztechnik), 2018, S. 520.

948 Vgl. Ellen MacArthur Foundation (Towards the circular economy), 2013, S. 22-24.

949 Vgl. Weber; Stuchtey (Weg zur Circular Economy), 2020, S. 12.

950 Vgl. Ritzén; Sandström (Barriers to the Circular Economy), 2017, S. 9.

951 Vgl. Weber; Stuchtey (Weg zur Circular Economy), 2020, S. 18.

952 Vgl. Walther (Nachhaltige Wertschöpfungsnetzwerke), 2010, S. 194.

Logistiksysteme im Werkzeugbau neue Ansprüche an Transport, Lagerung und Handhabung gestellt. Die Systemkomplexität steigt einerseits durch die größere Anzahl an handzuhabender Komponenten und Stoffströme sowie andererseits aufgrund der beschaffungsseitigen Unsicherheiten hinsichtlich Menge, Qualität, Zusammensetzung und Zeitpunkt der Rückläufer. Weiterhin bestehen Unsicherheiten im Rahmen der Absatzplanung durch Diskrepanzen zwischen Angebot an Rückläufern und Nachfrage nach aufgearbeiteten Komponenten.[953] Letztlich adressieren die strukturellen Herausforderungen insbesondere die Informationsasymmetrie zwischen unterschiedlichen Stakeholdern. Diese spiegelt sich ebenfalls in der attitudinalen Herausforderung wider, welche die unterschiedliche Auffassung des Themengebiets Nachhaltigkeit unter den Mitarbeitenden beschreibt.[954]

Als Antwort auf die mit der Transformation zum zirkulären Auftragsabwicklungsprozess einhergehenden Herausforderungen können strategische, taktische und operative Planungsaufgaben definiert werden. Die **strategischen Planungsaufgaben** beinhalten in erster Linie die Wahl der anzuwendenden 6R-Maßnahme sowie deren technischer und ökonomischer Umsetzbarkeit.[955] Für die Auswahl ist zunächst ein Prozess zur Rücknahme von Werkzeugen sowie zur Evaluierung des Wiederverwendungspotenzials zu definieren. Der Aufwand und die Wirtschaftlichkeit der Wiederverwendung hängen dabei maßgeblich von der Art sowie dem Zustand des Werkzeugs ab. Aus diesem Grund ist eine initiale Bewertung des Wiederverwendungspotenzials vor dessen Rücknahme notwendig. Hierzu können, basierend auf den Kriterien zur Bewertung des Potenzials für Remanufacturing-Maßnahmen nach DU ET AL., verschiedene Bewertungskriterien abgeleitet werden.[956] Diese sind in Abbildung 5.38 dargestellt.

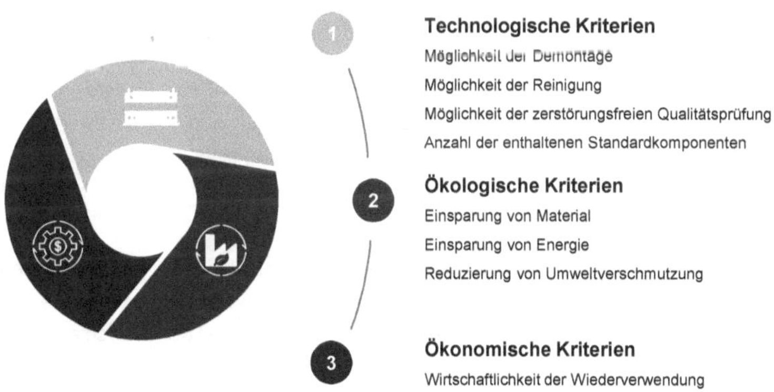


**Abbildung 5.38: Kriterien zur Bewertung der Wiederverwendbarkeit[957]**

[953] Vgl. Walther (Nachhaltige Wertschöpfungsnetzwerke), 2010, S. 194.
[954] Vgl. Ritzén; Sandström (Barriers to the Circular Economy), 2017, S. 9.
[955] Vgl. Walther (Nachhaltige Wertschöpfungsnetzwerke), 2010, S. 195-197.
[956] Vgl. Du et al. (Evaluating remanufacturability), 2012, S. 85.
[957] I. A. a. Du et al. (Evaluating remanufacturability), 2012, S. 85.

Die verschiedenen Bewertungskriterien werden der Reihe nach geprüft, wobei die Bewertung des Wiederverwendungspotenzials auf Basis der vorliegenden Konstruktions- und Montagepläne sowie der relevanten Herstellungs- sowie Nutzungsdaten des Werkzeugs erfolgt. Das Werkzeug und dessen Komponenten werden zunächst in Bezug auf deren technologische Eigenschaften untersucht. Die Möglichkeit der zerstörungsfreien Demontage ist das erste technologische Kriterium und Voraussetzung für die weiteren Kriterien Möglichkeit der Reinigung und Möglichkeit der zerstörungsfreien Qualitätsprüfung. Anschließend ist mithilfe der Konstruktionsdateien der Anteil an Standardkomponenten zu evaluieren, da hierdurch maßgeblich die Möglichkeit zum Re-Use beeinflusst wird. Sofern die technologischen Kriterien erfüllt sind, folgt die Bewertung der ökologischen Kriterien. Hierbei wird evaluiert, inwiefern mit der komponentenbasierten Wiederverwendung tatsächlich Material und Energie gegenüber der Neuanfertigung eingespart und die Umweltverschmutzung reduziert werden kann. Abschließend erfolgt im Rahmen der ökonomischen Bewertung die Betrachtung der Wirtschaftlichkeit der Wiederverwendung.

Sofern die Kriterien zur Wiederverwendung nicht erfüllt sind, wird das Werkzeug durch den Kunden verschrottet. Für den Fall, dass das Werkzeug bzw. einzelne Komponenten rückgeführt werden, werden diese im nächsten Prozessschritt demontiert. Falls komplette Baugruppen, also Gruppen einzelner Komponenten, für ein neues Werkzeug wiederverwendbar sind, sollte sichergestellt werden, dass eine vollständige Qualitätsprüfung der gesamten Baugruppe durchgeführt wird. Alternativ ist die Baugruppe zunächst in deren Einzelkomponenten zu zerlegen. Nach erfolgreicher Demontage des Werkzeugs erfolgt eine sorgfältige Reinigung. Komponenten, welche in der initialen Bewertung als nicht wiederverwendbar eingestuft wurden, werden aus dem Prozess entnommen und dem Recycling zugeführt. Anschließend findet die zerstörungsfreie Qualitätsprüfung der verbliebenen Komponenten mithilfe von Sichtprüfung, 3D-Koordinatenmessgeräten oder Ultraschallprüfungen statt.[958] Das Ziel ist die Bewertung des Qualitätszustands der Komponenten, die als Ausgangspunkt für eine Klassifizierung dient. Standardkomponenten, die keine Aufbereitung erfordern, werden eingelagert, im System eingebucht und bei Bedarf von der Arbeitsvorbereitung für die Herstellung eines neuen Werkzeugs berücksichtigt.

Falls aufgrund des Zustands der Komponenten eine Nachbearbeitung notwendig und technisch umsetzbar ist, werden diese den 6R-Maßnahmen Refurbish oder Remanufacture zugeordnet. Die Zuordnung zu einer der beiden Maßnahmen ist jeweils von der betrachteten Komponente abhängig. Komponenten, die als Refurbish oder Remanufacture klassifiziert werden, durchlaufen zunächst die mechanische Fertigung, bevor diese im Rahmen der Montage in einem neuen Werkzeug verbaut werden können. Sofern eine Komponente im Rahmen der Qualitätsprüfung als nicht geeignet für die Wiederverwendung eingestuft wird, wird diese, gemeinsam mit den grundsätzlich nicht wiederwendbaren Komponenten, dem Recycling zugeführt.

[958] Vgl. Boos et al. (Datenbasierte Dienstleistungen), 2021, S. 28.

Sollten mehrere 6R-Maßnahmen umgesetzt werden, ist im Rahmen der strategischen Planung die Entscheidung bzgl. der geeigneten Organisationsform zur Umsetzung im eigenen Unternehmen oder bzgl. zum Outsourcing an Dienstleister zu treffen.[959] HANSEN UND REVELLIO unterscheiden hierbei zwischen vier Organisationsformen, die nachfolgend in Abbildung 5.39 dargestellt sind.[960]

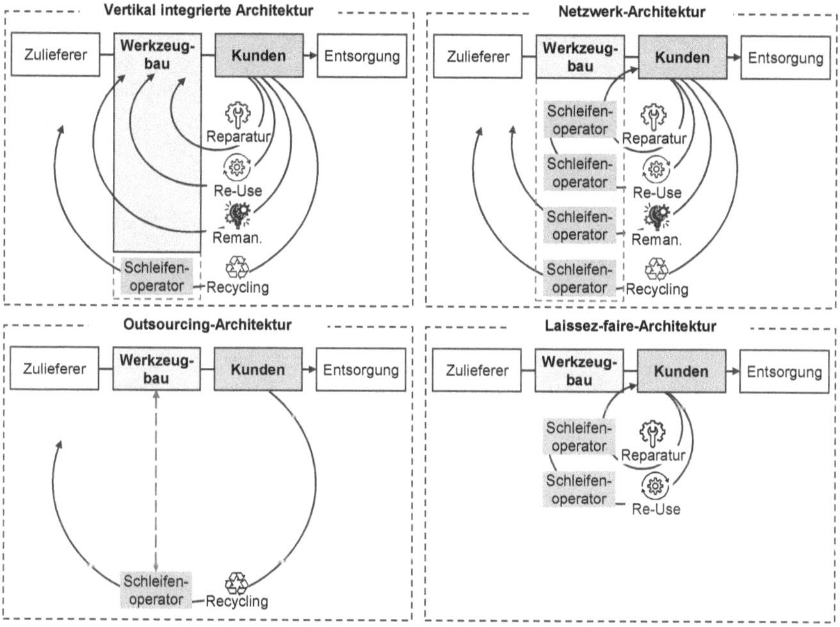


**Abbildung 5.39: Schematische Darstellung der unterschiedlichen Kreislaufarchitekturen**[961]

Bei der Wahl der **vertikal integrierten Architektur** übernimmt der Werkzeugbau die Koordination und Durchführung der 6R-Maßnahmen.[962] Durch den ganzheitlichen Ansatz zur Integration der Maßnahmen wird ein geschlossenes Kreislaufsystem angestrebt, in welchem Werkzeuge, Komponenten und teilweise auch Materialien in der ursprünglichen Wertschöpfungskette verbleiben. Die vom Werkzeugbau übernommene zentrale Koordination fokussiert primär die Verlangsamung der Werkzeuglebenszyklen, wofür ein hoher Grad an Prozesswissen sowie eine umfangreiche Infrastruktur für die Reverse Logistik notwendig sind. Das Recycling birgt aufgrund der oftmals geringen Mengen an Material sowie fehlendem Prozesswissen und technologischer Ausstattung eine hohe Komplexität und wird daher vom Werkzeugbaubetrieb an externe Dienstleister ausgelagert.

---

[959] Vgl. Walther (Nachhaltige Wertschöpfungsnetzwerke), 2010, S. 195.

[960] Vgl. Hansen; Revellio (Circular value creation architectures), 2020, S. 1265.

[961] I. A. a. Hansen; Revellio (Circular value creation architectures), 2020, S. 1265.

[962] Vgl. Hansen; Revellio (Circular value creation architectures), 2020, S. 1264.

Die **Netzwerk-Architektur** zeichnet sich dadurch aus, dass der Werkzeugbau weiterhin die zentrale Koordination der 6R-Maßnahmen übernimmt, die Ausführung allerdings durch ein Netzwerk von Dienstleistern erfolgt. Somit können auf modernste Verfahren der Wiederaufbereitung zurückgegriffen und Skalierungseffekte genutzt werden. Das Eingehen strategischer Partnerschaften ermöglicht zudem eine wirtschaftlich sinnvolle Ausrichtung der einzelnen Maßnahmen.[963]

Die Umsetzung der Kreislaufwirtschaft ist für viele Werkzeugbaubetriebe mit nicht stemmbaren Herausforderungen verbunden, da die zwischenbetrieblichen Koordinierungsaktivitäten von gesetzlichen Regelungen beeinflusst werden. Die Rücknahme und die damit verbundenen Recyclingaktivitäten stellen somit eine regulierte, standardisierte und großvolumige Aktivität dar, die der Werkzeugbau an spezifische Kreislaufbetreiber auslagert. Daher wird im Rahmen der **Outsourcing-Architektur** lediglich die Koordination des Recyclings innerhalb des Werkzeugbaus durchgeführt, um gegenüber den Kunden die Außendarstellung aufrecht zu erhalten.[964]

Die letzte Integrationsmöglichkeit bildet die **Laissez-faire-Architektur**. Bei dieser übernimmt der Werkzeugbau keine aktive koordinierende oder ausführende Rolle und überlässt die Planung und Durchführung von 6R-Maßnahmen anderen Anbietern. Die Betriebe ignorieren die Rezirkulation oder bieten sie in sehr begrenzter und für den Kunden unattraktiver Weise an, um möglichst vollständig neue Werkzeuge herstellen zu können. Autonome Betreiber, welche die entsprechenden Rezirkulationsmaßnahmen durchführen können, haben oftmals keinen Zugriff auf die Komponenten. Somit verbleibt der Werkzeuglebenszyklus primär linear.[965]

Aufbauend auf den strategischen Planungsaufgaben fokussieren die **taktischen Planungsaufgaben** die Prognose und Umsetzung des Rückflussmanagements. Die klassischen materiellen und immateriellen Ressourcen werden im zirkulären Auftragsabwicklungsprozess durch die Rückläufer als Materialressourcen erweitert. Dies erfordert möglichst genaue Prognosen über Rücklaufmenge, Rücklaufzeitpunkt und Zustand der Rückläuferkomponenten. Im Rahmen eines aktiven Rücklaufmanagements sind daher zunächst optimale Akquisitions- und Verkaufspreise der gebrauchten Komponenten zu ermitteln sowie eine Methode für die Rücknahme zu bestimmen. Anschließend müssen die notwendigen Aufarbeitungsoptionen auf Basis der Kosten- und Erlösstrukturen unter Berücksichtigung technischer, ökologischer und ökonomischer Kriterien identifiziert werden.[966] Darauf basierend erfolgen Grob- und Feinplanung der Aufarbeitungsprozesse für die mechanische Fertigung. Diese Wiederaufbereitungsaufträge können künftig den Reparaturaufträgen im Werkzeugbau zugeordnet werden, da sie aufgrund der Unsicherheiten der Nachfrage nach aufbereiteten Komponenten sowie der mengen- und zustandsbedingten Unsicherheiten als nicht planbare Aufträge eingestuft werden können.

Abschließend erfolgt die Umsetzung der **operativen Planungsaufgaben**. Diese umfassen die Ausführung der Produktionspläne sowie die Koordination zwischen den regulären Fertigungs-

963 Vgl. Hansen; Revellio (Circular value creation architectures), 2020, S. 1264f.
964 Vgl. Hansen; Revellio (Circular value creation architectures), 2020, S. 1265.
965 Vgl. Hansen; Revellio (Circular value creation architectures), 2020, S. 1265.
966 Vgl. Walther (Nachhaltige Wertschöpfungsnetzwerke), 2010, S. 195f.

und Aufbereitungsprozessen unter Berücksichtigung der Aspekte der Demontageplanung, der Bedarfsplanung, der Materialplanung, der Terminierung sowie der Kapazitätsplanung. Dies bedingt eine Integration der Aufarbeitungsoptionen im Material Requirement Planning, der Lagerhaltungsplanung, der Losgrößenplanung sowie der operativen Kapazitätsplanung.[967] Aufgrund der ohnehin hohen Anzahl an Eilaufträgen im Werkzeugbau, sind insbesondere die Planung der Demontage sowie der Kapazitäten zur Aufarbeitung eine große Herausforderung. Demnach müssen die entsprechende Demontagetiefe sowie die Wertschöpfungstiefe der Aufarbeitung kritisch beurteilt werden, um die Terminpläne weiterer Projekte nicht zu gefährden.

### 5.4.3 Ökoeffektive Werkzeugfabrik

Der Lebensweg technischer Produkte von der Rohstoffgewinnung bis zur Entsorgung ist mit vielfältigen Einwirkungen auf die Umwelt verbunden. Die ökonomisch sinnvolle Überproduktion in den letzten Jahrzehnten resultiert zunehmend in einem steigenden Ressourcen- und Energieverbrauch.[968] Dies führt zu einem Rückgang der Verfügbarkeit von Primärrohstoffen, gefolgt von einem Anstieg der Preise für Materialien sowie einer Zunahme der Emissionen in die Umwelt.[969]

Das Leitbild der nachhaltigen Entwicklung erfordert daher einen zukunftsorientierten Umweltschutz, der durch einen nachhaltigen Ressourceneinsatz eine Einhaltung der lokalen Tragfähigkeitsgrenzen gewährleistet. Eine ganzheitliche Gestaltung des nachhaltigen Werkzeuglebenszyklus schließt die kontinuierliche Anwendung einer integrierten Umweltstrategie zur Risikominimierung für Mensch und Umwelt und somit das Konzept der „Cleaner Production" mit ein.[970] Die in Abbildung 5.36 dargestellten Ressourcen eines Unternehmens werden in der Werkzeugfabrik, also dem Ort der Leistungserstellung im Werkzeugbau, verwendet. Nachfolgend werden daher die relevanten Dimensionen und Maßnahmen zur Gestaltung einer ökoeffektiven Werkzeugfabrik erläutert.

Die aktuelle Betrachtung der Ressourceneffizienz im Werkzeugbau umfasst i. d. R. lediglich die Auslastung vorhandener Bearbeitungsmaschinen.[971] Eine Betrachtung des durchschnittlichen Stromverbrauchs einer Fräsmaschine von ca. 13.500 kWh, was Stromkosten von ca. 2.500 € und $CO_2$-Emissionen von ca. 5,5 Tonnen entspricht[972], zeigt, dass für einen nachhaltigen Ressourceneinsatz weiteres Optimierungspotenzial besteht.[973] Grund dafür ist eine häufig unvollständige Betrachtung aller Einflussgrößen sowie Umweltwirkungen des Auftragsabwicklungsprozesses im Werkzeugbau. Demnach besteht die Notwendigkeit, alle Umweltwirkungen des Auftragsabwicklungsprozesses zu bilanzieren, um anschließend Möglichkeiten zu deren Minimierung aufzuzeigen. In der Literatur existieren verschiedene Methoden, wie z. B.

967 Vgl. Walther (Nachhaltige Wertschöpfungsnetzwerke), 2010, S. 195.

968 Vgl. United Nations Environment Programme (Domestic material consumption), 2023.

969 Vgl. Umweltbundesamt (Ressourcennutzung und ihre Folgen), 2021.

970 Vgl. United Nations Environment Programme (Environmental agreements and cleaner production), 2006, S. 3.

971 Vgl. Boos et al. (Erfolgreich Performance Messen im Werkzeugbau), 2017, S. 29.

972 Annahme: 35 kW Nennleistung, 20 % durchschnittlicher Leistungsabruf - ermittelt aus Praxisversuchen in der Einzel- und Kleinserienfertigung

973 Vgl. Boos et al. (Wettbewerbsfaktor Nachhaltigkeit), 2020, S. 23.

die Umweltverträglichkeitsprüfung, um die Umweltwirkungen sichtbar zu machen. In der Praxis hat sich jedoch insbesondere die Methode der Ökobilanz (engl.: Life Cycle Assessment, LCA) etabliert.[974] Die **Ökobilanz** ist ein Instrument zur Erfassung, Bewertung und Abbildung von Umweltauswirkungen, die von Produkten, Prozessen oder gesamten Betrieben ausgehen. Als umweltbezogenes Informations- und Entscheidungsinstrument bildet es eine Grundlage für die kontinuierliche Lebenszyklusbewertung. Die ISO-Normen 14040 bis 14043 dienen als Richtlinien zur Durchführung von Ökobilanzen und gliedern diese in vier Schritte:[975]

- Zieldefinition
- Sachbilanz
- Wirkungsabschätzung
- Interpretation

Die Ökobilanz beginnt mit der Zielfestlegung und Systemabgrenzung. Im vorliegenden Anwendungsfall basiert die Zieldefinition der nachhaltigen Wertschöpfung auf den Stakeholderanforderungen. Die entsprechend zu berücksichtigenden Zielkriterien wurden im Rahmen von Kapitel 5.1.3 hergeleitet und sind in Abbildung 5.7 dargestellt.

Die Sachbilanz ist das Ergebnis einer Stoffstrom- oder Stoffflussanalyse und beinhaltet die Datensammlung und Berechnungsverfahren zur Quantifizierung relevanter Input- und Outputgrößen eines Systems innerhalb des festgelegten Untersuchungsrahmens. Die Bilanzierung findet auf rein naturwissenschaftlich-technischer Ebene statt und vernachlässigt somit monetäre Bestandsgrößen. Aufgrund der steigenden $CO_2$-Bepreisung von über 150 % bis 2030[976] sowie dem erhöhten Kundendruck im Kontext einer klimaneutralen Lieferkette bilanzieren einige Werkzeugbaubetriebe bereits jetzt ihre Emissionen. Eine Analyse der Daten des Wettbewerbs „Excellence in Production 2022“ zeigt jedoch, dass lediglich 6 % eine vollständige Emissionsbilanzierung vornehmen, wohingegen rund 52 % keinerlei Emissionen bilanzieren.[977] Eine erste Orientierung zur Bilanzierung der Stoffströme bietet daher das GHG-Protokoll mitsamt den drei Emissions-Scopes. Nachfolgende Abbildung 5.40 zeigt die definierten Bilanzgrenzen sowie die Stoffströme exemplarische anhand des Indikators Emissionen.

---

[974] Vgl. Rautenstrauch (Betriebliche Umweltinformationssysteme), 1999, S. 21.

[975] Vgl. DIN Deutsches Institut für Normung e. V. (DIN EN ISO 14040), 2009.

[976] Vgl. Bundesministerium für Umwelt, Naturschutz, nukleare Sicherheit und Verbraucherschutz (Klimaschutzprogramm 2030 der Bundesregierung), 2019, S. 24f.

[977] Vgl. WZL; IPT (Unternehmensdatenbank "Werkzeugbau"), 2023.

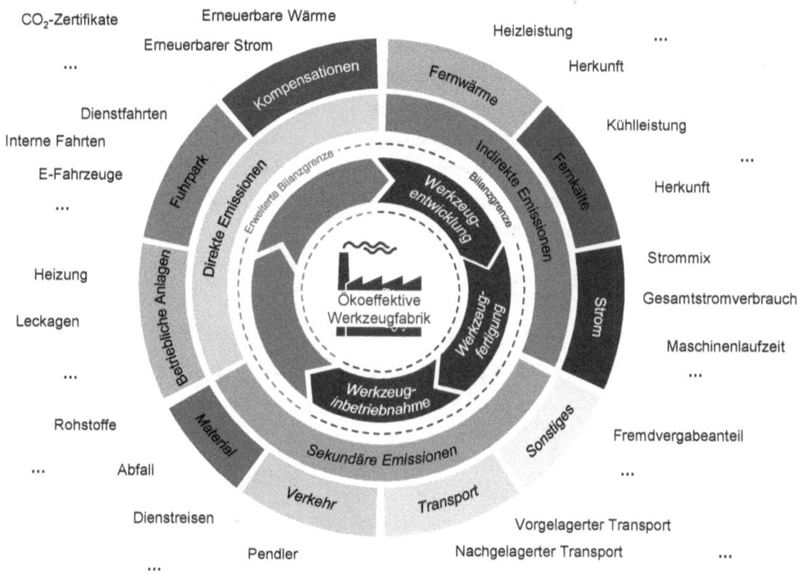


**Abbildung 5.40: Bilanzgrenzen der ökoeffektiven Werkzeugfabrik**[978]

Im Rahmen der Wirkungsabschätzung werden die in der Sachbilanz wertfrei erhobenen Daten hinsichtlich ihrer Folgen für die Umwelt analysiert und entsprechend ihrer Umweltwirkung in Kategorien, wie z. B. Treibhauseffekt, Ressourcenbeanspruchung oder direkte Gesundheitsschädigung, aggregiert. Die Bewertung unterschiedlicher Emissionen erfolgt durch Multiplikation der Emissionsmenge mit einem Gewichtungsfaktor. In der Interpretation bzw. Bilanzbewertung werden die Ergebnisse von Sach- und Wirkungsbilanz vor dem Hintergrund des Untersuchungsziels, i. d. R. in verbalargumentativer Form, analysiert, verglichen, bewertet und zusammengefasst.[979]

Mit dem Ziel, auch die soziale Dimension der Nachhaltigkeit bewerten zu können, wurden seit Ende der 1990er Jahre verschiedene Ansätze entwickelt, die sich unter dem Begriff Social Life Cycle Assessment (SLCA) zusammenfassen lassen.[980] Analog zur Ökobilanz geben diese Auskunft über den sozialen Nutzen bzw. die sozialen Kosten betrieblicher Tätigkeiten. In der Bilanz können die Beiträge zur Lösung gesellschaftlicher Probleme, z. B. durch besondere Arbeitszeitregelungen, hervorgehoben werden. Im Gegensatz zur Ökobilanz fehlt es bislang jedoch an einheitlichen Standards, eine Berichterstattung sozialer Aktivitäten hält allerdings vermehrt Einzug in die Nachhaltigkeitsberichte der Unternehmen.[981]

978 Eigene Darstellung

979 Vgl. DIN Deutsches Institut für Normung e. V. (DIN EN ISO 14040), 2009, S. 27-29.

980 Vgl. Herrmann (Ganzheitliches Life Cycle Management), 2010, S. 166.

981 Vgl. Schaltegger et al. (Nachhaltigkeitsmanagement in Unternehmen), 2007, S. 82.

Mithilfe der Öko- und Soziobilanzen werden negative Folgen für Umwelt und Gesellschaft bestimmt. Zur Adressierung der identifizierten Stellhebel, bedarf es im Rahmen der Gestaltung der nachhaltigen Wertschöpfung des Werkzeugbaus einer Definition von Handlungsfeldern zur Erzielung positiver Umweltauswirkungen. Der Ansatz der Positive Impact Factory nach HERRMANN ET AL. leitet Handlungsfelder der zukünftigen Produktion aus den historisch bedingten negativen Auswirkungen der Produktion auf Umwelt und Gesellschaft ab.[982] Diese Handlungsfelder können in eine ökologische und soziale Dimension unterteilt werden und sind in der nachfolgenden Abbildung 5.41 dargestellt.

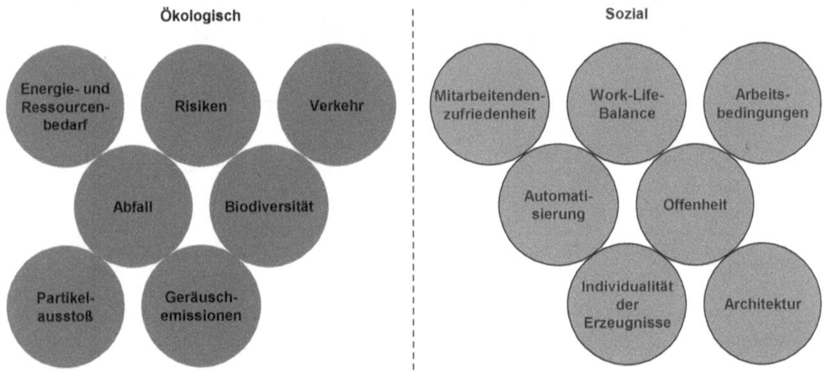


**Abbildung 5.41: Handlungsfelder der Positiv Impact Factory[983]**

Aufbauend darauf haben HERRMANN ET AL. die sieben Befähiger urbane Integration, symbiotische Abläufe, adaptive Gebäudehülle, flexibles Produktionssystem, modulare und skalierbare technische Gebäudeausstattung (TGA), Produktions-Cloud und cyber-physische Systeme sowie Lern- und Testumgebung für eine positive Umwelt- und Sozialwirkung identifiziert.[984] Aufgrund der strategischen Ausrichtung der Befähiger auf positive Auswirkungen können diese als potenzielle Handlungsfelder der ökoeffektiven Werkzeugfabrik berücksichtigt werden. Unter Berücksichtigung der in Kapitel 5.2.3 definierten Kriterien und Indikatoren sowie der Handlungsfelder der Positiv Impact Factory werden im Folgenden die notwendigen Handlungsfelder der ökoeffektiven Werkzeugfabrik definiert. Die Handlungsfelder der ökoeffektiven Werkzeugfabrik sind in Abbildung 5.42 dargestellt.

Die nachfolgend beschriebenen Handlungsfelder sind Ergebnisse aus einer qualitativen und quantitativen Branchenumfrage, die im Rahmen von zwei Konsortialprojekten der WBA Aachener Werkzeugbau Akademie GmbH in Form einer standardisierten Befragung mit Hilfe geschlossener Multiple-Choice-Fragen sowie von Gruppendiskussionen erarbeitet wurden. Die

982 Vgl. Herrmann et al. (The Positive Impact Factory), 2015, S. 19.
983 I. A. a. Herrmann et al. (The Positive Impact Factory), 2015, S. 20.
984 Vgl. Herrmann et al. (The Positive Impact Factory), 2015, S. 22.

Konsortialprojekte umfassen in Summe 16 Betriebe der Branche Werkzeugbau, die jeweils von zwei Mitarbeitenden repräsentiert werden.

**Abbildung 5.42: Exemplarische Handlungsfelder der ökoeffektiven Werkzeugfabrik**[985]

Die ökologischen Handlungsfelder des ökoeffektiven Werkzeugbaubetriebs sind Gebäudehülle, Emissionen, Energie, Wasser, symbiotische Kreisläufe sowie Materialnutzung. Das Handlungsfeld Gebäudehülle umfasst die Größen Architektur und technische Gebäudeausrüstung. Beispielhafte TGA zur Steigerung der Nachhaltigkeit sind PV-Anlagen sowie die Nutzung eines Blockheizkraftwerks.[986] Die Vermeidungskostenkurve ermöglicht einen Vergleich aller möglichen Maßnahmen der TGA zur Steigerung der Nachhaltigkeit. Die Treibhausgas-Vermeidungskosten beschreiben die effektiven Kosten einer Klimaschutzmaßnahme pro Tonne vermiedener Treibhausgasemissionen. Die Vermeidungskosten werden auf Jahresbasis errechnet, um die dynamischen Einflüsse aufgrund zwischenjähriger Veränderungen des Strommixes sowie der Preisveränderungen zu berücksichtigen.[987] Die Vermeidungskostenkurve ermöglicht den Werkzeugbaubetrieben einen groben Vergleich aller TGA-Maßnahmen zur Nachhaltigkeitssteigerung anhand deren Vermeidungskosten. Dabei werden die einzelnen Maßnahmen aufsteigend nach den zugehörigen durchschnittlichen Vermeidungskosten bis zum Jahr der geplanten Zielerreichung der Nachhaltigkeitssteigerung aufgetragen. Negative Vermeidungskosten bedeuten, dass sich die Maßnahme bereits während der Nutzungsdauer amortisiert und daher besonders wirtschaftlich für den Werkzeugbaubetrieb ist.[988] Mit diesen

[985] Eigene Darstellung

[986] Blockheizkraftwerk und PV-Anlage sind Teil der TGA der Fritz Stepper GmbH & Co. KG.

[987] Vgl. Hechelmann et al. (Wege zum klimaneutralen Unternehmen), 2023, S. 89.

[988] Vgl. Hechelmann et al. (Wege zum klimaneutralen Unternehmen), 2023, S. 89-91.

Maßnahmen können die Partikel- sowie Geräuschemissionen, aus dem Handlungsfeld Emissionen, unmittelbar positiv beeinflusst werden. Die nachfolgende Abbildung 5.43 stellt exemplarisch die Vermeidungskostenkurve für TGA-Maßnahmen im Werkzeugbau dar.

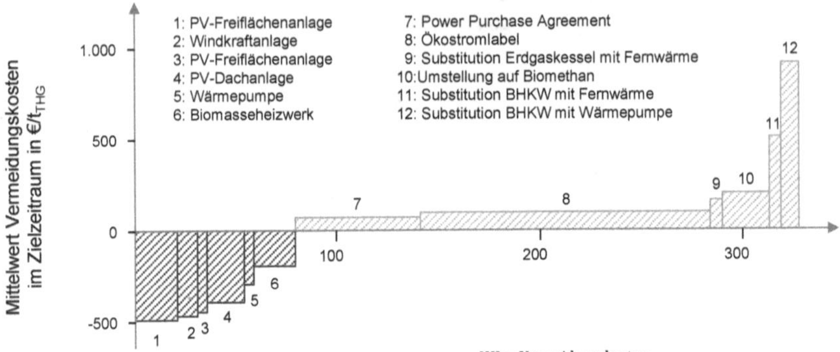


$$Mittelwert\ Vermeidungskosten = \frac{\sum_{t=1}^{N} VKt}{N_{Jahre}}$$

*mit*

$$VK_t = \frac{K_{A\,t} + K_{B\,t} - E_{K\,t}}{THG - Vermeidung_t}$$

$VK$ = Vermeidungskosten

$N$ = Anzahl der Jahre im Zielzeitraum

$t$ = Jahr

$K_{A\,t}$ = Abschreibungskosten in Jahr $t$

$K_{B\,t}$ = Betriebskosten in Jahr $t$

$E_{K\,t}$ = Kosteneinsparung in Jahr $t$

**Abbildung 5.43: Exemplarische Vermeidungskostenkurve für TGA-Maßnahmen[989]**

Das Handlungsfeld Wasser umfasst alle Wasserverbräuche entlang des Auftragsabwicklungsprozesses. So kann bspw. Grundwasser dazu genutzt werden, um Gebäude des Werkzeugbaus zu kühlen.[990] Die Notwendigkeit der Berücksichtigung symbiotischer Kreisläufe resultiert insbesondere aus der Leistungssystementwicklung von Re-Use-Konzepten. Hierbei wird die Individualität der Erzeugnisse sowie die mögliche Wiederverwendbarkeit von Werkzeugen bzw. Werkzeugkomponenten berücksichtigt. Gleichermaßen können durch Maßnahmen, wie z. B. die Wiederaufbereitung von Prozessschmierung[991] oder der Verdüsung von Spänen[992], die Kreisläufe der Ver- und Gebrauchsgüter geschlossen werden. Das Handlungsfeld Materialnutzung adressiert die Größen Ressourcenbedarf sowie Abfall. Eine beispielhafte Maßnahme ist die veränderte Rohstoffauswahl der Werkzeugmaterialien. Die Herstellung von Materialien, wie Aluminium, Stahl oder Kupfer, ist sehr energieintensiv. Der entsprechende Emissionsfaktor der Materialien ist allerdings abhängig von dem jeweiligen Ort der Produktion. So ist bspw. der Emissionsfaktor von in Deutschland hergestelltem Aluminium oder Stahl deutlich geringer, als der entsprechende Faktor von Materialen aus China.[993]

[989] I. A. a. Hechelmann et al. (Wege zum klimaneutralen Unternehmen), 2023, S. 89f.

[990] Grundwasserkühlung der Gebäude ist Teil der Maßnahmen der Harting Applied Technologies GmbH.

[991] Wiederaufbereitung der Prozessschmierung ist Teil der Maßnahmen der Siebenwurst Werkzeugbau GmbH.

[992] Verdüsung von Spänen ist Teil der Maßnahmen der BMW AG Werkzeugbau Landshut.

[993] Vgl. Hannen (Transformationsstrategien zum CO2-neutralen Unternehmen), 2021, S. 111.

Die urbane Integration, Mitarbeitendenfokussierung sowie Lern- und Trainingsumgebung bilden die sozialen Handlungsfelder. Die dem Positiv Impact-Factory-Ansatz entstammenden Handlungsfelder Offenheit und Verkehr werden unter der urbanen Integration zusammengefasst. Die Mitarbeitendenfokussierung adressiert Zufriedenheit, Work-Life-Balance, Diversität sowie Arbeits- und Gesundheitsschutz. Beispielhafte Maßnahmen zur Förderung der Mitarbeitendenzufriedenheit sind die Nutzung schwenkbarer Montagetische[994] oder die Entwicklung einer firmeneigenen Applikation zur Organisation des Pendelverkehrs[995]. Das Management von Wissen und Kompetenzen wird in der Lern- und Trainingsumgebung zusammengefasst. Mithilfe der Anwendung von digitalen Lernplattformen zur On-Demand-Bereitstellung von Wissen können bspw. junge Fachkräfte in den komplexen, manuellen Prozessen des Werkzeugbaus angelernt werden[996]. Die digitale Vernetzung mitsamt Cloudlösungen, CPS und Datensicherheit bilden die technischen Handlungsfelder der ökoeffektiven Werkzeugfabrik.

Zur Umsetzung der ökoeffektiven Werkzeugfabrik bedarf es umfassender Maßnahmen in allen beschriebenen Handlungsfeldern. Nachfolgend werden beispielhafte Maßnahmen im Handlungsfeld Energieeffizienz beschrieben, da der Handlungsdruck aufgrund des direkten Zusammenhangs der Energienutzung mit $CO_2$-Emissionen sowie der steigenden Energiepreise auf die Werkzeugbaubetriebe zunimmt. Die Maßnahmen im Handlungsfeld Energie können in die Steigerung der Energieeffizienz und in die Optimierung der Energiebeschaffung unterteilt werden. Die Steigerung der Energieeffizienz umfasst dabei alle Aspekte, die den Energieverbrauch sowie die Energiekosten reduzieren. So ist z. B. die Auslastung des Maschinenparks ist ein relevanter Stellhebel, da die durchschnittliche Auslastung im Bereich Fräsen in hochautomatisierten Betrieben lediglich 47 % beträgt.[997] Die Automatisierung zur Erhöhung der Auslastung ist daher ein Teilaspekt der Energieeffizienz.[998] Ein schnelle Realisierung von Einsparungspotenzial liefert die Glättung von Energieverbräuchen. Die Energiekosten setzten sich aus dem Preis pro Kilowattstunden (kWh) sowie der bereitzustellenden Anschlussleistung, dessen Höhe durch den Energieversorger bepreist wird, zusammen. Das gleichzeitige Anfahren mehrerer Bearbeitungsmaschinen in der mechanischen Fertigung resultiert oftmals in einer erhöhten benötigten Anschlussleistung, da der Einschaltstrom der Maschinen deutlich über den Stromaufnahmen im laufenden Betrieb liegt. Ein sequentielles Anfahren bietet demnach Potenzial einer deutlichen Reduzierung der erforderlichen Anschlussleistung und somit der Kosten und Emissionen. Zusätzlich kann die Energieeffizienz durch eine Detailbetrachtung der Lüftungs-, Kühl- und Beheizungstechnik positiv beeinflusst werden[999]. Die sogenannten Quick-Checks Kälte und Lüftung des BUNDESMINISTERIUMS FÜR WIRTSCHAFT UND ENERGIE wei-

[994] Schwenkbare Montagetische sind Teil der Maßnahmen der BMW AG Werkzeugbau Landshut.

[995] Die Fuchsfahrt-Applikation für Pendler ist Teil der Maßnahmen der Otto Fuchs KG.

[996] Lern- und Wissensplattformen sind Teil der Maßnahmen der Giebeler GmbH.

[997] Vgl. Boos et al. (Wettbewerbsfaktor Nachhaltigkeit), 2020, S. 25.

[998] Auslastungsoptimierung der Anlagen ist Teil der Maßnahmen zur Energieeffizienzsteigerung der EBZ SE.

[999] Nutzung eines Energie-Dashboards ist Teil der Maßnahmen der Phoenix Feinbau GmbH & Co. KG.

sen realisierbare Optimierungspotenziale mit Fokus auf das Nutzungsverhalten von Hallenbereichen aus.[1000] Weiterhin reduziert bspw. der Einbau von Flächenheizungen den Energiebedarf durch die Veränderung der durch die Mitarbeitenden wahrgenommenen Temperatur. Zuletzt eignen sich angepasste Beleuchtungskonzepte, wie z. B. die Nutzung moderner LED-Leuchtmittel, zur Steigerung der Energieeffizienz. Neben einer geringeren Energieleistung bei längerer Lebensdauer im Vergleich zu konventionellen Leuchtmitteln fördert das natürliche Lichtspektrum die Konzentration der Mitarbeitenden. Im Kontext der Energiebeschaffung kann zwischen internen und externen Energiequellen unterschieden werden.[1001] Interne Energiequellen umfassen alle Lösungen, die eine eigenständige Erzeugung von Energie im Unternehmen ermöglichen. Ein Beispiel dafür ist die Nutzung von Nahwärme. Diese beschreibt die Nutzung oder Einspeisung von überschüssiger Wärme, z. B. aus Fertigungsprozessen oder einem Blockheizkraftwerk.[1002] Im Fall der Nutzung muss weniger Energie in die Wärmeerzeugung gesteckt werden, was direkt in einer geringeren Emissionsbelastung resultiert. Die Nutzung erneuerbarer Energien vereint sowohl interne als auch externe Energiequellen. Hierbei handelt es sich um Energie aus nachhaltigen, regenerativen Energiequellen, wie z. B. Wasserkraft, Windenergie, Geothermie oder Sonnenenergie. Diese sind emissionsfrei, liefern jedoch oftmals nur in Kombination eine ausreichende Energiemenge.

### 5.4.4 Duale Organisationsstruktur

Die unternehmerische Praxis hat bei der Umsetzung des Lean-Prinzips gezeigt, dass eine simple Adaption des japanischen Gedankens nicht zwangsläufig für eine erfolgreiche Implementierung ausreicht. Entscheidend für die erfolgreiche Umsetzung des Lean-Prinzips ist die Anpassung der Organisationsstrukturen.[1003] Eine ebenso bedeutende Stellung nimmt die Veränderung der Organisationsstrukturen für die Implementierung von Nachhaltigkeit im Werkzeugbau ein. Daher wird mit dem Gestaltungsaspekt duale Organisationsstruktur das Ziel verfolgt, die organisationalen Rahmenbedingungen für eine ganzheitliche Adressierung der beschriebenen Nachhaltigkeitsziele und die notwendigen Maßnahmen für eine nachhaltige Entwicklung zu schaffen sowie gleichzeitig einen effizienten Auftragsabwicklungsprozess zu gewährleisten. Dies umfasst die Schaffung neuer Entitäten sowie die Einordnung dieser in bestehende Organisationsstrukturen.

In der Literatur wird das Spannungsfeld zwischen der klassischen ökonomischen Herausforderung und der ökonomischen Gestaltung des Umwelt- und Sozialmanagements als sog. **Business Case for Sustainability** beschrieben.[1004] Dies bedeutet, dass der Werkzeugbau auf der einen Seite effiziente Strukturen aufweisen muss, um das Tagesgeschäft unter geringem Ressourceneinsatz erfüllen zu können. Auf der anderen Seite bedarf es eines organisatori-

[1000] Vgl. Bundesministerium für Wirtschaft und Energie (Quick-Checks Kälte und Lüftung), 2023.

[1001] Vgl. Boos et al. (Wettbewerbsfaktor Nachhaltigkeit), 2020, S. 24.

[1002] Energierückgewinnung über Kompressorabwärme ist Teil der Maßnahmen der Fritz Stepper GmbH & Co. KG.

[1003] Vgl. Schuh et al. (Industrie 4.0: Implement it!), 2018, S. 11.

[1004] Vgl. Schaltegger et al. (Nachhaltigkeitsmanagement in Unternehmen), 2007, S. 16f.

schen Ordnungsrahmens, in welchem nachhaltigkeitsfördernde Maßnahmen, wie z. B. Produktinnovation oder Reputationssteigerung, im Rahmen des Nachhaltigkeitsmanagements entwickelt werden können. Die heute i. d. R. hierarchische Unternehmensstruktur im Werkzeugbau kann diese Herausforderung nur unzureichend adressieren.[1005] Zwar eignet sich die hierarchische Struktur für eine effiziente Auftragsabwicklung innerhalb der jeweiligen funktionalen Bereiche des Werkzeugbaus, ein interdisziplinäres und lebenszyklusübergreifendes Nachhaltigkeitsmanagement wird allerdings deutlich erschwert. Daher wird nachfolgend eine duale Organisationsstruktur zur simultanen Realisierung einer effizienten Auftragsabwicklung und eines ganzheitlichen Nachhaltigkeitsmanagements dargestellt.

Nach STRACKE bedarf es einer **dualen Organisationsarchitektur**, um gleichermaßen Flexibilität und Effizienz im Werkzeugbau zu gewährleisten.[1006] Analog wird zur Adressierung der vorliegenden Herausforderung des Business Case for Sustainability eine duale Organisationsstruktur dargestellt. Für die stabilen und planbaren Tätigkeiten im Rahmen der Auftragsabwicklung von Neuwerkzeugen eignet sich unter dem Primat des ökonomischen Effizienzverständnisses weiterhin eine hierarchisch geprägte Organisation mit klaren Prozessen und Regeln sowie einem hohen Maß an Arbeitsteilung. Im Gegensatz dazu sollte das **Nachhaltigkeitsmanagement**, welches aufgrund der notwendigen Betrachtung aller Stakeholder von außerordentlicher Komplexität geprägt ist, unter Priorisierung ökologischer und sozialer Aspekte abgebildet werden. Für die organisatorische Verankerung des Nachhaltigkeitsmanagements bedarf es einer Betrachtung von etablierten Nachhaltigkeitsmanagementsystemen. Dabei handelt es sich um Standards oder Leitfäden, die sich aus verschiedenen Methoden des Nachhaltigkeitsmanagements zusammensetzen. Mithilfe der Verknüpfung der bestehenden Konzepte soll ein zusammenhängender Charakter entstehen, der letztlich verschiedene Ziele der nachhaltigen Entwicklung verfolgt.[1007] Die Hauptaufgabe der Systeme ist es, eine koordinierende und systematische Vorgehensweise in die Aktivitäten des Unternehmens zu bringen. Mit Bezug auf das Nachhaltigkeitsmanagement bedeutet dies primär, Unternehmensaktivitäten hinsichtlich gesetzlicher Rahmenbedingungen zu überprüfen und darüber hinaus eine Optimierung der Unternehmensabläufe zur nachhaltigen Entwicklung zu bewirken.[1008] Eine standardisierte Nachhaltigkeitsmanagementnorm existiert bislang nicht. Die verbreiteten und genutzten Managementsysteme beschränken sich zumeist entweder auf die ökologische oder auf die soziale Dimension. Die nach HERZIG UND SCHALTEGGER am häufigsten berücksichtigten und damit in Unternehmen etablierten Systeme sind nachfolgende in Abbildung 5.44 dargestellt.[1009]

---

[1005] Vgl. Boos et al. (Wettbewerbsfaktor Nachhaltigkeit), 2020, S. 13f.

[1006] Vgl. Stracke (Vernetzter und synchronisierter Serienanlauf), 2020, S. 173.

[1007] Vgl. Herzig; Schaltegger (Wie managen deutsche Unternehmen Nachhaltigkeit), 2009, S. 35.

[1008] Vgl. Schaltegger et al. (Nachhaltigkeitsmanagement in Unternehmen), 2007, S. 141.

[1009] Vgl. Herzig; Schaltegger (Wie managen deutsche Unternehmen Nachhaltigkeit), 2009, S. 36.

**Abbildung 5.44: Überblick der etablierten Nachhaltigkeitsmanagementsysteme**[1010]

So handelt es sich bei der ISO 14001 und dem Eco-Management and Audit Scheme (EMAS) um Umweltmanagementsysteme, während Occupational Health and Safety Management (OHSAS) 18001 und der ISO 26000 Sozialmanagementsysteme darstellen. Die Sustainability Integrated Guidelines for Management (SIGMA) beschreiben einen unverbindlichen Leitfaden mit stark integrativem Charakter, welcher sich nicht auf eine der drei Nachhaltigkeitsdimensionen beschränkt. Der erfolgreiche Aufbau, die Verwirklichung und die Aufrechterhaltung eines Nachhaltigkeitsmanagementsystems hängt maßgeblich von der Definition der Verantwortlichkeiten ab. So verbindet alle Systeme die Notwendigkeit der Ernennung einer Organisationseinheit oder eines Verantwortlichen mit ausreichender Befugnis, Bewusstsein, Kompetenz und Ressourcen, um die Verwirklichung des Nachhaltigkeitsmanagementsystems in der Organisation sicherzustellen und kontinuierliche Rückmeldung über die Umwelt- und Sozialleistung und deren Chancen zur Verbesserung zu gewährleisten. Die Auswertung der Daten des Branchenwettbewerbs „Excellence in Production 2022“ zeigt, dass bereits 40 % der teilnehmenden Unternehmen ein Umweltmanagementsystem nach ISO 14001 oder ein Sozialmanagementsystem nach ISO 26000 implementiert haben. Eine detaillierter Analyse der Finalisten des Wettbewerbs macht jedoch deutlich, dass in den wenigsten Fällen klare Verantwortlichkeiten im Kontext Nachhaltigkeit definiert wurden. So ist die Nachhaltigkeitsverantwortung lediglich bei 27 % der Finalisten mithilfe einer Funktion als Nachhaltigkeitsbeauftragter bzw. Sustainability Manager verankert. Der Anteil der internen Werkzeugbaubetriebe, welche diese Funktion organisatorisch integriert haben, liegt mit 33 % weit höher als der Wert der externen Werkzeugbaubetriebe mit lediglich 20 %.[1011] Diese Mehrheit der internen Werkzeugbaubetriebe ist insbesondere auf die Nutzung der Kapazitäten übergeordneter Organisationseinheiten innerhalb des Mutterunternehmens zurückzuführen. Die unzureichende nachhaltige Entwicklung der Branche Werkzeugbau resultiert demnach durchaus aus einer unzureichenden organisatorischen Verankerung des Nachhaltigkeitsmanagements. Hieraus kann abgeleitet werden, dass es im Werkzeugbau gesamtheitlich einer vernetzten Organisationseinheit bzw. definierter Verantwortlichkeiten für eine zentrale Steuerung des Nachhaltigkeitsmanagements bedarf.

In Anlehnung an KOTTER[1012] entsteht durch die Kombination hierarchischer und vernetzter Strukturen eine duale Organisationsstruktur. Die hierarchische Struktur des Werkzeugbaus, auch Geschäftssystemebene genannt, bleibt somit grundsätzlich erhalten, wird allerdings durch eine Netzwerkorganisation überlagert, die insbesondere bei interdisziplinären Aufgabenstellungen wie dem Nachhaltigkeitsmanagement Anwendung findet. Grundgedanke ist, aus der Geschäftssystemebene heraus entsprechend der benötigten Kompetenzen ein

---

[1010] Eigene Darstellung

[1011] Vgl. WZL; IPT (Unternehmensdatenbank "Werkzeugbau"), 2023.

[1012] Vgl. Kotter (Accelerate), 2014, S. 19-23.

**Sustainability-Steering Committee** (SSC) zu bilden, welches durch einen Sustainability Manager in der operativen Durchführung des Nachhaltigkeitsmanagements geleitet wird. Die Zusammenstellung des Steering Committees erfolgt unabhängig von der hierarchischen Stellung der Zugehörigkeit zu einer Fachabteilung. Die nachfolgende Abbildung 5.45 zeigt die Kombination der hierarchischen Struktur und des vernetzten Sustainability-Steering Committees. In Anlehnung an das Konzept Hypertext Organization[1013] nach NONAKA[1014] wird diese duale Organisationsstruktur um eine Wissensbasisebene ergänzt, um Wissen systematisch und nachhaltig im Werkzeugbau aufzubauen und zu verteilen.

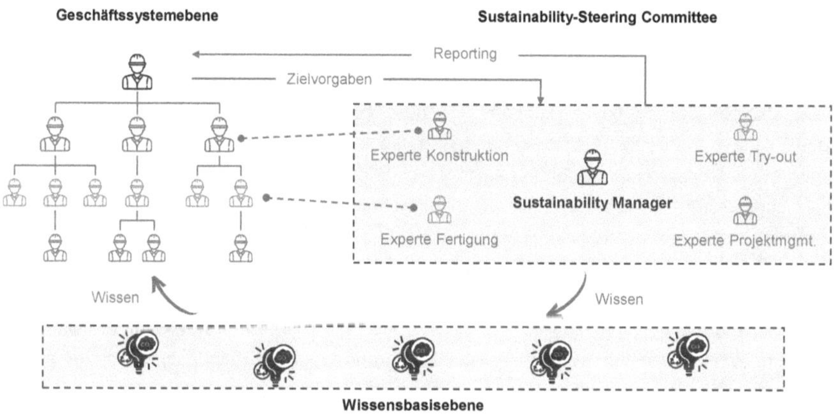


**Abbildung 5.45: Integration des SSC in die Organisationsstruktur im Werkzeugbau[1015]**

In der Wissensbasisebene wird das in der Organisation generierte Wissen durch organisatorische Routinen dokumentiert, wodurch die Wissensbasis kontinuierlich erweitert wird. Die Auswahl und Zuteilung der Mitarbeitenden aus der Geschäftssystemebene in das SSC ermöglicht die Entwicklung neuen Wissens sowie der Verteilung dieses Wissens innerhalb der gesamten Organisation.[1016] So kann z. B. das aus der Nutzungsphase eines Werkzeugs generierte Wissen in zukünftigen Projekten berücksichtigt werden, um bspw. die Energieeffizienz konstruktiv zu verbessern. Die vernetzte Organisationseinheit des SSC bildet den Ausgangspunkt für Entscheidungen hinsichtlich potenzieller Entwicklungen und Umsetzung des Nachhaltigkeitsmanagements. Neben einer Bewertung von Maßnahmen und Projekten zur Nachhaltigkeitssteigerung begleitet das SSC die Projekte durch Coaching und Veränderungsmanagement. Aufgrund der Bündelung von Fachwissen dient es zudem als zentrale Anlaufstelle und Berichter-

[1013] Die Hypertext Organization ist ein wissensorientiertes Organisationskonzept, mithilfe dessen die gezielte Verteilung der Wissensträger im Unternehmen zur verbesserten Nutzung und Generierung von Know-how gestaltet werden kann.

[1014] Vgl. Nonaka (Organizational Knowledge Creation), 1994, S. 32f.

[1015] Eigene Darstellung

[1016] Vgl. Nonaka (Organizational Knowledge Creation), 1994, S. 32f.

statter für alle Stakeholder im Kontext einer erfolgreichen Umsetzung des Nachhaltigkeitsmanagements. Das SSC besteht aus unterschiedlichen Mitgliedern, die bereits in der bestehenden Organisationseinheit vorzufinden sind und jeweils kompetenz- und kapazitätsbasiert besetzt werden. Sie erhalten aufgrund ihrer Expertise eine Zusatzfunktion für das SSC, welche für Entscheidungsprozesse herangezogen wird. Die Besetzung der Mitglieder des SSC ist aufgrund des hohen Bedarfs an Interdisziplinarität und Selbstorganisation an die Scrum-Methode angelehnt. Diese Methode entstammt der Softwareentwicklung und basiert auf der Anforderung, komplexe Aufgaben in einem dynamischen Umfeld effizient und zielgerichtet bewältigen zu können.[1017] Die Arbeitsweise des SSC erfolgt auf Basis iterativer Zyklen, sogenannten Sprints, wobei die Anzahl der Mitglieder sowie das zur Verfügung stehende Budget unternehmensspezifisch variieren kann. Äquivalent zur Scrum-Methode besteht das SSC aus Fachexperten sowie aus mindestens einem Product Owner und einem Methodencoach. Im Falle von kompetenzseitigen Engpässen wird das SSC durch projektübergreifende Springer unterstützt. Den Fachexperten obliegen die Aufgaben der fachlichen Unterstützung des SSC sowie der Integration der relevanten Maßnahmen zur Nachhaltigkeitssteigerung in den jeweiligen Fachbereichen. Aufgrund der angestrebten Ganzheitlichkeit des Ansatzes ist eine Integration eines Experten aus jedem funktionalen Bereich des Werkzeugbaus sinnvoll. Hierbei müssen insbesondere das relevante Prozess-, Organisations-, Projektmanagement- und Datenwissen berücksichtigt werden. Gemäß der Scrum-Methode liegt die inhaltliche, zeitliche und finanzielle Projektüberwachung im Verantwortungsbereich des Product Owners, während der Methodencoach relevantes Methodenwissen vermittelt. Aufgrund der oftmals eingeschränkten personellen Ressourcen der Werkzeugbaubetriebe ist es durchaus möglich, die Verantwortlichkeiten des Product Owners sowie des Methodencoachs in der Personalie des Sustainability Managers zu vereinen, der die zentrale Rolle innerhalb des SSC einnimmt.

Das Aufgabenspektrum des **Sustainability Managers** kann mithilfe der Sustainability Balanced Scorecard (SBSC) definiert werden. Das Ziel der SBSC ist die Integration aller drei Säulen der Nachhaltigkeit in die erfolgreiche Umsetzung der Strategie. Aufgrund der in Kapitel 3.1.2 beschriebenen Eigenschaften wird mit der Anwendung der SBSC die Unternehmensleistung in allen drei Nachhaltigkeitsdimensionen verbessert und somit ein starker unternehmerischer Nachhaltigkeitsbeitrag erreicht.[1018] Abgeleitet aus den fünf betrachteten Perspektiven der SBSC können die notwendigen Aufgaben des Sustainability Managers zur systematischen Berücksichtigung aller Umwelt- und Sozialaspekte definiert werden. Die Entwicklung des beschriebenen Business Case for Sustainability entstammt der finanzorientierten Perspektive der SBSC. Neben dem $CO_2$-Emissionszertifikathandel in der EU und Umweltlenkungsabgaben haben das Carbon Disclosure Project und der GRI Bedeutung erlangt. Oftmals bestehen messbare Zusammenhänge zwischen gewissen Nachhaltigkeitsaspekten und, wie z. B. $CO_2$-Emissionen, und Finanzkennzahlen. Die Aufgabe des Sustainability Managers ist es, mithilfe von Ansätzen des Finanzmanagements wie z. B. dem Environmental Shareholder Value Kon-

[1017] Vgl. Ganguly et al. (Evaluating agility in corporate enterprises), 2009, S. 411.

[1018] Vgl. Hahn; Wagner (Sustainability Balanced Scorecard), 2001, S. 4-6.

zept, finanzielle und nichtfinanzielle technische, ökologische und soziale Kennzahlen der Leistungserstellung mit Kennzahlen aus Entwicklung, Produktion und Logistik zu verknüpfen. Die zweite Aufgabe ist auf die marktorientierte Perspektive der SBSC zurückzuführen. In Lieferantenbeziehungen sowie in vielen Absatzmärkten steigt die Bedeutung der Nachhaltigkeit, sodass eine Unterstützung der Nachhaltigkeitstransformation des Absatzmarktes mithilfe geeigneter Nachhaltigkeitsleistungen notwendig ist. Als Basis für eine erfolgreiche Marktpositionierung durch die Realisierung von Nachhaltigkeitsleistungen obliegt dem Sustainability Manager die Identifikation kundenrelevanter Nachhaltigkeitsanforderungen sowie die entsprechende Berichtserstattung. Hierbei sind sowohl die Innovations- und Leistungserstellungsprozesse als auch die Lieferkette des Werkzeugbaus zu berücksichtigen. Darüber hinaus umfasst die prozessorientierte Aufgabe des Sustainability Managers die Durchführung einer kontinuierlichen Lebenszyklusbewertung mithilfe des in Kapitel 5.2 vorgestellten Reifegradmodells. Dies gewährleistet eine Steuerung der Geschäftsprozesse wie Innovations-, Management-, Produktions- und Logistikprozesse auf eine Art und Weise, dass ein wirkungsvoller Beitrag zur nachhaltigen Entwicklung auch zu einer Stärkung des wirtschaftlichen Unternehmenserfolgs führt. Sogenannte Nachhaltigkeitsaudits auf Basis des definierten Kennzahlen- und Indikatorenkatalogs dienen demnach der im Nachhaltigkeitsbericht festgehaltenen Angaben. Die wissens- und lernorientierte Perspektive der SBSC berücksichtigt hingegen die zunehmende Relevanz von Nachhaltigkeitsaspekten auf die Mitarbeitendenmotivation und die Attraktivität des Werkzeugbaus als Arbeitgeber. Die Aufgabe des Sustainability Managers besteht demnach in der Unterstützung von Weiterbildung, in der Motivation und der Verteilung der Information zu unternehmens-, markt- und gesellschaftsrelevantem Nachhaltigkeitswissen sowie der Ausgestaltung einer lern- und innovationsfreudigen Unternehmenskultur im Werkzeugbaubetrieb. Zuletzt wird der Unternehmenserfolg dadurch beeinflusst, in welchem Grad Leistungsangebot und -erstellung den Marktrahmenbedingungen sowie den gesellschaftlichen Erwartungen gerecht werden. Die außermarktlich orientierte Aufgabe des Sustainability Managers ist es daher, Maßnahmen zur Legitimitätssicherung, Reputationssteigerung und gesellschaftlichen Verankerung zu steuern. Im Fokus steht hierbei die intensive Ausgestaltung der Beziehung mit gesellschaftlichen Stakeholdern. Die nachfolgende Abbildung 5.46 stellt die Aufgaben des Sustainability Managers zusammenfassend dar.

**Abbildung 5.46: Aufgaben des Sustainability Managers**[1019]

## 5.5 Gestaltungselement digitaler Schatten

Die Umsetzung einer nachhaltigen Entwicklung des Werkzeuglebenszyklus scheitert derzeit maßgeblich am mangelnden Verständnis für die Struktur der ganzheitlichen Wertschöpfungskette. So fehlt oftmals ein phasenübergreifendes Wissen über Zusammenhänge des Werkzeuglebenszyklus, was nicht zuletzt der Befähigung der Kreislaufwirtschaft entgegenwirkt.[1020] Zurückzuführen ist dies insbesondere auf eine nicht ausreichende Informationsgrundlage, wodurch eine gezielte Koordination von Stoff- und Informationsflüssen verhindert wird. Ebenso müssen Informationen über Mengen, Qualitäten und Ressourcen erhoben und erhalten werden.[1021] Zur Schaffung einer hinreichenden Transparenz bedarf es dem digitalen Schatten des nachhaltigen Werkzeuglebenszyklus. Dieser bildet die Grundlage zur Anwendung von Methoden und Modellen der Datenauswertung und -analyse und somit zur datengestützten Gestaltung des nachhaltigen Werkzeuglebenszyklus.[1022]

Für das Gestaltungselement digitaler Schatten des Werkzeuglebenszyklus können daher zwei wesentliche Gestaltungsaspekte definiert werden. Zunächst muss ein lebenszyklusübergreifendes Datenmodell entwickelt werden. Der Begriff Datenmodell beinhaltet die Beschreibung von Daten als Bestandteil einer Datenbank sowie die Relation der Daten zueinander.[1023] Im

1019 I. A. a. Boos et al. (Wettbewerbsfaktor Nachhaltigkeit), 2020, S. 15.

1020 Vgl. Ritzén; Sandström (Barriers to the Circular Economy), 2017, S. 10.

1021 Vgl. Wilts; Berg (Digitale Kreislaufwirtschaft), 2017, S. 4.

1022 Vgl. Schuh et al. (Keine Industrie 4.0 ohne den digitalen Schatten), 2016, S. 745.

1023 Vgl. Meier (Relationale und postrelationale Datenbanken), 2007, S. 17.

industriellen Kontext helfen Datenmodelle somit bei der Analyse, dem Entwurf sowie der Implementierung von betrieblichen Informationsmanagementsystemen.[1024] Die notwendigen Daten entlang des Werkzeuglebenszyklus werden i. d. R. nicht nur im Produktionsumfeld des Werkzeugbaus, sondern ebenfalls in der Werkzeugnutzung beim Kunden sowie auch bei zahlreichen Wertschöpfungspartnern erhoben. Daher wird nach der Datenmodellierung die lebenszyklusübergreifende Datenaggregation sowie -verknüpfung als zweiter Gestaltungsaspekt beschrieben.

Im nachfolgenden Kapitel 5.5.1 werden zunächst die relevanten Grundlagen des digitalen Schattens erläutert. Anschließend wird in Kapitel 5.5.2 das lebenszyklusübergreifende Datenmodell entwickelt, bevor in Kapitel 5.5.3 die Möglichkeiten der Aufnahme und Speicherung sowie des Austauschs von Daten diskutiert und infrastrukturell eingebunden werden.

### 5.5.1 Grundlagen

Der **digitale Schatten** ist nach BAUERNHANSL ET AL. definiert als das „hinreichend genaue Abbild der Prozesse in der Produktion, der Entwicklung und angrenzenden Bereichen mit dem Zweck, eine echtzeitfähige Auswertungsbasis aller relevanten Daten zu schaffen".[1025] Zur Abbildung des digitalen Schattens müssen einheitliche Datenstrukturen zur Erfassung der Produktions- und Lebenszyklusdaten in ihrem jeweiligen Kontext geschaffen werden. Die unterschiedlichen Daten werden von verschiedenen Systemen, teilweise redundant, erfasst, wobei sich die Erfassung meistens nur durch die Granularität unterscheidet. Diese Granularität ist abhängig von den eingesetzten Systemen, den erhobenen Daten, der resultierenden Güte sowie des Detailgrades der Verknüpfung zwischen den Schnittmengen verschiedener Datensysteme.[1026] Um eine valide Auswertungsbasis zu schaffen, muss die Fehlerfreiheit der Datensätze mittels Fehlerdetektion sichergestellt werden.[1027] In Zusammenarbeit mit den CPS schafft der digitale Schatten die Datengrundlage, die systemübergreifend mithilfe von cloudbasierten Plattformen bereitgestellt und anschließend skalierbar verarbeitet und analysiert werden kann.[1028] Durch die anschließende Auswertung der Daten wird eine Vorhersage über den weiteren Prozessverlauf ermöglicht, sodass entscheidungsunterstützende Handlungsempfehlungen abgeleitet werden können. Durch die digitale Vernetzung der Produktion mittels CPS sowie dem Einsatz intelligenter Sensorik und Aktorik liefert jeder Prozess einen Informationsfluss. Die Möglichkeit, diese großen und inhomogenen Datenmengen zu erfassen und echtzeitnah zu verarbeiten, ist die Grundlage für eine weitergehende Nutzung. Die vollständige Erfassung der Daten findet derzeit jedoch nicht in allen Unternehmen statt. Die Auslegung der notwendigen digitalen Infrastruktur zur Abbildung des digitalen Schattens kann anhand des Migrationspfades nach BAUERNHANSL ET AL. erfolgen. Die in Abbildung 5.47 dargestellten neun Schritte des Migrationspfades sind den vier übergeordneten Handlungsfeldern Datenstruktur

[1024] Vgl. Fettke; Loos (Strukturanalogien in Datenmodellen), 2005, S. 89.

[1025] Vgl. Bauernhansl et al. (WGP-Standpunkt Industrie 4.0), 2016, S. 23.

[1026] Vgl. Schuh et al. (Der Digitale Schatten), 2016, S. 49.

[1027] Vgl. Bauernhansl et al. (WGP-Standpunkt Industrie 4.0), 2016, S. 23.

[1028] Vgl. Bauernhansl et al. (WGP-Standpunkt Industrie 4.0), 2016, S. 39.

und -modell (1), multimodale Datenaufnahme (2), multimodale Datenfusion (3) sowie Konsistenz- und Plausibilitätscheck (4) zugeordnet.[1029] Die einzelnen Schritte werden sequenziell durchlaufen und nachfolgend beschrieben.

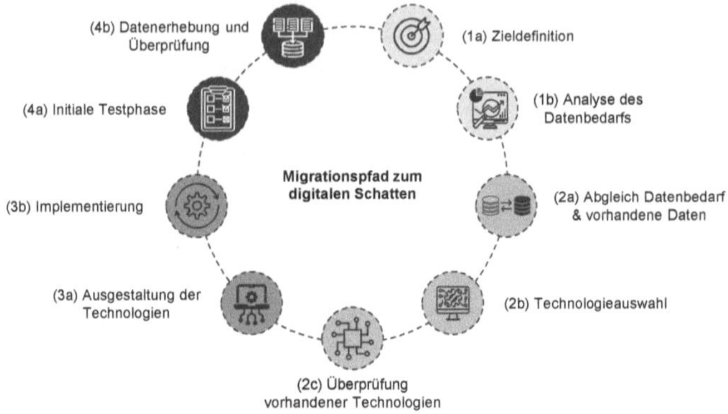


**Abbildung 5.47: Migrationspfad zum digitalen Schatten[1030]**

Um mithilfe des digitalen Schattens eine echtzeitfähige Auswertungsbasis zu schaffen, müssen zunächst notwendige **Datenstrukturen und -modelle** entwickelt werden. Dies umfasst zunächst die Zieldefinition und Zweckbeschreibung des digitalen Schattens (1a). Auf Basis des festgelegten Betrachtungsfokus, wie z. B. Produktionsprozess oder Lebenszyklus, gestalten sich die nachfolgenden Schritte des Migrationspfades. Anschließend erfolgt die Analyse des Datenbedarfs (1b), in welcher die zur Erreichung der Zielsetzung notwendigen Daten und Informationen definiert und strukturiert werden. Die Realisierung des digitalen Schattens erfordert zu jeder Zeit eine vollständige, redundanzfreie und konsistente Datenbasis. In Anwendungsfeldern wie Fahrerassistenzsystemen, autonomen Fahren und Robotik wird die **multimodale Datenaufnahme** bereits erfolgreich angewendet.[1031] Das Ziel dieser zweiten Phase ist die Erfassung der zuvor definierten Daten durch unterschiedliche Quellen. In einem ersten Schritt findet daher zunächst ein Abgleich zwischen Datenbedarf und vorhandenen Daten (2a) statt. Im nachfolgenden Schritt erfolgt die Technologieauswahl zur Datenaufnahme (2b). Hierzu muss für jeden Datenpunkt individuell entschieden werden, welche Technologien zur Aufnahme eingesetzt werden können. Durch die Erfassung der Daten in unterschiedlichen Granularitätsstufen und Frequenzen werden starke Redundanzen erzeugt. Während Granularität die Auflösungsgenauigkeit der Daten beschreibt, gibt die Frequenz die Auftrittshäufigkeit gleichwertiger Daten an. In diesem Kontext bedeutet Datenredundanz die Erfassung gleichwertiger Datenwerte zum gleichen Zeitpunkt. Im letzten Schritt der multimodalen Datenaufnahme, der Validierung bereits vorhandener Technologien (2c), wird die Eignung und Eingliederung der jeweiligen Technologie in das multimodale Gesamtkonzept überprüft. Um die Ge-

[1029] Vgl. Bauernhansl et al. (WGP-Standpunkt Industrie 4.0), 2016, S. 26-30.
[1030] I. A. a. Bauernhansl et al. (WGP-Standpunkt Industrie 4.0), 2016, S. 30.
[1031] Vgl. Bauernhansl et al. (WGP-Standpunkt Industrie 4.0), 2016, S. 26.

nauigkeit und Schnelligkeit der Datenaufnahme zu steigern, wird auf Sensornetzwerke zurückgegriffen.[1032] Die **multimodale Datenfusion** innerhalb der Sensornetzwerke ist eine Technologie, welche die Kombination von Sensordaten verschiedener Herkunft zu einem einzigen Darstellungsformat ermöglicht.[1033] Hierzu müssen die Daten nicht zwangsläufig von verschiedenen Sensorquellen stammen, sondern können auch zeitlich versetzte Messwerte eines Sensors sein, die für eine genauere Gesamtaussage kombiniert werden.[1034] Das Ziel dieser Phase ist die Erstellung eines einzigartigen Darstellungsformats. Dazu erfolgt zunächst die operative Ausgestaltung der ausgewählten Technologiekonzepte (3a). Hierbei müssen bspw. die Anbringungsart und -ort von Sendern und Empfängern sowie die Wiederverwertbarkeit von Sensorik anwendungs- und unternehmensspezifisch bestimmt werden. Im zweiten Schritt dieser Phase, der Implementierung des entwickelten Gesamtkonzepts (3b), wird ein operativer Implementierungsplan entwickelt, um den laufenden Produktionsprozess nicht zu beeinflussen. Die größte sich aus dem steigenden Datenvolumen ergebende Herausforderung ist die zunehmende Komplexität, einhergehend mit der fraglichen Relevanz einzelner Daten. Nur eine valide, hochqualitative Datenbasis ist für eine Optimierung der Prozesse von Nutzen. Mangelnde Datenqualität ist dabei auf unvollständige manuelle Rückmeldungen, falsche Datenaggregation bzw. Datenfusion oder auf Fehlermeldungen integrierter Maschinensensoren zurückzuführen. Zur Überwachung der Datenqualität müssen in einer initialen Testphase (4a) im Rahmen des **Konsistenz- und Plausibilitätschecks** zunächst Integritätsregeln und eine durchgängige Definition von Datenqualitätsprozessen in die Datenbanken implementiert werden (Konsistenzcheck). In einem zweiten Schritt, der Datenerhebung und -überprüfung (4b), erfolgt die Datenerhebung im realen Umfeld sowie die Prüfung auf inhaltliche Korrektheit der Daten (Plausibilitätscheck), um eine unzureichende Datenqualität vollständig zu verhindern.[1035]

### 5.5.2 Lebenszyklusübergreifendes Datenmodell

Eine datengestützte Gestaltung des nachhaltigen Werkzeuglebenszyklus bedarf der Konkretisierung der Informationsflüsse um eine Datenmodellierung. Die Datenmodellierung verfolgt das zentrale Ziel, alle relevanten Umwelt- und Bearbeitungsdaten entlang des Werkzeuglebenszyklus für die weitere Nutzung und Verarbeitung zu benennen, auszuwählen und zu klassifizieren.[1036] Jede Modellierung beginnt mit der Benennung der relevanten **Beschreibungselemente** des Datenmodells. Zur systematischen Strukturierung einer Organisation hat sich eine übergeordnete Gliederung nach gegeneinander abgegrenzten Kompetenz- und Aufgabenbereichen bewiesen.[1037] Aufgrund der Absicht des Datenmodells ein hinreichend genaues Abbild aller am nachhaltigen Werkzeuglebenszyklus beteiligten Prozesse in Form des digitalen

[1032] Vgl. Bauernhansl et al. (WGP-Standpunkt Industrie 4.0), 2016, S. 27.
[1033] Vgl. Khaleghi et al. (Multisensor data fusion), 2013, S. 28.
[1034] Vgl. Haberjahn (Multilevel Datenfusion konkurrierender Sensoren), 2013, S. 7.
[1035] Vgl. Bauernhansl et al. (WGP-Standpunkt Industrie 4.0), 2016, S. 28.
[1036] Vgl. Thalheim (Entity-Relationship Modeling), 2000, S. 2.
[1037] Vgl. Frese (Grundlagen der Organisation), 1998, S. 76.

Schattens zu schaffen, bildet eine solche Gliederung mittels **Prozesselementen** einen zentralen Bestandteil des Datenmodells. Die Prozessphasen des Werkzeuglebenszyklus Werkzeugentwicklung, Werkzeugerstellung, Werkzeuginbetriebnahme, Werkzeugnutzung und Werkzeugausmusterung stellen die Prozesselemente und somit eine äußere Ordnung des Datenmodells dar. Die definierten Prozesselemente bilden jeweils die Bilanzgrenze eines phasenspezifischen Teilmodells, wobei durch die Aggregation der Teilmodelle aller Phasen des Werkzeuglebenszyklus das ganzheitliche Datenmodell erzeugt wird. Die strukturelle Darstellung der Daten entlang des Werkzeuglebenszyklus setzt ein grundlegendes Verständnis aller relevanten Tätigkeiten und Prozesse voraus. Weiterhin werden externe Entitäten, welche eine Beziehung zu den Prozessen des Werkzeuglebenszyklus aufweisen, integriert. Gleichzeitig ermöglichen informationstechnische Kenntnisse das Ausweisen und Charakterisieren datenspezifischer Zusammenhänge und Abhängigkeiten.[1038] Diese Erkenntnisse werden im Rahmen des Datenmodells mittels Datenelementen und Verknüpfungselementen visualisiert. **Datenelemente** beschreiben die prozesselementspezifischen Informationen des nachhaltigen Werkzeuglebenszyklus und bilden somit den zentralen Inhalt des Datenmodells. Durch die phasenspezifische Kategorisierung erzeugen sie eine innere Ordnung des Modells. **Verknüpfungselemente** dienen der Beschreibung datenspezifischer Abhängigkeiten und erzeugen somit die Datenstruktur. Die Prozesse im Werkzeuglebenszyklus laufen in hohem Maße sequenziell ab, sodass bestimmte Daten in unterschiedlichen Datenklassen über die Grenzen eines Prozesselements hinweg erhalten bleiben. Die Gewährleistung einer systematischen, strukturierten und verständlichen Darstellung der Prozess-, Daten- und Verknüpfungselemente erfordert spezifische Regeln. **Darstellungselemente** dienen der visuellen Darstellung des Informationsgehalts der beschriebenen Elemente, weisen eine individuelle Syntax auf und sind einer spezifischen Modellierungssprache zuzuordnen. Modellierungssprachen sind ein essenzielles Werkzeug der Konstruktion von Modellen und folgen häufig Gleichungssystemen oder mathematischer Logik. Gleichzeitig finden in der Softwareentwicklung zudem graphische Beschreibungssprachen oder Mischformen aus grafischen und textuellen Darstellungen Anwendung.[1039] Eine Form der konzeptuellen Datenmodellierungssprache stellt die Unified Modeling Language (UML) dar.[1040] Die einfache und verständliche Darstellung von Klassen und Assoziationen ermöglicht ein hohes Maß an Übersichtlichkeit in Betrachtung der einzelnen Prozessschritte und Tätigkeiten entlang des Werkzeuglebenszyklus. Aus der nachfolgenden Abbildung 5.48 geht die schematische Darstellung der im Rahmen dieser Arbeit verwendeten Beschreibungselemente des Datenmodells hervor.

[1038] Vgl. Kelzenberg (Datenstrukturmodell für den digitalen Schatten), 2019, S. 131f.

[1039] Vgl. Rauh; Stickel (Konzeptuelle Datenmodellierung), 1997, S. 14.

[1040] Vgl. Drescher et al. (Modellierung und Analyse von Geschäftsprozessen), 2017, S. 42-45.

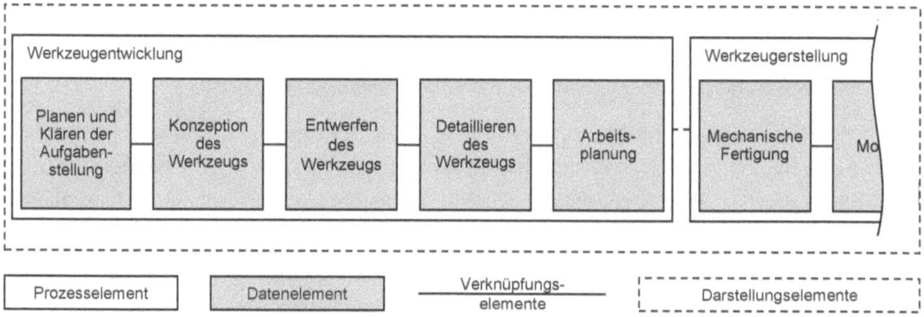


**Abbildung 5.48: Beschreibungselemente für das Datenmodell des digitalen Schattens**[1041]

Ein UML-Klassendiagramm besteht aus einzelnen Klassenelementen, welche durch verschiedene statische Beziehungen miteinander verbunden sind. Weiterhin kann ein Klassendiagramm Schnittstellen, Pakete, Beziehungen und Instanzen sowie Objekte oder Verknüpfungen enthalten. Klassendiagramme können in **Paketen** organisiert werden, wobei ein Paket innerhalb eines Datenmodells durch ein oder mehrere Klassendiagramme dargestellt werden kann. Die Aufteilung der Darstellung in getrennte Diagramme dient in der vorliegenden Arbeit der grafischen Vereinfachung und impliziert keine Aufteilung des Modells selbst. Ist ein Diagramm Teil eines Pakets, so wird sein Inhalt auf Elementen desselben Pakets abgebildet. Eine **Klasse** stellt das Beschreibungselement einer Menge von Objekten mit ähnlicher Struktur, ähnlichem Verhalten und ähnlichen Beziehungen dar. Das obere Namensfeld der Klassendarstellung enthält den Klassennamen und andere allgemeine Eigenschaften der Klasse. Das mittlere Klassenfeld enthält eine Liste von Attributen und das untere Klassenfeld umfasst die Operationen der Klasse.[1042] Ein **Attribut** wird als Zeichenkette dargestellt, welche in verschiedene Eigenschaften zerlegt werden kann. Neben dem Namen wird auch der Typ sowie der Startwert des Attributs als eine Zeichenkette dargestellt.[1043] Folgend wird die Notation eines Attributs in Abbildung 5.49 visualisiert.

*attributname(parameter):datentyp(startwert)*

**Abbildung 5.49: Notation eines Attributs der Modellierungssprache UML**[1044]

Im Rahmen der vorliegenden Arbeit beschränkt sich die Notation des Attributs auf dessen notwendige Elemente, weshalb dieses nur durch seinen Namen beschrieben wird. Die Darstellung in Klassen definierter Operationen und von Klassen bereitgestellter **Methoden** im unteren Feld der Klasse ähnelt der Notation eines Attributs. Sie beschreiben Dienste, zu deren Ausführung eine Instanz der Klasse aufgefordert werden kann.[1045] Eine generische Darstellung der Notation einer Methode kann Abbildung 5.50 entnommen werden.

---

[1041] Eigene Darstellung

[1042] Vgl. International Organization for Standardization (ISO/IEC 19501), 2005, S. 224f.

[1043] Vgl. International Organization for Standardization (ISO/IEC 19501), 2005, S. 229-232.

[1044] I. A. a. International Organization for Standardization (ISO/IEC 19501), 2005, S. 231f.

[1045] Vgl. International Organization for Standardization (ISO/IEC 19501), 2005, S. 231f.

*methodenname(parameter:startwert)*

**Abbildung 5.50: Notation einer Methode der Modellierungssprache UML**[1046]

Analog zur Notation der Attribute wird unter Betrachtung der Zielsetzung der vorliegenden Arbeit eine Beschreibung des Namens der Methode mittels Zeichenfolge als vollständig erachtet. Eine **Schnittstelle** ist ein Beschreibungselement für die nach außen sichtbaren Operationen einer Klasse. Diese spezifizieren oftmals nur einen begrenzten Teil des Verhaltens der tatsächlichen Klasse und weisen keine Attribute, Zustände oder Assoziationen auf. Schnittstellen verfügen lediglich über Operationen und können Generalisierungsbeziehungen besitzen.[1047] Die Beziehung zwischen einzelnen im Modell enthalten Klassen und Schnittstellen werden mithilfe von Verbindungselementen beschrieben:[1048]

- **Assoziation:** Semantische sowie strukturelle Abhängigkeit zweier Klassen, welche eine logische oder physische Nähe zueinander haben
- **Komposition:** Beziehung einer Zusammensetzung von Elementen und einem einzelnen zugehörigen Element
- **Aggregation:** Asymmetrische Beziehung zwischen einer Eigenschaft und einer Instanz, welche für eine Menge von Instanzen gültig ist
- **Vererbung:** Taxonomische Beziehung zwischen einem allgemeineren Element und einem spezifischen Element, dessen Identität konsistent mit der Identität des allgemeineren Elements ist, jedoch zusätzliche Informationen hinzufügt
- **Abhängigkeit:** Semantische Beziehung zwischen zwei Modellelementen oder Gruppen von Modellelementen, bei welcher die Änderung der Eigenschaften des Zielelements eine Änderung der Eigenschaften des Quellelements fordert
- **Schnittstellenbeziehung:** Verbindung eines Elements zu einer Schnittstelle, wobei über diese Informationen des jeweiligen Elements an die Schnittstelle weitergegeben werden

Die beschriebenen Verbindungselemente werden mit **Multiplizitäten** versehen, welche jeweils die erlaubten Kardinalitäten zweier miteinander verknüpfter Elemente abbildet. Die Darstellung erfolgt anhand der unteren sowie oberen Grenze der Kardinalität, wobei ein unendlicher bzw. undefinierter Endwert durch das Symbol „*“ beschrieben wird.[1049] Die nachfolgende Abbildung 5.51 visualisiert die Darstellungselemente des Datenmodells.

[1046] I. A. a. International Organization for Standardization (ISO/IEC 19501), 2005, S. 231f.
[1047] Vgl. International Organization for Standardization (ISO/IEC 19501), 2005, S. 236f.
[1048] Vgl. International Organization for Standardization (ISO/IEC 19501), 2005, S. 250-268.
[1049] Vgl. International Organization for Standardization (ISO/IEC 19501), 2005, S. 256f.

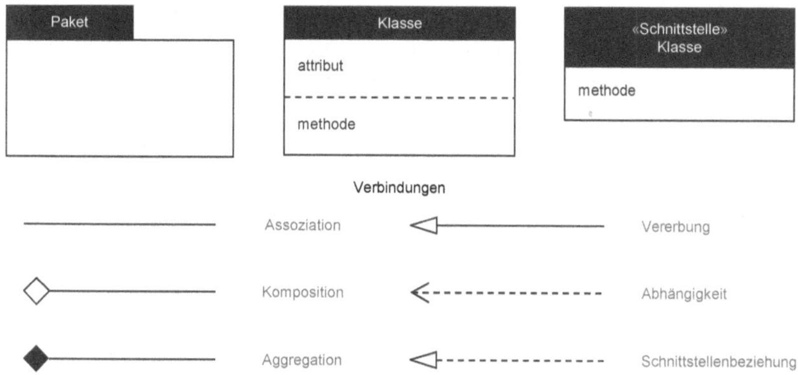


**Abbildung 5.51: Darstellungselemente des Datenmodells**[1050]

Die übergeordnete Struktur des Datenmodells für den digitalen Schatten des nachhaltigen Werkzeuglebenszyklus erfolgt anhand dessen fünf generischen Phasen. Diese werden als Modellpakete dargestellt und verfügen jeweils über eine phasenspezifische Unterstruktur. Die zugehörigen Daten und damit der semantische Inhalt der jeweiligen Datenpakete wird aus dem in Kapitel 5.2.3 entwickelten Kennzahlen- und Indikatorensystem hergeleitet und ist in Klassen und Schnittstellenelemente organisiert. Übergeordnete Tätigkeits- und Aufgabenbereiche der fünf Phasen des Werkzeuglebenszyklus werden als Schnittstellenelemente dargestellt, welche selbst keine Informationen in Form von Attributen aufweisen, jedoch über aufgaben- und tätigkeitsspezifische Methoden verfügen. Die Identität der einzelnen Schnittstellen resultiert jeweils aus den semantischen Informationen der ihnen zugeordneten Datenklassen. Diese Datenklassen beschreiben die Unterstruktur der jeweiligen Schnittstelle und bilden die relevanten Elemente der einzelnen Aufgaben- und Tätigkeitsbereiche des Werkzeuglebenszyklus ab. Jede Klasse wird durch spezifische Attribute charakterisiert und weist zudem ihr zugeordnete Methoden auf. Es ist darauf hinzuweisen, dass die Auflistung der jeweiligen Attribute und Methoden im Rahmen dieser Arbeit lediglich eine exemplarische Auswahl umfasst und keinen Anspruch auf Vollständigkeit erhebt. Dabei beinhalten die enthaltenen Attribute sowohl allgemeine Informationen des durch sie beschriebenen Tätigkeitselements als auch solche Informationen, die hinsichtlich der nachhaltigen Gestaltung des Werkzeuglebenszyklus von besonderer Relevanz sind. Die Zuordnung der nachhaltigkeitsbezogenen Informationen zu der entsprechenden Dimension der Nachhaltigkeit erfolgt anhand der nachfolgend dargestellten Symbolik.

**Abbildung 5.52: Symbolik zur Kategorisierung des Nachhaltigkeitsbezugs von Kenngrößen**[1051]

[1050] Eigene Darstellung

[1051] Eigene Darstellung

Im Folgenden wird die Ausgestaltung des Datenmodells für den digitalen Schatten des nachhaltigen Werkzeuglebenszyklus anhand einer Lebenszyklusphase exemplarisch mittels des Datenpakets der Phase Werkzeugnutzung beschrieben. Diese untergliedert sich in die Unterprozessschritte Werkzeugbetrieb und Werkzeuginstandhaltung. Die beiden in die Schnittstelle Werkzeugbetrieb eingehenden Klassen beschreiben die Tätigkeiten fortlaufende Bauteilqualitätsprüfung und Prozessüberwachung, welche jeweils eine einfache Multiplizität hinsichtlich der Schnittstellenbeziehung aufweisen. Die Klasse **fortlaufende Bauteilqualitätsprüfung** umfasst die Attribute *Maßhaltigkeit*, *Oberflächenqualität*, *Farbe*, *Gewichtsabweichung*, *Schwindung* und *Rückfederung* sowie die Methode *Prüfen*. Die Klasse **Prozessüberwachung** wird durch die der ökologischen Nachhaltigkeit zugeordneten Attribute *Materialaufwand*, *Energieaufwand*, *Treibhausgasemissionen*, *Werkzeugwandtemperatur* sowie *Kühlzeit* beschrieben. Die Klasse wird durch ökonomische Attribute wie *Ausschuss*, *Kosten* und *Output* ergänzt. Weitere relevante Parameter der Prozessüberwachung sind Größen, wie z. B. *Entformungskraft*, *Stempelkraft*, *Körperschall* und *Werkzeugverformung*. Methodische wird die Klasse Prozessüberwachung durch das *Messen* beschrieben. Sowohl die fortlaufende Bauteilqualitätsprüfung als auch die Prozessüberwachung orientieren sich an der im Prozessschritt Werkzeugentwicklung definierten Aufgabenstellung, welche die gleichnamige Schnittstelle in eine vererbende Beziehung zur Schnittstelle Werkzeugbetrieb setzt. Die Schnittstelle Werkzeuginstandhaltung führt drei weitere, ihr untergeordnete Schnittstellen zusammen. Diese umfassen die drei Teilbereiche der Werkzeuginstandhaltung Inspektion, Wartung sowie Instandsetzung. Die Schnittstelle Inspektion greift wiederum auf die Klassen Soll-Ist-Analyse, Erfassung Anlagenparameter, Evaluierung Anlagenparameter und Planung Instandhaltungsmaßnahmen zu. Die Klasse **Soll-Ist-Analyse** steht mit einfacher Multiplizität mit der Schnittstelle in Verbindung und wird von den Attributen *Oberflächengüte*, *Führungsspiel*, *Prozessqualität*, *Prozessstabilität* und *Materialflusssteuerung* beschrieben. Ergänzt werden diese durch die ökologischen Attribute *Energieaufwand* und *Ressourcenaufwand* sowie das ökonomische Attribut *Output*. Die Klasse ist zudem durch die Methode *Analysieren* charakterisiert. Die Klasse **Anlagenparameter** wird durch die Attribute *Zuhaltekraft*, *Zählerstand* und *Zykluszeit* sowie die Methode *Erfassen* beschrieben. Sie weist eine Abhängigkeitsbeziehung zur Klasse **Evaluierung Analgenparameter** auf. Letztere umfasst das Attribut *Planabweichung* sowie die Methoden *Analysieren* und *Bewerten*. Zudem wird auf Basis der Ergebnisse der im Rahmen der betrachteten Schnittstelle Inspektion beschriebenen Klassen die **Planung** von **Instandhaltungsmaßnahmen** vollzogen. Die gleichnamige Klasse wird durch die Attribute *Instandhaltungsmaßnahmen*, *Kosten*, *Ressourcenaufwand* und *Anteil wiederverwendbarer Ressourcen* charakterisiert. Die beiden letzten Attribute weisen hierbei einen Bezug zur ökologischen Dimension auf, während die Kosten in Verbindung mit der ökonomischen Dimension stehen. Die Methode wird als *planend* beschrieben und die Multiplizität der Klasse ist hinsichtlich ihrer Beziehung zu anderen Klassen und Schnittstellen unbestimmt. Die Schnittstelle Wartung verknüpft insgesamt fünf Klassen. Innerhalb der Klasse **Reinigung des Werkzeugs** werden die Attribute *Reinigungsverfahren*, *Ressourcenaufwand*, *Kosten* und *Verschmutzungsgrad* sowie die Methode *Reinigen* verwendet. Im Rahmen der Klasse **Großwartung** finden die Attribute *Funktionserfüllung*, *Verschleißteil* und *Kosten* Berücksichtigung. Die relevanten Methoden dieser Klasse sind *Prü-*

*fen*, *Messen*, *Auswechseln*, *Reinigen* sowie *Demontieren*. Beide beschriebenen Klassen gehen mit einfacher Multiplizität in die Schnittstelle Wartung ein. Im Rahmen der Wartung erfolgt zudem das **Nachstellen der Schneidplatten**, welches in gleichnamiger Klasse durch die Attribute *Schneidwinkel*, *Schneidtiefe* und *Spanungsbreite* sowie die Methode *Nachstellen* abgebildet wird. Die Multiplizität richtet sich nach der Anzahl der Schneidplatten und ist damit im Rahmen des generischen Datenmodells unbestimmt.

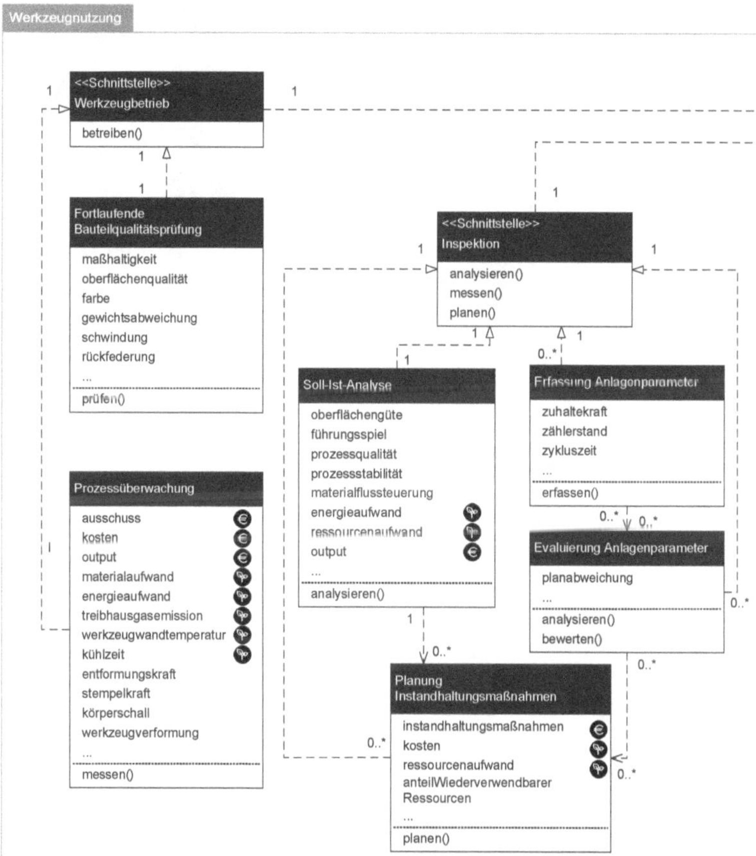


**Abbildung 5.53: Datenmodell Werkzeugnutzung (I/II)**[1052]

[1052] Eigene Darstellung

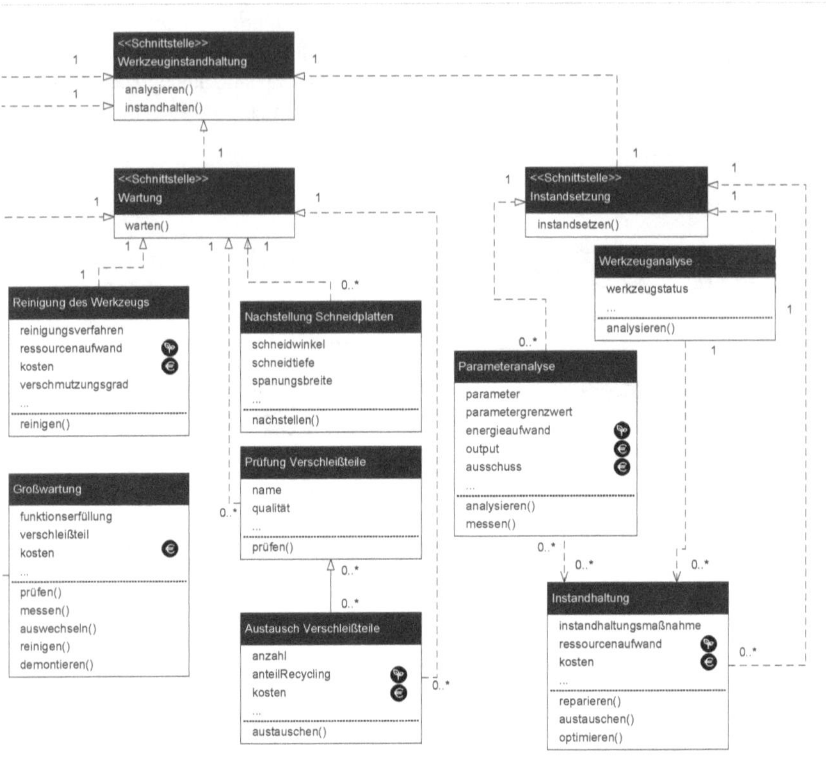


**Abbildung 5.54: Datenmodell Werkzeugnutzung (II/II)**[1053]

Die Klasse **Prüfung Verschleißteile** wird durch die Attribute *Name* und *Qualität* sowie die Methode *Prüfen* beschrieben und vererbt die Eigenschaften an die Klasse Austausch Verschleißteile. Ergänzt wird die Identität der Klasse **Austausch Verschleißteile** durch die Attribute *Anzahl*, *Recyclinganteil* und *Kosten* sowie die Methode *Austauschen*. Die Schnittstelle Instandsetzung, welche auf die Methode Instandsetzen zurückgreift, führt die Klassen Parameteranalyse, Werkzeuganalyse und Instandhaltung zusammen. Dabei erfolgt die Beschreibung der Klasse **Parameteranalyse** anhand der Attribute *Parameter*, *Parametergrenzwert*, *Energieaufwand*, *Output* und *Ausschuss* sowie den Methoden *Analysieren* und *Messen*. Die Klasse **Werkzeuganalyse** wird durch das Attribut *Werkzeugstatus* beschrieben und greift auf die Methode *Analysieren* zurück. Die Klasse **Instandhaltung** steht in Abhängigkeit zu den beiden zuvor beschriebenen Klassen und umfasst die Attribute *Instandhaltungsmaßnahme*,

[1053] Eigene Darstellung

*Ressourcenaufwand* und *Kosten* sowie die Methoden *Reparieren*, *Austauschen* und *Optimieren*. Abbildung 5.53 und Abbildung 5.54 zeigen das Datenmodell der Werkzeugnutzung.

Die Datenpakete der weiteren Phasen des Werkzeuglebenszyklus sind vollumfänglich im Anhang dargestellt. Nachfolgend wird die **Fusion** der einzelnen Datenpakete zu dem ganzheitlichen Datenmodell des digitalen Schattens des nachhaltigen Werkzeuglebenszyklus erläutert. Grundlegend bedingt der Prozesscharakter des Werkzeuglebenszyklus und somit die zeitliche und physische Abfolge der einzelnen Prozessschritte eine Verbindung der aneinander angrenzenden Datenpakete. So besteht jeweils eine Verbindung der letzten Schnittstelle eines jeden Paktes zur ersten Schnittstelle des darauffolgenden Pakets. Darüber hinaus weist die Klasse *Gesamtdokumentation*, welche der Schnittstelle Finale Abnahme des Werkzeugs innerhalb des Pakets Werkzeuginbetriebnahme zugeordnet ist, eine erbende Beziehung zu der im Paket Werkzeugentwicklung erzeugt Klasse *3D-CAD-Modell* auf. Somit existiert eine direkte Verbindung des Datenpakets Werkzeuginbetriebnahme zum Datenpaket Werkzeugentwicklung. Zudem greift die Schnittstelle Werkzeugaußerbetriebnahme ebenso wie die Schnittstelle Werkzeugausprobe und -einarbeitung auf die Klasse *Betrieb Transport- und Handling-Systeme* zu. Hieraus resultiert eine direkte Verbindung zwischen den Datenpaketen Werkzeugausmusterung und Werkzeuginbetriebnahme.

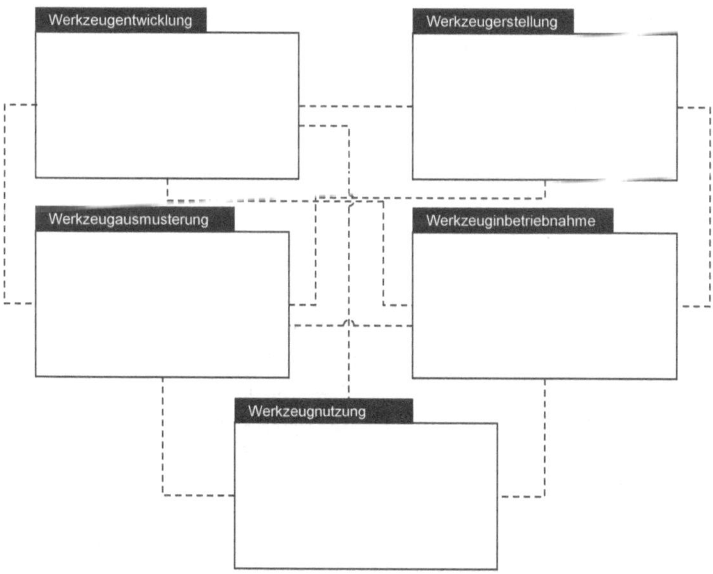


**Abbildung 5.55: Fusion der Datenpakete des nachhaltigen Werkzeuglebenszyklus**[1054]

Aufgrund der erbenden Beziehung der Klasse *Demontage*, welche der Schnittstelle Werkzeugrecycling angehört, zur Schnittstelle Montage, ist eine Verbindung des Datenpakets Werkzeugausmusterung zum Datenpaket Werkzeugerstellung festzustellen. Da die Schnittstelle

[1054] Eigene Darstellung

Werkzeugbetrieb von der Schnittstelle Aufgabenstellung erbt, weisen die Datenpakete Werkzeugentwicklung und Werkzeugnutzung eine direkte Verbindung auf. Zudem wird bereits in der Werkzeugentwicklung das Maß wiederverwendbarer Materialien und Komponenten des Werkzeugs bestimmt, was eine direkte Verbindung der Datenpakete Werkzeugentwicklung und Werkzeugausmusterung bedingt. Somit stehen sowohl das Datenpaket Werkzeugentwicklung als auch das Datenpaket Werkzeugausmusterung mit jedem anderen Datenpaket in direkter Verbindung. Eine schematische Darstellung der beschriebenen Fusion ist in Abbildung 5.55 dargestellt. Das detaillierte Datenmodell des digitalen Schattens des nachhaltigen Werkzeuglebenszyklus ist im Anhang in Abbildung 7.18 abgebildet.

Die Visualisierung der Daten in einem Modell stellt einen Schaltplan für den digitalen Schatten des Werkzeuglebenszyklus dar, welcher bedarfsgerecht um neue Daten erweiterbar ist. Die Verwendung des Datenmodells gewährleistet eine Übertragbarkeit in eine Datenbank bzw. ein Data Warehouse System.

### 5.5.3 Lebenszyklusübergreifende Datenaggregation und -verknüpfung

Nachdem die erforderlichen Rohdaten sowie deren Struktur definiert wurden, müssen zur Erzeugung des digitalen Schattens des nachhaltigen Werkzeuglebenszyklus die relevanten Daten aus verschiedenen Datenquellen aggregiert werden.[1055] Als Datenquellen werden in diesem Zusammenhang solche Systeme bezeichnet, die Daten entweder erzeugen oder speichern können. Relevante Daten können im Werkzeuglebenszyklus aus **Anwendungssoftwaresystemen** abgegriffen werden. Darunter werden Programme verstanden, die Funktionalitäten zur Unterstützung von betriebswirtschaftlichen, technischen und interdisziplinären Aufgaben bereitstellen.[1056] Dazu zählen Enterprise Resource Planning (ERP) Systeme, Manufacturing Execution System (MES), Supplier Relationsship Management (SRM) Systeme, Environmental Management Systeme (EMS), Customer Relationship Management (CRM) Systeme, Product Lifecycle Management (PLM) und Waste Management Systeme (WMS). Die Erhebung der Werkzeugdaten wird durch am Werkzeug installierte Sensorik ermöglicht. Für eine detaillierte Erläuterung der im Werkzeugbau relevanten Sensortypen wird an dieser Stelle auf BOOS ET AL.[1057] sowie BEGOVIC[1058] verwiesen. Gleichzeitig werden lieferanten- und kundenseitige Daten über Schnittstellen zu deren Softwarelösungen, wie z. B. ERP-Systeme, zur Verfügung gestellt. Zudem müssen für eine ganzheitliche Abbildung des digitalen Schattens des nachhaltigen Werkzeuglebenszyklus weitere externe Datenquellen, wie z. B. das Handbuch für Emissionsfaktoren (HBEFA), Fachpublikationen und Studien, der GHG Protocol Standard und Semantic Web Technologien zur Erhebung relevanter Markt- und Umweltdaten genutzt werden. Hierbei ist teilweise eine manuelle Datenaufnahme notwendig. Die nachfolgende Abbildung 5.56 visualisiert die unterschiedlichen Datenquellen entlang des Werkzeuglebenszyklus.

[1055] Vgl. Bauernhansl et al. (WGP-Standpunkt Industrie 4.0), 2016, S. 23.

[1056] Vgl. Abts; Mülder (Grundkurs Wirtschaftsinformatik), 2002, S. 58.

[1057] Vgl. Boos et al. (Intelligente Werkzeuge und datenbasierte Geschäftsmodelle), 2018, S. 16-20.

[1058] Vgl. Boshof (Datenbasierte Dienstleistungen im Werkzeugbau), S. 146-148.

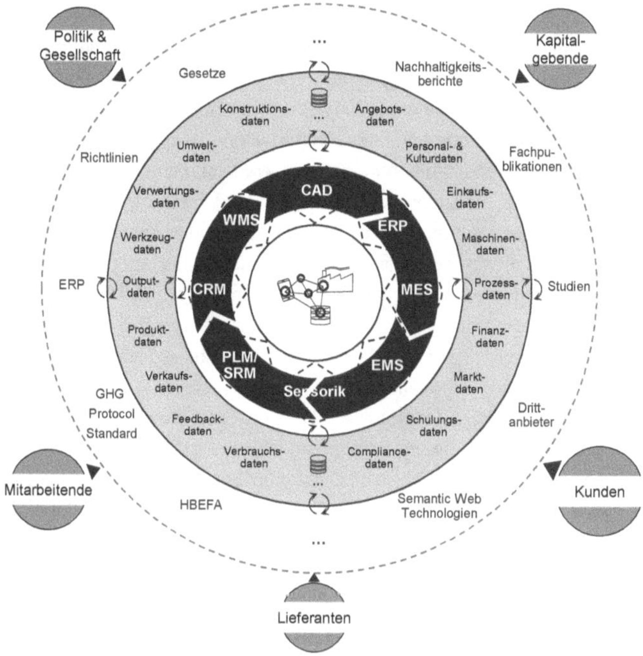


**Abbildung 5.56: Datenquellen entlang des Werkzeuglebenszyklus**[1059]

Aufgrund der Masse an Daten, die über unterschiedliche Datenquellen entlang des Werkzeuglebenszyklus erzeugt werden, stellt die Auswahl und Festlegung relevanter Datenquellen sowie deren Speicherung eine Herausforderung dar. In der Regel bestehen die Systemketten entlang des Werkzeuglebenszyklus aus unterschiedlichen proprietären Systemen, sodass gezielte Datenspeicherung sowie -austausch über Systemgrenzen hinaus nur selten möglich sind. Die lebenszyklusübergreifende Datenaggregation und -verknüpfung sieht daher eine datenverarbeitende Middleware sowie eine Datenbank vor. Da im vorliegenden Anwendungsfall oftmals sehr große Mengen strukturierter sowie unstrukturierter Daten aus verschiedenen Datenquellen entlang des Werkzeuglebenszyklus aufgenommen werden müssen, ist der Aufbau eines **Data Lake** als Datenbank notwendig. Das Data Lake unterstützt die Speicherung aller Arten von Daten in ihrer Originalform, obwohl zum Zeitpunkt der Datenspeicherung die Verwendbarkeit einiger Daten nicht bekannt ist.[1060] Diese Daten, wie z. B. Daten kritischer Rohstoffe oder Emissionsdaten, könnten zukünftig jedoch eine Relevanz bekommen. Die Integration über heterogene Anwendungssoftwaresysteme können Data Lake Systeme bislang nicht leisten. Aus diesem Grund liegt zwischen den beschriebenen Datenquellen und Applikationen

[1059] Eigene Darstellung

[1060] Vgl. Chessell et al. (Hybrid Cloud Architecture), 2017, S. 35; Gorelik (The enterprise big data lake), 2019, S. 8.

bzw. dem Betriebssystem eine Softwareschicht, die als **Middleware** bezeichnet wird. Die Middleware im nachhaltigen Werkzeuglebenszyklus muss zwei zentrale Anforderungen erfüllen. Einerseits bedarf es zur Realisierung digitaler Workflows und Synchronisierung von Daten zwischen unterschiedlichen Systemen eines bidirektionalen Austauschs zwischen unterschiedlichen Anwendungssoftwaresystemen in der Datenquellenebene. Andererseits werden zur Erzeugung des digitalen Schattens des nachhaltigen Werkzeuglebenszyklus kontinuierlich umweltrelevante Daten in das Data Lake geladen, um diese für echtzeitnahe Analysen bereitzustellen. An die Middleware werden daher die in der Datenquellenebene beschriebenen Datenbanken und Systeme angeschlossen, sodass für die Informationsgenerierung im Data Lake auf verschiedene Datenquellen zugegriffen werden kann. Zusätzlich kann ein bilateraler Informationsaustausch zwischen den Datenquellen realisiert werden. Zur Anbindung dieser Systeme verfügt die Middleware über standardisierte Schnittstellen, sogenannte Anwenderprogrammierschnittstellen (engl. Application Programming Interface (kurz: API)), die unterschiedliche Kommunikationsprotokolle unterstützen. Die API spezifizieren Struktur und Aufruf von Operationen eines Dienstes, während die Protokolle grundlegende Regeln und Standards für den Informationsaustausch zwischen zwei Systemen bestimmen. Die Middleware reduziert somit die Komplexität heterogener Systeme und erlaubt verteilten Applikationen, in heterogenen Umgebungen zu kommunizieren und zusammenzuwirken.[1061] Abbildung 5.57 zeigt die für den nachhaltigen Werkzeuglebenszyklus ausgelegte Middleware sowie die angebundenen Datenquellen.

[1061] Vgl. Bernstein (Middleware), 1996, S. 86-90.

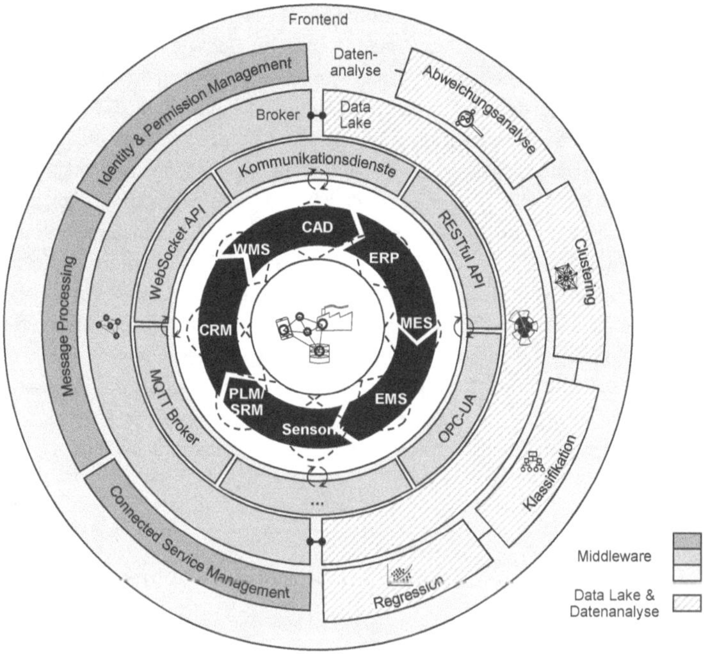


**Abbildung 5.57: Datenspeicherung und -austausch im nachhaltigen Werkzeuglebenszyklus**[1062]

Das **Frontend** bietet eine webbasierte Nutzeroberfläche, mit welcher spezifische Prozesse grafisch modelliert werden können. Mithilfe dessen können Mitarbeitende entlang des Werkzeuglebenszyklus neue Informationsflüsse in der Infrastruktur konfigurieren. Mithilfe des **Identity & Permission Managements** werden Zugriffsrechte einzelner Systeme und Entitäten definiert.[1063] Neben internen Prozessbeteiligten müssen hierbei ebenfalls externe Stakeholder, wie z. B. Kunden und Kapitalgeber, eingebunden werden. Zur Vermeidung eines Übertrags sensibler Informationen sollte der Zugriff auf für die jeweilige Stakeholdergruppe relevante Informationen beschränkt werden. Insbesondere im B2B-Kontext stellt der Datenaustausch und -zugriff eine große Herausforderung dar, da z. B. Kunden oftmals die Preisgabe von Geschäftsgeheimnissen und einen Kontrollverlust über die eigenen Prozesse befürchten. Der Datenaustausch über die einzelnen Phasen hinweg sowie zwischen den jeweiligen Stakeholdern, insbesondere zwischen Werkzeugbau und Kunde, ist jedoch ein kritischer Bestandteil eines nachhaltigen Werkzeuglebenszyklus. Im B2B-Kontext bieten sich datenzentrierte digitale Plattformen für einen Datenaustausch an.[1064] Plattformen definieren grundsätzlich eine einheitliche Basis zur Strukturierung, Entwicklung sowie Nutzung von Geschäftsmodellen, -

[1062] Eigene Darstellung

[1063] Vgl. Schel et al. (Manufacturing Service Bus), 2018, S. 182.

[1064] Vgl. Martens et al. (Business-to-Business data sharing), 2020, S. 14f.

prozessen und Produkten.[1065] Datenzentrierte digitale Plattformen ermöglichen den Nutzern eine Verarbeitung und Auswertung von Datenströmen.[1066] BOSHOF definiert daher vier Optionen für den Datenaustausch und -zugriff mithilfe von datenzentrierten digitalen Plattformen.[1067] Diese Optionen unterscheiden sich anhand der Kriterien Datensicherheit, Transparenz, Skalierbarkeit, Übertragbarkeit großer Datenmengen sowie Echtzeitfähigkeit. Aufgrund der starken Gewichtung der Datensicherheit, als Zielgröße des nachhaltigen Werkzeuglebenszyklus, bietet sich im Kontext der vorliegenden Arbeit für den Datenaustausch und -zugriff die Nutzung einer externen Plattform in Kombination mit einem ungefilterten Datenaustausch an. Hierbei wird die Plattform von einem unabhängigen Drittanbieter, wie z. B. Amazon, Microsoft oder SAP, betrieben, deren Cyber-Security-Standards den höchsten Ansprüchen genügen. Die definierten Stakeholderdaten werden direkt auf die Plattform übermittelt, zu welcher der Werkzeugbaubetrieb jederzeit einen verschlüsselten Datenzugriff besitzt. Jegliche Datenanalysen werden direkt auf der Plattform durchgeführt und anschließend in Form von Wissen bzw. Informationen an die jeweiligen Stakeholder zurückgespielt. Nachfolgende Abbildung 5.58 stellt den Datenaustausch und -zugriff im nachhaltigen Werkzeuglebenszyklus dar.

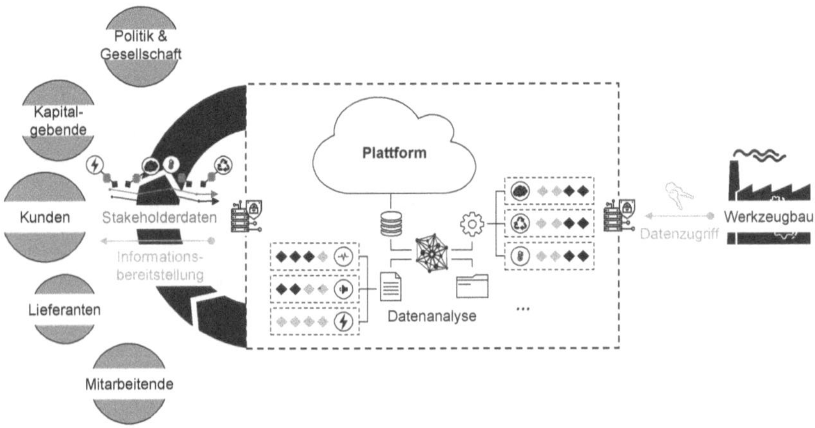


**Abbildung 5.58: Datenzugriff im nachhaltigen Werkzeuglebenszyklus[1068]**

Die notwendigen Integrationsprozesse für den Datenaustausch zwischen den heterogenen Systemen werden mithilfe der Integrationsdienste des **Message Processing** der Middleware gewährleistet. Die Routingdienste identifizieren Empfänger eingehender Daten, sodass diese zielgerichtet weitergeleitet werden können. Die Unterschiede in Datenformaten und Kommunikationsprotokollen zwischen Absender- und Empfängersystem werden mittels Transformationsdiensten überbrückt. Das dafür notwendige Datenmodell wurde in Kapitel 5.5.2 hergeleitet.

[1065] Vgl. Knoll; Rinderle-Ma (Plattformen), 2015, S. 323.

[1066] Vgl. Engelhardt et al. (Eigenschaften und Erfolgsfaktoren digitaler Plattformen), 2017, S. 5-8.

[1067] Vgl. Boshof (Datenbasierte Dienstleistungen im Werkzeugbau), S. 187-192.

[1068] Eigene Darstellung, I. A. a. Boshof (Datenbasierte Dienstleistungen im Werkzeugbau), S. 189.

Orchestrierungsdienste ermöglichen die Implementierung wiederkehrender Interaktionen zwischen den Systemen als Workflows.[1069] Die Einbindung und Konfiguration von Systemen und weiteren Datenbanken erfolgt in der Middleware mithilfe des **Connected Service Management.**[1070] Neben der Festlegung von Transformationsregeln werden hier bspw. Einstellungen bzgl. Aktualisierungszeitpunkten der Daten festgelegt. Um eine direkte Abhängigkeit zwischen Datenempfänger und Datenquelle zu vermeiden sowie die Anzahl von Verbindungen zwischen System zu reduzieren, wird die Kommunikation mithilfe eines **Brokers** gesteuert.[1071] Hierfür stehen unterschiedliche Kommunikationsprotokolle, wie z. B. OPC-UA, RESTful API, WebSocket API oder MQTT Broker, zur Verfügung. Die beschriebene Middleware ermöglicht neben einer bidirektionalen Informationsübertragung zwischen unterschiedlichen Systemen ebenfalls die unidirektionale Speicherung relevanter Umweltdaten in das Data Lake. Diese erfolgt über sogenannte Extraktions-, Lade- und Transformationswerkzeuge (ELT). Die Daten werden, nachdem sie aus den Datenquellen extrahiert wurden, zunächst geladen und anschließend auf die Datenstruktur des Data Lake transformiert.[1072] Die Datenaggregation und die Datenspeicherung mittels Data Lake mitsamt einem Verteilerdienst in Form einer Middleware sind Grundlage für eine Realisierung einer datengestützten Entscheidungsfindung.

Datenbasierte Entscheidungen ermöglichen eine schnelle und effektive Anpassung auf veränderte Umstände. Die Fähigkeit schnell und in Echtzeit datenbasiert strategische Entscheidungen zu treffen, wird zunehmend zu einer entscheidenden Erfolgseigenschaft von Unternehmen. Insbesondere für die reifegradbasierte Bewertung der Nachhaltigkeitsindikatoren können daher Datenanalysemethoden (**Data Analytics**) angewendet werden. Diese Methoden lauten Abweichungsanalyse, Clustering, Klassifikation und Regression. Die **Abweichungsanalyse** dient der Identifizierung von Anomalien und beschäftigt sich mit Objekten, die sich keinem Muster eindeutig zuordnen lassen. Hierbei kann es sich z. B. um fehlerfreie oder fehlerhafte Daten handeln. Ziel der Abweichungsanalyse ist es, die Ursachen für die untypischen Merkmalsausprägungen des Ausreißers aufzudecken.[1073] Ein möglicher Anwendungsfall für die Abweichungsanalyse ist die Evaluation der Optimierungen auf Basis der kontinuierlichen Lebenszyklusbewertung innerhalb des nachhaltigen Werkzeuglebenszyklus. Die Abweichungsanalyse evaluiert dabei jeden erzeugten Datenpunkt hinsichtlich ihrer Ähnlichkeit zu den bisherigen Datenpunkten. Der Abstand zu bisherigen Datenpunkten oder eine Abweichung von den in Kapitel 5.2.3 definierten Zielgrößen wird in die Bewertung einbezogen. Weiterhin können mithilfe der Abweichungsanalyse Einflussfaktoren ermittelt werden, die dafür gesorgt haben, dass keine Optimierung im Lebenszyklus erzielt werden konnte. Das **Clustering** berücksichtigt alle Merkmale einer Objektmenge und generiert auf Basis von Distanzen möglichst homogene Gruppen (Cluster).[1074] Mithilfe dieser homogenen Cluster können anwendungsspezifisch Trends und Strukturen erkannt werden. Ein konkretes Anwendungsbeispiel ist die Clusterung

1069 Vgl. Schel et al. (Manufacturing Service Bus), 2018, S. 182f.

1070 Vgl. Schel et al. (Manufacturing Service Bus), 2018, S. 182.

1071 Vgl. Minguez (Manufacturing Service Bus), 2013, S. 279.

1072 Vgl. Freiknecht; Papp (Big Data in der Praxis), 2018, S. 23.

1073 Vgl. Alpar; Niedereichholz (Data Mining im praktischen Einsatz), 2000, S. 9f.

1074 Vgl. Roiger (Data mining), 2017, S. 39.

von Stakeholderanforderungen. Diese müssen zur Zieldefinition und ganzheitlichen Gestaltung des nachhaltigen Werkzeuglebenszyklus frühzeitig analysiert werden. So kann z. B. aus der Anreicherung eines bestimmten Clusters Gesetzgebung ein Trend zur Verschärfung der Gesetzgebung im Kontext ökologischer Vorgaben frühzeitig indiziert werden. Die Methode **Klassifikation** ermittelt Muster, die es erlauben noch nicht bekannte Aussagen über Objekte zu treffen.[1075] Eine automatische Einordnung von Ereignissen in Klassen ist im Kontext der datengestützten Gestaltung des nachhaltigen Werkzeuglebenszyklus beispielsweise für die Identifikation von Verschleiß- und Fehlerbildern von Nutzen. Sollten Verschleiß- und Fehlerbilder bereits aufgetreten und eine entsprechende Recyclingstrategie oder Fehlerbehebung erarbeitet worden sein, kann dies durch die Klassifikation erkannt und dem Mitarbeitenden für das aktuelle Werkzeug zugänglich gemacht werden. Die **Regression** dient der Analyse von Beziehungen zwischen einer abhängigen und einer oder mehreren unabhängigen Variablen.[1076] Im Gegensatz zur Klassifikation, deren Output kategorisch ist, sagt die Regression einen konkreten numerischen Wert vorher.[1077] Da die Regression die Vorhersage von Werten und Zuständen ermöglicht, besitzt sie für die datengestützte Gestaltung des nachhaltigen Werkzeuglebenszyklus eine hohe Relevanz. So kann bspw. auf Basis der echtzeitnahen Datenverarbeitung der Grid-Faktoren in der Fertigung die unter ökologischen Gesichtspunkten emissionsärmste Prozesskette ermittelt werden.

## 5.6 Wechselwirkung der Gestaltungselemente

Die in diesem Kapitel vorgestellte Detaillierung des Prozessmodells zur datengestützten Gestaltung des nachhaltigen Werkzeuglebenszyklus zeigt konkrete Ansätze, wie die in Kapitel 4 hergeleiteten fünf Gestaltungselemente des Prozessmodells von Werkzeugbaubetrieben umgesetzt werden können. Die einzelnen Gestaltungselemente des Prozessmodells werden anhand des Metamodells der Architektur integrierter Informationssysteme (ARIS) nach SCHEER strukturiert hergeleitet.

Eine übergeordnete Strukturierung bietet das Gestaltungselement **Nachhaltigkeitsziele**, in welchem die Anforderungen aller relevanten Stakeholder Berücksichtigung finden. Das Gestaltungselement setzt sich aus zwei Gestaltungsaspekten zusammen. Zunächst werden die relevanten Stakeholder entlang des Werkzeuglebenszyklus sowie die treibenden Faktoren identifiziert. Darauf aufbauend werden nachhaltige Erfolgspositionen formuliert, für deren Operationalisierung spezifische Nachhaltigkeitsziele definiert und in einem Zielsystem aggregiert werden. Das Zielsystem umfasst die hergeleiteten NEP sowie die entsprechenden Zielkriterien als Basis für die Bewertung der Nachhaltigkeitsperformance. Folglich definiert es die handlungsleitenden Rahmenbedingungen für alle nachfolgenden Gestaltungselemente.

In dem Gestaltungselement **kontinuierliche Lebenszyklusbewertung** wird eine Steuerungs- und Bewertungssystematik entwickelt, die eine Ermittlung der aktuellen Zielerreichung der de-

[1075] Vgl. Roiger (Data mining), 2017, S. 34f.

[1076] Vgl. Thrane (Applied regression analysis), 2020, S. 6f.

[1077] Vgl. Backhaus et al. (Multivariate Analysemethoden), 2010, S. 58.

finierten Nachhaltigkeitsziele ermöglicht. Die Gestaltungsaspekte Bewertungsmodellarchitektur, Bewertungskriterien und -indikatoren sowie anforderungsgerechte Ergebnisbereitstellung bilden die inhaltliche Detaillierung des Gestaltungselements. Die Ergebnisse der kontinuierlichen Lebenszyklusbewertung liefern die notwendige Transparenz hinsichtlich der aktuellen Nachhaltigkeitsperformance und zeigen somit den Handlungsbedarf der Gestaltungselemente Nachhaltigkeitsleistung und nachhaltige Wertschöpfung auf.

Das Gestaltungselement **Nachhaltigkeitsleistung** fokussiert die gezielte Entwicklung von Leistungen mithilfe von Leistungsmodulen und Leistungsbaukästen, um die Nutzungsphase der Werkzeuge nachhaltig zu gestalten. Das Gestaltungselement adressiert somit die Anforderungen der Kunden als definite Stakeholder des Werkzeugbaus. Die Ausgestaltung der jeweiligen Leistungsbaukästen ist allerdings unternehmensspezifisch und unmittelbar von den Zielkriterien sowie der aktuellen Nachhaltigkeitsperformance abhängig. Somit existiert ein direkter Zusammenhang zu den ersten beiden Gestaltungselementen. Weiterhin haben einige Leistungsmodule einen hohen Datenbedarf, weshalb eine unmittelbare Wechselwirkung zum Gestaltungelement digitaler Schatten besteht.

Das Gestaltungselement **nachhaltige Wertschöpfung** umfasst wiederum Handlungsmöglichkeiten zur Umgestaltung von Prozessen, Ressourcen und der Organisationsstruktur im Werkzeugbau. Analog zu den Nachhaltigkeitsleistungen besteht eine hohe Abhängigkeit zu den ersten beiden Gestaltungselementen, da Werkzeugbaubetriebe zunächst die relevanten Stellhebel identifizieren müssen, bevor Maßnahmen eingeleitet werden. Weiterhin wird dir Umgestaltung der Wertschöpfung unmittelbar durch das Angebot der Nachhaltigkeitsleistungen beeinflusst. Werkzeugbaubetriebe können z. B. nur dann einen Re-Use von Komponenten anbieten, wenn die entsprechenden Prozesse intern etabliert sind.

Mithilfe des Gestaltungselements **digitaler Schatten** wird die notwendige Transparenz für die nachhaltige Entwicklung des Werkzeuglebenszyklus geschaffen und somit die zentrale Herausforderung der unterentwickelten Informationsverfügbarkeit adressiert. Hierzu wird zunächst ein lebenszyklusübergreifendes Datenmodell entwickelt, bevor die digitale Infrastruktur zur Datenaggregation und -verknüpfung hergeleitet wird. Die Beschreibung des Datenmodells ist hierbei insbesondere für die Messung und Bewertung der Lebenszyklusperformance relevant. Weiterhin benötigt der digitale Schatten angepasste IT-Infrastrukturen entlang des Werkzeuglebenszyklus, weshalb ebenfalls eine Wechselwirkung zu den Gestaltungselementen nachhaltige Wertschöpfung und Nachhaltigkeitsleistung besteht.

Die Ausführung der Wechselwirkungen der einzelnen Gestaltungselemente mit den dazugehörigen Gestaltungsaspekten verdeutlichen, dass diese immer im Gesamtzusammenhang des Prozessmodells zu betrachten sind. Diese Abhängigkeiten wurden jeweils ausgewiesen, indem zwischen den einzelnen Kapiteln Referenzierungen vorgenommen wurden. Aufgrund der Wechselwirkungen muss das Prozessmodell mit seinen Gestaltungselementen und -aspekten durch den anwendenden Werkzeugbaubetrieb ganzheitlich umgesetzt, auf die jeweilige Unternehmenssituation übertragen und ausgestaltet werden. Durch eine entsprechend ganzheitliche Umsetzung kann der Anwender die in Kapitel 2.4 zusammengefassten Herausforderungen der nachhaltigen Entwicklung gezielt und effektiv adressieren.

# 6 Validierung anhand von Fallbeispielen

Nachdem in Kapitel 5 das Prozessmodell zur datengestützten Gestaltung des nachhaltigen Werkzeuglebenszyklus ausdetailliert wurde, erfolgt in diesem Kapitel dessen Anwendung und Verifizierung anhand von Fallbeispielen. Durch diese Validierung werden die letzten beiden Phasen der angewandten Forschung nach ULRICH (vgl. Kapitel 1.5) erfüllt und der Forschungsprozess somit abgeschlossen.

Die Validierung wird anhand der Haidlmair Group sowie des Standortes Landshut der BMW Group durchgeführt. Im Sinne der Ganzheitlichkeit verdeutlichen die beiden Fallbeispiele jeweils leicht unterschiedliche Aspekte des Prozessmodells. Die nachfolgende Vorstellung der Fallbeispiele beschränkt sich auf eine wesentliche, übergeordnete Beschreibung, um keine schützenswerten unternehmensinternen Informationen zu veröffentlichen. Die beiden gewählten Fallbeispiele nehmen eine unterschiedliche Rolle im forschungsmethodischen Vorgehen des Autors ein. Entsprechend dem forschungsmethodischen Vorgehen der explorativen Forschung nach KUBICEK wird zunächst theoretisches Vorverständnis und davon abgeleitete Fragen an die Realität durch direkte Erfahrungen angereichert. Diese wird durch kritische Reflexion, Differenzierung und Abstraktion weitergehend erforscht. Anschließend wird der Forschungsprozess iterativ wiederholt.

Das Unternehmen Haidlmair stellt eine wesentliche direkte Erfahrung des Autors in der frühen Phase des Forschungsprozesses dar. Die Strukturierung der Prozesse sowie die Fokussierung des Themenbereichs Nachhaltigkeit der Haidlmair Group gaben den Anstoß für eine tiefe theoretische wie praktische Beschäftigung mit dem Thema der datengestützten Gestaltung des nachhaltigen Werkzeuglebenszyklus. Aus der Praxis dieses Unternehmens konnten zentrale Elemente des Prozessmodells abgeleitet und anschließend durch den Autor weiterentwickelt werden. Das Fallbeispiel der Haidlmair Group zeigt eine erfolgreiche Ausgestellung einzelner Aspekte des Prozessmodells in der unternehmerischen Praxis und belegt somit die Praxistauglichkeit des Modells.

Das Fallbeispiel der BMW Group hingegen stellt eine ganzheitliche aktive Übertragung und Umsetzung des Prozessmodells auf ein weiteres Unternehmen während der finalen Phase des Forschungsprozesses des Autors dar. Mit diesem Fallbeispiel wird daher die Übertragbarkeit und Umsetzungstauglichkeit des entwickelten Prozessmodells erprobt und belegt.

## 6.1 Fallbeispiel 1: Haidlmair Group

Die Haidlmair Group, nachfolgend Haidlmair genannt, ist führender Hersteller von Spritzgießwerkzeugen für die Produktion von Getränkekästen, Lager- und Logistikcontainern, Paletten- und Palettenboxen, Wertstoffbehältern sowie technischen und automotiven Teilen. Das Stammwerk im österreichischen Nußbach kann auf eine lange Tradition der Metallverarbeitung zurückblicken. Nachdem der Betrieb im Jahr 1730 als Schmiedebetrieb gegründet wurde, hat die Familie Haidlmair den Standort im Jahr 1850 übernommen und den Werkzeugbau über sieben Generationen hinweg zu einem der modernsten Werkzeugbaubetriebe weltweit entwickelt. Das Stammwerk in Nußbach mit seinen über 300 Mitarbeitenden bildet den Hauptsitz der aus 550 Mitarbeitenden bestehenden Unternehmensgruppe mit insgesamt zehn Unternehmen in vier Ländern. So verfügt Haidlmair über weitere Produktionsniederlassungen in Österreich, Ungarn und den USA. Zusätzlich stehen vier Servicecenter für die Werkzeugwartung sowie ein eigenes mobiles Service-Team für internationale Werkzeugwartung und -reparatur sowie Schulungen zur Verfügung. Darüber hinaus zeigt die Ausgründung weiterer Start-ups in den Bereichen Qualitätsmanagementsoftware, Digitalisierungslösungen sowie Heißkanalsysteme die Innovationskraft des Unternehmens.[1078]

Im Rahmen der Tätigkeit als wissenschaftlicher Mitarbeiter am Werkzeugmaschinenlabor WZL der RWTH Aachen University hatte der Autor einen engen Austausch mit dem Unternehmen auf Basis zahlreicher gemeinsamer Workshops und Seminare. Des Weiteren existierte ein fortwährender Austausch während diverser fachspezifischer Netzwerkveranstaltungen sowie durch die Teilnahme am Wettbewerb „Excellence in Production“ zum Werkzeugbau des Jahres.

### 6.1.1 Unternehmenssituation

Die Technologieführerschaft im Spritzgießbereich für kubische und quaderförmige Formteile ist das zentrale Differenzierungsmerkmal von Haidlmair in der Branche Werkzeugbau. Um die hohen Anforderungen an die bis zu 80 Tonnen schweren Spritzgießwerkzeuge zu erfüllen, verfolgt Haidlmair eine One-Stop-Strategie. Dabei stehen von der Optimierung der Produktidee, über das Prototyping mittels 3D-Druck, der Werkzeugherstellung sowie der Musterung bis zum fertigen Produkt eine Vielzahl moderner Fertigungsanlagen sowie die notwendige Software zur Verfügung. Des Weiteren betreibt Haidlmair einen der größten Computertomographen Österreichs, um eine zerstörungsfreie Bauteilprüfung zu gewährleisten. Die One-Stop-Strategie wird von einem umfassenden, internationalen Serviceangebot abgerundet. Die Ausgründungen Digital Moulds, als Joint Venture mit dem Hofmann Werkzeugbau, zur cloudbasierten Werkzeugüberwachung, Dokumentation und Visualisierung des Werkzeuglebenszyklus sowie des Start-ups testify zur digitalen Mängelerfassung zeigen die Innovationsfähigkeit des Betriebs. Als Beleg für die zuvor beschriebene Innovationskraft und technologische Expertise von Haidlmair kann die Auszeichnung als Finalist zum „Werkzeugbau des Jahres“ im Rahmen des Wettbewerbs „Excellence in Production“ im Jahr 2022 aufgeführt werden. Als Begründung wurde von der Jury, neben der beschriebenen One-Stop-Strategie, die klare strategische Ausrichtung in den Bereichen Digitalisierung und Nachhaltigkeit hervorgehoben.

Haidlmair fokussiert seit mehreren Jahren die nachhaltige Entwicklung des Werkzeugbaus sowie den Schutz der Umwelt. Aus diesen Gründen wurde der Unternehmensslogan im Jahr 2021 von „For Higher Productivity“ auf „Productivity for Sustainability“ geändert. Die zentrale Unternehmensstrategie fußt dabei auf den drei Säulen Erreichen der Klimaneutralität, nach-

[1078] Vgl. Haidlmair GmbH (Unternehmensbroschüre), 2022.

haltige Gestaltung des Herstellungsprozesses sowie Optimierung der $CO_2$-Bilanz der Produkte. Erste Schritte waren der Beitritt des Unternehmens zum UN Global Compact sowie die Investition in Klimaschutzprojekte. Zudem werden in Zukunft weitere Ziele zur Umsetzung der nachhaltigen Entwicklung von Haidlmair verfolgt.[1079] Die erläuterte Ausgangssituation, insbesondere aufgrund der Vorreiterrolle im Kontext Nachhaltigkeit, prädestiniert Haidlmair als Fallbeispiel zur ganzheitlichen Beschreibung des entwickelten Prozessmodells zur datengestützten Gestaltung des nachhaltigen Werkzeuglebenszyklus.

### 6.1.2 Anwendung des Prozessmodells

Nachfolgend erfolgt die Beschreibung der Umsetzung der Gestaltungselemente und -aspekte zur Validierung des Prozessmodells zur datengestützten Gestaltung des Werkzeuglebenszyklus. Hierzu wird beschrieben, in welcher Form die Gestaltungselemente und -aspekte bei Haidlmair bereits umgesetzt wurden bzw. welche weiteren Entwicklungsschritte notwendig sind und noch folgen.

Haidlmair fokussiert im Rahmen ihrer Unternehmensstrategie „Productivity for Sustainability" die drei zentralen **Nachhaltigkeitsziele** Klimaneutralisierung des Unternehmens, nachhaltige Gestaltung des Herstellungsprozesses sowie Optimierung der $CO_2$-Emissionen der Produkte. Neben der intrinsischen Motivation der Haidlmair Geschäftsführung, das Unternehmen langfristig nachhaltig auszurichten, adressieren die Ziele konkrete Anforderungen von Stakeholdern wie Politik und Gesellschaft, Mitarbeitenden sowie Kunden. Insbesondere letztgenannte verstärken ihre Nachhaltigkeitsanforderungen und setzen z. B. eine Zertifizierung nach ISO 14000 oder ISO 50001 voraus und verlangen den Nachweis von emittierten $CO_2$-Emissionen pro Produkt. Die in der eigenen Umweltrichtlinie festgehaltenen Ziele adressieren primär die ökologische und soziale Dimension der Nachhaltigkeit. Zentrale und quantifizierte Teilziele zur Umsetzung der nachhaltigen Entwicklung sind:

- Bestandsaufnahme der Treibhausgasemissionen nach Scope 1 und 2
- Implementierung eines Energiemanagementsystems
- Einsatz erneuerbarer Energie zur Reduktion der $CO_2$-Emissionen um 90 %
- Reduktion der Treibhausgase im Bereich des Fuhrparks um 32 Tonnen
- Aufbau eines Konzepts zur wirtschaftlichen Verwertung von Wert- und Reststoffen
- Reduzierung des Papierverbrauchs in der Wertschöpfung
- Ausarbeitung eines Konzepts zur End-of-Life-Behandlung von Werkzeugen

Im Kontext der **kontinuierlichen Lebenszyklusbewertung** orientiert sich Haidlmair an dem GRI-Standard und hat verschiedene Kennzahlen zur Bewertung der Zielerreichung definiert. So werden beispielweise die Energie- und Wasserverbräche kontinuierlich gemessen. Für die Messung des Carbon-Footprints der Werkzeuge berücksichtigt Haidlmair bis auf die Nutzungsphase alle Lebenszyklusphasen. So werden in der Materialbeschaffung bereits die Emissionen des Rohmaterials, der Fremdfertigung sowie der Eingangslogistik betrachtet. In der Werkzeug-

[1079] Vgl. Haidlmair GmbH (Umweltrichtlinie), 2022.

herstellung werden alle Scope 1 und 2 Emissionen der Prozesse der One-Stop-Strategie gemessen. Neben der Ausgangs- und Intralogistik umfasst die aktuelle Scope 3-Messung den Pendelverkehr der Mitarbeitenden. Das Werkzeug-Recycling sowie das End-of-Life-Management sind ebenfalls Bestandteile des Carbon-Footprints der Werkzeuge von Haidlmair. Der Fortschritt der nachhaltigen Entwicklung wird regelmäßig an das Management berichtet. Ab Herbst 2023 erfolgt zudem eine offizielle Berichtserstattung an alle Stakeholder.

Zur Zielerreichung verfolgt Haidlmair einen ganzheitlichen Ansatz, der sowohl die Unterstützung der nachhaltigen Entwicklung der Kunden sowie die nachhaltige Gestaltung der eigenen Wertschöpfung adressiert. Für die Unterstützung der Kunden umfassen die **Nachhaltigkeitsleistungen** insbesondere zwei zentrale Leistungsmodule. Einerseits bietet Haidlmair dem Kunden mithilfe eines High Price Selling Systems die Möglichkeit, Werkzeuge zu beziehen, die eine Ressourcen- und Emissionseinsparung in der Nutzungsphase sicherstellen. Angelehnt an die EUROMAP 60-Richtlinie zur Messung des Energieverbrauchs im Spritzgießprozess[1080] können Werkzeuge in unterschiedlichen Energieklassen erworben werden. Mithilfe der Erweiterung des Basiskonzepts durch gewichtsoptimiertes Design, moderner Heißkanaltechnik sowie Isolierungskonzepten kann die Energieeffizienz des Kunden während der Werkzeugnutzungsphase gesteigert werden. Andererseits bietet Haidlmair ihren Kunden die Rücknahme der Werkzeuge im Rahmen eines End-of-Life-Konzepts an. Dieses umfasst die Aufbereitung und potenzielle Wiederverwendung von Bauteilen. Nicht wiederverwendbare Bauteile werden einem sortenreinen Recycling-Kreislauf zugeführt. Somit adressiert Haidlmair insbesondere die Leistungssysteme des Ressourcenverbrauchreduzierers sowie des Wiederverwendungsbefähigers.

Das Angebot der End-of-Life-Konzepte erfordert die notwendige Prozessgestaltung für die Demontage, Reinigung und Wiederaufbereitung bestimmter Komponenten. Im Kontext der **nachhaltigen Wertschöpfung** fokussiert Haidlmair zudem die Beschaffung von Komponenten und Wertschöpfungsumfängen aus einem lokalen Lieferantennetzwerk. Die beschriebenen Handlungsfelder der ökoeffektiven Werkzeugfabrik adressiert Haidlmair in hohem Maße. So werden z. B. Reststoffe wie Späne sortenrein getrennt und einem symbiotischen Kreislauf zugeführt. Die Investition in energieeffiziente Maschinen, die Elektrifizierung des Fuhrparks sowie die Installation einer Photovoltaikanlage hat zu einer Steigerung der Energieeffizienz sowie einer drastischen Reduzierung der $CO_2$-Emissionen geführt. Als Resultat liegen die durchschnittlichen $CO_2$-Emissionen pro Mitarbeitenden bei lediglich 30 % im europäischen Vergleich. Weiterhin gewährleisten Maßnahmen im Bereich der Gebäudeausrüstung, wie z. B. der Einsatz von LED-Leuchtmitteln, Wärmedämmung sowie Wärmerückkopplung für die Abwärmenutzung aus der Druckluftaufbereitung eine nachhaltige Werkzeugherstellung. Die eigene Ausbildung, innovative Ausbildungskonzepte, wie z. B. der digitale Werkzeugbautechniker, sowie zahlreiche Sozialleistungen für die Mitarbeitenden sorgen für eine hohe Mitarbeitendenzufriedenheit. Die organisatorische Verankerung der Nachhaltigkeit mithilfe eines Nachhaltigkeitsbeauftragen sowie eines Energiemanagers sichert eine kontinuierliche Adressierung der

[1080] Vgl. EUROMAP Technichal Commission (EUROMAP 60.1), 203.

Nachhaltigkeitsziele und sensibilisiert die Mitarbeitenden für das Thema Nachhaltigkeit. Der Nachhaltigkeitsbeauftrage führt dabei die in Abbildung 5.46 dargestellten Aufgaben aus.

Die Nutzung der eigens entwickelten Informations- und Workflowplattform HaiPro kann als erster Schritt zum **Digitalen Schatten des Werkzeuglebenszyklus** angenommen werden. Auf dieser Plattform werden alle Informationen rund um die Werkzeugprojekte gesammelt und visualisiert. Hierbei wird das Ziel verfolgt, dass relevante Informationen nur einmalig eingegeben werden müssen und anschließend zu jedem Zeitpunkt im Werkzeuglebenszyklus verfügbar sind. Die Plattform interagiert hierbei über definierte Schnittstellen wechselseitig mit der restlichen Systemlandschaft und erstellt (teil-)automatisiert eine vollständige Dokumentation der Werkzeugprojekte. Langfristig sollen die Daten der Nutzungsphase der Werkzeuge mithilfe der von Digital Moulds angebotenen Lösung Mould Monitoring in die Plattform integriert werden, um den Lebenszyklus vollständig abbilden zu können.

### 6.1.3 Fazit zur Anwendung

Durch die ganzheitliche Umsetzung zahlreicher wesentlicher Gestaltungsaspekte des Prozessmodells gelingt Haidlmair eine nachhaltige Gestaltung des Werkzeuglebenszyklus. Aufgrund der konsequenten Ausrichtung an den definierten Nachhaltigkeitszielen konnten in den vergangenen Jahren bereits zahlreiche Verbesserungen im Kontext einer nachhaltigen Entwicklung erzielt werden. Weiteres Verbesserungspotenzial besteht insbesondere in der Nutzung relevanter sowie aktueller Daten über den gesamten Lebenszyklus, um die für die nachhaltige Entwicklung notwendige Transparenz zu schaffen.

## 6.2 Fallbeispiel 2: BMW Group, Standort Landshut

Das Werk Landshut ist das weltweit größte Komponentenwerk im Produktionsnetzwerk der BMW Group. Es liefert Bauteile an alle Fahrzeug- und Motorenwerke der BMW Group weltweit. Mit sechs Produktionsbereichen, Leichtmetallgießerei, carbonfaserverstärkter Kunststoff (CFK), Kunststoff Exterieur, Gelenkwellen, Cockpit und Ausstattung Elektro- und Sondermotoren, deckt das Werk ein komplexes Leistungsspektrum ab. In der Leichtmetallgießerei, als größter Produktionsbereich des Standorts, werden auf rund 87.000 m$^2$ Fläche mit 1.655 Mitarbeitenden jährlich ca. 3,3 Mio. Gusskomponenten mit einem Gesamtgewicht von 73.000 Tonnen für Fahrwerk, Strukturbauteile sowie elektrische Antriebe gefertigt. Hierbei kommen fünf verschiedene Gießverfahren zum Einsatz. Der Produktionsbereich CFK fertigt pro Jahr rund 500.000 CFK-Bauteile für die BMW M Modelle, die BMW 7er-Reihe sowie den BMW iX. Der Produktionsbereich Kunststoff verfügt über eine einzigartige Kompetenz in der Fertigung und Lackierung von großflächigen Kunststoffkomponenten, wobei jährlich rund 500.000 lackierte Exterieur-Komponenten aus Kunststoff in 45 Serienfarben und 200 Individualfarben produziert werden. Die Abteilung Technologiezentrum Leichtmetallgießerei, Instandhaltung, Werkzeugbau und Prototypenbau übernimmt zentrale Aufgaben in der BMW Group Leichtmetallgießerei sowie für die Produktionsbereiche CFK und Kunststoff. Mit mehr als 320 Mitarbeitenden ermöglicht das Technologiezentrum innovative Fertigungsverfahren und Produkte sowie eine hohe Leistungsfähigkeit der Produktion.[1081] Der zentrale Werkzeugbau (nachfolgend BMW genannt) sowie die Organisationseinheiten Metallurgie und Zirkularität sowie IT und Digitalisierung bilden den Betrachtungsbereich der Validierung.

Im Rahmen der Tätigkeit als wissenschaftlicher Mitarbeiter am Werkzeugmaschinenlabor WZL der RWTH Aachen University hatte der Autor einen engen Austausch mit dem Unternehmen auf Basis zahlreicher gemeinsamer Workshops und Seminare sowie der Begleitung eines bilateralen Projekts mit dem zentralen Werkzeugbau Landshut. Zielsetzung des Projekts war die Leistungsanalyse als Basis für die strategische und operative Transformation innerhalb der BMW Group. Des Weiteren existierte ein fortwährender Austausch während diverser fachspezifischer Netzwerkveranstaltungen sowie durch die Teilnahme am Wettbewerb „Excellence in Production" zum Werkzeugbau des Jahres.

### 6.2.1 Unternehmenssituation

Der zentrale Werkzeugbau existiert seit 2019 und kombiniert die Umfänge der Technologie Leichtmetallguss mit den Technologien Kunststoff und CFK. Das Team des zentralen Werkzeugbaus besteht aus rund 150 Mitarbeitenden und gewährleistet auf 6.500 $m^2$ Werkstattfläche mit 20 Bearbeitungsmaschinen die Produktionssicherheit von 730 Werkzeugen. Somit ist er maßgeblich für die reibungslose Produktion von Bauteilen in höchster Qualität verantwortlich. Der Werkzeugbau Landshut hat die Kompetenz, alle am Standort Landshut eingesetzten Werkzeuge für Bauteile aus Leichtmetallguss, Kunststoff und CFK über den Werkzeuglebenszyklus zu betreuen, wobei die Wartung, Reparatur und Änderung von Werkzeugen aus der Leichtmetallgießerei im Fokus steht. Die Kompetenzen in den Bereichen Kunststoff und CFK werden primär für die Neuanfertigung und Änderung von Werkzeugen eingesetzt. Die daraus resultierende Komplexität spiegelt sich in der Anzahl von mehr als 170.000 Einzelaufträgen jährlich wider.[1082] Als Beleg für die zuvor beschriebene Leistungsfähigkeit und technologische Expertise des zentralen Werkzeugbaus Landshut kann die Auszeichnung als Finalist zum „Werkzeugbau des Jahres" im Rahmen des Wettbewerbs „Excellence in Production" im Jahr 2022 aufgeführt werden. Als Begründung wurde von der Jury die transparente Planungssystematik und Projektverfolgung, die konsequente Aufnahme und Analyse von Prozessdaten im Serieneinsatz sowie die klar definierte Werkzeugbaustrategie hervorgehoben.

Nach Abschluss der Zentralisierung des Werkzeugbaus im Jahr 2021 wurde dessen Vision und Strategie überarbeitet. Hierbei steht der Kompetenzerhalt bzw. -ausbau über den gesamten Werkzeuglebenszyklus, eine gesteigerte Wettbewerbsfähigkeit und eine Stärkung der Herstellung von Neuwerkzeugen im Fokus. Für die Strategieumsetzung wurden fünf zentrale Themenfelder definiert:

- Technologieträger und Innovation
- Werkzeugsourcing

[1081] Vgl. BMW Group (Zentraler Werkzeugbau), 2022.

[1082] Vgl. BMW Group (Zentraler Werkzeugbau), 2022.

- Bedarfsgerechte Instandhaltung
- Ad hoc Reparaturen
- Nachhaltigkeit

Insbesondere im Themenfeld Nachhaltigkeit soll durch Maßnahmen, wie z. B. Wiederverwendung von Werkzeugkomponenten, Reduzierung von Transportwegen und Trennmitteln oder Erhöhung der Standzeiten, ein Betrag zur Nachhaltigkeit der BMW Group geleistet werden. Die erläuterte Ausgangssituation und insbesondere das frühe Stadium des Transformationsprozesses der nachhaltigen Entwicklung prädestiniert BMW als Fallbeispiel zur ganzheitlichen Beschreibung der in dieser Arbeit entwickelten Lösung.

### 6.2.2 Anwendung des Prozessmodells

Nachfolgend erfolgt die Beschreibung der Umsetzung der Gestaltungselemente und -aspekte zur Validierung des Prozessmodells zur datengestützten Gestaltung des Werkzeuglebenszyklus. Hierzu wird beschrieben, in welcher Form die Gestaltungselemente und -aspekte im BMW Werkzeugbau am Standort Landshut bereits umgesetzt wurden bzw. welche weiteren Entwicklungsschritte notwendig sind und noch folgen.

Im Zentrum der Nachhaltigkeitsstrategie der BMW Group stehen die Reduzierung der $CO_2$-Emissionen, die Steigerung von Ressourceneffizienz sowie die Verbesserung sozialer und ökologischer Standards. So hat sich der Konzern zum Pariser Klimaabkommen bekannt und das Ziel gesetzt, die $CO_2$-Emissionen in der gesamten Wertschöpfungskette bis 2030 um 40 % gegenüber 2019 zu senken. In der Aufteilung der Emissionen auf die Phasen des Lebenszyklus bedeutet dies eine Reduzierung der Emissionen um mehr als 20 % in der Lieferkette, 80 % in der Produktion sowie mindestens 50 % in der Nutzungsphase der Fahrzeuge. Darüber hinaus setzt der Konzern einen Fokus auf die Kreislaufwirtschaft. Aktuell werden bereits durchschnittlich 30 % Sekundärmaterialien in den Fahrzeugen verbaut. Dieser Anteil soll auf 50 % pro Fahrzeug ausgebaut werden. Aus den übergeordneten Zielen des Konzerns hat auch der Werkzeugbau in Landshut im Rahmen seiner Strategie verschiedene **Nachhaltigkeitsziele** definiert. Diese umfassen insbesondere die Re-Usability von Werkzeugkomponenten, die Reduzierung von Transportwegen in der internen Fertigung, eine Reduzierung von Trennmitteln, die Erhöhung von Standzeiten der Werkzeuge sowie die Umsetzung von Maßnahmen zur Förderung der sozialen Nachhaltigkeit. Die beschriebenen Ziele sind hierbei in der Strategie des internen Werkzeugbaus fest verankert und werden transparent an die Mitarbeitenden sowie weitere Stakeholder kommuniziert.[1083]

Eine **kontinuierliche Lebenszyklusbewertung** mithilfe eines Reifegradmodells wird bereits in der Arbeitsorganisation angewendet. Mit dem vierstufigen Reifegradmodell wird der Erfüllungsgrad verschiedener Messkriterien, wie z. B. das gesundheitsgerechte Verhalten, bewertet. Diese Messkriterien sind in einem Kriterienkatalog zusammengefasst und den jeweiligen Stufen des Reifegradmodells zugeordnet. Die Bewertung des Erfüllungsgrades der Kriterien erfolgt kontinuierlich durch das Team des wertschöpfungsorientierten Produktionssystems

[1083] Vgl. BMW Group (Zentraler Werkzeugbau), 2022, S. 14f.

(WPS). Die Ergebnisse der Bewertung werden durch das WPS-Team den Dimensionen Mitarbeiter und Führung, Arbeitsorganisation, Ergonomie, Qualität, Effizienz sowie Arbeitsplatzgestaltung mittels 5A zugeordnet und mithilfe eines Netzdiagramms in aggregierter Form dargestellt. Zukünftig wird der Aufbau eines vollständigen Katalogs mit Nachhaltigkeitsindikatoren angestrebt. Das bestehende Bewertungssystem soll anschließend mit den neu definierten Indikatoren erweitert werden. Um den Einfluss einzelner Indikatoren auf die Nachhaltigkeitsziele darzustellen, wird der Einsatz eines Sunburst-Diagramms präferiert.

Auf Basis der kontinuierlichen Lebenszyklusbewertung konnte BMW insbesondere Potenziale zur nachhaltigen Entwicklung in der Nutzungsphase der Werkzeuge ableiten und daraus zwei zentrale **Nachhaltigkeitsleistungen** ableiten. In Anlehnung an den Leistungsbaukasten des Emissionsreduzierers hat der Werkzeugbau ein komplexes Vierplattenwerkzeug entwickelt. Die Nutzung dieses Werkzeugs ermöglicht es, komplexere Geometrien und größere Bauteile auf vorhandenen Anlagen mit dünneren Bauteilwandstärken abzubilden. Weiterhin lassen sich eine verbesserte Angussabtrennung und -entformung realisieren. Diese Maßnahmen ermöglichen einen optimierten Materialeinsatz sowie eine gewichtsneutrale Umstellung auf Legierungen mit geringeren $CO_2$-Emissionen, sodass pro Bauteil eine $CO_2$-Reduzierung von ca. 15 % realisiert werden kann. Allein bei diesem Prototypenbauteil werden dadurch über 8.000 Tonnen $CO_2$ pro Jahr vermieden. Der Fokus der Nachhaltigkeitsleistungen liegt in Anlehnung an den Leistungsbaukasten des Wiederverwendungsbefähigers jedoch in der Wiederverwendung von Werkzeugkomponenten. In der Ausbaustufe „Re-Use 1.0" wurden durch erste Standardisierungsmaßnahmen Einzelkomponenten der Werkzeuge wiederverwendet. Dies erspart bspw. 90 Tonnen $CO_2$ und rund 100.000 € Investitionskosten je Druckgusswerkzeug. In der aktuellen Ausbaustufe „Re-Use 2.0" konnte durch erhöhte Modularisierung bereits eine Investitionsvermeidung von 1,5 Mio. € pro Jahr in neue Materialien erzielt werden. Grund dafür ist die Wiederverwendung von rund 40 % der Werkzeugkomponenten. Dieser Prozentsatz entspricht der Mischkalkulation aus Komponentengewicht und -preis. Mit der künftigen Ausbaustufe „Re-Use 3.0" sollen in zwei Jahren insgesamt 60 Kokillenwerkzeuge aus dem aktuellen Bestand wiederverwendet werden. Mit diesem Wiederverwendungsprogramm werden ca. 5 Mio. € Werkzeuginvestitionen, über 300 Tonnen fertig bearbeiteter Werkzeugstahl sowie mehr als 3.000 Tonnen $CO_2$ vermieden werden.

Neben den beschriebenen Potenzialen in der Nutzungsphase konnte BMW Stellhebel für eine **nachhaltige Wertschöpfung** identifizieren und entsprechende Maßnahmen umsetzen. Prozessseitig verfolgt BMW bereits seit einigen Jahren das Ziel, Lieferanten langfristig zu befähigen und zu integrieren. Durch die Lokalisierung der Lieferkette können ca. 50.000 km Transportwege reduziert werden. Das Retrofitting vorhandener Fertigungsmaschinen sowie die Nutzung von Abwärme aus Schmelzöfen durch Massel- und Brennerluftvorwärmung steigert zudem die Energieeffizienz und gewährleistet ein Energieersparnis von 15.000 MWh pro Jahr. Im Fokus der nachhaltigen Gestaltung der Wertschöpfung stehen allerdings die Mitarbeitenden. So erhalten diese bspw. durch digitale Dashboards zahlreiche Unterstützungsfunktionen, ein aktives Coaching zur persönlichen Weiterentwicklung mithilfe einer Wissensplattform und ein facettenreiches Angebot im Gesundheitsmanagement. Für den Schutz der Mitarbeitenden werden zudem zahlreiche Maßnahmen zur Verbesserung des Arbeitsumfelds, der Arbeitssicherheit und der Ergonomie umgesetzt. Beispiele hierfür sind der Einsatz automatischer Hochdrehmomentschrauber, das Angebot von Physiotherapie sowie aufgewertete Pausen- und Rückzugsräume.

BMW hat die Digitalisierung als zentralen Befähiger der nachhaltigen Transformation erkannt. Daher werden zahlreiche Maßnahmen umgesetzt und digitale Lösungen eingesetzt, die den Aufbau eines **Digitalen Schattens des Werkzeuglebenszyklus** notwendig machen. Für das durchgängige und systemübergreifende Datenmanagement von der Konstruktion bis zur Fertigung setzt der Werkzeugbau das System ProLeiS ein. Hiermit wird auf Basis historischer sowie tagesaktueller Daten der optimale Fertigungsablauf geplant. Gleichzeitig kann die Auftragstransparenz gesteigert und die Auslastung gesteuert werden. Als Schnittstelle in die Nutzungsphase der Werkzeuge dient die Smart Maintenance Applikation. Diese ermöglicht den Mitarbeitenden ein echtzeitnahes Monitoring der Nutzungsdaten sowie eine einfache Dokumentation durchzuführender Instandhaltungsmaßnahmen mittels Smartphone. Störungen können mithilfe einer systemgestützten Störbesprechung direkt vor Ort aufgenommen und dokumentiert werden. Der Abruf benötigter Werkzeug- und Anlageninformationen erfolgt per Data Matrix Code oder einer zentralen Wissensplattform. Im Fokus aller Digitalisierungsmaßnahmen steht die Datensicherheit, welche mithilfe von sogenannten Vulnerability Scans dreimal pro Jahr geprüft wird. Der Datenaustausch mit externen Lieferanten ist grundsätzlich stark eingeschränkt, wird jedoch situativ mit einzelnen Lieferanten über externe Datenplattformen getestet.

### 6.2.3 Fazit zur Anwendung

Das Prozessmodell zur datengestützten Gestaltung des nachhaltigen Werkzeuglebenszyklus wurde bei BMW mit einem Großteil der Gestaltungselemente umgesetzt. Hierdurch wird eine gezielte und strukturierte nachhaltige Entwicklung des Werkzeugbaus ermöglicht. Insbesondere der konsequente Re-Use-Gedanke sowie die Förderung der sozialen Nachhaltigkeit in der eigenen Wertschöpfung sind hierbei hervorzuheben. Weiteres Verbesserungspotenzial besteht in der zielgerichteten Investition in eine digitale Infrastruktur, um Informationen zukünftig vollständig system- und lebenszyklusphasenübergreifend im Sinne des Digitalen Schattens verfügbar zu machen. In Kombination mit der Integration eines zusätzlichen Indikatorenkatalogs für relevante Nachhaltigkeitsgrößen ermöglicht dies zukünftig weitere Optimierungspotenziale im Kontext der nachhaltigen Entwicklung.

## 6.3 Kritische Reflexion der Praxisanwendung

Die beschriebenen Fallbeispiele zur Anwendung des Prozessmodells zur datengestützten Gestaltung des nachhaltigen Werkzeuglebenszyklus belegen die Praxistauglichkeit des Prozessmodells. In beiden vorgestellten Fallbeispielen konnten die bestehenden Herausforderungen der nachhaltigen Entwicklung adressiert werden, indem gezielte Maßnahmen zur Schaffung der notwendigen Transparenz, der Entwicklung von Nachhaltigkeitsleistungen sowie zur Gestaltung der nachhaltigen Wertschöpfung umgesetzt wurden. Dem in Kapitel 2.4 definierten

Handlungsbedarf aus der Praxis zur Entwicklung eines ganzheitlichen Lösungsansatzes konnte somit entsprochen werden. Es wurde ein organisatorisches Rahmenwerk geschaffen, welches gezielte und effektive Handlungsempfehlungen zur Lösung der identifizierten Herausforderungen bietet.

Die Erkenntnisse aus der praktischen Anwendung des entwickelten Prozessmodells in den beschriebenen Fallbeispielen belegen zudem, dass den in Kapitel 3.1.2 definierten Anforderungen an den theoretischen Ansatz zur Lösung der hergeleiteten Problemstellung entsprochen werden. Der Anforderungsbereich der Relevanz konnte vollständig erfüllt werden. Hinsichtlich der Anforderungen an den Gestaltungsbereich konnte nachgewiesen werden, dass die digitale Vernetzung ein zentrales Lösungselement zur Befähigung einer nachhaltigen Entwicklung und somit zur Adressierung der Herausforderungen der Integrativität darstellt. Weiterhin konnte das Prozessmodell erfolgreich in der unternehmerischen Praxis eingesetzt werden. Dies ist nicht nur bei einem spezifischen Unternehmen gelungen, sondern bei zwei Unternehmen aus unterschiedlichen Branchen und mit unterschiedlichen organisatorischen Rahmenbedingungen. Die Anforderungen an den Betrachtungsbereich wurden somit erfüllt. Die Erfüllung der Anforderungen der Anwendbarkeit wird durch die Umsetzung in den zwei Praxisunternehmen bestätigt. Die auslegungsbezogenen Anforderungen werden ebenfalls durch das Prozessmodell erfüllt. So werden konkrete Kriterien zur Nachhaltigkeitsbewertung definiert, mithilfe des Digitalen Schatten ein lebenszyklusübergreifendes Datenmanagement befähigt und die nachhaltige Gestaltung der Wertschöpfung sowie des Leistungsangebots gewährleistet.

Die Fallbeispiele zeigen, wie die Gestaltungselemente des Prozessmodells zusammenhängen und ein ganzheitliches Modell bilden, welches die gestellten Anforderungen erfüllt. Hierbei wird deutlich, dass das Prozessmodell durch das jeweilige Anwenderunternehmen unternehmensspezifisch auszugestalten und umzusetzen ist. Hierzu bildet das Prozessmodell die notwendigen Freiheitsgrade. Die konkrete Umsetzung ist im Kontext der jeweiligen Rahmenbedingungen bspw. hinsichtlich Unternehmensorganisation, Stakeholdertypologie, Voraussetzungen und Ressourcen durchzuführen.

Im Hinblick auf den Aufbau des Prozessmodells haben die Fallbeispiele gezeigt, dass das Prozessmodell in der hergeleiteten Form ganzheitlich und sinnvoll strukturiert ist. In beiden Fallbeispielen konnte einerseits gezeigt werden, dass alle Gestaltungsaspekte, zumindest in Teilen, umgesetzt wurden und zielgerichtet zusammenwirken. Dadurch wird deutlich, dass das Prozessmodell keine überflüssigen und irrelevanten sowie auch keine singulären und nur in Einzelfällen gültigen Gestaltungselemente enthält. Andererseits wurde gezeigt, dass sich durch die Gestaltungselemente alle wesentlichen inhaltlichen Aspekte zusammenfassen lassen, die für eine gezielte Gestaltung des nachhaltigen Werkzeuglebenszyklus erforderlich sind. Somit wird die Ganzheitlichkeit des Prozessmodells bestätigt.

Mithilfe der in diesem Kapitel durchgeführten Anwendung und Prüfung mittels zweier Fallbeispiele konnte die erfolgreiche Konzeption des Prozessmodells zur datengestützten Gestaltung des nachhaltigen Werkzeuglebenszyklus festgestellt und belegt werden. Somit ist die Erfüllung der Zielsetzung der Arbeit gegeben.

# 7 Zusammenfassung und Ausblick

Das kontinuierliche Streben nach Kostenoptimierung und Effizienzsteigerung hat in den letzten Jahrzehnten zu einem starken Anstieg des gesellschaftlichen Wohlstands in Deutschland geführt. Allerdings sind, einhergehend mit diesem wirtschaftlichen Aufschwung, die gesellschaftlichen und ökologischen Auswirkungen der resultierenden Konsummentalität sichtbar geworden. Dies spiegelt sich insbesondere im gestiegenen Ressourcenverbrauch und den $CO_2$-Emissionen wider, an deren Zunahme die Industrie einen maßgeblichen Anteil hat. Die Verschärfung der Klimakrise hat eine Veränderung des kapital- und ressourcenintensiven Produktivitätsdenken hin zu einem ökologisch bewussteren Zielbild der Gesellschaft bewirkt. Dies resultiert in zahlreichen nationalen und internationalen Vereinbarungen sowie Gesetzgebungen, die einen zunehmenden Handlungsdruck zur nachhaltigen Gestaltung auf produzierende Unternehmen ausüben. Die Betrachtung des Umweltfaktors $CO_2$-Emission reicht für eine ganzheitliche Transformation jedoch nicht aus. Vielmehr müssen zukünftig ökologische, soziale sowie regulatorische Ziele integrativ mit den klassisch-ökonomischen Handlungsmaximen betrachtet werden.

Ein zentraler Befähiger des von Stakeholdern getriebenen und vom Kapitalmarkt bereits erkannten Paradigmenwechsels ist der Werkzeugbau. Aufgrund seiner Schlüsselfunktion zwischen Entwicklung und Serienproduktion nimmt der Werkzeugbau maßgeblich Einfluss auf die industrielle Wertschöpfung in zahlreichen Branchen. Die Adressierung der zunehmend komplexer werdenden Herausforderungen im Kontext der Nachhaltigkeit erfordern eine weitreichende Anpassung nicht nur in der Werkzeugherstellung, sondern im gesamten Werkzeuglebenszyklus. Bis dato scheitert die Umsetzung der nachhaltigen Gestaltung jedoch am mangelnden Verständnis für die Strukturen im Lebenszyklus sowie an der unterentwickelten Informationsverfügbarkeit. Die grundlegenden Veränderungen durch die digitale Vernetzung, welche auch als vierte industrielle Revolution bezeichnet wird, bieten für den Werkzeugbau zahlreiche Chancen, die notwendige Transparenz und somit die notwendige Grundlage für die Gestaltung des nachhaltigen Werkzeuglebenszyklus zu schaffen. Trotz der unbestrittenen Potenziale der digitalen Vernetzung nutzt der Werkzeugbau diese kaum, um den Herausforderungen der Nachhaltigkeit zu begegnen.

Aufgrund dieser komplexen Situation mit sowohl vielfältigen Herausforderungen als auch Potenzialen sowie der Notwendigkeit für Werkzeugbaubetriebe, die Werkzeuglebenszyklen nachhaltig zu gestalten, besteht der Bedarf für einen ganzheitlichen Lösungsansatz. Um den komplexen Anforderungen der Stakeholder Kunden, Mitarbeitende, Kapitalgeber, Politik und Gesellschaft sowie Lieferanten gerecht zu werden und eine ganzheitliche nachhaltige Entwicklung des Werkzeugbaus zu fördern, fehlt derzeit jedoch ein geeigneter Ordnungsrahmen. Ein solches organisatorisches Rahmenwerk ist als ein allgemeingültiges Gestaltungsmodell zu konzeptionieren, welches die prozessuale Gestaltung der nachhaltigen Entwicklung des Werkzeuglebenszyklus beschreibt und somit als Prozessmodell definiert werden kann. Daraus leitet sich die übergeordnete Forschungsfrage ab, wie ein Prozessmodell zur datengestützten Gestaltung des nachhaltigen Werkzeuglebenszyklus ausgelegt werden muss.

Ausgehend von dieser formulierten Forschungsfrage wird eine umfangreiche Analyse und Bewertung bestehender theoretischer Ansätze aus der Literatur durchgeführt. Zunächst werden konkrete Anforderungen an diese Ansätze definiert, um das hergeleitete Praxisproblem zu lösen. Die Bewertung der Ansätze zeigt, dass aktuell kein Ansatz die gestellten Anforderungen vollumfänglich erfüllt. Daher wird die Notwendigkeit zur Entwicklung eines neuen Lösungsansatzes bestätigt.

Entsprechend der Phasen der angewandten Forschung nach ULRICH UND HILL wird im Rahmen dieser Arbeit aufbauend auf der Betrachtung bestehender theoretischer Ansätze ein Prozessmodell zur datengestützten Gestaltung des nachhaltigen Werkzeuglebenszyklus konzeptioniert und ausdetailliert, welches als Gestaltungsmodell für die stringente nachhaltige Gestaltung von Werkzeuglebenszyklen dient. Dazu ist das Modell in fünf Gestaltungselemente gegliedert, welche durch ein Anwenderunternehmen umzusetzen sind. Das Prozessmodell kann somit für den jeweiligen unternehmensspezifischen Anwendungsfall ausdetailliert und praxistauglich eingesetzt werden.

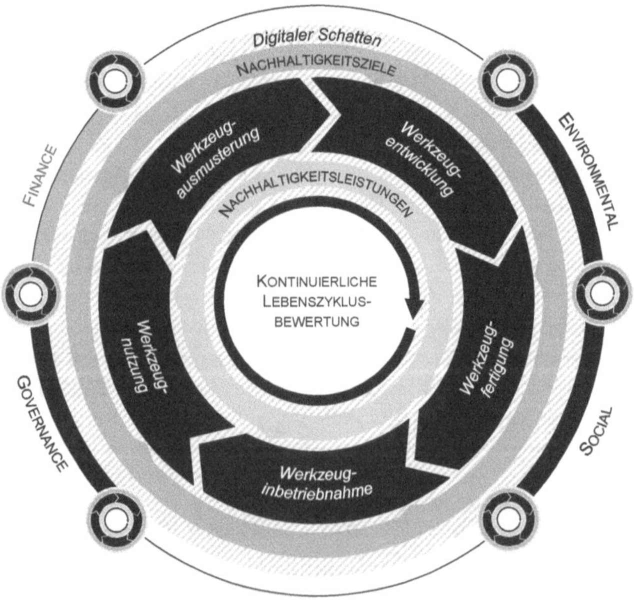


**Abbildung 7.1: Prozessmodell zur datengestützten Gestaltung des nachhaltigen Werkzeuglebenszyklus**

Die einzelnen Gestaltungselemente des Prozessmodells werden anhand des Metamodells der Architektur integrierter Informationssysteme (ARIS) nach SCHEER strukturiert hergeleitet. Eine übergeordnete Strukturierung bietet das Gestaltungselement **Nachhaltigkeitsziele**, in welchem die Anforderungen aller relevanten Stakeholder Berücksichtigung finden. Das Gestaltungselement setzt sich aus zwei Gestaltungsaspekten zusammen. Zunächst werden die relevanten Stakeholder entlang des Werkzeuglebenszyklus sowie die treibenden Faktoren identifiziert. Darauf aufbauend werden nachhaltige Erfolgspositionen formuliert, für deren Operationalisierung spezifische Nachhaltigkeitsziele definiert und in einem Zielsystem aggregiert werden. In dem Gestaltungselement **kontinuierliche Lebenszyklusbewertung** wird eine Steuerungs- und Bewertungssystematik entwickelt, die eine Ermittlung der aktuellen Zielerreichung der definierten Nachhaltigkeitsziele ermöglicht. Die Gestaltungsaspekte Bewertungsmodellarchitektur, Bewertungskriterien und -indikatoren sowie anforderungsgerechte Ergebnisbereitstellung bilden die inhaltliche Detaillierung des Gestaltungselements. Die Ergebnisse der kontinuierlichen Lebenszyklusbewertung liefern die notwendige Transparenz hinsichtlich der aktuellen Nachhaltigkeitsperformance und zeigen somit den Handlungsbedarf der Gestaltungselemente Nachhaltigkeitsleistung und nachhaltige Wertschöpfung auf. Das Gestaltungselement **Nachhaltigkeitsleistung** fokussiert die gezielte Entwicklung von Leistungen mithilfe von Leistungsmodulen und Leistungsbaukästen, um die Nutzungsphase der Werkzeuge nachhaltig zu gestalten. Das Gestaltungselement **nachhaltige Wertschöpfung** umfasst wiederum Handlungsmöglichkeiten zur Umgestaltung von Prozessen, Ressourcen und der Organisationsstruktur im Werkzeugbau. Mithilfe des Gestaltungselements **digitaler Schatten** wird die notwendige Transparenz für die nachhaltige Entwicklung des Werkzeuglebenszyklus geschaffen und somit die zentrale Herausforderung der unterentwickelten Informationsverfügbarkeit adressiert. Hierzu wird zunächst ein lebenszyklusübergreifendes Datenmodell entwickelt, bevor die digitale Infrastruktur zur Datenaggregation und -verknüpfung hergeleitet wird.

Die Anwendung und Prüfung des entwickelten Prozessmodells erfolgt mittels zweier Fallbeispiele der Unternehmen Haidlmair Group und BMW Group. Die kritische Reflexion dieser Fallbeispiele belegt, dass das entwickelte Prozessmodell anwendbar sowie hinreichend praktikabel ist, um effizient in der Praxis von industrialisierten Werkzeugbaubetrieben eingesetzt werden kann. Die in Kapitel 3 definierten allgemeinen sowie problemspezifischen Anforderungen werden durch das entwickelte Prozessmodell vollumfänglich erfüllt. Der **wissenschaftliche Beitrag** dieser Arbeit besteht somit in der Entwicklung eines ganzheitlichen Lösungsansatzes zur datengestützten Gestaltung des nachhaltigen Werkzeuglebenszyklus. Die führende Forschungsfrage der Arbeit kann mit dem entwickelten Prozessmodell beantwortet und somit ein Zielzustand des nachhaltigen Werkzeuglebenszyklus erarbeitet werden.

Als Ausblick der vorliegenden Arbeit bietet das entwickelte Prozessmodell insbesondere zwei Themenbereiche für eine weiterführende Forschung. Neben der Erarbeitung eines methodischen Vorgehens zur unternehmensspezifischen Umsetzung des entwickelten Zielzustands eines nachhaltigen Werkzeuglebenszyklus, gibt es insbesondere bei der Einbindung von Künstlicher Intelligenz zur Analyse der stetig wachsenden Datenmengen verschiedene Ansatzpunkte für weitere Forschungsarbeiten. Das im Rahmen dieser Arbeit entwickelte Datenmodell liefert eine Basis zur notwendigen Transparenzsteigerung sowie der Steigerung der Informationsverfügbarkeit entlang des Werkzeuglebenszyklus. Die Praxis zeigt jedoch, dass es insbesondere im Bereich Datenaustausch aktuell noch viele Vorbehalte bei Kunden in der Branche Werkzeugbau gibt. Für den Aufbau eines lebenszyklusübergreifenden Datenmodells ist demnach eine enge Kooperation der Werkzeugbaubetriebe mit langjährigen Kunden, zu denen ein gegenseitiges Vertrauensverhältnis existiert, notwendig. So bleibt in der vorliegenden Arbeit unberücksichtigt, dass es z. B. aktuell noch an Instrumenten zur Etablierung einer Kultur der Offenheit in Bezug auf den Datenaustausch mit Neukunden mangelt. Andererseits besteht weiterer Forschungsbedarf in der Überführung der beschriebenen Nachhaltigkeitsleistungen in konkrete neue Geschäftsmodelle. Insbesondere für den Re-Use von Werkzeugen müssen mithilfe neuartiger Ertragsmodelle Anreize zur Rückgabe der Werkzeuge durch den Kunden geschaffen werden. In Kombination mit den umgestalteten, zirkulären Prozessen bedeutet dies einen disruptiven Wandel für die gesamte Branche Werkzeugbau, der in der vorliegenden Arbeit nicht in der Tiefe adressiert wurde. Erste Erfolgsbeispiele, wie der Re-Use-Prozess im Werkzeugbau der BMW Group Landshut, verdeutlichen, dass eine Umsetzung nicht nur möglich, sondern auch erfolgsversprechend sein kann. Hieraus lassen sich eine Vielzahl weiterer zu erforschender Fragestellungen ableiten, wie etwa die spezifische Gestaltung der zirkulären Wertschöpfung im Ökosystem Werkzeugbau. Abschließend bildet die Adaption des entwickelten Prozessmodells für weitere, dem Werkzeugbau ähnliche Bereiche, eine weitere Forschungsrichtung. Somit könnte das Prozessmodell bspw. auf die Automatisierungstechnik oder den Anlagenbau erweitert werden, welche im Rahmen der industriellen Wertschöpfung eine ähnlich zentrale Rolle wie der Werkzeugbau einnehmen.

# V Literaturverzeichnis

**Abramovici, M.; Aidi, Y.; Jin, F.; Göbel, J.-C. (Lifecycle Management von Hybriden Leistungsbündeln):**
Lifecycle Management von Hybriden Leistungsbündeln. In: Meier, H.; Uhlmann, E. (Hrsg.) Integrierte Industrielle Sach- und Dienstleistungen. Berlin, Heidelberg: Springer Berlin Heidelberg, 2012, S. 265-284.

**Abts, D.; Mülder, W. (Grundkurs Wirtschaftsinformatik):**
Grundkurs Wirtschaftsinformatik. Wiesbaden: Vieweg+Teubner Verlag, 2002.

**Abubakr, M.; Abbas, A. T.; Tomaz, I.; Soliman, M. S.; Luqman, M.; Hegab, H. (Sustainable and Smart Manufacturing):**
Sustainable and Smart Manufacturing: An Integrated Approach. In: Sustainability. 12. Jg, 2020, Nr. 6, S. 1-19.

**acatech (Cyber-Physical Systems):**
Cyber-Physical Systems. Innovationsmotor für Mobilität, Gesundheit, Energie und Produktion. München: acatech, 2011.

**acatech (Smart Service Welt):**
Smart Service Welt. Wo stehen wir? Wohin gehen wir? München: acatech, 2018.

**Ahlemann, F.; Schroeder, C.; Teuteberg, F. (Kompetenz- und Reifegradmodelle):**
Kompetenz- und Reifegradmodelle für das Projektmanagement. Grundlagen, Vergleich und Einsatz. (Reihe: ISPRI-Arbeitsbericht, Bd. 01/2005). Osnabrück: Univ. FB Wirtschaftswiss. Organisation u. Wirtschaftsinformatik, 2005.

**Akkasoglu, G. (Anwendungsspezifische Reifegradmodelle):**
Methodik zur Konzeption und Applikation anwendungsspezifischer Reifegradmodelle unter Berücksichtigung der Informationsunsicherheit. Erlangen, 2014.

**Alpar, P.; Niedereichholz, J. (Data Mining im praktischen Einsatz):**
Data Mining im praktischen Einsatz. Wiesbaden: Vieweg+Teubner Verlag, 2000.

**Alting, L.; Hauschild, M.; Wenzel, H. (Environmental assessment in product development):**
Environmental assessment in product development. In: Philosophical Transactions of the Royal Society of London. Series A: Mathematical, Physical and Engineering Sciences. 355. Jg, 1997, Nr. 1728, S. 1373-1388.

**Andes, L.; Lützkendorf, T.; Kopfmüller, J.; Rösch, C. (Methodensammlung zur Nachhaltigkeitsbewertung):**
Methodensammlung zur Nachhaltigkeitsbewertung. Grundlagen, Indikatoren, Hilfsmittel. Karlsruhe, 2019.

**Antikainen, M.; Uusitalo, T.; Kivikytö-Reponen, P. (Digitalisation as an Enabler of Circular Economy):**
Digitalisation as an Enabler of Circular Economy. 10th CIRP Conference on Industrial Product-Service Systems. In: Procedia CIRP. 73. Jg, 2018, S. 45-49.

**Appelfeller, W.; Feldmann, C. (Die digitale Transformation des Unternehmens):**
Die digitale Transformation des Unternehmens. Systematischer Leitfaden mit zehn Elementen zur Strukturierung und Reifegradmessung. Berlin, Heidelberg: Springer Berlin Heidelberg, 2018.

**Asthon, K. (That "internet of things" thing):**
That "internet of things" thing. In: RFID Journal. 22. Jg, 2011, Nr. 7, S. 1.

**Atkinson, G. (Measuring Corporate Sustainability):**
Measuring Corporate Sustainability. In: Journal of Environmental Planning and Management. 43. Jg, 2000, Nr. 2, S. 235-252.

**Backhaus, K.; Erichson, B.; Plinke, W.; Weiber, R. (Multivariate Analysemethoden):**
Multivariate Analysemethoden. Eine anwendungsorientierte Einführung. Berlin, Heidelberg: Springer Berlin Heidelberg, 2010.

**Backhaus, R. (Wasserstoff statt Kohle):**
Wasserstoff statt Kohle. So wird der Stahl "grün". In: Automobiltechnische Zeitschrift. 124. Jg, 2022, Nr. 6, S. 8-13.

**Balderjahn, I. (Nachhaltiges Management und Konsumentenverhalten):**
Nachhaltiges Management und Konsumentenverhalten. (Reihe: utb-studi-e-book, Bd. 3902). Konstanz: UVK Verlagsgesellschaft mbH; UVK Lucius, 2013.

**Bamberg, G.; Coenenberg, A. G. (Betriebswirtschaftliche Entscheidungslehre):**
Betriebswirtschaftliche Entscheidungslehre. (Reihe: WiSo-Kurzlehrbücher Reihe Betriebswirtschaft). 9., überarb. Aufl. München: Vahlen, 1996.

**Barner, A.; Oetker, A.; Bullinger, H.-J.; Ottenberg, K.; Kagermann, H.; Weber, T. (Wohlstand durch Forschung):**
Wohlstand durch Forschung. Vor welchen Aufgaben steht Deutschland? - Perspektivenpapier der Forschungsunion. Berlin: Fraunhofer-Informationszentrum Raum und Bau IRB, 2013.

**Bauer, W.; Dangelmaier, M. (Virtuelles Engineering):**
Virtuelles Engineering. In: Lindemann, U. (Hrsg.) Handbuch Produktentwicklung. München: Hanser, 2016, S. 939-952.

**Bauernhansl, T. (Die vierte industrielle Revolution):**
Die vierte industrielle Revolution. In: Bauernhansl, T.; Hompel, M. ten; Vogel-Heuser, B. (Hrsg.) Industrie 4.0 in Produktion, Automatisierung und Logistik. Wiesbaden: Springer Fachmedien Wiesbaden, 2014, S. 5-36.

**Bauernhansl, T.; Hompel, M.** ten; **Vogel-Heuser, B. (Industrie 4.0 in Produktion, Automatisierung und Logistik:**
Industrie 4.0 in Produktion, Automatisierung und Logistik. In: Bauernhansl, T.; Hompel, M. ten; Vogel-Heuser, B. (Hrsg.). Wiesbaden: Springer Fachmedien Wiesbaden, 2014.

**Bauernhansl, T.; Krüger, J.; Reinhart, G.; Schuh, G. (WGP-Standpunkt Industrie 4.0):**
WGP-Standpunkt Industrie 4.0. Darmstadt, 2016.

**Baumgartner, R. J.; Ebner, D. (Corporate sustainability strategies):**
Corporate sustainability strategies. sustainability profiles and maturity levels. In: Sust. Dev. 18. Jg, 2010, Nr. 2, S. 76-89.

**Becker, J.; Herwig, S.; Pöppelbuß, J.; Winkelmann, A. (Funktionale Gestaltungsoptionen von Online-Bewertungssystemen):**
Funktionale Gestaltungsoptionen von Online-Bewertungssystemen. Münster, 2009.

**Becker, J.; Knackstedt, R.; Pöppelbuß, J. (Entwicklung von Reifegradmodellen für das IT-Management):**
Entwicklung von Reifegradmodellen für das IT-Management. In: Wirtsch. Inform. 51. Jg, 2009, Nr. 3, S. 249-260.

**Beckmann, K. M. (Nachhaltigkeit bei Investitionsentscheidungen):**
Nachhaltigkeit bei Investitionsentscheidungen. ESG-Faktoren stellen die Weichen auf dem Kapitalmarkt neu. Hamburg: Mazars GmbH & Co. KG, 2021.

**Begovic, A. (Datenbasiertes Wissensmanagement):**
Datenbasiertes Wissensmanagement im Werkzeugbau. Aachen: Apprimus, 2017.

**Belz, C.; Buesser, M.; Bircher, B. (Erfolgreiche Leistungssysteme):**
Erfolgreiche Leistungssysteme. Anleitungen und Beispiele. (Reihe: Absatzwirtschaft, Bd. 12). Stuttgart: Schäffer Verl. für Wirtschaft und Steuern, 1991.

**Bendel, O. (Digitalisierung):**
Digitalisierung. Gabler Wirtschaftslexikon, 2017. https://wirtschaftslexikon.gabler.de/definition/digitalisierung-54195/version-198292, Stand: 28.11.2021

**Berger, C.; Hees, A.; Braunreuther, S.; Reinhart, G. (Characterization of Cyber-Physical Sensor Systems):**
Characterization of Cyber-Physical Sensor Systems. In: Procedia CIRP. 41. Jg, 2016, S. 638-643.

**Bernerstätter, R. (Bewertung der Inputfaktoren für datenanalystische Anwendungen):**
Reifegradmodell zur Bewertung der Inputfaktoren für datenanalytische Anwendungen. Konzeptionierung am Beispiel der Schwachstellenanalyse. Dissertation der Montan Universität Leoben. Leoben, 2019.

**Bernstein, P. A. (Middleware):**
Middleware. A Model for Distributed System Services. In: Communications of the ACM. 39. Jg, 1996, Nr. 2, S. 86-98.

**Beucher, O. (Signale und Systeme):**
Signale und Systeme: Theorie, Simulation, Anwendung. Eine beispielorientierte Einführung mit MATLAB. Berlin, Heidelberg: Springer Berlin Heidelberg, 2019.

**Bieker, T.; Gminder, C.-U.; Hockerts, K. (Towards a Sustainability Balanced Scorecard):**
Towards a Sustainability Balanced Scorecard. Linking Environmental and Social Sustainability to Business Strategy. In: Conference Proceedings of the 2001 Business Strategy and the Environment, 2001, S. 22-31.

**Biel, A. (Nachhaltigkeitscontrolling):**
Nachhaltigkeitscontrolling. Interview mit Prof. Dr. Dr. h. c. mult. Péter Horváth und Prof. Dr. Ronald Gleich. In: Controller Magazin. 38. Jg, 2013, Nr. 2, S. 20-25.

**Bilsing, A. (Technologische Leistungsfähigkeit):**
Kennzahlengestützte Bewertung der technologischen Leistungsfähigkeit der Fertigung im Werkzeug- und Formenbau. (Reihe: Berichte aus der Produktionstechnik, Bd. 11). Aachen: Shaker, 2007.

**Binder, V. A.; Kantowsky, J. (Technologiepotentiale):**
Technologiepotentiale. Neuausrichtung der Gestaltungsfelder des Strategischen Technologiemanagements. (Reihe: Springer eBook Collection Business and Economics). Wiesbaden: Deutscher Universitätsverlag, 1996.

**Birkert, A.; Haage, S.; Straub, M. (Herstellung komplexer Karosserieteile):**
Umformtechnische Herstellung komplexer Karosserieteile. Auslegung von Ziehanlagen. Berlin, Heidelberg: Springer Berlin Heidelberg, 2013.

**Bischoff, J. (Potenziale Industrie 4.0):**
Erschliessen der Potenziale der Anwendung von Industrie 4.0 im Mittelstand. Mühlheim an der Ruhr: agiplan, 2015.

**Bitner, M. J.; Ostrom, A. L.; Morgan, F. N. (Service Blueprinting):**
Service Blueprinting. A Practical Technique for Service Innovation. In: California Management Review. 50. Jg, 2008, Nr. 3, S. 66-94.

**BlackRock (Die Zukunft ist nachhaltig):**
Die Zukunft ist nachhaltig - auch für investoren, 2022. https://www.blackrock.com/ch/privatanleger/de/themen/nachhaltiges-anlegen, Stand: 15.10.2022

**Bleicher, K. (Normatives Management):**
Normatives Management. In: Eversheim, W.; Schuh, G. (Hrsg.) Produktion und Management 2. (Reihe: Hütte). 7., völlig neu bearb. Aufl. Berlin, Heidelberg: Springer, 1996, 2.1-2.55.

**Bleicher, K. (Das Konzept Integriertes Management):**
Das Konzept Integriertes Management. Visionen - Missionen - Programme. (Reihe: St. Galler Management-Konzept, Bd. 1). 8., aktualis. u. erw. Aufl. Frankfurt am Main: Campus-Verl., 2011.

**BMBF (Zukunftsprojekt Industrie 4.0):**
Zukunftsprojekt Industrie 4.0. Bekanntmachung im Themenfeld Intelligente Vernetzung in der Produktion. Bundesministerium für Bildung und Forschung, 2011. https://www.bmbf.de/foerderungen/bekanntmachung-709.html, Stand: 28.11.2021

**BMFSFJ (Mehr Frauen in Führungspositionen):**
Gesetz zur Ergänzung und Änderung der Regelungen für die gleichberechtigte Teilhabe von Frauen an Führungspositionen in der Privatwirtschaft und im öffentlichen Dienst. Zweites Führungspositionen-Gesetz - FüPoG II. Berlin: ]init[ - Aktiengesellschaft für digitale Kommunikation, 2021.

**BMW Group (Zentraler Werkzeugbau):**
Zentraler Werkzeugbau. BMW Group Leichtmetallgießerei. Landshut: BMW Group, 2022.

**BMWi (Digitale Agenda):**
Digitale Agenda. Legislaturbericht Digitale Agenda 2014-2017. Berlin, 2014.

**BMZ (Das Lieferkettengesetz):**
Das Lieferkettengesetz. Berlin, 2021.

**Bocken, N.; Short, S. W.; Rana, P.; Evans, S. (Sustainable Business Model Archetypes):**
A literature and practice review to develop sustainable business model archetypes. In: Journal of Cleaner Production. 65. Jg, 2014, S. 42-56.

**Böhmann, T.; Krcmar, H. (Modulare Servicearchitekturen):**
Modulare Servicearchitekturen. In: Bullinger, H.-J.; Scheer, A.-W. (Hrsg.) Service Engineering. Entwicklung und Gestaltung innovativer Dienstleistungen. (Reihe: Springer e-Book Collection Business and Economics). Berlin, Heidelberg, s.l.: Springer Berlin Heidelberg, 2003, S. 377-403.

**Boons, F. A.; Lambert, A. J. D. (Eco-industrial parks):**
Eco-industrial parks. stimulating sustainable development in mixed industrial parks. In: Techinnovation. 22. Jg, 2002, S. 471-484.

**Boos, W. (Modulare Werkzeuge):**
Methodik zur Gestaltung und Bewertung von modularen Werkzeugen. Aachen: Apprimus Verlag, 2008.

**Boos, W. (WBA-Forschungsbericht):**
WBA-Forschungsbericht. Mehr Neugier. Mehr Wissen. Aachen: WBA Aachener Werkzeugbau Akademie GmbH, 2022.

**Boos, W.; Arntz, K.; Kelzenberg, C.; Prümmer, M.; Ebbecke, C.; Frey, C.; Dannen, T. (Additive Manufacturing):**
Erfolgreich Additive Manufacturing nutzen im Werkzeugbau. Aachen: WBA Aachener Werkzeugbau Akademie GmbH, 2021.

**Boos, W.; Kelzenberg, C.; Boshof, J.; Ochel, T.; Trisjono, J. (Datenbasierte Dienstleistungen):**
Datenbasierte Dienstleistungen für den Werkzeugbau. Status quo, Entwicklung und Beispiele. Aachen, 2021.

**Boos, W.; Kelzenberg, C.; Helbig, J.; Busch, M.; Graberg, T.; Schweins, J. (Wettbewerbsfaktor Nachhaltigkeit):**
Wettbewerbsfaktor Nachhaltigkeit. Ein Differenzierungsmerkmal für den Werkzeugbau. Aachen: WBA Aachener Werkzeugbau Akademie GmbH, 2020.

**Boos, W.; Kelzenberg, C.; Prümmer, M.; Goertz, D.; Boshof, J.; Horstkotte, R.; Ochel, T.; Lürken, C. (Tooling in Germany):**
Tooling in Germany. Aachen, 2020.

**Boos, W.; Kelzenberg, C.; Wiese, J.; Goertz, D.; Boshof, J.; Busch, M.; Kessler, N. (Digitale Transformation im Werkzeugbau):**
Digitale Transformation im Werkzeugbau. Aachen: WBA Aachener Werkzeugbau Akademie GmbH, 2019.

**Boos, W.; Kelzenberg, C.; Wiese, J.; Stracke, F.; Ebbecke, C.; Graberg, T.; Jakubowski, S.; Lapper, S. (Intelligente Werkzeuge und datenbasierte Geschäftsmodelle):**
Intelligente Werkzeuge und datenbasierte Geschäftsmodelle. 1. Edition. Aachen: WBA Aachener Werkzeugbau Akademie GmbH, 2018.

**Boos, W.; Kuhlmann, K. (aixperanto):**
aixperanto. Geschäftsprozesse effizient gestalten. In: Tools : Informationen der Aachener Produktionstechniker. 17. Jg, 2010, Nr. 1, S. 11-13.

**Boos, W.; Kuhlmann, K.; Komorek, N. J.; Hensen, T. (Wertschöpfung im Betriebsmittelbau):**
Beherrschung der Wertschöpfung im Betriebsmittelbau. In: Schuh, G.; Kampker, A.; Stich, V. (Hrsg.) Navigation für Führungskräfte. 10. Aachener Management Tage. Online-Ausg., 2., korrigierte Aufl. Aachen: Apprimus-Verl., 2014, S. 123-134.

**Boos, W.; Kuhlmann, K.; Salmen, M.; Kenk, U.; Kelzenberg, C.; Lange, J. de; Wiese, J. (Erfolgreich Restrukturieren im Werkzeugbau):**
Erfolgreich Restrukturieren. Im Werkzeugbau. Aachen: WBA Aachener Werkzeugbau Akademie GmbH, 2017.

**Boos, W.; Lukas, G.; Kessler, N.; Schweins, J.; Haase, B.; Kenfenheuer, J. (World of Tooling):**
World of Tooling. Aachen, 2022.

**Boos, W.; Lukas, G.; Ochel, T.; Haase, B.; Trisjono, J.; Calchera, R. (Der Werkzeugbau als Gesamtlösungsanbieter):**
Der Werkzeugbau als Gesamtlösungsanbieter. Aachen: WBA Aachener Werkzeugbau Akademie, 2022.

**Boos, W.; Pitsch, M.; Salmen, M.; Wiese, J.; Kelzenberg, C.; Lange, J. de (Erfolgreich Kalkulieren im Werkzeugbau):**
Erfolgreich Kalkulieren im Werkzeugbau. 1. Edition. Aachen: Werkzeugmaschinenlabor WZL der RWTH Aachen; WBA Aachener Werkzeugbau Akademie, 2015.

**Boos, W.; Salmen, M.; Begovic, A.; Kelzenberg, C.; Stracke, F. (Smart Tooling):**
Smart Tooling. Aachen: WBA Aachener Werkzeugbau Akademie GmbH, 2016.

**Boos, W.; Salmen, M.; Hensen, T.; Schippers, M.; Wiese, J.; Schultes, T. (Erfolgreich Performance Messen im Werkzeugbau):**
Erfolgreich Performance Messen im Werkzeugbau. Aachen, 2017.

**Boshof, J. (Datenbasierte Dienstleistungen im Werkzeugbau):**
Definition und Auslegung von datenbasierten Dienstleistungen im Werkzeugbau. In:

**Bossel, H. (Systeme, Dynamik, Simulation):**
Systeme, Dynamik, Simulation. Modellbildung, Analyse und Simulation komplexer Systeme. Norderstedt: Books on Demand, 2004.

**Bowen, H. R. (Social Responsibilities of the Businessman):**
Social Responsibilities of the Businessman. By Howard R. Bowen. (Reihe: University of iowa faculty connections). Iowa City: University of Iowa Press, 1953.

**Braedel, M. (Optimierung des Werkzeugeinarbeitsprozesses):**
Optimierung des Werkzeugeinarbeitsprozesses für Karosserieaußenhautbauteile. Zugl.: München, Techn. Univ., Diss., 2009. (Reihe: Utg-Forschungsberichte, Bd. 51). Als Typoskript gedr. München: Hieronymus, 2009.

**Brand, L.; Hülser, T.; Grimm, V.; Zweck, A. (Internet der Dinge):**
Internet der Dinge. Perspektiven für die Logistik : Übersichtsstudie. (Reihe: Zukünftige Technologien, Bd. 80). Düsseldorf: VDI-Verl., 2009.

**Brenner, D.; Kleinert, F.; Imiela, J.; Westkämper, E. (Life Cycle Management of Cutting Tools):**
Life Cycle Management of Cutting Tools: Comprehensive Acquisition and Aggregation of Tool Life Data. In: 24th Procedia CIRP Conference on Life Cycle Engineering. 61. Jg, 2017, S. 311-316.

**Brudermüller, M.; Hoffmann, R.; Kagermann, H.; Neugebauer, R.; Schuh, G. (Europäischer Green Deal):**
Innovationen für einen europäischen Green Deal. München: acatech, 2020.

**Bruin, T. de; Rosemann, M.; Freeze, R.; Kulkarni, U. (Developing a Maturity Assessment Model):**
Understanding the Main Phases of Developing a Maturity Assessment Model. In: Australasian Conference on Information Systems (Hrsg.) ACIS 2005 Proceedings - 16th Australasian Conference on Information Systems. Sydney: Australasian Conference on Information Systems, 2005, S. 8-19.

**Bruns, M. (Systemtechnik):**
Systemtechnik. Ingenieurwissenschaftliche Methodik zur interdisziplinären Systementwicklung. (Reihe: Springer eBook Collection Business and Economics). Berlin, Heidelberg: Springer Berlin Heidelberg, 1991.

**Bullinger, H.-J.; Spath, D.; Warnecke, H.-J.; Westkämper, E. (Handbuch Unternehmensorganisation:**
Handbuch Unternehmensorganisation. Strategien, Planung, Umsetzung. In: Bullinger, H.-J.; Spath, D.; Warnecke, H.-J.; Westkämper, E. (Hrsg.). 3., neu bearbeitete Auflage. Berlin: Springer, 2009.

**Bundesministerium für Umwelt, Naturschutz, nukleare Sicherheit und Verbraucherschutz (Klimaschutzprogramm 2030 der Bundesregierung):**
Klimaschutzprogramm 2030 der Bundesregierung zur Umsetzung des Klimaschutzplans 2050. Berlin, 2019.

**Bundesministerium für Wirtschaft und Energie (Quick-Checks Kälte und Lüftung):**
Quick-Checks Kälte und Lüftungs, 2023. https://www.energiewechsel.de/KAENEF/Quickcheck/Kaelteerzeugung/Navigation/quickcheck-kaelteerzeugung.html, Stand: 26.03.2023

**Bundesministerium für wirtschaftliche Zusammenarbeit und Entwicklung (Lieferkettengesetz):**
Gesetz über die unternehmerischen Sorgfaltspflichten in Lieferketten. In: Bundesgesetzblatt. 2021. Jg, 2021, Nr. 46, S. 2959-2969.

**Bundesregierung (CO2-Bepreisung):**
Anreiz für weniger $CO_2$-Emissionen, 2021. https://www.bundesregierung.de/breg-de/themen/klimaschutz/weniger-co2-emissionen-1810636, Stand: 01.02.2023

**Bundesregierung (Die UN-Nachhaltigkeitsziele):**
Die UN-Nachhaltigkeitsziele. Gemeinsam den Wandel gestalten. Bundesregierung, 2022. https://www.bundesregierung.de/breg-de/themen/nachhaltigkeitspolitik/die-un-nachhaltigkeitsziele-1553514, Stand: 15.10.2022

**Bundesrepublik Deutschland (Prinzipien der Umweltpolitik):**
Prinzipien der Umweltpolitik, 1971. https://www.tu-berlin.de/fileadmin/f12/Downloads/koop/oeko-audit/kapitel1/L12_3.html, Stand: 28.03.2022

**Burianek, F.; Ihl, C.; Bonnemeier, S.; Reichwald, R. (Typologisierung hybrider Produkte):**

Typologisierung hybrider Produkte. Ein Ansatz basierend auf der Komplexität der Leistungserbringung. Arbeitsberichte des Lehrstuhls für Betriebswirtschaftslehre - Information, Organisation und Management. München, 2007.

**Burschel, C.; Losen, D.; Wiendl, A. (Betriebswirtschaftslehre der nachhaltigen Unternehmung):**
Betriebswirtschaftslehre der nachhaltigen Unternehmung. München, Wien: R. Oldenburg Verlag, 2004.

**Busch, M. (Intelligente Produktionsplanungsprozesse im Werkzeugbau):**
Intelligente Produktionsplanungsprozesse im Werkzeugbau. Aachen: Apprimus, 2022.

**C.I.R.P. Office International Institution for Production Research (Wörterbuch der Fertigungstechnik):**
Wörterbuch der Fertigungstechnik. Dictionary of Production Engineering. Dictionnaire des Techniques de Production Mécanique Vol. I/1. Umformtechnik 1/Metal Forming 1/Formage 1. 3. Aufl. 2015. Berlin, Heidelberg: Springer Berlin Heidelberg, 2015.

**Carlowitz, H. C. von (Sylvicultura oeconomica):**
Sylvicultura oeconomica. Haußwirthliche Nachricht und Naturmäßige Anweisung zur Wilden Baum-Zucht. (Reihe: Forstliche Klassiker, Bd. 1). Reprint der 2. Aufl. Leipzig, Braun 1732. Remagen-Oberwinter: Kessel, 1713.

**Carroll, A. B. (The Pyramid of CSR):**
The Pyramid of Corporate Social Responsibility. Toward the Moral Management of Organizational Stakeholders. In: Business Horizons. 34. Jg, 1991, Nr. 4, S. 39-48.

**Carroll, A. B. (Corporate social responsibility):**
Corporate social responsibility. In: Organizational Dynamics. 44. Jg, 2015, Nr. 2, S. 87-96.

**Chen, C.; Wang, Y.; Ou, H.; He, Y.; Tang, X. (A review on remanufacture of dies and moulds):**
A review on remanufacture of dies and moulds. In: Journal of Cleaner Production. 64. Jg, 2014, S. 13-23.

**Chessell, M.; Wolfson, D.; Vincent, T. (Hybrid Cloud Architecture):**
Architecting to Deliver Value from Big Data and Hybrid Cloud Architecture. In: Mistrik, I.; Bahsoon, R.; Ali, N.; Heisel, M.; Maxim, B. (Hrsg.) Software Architecture for Big Data and the Cloud: Elsevier, 2017, S. 33-48.

**Cicero, M. T. (Über die Ziele des menschlichen Handelns):**
Über die Ziele des menschlichen Handelns. De finibus bonorum et malorum. München: Artemis Verlag, 1988.

**Colsman, B. (Nachhaltigkeitscontrolling):**
Nachhaltigkeitscontrolling. Strategien, Ziele, Umsetzung. 2nd ed. Wiesbaden: Springer Fachmedien Wiesbaden, 2016.

**Daimler AG (Ambition 2039):**
Ambition 2039. Unser Weg zur CO2-Neutralität, 2019. https://group.mercedes-benz.com/nachhaltigkeit/klima/ambition-2039-unser-weg-zur-co2-neutralitaet.html

**Dais, S. (Industrie 4.0):**
Industrie 4.0. Anstoß, Vision, Vorgehen. In: Hompel, M. ten; Vogel-Heuser, B.; Bauernhansl, T. (Hrsg.) Handbuch Industrie 4.0 Bd.4. Allgemeine Grundlagen. (Reihe: Springer-Link Bücher). 2. Auflage. Berlin, Heidelberg: Springer Vieweg, 2017, S. 259-268.

**Daly, H. E. (Principles of sustainable development):**
Toward some operational principles of sustainable development. In: Ecological Economics. 2. Jg, 1990, Nr. 1, S. 1-6.

**Davis, S. M. (Future perfect):**
Future perfect. First printing. Reading, Mass.: Addison-Wesley Publishing Company Inc, 1987.

**Dawes, J. (Point Skales):**
Do data characteristics change according to the number of scale points used ? An experiment using 5 point, 7 point and 10 point scales. In: International Journal of Market Research. 50. Jg, 2008, Nr. 1, S. 1-19.

**DIN Deutsches Institut für Normung e. V. (DIN 8580):**
DIN 8580. Fertigungsverfahren - Begriffe, Einleitung. Berlin, 2003.

**DIN Deutsches Institut für Normung e. V. (DIN EN ISO 14040):**
DIN EN ISO 14040. Umweltmanagement - Ökobilanz: Grundsätze und Rahmenbedingungen. Berlin: Beuth, 2009.

**DIN Deutsches Institut für Normung e. V. (DIN ISO 16916:2017-01):**
DIN ISO 16916:2017-01. Press-, Spritzgieß- und Druckgießwerkzeuge – Werkzeug- Spezifikationsblatt für Spritzgießwerkzeuge. Berlin: Beuth, 2017.

**DIN Deutsches Institut für Normung e. V. (DIN 31051):**
DIN 31051. Grundlagen der Instandhaltung. Berlin: Beuth, 2019.

**Döbbeler, B. (Ressourcenorientierte Modellierung des Werkzeuglebenszyklus):**
Ressourcenorientierte Modellierung des Werkzeuglebenszyklus. In: Waltl, H.; Neugebauer, R.; Riehl, H. (Hrsg.) Green Carbody Technologies. Die Idee der Innovationsallianz. Chemnitz, 2013, S. 47-49.

**Doege, E.; Behrens, B.-A. (Handbuch Umformtechnik):**
Handbuch Umformtechnik. Berlin, Heidelberg: Springer Berlin Heidelberg, 2010.

**Drescher, A.; Koschmider, A.; Oberweis, A. (Modellierung und Analyse von Geschäftsprozessen):**
Modellierung und Analyse von Geschäftsprozessen. Grundlagen und Übungsaufgaben

mit Lösungen. (Reihe: De Gruyter Oldenbourg Studium). Berlin: De Gruyter Oldenbourg, 2017.

**Drews, G.; Hillebrand, N. (Lexikon der Projektmanagement-Methoden):**
Lexikon der Projektmanagement-Methoden. (Reihe: GPM Projektmanagement bei Haufe). 2. Auflage. Freiburg: Haufe, 2010.

**Drossel, W.-G.; Ihlenfeldt, S.; Langer, T.; Dumitrescu, R. (Cyber-Physische Systeme):**
Cyber-Physische Systeme. In: Neugebauer, R. (Hrsg.) Digitalisierung. Schlüsseltechnologien für Wirtschaft und Gesellschaft. (Reihe: Fraunhofer-Forschungsfokus). 1. Auflage. Berlin, Heidelberg: Springer Vieweg, 2018, S. 196-222.

**Du, Y.; Cao, H.; Liu, F.; Li, C.; Chen, X. (Evaluating remanufacturability):**
An integrated method for evaluating the remanufacturability of used machine tool. In: Journal of Cleaner Production. 20. Jg, 2012, Nr. 1, S. 82-91.

**Duden (Zyklus):**
Zyklus. Bibliographisches Institut GmbH, 2021. https://www.duden.de/rechtschreibung/Zyklus, Stand: 07.11.2021

**Duden (Begriff Archetyp):**
Begriff Archetyp, 2022. https://www.duden.de/rechtschreibung/Archetyp, Stand: 15.10.2022

**Duden (Begriff Grad):**
Begriff Grad, 2022. https://www.duden.de/rechtschreibung/Grad, Stand: 20.10.2022

**Duden (Begriff Reife):**
Begriff Reife, 2022. https://www.duden.de/rechtschreibung/Reife, Stand: 20.10.2022

**Dumitrescu, R. (Chancen für den Standort nutzen):**
Die Chancen für den Standort nutzen. In: Sendler, U. (Hrsg.) Industrie 4.0 grenzenlos. Berlin, Heidelberg: Springer Berlin Heidelberg, 2016, S. 201-2016.

**Dumitrescu, R.; Gausemeier, J.; Jasperneite, J.; Kühn, A.; Trsek, H. (Auf dem Weg zu Industrie 4.0):**
Auf dem Weg zu Industrie 4.0. Lösungen aus dem Spitzencluster it's OWL. Paderborn, 2014.

**Dybe, G. (Die ökonomische Säule der Nachhaltigkeit):**
Die ökonomische Säule der Nachhaltigkeit. Annäherungen aus gesamtwirtschaftlicher, regionaler und betrieblicher Perspektive. (Reihe: FHW-Forschung, Bd. 36/37). Berlin: Ed. Sigma, 2000.

**Eccles, R. G.; Ioannou, I.; Serafeim, G. (The Impact of Corporate Sustainability):**
The Impact of Corporate Sustainability on Organizational Processes and Performance. In: Management Science. 60. Jg, 2014, Nr. 11, S. 2381-2617.

**Eccles, R. G.; Klimenko, S. (The Investor Revolution):**
The Investor Revolution. Shareholders are getting serious about sustainability. In: Harvard Business Manager, 2019, Nr. 9, S. 1-12.

**Ehrlenspiel, K.; Meerkamm, H. (Integrierte Produktentwicklung):**
Integrierte Produktentwicklung. Denkabläufe, Methodeneinsatz, Zusammenarbeit. 6. Aufl. München, Wien: Carl Hanser Verlag GmbH & Co. KG, 2013.

**El-Haggar, S.; Samaha, A. (Roadmap for Global Sustainability):**
Roadmap for Global Sustainability. Rise of the Green Communities. Cham: Springer International Publishing, 2019.

**Elkington, J. (The Tripple Bottom Line):**
Cannibals with Forks. The Tripple Bottom Line of 21st Century Business. Oxford: Capstone Publishing Limited, 1997.

**Ellen MacArthur Foundation (Towards the circular economy):**
Towards the circular economy. Economic and business rationale for an accelerated transition. 1. Aufl., 2013.

**Engelhardt, S. von; Wangler, L.; Wischmann, S. (Eigenschaften und Erfolgsfaktoren digitaler Plattformen):**
Eigenschaften und Erfolgsfaktoren digitaler Plattformen. Eine Studie im Rahmen der Begleitforschung zum Eine Studie im Rahmen der Begleitforschung des Technologieprogramms AUTONOMIK für Industrie 4.0 Technologieprogramm AUTONOMIK für Industrie 4.0 des Bundesministeriums für Wirtschaft und Energie des Bundesministeriums für Wirtschaft und Energie. AUTONOMIK Industrie 4.0. Berlin, 2017.

**Engelhardt, W.; Kleinaltenkamp, M.; Reckenfelderbäumer, M. (Leistungsbündel als Absatzobjekte):**
Leistungsbündel als Absatzobjekte. Leistungsbündel als Absatzobjekte Ein Ansatz zur Überwindung der Dichotomie von Sach- und Dienstleistungen. In: Schmalenbachs Zeitschrift für betriebswirtschaftliche Forschung. 45. Jg, 1993, Nr. 5, S. 395-426.

**Enquete-Kommission (Konzept Nachhaltigkeit):**
Konzept Nachhaltigkeit: Vom Leitbild zur Umsetzung. Schutz des Menschen und der Umwelt: Ziele und Rahmenbedingungen einer nachhaltig zukunftsverträglichen Entwicklung. Berlin, 1998.

**Eppinger, S. D. (Design structure matrix methods):**
Design structure matrix methods and applications. (Reihe: Engineering systems). Online-Ausg. Cambridge, Mass: MIT Press, 2012.

**EUROMAP Technichal Commission (EUROMAP 60.1):**
EUROMAP 60.1. Injection Moulding Machines Determination of Machine Related Energy Efficiency Class. Frankfurt am Main: VDMA, 203.

**Europäische Kommission (Non-financial Reporting Directive):**
Non-financial Reporting Directive. Brüssel: European Parliament, 2014.

**Europäische Kommission (Was ist der europäische Green Deal?):**
Was ist der europäische Grüne Deal? Brüssel: Europäische Kommission, 2019.

**Europäische Kommission (Aktionsplan Kreislaufwirtschaft):**
Ein neuer Aktionsplan für die Kreislaufwirtschaft. Für ein saubereres und wettbewerbsfähigeres Europa. Brüssel: Europäische Kommission, 2020.

**Europäische Kommission (Richtlinie zur Nachhaltigkeitsberichtserstattung von Unternehmen):**
Richtlinie zur Nachhaltigkeitsberichtserstattung von Unternehmen (CSRD), 2022. https://germany.representation.ec.europa.eu/news/eu-unternehmen-mussen-kunftig-uber-nachhaltigkeit-berichten-2022-06-22_de, Stand: 15.10.2022

**European Environment Agency (Circular by design):**
Circular by design. Products in the circular economy. (Reihe: EEA report, Bd. no 2017,6). Luxembourg: Publications Office of the European Union, 2017.

**Eversheim, W. (Fertigung und Montage):**
Fertigung und Montage. Organisation in der Produktionstechik Band 4. (Reihe: Studium und Praxis, Bd. Bd. 4). 2., neubearb. und erw. Aufl. Düsseldorf: VDI-Verl., 1989.

**Eversheim, W. (Organisation in der Produktionstechnik):**
Organisation in der Produktionstechnik. 3., neu bearb. und erw. Aufl. Düsseldorf: VDI-Verl., 1996.

**Eversheim, W.; Klocke, F. (Werkzeugbau mit Zukunft):**
Werkzeugbau mit Zukunft. Strategie und Technologie. (Reihe: VDI-Buch). Berlin, Heidelberg: Springer, 1998.

**Eversheim, W.; Kuster, J.; Liestmann, V. (Service Engineering):**
Anwendungspotenziale ingenieurwissenschaftlicher Methoden für das Service Engineering. In: Bullinger, H.-J.; Scheer, A.-W. (Hrsg.) Service Engineering. Entwicklung und Gestaltung innovativer Dienstleistungen. (Reihe: Springer eBook Collection Business and Economics). Berlin, Heidelberg, s.l.: Springer Berlin Heidelberg, 2003, S. 417-443.

**Feess, E. (Effizienz):**
Definition Effizienz. Frankfurt School of Finance and Management, 2018. https://wirtschaftslexikon.gabler.de/definition/effizienz-35160/version-258648, Stand: 30.03.2022

**Feess, E. (Vernetzung):**
Vernetzung. Gabler Wirtschaftslexikon, 2021. https://wirtschaftslexikon.gabler.de/definition/vernetzung-47008, Stand: 12.12.2021

**Feldhusen, J.; Grote, K.-H.; Göpfert, J.; Tretow, G. (Technische Systeme):**
Technische Systeme. In: Feldhusen, J.; Grote, K.-H. (Hrsg.) Pahl/Beitz Konstruktionslehre. Methoden und Anwendung erfolgreicher Produktentwicklung. Berlin, Heidelberg: Springer Berlin Heidelberg, 2013, S. 237-282.

**Fettke, P.; Loos, P. (Strukturanalogien in Datenmodellen):**
Zur Identifikation von Strukturanalogien in Datenmodellen. Ein Verfahren und seine Anwendung am Beispiel des Y-CIM-Referenzmodells von Scheer. In: Wirtsch. Inform. 47. Jg, 2005, Nr. 2, S. 89-100.

**Fichter, K. (Schritte zum nachhaltigen Unternehmen):**
Schritte zum nachhaltigen Unternehmen. Anforderungen und strategische Ansatzpunkte. In: Fichter, K. (Hrsg.) Schritte Zum Nachhaltigen Unternehmen. Zukunftsweisende Praxiskonzepte des Umweltmanagements. Berlin, Heidelberg: Springer Berlin / Heidelberg, 1998, S. 3-26.

**Finken, T. (Projektmanagement bei der Verwaltungsreform):**
Projektmanagement bei der Verwaltungsreform. Gestaltungsaspekte zur Einführung der Kosten- und Leistungsrechnung. (Reihe: Springer eBook Collection Business and Economics). Wiesbaden: Deutscher Universitätsverlag, 1999.

**Fischer, D. (Bildung für nachhaltige Entwicklung):**
Bildung für nachhaltige Entwicklung. Wiesbaden: Hessische Landeszentrale für politische Bildung, 2015.

**Fischer, K. (Corporate Sustainability Governance):**
Corporate Sustainability Governance. Nachhaltigkeitsbezogene Steuerung von Unternehmen in einer globalisierten Welt. Wiesbaden: Springer Fachmedien Wiesbaden, 2017.

**Fitzek, D. (Anlaufmanagement in interorganisationalen Netzwerken):**
Anlaufmanagement in interorganisationalen Netzwerken. Eine empirische Analyse von Erfolgsdeterminanten in der Automobilindustrie. St. Gallen, 2005.

**Fleischer, J.; Herm, M.; Schell, M.-O. (Wertschöpfung in Netzwerken):**
Wertschöpfung in Netzwerken. Integrierte Planungsmethodik zur Konfiguration von globalen Wertschöpfungsnetzwerken. In: ZWF. 99. Jg, 2004, Nr. 9, S. 470-479.

**Fleischmann, H.; Gölzer, P.; Franke, J.; Amberg, M. (Kommunikation und Datenaustausch in Industrie 4.0):**
Kommunikation und Datenaustausch in Industrie 4.0. Anforderungen und Fähigkeiten propagierter Kommunikationsprotokolle. In: wt. 105. Jg, 2015, Nr. 03, S. 84-89.

**Fließ, S. (Dienstleistungsmanagement):**
Dienstleistungsmanagement. Kundenintegration gestalten und steuern. (Reihe: Lehrbuch). 1. Auflage. Wiesbaden: Gabler, 2009.

**Förstner, U.; Köster, S. (Umweltschutztechnik):**
Umweltschutztechnik. 9. Aufl. Berlin, Heidelberg: Springer Berlin Heidelberg, 2018.

**Foster, J.; Cullen, C.; Fitzpatrick, S.; Payne, G.; Hall, L.; Marashi, J. (Remanufacture of hot forging tools):**
Remanufacture of hot forging tools and dies using laser metal deposition with powder and a hard-facing alloy Stellite 21®. In: Jnl Remanufactur. 9. Jg, 2019, Nr. 3, S. 189-203.

**Fraser, P.; Moultrie, J.; Gregory, M. (The use of maturity models):**
The use of maturity models. Grids as a tool in assessing product development capability. In: IEEE International Engineering Management Conference (Hrsg.) Managing technology for the new economy. Cambridge, UK, 18 - 20 August 2002. Piscataway, NJ: IEEE Operations Center, 2002, S. 244-249.

**Freeman, R. E. (Stakeholder theory):**
Stakeholder theory. The state of the art. Cambridge: Cambridge University Press, 2010.

**Freiknecht, J.; Papp, S. (Big Data in der Praxis):**
Big Data in der Praxis. Lösungen mit Hadoop, Spark, HBase und Hive : Daten speichern, aufbereiten, visualisieren. (Reihe: Hanser eLibrary). 2., erweiterte Auflage. München: Hanser, 2018.

**Freiling, J. (Resource-based view):**
Resource-based view und ökonomische Theorie. Grundlagen und Positionierung des Ressourcenansatzes. Teilw. zugl.: Bochum, Univ., Habil. (Reihe: Gabler Research Strategisches Kompetenz-Management (SKM)). 1. Aufl., Nachdr. Wiesbaden: Gabler, 2009.

**Frese, E. (Grundlagen der Organisation):**
Grundlagen der Organisation. Konzept - Prinzipien - Strukturen. 7th ed. Wiesbaden: Springer Gabler. in Springer Fachmedien Wiesbaden GmbH, 1998.

**Frick, L. (Geschäftsmodelle im Werkzeugbau):**
Erfolgreiche Geschäftsmodelle im Werkzeugbau. Aachen: Shaker, 2006.

**Fricke, K. (Digitaltechnik):**
Digitaltechnik. Lehr- und Übungsbuch für Elektrotechniker und Informatiker. Wiesbaden: Springer Fachmedien Wiesbaden, 2018.

**Fricker, I. (Strategische Stringenz im Werkzeug):**
Strategische Stringenz im Werkzeug- und Formenbau. Aachen: Apprimus, 2005.

**Friedli, T. (Technologiemanagement):**
Technologiemanagement. Modelle zur Sicherung der Wettbewerbsfähigkeit. Zugl.: St. Gallen, Univ., Habil.-Schr. Berlin: Springer, 2006.

**Fritz Stepper GmbH & CO. KG (F1 SUPERTEC):**
F1 SUPERTEC, 2023. https://www.stepper.de/de/werkzeuge/#f1-supertec, Stand: 10.07.2023

**Gadatsch, A. (Big Data):**
Big Data. In: Gadatsch, A.; Landrock, H. (Hrsg.) Big Data für Entscheider. Wiesbaden: Springer Fachmedien Wiesbaden, 2017, S. 1-10.

**Gadatsch, A. (Grundkurs Geschäftsprozess-Management):**
Grundkurs Geschäftsprozess-Management. Analyse, Modellierung, Optimierung und Controlling von Prozessen. Wiesbaden: Springer Fachmedien Wiesbaden, 2020.

**Gaitanides, M. (Prozessorganisation):**
Prozessorganisation. Entwicklung, Ansätze und Programme des Managements von Geschäftsprozessen. (Reihe: Vahlens Handbücher der Wirtschafts- und Sozialwissenschaften). 3rd ed. München: Franz Vahlen, 2013.

**Gan, X.; Fernandez, I. C.; Guo, J.; Wilson, M.; Zhao, Y.; Zhou, B.; Wu, J. (Weighting and aggregation sustainability indicators):**
When to use what: Methods for weighting and aggregating sustainability indicators. In: Ecological Indicators. 81. Jg, 2017, S. 491-502.

**Ganguly, A.; Nilchiani, R.; Farr, J. V. (Evaluating agility in corporate enterprises):**
Evaluating agility in corporate enterprises. In: International Journal of Production Economics. 118. Jg, 2009, Nr. 2, S. 410-423.

**Gehrke, W.; Winzker, M.; Urbanski, K.; Woitowitz, R. (Digitaltechnik):**
Digitaltechnik. Grundlagen, VHDL, FPGAs, Mikrocontroller. Berlin, Heidelberg: Springer Berlin Heidelberg, 2016.

**Geisberger, E.; Broy, M. (AgendaCPS):**
AgendaCPS. Integrierte Forschungsagenda ; Cyber-Physical Systems. (Reihe: Acatech STUDIE Ser, Bd. v.1). Berlin: Springer, 2012.

**Geissdoerfer, M.; Savaget, P.; Bocken, N. M.; Hultink, E. J. (The Circular Economy):**
The Circular Economy. A new sustainability paradigm? In: Journal of Cleaner Production. 143. Jg, 2017, S. 757-768.

**Giehler, F. (Erhöhung der Planungsproduktivität):**
Erhöhung der Planungsproduktivität am Beispiel der Auftragsabwicklung im Werkzeugbau. Aachen: Apprimus, 2010.

**Gienke, H.; Kämpf, R. (Handbuch Produktion):**
Handbuch Produktion. Innovatives Produktionsmanagement: Organisation, Konzepte, Controlling. München: Hanser, 2007.

**Gladen, W. (Performance Measurement):**
Performance measurement. Controlling mit Kennzahlen. (Reihe: SpringerLink Bücher). 5., überarbeitete Auflage. Wiesbaden: Gabler, 2011.

**Glanze, E.; Nüttgens, M.; Ritzrau, W. (Unternehmenserfolg durch Nachhaltigkeit):**
Unternehmenserfolg durch Nachhaltigkeit. Reifegrad- und Vorgehensmodell zum Aufbau

eines datenbasierten Nachhaltigkeitsmanagements. In: HMD. 58. Jg, 2021, Nr. 1, S. 155-166.

**Global Carbon Project (CO2-Emissionen weltweit):**
CO2-Emissionen weltweit in den Jahren 1960 bis 2021, 2022. https://de.statista.com/statistik/daten/studie/37187/umfrage/der-weltweite-co2-ausstoss-seit-1751/, Stand: 01.02.2023

**Global Reporting Initiative (About GRI):**
About GRI. Global Reporting Initiative, 2022. https://www.globalreporting.org/about-gri/, Stand: 05.04.2022

**Global Reporting Initiative; United Nations Global Compact; World Business Council for Sustainable Development (SDG Compass):**
SDG Compass. Leitfaden für Unternehmensaktivitäten zu den SDGs, 2022.

**Gloßner, M. (Integrierte Planungsmethodik für die Presswerkneutypplanung):**
Integrierte Planungsmethodik für die Presswerkneutypplanung in der Automobilindustrie. Erscheinungsort nicht ermittelbar: KIT Scientific Publishing, 2007.

**Goedkoop, M. J.; van Halen, C.; te Riele, H.; Rommens, P. (Product Service systems):**
Product Service systems, Ecological and Economic Basics. The Hague, 1999.

**Gölzer, P. (Big Data in Industrie 4.0):**
Big Data in Industrie 4.0. Eine strukturierte Aufarbeitung von Anforderungen, Anwendungsfällen und deren Umsetzung. 1. Aufl. Erlangen, 2017.

**Gorelik, A. (The enterprise big data lake):**
The enterprise big data lake. Delivering the promise of big data and data science. First Edition. Beijing: O`Reilly, 2019.

**Grant, R. M. (Contemporary strategy analysis):**
Contemporary strategy analysis. Tenth Edition. Hoboken, NJ: Wiley, 2019.

**Grunwald, A.; Kopfmüller, J. (Nachhaltigkeit):**
Nachhaltigkeit. Eine Einführung. (Reihe: Campus Studium). 2., aktualis. Aufl. Frankfurt/Main: Campus-Verl., 2012.

**Guba, E, G.; Lincoln, Y. S. (Competing Paradigms in Qualitative Research):**
Competing Paradigms in Qualitative Research. In: Denzin, N. K.; Lincoln, Y. S. (Hrsg.) The SAGE handbook of qualitative research. Fifth edition. Los Angeles, London, New Delhi, Singapore, Washington DC, Melbourne: SAGE, 2018, S. 105-117.

**Günther, E.; Schuh, H. (Kriterien und Indikatoren einer nachhaltigen Entwicklung):**
Definitionen, Konzepte, Kriterien und Indikatoren einer nachhaltigen Entwicklung. Eine Literaturstudie im Auftrag der Degussa-Hüls AG. (Reihe: Dresdner Beiträge zur Betriebswirtschaftslehre, Bd. 39). Dresden, 2000.

**Günther, H.-O.; Tempelmeier, H. (Produktion und Logistik):**
Produktion und Logistik. 9. Aufl. Berlin, Heidelberg: Springer Berlin Heidelberg, 2011.

**Gutenberg, E. (Grundlagen der Betriebswirtschaftslehre):**
Grundlagen der Betriebswirtschaftslehre. Die Produktion. (Reihe: Enzyklopädie der Rechts- und Staatswissenschaft). 24., unveränderte Auflage. Berlin, Heidelberg: Springer Berlin Heidelberg, 1971.

**Haberfellner, R.; Weck, O. de (Systems Engineering):**
Systems Engineering. Grundlagen und Anwendung. 13., aktualisierte Aufl. Zürich: Orell Füssli, 2015.

**Haberfellner, R.; Weck, O. de; Fricke, E.; Vössner, S. (Systems Engineering):**
Systems Engineering. Fundamentals and Applications. Cham: Springer International Publishing, 2019.

**Haberjahn, M. (Multilevel Datenfusion konkurrierender Sensoren):**
Multilevel Datenfusion konkurrierender Sensoren in der Fahrzeugumfelderfassung. Berlin, 2013.

**Haberstock, P. (ESG-Kriterien):**
ESG-Kriterien. International School of Management (ISM), 2019. https://wirtschaftslexikon.gabler.de/definition/esg-kriterien-120056/version-369280, Stand: 30.03.2022

**Hahn, T.; Wagner, M. (Sustainability Balanced Scorecard):**
Sustainability Balanced Scorecard. Von der Theorie zur Umsetzung. In: Lehrstuhl für Umweltmanagement, 2001, S. 1-22.

**Haidlmair GmbH (Umweltrichtlinie):**
Umweltrichtlinie. Nußbach, 2022.

**Haidlmair GmbH (Unternehmensbroschüre):**
Unternehmensbroschüre. Nußbach, 2022.

**Haller, S.; Wissing, C. (Dienstleistungsmanagement):**
Dienstleistungsmanagement. Grundlagen - Konzepte - Instrumente. (Reihe: Lehrbuch). 8., überarbeitete und erweiterte Auflage. Wiesbaden: Springer Gabler, 2020.

**Hamidian, K.; Kraijo, C. (DigITalisierung):**
DigITalisierung – Status quo. In: Keuper, F.; Hamidian, K.; Verwaayen, E.; Kalinowski, T.; Kraijo, C. (Hrsg.) Digitalisierung und Innovation. Wiesbaden: Springer Fachmedien Wiesbaden, 2013, S. 3-24.

**Hannen, C. (Transformationsstrategien zum CO2-neutralen Unternehmen):**
Transformationsstrategien zum CO2-neutralen Unternehmen. Dissertation. (Reihe: Produktion & Energie, Bd. Band 26), 2021.

**Hansen, E. G.; Revellio, F. (Circular value creation architectures):**
Circular value creation architectures. Make, ally, buy, or laissez-faire. In: Journal of Industrial Ecology. 24. Jg, 2020, Nr. 6, S. 1250-1273.

**Hansmann, K.-W. (Industrielles Management):**
Industrielles Management. 8., völlig überarb. und erw. Aufl. München: Oldenbourg, 2006.

**Hardtke, A.; Prehn, M. (Perspektiven der Nachhaltigkeit):**
Perspektiven der Nachhaltigkeit. Vom Leitbild zur Erfolgsstrategie. 1. Aufl. Wiesbaden: Gabler, 2001.

**Häßler, R. D.; Reich, S. (Nachhaltige Kapitalanlage):**
Kapitalmarkt-Report. Investoren Auf Dem Weg Zur Nachhaltigen Kapitalanlage. In: Die Aktiengesellschaft. 63. Jg, 2018, Nr. 20, 287-288.

**Hauff, M. von (Erfolgsfaktor Nachhaltigkeit):**
Nachhaltigkeit - ein Erfolgsfaktor für mittelständische Unternehmen. Anforderungen an Politik, Gewerkschaften und Unternehmen ; Expertise im Auftrag der Abteilung Wirtschafts- und Sozialpolitik der Friedrich-Ebert-Stiftung, 2011.

**Hauff, M. von; Kleine, A. (Nachhaltige Entwicklung):**
Nachhaltige Entwicklung. Grundlagen und Umsetzung. 2. Aufl. München: De Gruyter Oldenbourg, 2014.

**Hauser; John R.; Clausing, D. (The house of quality):**
The house of quality. In: Harvard Business Review. 32. Jg, 1988, Nr. 5, S. 63-73.

**Hechelmann, R.-H.; Andree, P.; Paris, A. (Wege zum klimaneutralen Unternehmen):**
Wege zum klimaneutralen Unternehmen. Entwicklung von Klimastrategien zur erfolgreichen Transformation von Betrieben zu klimaneutralen Unternehmen. In: Böhm, U.; Hildebrandt, A.; Kästle, S. (Hrsg.) Klimaneutralität in der Industrie. Aktuelle Entwicklungen, Praxisberichte, Handlungsempfehlungen. Berlin, Heidelberg: Springer Gabler, 2023, S. 83-99.

**Heidelberger, F. (Effizienzpotenziale in der Stahlerzeugung):**
Da geht noch mehr. wie Hersteller die Effizienzpotenziale in Stahlerzeugung und Stahlverarbeitung ausschöpfen. Werkstoffe in der Fertigung. https://werkstoffzeitschrift.de/da-geht-noch-mehr-wie-hersteller-die-effizienzpotenziale-in-stahlerzeugung-und-stahlverarbeitung-ausschoepfen/, Stand: 10.07.2023

**Heinen, E. (Einführung in die Betriebswirtschaftslehre):**
Einführung in die Betriebswirtschaftslehre. 9., verb. Aufl. Wiesbaden: Gabler, 1985.

**Heinrich, B.; Linke, P.; Glöckler, M. (Grundlagen Automatisierung):**
Grundlagen Automatisierung. Sensorik, Regelung, Steuerung. Wiesbaden: Springer Fachmedien Wiesbaden, 2015.

**Helbing, K. W. (Handbuch Fabrikprojektierung):**
Handbuch Fabrikprojektierung. Berlin, Heidelberg: Springer Berlin Heidelberg, 2010.

**Henisz, W.; Koller, T.; Nuttall, R. (Five ways that ESG creates):**
Five ways that ESG creates value. Getting your environmental, social, and governance (ESG) proposition right links to higher value creation. Here's why. In: McKinsey Quarterly, 2019, November, S. 1-12.

**Henjes, J.; Kennemann, M.; Baumgarten, S.; Grigutsch, M. (Logistische Erfassung, Steuerung und Bewertung):**
Logistische Erfassung, Steuerung und Bewertung. In: Bach, F.-W.; Kerber, K. (Hrsg.) Prozesskette Präzisionsschmieden. Berlin, Heidelberg: Springer Berlin Heidelberg, 2014, S. 431-479.

**Hensen, T. (Strategische Auslegung):**
Strategische Auslegung industrieller Werkzeugbaubetriebe. Aachen: Apprimus, 2017.

**Herring, H.; Sorrell, S. (The Rebound Effect):**
The Rebound Effect. Introduction. In: Herring, H.; Sorrell, S. (Hrsg.) Energy Efficiency and Sustainable Consumption. The Rebound Effect. London: Palgrave Macmillan UK, 2009, S. 1-19.

**Herrmann, C. (Ganzheitliches Life Cycle Management):**
Ganzheitliches Life Cycle Management. Nachhaltigkeit und Lebenszyklusorientierung in Unternehmen. Berlin, Heidelberg: Springer Berlin Heidelberg, 2010.

**Herrmann, C.; Blume, S.; Kurle, D.; Schmidt, C.; Thiede, S. (The Positive Impact Factory):**
The Positive Impact Factory. Transition from Eco-efficiency to Eco-effectiveness Strategies in Manufacturing. In: Procedia CIRP. 29. Jg, 2015, S. 19-27.

**Herzig, C.; Schaltegger, S. (Wie managen deutsche Unternehmen Nachhaltigkeit):**
Wie managen deutsche Unternehmen Nachhaltigkeit? Bekanntheit und Anwendung von Methoden des Nachhaltigkeitsmanagements in den 120 größten Unternehmen Deutschlands. Lüneburg: CSM Centre for Sustainability Management, 2009.

**Hjorth, P.; Madani, K. (Sustainability Monitoring and Assessment):**
Sustainability Monitoring and Assessment: New Challenges Require New Thinking. In: J. Water Resour. Plann. Manage. 140. Jg, 2014, Nr. 2, S. 133-135.

**Hofer, P.; Walchshofer, C.; Eisl, C.; Mayr, A.; Perkhofer, L. (Sankey, Sunburst & Co):**
Sankey, Sunburst & Co. Interaktive Big Data Visualisierungen im Usability Test. In: Nadig, L.; Egle, U. (Hrsg.) Controlling, Accounting, Risiko, Finanzen. CARF Luzern 2018, 6. September bis 7. September 2018, Luzern. (Reihe: Schriften aus dem Institut für Finanzdienstleistungen). Zug: Verlag IFZ - Hochschule Luzern, 2018, S. 92-116

**Hoffmann, H.; Neugebauer, R.; Spur, G. (Handbuch Umformen):**
Handbuch Umformen. (Reihe: Edition Handbuch der Fertigungstechnik). München: Hanser Verlag, 2012.

**Hohmann, D. (Methoden der Unternehmensentwicklung):**
Methoden der Unternehmensentwicklung. Corporate Governance von Veränderungsprozessen am Beispiel von Akquisitionen. (Reihe: SpringerLink Bücher). Wiesbaden: Gabler Verlag, 2012.

**Homp, C. (Entwicklung und Aufbau von Kernkompetenzen):**
Entwicklung und Aufbau von Kernkompetenzen. Wiesbaden: Deutscher Universitätsverlag, 2000.

**Hopfenbeck, W. (Allgemeine Betriebswirtschafts- und Managementlehre):**
Allgemeine Betriebswirtschafts- und Managementlehre. 13. vollst. überarb. und erw. Aufl. Landsberg/Lech: Moderne Industrie, 2000.

**Hub, H. (Aufbauorganisation):**
Aufbauorganisation, Ablauforganisation. Einführung in die Betriebsorganisation, Aufgabenanalyse, Aufgabensynthese, Zentralisation, Dezentralisation, Darstellungsmittel, Organisationsformen, Arbeitsabläufe. (Reihe: Praxis der Unternehmensführung). 1. Auflage. Wiesbaden: Gabler, 1994.

**Hutter, C. (Nachhaltigkeitsstrategieentwicklung):**
Nachhaltigkeitsstrategieentwicklung. Das Spannungsfeld von Unternehmen und Stakeholdern in der automobilen Unternehmenspraxis. Wiesbaden: Gabler Verlag, 2012.

**IG Metall (Wer wir sind):**
Wer wir sind und was wir tun, 2022. https://www.igmetall.de/ueber-uns/dafuer-stehen-wir/wer-wir-sind

**IMF (Weltweites Bruttoinlandsprodukt):**
Weltweites Bruttoinlandsprodukt. World Economic Outlook Database, 2022. https://de.statista.com/statistik/daten/studie/159798/umfrage/entwicklung-des-bip-bruttoinlandsprodukt-weltweit/, Stand: 01.02.2023

**Intergovernmental Panel on Climate Change** (IPCC) (Summary for Policymakers):
Summary for Policymakers. Contribution of Working Group I to the Sixth Assessment Report of the Intergovernmental Panel on Climate Change. Cambridge: Cambridge University Press, 2021.

**International Organization for Standardization (ISO/IEC 19501):**
ISO/IEC 19501. Unified Modeling Language Specification: British Standards Institution, 2005.

**International Resource Panel (Global Resources Outlook):**
Global Resources Outlook 2019. Natural Resources for the Future We Want. New York: United Nations, 2020.

**Ives, K.; Müllner, V. (B2B-Branding):**
Branding oder kein Branding. Eine Einführung in das B2B-Branding. In: Seebacher, U. (Hrsg.) Praxishandbuch B2B-Marketing. Neueste Konzepte, Strategien und Technologien sowie praxiserprobte Vorgehensmodelle – mit 11 Fallstudien. Wiesbaden: Springer Fachmedien Wiesbaden, 2021, S. 221-246.

**Jackson, T.; Senker, P. (Prosperity without Growth):**
Prosperity without Growth: Economics for a Finite Planet. In: Energy & Environment. 22. Jg, 2011, Nr. 7, S. 1013-1016.

**Jhavar, S.; Paul, C. P.; Jain, N. K. (Repairing options for dies and molds):**
Causes of failure and repairing options for dies and molds. A review. In: Engineering Failure Analysis. 34. Jg, 2013, S. 519-535.

**Jochem, R. (Reifegradmodelle bei der Qualitätsbewertung):**
Was kostet Qualität? Wirtschaftlichkeit von Qualität ermitteln. München: Hanser Verlag, 2010.

**Joglekar, N. R.; Yassine, A. A. (Management of Information Technology Driven):**
Management of Information Technology Driven Product Development Processes. Boston, 2001.

**Johannaber, F.; Michaeli, W. (Handbuch Spritzgießen):**
Handbuch Spritzgießen. 2. Aufl. München: Hanser, 2004.

**Jording, T. (Reifegradmodell des Supply Chain Managements):**
Entwicklung und Konzeption eines Reifegradmodells des Supply Chain Managements. der Supply Chain Management Maturity Cube (SCMMC). Bamberg: University of Bamberg Press, 2018.

**Joung, C. B.; Carrell, J.; Sarkar, P.; Feng, S. C. (Categorization of indicators for sustainable manufacturing):**
Categorization of indicators for sustainable manufacturing. In: Ecological Indicators. 24. Jg, 2013, S. 148-157.

**Kagermann, H. (Chancen von Industrie 4.0 nutzen):**
Chancen von Industrie 4.0 nutzen. In: Hompel, M. ten; Vogel-Heuser, B.; Bauernhansl, T. (Hrsg.) Handbuch Industrie 4.0 Bd.4. Allgemeine Grundlagen. (Reihe: SpringerLink Bücher). 2. Auflage. Berlin, Heidelberg: Springer Vieweg, 2017, S. 235-246.

**Kagermann, H.; Wahlster, W.; Helbig, J. (Zukunftsprojekt Industrie 4.0):**
Umsetzungsempfehlungen für das Zukunftsprojekt Industrie 4.0. Abschlussbericht des Arbeitskreises Industrie 4.0. Deutschlands Zukunft als Produktionsstandort sichern. München: acatech, 2013.

**Kahle, E. (Betriebliche Entscheidungen):**
Betriebliche Entscheidungen. Lehrbuch zur Einführung in die betriebswirtschaftliche Entscheidungstheorie. 6., unwesentl. veränd. Aufl. Reprint 2018. Berlin: Oldenbourg Wissenschaftsverlag, 2001.

**Kampker, A. (Kompetenzbasierte Geschäftsausweitung):**
Kompetenzbasierte Geschäftsausweitung von produzierenden Unternehmen. Zugl.: Aachen, Techn. Hochsch., Diss., 2004. (Reihe: Berichte aus der Produktionstechnik, Bd. 2004,15). Aachen: Shaker, 2004.

**Kantardzic, M. (Data mining):**
Data mining. Concepts, models, methods, and algorithms. Third edition. Piscataway, NJ: IEEE Press; Wiley, 2020.

**Kaplan, R. S.; Norton, D. P. (The balanced scorecard):**
The Balanced Scorecard. Translating strategy into action. [Nachdr.]. Boston, Mass.: Harvard Business School Press, 1996.

**Kaplan, R. S.; Norton, D. P. (Strategy maps):**
Strategy maps. Converting intangible assets into tangible outcomes. Boston: Harvard Business School Press, 2004.

**Karlinger, P.; Hinken, F. (Konstruktionsablauf):**
Konstruktionsablauf. In: Mennig, G. (Hrsg.) Werkzeugbau für die Kunststoffverarbeitung. Bauarten, Herstellung, Betrieb. 5. Aufl. München: Hanser, 2008, S. 301-330.

**Karrenberg, U. (Signale - Prozesse - Systeme):**
Signale – Prozesse – Systeme. Eine multimediale und interaktive Einführung in die Signalverarbeitung. Berlin, Heidelberg: Springer Berlin Heidelberg, 2017.

**Kast, R.; Lindemann, M.; Teuber, S.; Lübbe, K.; Wiesler, G.; Schiller, Y.; Schirmer, U.; Ahlers, G.; Holm, T.; Voß, E.; Galvagni, I.; Heckel, M. (Gestaltungshinweise zu ausgewählten Handlungsfeldern):**
Gestaltungshinweise zu ausgewählten Handlungsfeldern. In: Schirmer, U. (Hrsg.) Demografie Exzellenz. Handlungsmaßnahmen und Best Practices zum demografieorientierten Personalmanagement. (Reihe: IMISCOE Research Series). Wiesbaden: Springer Gabler, 2016, S. 49-150.

**Kell, G. (The Remarkable Rise Of ESG):**
The Remarkable Rise Of ESG. In: Forbes, 2018.

**Kelzenberg, C. (Datenstrukturmodell für den digitalen Schatten):**
Datenstrukturmodell für den digitalen Schatten der Auftragsabwicklung von Werkzeugbaubetrieben. Dissertation. (Reihe: Ergebnisse aus der Produktionstechnik Produktionssystematik, Bd. 2020, Band 11). 1. Auflage, 2019.

**Kempermann, H.; Lichtblau, K. (Dienstleistungspotenziale Industrie 4.0):**
Dienstleistungspotenziale im Rahmen von Industrie 4.0. Vereinigung der Bayerischen

Wirtschaft VBW, 2014. https://docplayer.org/3440151-Information-dienstleistungspotenziale-im-rahmen-von-industrie-4-0-stand-maerz-2014-www-vbw-bayern-de.html, Stand: 12.12.2021

**Kett, I.; Schewe, G. (Management Skills):**
Management Skills. Beziehungen nutzen, Probleme lösen, effektiv kommunizieren. (Reihe: SpringerLink Bücher). Wiesbaden: Gabler, 2010.

**Khaleghi, B.; Khamis, A.; Karray, F. O.; Razavi, S. N. (Multisensor data fusion):**
Multisensor data fusion. A review of the state-of-the-art. In: Information Fusion. 14. Jg, 2013, Nr. 1, S. 28-44.

**Klein, D.; Tran-Gia, P.; Hartmann, M. (Big Data):**
Big Data. In: Informatik Spektrum. 36. Jg, 2013, Nr. 3, S. 319-323.

**Kleinemeier, M. (Unternehmenssteuerungs-Netzwerken):**
Von der Automatisierungspyramide zu Unternehmenssteuerungs-Netzwerken. In: Vogel-Heuser, B.; Bauernhansl, T.; Hompel, M. ten (Hrsg.) Handbuch Industrie 4.0 Bd.1. Produktion. (Reihe: SpringerLink Bücher). 2. Aufl. 2017. Berlin, Heidelberg: Springer Vieweg, 2017, S. 219-226.

**Kleinfeld, A.; Martens, A. (CSR und Compliance):**
CSR und Compliance. Berlin, Heidelberg: Springer Berlin Heidelberg, 2018.

**Klesper, B. (Technologien für eine bessere Welt):**
Technologien für eine bessere Welt. Corporate Responsibility bei der Deutschen Telekom. In: Englert, M.; Ternès, A. (Hrsg.) Nachhaltiges Management. Berlin, Heidelberg: Springer Berlin Heidelberg, 2019, S. 689-709.

**Klocke, F.; Arntz, K. (Fertigungstechnologien für komplexe Geometrien):**
Fertigungstechnologien für komplexe Geometrien. Technologien für den Werkzeug- und Formenbau von morgen. In: Formwerk: Lösungen für Werkzeug-, Formen- und Prototypenbau, 2005, Nr. 3, S. 18-23.

**Klocke, F.; Schuh, G.; Zohm, F.; Fricker, I.; Sauer, A.; Wegehaupt, P. (Zukunftsstudie im Werkzeug- und Formenbau):**
Zukunftsstudie im Werkzeug- und Formenbau. Aachen, 2005.

**Klotzbach, C. (Industrieller Werkzeugbau):**
Gestaltungsmodell für den industriellen Werkzeugbau. Dissertation. 1. Aufl. Aachen, 2006.

**Klotzbücher, A. (Werkzeugfertigung):**
Werkzeugfertigung. In: Mennig, G. (Hrsg.) Werkzeugbau für die Kunststoffverarbeitung. Bauarten, Herstellung, Betrieb. 5. Aufl. München: Hanser, 2008, S. 471-489.

**Kluge, S. (Empirisch begründete Typenbildung):**
Empirisch begründete Typenbildung. Zur Konstruktion von Typen und Typologien in der

qualitativen Sozialforschung. (Reihe: Springer eBook Collection). Wiesbaden: VS Verlag für Sozialwissenschaften, 1999.

**Knoll, M.; Rinderle-Ma, S. (Plattformen):**
Plattformen. Eine Einführung. In: HMD. 52. Jg, 2015, Nr. 3, S. 322-336.

**Kohlhase, N. (Strukturieren und Beurteilen von Baukastensystemen):**
Strukturieren und Beurteilen von Baukastensystemen. Strategien, Methoden, Instrumente. Zugl.: Darmstadt, Techn. Hochsch., Diss., 1996. (Reihe: Fortschritt-Berichte VDI Reihe 1, Konstruktionstechnik, Maschinenelemente, Bd. 275). Als Ms. gedr. Düsseldorf: VDI-Verl., 1997.

**Köhlscheid, W. (Lebenszyklusorientierte Produktgestaltung):**
Methodik zur lebenszyklusorientierten Produktgestaltung. Ein Beitrag zum Life Cycle Design. Dissertation. (Bd. 17/99). Aachen: Shaker, 1999.

**Kölscheid, W. (Lebenszyklusorientierte Produktgestaltung):**
Methodik zur lebenszyklusorientierten Produktgestaltung. Ein Beitrag zum Life Cycle Design. Zugl.: Aachen, Techn. Hochsch., Diss., 1999. (Reihe: Berichte aus der Produktionstechnik, Bd. 99,17). Als Ms. gedr. Aachen: Shaker, 1999.

**Komorek, N. J. (Kollaborative Wertschöpfung):**
Gestaltungsmodell für kollaborative Wertschöpfung im industriellen Werkzeugbau. Zugl.: Aachen, Techn. Hochsch., Diss., 2014. (Reihe: Edition Wissenschaft Apprimus, Bd. 2014,31). 1. Aufl. Aachen: Apprimus Verlag, 2014.

**Kotter, J. P. (Accelerate):**
Accelerate. Building Strategic Agility for a Faster-Moving World. Boston: Harvard Business Review Press, 2014.

**Kozielski, S. A. (Integratives Kennzahlensystem):**
Integratives Kennzahlensystem für den Werkzeugbau. Aachen: Apprimus, 2010.

**Krajnc, D.; Glavic, P. (Indicators of sustainable production):**
Indicators of sustainable production. In: Clean Technologies and Environmental Policy. 5. Jg, 2003, 3-4, S. 279-288.

**Krcmar, H. (Informationsmanagement):**
Einführung in das Informationsmanagement. Berlin, Heidelberg: Springer Berlin Heidelberg, 2015.

**Krips, D. (Stakeholdermanagement):**
Stakeholdermanagement. Kurzanleitung Heft 5. Berlin, Heidelberg: Springer Berlin Heidelberg, 2017.

**Kropp, A. (Grundlagen der nachhaltigen Entwicklung):**
Grundlagen der Nachhaltigen Entwicklung. Handlungsmöglichkeiten und Strategien zur Umsetzung. Wiesbaden: Springer Fachmedien Wiesbaden, 2019.

**Krüger, W.; Homp, C. (Kernkompetenz-Management):**
Kernkompetenz-Management. Steigerung von Flexibilität und Schlagkraft im Wettbewerb. Wiesbaden: Gabler, 1997.

**Kubicek, H. (Heuristischer Bezugsrahmen):**
Heuristischer Bezugsrahmen und heuristisch angelegte Forschungsdesigns als Elemente einer Konstruktionsstrategie empirischer Forschung. In: Köhler, R. (Hrsg.) Empirische und handlungstheoretische Forschungskonzeptionen in der Betriebswirtschaftslehre. Bericht. Stuttgart: Poeschel, 1977, S. 3-36.

**Kuhlmann, K. (Geschäftsprozesse im Werkzeugbau):**
Methodik zur Gestaltung von Geschäftsprozessen im industriellen Werkzeugbau. Aachen: Apprimus, 2011.

**Kuhlmann, K. (Gestaltung von Geschäftsprozessen im Werkzeugbau):**
Methodik zur Gestaltung von Geschäftsprozessen im industriellen Werkzeugbau. Aachen: Shaker, 2011.

**Kuhlmann, T. B. (Corporate Tooling):**
Corporate Tooling. Modularer Werkzeugbau als Befähiger internationaler Produktionsnetzwerke. (Reihe: Edition Wissenschaft - Apprimus, Bd. 1). 1. Aufl. Aachen: Apprimus, 2017.

**Kuhn, T. S. (Die Struktur wissenschaftlicher Revolutionen):**
Die Struktur wissenschaftlicher Revolutionen. (Reihe: Suhrkamp-Taschenbuch Wissenschaft, Bd. 25). Zweite revidierte und um das Postskriptum von 1969 ergänzte Auflage, [26. Auflage]. Frankfurt am Main: Suhrkamp, 2020.

**Kühn, T. (Leistungssysteme im Werkzeugbau):**
Lebenszyklusorientierte Leistungssysteme im Werkzeugbau. (Reihe: Edition Wissenschaft - Apprimus, Bd. 15). 1. Aufl. Aachen: Apprimus, 2016.

**Kurz, R. (Nachhaltige Entwicklung als gesellschaftliche und wirtschaftliche Herausforderung):**
Nachhaltige Entwicklung als gesellschaftliche und wirtschaftliche Herausforderung. Eine Einführung. In: Der Bürger im Staat. 48. Jg, 1998, Nr. 2, S. 66-72.

**Lachmann, M.; Faust, A.; Getzin, F. (Nachhaltigkeitscontrolling):**
Nachhaltigkeitscontrolling. Eine anwendungsorientierte Erweiterung der Controllingkonzeption. In: Hoffjan, A.; Knauer, T.; Wömpener, A. (Hrsg.) Controlling. Konzeptionen Instrumente Anwendungen. 1. Auflage 2017. Stuttgart: Schäffer-Poeschel, 2017, S. 127-139.

**Lado, A.; Boyd, N.; Wright, P. (A Competence Based Model):**
A Competence Based Model of Sustainable Competitive Advantage. Toward a Conceptual Integration. In: Journal of Management. 18. Jg, 1992, Nr. 1, S. 77-91.

**Laick, T. (Hochlaufmanagement):**
Hochlaufmanagement. Sicherer Produktionshochlauf durch zielorientierte Gestaltung und Lenkung des Produktionsprozesssystems. (Reihe: FBK produktionstechnische Berichte, Bd. 47). Kaiserslautern, 2003.

**Lamnek, S.; Krell, C. (Qualitative Sozialforschung):**
Qualitative Sozialforschung. Mit Online-Materialien. 6., vollständig überarbeitete Aufl. Weinheim: Beltz, 2016.

**Lange, J. de (Prozessmodell für den Werkzeugbau im iterativen Produktentwicklungsprozess):**
Prozessmodell für den Werkzeugbau im iterativen Produktentwicklungsprozess. Dissertation. (Reihe: Ergebnisse aus der Produktionstechnik, Bd. 2020, Band 23). 1. Auflage, 2020.

**Lehner, F.; Wildner, S.; Scholz, M. (Wirtschaftsinformatik):**
Wirtschaftsinformatik. Eine Einführung. 2. Aufl. München: Hanser, 2008.

**Likert, R. (Measurement of Attitudes):**
A Technique for the Measurement of Attitudes. In: Archives of Psychology, 1932, Nr. 22, S. 5-55.

**Linacre, J. M. (Optimizing Rating Scale Category Effectiveness):**
Optimizing Rating Scale Category Effectiveness. In: Journal of Applied Measurement. 3. Jg, 2002, Nr. 1, S. 85-106.

**Littig, B.; Grießler, E. (Soziale Nachhaltigkeit):**
Soziale Nachhaltigkeit. Informationen zur Umweltpolitik. Wien: Bundeskammer für Arbeiter und Angestellte, 2004.

**Lowenthal, J. N. (Reengineering the organization):**
Reengineering the organization. A step-by-step approach to corporate revitalization. Milwaukee, Wisc.: ASQC Quality Press, 1994.

**Maiser, E.; Moller, B.; Voglhuber-Slavinsky, A.; Schirrmeister, E. (Trendradar für den Maschinen- und Anlagenbau):**
Trendradar für den Maschinen- und Anlagenbau. Future Business. Frankfurt am Main: druckriegel GmbH, 2019.

**Malone, T. W.; Crowston, K.; Lee, J.; Pentland, B.; Dellarocas, C.; Wyner, G.; Quimby, J.; Osborn, C. S.; Bernstein, A.; Herman, G.; Klein, M.; O'Donnell, E. (Tools for Inventing Organizations):**
Tools for Inventing Organizations: Toward a Handbook of Organizational Processes. In: Management Science. 45. Jg, 1999, Nr. 3, S. 425-443.

**Marquardt, K. (Nachhaltigkeit und Digitalisierung):**
Nachhaltigkeit und Digitalisierung. Nachhaltiges und verantwortungsvolles Business im

Kontext von Digitalisierung und Innovation. Wiesbaden: Springer Fachmedien Wiesbaden, 2020.

**Martens, B.; Streel, A. de; Graef, I.; Tombal, T.; Duch-Brown, N. (Business-to-Business data sharing):**
Business-to-Business data sharing. Business-to-Business data sharing: An economic and legal analysis, 2020.

**Mauchline, S.; Teerlink, M.; Manohar, S. (Die Zukunft von IoT):**
Die Zukunft von IoT, 2019. https://news.sap.com/germany/2019/10/iot-chance-moeglichkeiten/, Stand: 20.12.2021

**Mayer, K. (Nachhaltigkeit):**
Nachhaltigkeit. 125 Fragen und Antworten. Wiesbaden: Springer Fachmedien Wiesbaden, 2020a.

**Mayer, K. (Nachhaltigkeit):**
Nachhaltigkeit. 125 Fragen und Antworten. Wiesbaden: Springer Fachmedien Wiesbaden, 2020b.

**Meadows, D. H.; Meadows, D. L.; Randers, J.; Behrens III, W. W. (The Limits to Growth):**
The Limits to Growth. A report for the Club of Rome's project on the predicament of mankind. New York: Universe Books, 1972.

**Meffert, H. (Produktlebenszyklus-Konzept):**
Interpretation und Aussagewert des Produktlebenszyklus-Konzeptes. In: Hamman, P.; Kroeber-Riel, W.; Meyer, C. W. (Hrsg.) Neue Ansätze zur Marketingtheorie. Berlin: Duncker & Humblot, 1974, S. 85-134.

**Meier, A. (Relationale und postrelationale Datenbanken):**
Relationale und postrelationale Datenbanken. (Reihe: eXamen.press). 6., überarb. und erw. Aufl. Berlin: Springer, 2007.

**Meier, A. (Werkzeuge der digitalen Wirtschaft):**
Werkzeuge der digitalen Wirtschaft: Big Data, NoSQL & Co. Eine Einführung in relationale und nicht-relationale Datenbanken. Wiesbaden: Springer Fachmedien Wiesbaden, 2018.

**Meier, H.; Kortmann, D.; Sadek, K. (Hybride Leistungsbündel):**
Systematische Dienstleistungsentwicklung hybrider Leistungsbündel. In: Zeitschrift für wirtschaftlichen Fabrikbetrieb. 102. Jg, 2007, Nr. 12, S. 814-819.

**Menges, G.; Michaeli, W.; Mohren, P. (Spritzgießwerkzeuge):**
Spritzgießwerkzeuge. Auslegung, Bau, Anwendung; mit 63 Tabellen. 6. Aufl. München: Hanser, 2007.

**Mennig, G. (Werkzeuge für die Kunststoffverarbeitung):**
Werkzeuge für die Kunststoffverarbeitung. Bauarten, Herstellung, Betrieb; mit 53 Tabellen. 4. Aufl. München: Hanser, 1995.

**Mersmann, T. (Reifegradbasierte Bewertung der Nachhaltigkeit):**
Reifegradbasierte Bewertung der Nachhaltigkeit von Fabriken. Dissertation. (Reihe: Berichte aus dem IFA, Bd. 2015, Band 4). Hannover, 2015.

**Mettler, T. (Konfigurierbares Reifegradmodell):**
Supply Management im Krankenhaus. Konstruktion und Evaluation eines konfigurierbaren Reifegradmodells zur zielgerichteten Gestaltung. Dissertation der Universität St. Gallen. St. Gallen, 2010.

**Michalas, N. (Nachhaltige Nutzungskonzepte):**
Methodik zur Gestaltung von nachhaltigen Nutzungskonzepten im Maschinen- und Anlagenbau. Zugl.: Aachen, Techn. Hochsch., Diss., 2002. (Reihe: Berichte aus der Produktionstechnik, Bd. 2003,5). Aachen: Shaker, 2003.

**Minguez, J. (Manufacturing Service Bus):**
Der Manufacturing Service Bus. In: Westkämper, E.; Spath, D.; Constantinescu, C.; Lentes, J. (Hrsg.) Digitale Produktion. Berlin, Heidelberg: Springer Berlin Heidelberg, 2013, S. 271-289.

**Mitchell, R. K.; Agle, B. R.; Wood, D. J. (Toward a Theory of Stakeholder Identification and Salience):**
Toward a Theory of Stakeholder Identification and Salience. Defining the Principle of Who and What Really Counts. In: The Academy of Management Review. 22. Jg, 1997, Nr. 4, S. 853-886.

**Moeller, E. (Handbuch Konstruktionswerkstoffe:**
Handbuch Konstruktionswerkstoffe. Auswahl, Eigenschaften, Anwendung. In: Moeller, E. (Hrsg.). München: Hanser, 2008.

**Mokyr, J. (The British Industrial Revolution):**
The British Industrial Revolution. : An Economic Perspective. 2. Aufl. Boulder: Westview Press, 1999.

**Monostori, L.; Kádár, B.; Bauernhansl, T.; Kondoh, S.; Kumara, S.; Reinhart, G.; Sauer, O.; Schuh, G.; Sihn, W.; Ueda, K. (Cyber-physical systems in manufacturing):**
Cyber-physical systems in manufacturing. In: CIRP Annals - Manufacturing Technology. 65. Jg, 2016, Nr. 2, S. 621-641.

**Moss, M. L.; Grunkemeyer, W. T. (Multi-Dimensional Indicators):**
Using Resident Formulated Multi-Dimensional Indicators to Assess Urban Communities' Progress Toward Meeting Sustainability Goals. In: International Coference on Whole Life Urban Sustainability and its Assessment (Hrsg.) Conference Proceedings. Glasgow, 2007, S. 1-18.

**Müller-Stewens, G.; Lechner, C. (Strategisches Management):**
Strategisches Management. Wie strategische Initiativen zum Wandel führen; der St. Galler General-Management-Navigator. (Reihe: EBL-Schweitzer). 4., überarb. Aufl. Stuttgart: Schäffer-Poeschel, 2011.

**Nachmany, M.; Fankhauser, S.; Davidova, J.; Kingsmill, N.; Landesman, T.; Roppongi, H.; Schleifer, P.; Setzer, J.; Sharman, A.; Singleton, S.; Sundaresan, J.; Townshend, T. (The 2015 Global Climate Legislation):**
The 2015 Global Climate Legislation Study. A Review of Climate Change Legislation in 99 Countries. Summary for Policy-makers: Seacourt Ltd., 2015.

**Neemann, C. W. (Methodik zum Schutz gegen Produktimitationen):**
Methodik zum Schutz gegen Produktimitationen. Zugl.: Aachen, Techn. Hochsch., Diss., 2007. (Reihe: Berichte aus der Produktionstechnik, Bd. Bd. 2007,13). Aachen: Shaker, 2007.

**Neuhausen, J. (Gestaltung modularer Produktionssysteme):**
Gestaltung modularer Produktionssysteme für Unternehmen der Serienproduktion. Dissertation. Aachen, 2001.

**Niemann, J.; Tichkiewitch, S.; Westkämper, E. (Design of sustainable product life cycles):**
Design of sustainable product life cycles. Berlin: Springer, 2009.

**Niemöller, C.; Bärtling, N.; Thomas, O. (Nachhaltigkeit durch Hybride Wertschöpfung):**
Nachhaltigkeit durch Hybride Wertschöpfung. Entwicklung eines Reifegradmodells. In: Informatik 2015 Proceedings, 2015, S. 427-442.

**Nonaka, I. (Organizational Knowledge Creation):**
A Dynamic Theory of Organizational Knowledge Creation. In: Organization Science. 5. Jg, 1994, Nr. 1, S. 14-37.

**Oertwig, N.; Galeitzke, M.; Schmieg, H.-G.; Kohl, H.; Jochem, R.; Orth, R.; Knothe, T. (Corporate Sustainability Performance):**
Integration of Sustainability into the Corporate Strategy. In: Stark, R.; Seliger, G.; Bonvoisin, J. (Hrsg.) Sustainable Manufacturing. Challenges, Solutions and Implementation Perspectives. (Reihe: Springer eBook Collection Engineering). Cham: Springer, 2017, S. 175-200.

**Ortwein, T.; Reiß, B. (Nachhaltigkeit sorgt für Kundenerlebnis und -zufriedenheit):**
Nachhaltigkeit sorgt für Kundenerlebnis und -zufriedenheit. Wie sich das Thema Nachhaltigkeit vom Kostenfaktor zum Umsatzfaktor entwickelt. KPMG, 2021. https://klardenker.kpmg.de/customer-insights-hub/nachhaltigkeit-sorgt-fuer-kundenerlebnis-und-zufriedenheit/

**Osranek, R. (Nachhaltigkeit in Unternehmen):**
Nachhaltigkeit in Unternehmen. Überprüfung eines hypothetischen Modells zur Initiierung

und Stabilisierung nachhaltigen Verhaltens. Wiesbaden: Springer Fachmedien Wiesbaden, 2017.

**Otto, S. (Bedeutung nachhaltiger Entwicklung):**
Bedeutung und Verwendung der Begriffe nachhaltige Entwicklung und Nachhaltigkeit. Eine empirische Studie. Bremen, 2007.

**Ovtcharova, J. (Virtual Engineering):**
Virtual Engineering. Ganzheitliche Prozess- und IT-Systemintegration. Berlin, Heidelberg: Springer Vieweg, 2009.

**Pahl, G.; Beitz, W. (Konstruktionslehre):**
Konstruktionslehre. Handbuch für Studium und Praxis. Berlin: Springer, 1977.

**Pande, P. S.; Holpp, L. (What is Six Sigma):**
What is Six Sigma?: McGraw-Hill, 2002.

**Parmar, B. L.; Freeman, R. E.; Harrison, J. S.; Wicks, A. C.; Purnell, L.; Colle, S. de (Stakeholder Theory):**
Stakeholder Theory: The State of the Art. In: The Academy of Management Annals. 4. Jg, 2010, Nr. 1, S. 403-445.

**Patzak, G. (Systemtechnik):**
Systemtechnik - Planung komplexer innovativer Systeme. Grundlagen, Methoden, Techniken. Berlin, Heidelberg: Springer Berlin Heidelberg, 1982.

**Paulk, M. C.; Curtis, B.; Chrissis, M. B.; Weber, C. V. (Capability Maturity Model):**
Capability Maturity Model for Software. Version 1.1. Pittsburgh: Carnegie Mellon University, 1993.

**Pfeiffer, W.; Bischof, P. (Produkt-Marktzyklen):**
Einflussgrößen von Produkt-Marktzyklen. Nürnberg, 1974.

**Pichler, J. H.; Pleitner, H. J.; Schmidt Karl-Heinz (Management in KMU):**
Management in KMU. Die Führung von Klein- und Mittelunternehmen. 3., überarb. und erw. Aufl. Bern: Haupt, 2000.

**Picot, A. (Gestaltung der Leistungstiefe):**
Ein neuer Ansatz zur Gestaltung der Leistungstiefe. In: zfbf. 43. Jg, 1991, S. 336-359.

**Picot, A.; Heinen, E. (Industriebetriebslehre:**
Industriebetriebslehre. Entscheidungen im Industriebetrieb. In: Picot, A.; Heinen, E. (Hrsg.). 9. Aufl. Wiesbaden: Gabler, 1991.

**Piller, F. T. (Mass Customization):**
Mass Customization. Ein wettbewerbsstrategisches Konzept im Informationszeitalter. Teilw. zugl.: Würzburg, Univ., Diss. 1999 u.d.T.: Piller, Frank Thomas: Kundenindividuelle Massenproduktion (Mass Customization) als wettbewerbsstrategisches Modell industrieller Wertschöpfung in der Informationsgesellschaft. (Reihe: Gabler Edition Wissenschaft

Markt- und Unternehmensentwicklung). 4., überarb. und erw. Aufl., Nachdr. Wiesbaden: Dt. Univ.-Verl., 2008.

**Pitsch, M. (Kompetenzfeldbasierte Vernetzung):**
Kompetenzfeldbasierte Vernetzung von Werkzeugbaustandorten. (Reihe: Produktionssystematik). 1. Aufl. Aachen: Apprimus, 2014.

**Popper, K. R. (Die Logik der Sozialwissenschaften):**
Die Logik der Sozialwissenschaften. In: Adorno, Th. W., Dahrendorf, R.; Pilot, H.; Albert, H.; Haberfellner, R.; Popper, K. R. (Hrsg.) Der Positivismusstreit in der deutschen Soziologie. (Reihe: Sammlung Luchterhand, Bd. 72). 12. Aufl. Darmstadt: Luchterhand, 1987, S. 103-123.

**Pöschek, A. (Produktlebenszyklus):**
Erfahrungskurve - Produktlebenszyklus - Portfolioanalyse. Wien, 2000.

**Principles for Responsible Investment (Spotlight on ESG Risks):**
Corporate Bonds. Spotlight on ESG Risks, 2013.

**Pufé, I. (Nachhaltigkeit):**
Nachhaltigkeit. (Reihe: utb-studi-e-book, Bd. 8705). 3., überarbeitete und erweiterte Auflage. Konstanz: UVK Verlagsgesellschaft mbH; UVK Lucius, 2017.

**Pümpin, C. (Management strategischer Erfolgspositionen):**
Management strategischer Erfolgspositionen. Das SEP-Konzept als Grundlage wirkungsvoller Unternehmensführung. (Reihe: Schriftenreihe Unternehmung und Unternehmungsführung, Bd. 10). 3. Aufl. Bern: Haupt, 1986.

**Pümpin, C. (Strategische Erfolgspositionen):**
Strategische Erfolgspositionen. Methodik der dynamischen strategischen Unternehmensführung. Bern: Haupt, 1992.

**Pümpin, C.; Prange, J. (Management der Unternehmensentwicklung):**
Management der Unternehmensentwicklung. Phasengerechte Führung und der Umgang mit Krisen. (Reihe: Campus-Manager-Magazin, Bd. 2). Frankfurt/Main: Campus-Verl., 1991.

**Queudeville, Y. (Modularisierung von Druckgusswerkzeugen):**
Entwicklung einer Methodik zur Modularisierung von Druckgusswerkzeugen. Aachen, 2015.

**Ramb, B.-T. (Zielbeziehungen):**
Zielbeziehungen. Definition: Formale und logische Zusammenhänge und Interdependenzen zwischen unterschiedlichen Zielen. Gabler Wirtschaftslexikon, 2023. https://wirtschaftslexikon.gabler.de/definition/zielbeziehungen-50979/version-274186, Stand: 10.07.2023

**Ramb, B.-T.; Berwanger, J.; Maier, G. W.; Gillenkirch, R. (Ziel):**
Ziel. Gabler Wirtschaftslexikon, 2018. https://wirtschaftslexikon.gabler.de/definition/ziel-49980/version-273206

**Raubold, U. (Lebenszyklusmanagement):**
Lebenszyklusmanagement in der Automobilindustrie. Ein Optimierungsansatz auf Basis der auf den Lebenszyklus wirkenden Einflussfaktoren. (Reihe: Beiträge zur Produktionswirtschaft), 2011.

**Rauh, O.; Stickel, E. (Konzeptuelle Datenmodellierung):**
Konzeptuelle Datenmodellierung. (Reihe: Springer eBook Collection Computer Science and Engineering). Wiesbaden: Vieweg+Teubner Verlag, 1997.

**Rautenstrauch, C. (Betriebliche Umweltinformationssysteme):**
Betriebliche Umweltinformationssysteme. Grundlagen, Konzepte und Systeme ; mit 8 Tabellen. (Reihe: Springer-Lehrbuch). Berlin: Springer, 1999.

**Reimann, G.; Gröpper, M. (IT-Report Simulation und Visualisierung):**
IT-Report Simulation und Visualisierung. Einsatz von Simulationswerkzeugen, Einbindung in die Organisation und Entwicklungstendenzen. Berlin, 2017.

**Reinhart, G.; Bengler, K.; Dollinger, C.; Intra, C. (Produktion von Morgen):**
Der Mensch in der Produktion von Morgen. In: Reinhart, G. (Hrsg.) Handbuch Industrie 4.0. Geschäftsmodelle, Prozesse, Technik. München: Carl Hanser Verlag; Ciando, 2017, S. 51-88.

**Reinhart, G.; Zühlke, D. (Von CIM zu Industrie 4.0):**
Von CIM zu Industrie 4.0. In: Reinhart, G. (Hrsg.) Handbuch Industrie 4.0. Geschäftsmodelle, Prozesse, Technik. München: Carl Hanser Verlag; Ciando, 2017, S. XXXI-XL.

**Reinsch, S.; Eger, M. (LCC):**
LCC. Leitfaden zur Verknüpfung von Angebotskalkulation und Lebenszykluskostenrechnung für Erzeugnisse des Werkzeugund Formenbaus. Frankfurt am Main: Forschungsgemeinschaft Qualität e. V., 2006.

**Rice, A. K. (Productivity and social organization):**
Productivity and social organization. The Ahmedabad Experiment : technical innovation, work organization and management. (Reihe: The international behavioural and social sciences library. Organizational behaviour, Bd. VII). Oxon England: Routledge, 1958.

**Ritzén, S.; Sandström, G. Ö. (Barriers to the Circular Economy):**
Barriers to the Circular Economy. Integration of Perspectives and Domains. In: Procedia CIRP. 64. Jg, 2017, S. 7-12.

**Roiger, R. J. (Data mining):**
Data mining. A tutorial-based primer. (Reihe: Chapman & Hall/CRC data mining knowledge discovery series). Second edition. Boca Raton: CRC Press Taylor & Francis Group a Chapman & Hall book, 2017.

**Rolls Royce plc (Power by the hour):**
Power by the hour. A circular business modell, 2021. https://www.rolls-royce.com/media/our-stories/discover/2017/totalcare.aspx, Stand: 30.12.2021

**Rose, P. M. (Identifikation dynamischer Kernkompetenzen):**
Analyse ausgewählter Methoden zur Identifikation dynamischer Kernkompetenzen. Zugl.: Hamburg, Hochsch. für Wirtschaft und Politik, Diss., 2000. (Reihe: Hamburger Schriften zur Marketingforschung, Bd. 12). München: Hampp, 2000.

**Rosemann, M.; Schwegmann, A.; Delfmann, P. (Vorbereitung der Prozessmodellierung):**
Vorbereitung der Prozessmodellierung. In: Becker, J.; Kugeler, M.; Rosemann, M. (Hrsg.) Prozessmanagement. Ein Leitfaden zur prozessorientierten Organisationsgestaltung. Berlin, Heidelberg: Springer Berlin Heidelberg, 2012, S. 47-112.

**Rosenstiel, L.** von; **Pieler, D.; Glas, P. (Strategisches Kompetenzmanagement:**
Strategisches Kompetenzmanagement. Von der Strategie zur Kompetenzentwicklung in der Praxis. In: Rosenstiel, L. von; Pieler, D.; Glas, P. (Hrsg.). 1. Aufl. Wiesbaden: Gabler, 2004.

**Rüegg-Stürm, J. (Unternehmensentwicklung):**
Unternehmensentwicklung im Spannungsfeld von Komplexität und Ethik. Eine permanente Herausforderung für eine ganzheitliches Management. Zugl.: St. Gallen, Hochsch., Diss. : 1989. (Reihe: Veröffentlichungen der Hochschule St. Gallen für Wirtschafts-, Rechts- und Sozialwissenschaften Schriftenreihe Betriebswirtschaft, Bd. 15). Bern: Haupt, 1989.

**Rüegg-Stürm, J.; Grand, S. (Das St. Galler Management-Modell):**
Das St. Galler Management-Modell. Management in einer komplexen Welt. (Reihe: utb-studi-e-book, Bd. 5092). Stuttgart: UTB, 2019.

**Sabater-Mir, J.; Paolucci, M. (Evaluation in computional trust and reputation models):**
On representation and aggregation of social evaluations in computational trust and reputation models. In: International Journal of Approximate Reasoning. 46. Jg, 2007, Nr. 3, S. 458-483.

**Sachs, J. (The age of sustainable development):**
The age of sustainable development. (Reihe: EBL-Schweitzer). New York: Columbia University Press, 2015.

**Sailer, U. (Nachhaltigkeitscontrolling):**
Nachhaltigkeitscontrolling. Was Controller und Manager über die Steuerung der Nachhaltigkeit wissen sollten. (Reihe: utb-studi-e-book, Bd. 5332). 3., überarbeitete Auflage. Stuttgart: UTB GmbH; UVK Lucius, 2020.

**Salmen, M. (Digital vernetzter Shopfloor):**
Gestaltungsmodell für den digital vernetzten Shopfloor im Werkzeugbau. Dissertation. (Reihe: Produktionssystematik, Bd. 2016, Band 39). 1. Auflage, 2016.

**Sanchez, R. (Strategic Flexibility in Product Competition):**
Strategic Flexibility in Product Competition. In: Strategic Management Journal. 16. Jg, 1995, S. 135-159.

**Sanchez, R. (Strategic Product Creation):**
Strategic Product Creation. Strategic Product Creation: Managing New Interactions of Technology, Markets, and Organizations. In: European Management Journal. 14. Jg, 1996, Nr. 2, S. 121-138.

**Schäffer, U. (Nachhaltiges Management):**
Nachhaltiges Management. Eine Bestandsaufnahme aus der Perspektive des Controllings. In: Ahn, H.; Clermont, M.; Souren, R. (Hrsg.) Nachhaltiges Entscheiden. Beiträge zum multiperspektivischen Performancemanagement von Wertschöpfungsprozessen. Wiesbaden: Springer Fachmedien Wiesbaden, 2016, S. 319-332.

**Schaltegger, S. (Von CSR zu Corporate Sustainability):**
Von CSR zu Corporate Sustainability. In: Sandberg, B.; Lederer, K. (Hrsg.) Corporate Social Responsibility in kommunalen Unternehmen. Wirtschaftliche Betätigung zwischen öffentlichem Auftrag und gesellschaftlicher Verantwortung. 1. Auflage. Wiesbaden: VS Verlag, 2011, S. 187-199.

**Schaltegger, S.; Herzig, C.; Kleiber, O.; Klinke, T.; Müller, J. D. (Nachhaltigkeitsmanagement in Unternehmen):**
Nachhaltigkeitsmanagement in Unternehmen. Von der Idee zur Praxis: Managementansätze zur Umsetzung von Corporate Social Responsibility und Corporate Sustainability. Lüneburg: CSM, 2007.

**Schanz, G. (Wissenschaftstheoretische Grundfragen der Führungsforschung):**
Wissenschaftstheoretische Grundfragen der Führungsforschung. In: Kieser, A. (Hrsg.) Handwörterbuch der Führung. (Reihe: Enzyklopädie der Betriebswirtschaftslehre, Bd. 10). 2., neu gestaltete und erg. Aufl. Stuttgart: Schäffer-Poeschel, 1995, S. 2039-2047.

**Schatz, A.; Bauernhansl, T. (Geschäftsmodell-Innovation):**
Geschäftsmodell-Innovation. In: Vogel-Heuser, B.; Bauernhansl, T.; Hompel, M. ten (Hrsg.) Handbuch Industrie 4.0 Bd.1. Produktion. (Reihe: SpringerLink Bücher). 2. Aufl. 2017. Berlin, Heidelberg: Springer Vieweg, 2017, S. 245-260.

**Scheer, A.-W. (ARIS):**
ARIS. Modellierungsmethoden, Metamodelle, Anwendungen. (Reihe: Springer eBook Collection Business and Economics). Dritte, völlig neubearbeitete und erweiterte Auflage. Berlin, Heidelberg: Springer Berlin Heidelberg, 1998.

**Scheer, A.-W. (Vom Geschäftsprozess zum Anwendungssystem):**
ARIS. Vom Geschäftsprozess zum Anwendungssystem. vierte, durchgesehene Auflage. Berlin: Springer, 2002.

**Schel, D.; Henkel, C.; Stock, D.; Meyer, O.; Rauhöft, G.; Einberger, P.; Stöhr, M.; Daxer, M. A.; Seidelmann, J. (Manufacturing Service Bus):**
Manufacturing Service Bus. An Implementation. In: Procedia CIRP. 67. Jg, 2018, S. 179-184.

**Schlick, C. M.; Bruder, R.; Luczak, H. (Arbeitswissenschaft):**
Arbeitswissenschaft. Berlin, Heidelberg: Springer Berlin Heidelberg, 2010.

**Schlößer, F. (Werkzeuge in der Angebotsphase):**
Werkzeuge in der Angebotsphase. In: Mennig, G. (Hrsg.) Werkzeugbau für die Kunststoffverarbeitung. Bauarten, Herstellung, Betrieb. 5. Aufl. München: Hanser, 2008, S. 607-621.

**Schmelzer, H. J.; Sesselmann, W. (Geschäftsprozessmanagement in der Praxis):**
Geschäftsprozessmanagement in der Praxis. Kunden zufriedenstellen, Produktivität steigern, Wert erhöhen : [das Standardwerk. 8., überarbeitete und erweiterte Auflage. München: Hanser, 2013.

**Schmidt, M. (Grenzen des Wachstums und Nachhaltigkeit):**
Grenzen des Wachstums und Nachhaltigkeit. Die Meilensteine einer fortwährenden Debatte. Teilw. zugl.: Bremen, Univ., Dipl.-Arb. (Reihe: Beiträge zu Wirtschaft, Politik, Gesellschaft, Bd. 69). Bremen: Fachbereich Wirtschaft der Hochschule Bremen, 2005.

**Schmidt, W. (IT-Governance):**
IT-Governance. In: Hofmann, J.; Schmidt, W. (Hrsg.) Masterkurs IT-Management. Grundlagen, Umsetzung und erfolgreiche Praxis für Studenten und Praktiker. (Reihe: Springer-Link Bücher). 2., aktualisierte und erweiterte Auflage. Wiesbaden: Vieweg+Teubner, 2010, S. 355-403.

**Schmidt-Sudhoff, U. (Unternehmerziele und Unternehmerisches Zielsystem):**
Unternehmerziele und Unternehmerisches Zielsystem. (Reihe: Betriebswirtschaftliche Beiträge Ser, Bd. v.10). Wiesbaden: Springer Gabler. in Springer Fachmedien Wiesbaden GmbH, 1967.

**Schneider, A.; Schmidpeter, R. (Corporate Social Responsibility):**
Corporate Social Responsibility. Verantwortungsvolle Unternehmensführung in Theorie und Praxis. 2. Aufl. Berlin, Heidelberg: Springer Berlin Heidelberg, 2015.

**Schuh, G. (Gestaltung und Bewertung von Produktvarianten):**
Gestaltung und Bewertung von Produktvarianten. Ein Beitrag zur systematischen Planung von Serienprodukten. (Reihe: Fertigungstechnik). Düsseldorf: VDI-Verl., 1989.

**Schuh, G. (Operative Exzellenz):**
Operative Exzellenz im Werkzeug- und Formenbau. 1. Aufl. Aachen: Apprimus-Verl., 2010.

**Schuh, G. (Agiler Werkzeugbau als Entwicklungspartner und Produktionsoptimierer:**
Agiler Werkzeugbau als Entwicklungspartner und Produktionsoptimierer. 16. Internationales Kolloquium „Werkzeugbau mit Zukunft“. 16. Internationales Kolloquium „Werkzeugbau mit Zukunft“. Werkzeugmaschinenlabor WZL der RWTH Aachen University, Fraunhofer-Institut für Produktionstechnologie IPT. Aachen, 27. Oktober 2016

**Schuh, G.; Anderl, R.; Gausemeier, J.; Hompel, M. ten; Wahlster, W. (Industrie 4.0 Maturity Index):**
Industrie 4.0 Maturity Index. Die digitale Transformation von Unternehmen gestalten. (Reihe: acatech Studie). München: Herbert Utz, 2017.

**Schuh, G.; Blum, Matthias, Reschke, Jan; Birkmeier, M. (Der Digitale Schatten):**
Der Digitale Schatten in der Auftragsabwicklung. In: ZWF. 111. Jg, 2016, 1-2, S. 48-51.

**Schuh, G.; Boos, W.; Kampker, A.; Gartzen, U. (Strategie):**
Strategie. In: Schuh, G.; Kampker, A. (Hrsg.) Strategie und Management produziernder Unternehmen. Berlin, Heidelberg: Springer Berlin Heidelberg, 2011, S. 63-132.

**Schuh, G.; Boos, W.; Kelzenberg, C.; Ebbecke, C.; Ochel, T.; Schweins, J. (Sustainable Productivity):**
Sustainable Productivity. Ein neues Produktivitätsverständnis für eine nachhaltige Produktionswende. Aachen: Werkzeugmaschinenlabor WZL der RWTH Aachen, 2021.

**Schuh, G.; Boos, W.; Kelzenberg, C.; Lange, J. de; Stracke, F.; Helbig, J.; Boshof, J.; Ebbecke, C. (Industrie 4.0: Implement it!):**
Industrie 4.0: Implement it! Ein Leitfaden zur erfolgreichen Implementierung von Industrie 4.0-Lösungen. 1. Edition. Aachen: Werkzeugmaschinenlabor der Rheinisch-Westfälischen Technischen Hochschule Aachen, 2018.

**Schuh, G.; Boos, W.; Rittstieg, M.; Kühn, T. (Operative Exzellenz dank qualifizierter Mitarbeiter):**
Operative Exzellenz dank qualifizierter Mitarbeiter. In: Werkzeug & Formenbau. 20. Jg, 2011, Nr. 5, S. 86-87.

**Schuh, G.; Gudergan, G.; Senderek, R.; Wagner, D. (Leistungssysteme):**
Leistungssysteme. In: Schuh, G.; Gudergan, G.; Kampker, A. (Hrsg.) Management industrieller Dienstleistungen. Berlin, Heidelberg: Springer Berlin Heidelberg, 2016, S. 105-140.

**Schuh, G.; Kampker, A. (Strategie und Management produziernder Unternehmen:**
Strategie und Management produziernder Unternehmen. In: Schuh, G.; Kampker, A. (Hrsg.). Berlin, Heidelberg: Springer Berlin Heidelberg, 2011.

**Schuh, G.; Kelzenberg, C.; Lange, J. de; Busch, M.; Stracke, F.; Frey, C. (Predictive Maintenance):**

Predictive Maintenance. Entwicklung vorausschauender Wartungssysteme für Werkzeugbaubetriebe und Serienproduzenten : WerkPriMa. Aachen: Rheinisch-Westfälischen Technischen Hochschule Aachen, 2020.

**Schuh, G.; Kelzenberg, C.; Wiese, J.; Stracke, F. (Serienanlauf von Werkzeugen):**
Zeit- und kostenoptimierter Serienanlauf von Werkzeugen. Digitale Prozessunterstützung zur Reduktion des Aufwands und der Durchlaufzeit von Korrekturschleifen. In: wt Werkstatttechnik online. 108. Jg, 2018, Nr. 11, S. 796-801.

**Schuh, G.; Kuhlmann, K.; Pitsch, M.; Komorek, N. J.; Varnhagen, V.; Bechthold, J.; Stich, C.; Lauenstein, C. (Digitale Wertschöpfungsnetzwerke):**
Fokus Automobilindustrie. Digitale Wertschöpfungsnetzwerke im Werkzeugbau. Aachen: Apprimus, 2013.

**Schuh, G.; Potente, T.; Thomas, C.; Hauptvogel, A. (Cyber-physische Systeme):**
Steigerung der Kollaborationsproduktivität durch cyber-physische Systeme. In: Bauernhansl, T.; Hompel, M. ten; Vogel-Heuser, B. (Hrsg.) Industrie 4.0 in Produktion, Automatisierung und Logistik. Wiesbaden: Springer Fachmedien Wiesbaden, 2014, S. 277-295.

**Schuh, G.; Salmen, M.; Jussen, P.; Riesener, M.; Zeller, V.; Hensen, T.; Begovic, A.; Birkmeier, M.; Hocken, C.; Jordan, F.; Kantelberg, J.; Kelzenberg, C.; Kolz, D.; Maasem, C.; Siegers, J.; Stark, M.; Tönnes, C. (Geschäftsmodell-Innovationen):**
Geschäftsmodell-Innovationen. In: Reinhart, G. (Hrsg.) Handbuch Industrie 4.0. Geschäftsmodelle, Prozesse, Technik. München: Carl Hanser Verlag; Ciando, 2017, S. 3-29.

**Schuh, G.; Schmitt, R.; Kühn, T.; Hienzsch, M. (Life Cycle Observation):**
"Low-Cost" Tools Through Life Cycle Observation. In: 21st Procedia CIRP Conference on Life Cycle Engineering. 15. Jg, 2014, S. 526-530.

**Schuh, G.; Stich, V.; Basse, F.; Franzkoch, B.; Harzenetter, F.; Luckert, M.; Prote, J.; Reschke, J.; Schmitz, S.; Tücks, G.; Weißkopf, J. (Change Request im Produktionsbetrieb):**
Change Request im Produktionsbetrieb. In: Brecher, C.; Klocke, F.; Schmitt, R.; Schuh, G. (Hrsg.) Internet of Production für agile Unternehmen. AWK Aachener Werkzeugmaschinen-Kolloquium 2017, 18. bis 19. Mai. 1. Auflage. Aachen: Apprimus Verlag, 2017, S. 111-131.

**Schuh, G.; Uam, J.-Y. (Product Lifecycle Mangement):**
Product Lifecycle Mangement. In: Schuh, G. (Hrsg.) Innovationsmanagement. Handbuch Produktion und Management 3. (Reihe: VDI-Buch). 2. Aufl. 2012. Berlin, Heidelberg: Springer Berlin Heidelberg, 2012, S. 351-410.

**Schuh, G.; Walendzik, P.; Luckert, M.; Birkmeier, M.; Weber, A.; Blum, M. (Keine Industrie 4.0 ohne den digitalen Schatten):**
Keine Industrie 4.0 ohne den Digitalen Schatten. Wie Unternehmen die notwendige Datenbasis schaffen. In: Zeitschrift für wirtschaftlichen Fabrikbetrieb. 111. Jg, 2016, Nr. 11, S. 745-748.

**Schuler GmbH (Handbuch der Umformtechnik):**
Handbuch der Umformtechnik. Berlin, Heidelberg: Springer Berlin Heidelberg, 1996.

**Schultes, T. K. (Digitalen Vernetzung von Werkzeugbaubetrieben mit Lieferanten):**
Gestaltungsmodell zur digitalen Vernetzung von Werkzeugbaubetrieben mit Lieferanten. Dissertation. (Reihe: Ergebnisse aus der Produktionstechnik Produktionssystematik, Bd. 2020, Band 4). 1. Auflage, 2019.

**Schulze, M.; Nuhn, H. F. R.; Gleich, R. (Sustainability Performance Measurement):**
Sustainability Performance Measurement. Strategische Unternehmenssteuerung im Kontext von Nachhaltigkeit. In: Gleich, R.; Bartels, P.; Breisig, V. (Hrsg.) Nachhaltigkeitscontrolling. Konzepte, Instrumente und Fallbeispiele für die Umsetzung. (Reihe: Der Controlling-Berater, Bd. 21). Freiburg, München: Haufe-Gruppe, 2012, S. 91-111.

**Schwartau, C. (Klassifizierung von Phasenkonzepten):**
Phasenkonzepte - Unternehmensverhalten - Wettbewerb. Berlin: Nicolai, 1977.

**Seidlmeier, H. (Prozessmodellierung mit ARIS):**
Prozessmodellierung mit ARIS. Eine beispielorientierte Einführung für Studium und Praxis in ARIS 10. Wiesbaden: Springer Fachmedien Wiesbaden, 2019.

**Shostack, G. L. (Designing Services):**
Designing Services That Deliver. In: Harvard Business Review. 62. Jg, 1984, Nr. 1, S. 133-139.

**Siegwart, H.; Senti, R. (Product life cylce mangement):**
Product life cylce mangement. Stuttgart: Schäffer-Poeschel, 1995.

**Siepmann, D. (Industrie 4.0):**
Industrie 4.0. Technologische Komponenten. In: Roth, A. (Hrsg.) Einführung und Umsetzung von Industrie 4.0. Grundlagen, Vorgehensmodell und Use Cases aus der Praxis. Berlin, Heidelberg: Springer Berlin Heidelberg, 2016, S. 47-70.

**Song, W.; Ming, X.; Han, Y.; Wu, Z. (Evaluating vague customer requirement):**
A rough set approach for evaluating vague customer requirement of industrial product-service system. In: International Journal of Production Research. 51. Jg, 2013, Nr. 22, S. 6681-6701.

**Song, W.; Sakao, T. (Framework for design of sustainable product-service-systems):**
A customization-oriented framework for design of sustainable product/service system. In: Journal of Cleaner Production. 140. Jg, 2017, S. 1672-1685.

**Song, W.; Wu, Z.; Li, X.; Xu, Z. (Modified service blueprint):**
Modularizing product extension services: An approach based on modified service blueprint and fuzzy graph. In: Computers & Industrial Engineering. 85. Jg, 2015, S. 186-195.

**Spath, D.; Demuß, L. (Entwicklung hybrider Produkte):**
Entwicklung hybrider Produkte. Gestaltung materieller und immaterieller Leistungsbündel.

In: Bullinger, H.-J.; Scheer, A.-W. (Hrsg.) Service Engineering. Entwicklung und Gestaltung innovativer Dienstleistungen. (Reihe: Springer eBook Collection Business and Economics). Berlin, Heidelberg, s.l.: Springer Berlin Heidelberg, 2003, S. 467-507.

**Spath, D.; Weck, M.; Seliger, G. (Produktionssysteme):**
Produktionssysteme. In: Eversheim, W.; Schuh, G. (Hrsg.) Produktion und Management 3. Gestaltung von Produktionssystemen. (Reihe: Produktion und Management / Hrsg, Bd. 3). Berlin, Heidelberg: Springer, 1999, 10.1-10.34.

**Specht, D.; Möhrle, M. G. (Technologie Mangement):**
Gabler Lexikon. Technologie Management. Wiesbaden: Gabler Verlag, 2002.

**Spennemann, F. (Organisationsstrukturen im Werkzeugbau):**
Gestaltung von Organisationsstrukturen im Werkzeugbau. Zugl.: Aachen, Techn. Hochsch., Diss, 2001. (Reihe: Berichte aus der Produktionstechnik, Bd. 2001,14). Aachen: Shaker, 2001.

**Stachowiak, H. (Allgemeine Modelltheorie):**
Allgemeine Modelltheorie. Wien: Springer, 1973.

**Stahel, W. R. (Die Langlebigkeit von Produkten):**
Die Langlebigkeit von Produkten gegen "Ex und hopp". In: Schaufler, H. (Hrsg.) Umwelt und Verkehr. Beiträge für eine nachhaltige Politik. München: Aktuell, 1997, S. 120-140.

**Steward, D. V. (The design structure system):**
The design structure system: A method for managing the design of complex systems. In: IEEE Trans. Eng. Manage. EM-28. Jg, 1981, Nr. 3, S. 71-74.

**Stracke, F. (Vernetzter und synchronisierter Serienanlauf):**
Gestaltungsmodell für den vernetzten und synchronisierten Serienanlauf von Werkzeugen. Dissertation. (Reihe: Ergebnisse aus der Produktionstechnik, Bd. 2021, Band 5). 1. Auflage. Aachen: Apprimus, 2020.

**Strunz, M. (Instandhaltung):**
Instandhaltung. Grundlagen, Strategien, Werkstätten. Berlin, Heidelberg: Springer Berlin Heidelberg, 2012.

**Szegheo, O.; Gastinger, A. (Enterprise Modeling Architectures):**
Enterprise Modeling Architectures. In: Rolstadås, A.; Andersen, B. (Hrsg.) Enterprise Modeling. Improving Global Industrial Competitiveness. 1st ed. Boston: Springer, 2000, 33-54.

**Szyszka, J.; Süße, D.; Schöne, C. (CAE Methoden in der Einarbeitungsphase):**
CAE Methoden in der Einarbeitungsphase der Blechumformung. In: Linke, M.; Kranke, G.; Wölfel, C.; Krzywinski, J. (Hrsg.) Entwerfen Entwickeln Erleben. Technisches Design in Forschung, Lehre und Praxis. (Reihe: Technisches Design, Bd. 8). Dresden: TUDpress - Verlag der Wissenschaften GmbH; Saechsische Landesbibliothek- Staats- und Universitaetsbibliothek Dresden, 2012, S. 365-376.

**Taylor, F. W. (The Principles of Scientific Management):**
The Principles of Scientific Management. München: Oldenbourg, 1913.

**Thalheim, B. (Entity-Relationship Modeling):**
Entity-Relationship Modeling. Foundations of Database Technology. Berlin, Heidelberg: Springer Berlin Heidelberg, 2000.

**Thiesen, U. (Wartung, Lagerung und Instandhaltung):**
Wartung, Lagerung und Instandhaltung. In: Mennig, G. (Hrsg.) Werkzeugbau für die Kunststoffverarbeitung. Bauarten, Herstellung, Betrieb. 5. Aufl. München: Hanser, 2008, S. 673-686.

**Thommen, J.-P.; Achleitner, A.-K.; Gilbert, D. U.; Hachmeister, D.; Kaiser, G. (Allgemeine Betriebswirtschaftslehre):**
Allgemeine Betriebswirtschaftslehre. Umfassende Einführung aus managementorientierter Sicht. 8. Aufl. Wiesbaden: Springer Fachmedien Wiesbaden, 2017.

**Thrane, C. (Applied regression analysis):**
Applied regression analysis. Doing, interpreting and reporting. Abingdon, Oxon: Routledge, 2020.

**Threlfall, R.; King, A.; Bartels, W.; Schulmann, J.; Hayes, M. (Towards net zero):**
Towards net zero. How the world's largest companies report on climate risk and net zero transition: KPMG IMPACT, 2020.

**Tomczak, T. (Forschungsmethoden):**
Forschungsmethoden in der Marketingwissenschaft. Ein Plädoyer für den qualitativen Forschungsansatz. In: MAR. 14. Jg, 1992, Nr. 2, S. 77-87.

**Traverso, M.; Finkbeiner, M.; Jørgensen, A.; Schneider, L. (Life Cycle Sustainability Dashboard):**
Life Cycle Sustainability Dashboard. In: Journal of Industrial Ecology. 16. Jg, 2012, Nr. 5, S. 680-688.

**Trist, E. (The evolution of socio-technical systems):**
The evolution of socio-technical systems. A conceptual framework and an action research program. (Reihe: Occasional Paper, Bd. 2). Toronto: Eigenverlag, 1981.

**Tukker, A. (Eight types of product–service system):**
Eight types of product–service system: eight ways to sustainability? Experiences from SusProNet. In: Bus. Strat. Env. 13. Jg, 2004, Nr. 4, S. 246-260.

**Turner, V.; Gantz, J.; Reinsel, D.; Minton, S. (The Digital Universe of Opportunities):**
The Digital Universe of Opportunities. Rich Data and the Increasing Value of the Internet of Things, 2014.

**Ulrich, H. (Die Unternehmung als produktives soziales System):**
Die Unternehmung als produktives soziales System. Grundlagen der allgemeinen Unternehmungslehre. In: Die Unternehmung. 24. Jg, 1970, Nr. 1, S. 65-69.

**Ulrich, H. (Der systemorientierte Ansatz):**
Der systemorientierte Ansatz in der Betriebswirtschaftslehre. In: Schweitzer, M. (Hrsg.) Auffassungen und Wissenschaftsziele der Betriebswirtschaftslehre. (Reihe: Wege der Forschung, Bd. 502). Darmstadt: Wissenschaftl. Buchges, 1978, S. 270-291.

**Ulrich, H.; Dyllick, T.; Probst, G. J. B. (Einführung in die Konzeption der systemorientierten Managementlehre:**
Einführung in die Konzeption der systemorientierten Managementlehre. In: Ulrich, H.; Dyllick, T.; Probst, G. J. B. (Hrsg.). (Reihe: Schriftenreihe Unternehmung und Unternehmungsführung, Bd. 13). Bern: Haupt, 1984.

**Ulrich, P.; Hill, W. (Wissenschaftstheoretische Grundlagen der Betriebswirtschaftslehre):**
Wissenschaftstheoretische Grundlagen der Betriebswirtschaftslehre. In: Wirtschaftswissenschaftliches Studium (WiST). 5. Jg, 1976, Nr. 7, S. 304-309.

**Umweltbundesamt (Emissionsquellen von Treibhausgasen):**
Emissionsquellen von Treibhausgasen. Umweltbundesamt, 2021. https://www.umweltbundesamt.de/themen/klima-energie/treibhausgas-emissionen/emissionsquellen#energie-stationar, Stand: 01.02.2023

**Umweltbundesamt (Ressourcennutzung und ihre Folgen):**
Ressourcennutzung und ihre Folgen. Umweltbundesamt, 2021. https://www.umweltbundesamt.de/themen/abfall-ressourcen/ressourcennutzung-ihre-folgen, Stand: 18.06.2023

**UN Global Compact (Who Cares Wins):**
Who Cares Wins. Connecting Financial Markets to a Changing World. New York, 2004.

**UN Global Compact (CEO Study on Sustainability):**
CEO Study on Sustainability. Accenture Strategy, 2019.

**United Nations (Rio-Erklärung über Umwelt und Entwicklung):**
Rio-Erklärung über Umwelt und Entwicklung. Rio de Janeiro, 1992.

**United Nations (Rio+20):**
Rio+20. United Nations Conference on Sustainable Development. Rio de Janeiro, 2012.

**United Nations (Transforming our world):**
Transforming our world. the Agenda 2030 for Sustainable Development. New York, 2015.

**United Nations (Joint implementation):**
Joint implementation. United Nations, 2021, Stand: 30.01.2022

**United Nations Environment Programme (Environmental agreements and cleaner production):**

Environmental agreements and cleaner production. Questions and answers. Paris, France: United Nations Environment Programme, Division of Technology, Industry, and Economics, 2006.

**United Nations Environment Programme (Redefining Value):**
Redefining Value. The Manufacturing Revolution: Remanufacturing, refurbishment, repair and direct reuse in the circular economy. Paris, 2018.

**United Nations Environment Programme (Domestic material consumption):**
Domestic material consumption. United Nations Environment Programme, 2023. https://wesr.unep.org/indicator/index/8_4_2, Stand: 01.02.2023

**United Nations Framework Convention on Climate Change (Kyoto Protocol):**
Kyoto Protocol. On accouting of emissions and assigned amount. New York, 1997.

**United Nations Framework Convention on Climate Change (Paris agreement):**
Paris agreement. New York, 2021.

**VDI (VDI Richtlinie 2815 Blatt 1):**
VDI Richtlinie 2815 Blatt 1. Begriffe für die Produktionsplanung und -steuerung - Einführung, Grundlagen: VDI-Gesellschaft Produktion und Logistik, 1978.

**VDI/VDE (Cyber-Physical Systems):**
Cyber-Physical Systems. Chancen und Nutzen aus Sicht der Automation. Düsseldorf: VDI/VDE, 2013.

**VDI/VDE (Referenzarchitekturmodell Industrie 4.0):**
Referenzarchitekturmodell Industrie 4.0 (RAMI4.0). Statusreport. Düsseldorf: VDI/VDE, 2015.

**VDMA (Präzisionswerkzeuge):**
Präzisionswerkzeuge. Statement anlässlich der Online-Jahrespressekonferenz des Fachverbands Präzisionswerkzeuge im VDMA. Frankfurt am Main, 2021.

**Veleva, V.; Ellenbecker, M. (Sustainable production):**
Indicators of sustainable production. framework and methodology. In: Journal of Cleaner Production. 9. Jg, 2001, Nr. 6, S. 519-549.

**Veleva, V.; Hart, M.; Greiner, T.; Crumbley, C. (Indicators of sustainable production):**
Indicators of sustainable production. In: Journal of Cleaner Production. 9. Jg, 2001, Nr. 5, S. 447-452.

**Vogel-Heuser, B. (Agenda CPS-Szenario smart factory):**
Agenda CPS-Szenario smart factory. In: Vogel-Heuser, B. (Hrsg.) Erhöhte Verfügbarkeit und transparente Produktion. Tagungsband Automation Symposium 2011. (Reihe: Embedded systems. I, Tagungen und Berichte, Bd. 2). Kassel: Kassel University Press, 2011, S. 6-21.

**Volkswagen Group (Volkswagen Konzern verpflichtet Lieferanten):**
Volkswagen Konzern verpflichtet Lieferanten zur Nachhaltigkeit, 2019. https://www.volkswagenag.com/de/news/2019/06/volkswagen-group-commits-suppliers-to-sustainability.html#, Stand: 01.02.2023

**Volkswagen Group (Code of Conduct):**
Code of Conduct for Business Partners. Wolfsburg: Volkswagen Group Compliance, 2020.

**Vornholz, G. (Ökonomie und Sustainable Development):**
Zum Spannungsverhältnis von Ökonomie und Sustainable Development. In: Feser, H.-D.; Hauff, M. von (Hrsg.) Neuere Entwicklungen in der Umweltökonomie und -politik. (Reihe: Volkswirtschaftliche Schriften Universität Kaiserslautern, Bd. 6). Regensburg: Transfer-Verl., 1997, S. 39-56.

**Waidelich, L.; Richter, A.; Schoblik, J.; Koelmel, B. (Mass Customization):**
Mass Customization. Was ist das? In: Wissensportion Digital Hub Nordschwarzwald, 2020, Nr. 03, S. 1-4.

**Walther, G. (Nachhaltige Wertschöpfungsnetzwerke):**
Nachhaltige Wertschöpfungsnetzwerke. Überbetriebliche Planung und Steuerung von Stoffströmen entlang des Produktlebenszyklus. Zugl. Braunschweig, Techn. Univ., Habil.-Schr., 2009. (Reihe: Gabler Research). 1. Aufl. Wiesbaden: Gabler, 2010.

**Wangenheim, S. von (Planung und Steuerung des Serienanlaufs):**
Planung und Steuerung des Serienanlaufs komplexer Produkte. Dargestellt am Beispiel der Automobilindustrie. Zugl.: Stuttgart, Univ., Diss., 1998. (Reihe: Europäische Hochschulschriften Reihe 5, Volks- und Betriebswirtschaft, Bd. 2385). Frankfurt am Main: Lang, 1998.

**Warnecke, D.; Heyn, J.; Teuteberg, F. (Betriebliche Umweltinformationssysteme):**
Nachhaltigkeit durch betriebliche Umweltinformationssysteme (BUIS)? Entwicklung und Evaluation eines Reifegradmodells für kleine und mittlere Unternehmen (KMU). In: Workshop der Informatik, 2018, S. 145-155.

**Warnecke, H.-J. (Die Fraktale Fabrik):**
Die Fraktale Fabrik. Revolution der Unternehmenskultur. (Reihe: rororo science, Bd. 9708). Neuaufl. Reinbek bei Hamburg: Rowohlt, 1996.

**Watson, J. B. (Behaviorism):**
Behaviorism. New York: The People's Institute Pub. Co., 1924.

**Weber, H. K. (Wertschöpfungsrechnung):**
Wertschöpfungsrechnung. (Reihe: Sammlung Poeschel, Bd. 87). Stuttgart: Poeschel, 1980.

**Weber, T.; Stuchtey, M. (Weg zur Circular Economy):**
Deutschland auf dem Weg zur Circular Economy. Erkenntnisse aus europäischen Strategien Vorstudie. München: acatech, 2020.

**Weckenmann, A.; Akkasoglu, G. (Maturity determination and information visualization of new forming processes considering uncertain indicator values:**
Maturity determination and information visualization of new forming processes considering uncertain indicator values. In: Tagungsband zum The 4th manufacturing engineering society international conference (MESIC 2011). Cadiz, Spain, 21–23 September 2011: AIP, 2012, S. 899-911.

**Weiser, M. (The Computer for the 21st Century):**
The Computer for the 21st Century. In: Scientific American. 265. Jg, 1991, Nr. 3, S. 94-104.

**Wellbrock, W.; Ludin, D.; Krauter, S. (Nachhaltigkeitscontrolling):**
Nachhaltigkeitscontrolling. Instrumente und Kennzahlen für die strategische und operative Unternehmensführung. (Reihe: essentials). Wiesbaden: Springer Fachmedien Wiesbaden, 2020.

**Wiendahl, H.-P. (Betriebsorganisation für Ingenieure):**
Betriebsorganisation für Ingenieure. 5., aktualisierte Aufl. München: Hanser, 2005.

**Wilbers, K. (Unternehmen und ihre Anspruchsgruppen):**
Unternehmen und ihre Anspruchsgruppen. In: Dubs, R.; Euler, D.; Rüegg-Stürm, J.; Wyss, C. (Hrsg.) Einführung in die Managementlehre. Bern: Haupt, 2009, S. 323-375.

**Wilson, M. (Corporate sustainability):**
Corporate sustainability. What is it and where does it come from? In: Ivey Business Journal, 2003, March/April, S. 1-5.

**Wilts, H.; Berg, H. (Digitale Kreislaufwirtschaft):**
Digitale Kreislaufwirtschaft. Die Digitale Transformation als Wegbereiter ressourcenschonender Stoff kreisläufe. In: inbrief, 2017, Nr. 04, S. 1-7.

**Winter, R. (A Framework for Evidence-Based and Inductive Design):**
A Framework for Evidence-Based and Inductive Design. In: Magalhães, R.; Magalhes; Rodrigo (Hrsg.) Organization design and engineering. Co-existence, co-operation or integration. New York: Palgrave Macmillan, 2014, S. 101-125.

**Winter, R.; Aier, S. (Design Science Research in Business Innovation):**
Design Science Research in Business Innovation. In: Hoffmann, C. P.; Lennerts, S.; Schmitz, C.; Stölzle, W.; Uebernickel, F. (Hrsg.) Business Innovation. Das St. Galler Modell. Wiesbaden: Springer Fachmedien Wiesbaden, 2016, S. 475-498.

**Wirtschaftslexikon24 (Begriff Typologisierung):**
Begriff Typologisierung, 2022. http://www.wirtschaftslexikon24.com/d/typologisierung/typologisierung.htm, Stand: 15.10.2022

**Wirtschaftsvereinigung Stahl (Fakten zur Stahlindustrie in Deutschland):**
Fakten zur Stahlindustrie in Deutschland. Berlin: Wirtschaftsvereinigung Stahl, 2021.

**World Business Council for Sustainable Development (The Greenhouse Gas Protocol):**
The Greenhouse Gas Protocol. A Corporate Accounting and Reporting Standard. REVISED EDITION. Conches-Geneva, 2004.

**World Commission on Environment and Development (Our Common Future):**
Our Common Future. Report of the World Commission on Environment and Development, 1987.

**WZL; IPT (Unternehmensdatenbank "Werkzeugbau"):**
Unternehmensdatenbank "Werkzeugbau". Aachen, 2023.

**Yang, S. S.; Ong, S. K.; Nee, A. Y. C. (Product Design for Remanufacturing):**
Product Design for Remanufacturing. In: Nee, A. Y. C. (Hrsg.) Handbook of Manufacturing Engineering and Technology. London: Springer London, 2015, S. 3195-3219.

**Zhang, Y.; Ren, S.; Liu, Y.; Sakao, T.; Huisingh; Donald (Big Data driven product life cycle management):**
A framework for Big Data driven product life cycle management. Shaanxi, 2017.

**Ziskoven, H. (Getaktete Fertigung):**
Methodik zur Gestaltung und Auftragseinplanung einer getakteten Fertigung im Werkzeugbau. Zugl.: Aachen, Techn. Hochsch., Diss., 2013. (Reihe: Edition Wissenschaft Apprimus, Bd. 2013,17). 1. Aufl. Aachen: Apprimus Verlag, 2013.

**Zschocke, D. (Modellbildung in der Ökonomie):**
Modellbildung in der Ökonomie. Modell - Information - Sprache. (Reihe: Vahlens Handbücher der Wirtschafts- und Sozialwissenschaften). München: Vahlen, 1995.

**Zwicker, R. (Interner Werkzeugbau):**
Kostenfaktor oder Erfolgsgeheimnis. Der interne Werkzeugbau als Keimzelle des Unternehmenserfolgs. In: Plastverarbeiter. 8. Jg, 2009, Nr. 8, 12-14.

# VI Anhang

| Erfüllung des Ziels ... | ... hat Einfluss auf die Ziele ... |
|---|---|
| Modularisierung | Die Modularisierung und *Standardisierung* von Werkzeugen begünstigt sich gegenseitig und somit eine Vereinfachung der Werkzeugkonzepte, weshalb eine komplementäre Beziehung vorliegt. Aufgrund der vereinfachten Austausch- und Reparierbarkeit werden die *Lebenszykluskosten* sowie die *Kundenzufriedenheit* positiv beeinflusst. Gleichermaßen fördert die Modularisierung die Instandhaltung und Demontage von Werkzeugen, weshalb die Beziehung zur *Werkzeugauslegung* komplementär ist. |
| Standardisierung | Mithilfe von standardisierten Werkzeugkonzepten können die Kosten in der Nutzungsphase aufgrund verringerter Aufwände für Instandhaltung, Reparatur und Demontage verringert werden. Entsprechend existiert eine komplementäre Beziehung zu den *Lebenszykluskosten* sowie der *Werkzeugauslegung*. |
| Markterfolg | De finanzielle Rentabilität des Werkzeugbaubetriebs ist maßgeblich von dem zur Verfügung stehenden Kapitel abhängig, weshalb eine komplementäre Beziehung besteht. Finanzielle Stabilität und langfristiger Erfolg sichern gleichzeitig die *Kunden-* und *Mitarbeitendenzufriedenheit*, sodass zwischen diesen Zielkriterien ebenfalls eine komplementäre Beziehung besteht. |
| Lebenszykluskosten | Eine Reduzierung der Lebenszykluskosten wirkt sich positiv auf das *Kapital* sowie die *Kundenzufriedenheit* aus. Gleichermaßen existiert eine komplementäre Beziehung zu den Zielen *Primärenergiebedarf*, *Emissionen*, *Wasserbedarf & Abwasser*, *Kundenseitiger Materialbedarf* sowie *Materialausschuss*, da ein steigender Wert dieser Kriterien unmittelbar zu einer Steigerung der Lebenszykluskosten führt. Die Verringerung der geografischen Distanz zwischen Werkzeugbau und Kunde oder Lieferant beeinflusst die Lebenszykluskosten aufgrund geringerer Transportkosten positiv. |
| Kapital | Eine Steigerung der zur Verfügung stehenden Geldmittel wirkt sich positiv auf die *Mitarbeitendenzufriedenheit* aus, da die Arbeitsplätze der Mitarbeitenden gesichert werden. Gleichzeitig steht mehr Kapital zur Verfügung, um der *gesellschaftlichen Verantwortung* durch z. B. Spenden nachzukommen. |
| Compliance | Die Kunden des Werkzeugbaus fordern zunehmend die Einhaltung ökonomischer, ökologischer und sozialer Standards und Richtlinien. Die Einhaltung dieser sichert langfristige Geschäftsbeziehungen und fördert somit die *Kundenzufriedenheit*. Gleichzeitig werden die Zielgrößen *Datensicherheit, Arbeits- und Gesundheitsschutz* in Richtlinien und Standards definiert, sodass eine komplementäre Beziehung besteht. Die Einhaltung der sozialen Standards fördert zudem die *Arbeitskultur* und steigert somit die *Mitarbeitendenzufriedenheit*. |
| Kundenzufriedenheit | Eine Steigerung der Kundenzufriedenheit sichert oftmals die Beauftragung von Folgewerkzeugen und somit die Weiterversorgung mit Arbeit für die Mitarbeitenden. Die Zielkriterien Kundenzufriedenheit und *Mitarbeitendenzufriedenheit* sind komplementär. |
| Primärenergiebedarf | Die Steigerung des Primärenergiebedarfs führt aufgrund der damit verbundenen Energiekosten unmittelbar zu einer Steigerung der Kosten. Somit ist dieses Zielkriterium komplementär zu den *Lebenszykluskosten* und konkurrierend zu den Kriterien *Markterfolg*, *Kapital* und *Kundenzufriedenheit*. Bei der Umwandlung von Energieträgern in Strom und Wärme entstehen während der Herstellung oder Nutzung von Werkzeugen zudem Treibhausgase und Luftschadstoffe. Daher existiert eine komplementäre Beziehung zu den *Emissionen*. |
| Emissionen | Die bei der Herstellung oder Nutzung von Werkzeugen entstehenden Emissionen wirken sich aufgrund der $CO_2$-Steuer unmittelbar negativ auf den *Markterfolg*, das *Kapital* sowie die *Kunden-* und *Mitarbeitendenzufriedenheit* aus. Gleichzeitig steigen die *Lebenszykluskosten*. |
| Wasserbedarf & Abwasser | Ein gesteigerte Wasserbedarf führt zu gestiegenen *Lebenszykluskosten* sowie eines erhöhten *Primärenergiebedarfs* zur Aufbereitung und Entsorgung des Wassers. Aufgrund des zunehmend ökologischen Bewusstseins der Kunden und Mitarbeitenden reduziert der erhöhte Wasserbedarf analog zu den Emissionen deren *Zufriedenheit*. |
| Werkzeugauslegung | Die ressourcenschonende Werkzeugauslegung steigert die *Kundenzufriedenheit*, z. B. aufgrund der vereinfachten Demontage der Werkzeuge. Eine verbesserte Instandhaltung und Reparatur reduziert zudem die *Lebenszykluskosten* und erhöht das *Kapital* der Werkzeugbaubetriebe. Gleichzeitig können *Emissionen* und *Wasserbedarf* durch den Einsatz nachhaltiger Materialien reduziert werden. Zudem werden *kundenseitiger Materialbedarf* und *Ausschuss* reduziert sowie *Mitarbeitendenzufriedenheit* und *Arbeitsschutz* aufgrund verbesserter Handhabbarkeit gefördert. |

**Abbildung 7.2: Interdependenzen der Nachhaltigkeitsziele (I/II)**

| Erfüllung des Ziels ... | ... hat Einfluss auf die Ziele ... |
|---|---|
| Kundenseitiger Materialbedarf | Der kundenseitige Materialbedarf kann durch *standardisierte* Werkzeugkomponenten und eine vorausschauende Instandhaltung reduziert werden. Ein Verringerung des Materialbedarfs reduziert zudem die *Lebenszykluskosten* und senkt *Primärenergiebedarf*, *Emissionen* sowie *Wasserbedarf* pro produziertem Teil. Gleichermaßen wird das in Material gebundene *Kapital* reduziert. |
| Materialausschuss | Die Reduzierung des Materialausschusses wirkt unmittelbar positiv auf die finanziellen Kriterien *Markterfolg* und *Kapital*, da die *Lebenszykluskosten* reduziert werden. Gleichzeitig sinken *Primärenergiebedarf*, *Emissionen* sowie *Wasserbedarf* pro produziertem Gutteil. |
| Lokalität | Eine kurze Entfernung zwischen Werkzeugbaubetrieb und Kunde steigert dessen *Zufriedenheit*, da einerseits die *Transportkosten* sinken und andererseits eine kurzfristige Unterstützung während Werkzeugnutzung vereinfacht wird. |
| Datensicherheit | Werkzeugbaubetriebe, die die notwendige Datensicherheit sicherstellen können, steigern die *Kunden- und Mitarbeitendenzufriedenheit* und sichern somit ihren *Markterfolg*. |
| Arbeits- und Gesundheitsschutz | Die Steigerung von Arbeits- und Gesundheitsschutz sichert langfristig die *Mitarbeitenden-zufriedenheit* und durch deren gestiegene Produktivität auch den *finanziellen Erfolg* des Werkzeugbaubetriebs. Oftmals sind die notwendigen Schutzmaßnahmen kostspielig, weshalb die *Lebenszykluskosten* eine konkurrierende Zielgröße darstellen. |
| Mitarbeitenden-zufriedenheit | Die Steigerung der Mitarbeitendenzufriedenheit wirkt sich unmittelbar positiv auf die Produktivität und somit den finanziellen Erfolg der Werkzeugbaubetriebe aus. Zufriedenere Mitarbeitende sorgen gleichzeitig für eine *angenehme Arbeitskultur* und fördern den *Wissens- und Kompetenzaufbau* der Organisation. |
| Wissens- und Kompetenzmanagement | Der langfristige Wissens- und Kompetenzaufbau wird durch eine *Standardisierung* und *Modularisierung* der Werkzeuge vereinfacht. Die Nutzung eines Vorschlagswesens sichert zudem eine kontinuierliche Verbesserung der Prozesse des Werkzeugbaus und steigert durch die Integration der Mitarbeitenden deren *Zufriedenheit*. |
| Arbeitskultur | Die Förderung einer angenehmen und offenen Arbeitskultur steigert unmittelbar die *Mitarbeitendenzufriedenheit* und sichert somit den *Markterfolg* der Werkzeugbaubetriebe. |
| Gesellschaftliche Verantwortung | Die Übernahme gesellschaftlicher Verantwortung wird von Unternehmen oftmals öffentlichkeitswirksam präsentiert und steigert sowohl die *Zufriedenheit* der eigenen *Mitarbeitenden* sowie der *Kunden*. |

**Abbildung 7.3: Interdependenzen der Nachhaltigkeitsziele (II/II)**

| Ausprägung | Kriterium | ID | Indikator | Beschreibung | Einheit | Level | Polarität | Lebenszyklusphase |
|---|---|---|---|---|---|---|---|---|
| Effizienz | Modularisierung | EF1.1 | Gleichteilquote | Durchschnittliches Verhältnis aus Anzahl Gleichteile und Gesamtzahl verbauter Komponenten | [%] | 2 | + | I |
| | | EF1.2 | Anteil Werkzeuge aus Baukastensystem | Quotient aus Anzahl Werkzeuge, die aus Baukastensystem stammen, und Gesamtzahl gefertigter Werkzeuge | [%] | 2 | + | I |
| | | EF1.3 | Verwendungsquote von Konstruktionsstandards | Quotient aus Anzahl Werkzeuge, die mit Standards konstruiert wurden, und Gesamtzahl gefertigter Werkzeuge | [%] | 2 | + | I |
| | Standardisierung | EF2.1 | Anzahl Schnittstellenbrüche | Durchschnittliche Anzahl an Schnittstellenbrüchen bei Auftragsabwicklung | [#] | 2 | - | I, II |
| | | EF2.2 | Automatisierungsgrad Fertigungsprozesse | Quotient aus Anzahl automatisierter Fertigungsschritte und Gesamtzahl Fertigungsschritte | [%] | 2 | + | II |
| | | EF2.3 | Anteil Nebenzeiten | Quotient aus Dauer unproduktiver Nebenzeiten und Dauer produktiver Hauptzeiten | [%] | 2 | - | II |
| | | EF2.4 | Anteil Standardprozessfolgen | Quotient aus Anzahl Standardprozessfolgen und Gesamtzahl Fertigungsfolgen | [%] | 2 | + | II |
| Finanzen | Markterfolg | FI1.1 | Marktanteil pro Mitarbeitendem (p. M.) | Anteil des betriebsseitigen Umsatzes am gesamten Marktvolumen p. M. | [%/M] | 2 | + | I, II |
| | | FI1.2 | Umsatz p. M. | Durch den Verkauf von Werkzeugen erzielter Umsatz p. M. | [€/M] | 2 | + | I, II |
| | | FI1.3 | ROI | Quotient aus erwirtschafteten Gewinn und dem dafür eingesetzten Gesamtkapital | [%] | 2 | + | I, II |
| | | FI1.4 | Auftragsbestand p. M. | Summe noch nicht produzierter Auftragswerte p. M. | [€/M] | 2 | + | I, II |
| | Lebenszykluskosten | FI2.1 | Durchschnittliche Lebenszykluskostenquote | Quotient aus durchschnittlichen Lebenszykluskosten der Werkzeuge und deren durchschnittlichem Einstandspreis | [%] | 4 | - | I, II, III, IV, V |
| | | FI2.2 | Durchschnittlicher Maschinenstundensatz | Durchschnittlicher Kostensatz sämtlicher Fertigungsmaschinen | [€] | 2 | - | II |
| | | FI2.3 | Durchschnittliche Anzahl Try-out-Schleifen | Durchschnittliche Anzahl Korrekturschleifen im Home- und Serien-Try-out bis zum ersten produzierten i. O. Teil beim Kunden | [#] | 2 | - | II, III |
| | | FI2.4 | Durchschnittlicher Standzeitgrad | Quotient aus durchschnittlicher Standzeit eines Werkzeugs und dessen durchschnittlicher Lebenszeit | [%] | 4 | - | III |
| | | FI2.5 | Durchschnittliche Reaktionszeit bei Werkzeugstillstand | Durchschnittliche Zeit zwischen Störungsmeldung an einem Werkzeug bis zum Beginn der Problemlösung | [h] | 4 | - | III |
| | Kapital | FI3.1 | Liquide Zahlungsmittel p. M. | Höhe der im Werkzeugbaubetrieb vorhandenen, einsetzbaren Zahlungsmittel p. M. | [€/M] | 2 | + | I, II |
| | | FI3.2 | Investitionssumme p. M. | Summe aller getätigten Investitionen p. M. | [€/M] | 2 | + | I, II |
| | | FI3.3 | Selbstfinanzierungsgrad | Quotient aus Gewinnrücklagen des Werkzeugbaubetriebs und gesamten Eigenkapital | [%] | 2 | + | I, II |
| | | FI3.4 | Anteil Investitionen in Nachhaltigkeitsinitiativen | Quotient Investitionen in Nachhaltigkeitsinitiativen und Gesamtinvestitionssumme | [%] | 2 | + | I, II |

**Abbildung 7.4: Ökonomischer Indikatorenkatalog (I/II)**

| Ausprägung | Kriterium | ID | Indikator | Beschreibung | Einheit | Level | Polarität | Lebenszyklusphase |
|---|---|---|---|---|---|---|---|---|
| Ökonomische Lieferkette | Ökonomische Compliance | ÖN1.1 | Lieferantenseitige ökonomische Compliance-Verstöße | Anzahl ermittelter ökonomischer Compliance-Verstöße auf Seiten der Lieferanten | [..] | 4 | - | 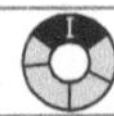 |
| | | ÖN1.2 | Betriebsseitige ökonomische Compliance-Verstöße | Anzahl ermittelter ökonomischer Compliance-Verstöße durch den Werkzeugbaubetrieb | [..] | 1 | - |  |
| | | ÖN1.3 | Bußgelder aufgrund ökonomischer Compliance-Verstöße | Summe der aufgrund ökonomischer Compliance-Verstöße vom Werkzeugbaubetrieb gezahlten Bußgelder | [€] | 1 | - |  |
| | | ÖN1.4 | Kundenseitige ökonomische Compliance-Verstöße | Anzahl ermittelter ökonomischer Compliance-Verstöße auf Seiten der Kunden | [..] | 4 | - |  |
| | Kunden-/Lieferantenstruktur | ÖN2.1 | Durchschnittliche Dauer Lieferantenbeziehungen | Durchschnittliche Kooperationsdauer des Werkzeugbaubetriebs mit den Lieferanten | [a] | 4 | + | 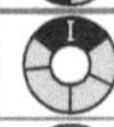 |
| | | ÖN2.2 | Durchschnittliche Dauer Kundenbeziehungen | Durchschnittliche Kooperationsdauer des Werkzeugbaubetriebs mit den Kunden | [a] | 4 | + |  |
| | | ÖN2.3 | Hauptkundenanteil | Quotient aus Anzahl Kunden mit einem kumulierten Anteil von 75 % am Gesamtumsatz und Gesamtzahl Kunden | [%] | 4 | + |  |
| | | ÖN2.4 | Umsatzanteil der meistverkauften Werkzeugart | Anteil des mit der meistverkauften Werkzeugart erzielten Umsatzes am Gesamtumsatz | [%] | 2 | - |  |
| | Kundenzufriedenheit | ÖN3.1 | Anteil Werkzeuge mit Kundenbeschwerden | Quotient aus Anzahl Werkzeuge mit Kundenbeschwerden und Gesamtzahl Werkzeuge | [%] | 4 | - |  |
| | | ÖN3.2 | Anteil pünktlich ausgelieferter Werkzeuge | Anteil zum vereinbarten Liefertermin ausgelieferte Aufträge an Gesamtzahl Aufträge | [%] | 2 | + |  |
| | | ÖN3.3 | Anteil beauftragter Angebote | Anteil beauftragter Angebote an Gesamtzahl abgegebener Angebote | [%] | 2 | + |  |
| | | ÖN3.4 | Ablehnungsquote Kundenanfragen | Anteil vom Werkzeugbaubetrieb abgelehnte Anfragen an Gesamtzahl Kundenanfragen | [%] | 2 | - |  |
| | | ÖN3.5 | Anteil langjähriger Kundenbeziehungen | Anteil Kundenbeziehungen, die länger als fünf Jahre bestehen, an Gesamtzahl Kundenbeziehungen | [%] | 4 | + |  |
| | | ÖN3.6 | Anteil Werkzeuge mit Budgeteinhaltung | Anteil Aufträge, die innerhalb der zugrunde liegenden Budgetkalkulation liegen, an Gesamtzahl Aufträge | [%] | 2 | + |  |

**Abbildung 7.5: Ökonomischer Indikatorenkatalog (II/II)**

| Ausprägung | Kriterium | ID | Indikator | Beschreibung | Einheit | Level | Polarität | Lebenszyklusphase |
|---|---|---|---|---|---|---|---|---|
| Umweltschonung | Primärenergiebedarf | US1.1 | Energieverbrauch Werkzeugerstellung p. M. | Vom Werkzeugbaubetrieb während Werkzeugerstellung verbrauchte Energie p. M. | [kWh/M] | 2 | - | II |
| | | US1.2 | Energieverbrauch Werkzeugnutzung | Vom Kunden während Werkzeugnutzung verbrauchte Energie | [kWh] | 4 | - | IV |
| | | US1.3 | Anteil erneuerbarer Energien | Anteil erneuerbarer Energien am gesamten Energieverbrauch des Werkzeugbaubetriebs | [%] | 2 | + | I, II |
| | | US1.4 | Anteil wiederverwendeter Prozessabwärme | Anteil wiederverwendeter Prozessabwärme am gesamten Energieverbrauch des Werkzeugbaubetriebs | [%] | 2 | + | I, II |
| | Emissionen | US2.1 | Scope 1 Emissionen p. M. | Menge direkter Treibhausgasemissionen, die durch interne Verbrennungsprozesse emittiert werden, p. M. | [t $CO_2$e /M] | 3 | - | I, II |
| | | US2.2 | Scope 2 Emissionen p. M. | Menge indirekter Treibhausgasemissionen, die bei der Gewinnung von eingekaufter Energie emittiert werden, p. M. | [t $CO_2$e /M] | 4 | - | I, II |
| | | US2.3 | Scope 3 Emissionen p. M. | Menge indirekter Treibhausgasemissionen der vor- und nachgelagerten Wertschöpfungskette, p. M. | [t $CO_2$e /M] | 4 | - | I, II, III, IV, V |
| | Wasserbedarf & Abwasser | US3.1 | Wasserverbrauch Werkzeugerstellung p. M. | Menge zur Werkzeugerstellung verbrauchtes Wassers p. M. | [l/M] | 2 | - | II |
| | | US3.2 | Wasserverbrauch Werkzeugnutzung | Menge zur Werkzeugnutzung verbrauchtes Wassers | [l] | 4 | - | IV |
| | | US3.3 | Anteil wiederverwendetes Abwasser Werkzeugerstellung | Anteil wiederverwendetes Abwassers am gesamten Wasserverbrauch in Werkzeugerstellung | [%] | 2 | + | II |
| | | US3.4 | Anteil wiederverwendetes Abwasser Werkzeugnutzung | Anteil wiederverwendetes Abwassers am gesamten Wasserverbrauch in Werkzeugnutzung | [%] | 4 | + | IV |
| | | US3.5 | Änderungsrate des lokalen Grundwasserspiegels | Relative Veränderung der Höhe des lokalen Grundwasserspiegels | [%] | 3 | - | I, II, III, IV, V |
| | | US3.6 | Verbrauchsanteil innerhalb der Assimilationsrate | Anteil Wasserverbrauch, der innerhalb der lokalen Assimilationsrate liegt, am gesamten Wasserverbrauch | [%] | 5 | + | I, II, III, IV, V |
| | | US3.7 | Abwassermenge Werkzeugerstellung p. M. | Menge während Werkzeugerstellung eingeleitetes Abwasser p. M. | [l/M] | 2 | - | II |
| | | US3.8 | Abwassermenge Werkzeugnutzung | Menge während Werkzeugnutzung eingeleitetes Abwassers | [l] | 4 | - | IV |
| | | US3.9 | Anteil aufbereiteter Abwassermenge Werkzeugerstellung | Anteil durch Filterung aufbereitetes Abwassers an gesamter Abwassermenge in Werkzeugerstellung | [%] | 2 | + | II |
| | | US3.10 | Anteil aufbereiteter Abwassermenge Werkzeugnutzung | Anteil durch Filterung aufbereitetes Abwassers an gesamter Abwassermenge in Werkzeugnutzung | [%] | 4 | + | IV |
| | Kundenseitiger Materialbedarf | MA1.1 | Anteil recycelbarer Werkstoffe | Anteil vom Kunden verwendeter recycelbarer Werkstoffe am gesamten Werkstoffeinsatz | [%] | 4 | + | IV |
| | | MA1.2 | Anteil Werkstoffe mit geringer abrasiver Wirkung | Anteil vom Kunden verwendeter Werkstoffe mit geringer abrasiven Wirkung am gesamten Werkstoffeinsatz | [%] | 4 | + | IV |
| | | MA1.3 | Anteil an wiederverwendetem Ausschuss | Anteil vom Kunden wiederverwendeter Ausschuss am gesamten Materialbedarf | [%] | 4 | + | IV |

**Abbildung 7.6: Ökologischer Indikatorenkatalog (I/II)**

| Ausprägung | Kriterium | ID | Indikator | Beschreibung | Einheit | Level | Polarität | Lebenszyklusphase |
|---|---|---|---|---|---|---|---|---|
| Material | Werkzeugauslegung | MA2.1 | Anteil Werkzeuge konzipiert für Wiederverwendung | Anteil Werkzeuge, deren Wiederverwendung konstruktiv berücksichtigt wird, an Gesamtzahl Werkzeuge | [%] | 4 | + | |
| Material | Werkzeugauslegung | MA2.2 | Anteil Werkzeuge mit einfacher Instandhaltung | Anteil Werkzeuge, die für vereinfachte Instandhaltung ausgelegt sind, an Gesamtzahl Werkzeuge | [%] | 4 | + | |
| Material | Werkzeugauslegung | MA2.3 | Anteil wiederverwendeter Werkzeuge | Anteil Werkzeuge, die in erneute Nutzungsphase überführt werden, an Gesamtzahl Werkzeuge | [%] | 4 | + | |
| Material | Werkzeugauslegung | MA2.4 | Anteil recycelter Materialien | Anteil Rohmaterialien aus einem ausgemusterten Werkzeug an allen Rohmaterialien eines Werkzeugs | [%] | 4 | + | |
| Material | Werkzeugauslegung | MA2.5 | Durchschnittlich erforderliche Stahlmenge | Durchschnittlich erforderliche Stahlmenge pro Werkzeug | [kg] | 2 | - | |
| Material | Werkzeugauslegung | MA2.6 | Durchschnittlicher Anteil von grünem Stahl | Durchschnittlicher Anteil von grünem Stahl an gesamter Stahlmenge | [%] | 4 | + | |
| Material | Werkzeugauslegung | MA2.7 | Verwendungsanteil NR innerhalb der Assimilationsraten | Anteil an nachwachsenden Rohstoffen (NR), deren Verwendungsrate innerhalb der Assimilationsraten liegt | [%] | 5 | + | |
| Material | Materialausschuss | MA3.1 | Abfallmenge p. M. | Menge im Werkzeugbaubetrieb anfallender Abfälle p. M. | [t/M] | 2 | - | |
| Material | Materialausschuss | MA3.2 | Menge produzierter Ausschuss p. M. | Menge im Werkzeugbaubetrieb bei Werkzeugerstellung produzierter Ausschüsse p. M. | [t/M] | 2 | - | |
| Material | Materialausschuss | MA3.3 | Menge produzierter Ausschuss beim Kunden | Menge im Rahmen der Werkzeugnutzung produzierter Ausschüsse beim Kunden | [t] | 4 | - | |
| Material | Materialausschuss | MA3.4 | Anteil fachgerecht entsorgter Abfälle und Ausschüsse | Anteil im Werkzeugbau fachgerecht entsorgter Abfälle und Ausschüsse an gesamten Abfall- und Ausschussmenge | [%] | 2 | + | |
| Material | Materialausschuss | MA3.5 | Anteil fachgerecht entsorgter kundenseitiger Ausschüsse | Anteil beim Kunden fachgerecht entsorgter Ausschüsse an gesamten produzierten Ausschussmenge | [%] | 4 | + | |
| Ökologische Lieferkette | Ökologische Compliance | ÖK1.1 | Lieferantenseitige ökologische Compliance-Verstöße | Anzahl ermittelter ökologischer Compliance-Verstöße auf Seiten der Lieferanten | [#] | 4 | - | |
| Ökologische Lieferkette | Ökologische Compliance | ÖK1.2 | Betriebsseitige ökologische Compliance-Verstöße | Anzahl ermittelter ökologischer Compliance-Verstöße durch den Werkzeugbaubetrieb | [#] | 1 | - | |
| Ökologische Lieferkette | Ökologische Compliance | ÖK1.3 | Bußgelder aufgrund ökologischer Compliance-Verstöße | Summe der aufgrund ökologischer Compliance-Verstöße vom Werkzeugbaubetrieb gezahlten Bußgelder | [€] | 1 | - | |
| Ökologische Lieferkette | Ökologische Compliance | ÖK1.4 | Kundenseitige ökonomische Compliance-Verstöße | Anzahl ermittelter ökologischer Compliance-Verstöße auf Seiten der Kunden | [#] | 4 | - | |
| Ökologische Lieferkette | Lokalität | ÖK2.1 | Einkaufsanteil Heimatland | Anteil im Heimatland beschafftes Einkaufsvolumen am gesamten Einkaufsvolumen | [%] | 4 | + | |
| Ökologische Lieferkette | Lokalität | ÖK2.2 | Verkaufsanteil Heimatland | Anteil im Heimatland generierter Umsatz am Gesamtumsatz | [%] | 4 | + | |
| Ökologische Lieferkette | Lokalität | ÖK2.3 | Durchschnittliche Entfernung Lieferanten | Durchschnittliche Entfernung zwischen dem Werkzeugbaubetrieb und seinen Lieferanten | [km] | 4 | - | |
| Ökologische Lieferkette | Lokalität | ÖK2.4 | Durchschnittliche Entfernung Kunden | Durchschnittliche Entfernung zwischen dem Werkzeugbaubetrieb und seinen Kunden | [km] | 4 | - | |

**Abbildung 7.7: Ökologischer Indikatorenkatalog (II/II)**

| Ausprägung | Kriterium | ID | Indikator | Beschreibung | Einheit | Level | Polarität | Lebenszyklus-phase |
|---|---|---|---|---|---|---|---|---|
| Sicherheit | Datensicherheit | SI1.1 | Anzahl Schulungstage zur Datensicherheit p. M. | Anzahl zum Thema Datensicherheit durchgeführten Schulungstage p. M. | [d/M] | 2 | + | 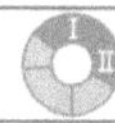 |
| | | SI1.2 | Anzahl Datenschutzbeauftragte p. M. | Anzahl geschulte Datenschutzbeauftragte im Werkzeugbaubetrieb p. M. | [#/M] | 2 | + | 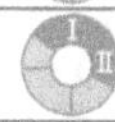 |
| | | SI1.3 | Anzahl Fälle von Datendiebstahl und -verlust p. M. | Anzahl ermittelter Fälle von Datendiebstahl und -verlust im Werkzeugbaubetrieb p. M. | [#/M] | 2 | - | 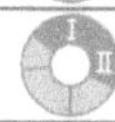 |
| | | SI1.4 | Durchschnittliche Zeit zwischen Sicherheitsupdates | Durchschnittlich vergangene Zeit zwischen Sicherheitsupdates der IT-Infrastruktur | [d] | 2 | - | 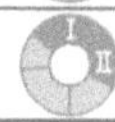 |
| | Arbeits- und Gesundheitsschutz | SI2.1 | Anteil ergonomisch ausgelegter Arbeitsplätze | Quotient aus Anzahl ergonomisch ausgelegter Arbeitsplätze und Gesamtzahl Arbeitsplätze | [%] | 2 | + | 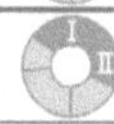 |
| | | SI2.2 | Anzahl Schulungstage zur Arbeitssicherheit p. M. | Anzahl zum Thema Arbeitssicherheit durchgeführte Schulungstage p. M. | [d/M] | 2 | + | 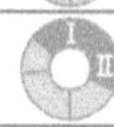 |
| | | SI2.3 | Anzahl betrieblicher Ersthelfer p. M. | Anzahl geschulte Ersthelfer im Werkzeugbaubetrieb p. M. | [#/M] | 2 | + | 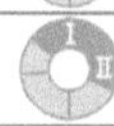 |
| | | SI2.4 | Anzahl meldepflichtiger Unfälle p. M. | Anzahl meldepflichtige Unfälle im Werkzeugbaubetrieb p. M. | [#/M] | 2 | - | 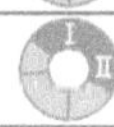 |
| | | SI2.5 | Anzahl gemeldeter Unfälle während Werkzeugnutzung | Anzahl meldepflichtige Unfälle während Werkzeugnutzung beim Kunden | [#] | 4 | - |  |
| | | SI2.6 | Anzahl arbeitsbedingter Ausfalltage p. M. | Anzahl Ausfalltage im Werkzeugbaubetrieb aufgrund meldepflichtiger Unfälle p. M. | [#/M] | 3 | - | 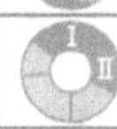 |
| | | SI2.7 | Anteil Mitarbeitende mit arbeitsbedingten Krankheiten | Anteil (ehemalige) Mitarbeitende mit arbeitsbedingten Krankheiten an Gesamtzahl Mitarbeitende | [%] | 3 | - |  |
| | Arbeitskultur | MI1.1 | Anteil Mitarbeitende mit befristeten Verträgen | Quotient aus Anzahl Mitarbeitende mit befristeten Arbeitsverträgen und Gesamtzahl Mitarbeitende | [%] | 2 | - | 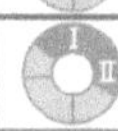 |
| | | MI1.2 | Anteil weiblicher Mitarbeiterinnen | Anteil weibliche Mitarbeiterinnen an Gesamtzahl Mitarbeitende | [%] | 2 | + | 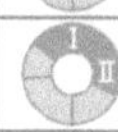 |
| | | MI1.3 | Anteil weiblicher Führungskräfte | Anteil weibliche Mitarbeitende in Führungsebene an Gesamtzahl Führungskräfte | [%] | 2 | + | 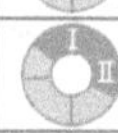 |
| | | MI1.4 | Lohngefälle zwischen Männern und Frauen | Eins minus Quotienten aus jeweiliger durchschnittlicher Vergütung von Frauen und Männern | [%] | 2 | - |  |
| | | MI1.5 | Mindestmitteilungsfrist | Mindestmitteilungsfrist für erhebliche betriebliche Veränderungen | [d] | 2 | + | 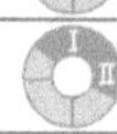 |
| | | MI1.6 | Anzahl Diskriminierungsvorfälle p. M. | Anzahl gemeldeter innerbetrieblicher Diskriminierungsvorfälle p. M. | [#/M] | 2 | - | 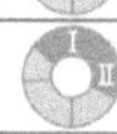 |
| | | MI1.7 | Anzahl Menschenrechtsverletzungen p. M. | Anzahl gemeldeter innerbetrieblicher Menschenrechtsverletzungen p. M. | [#/M] | 2 | - | 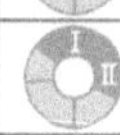 |

**Abbildung 7.8: Sozialer Indikatorenkatalog (I/II)**

| Ausprägung | Kriterium | ID | Indikator | Beschreibung | Einheit | Level | Polarität | Lebenszyklus-phase |
|---|---|---|---|---|---|---|---|---|
| Mitarbeitendenfokussierung | Mitarbeitendenzufriedenheit | MI2.1 | Anteil Mitarbeitende mit flexiblen Arbeitszeiten | Anteil Mitarbeitende mit flexiblen Arbeitszeiten an Gesamtzahl Mitarbeitende | [%] | 2 | + |  |
| | | MI2.2 | Krankenstand | Anteil durchschnittliche Anzahl krankheitsbedingter Ausfalltage p. M. an Gesamtzahl Arbeitstage | [%] | 2 | - | 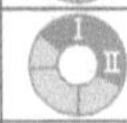 |
| | | MI2.3 | Fluktuationsrate | Quotient aus Mitarbeitendenabgängen und der durchschnittlichen Mitarbeitendenanzahl | [%] | 2 | - | 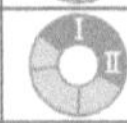 |
| | | MI2.4 | Anzahl neu eingestellter Mitarbeitender p. M. | Anzahl neu eingestellter Mitarbeitende mit unbefristeten Arbeitsverträgen p. M. | [#/M] | 2 | + | 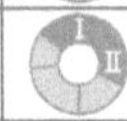 |
| | | MI2.5 | Durchschnittliche Dauer der Betriebszugehörigkeit | Durchschnittliche Dauer der Betriebszugehörigkeit der Mitarbeitenden des Werkzeugbaubetriebs | [a] | 2 | + |  |
| | Wissens- und Kompetenzmanagement | MI3.1 | Anzahl Schulungstage p. M. | Anzahl Schulungstage zur Weiterbildung p. M. | [d/M] | 2 | + |  |
| | | MI3.2 | Anzahl Schulungstage für kundenseitige Mitarbeitende | Anzahl vom Werkzeugbaubetrieb durchgeführte Schulungstage zur Weiterbildung der kundenseitigen Mitarbeitenden | [#] | 4 | + |  |
| | | MI3.3 | Anteil Arbeitsplätze mit Job Rotation | Anteil Arbeitsplätze mit Job Rotation an Gesamtanzahl Arbeitsplätze | [%] | 2 | + | 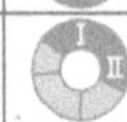 |
| | | MI3.4 | Auszubildendenquote | Verhältnis Anzahl Auszubildenden zur Gesamtzahl Mitarbeitende | [%] | 2 | + | 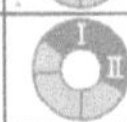 |
| | | MI3.5 | Anteil übernommener Auszubildender | Anteil übernommene Auszubildende an Gesamtzahl Auszubildende | [%] | 2 | + | 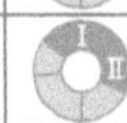 |
| | | MI3.6 | Anzahl umgesetzter Vorschläge p. M. | Anzahl in der Praxis umgesetzter Vorschläge aus dem Vorschlagswesen p. M. | [#/M] | 2 | + | 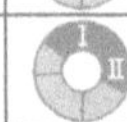 |
| Soziale Lieferkette | Soziale Compliance | SL1.1 | Lieferantenseitige soziale Compliance-Verstöße | Anzahl ermittelter sozialer Compliance-Verstöße auf Seiten der Lieferanten | [#] | 4 | - | 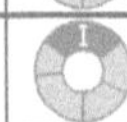 |
| | | SL1.2 | Betriebsseitige soziale Compliance-Verstöße | Anzahl ermittelter sozialer Compliance-Verstöße durch den Werkzeugbaubetrieb | [#] | 1 | - | 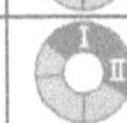 |
| | | SL1.3 | Bußgelder aufgrund sozialer Compliance-Verstöße | Summe der aufgrund sozialer Compliance-Verstöße vom Werkzeugbaubetrieb gezahlten Bußgelder | [€] | 1 | - | 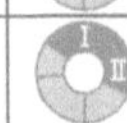 |
| | | SL1.4 | Kundenseitige soziale Compliance-Verstöße | Anzahl ermittelter sozialer Compliance-Verstöße auf Seiten der Kunden | [#] | 4 | - |  |
| | Gesellschaftliche Verantwortung | SL2.1 | Anzahl gemeinnütziger Aktivitäten p. M. | Anzahl vom Werkzeugbaubetrieb durchgeführte gemeinnützige Aktivitäten p. M. | [#/M] | 2 | + | 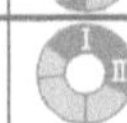 |
| | | SL2.2 | Anteil Ausgaben für wohltätige Zwecke | Anteil Ausgaben vom Werkzeugbaubetrieb für wohltätige Zwecke am Gesamtgewinn | [%] | 2 | + | 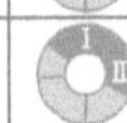 |
| | | SL2.3 | Anzahl positiver Presseberichte | Anzahl positiver Presseberichte über Aktivitäten im Kontext Nachhaltigkeit | [#] | 3 | + |  |
| | | SL2.4 | Anteil kundens. Produkte mit negativen sozialen Folgen | Anteil kundenseitige Produkte mit negativen sozialen Folgen an Gesamtzahl kundenseitig produzierter Produkte | [%] | 4 | - | 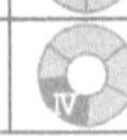 |

**Abbildung 7.9: Sozialer Indikatorenkatalog (II/II)**

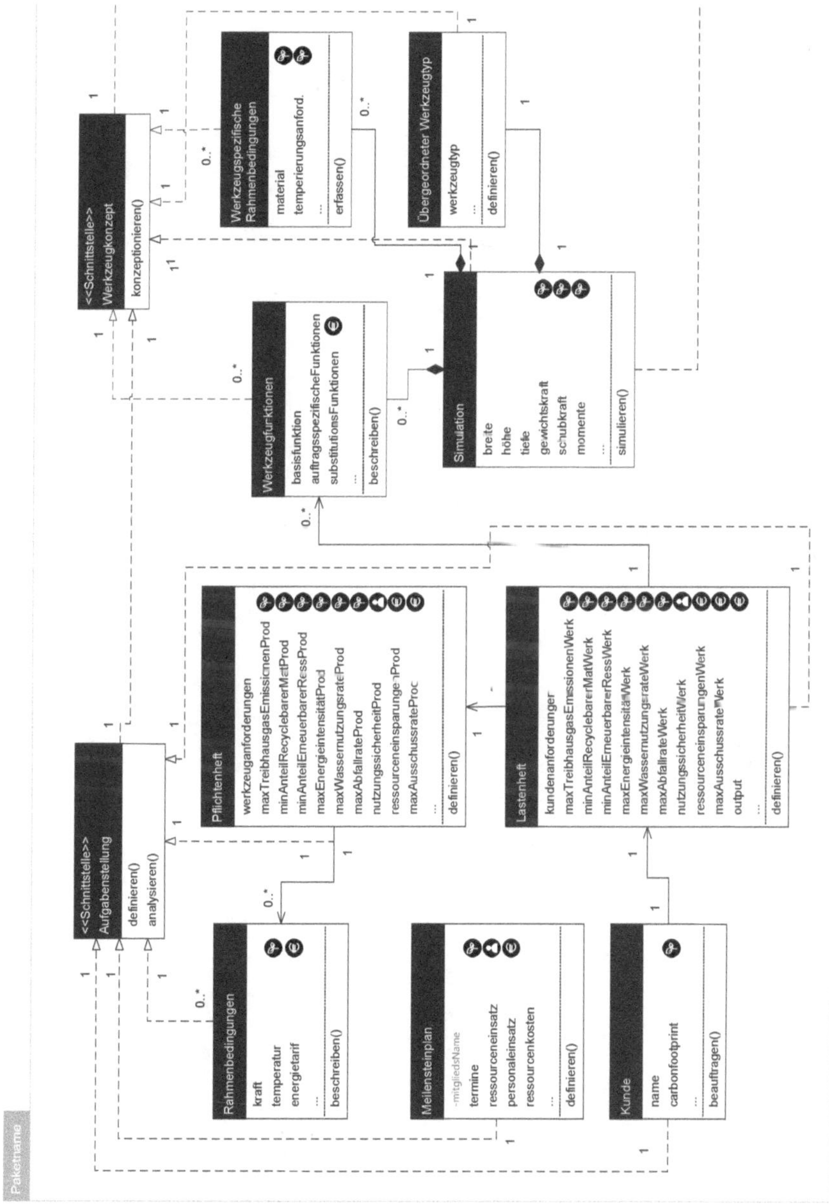


**Abbildung 7.10: Datenmodell Werkzeugentwicklung (I/II)**

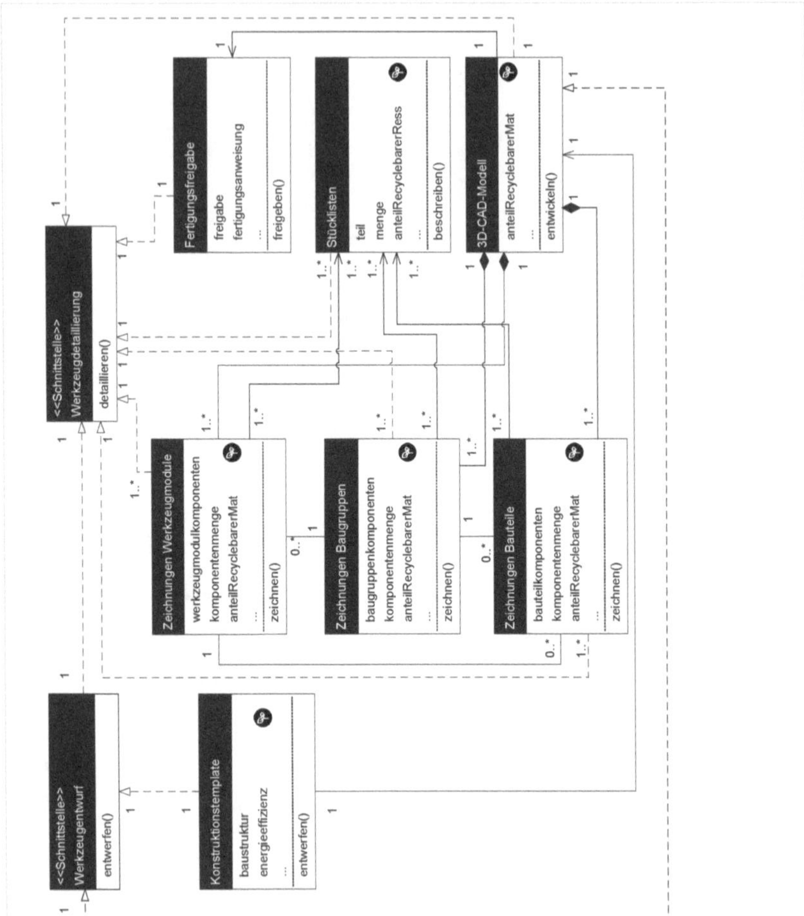


Abbildung 7.11: Datenmodell Werkzeugentwicklung (II/II)

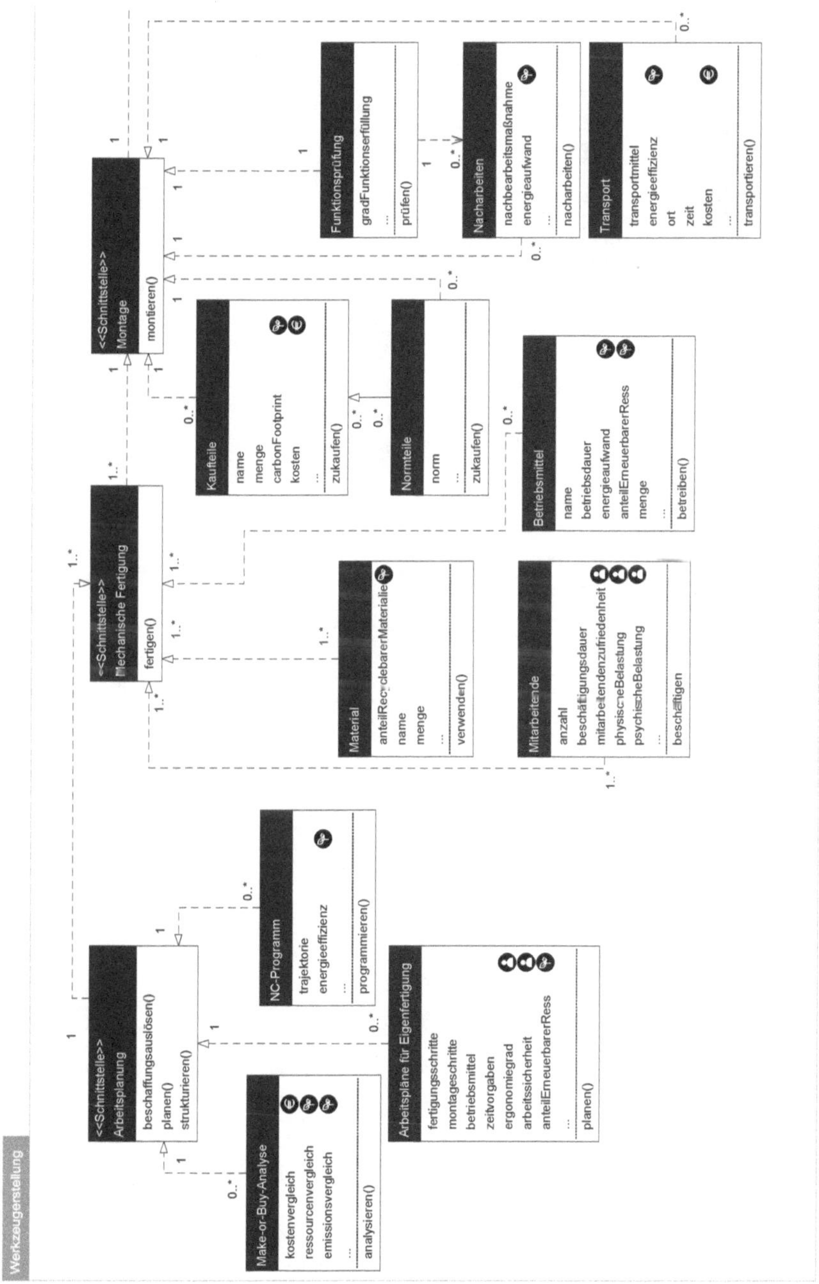


Abbildung 7.12: Datenmodell Werkzeugerstellung (I/II)

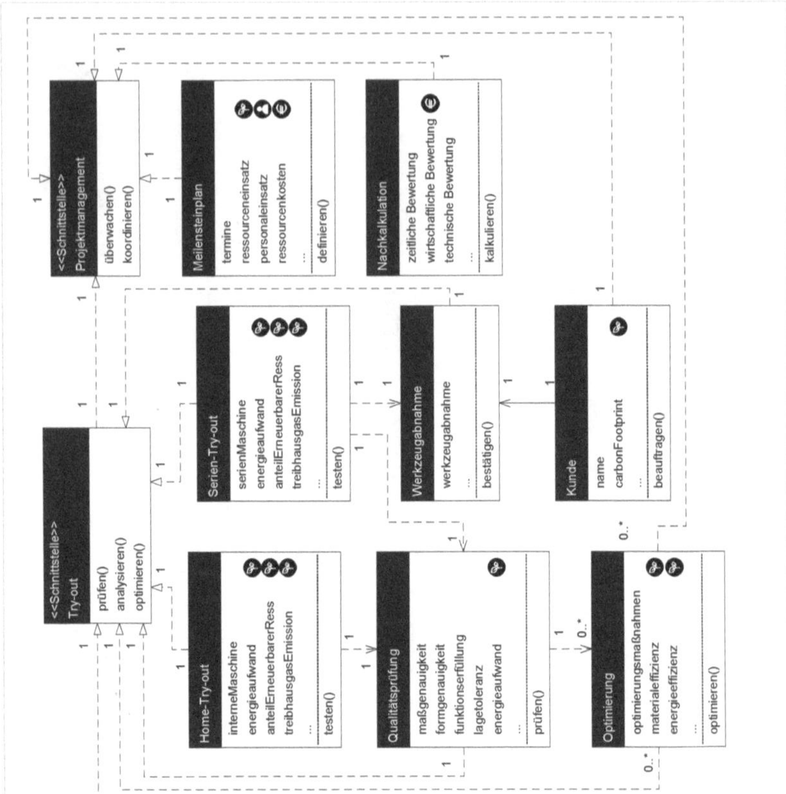


Abbildung 7.13: Datenmodell Werkzeugerstellung (II/II)

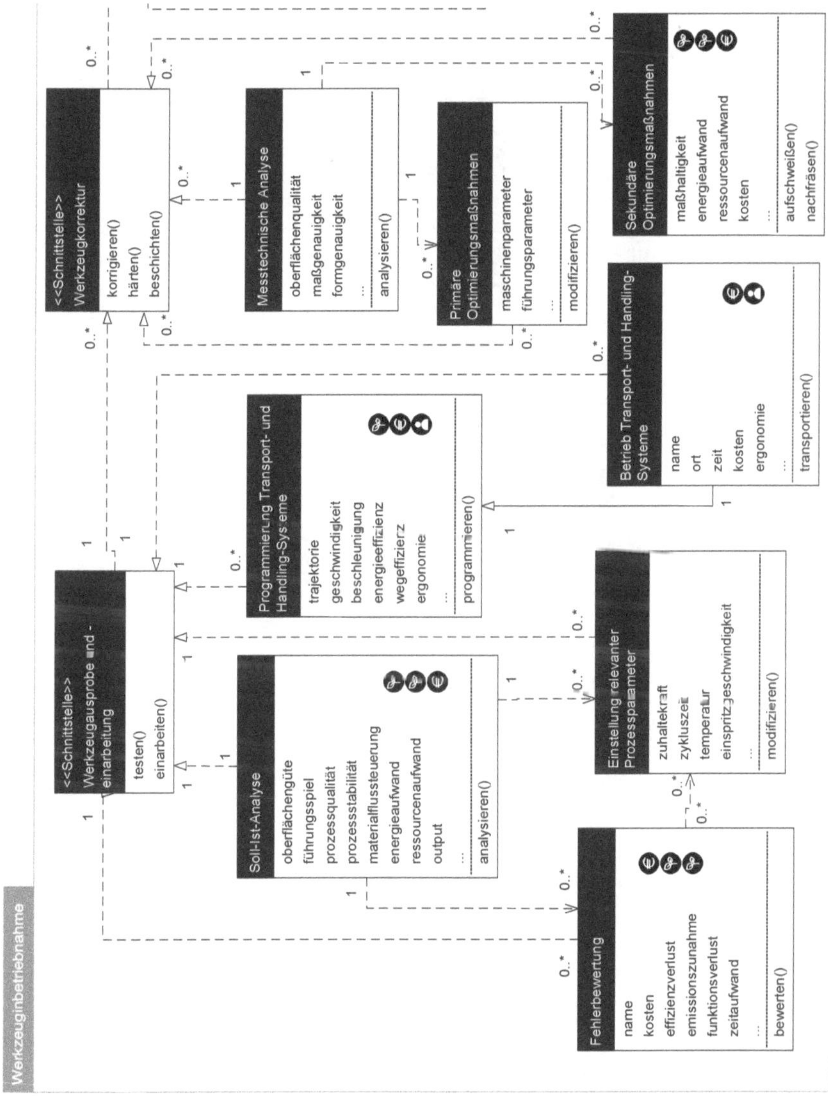


Abbildung 7.14: Datenmodell Werkzeuginbetriebnahme (I/II)

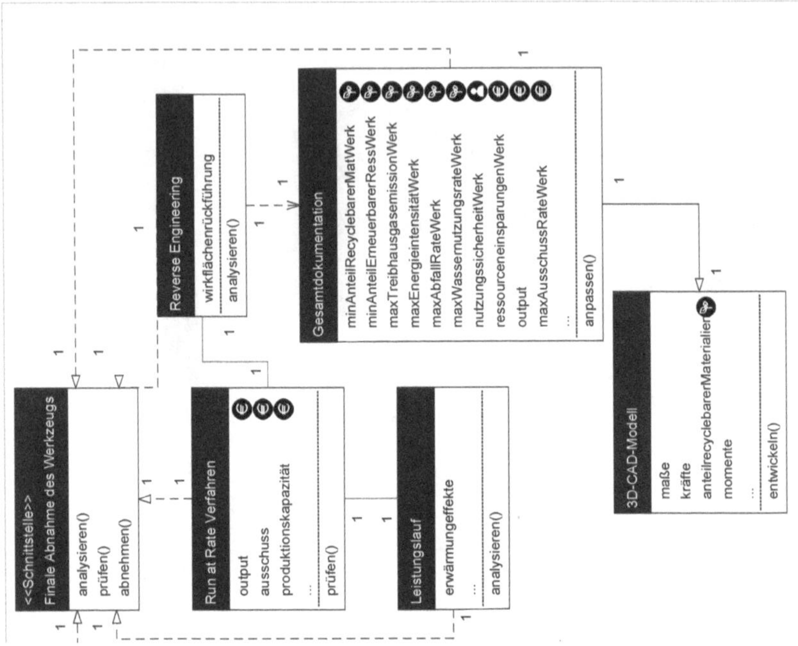


**Abbildung 7.15: Datenmodell Werkzeuginbetriebnahme (II/II)**

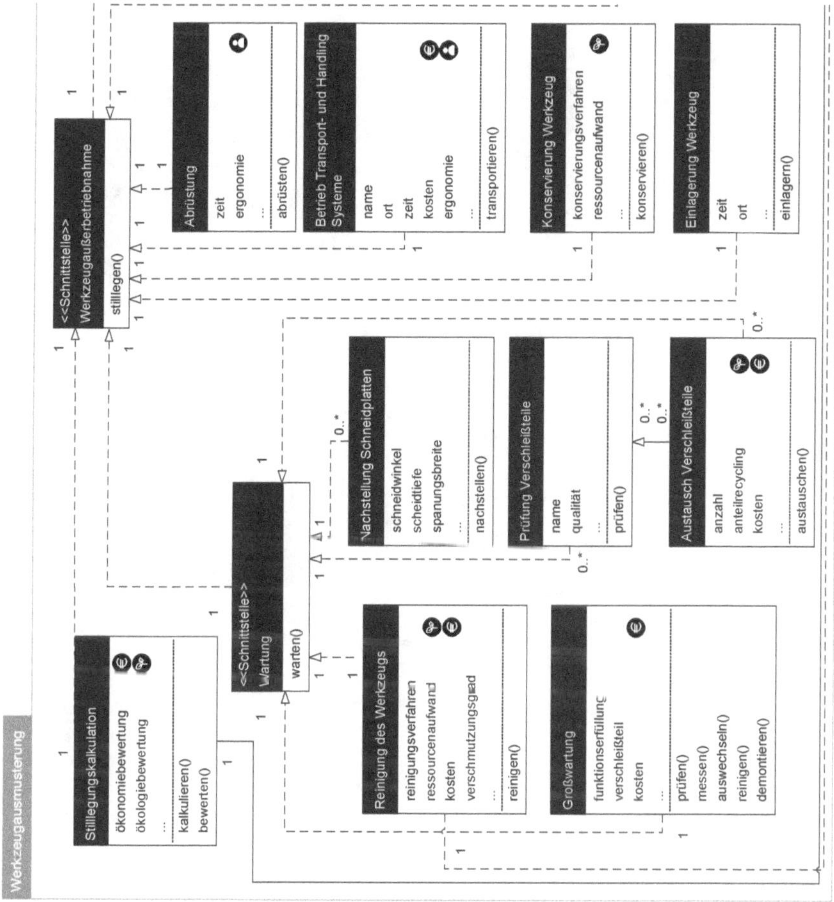


**Abbildung 7.16: Datenmodell Werkzeugausmusterung (I/II)**

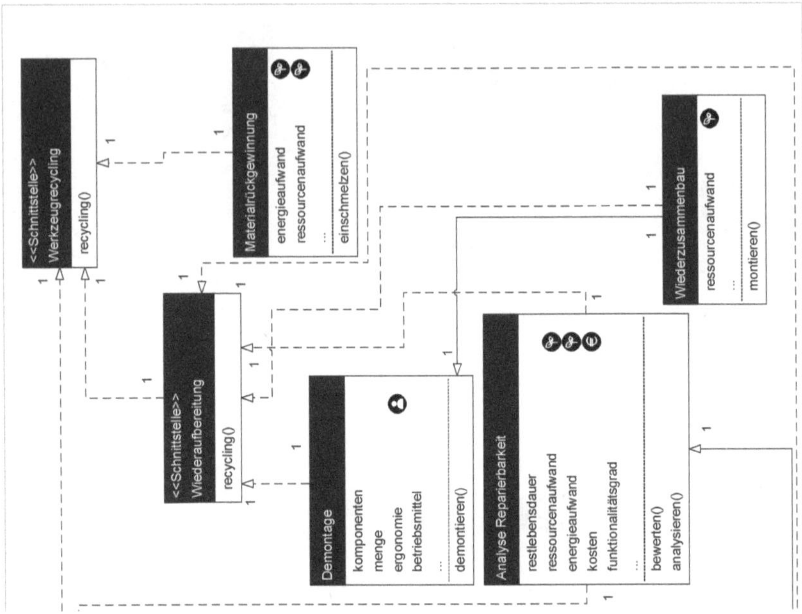


Abbildung 7.17: Datenmodell Werkzeugausmusterung (II/II)

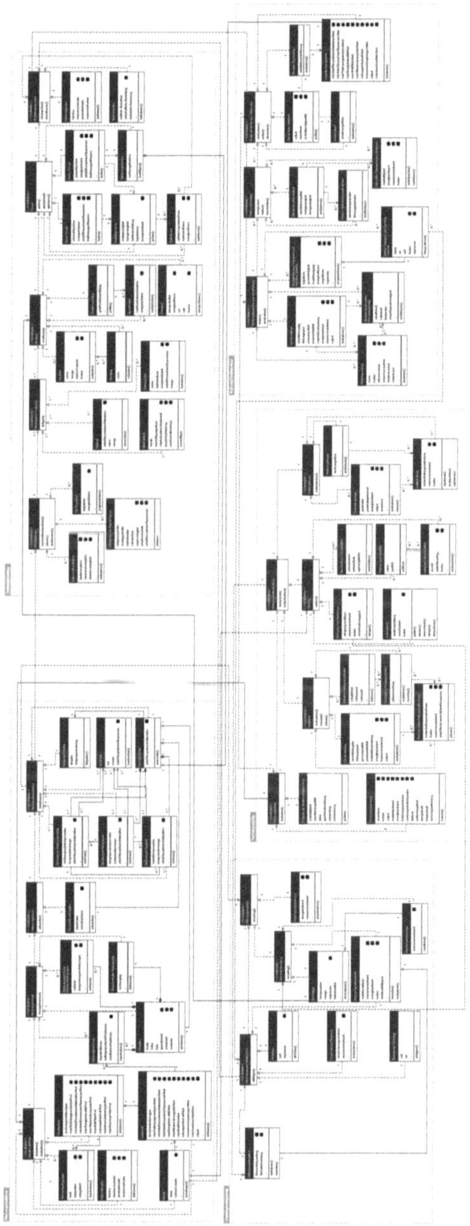

**Abbildung 7.18: Datenmodell des digitalen Schatten des nachhaltigen Werkzeuglebenszyklus**

In der Reihe **Ergebnisse aus der Produktionstechnik** zuletzt erschienen:

Schweins, Julian:
**Datengestützte Gestaltung des nachhaltigen Werkzeuglebenszyklus**
ISBN: 978-3-98555-197-2
Erscheinungsdatum: 22.01.2024

Landwehr, Markus:
**Modellierung und Vorhersage des eigenspannungsbedingten Bauteilverzugs bei der Fräsbearbeitung**
ISBN: 978-3-98555-194-1
Erscheinungsdatum: 09.01.2024

Goergen, Fabian:
**Analogieversuch zur Erzeugung von Zahnflankenbrüchen an Stirnrädern**
ISBN: 978-3-98555-191-0
Erscheinungsdatum: 11.12.2023

Ecker, Christian:
**Flexible Inbetriebnahme roboterbasierter Montagesysteme durch Prozessdemonstration**
ISBN: 978-3-98555-189-7
Erscheinungsdatum: 11.12.2023

Padberg, Melanie:
**Ansätze der inhärent sicheren Konstruktion modifizierbarer, cyberphysischer Produktionssysteme**
ISBN: 978-3-98555-184-2
Erscheinungsdatum: 07.12.2023

Studerus, Bastian:
**Gestaltung von Kooperationen zwischen Technologiekonzernen und Start-ups**
ISBN: 978-3-98555-186-6
Erscheinungsdatum: 04.12.2023

Wlecke, Shari:
**Industrialisierung hochiterativ entwickelter Produkte**
ISBN: 978-3-98555-171-2
Erscheinungsdatum: 13.11.2023

Riedel, Jörn:
**Scannendes Verfahren zur flexiblen Messung asphärischer Optiken**
ISBN: 978-3-98555-177-4
Erscheinungsdatum: 31.10.2023

Müller, Clemens:
**Elektrische Widerstandserwärmung von Blechwerkstoffen zur Steigerung der Umformbarkeit**
ISBN: 978-3-98555-175-0
Erscheinungsdatum: 16.10.2023

Buckhorst, Armin Friedrich:
**Planung und Steuerung von Abläufen in linienlosen mobilen Montagesystemen**
ISBN: 978-3-98555-174-3
Erscheinungsdatum: 26.09.2023

Scheuer, Thomas:
**Fähigkeitsbündel zur Steigerung der Arbeitsproduktivität für intelligente produzierende Unternehmen**
ISBN: 978-3-98555-173-6
Erscheinungsdatum: 25.09.2023

Schwarberg, Annika:
**Identifizierung von Innovationspotenzialen durch die Analyse von Produktnutzungsinformationen**
ISBN: 978-3-98555-169-9
Erscheinungsdatum: 17.08.2023

Edition Wissenschaft
Apprimus

Heutmann, Timo:
**Proactive Production Control for a Synchronized Tool Production**
ISBN: 978-3-98555-164-4
Erscheinungsdatum: 03.08.2023

Schroers, Marius:
**Gehörbezogene Auslegung zweistufiger Getriebe unter Berücksichtigung dynamischer Anregungseffekte**
ISBN: 978-3-98555-165-1
Erscheinungsdatum: 01.08.2023

Chavan, Prateek:
**Substructuring Methods for Efficient Prediction of Spindle-Holder-Tool Assembly Dynamics**
ISBN: 978-3-98555-160-6
Erscheinungsdatum: 05.06.2023

Schneidermann, Dennis:
**Orchestration von Vertrauen in interorganisationalen Wissensnetzwerken der Fabrikplanung**
ISBN: 978-3-98555-153-8
Erscheinungsdatum: 15.05.2023

Welsing, Martin:
**Bewertung der ökologischen Nachhaltigkeit von Produktionsnetzwerkkonfigurationen**
ISBN: 978-3-98555-155-2
Erscheinungsdatum: 19.04.2023

Beckers, Alexander:
**Auslegung wirtschaftlich-technologisch optimierter Fertigungsprozessfolgen mittels prozessübergreifender Modellierung**
ISBN: 978-3-98555-154-5
Erscheinungsdatum: 18.04.2023

Müller, Ulrich:
**Material Removal and Grinding Wheel Wear Mechanisms during Grinding of Polycrystalline Cubic Boron Nitride**
ISBN: 978-3-98555-163-7
Erscheinungsdatum: 01.08.2023

Vogel, Paul-Alexander:
**Entwicklung eines Prozessmodells für die nicht-isotherme vakuumunterstützte Dünnglasumformung**
ISBN: 978-3-98555-140-8
Erscheinungsdatum: 21.06.2023

Ochel, Tim:
**Prognostik zur Resilienzsteigerung im Werkzeugbau**
ISBN: 978-3-98555-161-3
Erscheinungsdatum: 22.05.2023

Greipel, Jonathan:
**Grouping of Inspection Characteristics to Reduce Costs of Adaptive Inspection Planning in Variant Production**
ISBN: 978-3-98555-157-6
Erscheinungsdatum: 03.05.2023

Troß, Nico:
**Mehrskalenmodellierung der thermomechanischen Werkzeugbelastung beim Trockenwälzfräsen**
ISBN: 978-3-98555-158-3
Erscheinungsdatum: 19.04.2023

Nicksch, Christoph:
**Konfiguration verteilter Large-Scale Metrology Systeme in rekonfigurierbaren Montageumgebungen**
ISBN: 978-3-98555-152-1
Erscheinungsdatum: 20.03.2023

Edition Wissenschaft
Apprimus

FSC
www.fsc.org
MIX
Papier | Fördert gute Waldnutzung
FSC® C083411

Zeitfracht Medien GmbH
Ferdinand-Jühlke-Straße 7
99095 Erfurt, Deutschland
produktsicherheit@kolibri360.de